AF253057

# FLORE FRANÇOISE,

## OU

# DESCRIPTION SUCCINTE

### DE

# TOUTES LES PLANTES

Qui croiſſent naturellement EN FRANCE,

*Diſpoſée ſelon une nouvelle méthode d'Analyſe, & à laquelle on a joint la citation de leurs vertus les moins équivoques en Médecine, & de leur utilité dans les Arts.*

Par le C. LAMARCK.

## SECONDE ÉDITION.

---

Tome Troiſième.

---

## A PARIS,

Chez H. AGASSE, rue des Poitevins, N°. 18.

---

L'an 3ᵉ. de la République.

......................*Naturam invisere tecum*
*Dulce mihi* . . . . . . . . . . . . . . . . . . . . .
*Et præferre facem & gressus firmare labantes.*

Anti-Lucr. Lib. III.

# MÉTHODE ANALYTIQUE.



661.        *Tige garnie de feuilles.*

**Patience.** *Lapathum.*

Les fleurs de patience font petites, herbacées, compofées
d'un calice de trois pièces caduques & très-ouvertes, de trois
pétales perfiftans, de fix étamines, & d'un ovaire chargé de
trois ftyles plumeux. Le fruit eft une femence triangulaire, enveloppée inférieurement par la corolle. Dans quelques efpèces,
les fleurs font tout-à-fait unifexuelles.

### ANALYSE.

| La plupart des fleurs hermaphrodites. | Toutes les fleurs unifexuelles. |
|:---:|:---:|
| I. | X X. |

I.       *La plupart des fleurs hermaphrodites.*

| Pétales ou valves de la femence chargés d'un grain particulier. | Valves de la femence nues & fans grain remarquable. |
|:---:|:---:|
| I I. | X I I I. |

**661.**

II. *Pétales ou valves de la femence chargés d'un grain particulier.*

| Valves féminales très-entières. | Valves féminales dentées. |
|---|---|
| III. | VIII. |

III.     *Valves féminales tres-entières.*

| Feuilles dont les pétioles & les nervures font d'un rouge-noirâtre. | Feuilles dont les pétioles & les nervures font fimplement verdâtres. |
|---|---|
| IV. | V. |

IV. *Feuilles dont les pétioles & les nervures font d'un rouge-noirâtre.*

Patience fanguine. *Lapathum fanguineum.*

*Laphatum folio acuto rubente.* Tournef. 504.
*Rumex fanguineus.* Linn. Sp. 476.

Sa tige eft haute d'un pied & demi, droite, d'un rouge-noirâtre & légèrement rameufe vers fon fommet; fes feuilles font alternes, lancéolées, pointues, & remarquables par la couleur de leur pétiole & de leurs nervures qui font très-ramifiées : les fleurs font petites & difpofées par verticilles, en épis fort grêles. Cette plante croît en Alface où elle eft indiquée par Mappus ♃ : fes feuilles font laxatives; fa racine & fes femènces font aftringentes.

V. *Feuilles dont les pétioles & les nervures font fimplement verdâtres.*

| Feuilles ovales-lancéolées, planes, ou légèrement ondulées en leur bord. | Feuilles étroites-lancéolées, très-ondulées, & comme frifées en leur bord. |
|---|---|
| VI. | VII. |

661.

**VI.** *Feuilles ovales-lancéolées, planes, ou légèrement ondulées en leur bord.*

Patience des jardins. *Lapathum hortense.*

> *Lapathum hortense folio oblongo, S. secundam Dioscoridis* Tournef. 504.
> *Rumex patientia.* Linn. Sp. 476.

Sa tige est épaisse, cannelée, médiocrement rameuse, & s'élève jusqu'à quatre ou cinq pieds ; ses feuilles sont grandes, pétiolées, alongées & pointues ; les gaînes que forment leurs stipules ont près d'un pouce de largeur : les fleurs sont verdâtres & disposées en épis rameux. On cultive cette plante dans les jardins. Vaillant la cite comme une des plantes des environs de Paris ♃ ; sa racine est astringente, tonique & légèrement purgative.

---

**VII.** *Feuilles étroites-lancéolées, très-ondulées & comme frisées en leur bord.*

Patience frisée. *Lapathum crispum.* Scop. carn. i, p. 161.

> *Lapathum folio acuto crispo.* Tournef. 504.
> *Rumex crispus.* Linn. Sp. 476.

Sa tige est haute de deux ou trois pieds ; cannelée & un peu rameuse ; ses feuilles inférieures sont oblongues & légèrement émoussées à leur sommet : toutes les autres sont longues, étroites, pointues & frisées. Les fleurs sont disposées en épis rameux, placés dans les aisselles & au sommet de la tige. Ces épis sont ordinairement dénués de feuilles. On trouve cette plante dans les fossés le long des chemins & dans les terreins humides. ♃

---

**VIII.** *Valves séminales dentées.*

| Toutes les feuilles simples & sans échancrure latérale. | Feuilles radicales ayant une échancrure de chaque côté. |
|---|---|
| **IX.** | **XII.** |

**661.** IX. *Toutes les feuilles simples & sans échancrure latérale.*

| Feuilles inférieures ayant une échancrure à l'insertion de leur pétiole. <br> X. | Toutes les feuilles sans échancrure à l'insertion de leur pétiole. <br> X I. |
|---|---|

X. *Feuilles inférieures ayant une échancrure à l'insertion de leur pétiole.*

Patience sauvage. *Lapathum sylvestre.*

> *Lapathum folio minus acuto.* Tournef. 504.
> *Rumex obtusifolius.* Linn. Sp. 478.
> β. *Lapathum folio acuto.* Tournef. 504.
> *Rumex acutus.* Linn. Sp. 478.

Sa racine est épaisse, brune en-dehors, jaunâtre intérieurement, & pousse une tige droite, cannelée, rameuse & haute de trois pieds ; ses feuilles inférieures sont larges, ovales-oblongues & plus ou moins pointues ; les autres sont étroites-lancéolées & aiguës : les fleurs sont disposées en épis nus & rameux. La variété β se distingue par ses feuilles moins larges, toutes très-pointues, & par les dents de ses valves séminales un peu moins alongées. Cette plante est commune dans les fossés, sur le bord des chemins & dans les prés couverts ♃ ; sa racine est astringente, tonique, sudorifique & utile dans les maladies de la peau.

XI. *Toutes les feuilles sans échancrure à l'insertion de leur pétiole.*

Patiente mineure. *Lapathum minus.*

> *Lapathum aquaticum luteolæ folio.* Tournef. 504.
> *Lapathum minimum.* Ibid.
> *Rumex maritimus.* Linn. Sp. 478.

Sa tige est haute d'un pied, & se divise dès sa base en rameaux très-ouverts ; ses feuilles sont lancéolées-linéaires,

**661.** planes, très-entières & à peine pétiolées : les fleurs font verticillées, axillaires, & occupent la plus grande partie de la longueur de la tige. Les valves féminales ont des dents longues
& cétacées qui font paroître les verticilles velus. On trouve
cette plante fur le bord des étangs & des foffés aquatiques.

---

XII. *Feuilles radicales ayant une échancrure de chaque côté.*

Patience finuée. *Lapathum finuatum.*

> *Lapathum pulchrum bononienfe , finuatum.* Tournef. 504.
> *Rumex pulcher.* Linn. Sp. 477.

Sa tige eft très-rameufe, prefque panniculée, & s'élève un
peu au-delà d'un pied ; fes feuilles radicales, fur-tout celles
qui naïffent lorfque la tige n'eft pas encore développée, font
pétiolées, ovales, très-obtufes à leur fommet, & remarquables
par une échancrure de chaque côté, qui leur donne la forme
d'un violon : ces feuilles difparoiffent la plus part dans la plante
adulte, celles de la tige font entières, lancéolées & pointues.
On trouve cette efpèce le long des haies & fur le bord des
chemins. ♈

---

XIII. *Valves de la femence fans grain remarquable.*

| Feuilles longues de plus de fix pouces. | Feuilles n'ayant pas trois pouces de longueur. |
|:---:|:---:|
| X I V. | X V. |

---

XIV. *Feuilles longues de plus de fix pouces.*

Patience aquatique. *Lapathum aquaticum.* Scop. carn. I, p. 263.

> *Lapathum aquaticum folio cubitali.* Tournef. 504.
> *Rumex aquaticus.* Linn. Sp. 479.

Sa racine eft grande, jaunâtre intérieurement, & pouffe
une tige droite, épaiffe, cannelée, qui s'élève jufqu'à quatre
ou cinq pieds ; fes feuilles radicales font fort amples, lancéolées,
pétiolées, non en cœur à leur bafe & ordinairement affez
droites, elles ont quelquefois un pied & demi de longueur ;

861.

celles de la tige font longues, pointues & ondulées en leur bord : les fleurs font verticillées & difposées en épis longs & rameux. Cette plante croît fur le bord des étangs, des foffés aquatiques & des rivières ⚥ ; fa racine eft purgative, tonique & bonne dans les maladies cutanées.

---

**XV.**  *Feuilles n'ayant pas trois pouces de longueur.*

| Ovaire chargé de deux ftyles. | Ovaire chargé de trois ftyles. |
|---|---|
| X V I. | X V I I. |

---

**XVI.**  *Ovaire chargé de deux ftyles.*

Patience digyne. *Lapathum dygynum.*

> *Acetofa rotundifolia Alpina.* Tournef. 503.
> *Rumex digynus.* Linn. Sp. 480.

Ses tiges font foibles & peu élevées ; fes feuilles font pétiolées, arrondies & fouvent un peu échancrées à leur fommet ; les fleurs ont un calice de deux pièces, une corolle à deux pétales, fix étamines & deux ftyles. Cette plante croît dans les montagnes du Dauphiné & de la Provence, ⚥ ; fa faveur eft accide.

---

**XVII.**  *Ovaire, chargé de trois ftyles.*

| Valves féminales entières ; feuilles oreillées ou haftées. | Valves féminales dentées ; feuilles très-entières. |
|---|---|
| X V I I I. | X I X. |

---

**XVIII.** *Valves féminales entières ; feuilles oreillées ou haftées.*

Patience à écuffons. *Lapathum fcutatum.*

> *Acetofa fcutata repens.* Tournef. 503.
> β. *Acetofa rotundifolia hortenfis.* Ibid. ( Ofeille ronde. )
> *Rumex fcutatus.* ( α, β. ) Linn. Sp. 480.

Ses tiges font un peu couchées à leur bafe, menues, foibles

**661.** & hautes presque d'un pied & demi; ses feuilles sont pétiolées, hastées, assez larges, courtes & garnies de deux oreillettes divergentes. Celles de la variété β sont plus arrondies & d'un vert-glauque, presque blanchâtre : les fleurs sont disposées en épis grêles & rameux. Cette plante croît dans les montagnes de la Provence ♃ ; sa variété est cultivée dans les jardins, elle a une saveur acide & agréable; elle est rafraîchissante, apéritive & diurétique.

---

**XIX.** *Valves séminales dentées ; feuilles très-entières.*

Patience bouviette. *Lapathum bucephalophorum.*

> *Acetosa ocymi folio*, *Neapolitana.* Tournef. 503.
> *Rumex bucephalophorus.* Linn. Sp. 479.

Sa tige est haute de quatre à six pouces, droite & striée; ses feuilles sont ovales & rétrécies en pétiole à leur base; les inférieures sont spatulées, obtuses, & les supérieures sont pointues : les fleurs sont disposées en épi simple & terminal, & les semences sont suspendues par des péduncules courts & épais. On trouve cette plante en Provence dans les lieux maritimes. ☉

---

**XX.** *Toutes les fleurs unisexuelles.*

| Feuilles ovales-arrondies, & larges de plus de quatre pouces. | Feuilles alongées & n'ayant jamais quatre pouces de largeur. |
| --- | --- |
| **X X I.** | **X X I I.** |

---

**XXI.** *Feuilles ovales-arrondies, & larges de plus de quatre pouces.*

Patience des Alpes. *Lapathum Alpinum.*

> *Lapathum folio rotundo*, *Alpinum.* Tournef. 504.
> *Rumex Alpinus.* Linn. Sp. 480.

Sa tige est épaisse, striée, rameuse, & haute de trois à quatre pieds; ses feuilles radicales sont grandes, pétiolées, ovales-arrondies, obtuses ou quelquefois légèrement pointues; celles de la tige sont lancéolées : les fleurs forment des épis

**661.** fort denfes & alongés. On trouve cette plante dans les montagnes du Dauphiné & de la Provence ♃ ; fa racine eft purgative & amère.

---

XXII. *Feuilles alongées, & n'ayant jamais quatre pouces de largeur.*

| Feuilles étroites, ayant des oreillettes très-divergentes & prefque perpendiculaires à leur axe.<br><br>X X I I I. | Feuilles oblongues, dont les oreillettes ne font point divergentes.<br><br>X X I V. |
|---|---|

---

XXIII. *Feuilles étroites, ayant des oreillettes très-divergentes & prefque perpendiculaires à leur axe.*

Patience des champs. *Lapathum arvenfe.*

*Acetofa arvenfis lanceolata.* Tournef. 503.
*Rumex acetofella.* Linn. Sp. 481.

Sa racine eft ligneufe, horizontale, ramenfe, de couleur brune, & pouffe plufieurs tiges extrêmement grêles qui s'élèvent rarement au-delà de huit ou neuf pouces ; les feuilles font pétiolées, lancéolées, pointues & haflées ; les épis de fleur font très-menus, quelquefois ramaffés & affez courts ; d'autres fois très-lâches & prefque filiformes. On trouve cette plante dans les terreins fablonneux fur le bord des champs. ♃

---

XXIV. *Feuilles oblongues, dont les oreillettes ne font point divergentes.*

Patience des prés. *Lapathum pratenfe.* ( Ofeille commune. )

*Acetofa pratenfis,* Tournef. 502.
*Rumex acetofa.* Linn. Sp. 481.

Sa tige eft haute d'un pied & demi, cannelée & ramenfe ; fes feuilles font pétiolées, ovales & fagittées ; fes épis de

**661.** fleurs font rameux & un peu ramaffés. On trouve cette plante dans les prés où elle eft très-commune ; on la cultive dans les jardins pour l'ufage de la cuifine ♃ ; elle eft ftyptique, rafraîchiffante, & paffe pour un excellent anti-fcorbutique ; fes feuilles font réfolutives & fes femences cordiales.

---

**662.** *Feuilles oppofées ou verticillées. . . . . . . . . .* { Quatre étamines. . . . . . . 663<br>Huit étamines. . . . . . . 665

---

**663.** *Quatre étamines. . . . . . .* { Tige pauciflore ; feuilles étroites & linéaires. . . . . . . . . . 664<br>Tige multiflore ; feuilles ovales & point linéaires. . . 702—XVII

---

**664.** *Tige pauciflore ; feuilles étroites & linéaires.*

### Sagine. *Sagina.*

Les fagines portent des fleurs fort petites ; compofées d'un calice de quatre pièces, de quatre pétales fort courts, de quatre étamines & d'un ovaire chargé de quatre ftyles. Le fruit eft une capfule quadrivalve & polyfperme.

### A N A L Y S E.

| Tiges droites. . . I. | Tiges couchées. I I. |
| --- | --- |

**I.** *Tiges droites.*

Sagine droite. *Sagina erecta.* Linn. Sp. 185.

*Alfine verna glabra.* Tournef. 242.
β. *Sagina apetala.* Linn. mant. 559.

Ses tiges font hautes de deux ou trois pouces, très-menues, quelquefois fimples, mais ordinairement dichotomes ; fes feuilles font oppofées, connées, étroites, pointues & plus courtes que

**664.** les entre-nœuds ; les péduncules font uniflores, filiformes & toujours redreffés. La variété β eft plus rameufe, fes fleurs font plus petites, en plus grand nombre, & leur corolle manque ou fe dérobe aux yeux par fa petiteffe. On trouve cette plante dans les lieux fablonneux, dans les bois. ☉

---

II.          *Tiges couchées.*

Sagine rampante. *Sagina procumbens.* Linn. Sp. 185.

*Alfine minima, flore fugaci.* Tournef. 243.

Ses tiges font longues de deux pouces, nombreufes, glabres, très-menues, couchées & difpofées en gazon ; fes feuilles font oppofées, connées, étroites, linéaires & aiguës : les péduncules font uniflores ; & les pétales, beaucoup plus courts que le calice, font difficiles à appercevoir. Cette plante croît fur les murs & dans les lieux fablonneux. ♈

---

**665.**     *Huit étamines* . . . . . . . . $\Big\{$ Tiges chargées de plufieurs fleurs axillaires. . . . . . . . . . . . . . . 666

Tige chargée d'une feule fleur terminale . . . . . . . . . . . . 667

---

**666.**     *Tiges chargées de plufieurs fleurs axillaires.*

Elatine. *Elatine.*

Les élatines portent des fleurs axillaires, folitaires, compofées d'un calice de quatre pièces, de quatre pétales courts & ouverts, de huit étamines & d'un ovaire chargé de quatre ftyles. Le fruit eft une capfule à quatre loges.

*A N A L Y S E.*

| Feuilles oppofées. | Feuilles verticillées. |
|:---:|:---:|
| I. | I I. |

**666.** **I.** *Feuilles oppofées.*

Elatine conjuguée. *Elatina conjugata.*

*Alfinaftrum ferpyllifolium , flore albo tetrapetalo,* Vaill. Parif. V , tab. 11 , fig. 2.

β. *Alfinaftrum ferpyllifolium , flore rofeo tripetalo.* Vaill. Ibid. fig. 1.

*Elatine hydropiper.* Linn. Sp. 527. ( α , β.)

Ses tiges font longues de quatre à cinq pouces, menues, liffes, rampantes, rameufes & diffufes ; fes feuilles font ovales-lancéolées, oppofées & très-glabres. Les fleurs font blanches ou rougeâtres, portées fur des péduncules plus courts que les feuilles. On trouve cette plante dans les mares & dans les lieux où l'eau féjourne. ☉

**II.** *Feuilles verticillées.*

Elatine verticillée. *Elatine verticillata.*

*Alfinaftrum gallii folio.* Tournef. 244.

β *Alfinaftrum gratiolæ folio.* Ibid. Vaill. Parif. t. I, f. 6.

*Elatine alfinaftrum.* Linn. Sp. 527. ( α , β. )

Sa tige eft fimple, un peu épaiffe, garnie dans fa partie inférieure de petites racines fibreufes, flottantes, difpofées à la manière des feuilles, & s'élève au-deffus de la furface de l'eau, de quelques pouces, dans une direction affez droite ; fes feuilles font nombreufes à chaque nœud, & forment des verticilles peu écartés : celles qui font cachées fous l'eau, font capillaires & longues de huit à dix lignes, mais les autres font beaucoup plus courtes, plus élargies, liffes & un peu fucculentes. Les fleurs font petites, de couleur blanche & portées fur de très-courts péduncules. On trouve cette plante dans les mares & dans les foffés où l'eau fe conferve.

**667.** *Tige chargée d'une feule fleur terminale.*

Parifette à quatre feuilles. *Paris quadrifolia.* Linn. Sp. 527.

*Herba paris.* Tournef. 234.

Sa tige eft haute d'un demi-pied, droite, très-fimple &

**667.** chargée vers son sommet de quatre à cinq feuilles ovales très
entières, glabres & disposées en verticilles. La fleur naît au-
dessus des feuilles, soutenue par un pédoncule droit & long
de six ou huit lignes, elle est composée d'un calice de quatre
feuilles longues & lancéolées, de quatre pétales étroits &
linéaires, de huit étamines, dont les anthères sont placées
dans la partie moyenne de leur filet, & d'un pistile coloré
d'un violet-noirâtre, formé par un ovaire anguleux chargé
de quatre styles. Le fruit est une baie tétragone, arrondie,
noirâtre & polysperme. On trouve cette plante dans les bois ♃ ;
elle passe pour alexipharmaque, céphalique, résolutive &
anodine.

---

**668.**

*Cinq pétales ou plus.* . . . $\left\{\begin{array}{l}\text{Ovaire chargé de style; les stig-}\\\text{mates sont pédiculés.} \ldots \ldots\ \ 669\\\text{Ovaire privé de style; les stig-}\\\text{mates sont sessiles.} \ldots \ldots\ \ 703\end{array}\right.$

---

**669.**

*Ovaire chargé de style.* . . $\left\{\begin{array}{l}\text{Un seul style terminé par plu-}\\\text{sieurs stigmates} \ldots \ldots\ \ 670\\\text{Plusieurs styles très-distincts,}\\\text{terminés chacun par un stigmate}\\\text{simple.} \ldots \ldots\ \ 673\end{array}\right.$

---

**670.**

*Un seul style terminé par plusieurs stigmates* . . . $\left\{\begin{array}{l}\text{Style terminé par trois ou six}\\\text{stigmates; toutes les feuilles très-}\\\text{entières} \ldots \ldots\ \ 671\\\text{Style terminé par cinq stigmates;}\\\text{feuilles découpées, ou lobées, ou}\\\text{dentées} \ldots \ldots\ \ 672\end{array}\right.$

---

**671.** *Style terminé par trois ou six stigmates ; toutes les feuilles
très-entières.*

## Franquenne. *Frankenia.*

Les franquennes portent des fleurs fort petites, composées
d'un calice à cinq divisions, de cinq pétales, de six étamines, & d'un ovaire dont le style est chargé de trois ou
six stigmates. Le fruit est une capsule uniloculaire & trivalve.

| Feuilles vertes, étroites & linéaires. **I.** | Feuilles poudreuses & ovales-obtuses. **II.** |
| --- | --- |

**I.** *Feuilles vertes, étroites & linéaires.*

Franquenne lisse. *Frankenia lævis.* **Linn. Sp.** 473.

> *Alsine maritima, supina, foliis quasi vermiculatis.* **Tournef.** 244.

Ses tiges sont longues de quatre ou cinq pouces, couchées sur la terre, dures, très-rameuses, diffuses, & forment un gazon bien garni ; ses feuilles sont petites, nombreuses, opposées, fasciculées & comme verticillées : les fleurs sont axillaires, solitaires, presque sessiles & d'un rouge-violet. Leurs anthères sont de couleur jaune. Cette plante croît dans les lieux maritimes des provinces méridionales. ♃

**II.** *Feuilles poudreuses & ovales-obtuses.*

Franquenne poudreuse. *Frankenia pulverulenta.* **Linn. Sp.** 474.

> *Alsine maritima, supina, foliis chamæsices.* **Tournef.** 244.

Cette espèce a beaucoup de rapport avec la précédente ; ses tiges sont également menues, couchées & rameuses, mais elles forment un gazon moins garni ; ses feuilles sont plus courtes, moins étroites & presque blanchâtres, & ses fleurs sont plus petites & d'un violet fort pâle. On la trouve dans les provinces méridionales sur les bords de la mer.

672. *Style terminé par cinq stigmates ; feuilles découpées, ou lobées, ou dentées.*

### Bec-de-grue. *Geranium.*

Les fleurs de bec-de-grue sont composées d'un calice de cinq feuilles, de cinq pétales quelquefois inegaux, de cinq à dix étamines plus ou moins réunies, & d'un ovaire arrondi,

**672.** surmonté d'un style en alène ou en pyramide, terminé par cinq stigmates ; le fruit est une capsule à cinq coques ; chargée d'un long bec anguleux, & qui s'ouvre avec élasticité de bas en haut. On trouve des stipules à la base des feuilles & sous les divisions des péduncules.

## ANALYSE.

| Péduncules chargés d'une ou deux fleurs. I. | Péduncules chargés de plus de deux fleurs. XXVIII. |
|---|---|

I. *Péduncules chargés d'une ou deux fleurs.*

| Péduncules chargés d'une seule fleur. I I. | Péduncules chargés de deux fleurs. I I I. |
|---|---|

II. *Péduncules chargés d'une seule fleur.*

Bec-de-grue sanguin. Geranium sanguineum. Linn. Sp. 958.

*Geranium sanguineum ; maximo flore.* Tournef. 267.

Ses tiges sont droites, un peu rameuses, velues, & s'élèvent jusqu'à un pied & demi ; ses feuilles sont pétiolées, arrondies, & profondément découpées en lobes étroits, la plupart trifides : ses fleurs sont grandes, de couleur rouge ou violette, & portées sur de longs péduncules. On trouve cette plante dans les bois & les prés couverts ⚥ ; elle est vulnéraire & astringente.

III. *Péduncules chargés de deux fleurs.*

| Pétales entiers. I V. | Pétales échancrés. X I. |
|---|---|

672. | IV.                    *Pétales entiers.*

| Feuilles découpées & angu-<br>leufes ; leurs découpures font<br>pointues.<br> V. | Feuilles arrondies, incifées &<br>lobées ; leurs découpures<br>font obtufes.<br> X. |

V.            *Feuilles découpées & anguleufes.*

| Fleurs d'un rouge - incarnat<br>ou d'un pourpre-livide,<br>mais point tachées de bleu.<br> V I. | Fleurs de couleur bleue<br>ou blanches,<br>avec des taches bleues.<br> I X. |

VI. *Fleurs d'un rouge-incarnat ou d'un pourpre-livide , mais<br>point tachées de bleu.*

| Pétales fimplement ouverts &<br>d'un rouge-incarnat ; calices<br>ftriés.<br> V I I. | Pétales réfléchis vers le calice<br>& d'un pourpre-livide ; ca-<br>lices non ftriés.<br> V I I I. |

VII. *Pétales fimplement ouverts & d'un rouge-incarnat ; calices ftriés.*

Bec-de-grue Robertin. *Geranium Robertianum.* Linn. Sp. 955.

*Geranium Robertianum rubens* ( & *viride* ). Tournef. 268.

Ses tiges font rameufes, velues, rougeâtres, noueufes &
hautes d'un pied ou un peu plus ; fes feuilles font pétiolées
& divifées en trois ou cinq lobes ailés ou pinnatifides. Les
fleurs font axillaires, portées fur des péduncules plus longs
que les feuilles ; leur calice eft velu, chargé de dix ftries affez
faillantes, & fes folioles font terminées par une efpèce de
barbe ou filet particulier : le fruit eft toujours dans la direction du pétiole. Cette plante croît le long des haies & fur

**672.** les vieux murs : dans les lieux fecs, elle eft d'un rouge-vif dans toutes fes parties. ♂ Elle eft vulnéraire & aftringente.

---

VIII. *Pétales réfléchis vers le calice & d'un pourpre-livide ; calices non ftriés.*

Bec-de-grue livide. *Geranium phæum.* Linn. Sp. 953.

> *Geranium phæum five fufcum , petalis reflexis.* Tournef. 267.
>
> *Geranium phæum five fufcum , petalis rectis feu planis.* Ibid.
>
> *Geranium fufcum.* Linn. mant. 97.

Sa tige eft droite, velue & haute d'un pied & demi ; fes feuilles font pétiolées, molles, un peu velues, nerveufes, ridées, palmées & divifées en cinq lobes dentés & incifés : les fupérieures font alternes & prefque feffiles. Les fleurs forment, vers le fommet de la tige, une efpèce de grappe droite ou d'épi fort lâche ; elles font remarquables par leur corolle livide ou d'un rouge-brun, plus ou moins réfléchie felon fon âge, & par leur calice chargé de poils affez longs & fouvent taché à fa bafe. Cette plante croît en Alface, où elle eft indiquée par Mappus. ♃

---

IX. *Fleurs de couleur bleue ; ou blanches avec des taches bleues.*

Bec-de-grue des prés. *Geranium pratenfe.* Linn. Sp. 954.

> *Geranium batrachioides , gratiâ Dei Germanorum.* Tournef. 267.
>
> β. *Geranium batrachioides maximum , minus laciniatum , folio aconiti.* Ibid. 266.

Ses tiges font hautes d'un à deux pieds, prefque glabres & un peu rameufes ; fes feuilles font grandes, pétiolées, palmées & découpées profondément en cinq ou fept lobes pinnatifides & anguleux : elles ont beaucoup de rapport avec celles de l'aconit napel. Les fleurs font grandes, fort belles & portées fur de longs péduncules ; leur calice eft chargé de poils courts, & fes folioles font terminées par une pointe

particulière

672. particulière. La variété β est remarquable par ses feuilles ridées & beaucoup moins profondément découpées, sur-tout les inférieures ; elles ressemblent un peu à celles de l'aconit tue-loup : ses fleurs sont un peu moins grandes & soutenues par des péduncules plus courts. On trouve cette plante dans les prés montagneux des provinces méridionales ; sa variété croît en Alsace. ♃

---

X.  *Feuilles arrondies, incisées & lobées.*

Bec-de-grue à feuilles rondes. *Geranium rotundifolium.* Linn. Sp. 957.

*Geranium folio malvæ rotundo.* Tournef. 268.

Cette plante est un peu visqueuse ; ses tiges sont légèrement velues, rameuses, foibles & quelquefois un peu couchées ; ses feuilles sont pétiolées, arrondies, presque semiquinquefides ; à lobes obtus, incisés ou crénelés, bordées dans leur jeunesse de points rouges, & chargées particulièrement en-dessous, d'un duvet court & visqueux. Les fleurs sont petites & rougeâtres ; leurs pétales sont entiers, très-obtus & à peine plus grands que le calice. On trouve cette plante dans les lieux cultivés. ☉

---

XI.  *Pétales échancrés.*

| Feuilles arrondies & lobées ; leurs lobes ou découpures sont obtus. **X I I.** | Feuilles anguleuses, plus ou moins découpées, mais point à lobes obtus. **X I X.** |
|---|---|

---

XII.  *Feuilles arrondies & lobées.*

| Tiges couchées sur la terre. **X I I I.** | Tiges droites, plus ou moins étalées. **X I V.** |
|---|---|

**672.** | XIII.     *Tiges couchées fur la terre.*

**Bec-de-grue mauvin.** *Geranium malvæfolium.* Scop. carn. II.
P. 37.

*Geranium columbinum majus, flore minore cæruleo.* Tournef.
268. Vaill. Parif. 79, tab. 15, fig. 1.

β. *Geranium columbinum tenuius laciniatum.* Tournef. 268.

*Geranium pufillum.* Linn. Sp. 957.

Ses tiges font longues de cinq à huit pouces, rameufes
& légèrement velues ; fes feuilles font pétiolées, arrondies,
femi-feptifides & incifées en leurs lobes, qui font obtus à leur
fommet, mais plus étroits que dans l'efpèce précédente avec
laquelle celle-ci a beaucoup de rapport : les fleurs font petites,
de couleur bleue ou violette, remarquables par leurs pétales
échancrés en cœur, & par leur calice dont les folioles font
pointues, mais fans filets ni barbe particulière. La variété β
ne diffère que par fa petiteffe, & par fes feuilles plus finement
découpées. On trouve cette plante fur les peloufes, le long
des chemins & dans les lieux cultivés. ☉

---

XIV.     *Tiges droites plus ou moins étalées.*

| Calices ridés tranfverfalement; feuilles luifantes. | Calices non ridés; feuilles point fenfiblement luifantes. |
|:---:|:---:|
| X V. | X V I. |

---

XV.     *Calices ridés tranfverfalement; feuilles luifantes.*

**Bec-de-grue luifant.** *Geranium lucidum.* Linn. Sp. 955.

*Geranium lucidum faxatile.* Tournef. 267.

Ses racines font d'un rouge noirâtre, & pouffent plufieurs
tiges rameufes qui s'élèvent jufqu'à un pied ; fes feuilles font
pétiolées, arrondies & découpées jufqu'à leur moitié en cinq
ou fix lobes obtus, garnis de quelques dents peu profondes ;
elles font luifantes, mais chargées de quelques poils épars :
les fleurs font petites, de couleur rofe, & remarquables par
leur calice pyramidal, anguleux & ridé. On trouve cette plante
dans les lieux montueux & pierreux, où elle acquiert fouvent
une couleur rougeâtre. ☉

672.

XVI. *Calices non ridés ; feuilles point senfiblement luifantes?*

| Fleurs ayant dix étamines fer-<br>tiles & d'égale longueur ;<br>feuilles toutes larges de<br>moins de deux pouces.<br><br>XVII. | Fleurs ayant cinq étamines<br>fertiles ; & cinq autres plus<br>courtes & ftériles ; feuilles<br>larges de deux pouces ou<br>davantage.<br><br>XVIII. |

XVII. *Fleurs ayant dix étamines fertiles & d'égale longueur ;*
*feuilles toutes larges de moins de deux pouces.*

Bec-de-grue mollet. *Geranium molle.* Linn. Sp. 955.

> *Geranium columbinum minus, majori flore ; & foliis florum*
> *bifidis.* Tournef. 268.

Ses tiges font velues, rameufes, diffufes, & s'élèvent
jufqu'à un pied ; fes feuilles font molles, blanchâtres, velues,
arrondies, incifées, crénelées & portées fur de longs pétioles :
les fleurs font petites, de couleur rofe, velues en leur calice,
& à anthères violettes. On trouve cette plante dans les lieux
fecs & montueux. ☉

XVIII. *Fleurs ayant cinq étamines fertiles & cinq autres plus courtes*
*& ftériles ; feuilles larges de deux pouces ou davantage.*

Bec-de-grue des Pyrénées. *Geranium Pyrenaicum.* Linn.
mant. 97.

> *Geranium columbinum perenne, Pyrenaicum, maximum.*
> Tournef. 268.

Ses tiges font cylindriques, velues, rameufes ; & s'élèvent
jufqu'à deux pieds ; fes feuilles font pétiolées, arrondies,
vertes, rougeâtres en leur bord, & découpées en lobes incifés
& très-obtus, les ftipules font purpurines ; les fleurs font d'un
pourpre violet, & les folioles de leur calice font terminées
par un point glanduleux & rougeâtre. Cette plante croît en
Provence. ♃

672.

**XIX.** *Feuilles anguleuses plus ou moins découpées ; mais point à lobes obtus.*

| | |
|---|---|
| Feuilles palmées ou partagées en lobes anguleux, non divisés jusqu'au pétiole. **X X.** | Feuilles finement découpées & toutes divisées jusqu'au pétiole. **X X I I I.** |

**XX.** *Feuilles palmées ou partagées en lobes anguleux, non divisés jusqu'au pétiole.*

| | |
|---|---|
| Feuilles luisantes en-dessous ; celles de la tige à trois lobes simples. **X X I.** | Feuilles non luisantes en-dessous ; & toutes à cinq ou sept lobes incisés. **X X I I.** |

**XXI.** *Feuilles luisantes en-dessous ; celles de la tige à trois lobes simples.*

Bec-de-grue noueux. *Geranium nodosum.* **Linn. Sp.** 953.

*Geranium nodosum.* **Tournef.** 267.

Ses tiges sont droites, rameuses, & s'élèvent jusqu'à un pied & demi ; ses feuilles sont pétiolées, presque glabres, nerveuses & luisantes en-dessous, & divisées en lobes simples, ovales, dentés & pointus. Les inférieures ont toujours cinq lobes, mais les supérieures n'en ont ordinairement que trois, & sont portées sur des pétioles beaucoup plus courts. Les fleurs sont d'un rouge tirant sur le violet ; & les filamens de leurs étamines persistent assez long-temps avec le fruit après la chûte de la corolle. Cette plante croît dans les montagnes de la Provence, vers le Dauphiné. ♃

**XXII.** *Feuilles non luisantes en-dessous, & toutes à cinq ou sept lobes incisés.*

Bec-de-grue des bois. *Geranium sylvaticum.* **Linn. Sp.** 954.

*Geranium batrachioides, folio aconiti.* **Tournef.** 266.

Sa tige est droite, médiocrement rameuse, & s'élève un peu

672. au-delà d'un pied ; ſes feuilles ſont petiolées, palmées, ridées ; un peu velues & découpées à peu-près comme celles du bec-de-grue des prés, mais moins profondément : ſes fleurs ſont grandes, purpurines & rayées. On trouve cette plante dans les lieux humides & couverts des montagnes. ♃

---

XXIII. *Feuilles finement découpées, & toutes diviſées juſqu'au pétiole,*

| Feuilles ſoyeuſes & blan-châtres ; hampes nues & radicales. | Feuilles vertes & point ſoyeuſes ; tige portant les fleurs & les feuilles. |
|---|---|
| X X I V. | X X V. |

---

XXIV. *Feuilles ſoyeuſes & blanchâtres ; hampes nues & radicales.*

Bec-de-grue argenté. *Geranium argenteum.* Linn. Sp. 954.

*Geranium argenteum Alpinum.* Tournef. 267.

Sa racine eſt longue, noirâtre en-dehors, & ſe diviſe ſu-périeurement en pluſieurs ſouches épaiſſes, ſur leſquelles naiſſent les feuilles & les hampes qui portent les fleurs ; les feuilles ſont petites, arrondies, pétiolées & diviſées en lanières étroites, nombreuſes & ſerrées : les péduncules ſont nus, rarement plus longs que les feuilles d'entre leſquelles ils partent, & ſou-tiennent chacun deux fleurs rougeâtres & ſtriées. Cette plante croît en Dauphiné dans les environs de Chaliole-le-vieux, où elle a été obſervée par Dom Fourmeault & M. de Villars. ♃

---

XXV. *Feuilles vertes & point ſoyeuſes ; tige portant les fleurs & les feuilles.*

| Péduncules fort courts, & dont la longueur n'excède pas un pouce. | Péduncules fort longs, ou dont la longueur excède deux pouces. |
|---|---|
| X X V I. | X X V I I. |

**672.**

**XXVI.** *Péduncules fort courts, & dont la longueur n'excède pas un pouce.*

Bec-de-grue disséqué. *Geranium dissectum.* Linn. Sp. 956.

*Geranium columbinum maximum , foliis dissectis.* Tournef. 268.

Ses tiges sont rameuses, légèrement velues, foibles, plus ou moins droites & hautes d'un pied ; ses feuilles sont portées sur de longs pétioles, & découpées profondément en lanières étroites, pointues, simples ou trifides : les péduncules sont très-courts, & portent chacun deux fleurs purpurines assez petites, dont le calice est terminé par des barbes ou filets particuliers. On trouve cette plante le long des haies & sur le bord des bois. ☉

**XXVII.** *Péduncules fort longs, ou dont la longueur excède deux pouces.*

Bec-de-grue colombin. *Geranium columbinum.* Linn. Sp. 956.

*Geranium columbinum dissectis foliis , pediculis florum longissimis.* Tournef. 268.

Cette espèce a beaucoup de rapport avec la précédente ; ses tiges sont rameuses, foibles, souvent un peu couchées & longues d'un pied ou davantage : ses feuilles sont multifides & portées sur de longs pétioles. Ses fleurs sont assez grandes, de couleur rouge ou bleuâtre, & soutenues par des péduncules fort longs ou qui surpassent ordinairement la longueur des pétioles ; les pétales ont assez communément une petite pointe dans leur échancrure ; les calices sont presque glabres & terminés par des barbes longues d'une ligne au moins. On trouve cette plante dans les lieux cultivés & couverts, sur le bord des haies. ☉

**XXVIII.** *Péduncules chargés de plus de deux fleurs.*

| Feuilles ovales-en-cœur, un peu lobées, mais point découpées jusqu'à la côte. | Feuilles découpées jusqu'à la côte, & une ou plusieurs fois ailées. |
|---|---|
| **XXIX.** | **XXX.** |

**672.** **XXIX.** *Feuilles ovales-en-cœur, un peu lobées, mais point découpées jusqu'à la côte.*

Bec-de-grue guimauvier. *Geranium malacoides.* Linn. Sp. 952.

*Geranium folio altheæ.* Tournef. 268.

Ses tiges font longues d'un pied, rameufes, légèrement velues, quelquefois un peu droites, mais plus ordinairement couchées; fes feuilles font pétiolées, crénelées, incifées en un ou deux lobes de chaque côté, velues & d'un vert un peu blanchâtre : les ftipules font fcarieufes & tranfparentes. Les fleurs font petites, rougeâtres ou violettes, & leur calice eft ftrié, velu & prefque fans barbes. Cette plante croît dans les champs des provinces méridionales.

---

**XXX.** *Feuilles découpées jufqu'à la côte, & une ou plufieurs fois ailées.*

| | |
|---|---|
| Feuilles dont les pinnules ou folioles font finement découpées, & n'ont pas un pouce de longueur.<br><br>**XXXI.** | Feuilles dont les pinnules font groffièrement découpées, & ont plus d'un pouce de longueur.<br><br>**XXXIV.** |

**XXXI.** *Feuilles dont les pinnules ou folioles font finement découpées, & n'ont pas un pouce de longueur.*

| | |
|---|---|
| Feuilles prefque triangulaires, leurs pinnules inférieures étant beaucoup plus grandes que les autres.<br><br>**XXXII.** | Feuilles fimplement alongées, leurs pinnules inférieures étant égales aux autres, ou même plus courtes.<br><br>**XXXIII.** |

**672.**

**XXXII.** *Feuilles presque triangulaires, leurs pinnules inférieures étant beaucoup plus grandes que les autres.*

Bec-de-grue des rochers. *Geranium petræum.* Gouan. Obf. p. 45, t. XXI, f. 1.

*Geranium petræum, cicutæ folio, radice crassâ.* Tournef. 269.

Sa racine eft longue, épaiffe, ligneufe, & fon collet s'alonge en une fouche écailleufe, vivace, qui porte les feuilles & les péduncules des fleurs ; fes feuilles font deux fois ailées, à découpures fines, pointues, & font portées fur des pétioles velus, & longs de deux à trois pouces. Les péduncules naiffent parmi les feuilles, dont ils furpaffent un péu la longueur, & foutiennent chacun trois à cinq fleurs affez grandes, d'un rouge-violet ou bleuâtre ; ils font velus, & les calices des fleurs font ftriés. On trouve cette plante dans les fentes des rochers en Languedoc. ♃

**XXXIII.** *Feuilles fimplement alongées ; leurs pinnules inférieures étant égales aux autres, ou même plus courtes.*

Bec-de-grue cicutin. *Geranium cicutarium.* Linn. Sp. 951.

*Geranium cicutæ folio, minus & fupinum.* Tournef. 269.

β. *Geranium fupinum.* Dod. pempt. 63.

Ses tiges font longues de deux à trois pouces, couchées, fimples & légèrement velues ; fes feuilles font longues de quatre à cinq pouces, ailées dans prefque toute leur lon-gueur, à pinnules à-peu-près égales, & dont les découpures font profondes & pointues ; elles font couchées en rond fur la terre, où elles forment un gazon ou une rofette affez grande. Les péduncules font de la longueur des feuilles, & foutiennent quatre à fix fleurs de couleur rouge ou violette. La variété β pourroit, felon l'opinion de M. Gouan, être diftinguée comme une efpèce à part ; fes tiges font toujours beaucoup plus longues que les feuilles, & font quelquefois rameufes : les pinnules inférieures des feuilles font plus dif-tantes les unes des autres, & celles du milieu font les plus grandes, les péduncules font fort longs, & portent jufqu'à

**672.** huit ou dix fleurs. On trouve cette plante sur le bord des chemins & dans les terreins fablonneux ; fa variété croît dans les pâturages fertiles. ☉

---

**XXXIV.** *Feuilles dont les pinnules font groffièrement découpées, & ont plus d'un pouce de longueur.*

Bec-de-grue ciconier. *Geranium ciconium.* Linn. Sp. 952.

*Geranium cicutæ folio, acu longiffimá.* Tournef. 268.

Ses tiges font longues d'un pied & demi, épaiffes, cylindriques, légèrement velues & un peu couchées ; fes feuilles font grandes, pétiolées, ailées, à pinnules larges, incifées, & dont les découpures font prefque obtufes ; les péduncules font axillaires, & foutiennent chacun quatre à fix fleurs violettes, dont les calices font ftriés & terminés par des barbes. Les becs des capfules font longs de quatre ou cinq pouces. On trouve cette plante en Provence. ☉

---

**673.** *Plufieurs ftyles très-diftincts, terminés chacun par un ftigmate fimple* . . . . . {
Trois ftyles. . . . . . . . . . 674

Quatre ou cinq ftyles. . . 685

---

**674.** *Trois ftyles.* . . . . . . . . {
Calice monophylle . . . . 675

Calice polyphylle. . . . . 676

---

**675.** *Calice monophylle.*

Carnillet. *Cucubalus.*

Les fleurs de carnillet font compofées d'un calice tubulé ou ventru, dont le bord eft à cinq dents ; de cinq pétales foutenus par des onglets étroits, ayant communément chacun deux petites écailles dans leur partie moyenne, qui forment à l'entrée de la corolle une couronne plus ou moins apparente ; de dix étamines & d'un ovaire chargé de trois ftyles.

**675.** Le fruit eſt une capſule à une ou trois loges; les feuilles ſont oppoſées & connées.

OBS. Je ne connois pas de caractère ſuffiſant pour établir une diſtinction générique entre les *ſilènes* & les *cucubalus* de M. Linné : celle qu'offrent les écailles de la corolle qui ſont très-apparentes dans les premiers & moins ſenſibles dans les ſeconds, me paroît défectueuſe, ces écailles n'étant vraiment nulles que dans un très-petit nombre d'eſpèces.

## ANALYSE.

| Pétales entiers & point découpés. I. | Pétales échancrés ou découpés. X. |
|---|---|

**I.** *Pétales entiers & point découpés.*

| Corolle ſans couronne; pétales linéaires. II. | Corolle ayant une couronne; pétales non linéaires. III. |
|---|---|

**II.** *Corolle ſans couronne; pétales linéaires.*

**Carnillet parviflore.** *Cucubalus parviflorus.*

*Lychnis viſcoſa, flore muſcoſo, minor.* **Tournef.** 336.
*Cucubalus otites.* **Linn.** Sp. 594.

Sa tige eſt droite, aſſez ſimple, cylindrique, glutineuſe vers ſon ſommet, peu garnie de feuilles, & s'élève juſqu'à un pied & demi; ſes feuilles inférieures ſont nombreuſes, longues, ſpatulées, rétrécies en pétiole à leur baſe & d'une conſiſtance un peu ferme : celles de la tige ſont étroites & en petit nombre. Les fleurs ſont fort petites, d'un blanc-jaunâtre ou verdâtre, ſouvent uniſexuelles, & ramaſſées par paquets ou eſpèces de verticilles qui forment au ſommet de la tige un épi interrompu & quelquefois un peu panniculé. Cette plante croît dans les lieux ſtériles & ſablonneux. ♃

**675.**

III. *Corolle ayant une couronne ; pétales non linéaires.*

| Feuilles glabres.<br>I V. | Feuilles velues.<br>V I I. |
| --- | --- |

IV. *Feuilles glabres.*

| Calice en massue, & fort étroit dans sa partie inférieure.<br>V. | Calice conique, & renflé dans sa partie inférieure,<br>V I. |
| --- | --- |

V. *Calice en massue & fort étroit dans sa partie inférieure.*

Carnillet fasciculé. *Cucubalus fasciculatus.*

*Lychnis viscosa, purpurea, latifolia, lævis.* Tournef. 335.
*Silene armeria.* Linn. Sp. 601.

Sa tige est droite, glabre, médiocrement rameuse, & haute d'un pied ou un peu plus ; ses entre-nœuds supérieurs sont enduits d'un suc glutineux qui retient les insectes qui s'y posent : les feuilles sont larges, ovales, lisses & d'un vert un peu glauque. Les fleurs sont rougeâtres, terminales & disposées par faisceaux. Cette plante croît dans les provinces méridionales. ⊙

VI. *Calice conique & renflé dans sa partie inférieure.*

Carnillet conoïde. *Cucubalus conoideus.*

*Lychnis sylvestris latifolia, calyculis turgidis, striatis.*
Tournef. 337.
*Silene conoidea,* Linn. Sp. 598.

Sa tige est droite, simple, pubescente, & s'élève jusqu'à un pied ; ses feuilles sont lancéolées, pointues, glabres & un peu rétrécies vers leur base, sur-tout les inférieures qui sont presque spatulées. Les fleurs sont rouges, terminales & remarquables par leur calice conique, pointu, ventru à sa base & chargé de stries très-nombreuses. On trouve cette plante sur le bord des champs. ⊙

**675.** | **VII.**  *Feuilles velues.*

| Pétales pourpres en leur fu- perficie , & blancs en leur bord terminal. **VIII.** | Pétales également rougeâtres ou blanchâtres en leur fu- perficie & en leur bord. **IX.** |
|---|---|

**VIII.** *Pétales pourpres en leur superficie, & blancs en leur bord terminal.*

**Carnillet panaché.** *Cucubalus variegatus.*

> *Lichnis hirta minor, flore variegato.* **Tournef.** 338.
> *Silene quinque vulnera.* **Linn. Sp.** 595.

Sa tige eft haute de neuf à dix pouces, droite, velue & rameufe ; fes feuilles font oblongues, étroites, légèrement fpa- tulées & un peu rudes au toucher. Les fleurs font droites , prefque feffiles , alternes & difpofées au fommet de la tige en épi unilatéral ; leur calice eft velu & ftrié. On trouve cette plante dans les lieux montueux des provinces méridionales. ☉

**IX.** *Pétales également rougeâtres ou blanchâtres en leur superficie & en leur bord.*

**Carnillet fauvage.** *Cucubalus fylveftris.*

> *Lychnis fylveftris , hirfuta , annua , flore minore , carneo.* **Tournef.** 337. **Vaill. Parif.** 121. tab. 16, fig. 12.
> *Silene Gallica.* **Linn. Sp.** 595.
> β. *Lychnis fylveftris , hirfuta , annua , flore minore , albo.* **Vaill. Parif.** 121.
> *Silene Anglica.* **Linn. Sp.** 594.

Sa tige eft droite, velue, rameufe, cylindrique, & s'élève jufqu'à un pied ; fes feuilles font oblongues, légèrement fpa- tulées, rétrécies vers leur bafe & chargées de poils écartés & un peu rudes. Les fleurs font petites, droites, alternes & portées fur de courts péduncules ; leur calice eft ftrié, hériffé & un peu vifqueux. On trouve cette plante dans les environs de Paris. ☉

**675.**  X. *Pétales échancrés ou découpés.*

| Tige & feuilles tout-à-fait glabres. XI. | Tige & feuilles velues ou pubescentes. XXII. |
|---|---|

XI.   *Tige & feuilles tout-à-fait glabres.*

| Toutes les feuilles linéaires & dont la largeur n'égale jamais deux lignes. XII. | Feuilles inférieures, ovales ou lancéolées, & dont la largeur excède toujours deux lignes. XVII. |
|---|---|

XII. *Toutes les feuilles linéaires & dont la largeur n'égale jamais deux lignes.*

| Calice en massue ; il est étroit dans sa partie inférieure, & renflé vers son sommet. XIII. | Calice campanulé ou cylindrique, mais point en massue. XIV. |
|---|---|

XIII.   *Calice en massue.*

Carnillet casse-pierre. *Cucubalus saxifragus.*

*Lychnis minor saxifraga.* Tournef. 338.
*Silene saxifraga.* Linn. Sp. 602.

Ses tiges font menues, filiformes, articulées & longues de fix à huit pouces ; fes feuilles font liffes, étroites, linéaires & difpofées par paires peu diftantes : les fleurs font terminales, folitaires, droites & portées chacune fur un péduncule nu & fort grêle. Leur corolle eft un peu rougeâtre en dehors. Cette plante croît dans les lieux pierreux des provinces méridionales. ℔

**675.** | **XIV.** *Calice campanulé ou cylindrique, mais point en massue.*

| Fleurs rougeâtres ; feuilles longues à peine de trois ou quatre lignes. | Fleurs blanches ; feuilles longues de plus de six lignes. |
| :---: | :---: |
| X V. | X V I. |

**XV.** *Fleurs rougeâtres ; feuilles longues à peine de trois ou quatre lignes.*

Carnillet. mouffier. *Cucubalus muscosus.*

> *Lychnis Alpina pumila, folio gramineo, sive muscus Alpinus, lychnidis flore.* Tournef. 337.
> *Silene acaulis.* Linn. Sp. 603.

Ses tiges sont longues d'un pouce & demi, nombreuses, diffufes, très-garnies de feuilles & ramaffées en un gazon denfe qui a l'afpect d'une mouffe ; fes feuilles font courtes, étroites, linéaires & pointues ; les fleurs font folitaires, terminales, feffiles & de couleur rouge. Cette plante croit dans les pâturages élevés des montagnes en Provence. ⚥

**XVI.** *Fleurs blanches ; feuilles longues de plus de six lignes.*

Carnillet de roche. *Cucubalus saxatilis.*

> *Lychnis sylvestris IX*, Cluf. hift. p. 291.
> *Silene quadrifida.* Linn. Sp. 602.
> β. *Lychnis saxatilis Alpina, glabra, pumila.* Tournef. 338.
> *Silene rupestris.* Linn. Sp. 602.

Sa tige eft haute de cinq ou fix pouces, menue, fouvent rougeâtre & branchue feulement à fon fommet, où elle forme quelquefois une efpèce de corymbe ; fes feuilles font longues d'un pouce & demi, linéaires, larges d'une ligne à-peu-près, mais un peu plus étroites à leur bafe ; fes fleurs font terminales, pédunculées, affez grandes, courtes & fort belles ; leur corolle eft d'un blanc de lait & fes pétales ont leur limbe divifé en trois ou quatre dents ou efpèce de lobes ; la variété β eft moins grande dans toutes fes parties, moins chargée de

**675.** fleurs ; & le limbe de ſes pétales n'a ſouvent qu'une couple de dents , ce qui le fait paroître ſimplement échancré. On trouve cette plante dans les montagnes des provinces méridionales , parmi les rochers. ♂

---

**XVII.** *Feuilles inférieures , ovales ou lancéolées , & dont la largeur excède toujours deux lignes.*

| Corolle fort courte , dont le limbe eſt peu ſenſible & preſque point ouvert. **XVIII.** | Corolle aſſez grande , dont le limbe eſt très-apparent & très-ouvert. **XIX.** |
| --- | --- |

---

**XVIII.** *Corolle fort courte , dont le limbe eſt peu ſenſible & preſque point ouvert.*

**Carnillet fermé.** *Cucubalus inapertus.*

*Lychnis ſylveſtris minima , flore muſcoſo.* **Tournef.** 337.

*Silene inaperta.* **Linn.** Sp. 600.

Sa tige eſt haute de ſix à ſept pouces, glabre, branchue ou dichotome ; ſes feuilles ſont liſſes & lancéolées , & ſes fleurs ſont pédunculées & blanchâtres ; elles ont un calice glabre , ſtrié & un peu enflé. On trouve cette plante dans les environs de Montpellier. ☉

---

**XIX.** *Corolle aſſez grande , dont le limbe eſt très - apparent & très-ouvert.*

| Fleurs rouges , & preſque ſeſſiles ; tige un peu viſqueuſe. **X X.** | Fleurs blanches , & toutes pédunculées ; tige non viſqueuſe. **X X I.** |
| --- | --- |

675.

**XX.** *Fleurs rouges & presque sessiles ; tige un peu visqueuse.*

Carnillet fourchu. *Cucubalus dichotomus.*

*Lychnis sylvestris, viscosa, rubra, altera.* **Tournef.** 337.
*Silene muscipula.* **Linn. Sp.** 601.

Ses tiges font hautes d'un pied, lisses, cylindriques, branchues dès leur base, & fourchues vers leur sommet ; ses feuilles inférieures font longues, lancéolées & un peu rétrécies à leur base : les supérieures font presque linéaires ; les fleurs font rouges, portées sur de très-courts péduncules ; & disposées dans les bifurcations supérieures des tiges & de leurs rameaux. Cette plante croit dans les champs stériles des provinces méridionales.

*Nota.* Si les fleurs font fasciculées, *voyez* n°. **V.**

---

**XXI.** *Fleurs blanches & toutes pédunculées ; tige non visqueuse.*

Carnillet behen. *Cucubalus behen.* **Linn. Sp.** 591.

*Lychnis sylvestris, quæ behen album vulgò.* **Tournef.** 335.
β. *Lychnis sylvestris, quæ behen album vulgò, foliis angustioribus & acutioribus.* **Ibid.**
γ. *Lychnis maritima, repens.* **Ibid.**

Ses tiges font lisses, cylindriques, tendres, un peu foibles, branchues, & s'élèvent jusqu'à un pied & demi ; ses feuilles font ovales-lancéolées, glabres & d'un vert-glauque : les fleurs font blanches & remarquables par leur calice enflé, glabre, veiné & quelquefois rougeâtre. Cette plante est commune dans les champs. La variété β n'en diffère que par ses feuilles qui font plus longues & plus étroites. La variété γ a les tiges grêles, couchées & moins longues ; mais ses fleurs font plus grandes que dans les deux premières. On la trouve dans les lieux maritimes des provinces méridionales. ℔

**675.** | **XXII.** *Tige & feuilles velues ou pubescentes.*

| Calice conique, pointu, & chargé de trente stries. **XXIII.** | Calice non conique, & n'ayant pas plus de dix stries. **XXIV.** |
| --- | --- |

**XXIII.** *Calice conique, pointu & chargé de trente stries.*

Carnillet conique. *Cucubalus conicus.*

> *Lychnis sylvestris angustifolia, calyculis turgidis, striatis,* Tournef. 337.
> *Silene conica.* Linn. Sp. 598.

Sa tige est haute de six à sept pouces, ordinairément simple, cylindrique & pubescente ; ses feuilles sont longues, lancéolées-linéaires, aiguës, molles & chargées d'un duvet fort court : ses fleurs sont rougeâtres, oblongues, terminales & remarquables par leur calice, dont les dents sont presque conniventes entre les pétales. Cette plante croît dans les lieux secs & sablonneux de la Provence. ☉

**XXIV.** *Calice non conique, & n'ayant pas plus de dix stries.*

| Calice court, campaniforme, non strié & semiquinquefide. **XXV.** | Calice oblong, strié & point semiquinquefide. **XXVI.** |
| --- | --- |

**XXV.** *Calice court, campaniforme, non strié & semiquinquefide.*

Carnillet baccifère. *Cucubalus bacciferus.* Linn. Sp. 591.

> *Cucubalus Plinii.* Tournef. 339.

Ses tiges sont longues de deux à trois pieds, très-branchues, étalées, diffuses, pubescentes, foibles & un peu sarmenteuses ; ses feuilles sont ovales, pointues & chargées de poils extrémement courts. Les fleurs sont pédunculées & blanchâtres ; leur corolle est composée de cinq pétales, écartés les uns des

**675.** autres, étroits, laciniés & auriculés à leur base. Le fruit est une capsule ovale-obronde, noirâtre & bacciforme. Cette plante croît dans les lieux couverts & dans les vignes des provinces méridionales. ♃

---

**XXVI.** *Calice oblong, strié & point semiquinquefide.*

| Fleurs droites, alternes & solitaires sur leurs péduncules.<br>**XXVII.** | Fleurs penchées ou pendantes, & disposées en pannicule.<br>**XX** |
|---|---|

---

**XXVII.** *Fleurs droites, alternes & solitaires sur leur péduncule.*

| Fleurs presque sessiles, disposées en épi unilatéral; dents calicinales longues d'une ligne à-peu-près.<br>**XXVIII.** | Fleurs pédunculées & point en épi; dents calicinales longues de trois lignes au moins.<br>**XXIX.** |
|---|---|

---

**XXVIII.** *Fleurs presque sessiles, disposées en épi unilatéral; dents calicinales longues d'une ligne à-peu-près.*

Carnillet à épi. *Cucubalus spicatus.*

> *Lychnis segetum meridionalium, annua, hirta, floribus albis, uno versu dispositis.* Morif. Hift. p. 346, f. 5, t. 36, f. 7.
>
> *Silene nocturna.* Linn. Sp. 595.
>
> β. *Lychnis sylvestris, alba, spicâ reflexâ.* Tournef. 338.
>
> *Cucubalus reflexus.* Linn. Sp. 594.

Sa tige est haute d'un pied, cylindrique, velue & plus ou moins rameuse; ses feuilles radicales font ovales, rétrécies en pétiole à leur base, un peu rudes au toucher & étendues sur la terre; celles de la tige font alongées & plus étroites. Les fleurs forment un épi unilatéral souvent un peu courbé à son extrémité avant leur entier développement. Leurs pétales

**675.** font blancs & un peu verdâtres en dehors. Les calices font ftriés & toujours plus longs que les pédunculcs, pendant la floraifon. Cette plante croît dans les champs des provinces méridionales. ⊙

---

**XXIX.** *Fleurs pédunculées & point en épi ; dents calicinales longues de trois lignes au moins.*

Carnillet noctiflore. *Cucubalus noctiflorus.*

*Lychnis noctiflora.* Tournef. 335.

*Silene noctiflora.* Linn. Sp. 599.

Sa tige eft velue & s'élève un peu au-delà d'un pied ; fes feuilles font ovales - lancéolées & rétrécies à leur bafe ; les inférieures font prefque fpatulées, & moins rudes que celles de l'efpèce précédente. Les calices font ftriés, très-renflés après la floraifon, & remarquables par leurs dents fort longues. Cette plante croît en Provence. ⊙

---

**XXX.** *Fleurs penchées ou pendantes, & difpofées en pannicule.*

Carnillet penché. *Cucubalus nutans.*

*Lychnis montana vifcofa, alba, latifolia.* Tournef. 335.

*Silene nutans.* Linn. Sp. 596.

Ses tiges font hautes d'un pied & demi, cylindriques, pubefcentes, garnies de feuilles & légèrement vifqueufes vers leur fommet. Ses feuilles radicales font élargies dans leur partie fupérieure & rétrécies en pétiole à leur bafe ; celles des tiges font lancéolées-linéaires & en petit nombre. Les fleurs font difpofées fur des pédunculcs communs oppofés. Leur corolle eft blanche, quelquefois rougeâtre en dehors, & fes pétales font femibifides. Cette efpèce a beaucoup de rapport avec le *filene amæna* & le *filene paradoxa* de M. Linné, mais elle s'élève moins, fes fleurs font moins longues, & fes calices font moins fenfiblement en maffue. On la trouve fur le bord des bois & dans les vignes. ♃

676.

*Calice polyphille.* . . . . . $\left\{\begin{array}{l}\text{Cinq pétales très-entiers. . 677}\\[1ex]\text{Cinq pétales échancrés ou bi-}\\\text{fides. . . . . . . . . . . 678}\end{array}\right.$

677.         *Cinq pétales très-entiers.*

## Sabline. *Arenaria.*

Les fleurs de fabline font petites, compofées d'un calice de cinq feuilles, de cinq pétales entiers, de dix étamines difpofées fur deux rangs, & d'un ovaire chargé de trois ftyles. Le fruit eft une capfule uniloculaire & polyfperme.

### ANALYSE.

| Feuilles ovales.<br>I. | Feuilles étroites & linéaires.<br>VIII. |
|---|---|

I.         *Feuilles ovales.*

| Feuilles pétiolées<br>& à trois ou cinq nervures.<br>II. | Feuilles feffiles<br>& point chargées de nervures.<br>III. |
|---|---|

II.       *Feuilles pétiolées & à trois ou cinq nervures.*

### Sabline nerveufe. *Arenaria nervofa.*

*Alfine plantaginis folio.* **Tournef.** 242.
*Arenaria trinervia.* **Linn.** Sp. 605.

Ses tiges font légèrement velues, grêles, rameufes, foibles & hautes de fept à huit pouces ; fes feuilles font ovales, pointues, chargées de trois ou cinq nervures & diftinctement pétiolées, fur-tout les inférieures. Les fleurs font blanches, pédunculées & folitaires. Les pétales font plus courts que le calice. On trouve cette plante dans les bois. ☉

**677.**

III. *Feuilles sessiles & point chargées de nervures.*

| Corolle beaucoup plus grande que le calice. **IV.** | Corolle de même grandeur, ou plus courte que le calice. **V.** |
|---|---|

IV.    *Corolle beaucoup plus grande que le calice.*

Sabline ciliée. *Arenaria ciliata.* Linn. Sp. 608.

> *Alsine minor, montana, magno flore.* Raj. syll. p. 59.
> β. *Alsine Alpina, serpylli folio, multicaulis & multiflora.* Tournef. 243.
> *Arenaria multicaulis.* Linn. Sp. 605.

Ses tiges sont longues de deux à trois pouces, un peu rameuses & presque glabres; ses feuilles sont petites, ovales, un peu charnues, vertes & légèrement ciliées à leur base; ses fleurs sont blanches, pédunculées & assez grandes. La variété β est remarquable par ses tiges plus rameuses & longues presque de quatre pouces, & par ses feuilles plus fortement ciliées. On trouve ces plantes dans les lieux pierreux des montagnes de la Provence & du Dauphiné. ♃

V.    *Corolle de même grandeur ou plus courte que le calice.*

| Fleurs pédunculées; feuilles minces & point charnues. **VI.** | Fleurs presque sessiles & ramassées; feuilles épaisses & charnues. **VII.** |
|---|---|

VI.    *Fleurs pédunculées; feuilles minces & point charnues.*

Sabline serpoliette. *Arenaria serpyllifolia.* Linn. Sp. 606.

> *Alsine minor multicaulis.* Tournef. 243.

Ses tiges sont hautes de trois à six pouces, menues, rameuses, dichotomes & légèrement velues, ainsi que les feuilles & les calices; ses feuilles sont courtes, ovales & très-pointues. Les fleurs sont petites, blanches, pédunculées, & naissent dans les

677. bifurcations & vers le fommet des tiges. On trouve cette plante fur les murs & dans les champs fablonneux. ☉

---

**VII.** *Fleurs prefque feffiles & ramaffées ; feuilles épaiffes & charnues.*

Sabline pourpière. *Arenaria portulacea.*

> *Alfine littoralis , foliis portulâcæ.* Tournef. 242.
> *Arenaria peploides.* Linn. Sp. 605.

Ses tiges font hautes de trois poucés, cylindriques, tendres, fucculentes, fimples & feuillées dans toute leur longueur ; fes feuilles font ovales, pointues, charnues & affez rapprochées les unes des autres , fur-tout les fupérieures. Ses fleurs font blanches & ramaffées au fommet des tiges ; leurs pétales font un peu écartés entre eux. Cette plante croît fur les bords de la mer aux environs de la Rochelle & dans les îles de Ré & d'Oléron , où elle a été obfervée par Dom Fourmeault. ♃

---

**VIII.** *Feuilles étroites & linéaires.*

| Fleurs blanches. | Fleurs rouges. |
|:---:|:---:|
| I X. | X X V I. |

---

**IX.** *Fleurs blanches.*

| Corolle plus grande que le calice. | Corolle de même grandeur, ou plus courte que le calice. |
|:---:|:---:|
| X. | X I X. |

---

**X.** *Corolle plus grande que le calice.*

| Fleurs feffiles & ramaffées en tête. | Fleurs pédunculées. & point ramaffées en tête. |
|:---:|:---:|
| X I. | X I I. |

677. **XI.** *Fleurs sessiles & ramassées en tête.*

Sabline capitée. *Arenaria capitata.*

> *Caryophyllus saxatilis, ericæ foliis, umbellatis corymbis.*
> Bauh. pin. 211 , magn. bot. 52.
> *Arenaria tetraquetra.* Linn. mant. 386.

Ses tiges font hautes de trois ou quatre pouces, dures, menues, blanchâtres & rameuses inférieurement; ses feuilles font courtes, étroites, aiguës, un peu pliées en gouttière, connées & fort roides. Les fleurs font blanches & difpofées en tête ou en un ou deux faifceaux placés au fommet des tiges; cés faifceaux ne font compofés que de deux à quatre fleurs feffiles, dont les calices font remarquables par leurs écailles aiguës, roides & fcarieufes. Cette plante croît dans les montagnes de la Provence. ♃

---

**XII.** *Fleurs pédunculées & point ramassées en tête.*

| Calices velus. | Calices glabres. |
|:---:|:---:|
| **X I I I.** | **X I V.** |

---

**XIII.** *Calices velus.*

Sabline melefiette. *Arenaria laricifolia.* Linn. Sp. 607.

> *Alfine Alpina junceo folio.* Tournef. 243.
> *Alfine faxatilis, laricis folio, major & majori flore.* Ibid.
> β. *Alfine faxatilis, laricis folio, minor & minori flore.* Ibid.

Sa racine pouffe beaucoup de feuilles linéaires, aiguës, un peu dures, ramaffées & difpofées en gazon ou en faifceaux, à la bafe des tiges qui font hautes de trois à cinq pouces, prefque nues dans leur partie fupérieure & légèrement velues: fes feuilles caulinaires font en petit nombre, un peu velues, en alène, mais légèrement élargies vers leur bafe. Les fleurs font affez grandes, en petit nombre, & remarquables par leur calice oblong, fillonné & pubefcent. On trouve cette plante dans les lieux montagneux & pierreux. ♃

677.

XIV.  *Calices glabres.*

| Tiges chargées d'une ou deux fleurs. XV. | Tiges chargées de plus de deux fleurs. XVI. |
|---|---|

XV.  *Tiges chargées d'une ou deux fleurs.*

Sabline grandiflore. *Arenaria grandiflora.* Linn. Sp. 608.

> *Alfine foliis fulcatis, arguè lanceolatis, petiolis unifloris.* Hall. Hift. n°. 874.

Ses tiges font baffes, feuillées médiocrement vers leur fommet, & chargées chacune d'une ou deux fleurs feulement; fes feuilles font rudes, lancéolées-linéaires, aiguës, fillonnées & ramaffées à la bafe des tiges. Ses fleurs font blanches, fort grandes, & les folioles de leur calice font ovales-lancéolées. On trouve cette plante dans les environs de Montpellier. ♃

XVI.  *Tiges chargées de plus de deux fleurs.*

| Folioles du calice, ovales; péduncules non pendans. XVII. | Folioles du calice, aiguës; péduncules défleuris pendans. XVIII. |
|---|---|

XVII. *Folioles du calice, ovales; péduncules non pendans.*

Sabline de roche. *Arenaria faxatilis.* Linn. Sp. 607.

> *Alfine faxatilis & multiflora, capillaceo folio.* Tournef. 243. Vaill. Parif. 7, t. 2, f. 3.

Sa racine, qui eft longue & fibreufe, pouffe un grand nombre de tiges menues, rameufes, hautes de quatre à fix pouces, très-feuillées dans leur partie inférieure & difpofées en gazon affez denfe; fes feuilles font glabres, étroites, aiguës, un peu élargies à leur bafe & connées : les inférieures font beaucoup plus longues que les autres. Les fleurs font blanches, pédunculées, prefque panniculées & très-nombreufes. On trouve cette plante parmi les rochers, dans les environs de Fontainebleau. ♃

677.

**XVIII.** *Folioles du calice, aiguës; péduncules défleuris pendans.*

Sabline de montagne. *Arenaria montana.* Linn. Sp. 606.

*Alfine foliis linearibus acuminatis, petalis florum integris; calyce duplo longioribus,* Monn. Obf. 127.

Ses tiges font longues de quatre ou cinq pouces, rougeâtres & droites feulement lorfqu'elles fleuriffent; fes feuilles font lancéolées-linéaires, un peu rudes en leur bord & en leur nervure poftérieure. Les fleurs font grandes, blanches & folitaires fur leurs péduncules qui font affez longs. Cette plante croît dans les montagnes des provinces méridionales.

---

**XIX.** *Corolle de même grandeur ou plus courte que le calice.*

| Fleurs portées fur de très-courts péduncules, & ramaffées par faifceaux. | Fleurs pédunculées, folitaires, ou difpofées en pannicule. |
|:---:|:---:|
| X X. | X X I. |

---

**XX.** *Fleurs portées fur de très-courts péduncules, & ramaffées par faifceaux.*

Sabline fafciculée. *Arenaria fafciculata.* Gouan. Obf. p. 30.

*Stellaria rubra.* Scop. carn. 1, p. 316, tab. 17.

*Alfine folis filiformibus, pungentibus, calycibus ariftatis.* Hall. Hift. n°. 870.

*Alfine mucronata.* Linn. Sp. 389.

Sa tige eft droite, menue, un peu roide, pubefcente, rameufe & haute de trois à quatre pouces; elle eft fouvent rougeâtre à fes articulations: fes feuilles font cétacées, linéaires, aiguës, droites, & affez roides. Ses fleurs font petites, nombreufes & remarquables par les folioles de leur calice, qui font longues, fubulées, très-aiguës, roides & ftriées fur leur dos: les pétales font extrêmement petits, & la capfule du fruit eft une fois plus courte que le calice. On trouve cette

**677.** plante dans les environs de Montpellier. M. de Villars l'a aussi observée dans le Dauphiné. ⊙

---

**XXI.** *Fleurs pédunculées, solitaires, ou disposées en pannicule.*

| Feuilles plus courtes que les entre-nœuds, & point garnies de stipules remarquables. | Feuilles aussi longues que les entre-nœuds, & garnies de stipules transparentes & frangées. |
|:---:|:---:|
| **X X I I.** | **X X V.** |

---

**XXII.** *Feuilles plus courtes que les entre-nœuds, & point garnies de stipules remarquables.*

| Pétales de même longueur que le calice. | Pétales toujours plus courts que le calice. |
|:---:|:---:|
| **X X I I I.** | **X X I V.** |

---

**XXIII.** *Pétales de même longueur que le calice.*

Sabline printannière. *Arenaria verna.* Linn. mant. 72.

> *Alsine pusilla, pulchro flore, folio tenuissimo, nostras, seu saxifraga caryophylloides, pusilla, flore albo, pulchello.* Tournef. 243.

> β. *Arenaria foliis linearibus, erectis, subtùs striatis, floribus fastigiatis inæqualiter pedunculatis.* Ger. prov. 405, t. 15, f. 1.

> *Arenaria juniperina.* Linn. mant. 72.

Ses tiges sont hautes de deux à quatre pouces, droites, menues, presque glabres & plus ou moins rameuses; ses feuilles radicales sont sétacées, assez longues, nombreuses & disposées en gazon : celles des tiges sont plus courtes, droites, aiguës & un peu plus larges vers leur base. Les fleurs sont blanches, & les écailles de leur calice sont striées & aiguës. La variété β a ses feuilles roides & presque épineuses selon M. Linné. On trouve cette plante dans les lieux stériles des

677. montagnes de la Provence ♃, elle a été auſſi obſervée en Dauphiné par M. de Villars.

---

**XXIV.** *Pétales toujours plus courts que le calice.*

Sabline à feuilles menues. *Arenaria tenuifolia.* Linn. Sp. 607.

*Alſine tenuifolia.* Tournef. 243. Vaill. Pariſ. 7 , t. 3 , f. 1.

Ses tiges ſont longues de quatre à ſix pouces, extrêmement menues, glabres, rameuſes & preſque panniculées ; ſes feuilles ſont petites , étroites, aiguës & connées. Ses fleurs ſont nombreuſes, fort petites, pédunculées & de couleur blanche ; les folioles de leur calice ſont aiguës & à peine ſtriées , & la capſule du fruit eſt pointue & plus longue que le calice. On trouve cette plante ſur les murs & dans les lieux ſablonneux. ⊙

---

**XXV.** *Feuilles auſſi longues que les entre-nœuds , & garnies de ſtipules tranſparentes & frangées.*

Sabline des blés. *Arenaria ſegetalis.*

*Alſine ſegetalis , gramineis foliis unum latus ſpectantibus.* Vaill. Pariſ. 8, t. 3 , f. 3.

*Alſine ſegetalis.* Linn. Sp. 390.

Cette eſpèce eſt très-diſtinguée de la précédente, & ne doit pas lui être réunie, comme le penſe M. de Haller, *Hiſt.* n°. 866. Sa tige eſt haute de quatre pouces, droite, filiforme, articulée, rameuſe ſur-tout dans ſa partie ſupérieure, & chargée de quelques poils ; à chaque articulation , même celles du ſommet, on obſerve une ſtipule vaginale, courte, tranſparente & déchirée en ſes bords : ſes feuilles ſont cétacées , linéaires, longues de cinq à ſix lignes & ſouvent tournées d'un ſeul côté. Les fleurs ſont extrêmement petites ; les pédunculés défleuris ſont preſque pendans, & la capſule du fruit n'eſt pas plus longue que le calice. J'ai trouvé cette plante parmi les blés , dans les environs de Celloville, à deux lieues de Rouen. ⊙

**677.** **XXVI.** *Fleurs rouges.*

Sabline rouge. *Arenaria rubra.* Linn. Sp. 606.

*Alsine spergulæ facie minor , sive spergula minor ; flosculo
subcæruleo.* Tournef. 244.
β. *Alsine spergulæ facie media.* Tournef. 243.

Ses tiges sont couchées, rameuses, articulées, un peu velues
dans leur partie supérieure, & longues de trois à six pouces ;
chaque articulation est remarquable par une stipule vaginale,
membraneuse, sèche, transparente, & plus ou moins déchirée
en ses bords ; les feuilles sont linéaires, un peu charnues, opposées, paroissant souvent fasciculées à cause des nouvelles
pousses, & presque aussi longues que les entre-nœuds : les fleurs
sont rouges ou d'un pourpre-bleuâtre. Les pétales sont à peine
plus grands que le calice, & les péduncules défleuris sont très-
ouverts. On trouve cette plante dans les terreins sablonneux. ⊙

---

**678.** Cinq pétales échancrés ou bifides . . . . . . . . . {
Trois à huit étamines. . . 679
Dix étamines. . . . . . . . 682

---

**679.** Trois à huit étamines. . . {
La plupart des feuilles quaternées ou verticillées. . . . . . . . 680
Toutes les feuilles simplement opposées. . . . . . . . . . . 681

---

**680.** *La plupart des feuilles quaternées ou verticillées.*

Polycarpe quaterné. *Polycarpon tetraphyllum.* Linn.
Sp. 131.

*Herniaria alsines folio.* Tournef. 507.

Ses tiges sont hautes de trois ou quatre pouces, menues ;
cylindriques, presque glabres, fourchues, très-rameuses &
panniculées ; ses feuilles sont ovales-oblongues, un peu spatulées,
rétrécies en pétiole vers leur base, simplement opposées dans la
partie inférieure des tiges ; & verticillées quatre ou cinq ensemble

680.   aux articulations supérieures. On observe à leur base, des stipules fort petites, scarieuses & argentées. Les fleurs sont nombreuses, extrêmement petites, terminales & ramassées par bouquets légèrement panniculés ; ces bouquets paroissent panachés par les stipules qui sont plus sensibles & plus rapprochées vers le sommet des rameaux. Cette plante croît dans les provinces méridionales. ☉

---

681.   *Toutes les feuilles simplemènt opposées.*

## Morgeline. *Alsine.*

Les fleurs de Morgeline sont composées d'un calice de cinq feuilles, de cinq pétales égaux, dentés, échancrés ou bifides, de trois à huit étamines & d'un ovaire chargé de trois styles. Le fruit est une capsule uniloculaire & polysperme.

### *A N A L Y S E.*

| Feuilles sessiles ; fleurs en ombelle terminale. | Feuilles pétiolées ; fleurs non en ombelle. |
|---|---|
| I. | I I. |

---

I.   *Feuilles sessiles ; fleurs en ombelle terminale.*

## Morgeline ombellée. *Alsine umbellata.*

*Alsine verna, glabra, floribus umbellatis albis.* Tournef. 242.
*Holosteum umbellatum.* Linn. Sp. 130.

Sa tige est haute de quatre à cinq pouces, droite, simple, très-menue & peu garnie de feuilles dans sa partie supérieure ; ses feuilles sont ovales-oblongues, glabres & d'un vert-glauque. Les fleurs sont blanches, assez petites & solitaires sur chaque péduncule ; ces péduncules, au nombre de cinq ou six, sont inégaux, s'insèrent tous en un point commun au sommet de la tige, & pendent lorsqu'ils sont défleuris. On trouve cette plante sur les vieux murs. ☉

**681.** **II.** *Feuilles pétiolées ; fleurs non en ombelle.*

Morgeline des oiseaux. *Alsine avicularum.*

*Alsine media.* Linn. Sp. 389, Tournef. 242.

Ses tiges sont longues de six à dix pouces, plus ou moins droites, menues, cylindriques, tendres, légèrement velues & rameuses ; ses feuilles sont ovales, pointues, pétiolées & un peu succulentes. Les fleurs disposées vers le sommet des tiges, sont axillaires, solitaires, pédunculées & de couleur blanche ; leurs pétales sont profondément bifides & de la longueur du calice qui est communément un peu velu. Cette plante est commune dans les jardins, les cours & le long des haies ⊙ ; elle est vulnéraire, détersive & rafraîchissante : on la donne aux petits oiseaux & sur-tout aux serins, qui l'aiment beaucoup.

---

**682.** *Dix étamines.* $\begin{cases} \text{Pétales portant les étamines. } 683 \\ \text{Pétales ne portant point les éta-} \\ \text{mines} \ldots\ldots\ldots\ldots 684 \end{cases}$

---

**683.** *Pétales portant les étamines.*

Cherlerie à gazons. *Cherleria cespitosa.*

*Cherleria sedoides.* Linn. Sp. 608.

Cette plante est fort petite ; sa racine se divise supérieurement en plusieurs souches couchées & rampantes ; ses souches sont garnies chacune vers leur sommet, d'un grand nombre de feuilles étroites, linéaires, aiguës, un peu fermes, connées, extrêmement rapprochées & disposées en rosettes très-denses, qui par leur assemblage, forment des gazons assez épais. Les fleurs sont d'un jaune-verdâtre & portées sur des péduncules fort courts. Elles sont composées d'un calice de cinq folioles lancéolées & striées ; de cinq pétales très petits, portant chacun une étamine, & échancrés en cœur ; de dix étamines dont les filamens sont alternativement insérés sur les pétales & sur le réceptacle ; & d'un ovaire surmonté de trois styles. On trouve cette plante dans les fentes des rochers en Provence. ♃

**684.** *Pétales ne portant point les étamines.*

### Stellaire. *Stellaria.*

Les fleurs de ſtellaire ſont compoſées d'un calice de cinq feuilles ordinairement ouvertes, de cinq pétales échancrés, quelquefois aſſez grands, de dix étamines, & d'un ovaire chargé de trois ſtyles. Le fruit eſt une capſule uniloculaire & polyſperme.

*A N A L Y S E.*

| Feuilles larges, ovales ou en cœur. I. | Feuilles alongées, & point ovales. ni en cœur. I V. |
|---|---|

I.    *Feuilles larges, ovales ou en cœur.*

| Pédoncules rameux; feuilles ovales - en - cœur & pétiolées. I I. | Pédoncules ſimples; feuilles ovales & ſeſſiles. I I I. |
|---|---|

II. *Pédoncules rameux ; feuilles ovales-en-cœur & pétiolées.*

Stellaire des bois. *Stellaria nemorum.* Linn. Sp. 603.

*Alſine altiſſima nemorum.* Tourncf. 243.

Sa tige s'élève juſqu'à trois ou quatre pieds, elle eſt foible, articulée & feuillée dans toute ſa longueur. Ses feuilles ſont molles, larges d'un pouce au moins, pointues, & portées ſur des pétioles fort courts; les ſupérieures ſont ſeſſiles. Les fleurs ſont blanches, terminales & d'une grandeur médiocre. Leurs pétales ſont profondément bifides. On trouve cette plante dans les bois & les lieux couverts.

III. *Pédoncules ſimples ; feuilles ovales & ſeſſiles.*

Stellaire fourchue. *Stellaria dichotoma.* Linn. Sp. 603.

*Myoſotis foliis petiolatis, cordatis, tubis ternis.* Hall. Hiſt. n°. 886. β.

Sa tige eſt haute de deux à trois pieds; feuillée & un peu

**684.** plus rameuse que celle de la précédente. Ses feuilles sont ovales, sessiles & légèrement velues ; ses fleurs sont blanches, terminales & solitaires sur leurs péduncules qui sont fléchis & pendans lorsqu'ils sont défleuris. Cette plante croît dans les environs de Montpellier. ☉

---

IV.      *Feuilles alongées, & point ovales ni en cœur.*

| Fleurs en pannicule ; péduncule rameux.<br>V. | Fleurs non panniculées ; péduncules simples.<br>VIII. |
|---|---|

V.      *Fleurs en pannicule ; péduncules rameux.*

| Calice une fois plus court que la corolle & point strié.<br>VI. | Calice presque aussi long que la corolle & strié.<br>VII. |
|---|---|

---

**VI.** *Calice une fois plus court que la corolle & point strié.*

Stellaire holostée. *Stellaria holostia.* Linn. Sp. 603.

*Alsine pratensis, gramineo folio ampliore.* Tournef. 243.

Sa tige est menue, droite, glabre, feuillée & s'élève jusqu'à un pied & demi ; ses feuilles sont longues, un peu élargies à leur base, se rétréeissent ensuite insensiblement vers leur sommet & forment en se terminant une pointe fort aiguë ; elles sont glabres, d'une consistance sèche, & remarquables par des aspérités ou de petites dents presque imperceptibles, situées en leur bord & sur leur nervure postérieure, qui les rendent comme accrochantes & rudes au toucher. Les fleurs sont grandes & de couleur blanche. On trouve cette plante dans les haies & les bois taillis. ♃

---

**VII.** *Calice presque aussi long que la corolle & strié.*

Stellaire graminée. *Stellaria graminea.* Linn. Sp. 604.

*Alsine pratensis, gramineo folio angustiore.* Tournef. 243.

Cette espèce a beaucoup de rapport avec la précédente ; mais elle est plus petite dans toutes ses parties ; sa tige est fort
grêle

**684.** grêle & s'élève rarement jufqu'à un pied; fes feuilles font étroites, aiguës, longues de fix à huit lignes & prefque point rudes en leur bord; fes fleurs font blanches, affez petites, remarquables par leur calice ftrié, & par leurs pétales bifides au-delà de moitié, qui ne furpaffent que de très-peu la longueur du calice. On la trouve fur le bord des bois & dans les prés. ♃

---

**VIII.** *Fleurs non panniculées; péduncules fimples.*

Stellaire aquatique. *Stellaria aquatica.*

*Alfine aquatica media.* Tournef. 243.
*Alfine hyperici folio.* Vaill. Parif. 9.

Ses tiges font menues, rameufes, foibles & fouvent couchées; fes feuilles font feffiles, alongées, lancéolées, glabres & affez liffes : les péduncules font uniflores ou quelquefois biflores dans les aiffelles des feuilles fupérieures. Les fleurs font petites, de couleur blanche; les pétales font profondément bifides & à peine auffi longs que le calice. On trouve cette plante fur le bord des ruiffeaux & des foffés aquatiques.

---

**685.** Quatre ou cinq ftyles . . . { Feuilles oppofées ou verticillées. 686

Feuilles ou alternes ou radicales. 693

---

**686.** Feuilles oppofées ou verticillées . . . . . . . . . { Calice monophylle . . . . . 687

Calice polyphylle . . . . . 689

---

**687.** Calice monophylle . . . . { Feuilles fimples, feffiles, oppofées & connées. . . . . . . 688

Feuilles ternées & pétiolées. 698

---

**688.** *Feuilles simples, seffiles, oppofées & connées.*

## Lampette. *Lychnis.*

Les lampettes ont un très-grand rapport avec les carnillets n°. 675. Leurs fleurs font compofées d'un calice tubulé, dont le bord eft à cinq dents; de cinq pétales foutenus par des onglets étroits; de dix étamines & d'un ovaire chargé de cinq ftyles : dans une efpèce, les fleurs font unifexuelles. Le fruit eft une capfule à une ou plufieurs loges polyfpermes.

### *A N A L Y S E.*

| Fleurs hermaphrodites. | Fleurs unifexuelles. |
|:---:|:---:|
| I. | X. |

**I.**      *Fleurs hermaphrodites.*

| Calice auffi long, ou même plus long que la corolle. | Calice jamais auffi long que la corolle. |
|:---:|:---:|
| I I. | I I I. |

**II.**    *Calice auffi long, ou même plus long que la corolle.*

### Lampette des blés. *Lychnis fegetum.*

*Lichnis fegetum major.* Tournef. 335.
*Agroftemma githago.* Linn. Sp. 624.

Sa tige eft haute de deux pieds, droite, fouvent fimple, velue & cylindrique; fes feuilles font alongées, linéaires, pointues, velues & prefque cotonneufes. Les fleurs font grandes, folitaires, terminales & d'un rouge-bleuâtre, leurs pétales font légèrement échancrés. Cette plante eft commune dans les champs, parmi les blés. ⊙

**III.**      *Calice jamais auffi long que la corolle.*

| Pétales entiers & point découpés. | Pétales échancrés ou découpés. |
|:---:|:---:|
| I V. | V. |

**688.** **IV.** *Pétales entiers & point découpés.*

Lampette visqueuse. *Lychnis viscaria.* Linn. Sp. 625.

*Lychnis sylvestris, viscosa, rubra, angustifolia.* Tournef. 337.

Sa tige est haute d'un pied, droite, simple, articulée, un peu rougeâtre & visqueuse dans sa partie supérieure; ses feuilles sont glabres, lancéolées & pointues. Ses fleurs sont rouges, terminales & disposées par bouquets opposés & presque panniculés. On trouve cette plante dans les lieux secs & pierreux, dans la forêt de Fontainebleau. ♃

---

**V.** *Pétales échancrés ou découpés.*

| Pétales très-découpés; fleurs disposées en pannicule lâche. **VI.** | Pétales échancrés ou bifides; fleurs ramassées en bouquet serré ou en corymbe. **VII.** |

**VI.** *Pétales très-découpés; fleurs disposées en pannicule lâche.*

Lampette déchirée. *Lychnis laciniata.*

*Lychnis pratensis, flore laciniato simplici.* Tournef. 334.
*Lychnis flos cuculi.* Linn. Sp. 625.

Sa tige est droite, cannelée, rougeâtre, légèrement visqueuse vers son sommet, & haute d'un pied & demi; ses feuilles sont lisses, lancéolées & pointues. Ses fleurs sont grandes, de couleur rouge & fort belles; leur calice est anguleux, strié, rougeâtre & à peine aussi long que les onglets des pétales. Cette plante croît dans les marais & les prés humides. ♃

---

**VII.** *Pétales échancrés ou bifides; fleurs ramassées en bouquet serré ou en corymbe.*

| Feuilles vertes & glabres. **VIII.** | Feuilles cotonneuses & blanchâtres. **IX.** |

**688.** | **VIII.** *Feuilles vertes & glabres.*

Lampette des Alpes. *Lychnis Alpina.* Linn. Sp. 626.

> *Lychnis Pyrenaica, umbellifera, minima.* Linn. Sp. 338.

Sa tige eft droite, fimple & haute de cinq à fix pouces; fes feuilles font lancéolées, étroites & pointues; fes fleurs font rouges & ramaffées en bouquet ferré & terminal. Les pétales font bifides, & l'ovaire n'eft ordinairement chargé que de quatre ftyles. On trouve cette plante dans les montagnes de la Provence. ♃

---

**IX.** *Feuilles cotonneufes & blanchâtres.*

Lampette ombellifère. *Lychnis umbellifera.*

> *Lychnis umbellifera montana, Helvetica.* Tournef. 334.
> *Agroftemma flos Jovis.* Linn. Sp. 625.

Sa tige eft haute d'un pied, droite, ordinairement fimple & très-cotonneufe dans toute fa longueur. Ses feuilles font ovales-lancéolées & pareillement cotonneufes; les fleurs font purpurines, terminales & ramaffées en une ombelle ferrée, mais peu garnie. Leurs pétales font échancrés en cœur. Cette plante croît dans les montagnes de la Provence. ♃

---

**X.** *Fleurs unifexuelles.*

Lampette dioïque. *Lycnis dioica.* Linn. Sp. 626.

> *Lychnis fylveftris, alba fimplex.* Tournef. 334.
> β. *Lychnis fylveftris five aquatica, purpurea fimplex.* Tournef. 335.

Ses tiges font hautes d'un pied & demi, droites, cylindriques, articulées ( velues & un peu rameufes; fes feuilles font larges, ovales, velues, molles, terminées en pointe & d'un vert-foncé; les fleurs font blanches, & difpofées au fommet de la plante fur des péduncules affez courts; elles ont leur calice velu, ftrié & un peu ventru; & leurs pétales échancrés en cœur. La variété β eft plus fortement velue dans toutes fes parties; fes feuilles font plus molles, fes calices moins ventrus & fes fleurs de couleur rouge. On trouve cette efpèce fur le bord des champs. Sa variété croît dans les lieux humides. ♃

689.

*Calice polyphylle.* . . . . { Pétales entiers : . . . . . . . 690

Pétales échancrés. . . . . . 692

---

690.

*Pétales entiers.* . . . . . . { Feuilles étroites & linéaires. 691

Feuilles ovales & point linéaires. 702—XVIII.

---

691.                    *Feuilles étroites & linéaires.*

## Spargoute. *Spergula.*

Les fpargoutes ont un très-grand rapport avec les fabines n°. 677. Leurs fleurs font affez petites, compofées d'un calice de cinq feuilles, de cinq pétales entiers, de cinq à dix étamines & d'un ovaire furmonté de cinq ftyles. Le fruit eft une capfule uniloculaire, polyfperme & à cinq valves.

### *A N A L Y S E.*

| Feuilles verticillées. | Feuilles oppofées. |
|---|---|
| I. | I V. |

I.                    *Feuilles verticillées.*

| Fleurs à cinq étamines. | Fleurs à dix étamines. |
|---|---|
| I I. | I I I. |

II.                    *Fleurs à cinq étamines.*

Spargoute pentandrique. *Spergula pentandra.* Linn. Sp. 630.

*Alfine fpergulæ facie minimâ, feminibus marginatis.* Tournef. 244.

Ses tiges font hautes de trois ou quatre pouces, droites, articulées & légèrement velues ; fes feuilles font linéaires, verticillées, tournées fouvent d'un même côté & prefque auffi

691. longues que les entre-nœuds. Chaque verticille est garni à sa base de stipules ovales & membraneuses; les fleurs sont blanches & portées sur des péduncules dont les uns sont droits & les autres plus ou moins inclinés. On trouve cette plante dans les champs. ⊙

---

III. *Fleurs à dix étamines.*

Spargoute des champs. *Spergula arvensis.* Linn. Sp. 630.

*Alsine spergula dicta, major.* Tournef. 243.

Ses tiges sont hautes de six à sept pouces, articulées, rameuses ou fourchues vers leur sommet, & médiocrement velues; ses feuilles sont linéaires, plus courtes que les entre-nœuds & au nombre de huit à douze à chaque verticille. Les fleurs sont blanches, terminales, presque panniculées & portées sur des péduncules divergens & pendans lorsqu'ils sont défleuris. Cette plante croît dans les champs. ⊙

---

IV. *Feuilles opposées.*

| Tige droite & simple; péduncules assez courts. | Tige couchée & rameuse; péduncules fort longs. |
|:---:|:---:|
| V. | V I. |

---

V. *Tige droite & simple; péduncules assez courts.*

Spargoute noueuse. *Spergula nodosa.* Linn. Sp. 630.

*Alsine arenaria dicta,* Vaill. Paris. p. 7.

Sa tige est haute de trois pouces, très-menue, presque filiforme, glabre & garnie d'articulations nombreuses, fort rapprochées les unes des autres, sur-tout celles du sommet; ses feuilles sont linéaires & connées : les supérieures sont extrêmement courtes, & les jeunes pousses qui sont dans leurs aisselles, les font paroître fasciculées, & donnent un aspect noueux à la tige. Les fleurs sont blanches, pédunculées & terminales. Cette plante croît dans les lieux sablonneux & humides. ♉

**691.**

**VI.** *Tige couchée & rameuse ; péduncules fort longs.*

Spargoute faginette. *Spergula faginoides.* Linn. Sp. 631.

*Alfine tenuifolia, pediculis florum longiffimis.* Vaill. Parif. p. 8.

Cette plante reffemble beaucoup par fon port, à la fagine rampante no. 664 — II ; fes tiges font très-menues, longues de trois pouces, rameufes & diffufes : fes feuilles font linéaires, très-étroites, connées, liffes & un peu roides ; celles de la bafe des tiges font nombreufes & ramaffées. Les fleurs font blanches & portées chacune fur un péduncule long d'un pouce ou quelquefois davantage. On trouve cette plante dans les lieux pierreux, parmi les mouffes.

**692.**

*Pétales échancrés.*

## Ceraifte. *Ceraftium.*

Les ceraiftes ont beaucoup de rapport avec les morgelines no. 681, & les ftellaires no. 684. Leurs fleurs font compofées d'un calice de cinq feuilles, de cinq pétales échancrés ou bifides, de cinq ou dix étamines & d'un ovaire chargé de cinq ftyles. Le fruit eft une capfule uniloculaire, polyfpérme, & qui s'ouvre à fon fommet.

### ANALYSE.

| Toutes les feuilles feffiles. | Feuilles inférieures pétiolées. |
|:---:|:---:|
| I. | X. |

**I.** *Toutes les feuilles feffiles.*

| Corolle une fois plus grande que le calice. | Corolle à-peu-près de même grandeur que le calice. |
|:---:|:---:|
| II. | VII. |

**692.** **II.** *Corolle une fois plus grande que le calice.*

| Feuilles ovales.<br>**I I I.** | Feuilles lancéolées-linéaires.<br>**I V.** |
|---|---|

**III.** *Feuilles ovales.*

Ceraiste à feuilles larges. *Cerastium latifolium.* Linn. Sp. 629.

*Myosotis Alpina, latifolia.* Tournef. 244.

Ses tiges font baffes, couchées & divifées en rameaux très-ouverts; fes feuilles font ovales, un peu épaiffes & légèrement cotonneufes. Ses fleurs font fort grandes, blanches, pédunculées, & fouvent folitaires fur chaque rameau; elles ont leur calice velu & leurs pétales profondément bifides. Cette plante croît dans les environs de Montpellier. ♃

**IV.** * *Feuilles lancéolées-linéaires.*

| Feuilles blanches,<br>& très-cotonneufes.<br>**V.** | Feuilles verdâtres, glabres,<br>ou légèrement velues.<br>**V I.** |
|---|---|

**V.** *Feuilles blanches & très-cotonneufes.*

Ceraiste cotonneux. *Cerastium tomentofum.*

*Myosotis incana, repens.* Tournef. 245.
*Myosotis tomentofa, linariæ folio anguftiore.* Ibid.

Les tiges, les feuilles & les calices de cette plante, font couverts d'un coton blanc très-remarquable; fes tiges font hautes de fix à fept pouces, très-rameufes & couchées dans leur partie inférieure; les feuilles font étroites & linéaires. Les fleurs font blanches, grandes, fort belles & portées par des péduncules rameux; il leur fuccède des capfules courtes, mais cylindriques & jamais globuleufes. Cette plante croît en Languedoc. ♃

**692.** **Obs.** Le premier des deux synonymes de M. Tournefort, que je viens de citer, ne doit être rapporté à aucune des espèces de *Myosotis* figurées par M. Vaillant.

---

**VI.** *Feuilles verdâtres, glabres, ou légèrement velues.*

Ceraiste des champs. *Cerastium arvense.*

> *Myosotis arvensis subhirsuta, flore majore.* Tournef. 245. Vaill. Parif. p. 141, tab. 30, f. 4.
>
> *Myosotis arvensis, polygoni folio.* Ibid. Vaill. Parif. 141, tab. 30, f. 5.

Ses tiges font hautes d'un demi-pied, cylindriques, pubescentes, articulées, rameufes & un peu couchées dans leur partie inférieure ; les jeunes rameaux non fleuris font très-garnis de feuilles, mais les tiges fleuries les ont très-diftantes, & paroiffent prefque nues vers leur fommet : les feuilles font étroites, lancéolées-linéaires, d'un vert-clair, affez glabres en-deffus & légèrement velues en-deffous. Les fleurs font grandes, de couleur blanche, terminales & portées fur des péduncules rameux. Le fruit eft une capfule oblóngue, cylindrique & un peu courbée en manière de corne. On trouve cette plante fur le bord des champs, le long des chemins ♃ ; elle fleurit au commencement de Mai.

---

**VII.** *Corolle à-peu-près de même grandeur que le calice.*

---

| Feuilles vertes & pointues.<br>V. I I I. | Feuilles jaunâtres & obtufes.<br>I X. |
|---|---|

---

**VIII.** *Feuilles vertes & pointues.*

Ceraiste commun. *Cerastium vulgatum.* Linn. Sp. 627.

> *Myosotis arvensis hirfuta, parvo flore.* Tournef. 245. Vaill. tab. 30, fig. 1, non. 3.

Ses tiges font longues de fept à dix pouces, plus ou moins couchées, articulées, rameufes & légèrement velues ; fes feuilles font ovales-lancéolées, pointues, connées, vertes, velues & un peu épaiffes. Ses fleurs font blanches, petites, terminales & portées fur des péduncules d'abord fort courts, qui les font paroître ramaffées, mais ces péduncules fe développent

**692.** à mesure que la fructification s'achève ou se perfectionne, &
alors les fleurs sont un peu panniculées : le calice est presque
aussi grand que la corolle ; ses écailles sont pointues & scarieuses
en leur bord ; les pétales sont étroits, semi-bifides, & n'ont
pas plus de deux lignes de longueur. Cette plante est commune dans les lieux incultes & le long des chemins ♃

---

IX.  *Feuilles jaunâtres & obtuses.*

Ceraiste à feuilles obtuses. *Cerastium obtusifolium.*

> *Myosotis hirsuta, altera, viscosa.* Tournef. 245. Vaill.
> tab. 30, fig. 3, non. 1.
> *Cerastium viscosum.* Linn. Sp. 627.
> β. *Myosotis hirsuta, minor.* Tournef. 245. Vaill. tab. 30,
> fig. 2.
> *Cerastium semi-decandrum.* Linn. Sp. 627.

Cette espèce diffère de la précédente par ses tiges plus
droites, moins nombreuses, & qui ne forment point de
gazons, & par ses feuilles fort courtes, ovales-obtuses, &
qui jaunissent de bonne heure ; ses fleurs sont petites & un
peu ramassées. La variété β ne s'élève que jusqu'à quatre
ou cinq pouces ; & ses fleurs ont, comme celles des autres
espèces, dix étamines & cinq styles, selon l'observation de
M. Scopoli. ( *Flora*, carn. 1, p. 321, n°. 549.) On trouve
cette plante sur le bord des champs & dans les lieux un peu
secs ou sablonneux. ☉

---

X.  *Feuilles inférieures pétiolées.*

Ceraiste aquatique. *Cerastium aquaticum.* Linn. Sp. 629.

> *Alsine maxima, solanifolia.* Tournef. 242.

Ses tiges sont longues d'un pied & demi, souvent un peu
couchées, anguleuses, rameuses, articulées, feuillées dans
toute leur longueur, lisses inférieurement, & pubescentes
vers leur sommet ; ses feuilles sont larges, ovales-en-cœur,
pointues, la plupart entièrement glabres, mais les supérieures
sont un peu velues en-dessous : les fleurs sont blanches,
pédunculées & terminales ; leurs pétales sont profondément
bifides & un peu plus grands que le calice. On trouve cette

**692.** plante dans les foſſés aquatiques. ♃ M. l'abbé Haüy l'a obſervée dans le foſſé qui borde le chemin entre Fitz-James
& Clermont en Beauvoiſis.

---

**693.** Feuilles ou alternes ou radi-\
cales . . . . . . . . . . }

Feuilles ſimples ; cinq étamines.
695

Feuilles ternées ; dix étamines.
698

---

**694.** Cinq ſtyles. . . . . . . . {

Feuilles engaînées à leur baſe.
701—VIII

Feuilles non engaînées, . . 722

---

**695.** Feuilles ſimples ; cinq éta-\
mines. . . . . . . . . . {

Calice d'une ſeule pièce, entier
ou ſemi-quinquefide. . . . . . 699
Calice de pluſieurs pièces, ou
diviſé juſqu'à ſa baſe en cinq folioles diſtinctes . . . . . . . . 702

---

**696.** Feuilles radicales ou al-\
ternes . . . . . . . . . {

Feuilles ſimples ; cinq ovaires
diſtincts. . . . . . . . . . . 697
Feuilles ternées ; un ſeul ovaire
à cinq angles . . . . . . . . . 698

---

**697.** *Feuilles ſimples ; cinq ovaires diſtincts.*

### Cotylier ombiliqué. *Cotyledon umbilicata.*

*Cotyledon major.* Tournef. 90.
*Cotyledon umbilicus.* Linn. -Sp. 615.

Sa racine eſt tubéreuſe & pouſſe une tige droite . haute de
ſix à dix pouces, tendre, un peu foible & plus ou moins
rameuſe ; ſes feuilles radicales ſont nombreuſes, pétiolées,
arrondies, la plupart ombiliquées, ſur-tout dans la jeuneſſe
de la plante, crénelées en leur bord, liſſes, charnues & ſuc-
culentes : celles de la tige ſont plus petites, moins arrondies,

697. prefque cunéiformes & un peu lobées. Les fleurs font affez petites, d'un blanc-verdâtre ou jaunâtre, nombreufes & difpofées en épi ; elles ont un calice à cinq divifions, une corolle campanulée femi-quinquefide, & dix étamines. On trouve cette plante en Provence dans les lieux pierreux & fur les vieux murs ♃ ; fes feuilles font anodines & rafraîchiffantes.

---

698. *Feuilles ternées ; dix étamines.*

## Surelle. *Oxys.*

Les fleurs de furelle font compofées d'un calice court à cinq divifions profondes, de cinq pétales adhérens par leurs onglets ; de dix étamines difpofées fur deux rangs ; & d'un ovaire anguleux chargé de cinq ftyles. Le fruit eft une capfule oblongue, pentagone & à cinq loges.

### A N A L Y S E.

| Hampe nue & uniflore. | Tige rameufe & pluriflore. |
| :---: | :---: |
| I. | I I. |

I.   *-Hampe nue & uniflore.*

Surelle blanche. *Oxys alba.*   ( Alleluia. )

*Oxys flore albo.* Tournéf. 88.
*Oxalis acetofella.* Linn. Sp. 620.

Sa racine eft écailleufe & dentée ; elle pouffe beaucoup de feuilles portées fur de longs pétioles, compofées de trois folioles en cœur, d'un vert clair, d'une faveur acide, & qui ont quelque efpèce de fenfibilité felon M. de Haller. Les fleurs font blanches, & foutenues par des péduncules foibles qui naiffent immédiatement du collet de la racine, entre les feuilles. On trouve cette plante dans les lieux couverts, les bois ♃ ; elle eft rafraîchiffante & tempérante.

---

II.   *Tige rameufe & pluriflore.*

Surelle jaune. *Oxys lutea.* Tournef. 88.

*Oxalis corniculata.* Linn. Sp. 623.

Ses tiges font longues de cinq à huit pouces, menues,

**698.** couchées, feuillées, rameuses & diffuses ; ses feuilles font pétiolées & composées de trois folioles cordiformes & légèrement velues : les péduncules font axillaires, & portent chacun deux à cinq fleurs de couleur jaune. Cette plante croît dans les provinces méridionales. ☉

---

**699.** Calice d'une feule pièce, entier ou femi-quinquefide. . . . . . . . . .

{
Calice femi-quinquefide & point fcarieux ; feuilles couvertes de poils rouges. . . . . . . . . . . . . . . 700

Calice prefque entier & fcarieux ; feuilles non chargées de poils rouges. 701
}

---

**700.** *Calice femi - quinquefide & point fcarieux ; feuilles couvertes de poils rouges.*

### Roffoli. *Drofera.*

Les fleurs de roffoli font petites, compofées d'un calice court & femi-quinquefide, de cinq pétales, de cinq étamines & d'un ovaire chargé de cinq ftyles. Le fruit eft une capfule uniloculaire, polyfperme & à cinq valves.

### *A N A L Y S E.*

| Feuilles arrondies & pétiolées. | Feuilles oblongues & rétrécies infenfiblement en pétiole. |
|---|---|
| I. | I I. |

I.      *Feuilles arrondies & pétiolées.*

Roffoli à feuilles rondes. *Drofera rotundifolia.* Linn. Sp. 402.

*Ros folis folio fubrotundo.* Tournef. 245.

Petite plante affez jolie, dont la racine eft fibreufe, noirâtre, & pouffe beaucoup de feuilles portées fur de longs péduncules, petites, arrondies, orbiculaires & remarquables par les poils rouges & glanduleux dont elles font hériffées.

700. Du milieu de ces feuilles, naît immédiatement de la racine, une ou plusieurs tiges nues, grêles, presque filiformes, hautes de quatre à cinq pouces, qui portent en leur sommet de petites fleurs blanchâtres, disposées en épi unilatéral. Cette plante croît dans les lieux humides & marécageux. ⊙

---

II. *Feuilles oblongues & rétrécies insensiblement en pétiole.*

Rossoli à feuilles longues. *Drosera longifolia.* Linn. Sp. 403.

*Ros solis folio oblongo.* Tournef. 245.

Cette espèce ressemble beaucoup à la précédente ; mais la forme constante de ses feuilles l'en distingue suffisamment. M. Scopoli pense qu'elle n'est qu'une variété de la première, qui dégénère insensiblement, & se change en celle-ci ; mais je suis porté à croire avec M. de Haller, que ces deux espèces sont toujours distinctes, ayant observé pendant long-temps la première dans un endroit où elle étoit assez abondante, sans jamais y trouver un seul pied de la seconde. On la trouve aussi dans les prés humides, les marais ⊙ ; l'une & l'autre espèce sont regardées comme pectorales & béchiques, cependant M. de Haller les dit âcres & un peu caustiques. On a en effet observé qu'elles nuisoient beaucoup aux moutons qui en mangeoient.

---

701. *Calice presque entier & scarieux ; feuilles non chargées de poils rouges.*

Statice. *Statice.*

Les fleurs de statice sont composées d'un calice monophylle, lisse & scarieux ; de cinq pétales dans le plus grand nombre des espèces ; de cinq étamines ; & d'un ovaire chargé de cinq styles. Le fruit est une semence renfermée dans le calice qui s'est resserré, & tient lieu de capsule.

### A N A L Y S E.

| Hampe simple, terminée par une tête de fleur. | Tige ou hampe rameuse, chargée de fleurs non ramassées en tête. |
|:---:|:---:|
| I. | I I. |

**701.**

**I.** *Hampe simple, terminée par une tête de fleurs.*

Statice capitée. *Statice capitata.*     ( gazon d'Olympe. )

> *Statice Lugdunensium.* Tournef. 341.
> *Statice montana minor.* Ibid.
> *Statice armeria.* Linn. Sp. 394.

Les tiges de cette plante font des hampes nues, grêles, très-simples, & qui s'élèvent jufqu'à huit ou dix pouces; les feuilles font radicales, nombreufes, affez longues, étroites, linéaires & difpofées en gazon au bas des tiges : les fleurs font rougeâtres, ou de couleur blanche, ramaffées en tête terminale, & renfermées dans un calice commun, compofé de plufieurs rangs d'écailles. A la bafe de ce calice, on obferve une gaîne ou une efpéce de fourreau long de quatre à cinq lignes, fendu ou déchiré en fon bord inférieur, & qui enveloppe le fommet de chaque hampe. On trouve cette plante dans les lieux fecs, fur les collines & fur le bord des bois ♃ ; on la cultive en bordure dans les jardins.

**II.** *Tige ou hampe rameufe, chargée de fleurs non ramaffées en tête.*

| Corolle compofée de cinq pétales très-diftincts. **III.** | Corolle monopétale & infundibuliforme. **VIII.** |
|---|---|

**III.** *Corolle compofé de cinq pétales très-diftincts.*

| Collet de la racine fimple, pouffant immédiatement les hampes, & ne produifant qu'une rofette de feuilles. **IV.** | Collet de la racine divifé en plufieurs fouches ligneufes qui produifent chacune une rofette de feuilles. **VII.** |
|---|---|

**701.** **IV.** *Collét de la racine simple, pouſſant immédiatement les hampes, & ne produiſant qu'une roſette de feuilles.*

| Feuilles liſſes<br>& point rudes au toucher.<br>**V.** | Feuilles chargées de tubercules<br>très-rudes au toucher.<br>**VI.** |
|---|---|

**V.**      *Feuilles liſſes & point rudes au toucher.*

Statice maritime. *Statice maritima.*

> *Limonium maritimum, majus.* Tournef. 342.
> *Limonium maritimum, minus, oleæ folio.* Ibid. 342.
> *Statice limonium.* Linn. Sp. 934.
> β. *Limonium maritimum, minus, foliis cordatis.* Tournef. 342.
> *Limonium parvum, bellidis minoris folio.* Ibid.
> *Statice cordata.* Linn. Sp. 394.

Ses tiges ſont nues, dures, rameuſes, panniculées ſupérieurement, & hautes de ſix à dix pouces. On obſerve à la baſe de chaque rameau une écaille courte, pointue & amplexicaule; les fleurs ſont petites, nombreuſes, de couleur violette ou blanchâtre, & diſpoſées par ſéries unilatérales : elles ſont ordinairement tournées vers le ciel. Les feuilles ſont radicales, couchées en rond ſur la terre, longues, un peu élargies vers leur ſommet, plus ou moins pointues, liſſes & aſſez épaiſſes. La variété β eſt moins grande dans toutes ſes parties ; ſes feuilles ſont ſpatulées, un peu plus obtuſes, mais jamais en cœur. Cette plante croît ſur les bords de la mer dans les provinces méridionales. ♃

**VI.**      *Feuilles chargées de tubercules très-rudes au toucher.*

Statice âpre. *Statice aſpera.*

> *Limonium minus annuum, bullatis foliis, vel echioides.* Tournef. 342.
> *Statice echioides.* Linn. Sp. 394.

Ses tiges ſont menues, rameuſes, panniculées, ponctuées, hautes de ſix à ſept pouces, & garnies à l'origine de leurs
diviſions,

**701.** diviſions, de petites écailles amplexicaules, pointues & rouges à leur ſommet; ſes feuilles ſont radicales, couchées en rond ſur la tèrre, tuberculeuſes, rudes au toucher, chargées de pluſieurs nervures & d'une forme preſque ovale; ſes fleurs ſont petites, purpurines & peu nombreuſes. On trouve cette plante en Provence & en Languedoc. ☉

**VII.** *Collet de la racine diviſé en pluſieurs ſouches ligneuſes qui produiſent chacune une roſette de feuilles.*

Statice mineure. *Statice minuta.* Linn. mant. 59.

*Limonium maritimum minimum.* Tournef. 342.

Cette eſpèce eſt la plus petite de toutes; elle forme, par le rapprochement des roſettes de feuilles qui ſont à ſa partie inférieure, un gazon fort denſe & ſerré; ſes feuilles ſont petites, courtes, ſpatulées, arrondies à leur ſommet, un peu dures, entaſſées & ramaſſées au ſommet des ſouches produites par les diviſions du collet de la racine. Les tiges ſont nues, grêles, rameuſes, hautes de deux à trois pouces, & naiſſent chacune du milieu d'une roſette de feuilles. Les fleurs ſont très-petites, d'un rouge-pâle, diſpoſées comme celles des deux eſpèces précédentes. Cette plante croît dans les lieux maritimes des provinces méridionales. ♄

**VIII.** *Corolle monopétale & infundibuliforme.*

Statice monopetale. *Statice monopetala.* Linn. Sp. 396.

*Limonium foliis halimi.* Tournef. 342.

Petit arbriſſeau dont la tige eſt rameuſe, rougeâtre, feuillée, ordinairement un peu couchée, quelquefois tout-à-fait droite, ſur-tout lorſqu'il eſt cultivé, & qui s'élève juſqu'à trois ou quatre pieds; ſes feuilles ſont alongées, un peu étroites, obtuſes à leur extrémité, ponctuées, chagrinées, d'un vert-blanchâtre, un peu dures & engaînées à leur baſe; ſes fleurs ſont d'un rouge-violet, ſeſſiles & diſpoſées en épis rameux & panniculés; elles naiſſent chacune de l'aiſſelle d'une écaille vaginale. Cet arbriſſeau croît dans les environs de Narbonne où il a été obſervé par M. l'abbé Pouret. ♄

**702.** *Calice de plusieurs pièces, ou divisé jusqu'à sa base en cinq folioles distinctes.*

## Lin. *Linum.*

Les fleurs de lin sont composées d'un calice de cinq feuilles, de cinq pétales élargis vers leur sommet, communément de cinq étamines, accompagnées quelquefois d'un pareil nombre de filamens stériles & d'un ovaire chargé de cinq styles. Le fruit est une capsule courte, divisée en huit ou dix loges.

### A N A L Y S E.

| Feuilles éparses & alternes. | Feuilles opposées. |
| --- | --- |
| I. | X V I. |

I.      *Feuilles éparses & alternes.*

| Fleurs bleues ou blanches, ou rougeâtres. | Fleurs de couleur jaune. |
| --- | --- |
| I I. | I X. |

II.      *Fleurs bleues ou blanches, ou rougeâtres.*

| Ecailles calicinales courtes & un peu obtuses. | Ecailles calicinales lancéolées & pointues. |
| --- | --- |
| I I I. | I V. |

III.      *Ecailles calicinales courtes & un peu obtuses.*

Lin vivace. *Linum perenne.* Linn. Sp. 397.

> *Linum perenne, majus cæruleum, capitulo majore.* **Tournef.** 339.

Ses tiges sont droites, cylindriques, glabres, feuillées, rameuses vers leur sommet, & hautes de deux à trois pieds; ses feuilles sont lancéolées-linéaires, pointues, nombreuses & éparses; ses fleurs sont terminales, pédunculées, fort grandes & de couleur bleue. Cette plante croît dans les pâturages des montagnes de la Provence. ♃

702. | **IV.** *Ecailles calicinales, lancéolées & pointues.*

| Pétales crénelés ou denticulés. | Pétales très-entiers. |
| V. | V I. |

**V.** *Pétales crénelés ou denticulés.*

Lin d'ufage. *Linum ufitatiffimum.* Linn. Sp. 397.

> *Linum arvenfe.* Tournef. 339.
> *Linum fativum.* Tournef. Ibid.

Sa tige eft liffe, cylindrique, feuillée, rameufe feulement à fon fommet, & s'élève jufqu'à un pied & demi; fes feuilles font éparfes, lancéolées-linéaires, pointues, & d'un vert un peu glauque. Ses fleurs font bleues, pédunculées & terminales. Cette plante croît dans les champs. On la cultive pour fa grande utilité qui eft fuffifamment connue. ⊙ Sa femence eft très-mucilagineufe. On l'emploie dans les lavemens émolliens; & on en tire par l'expreffion une huile très-anodine, anti-dyfurique & béchique.

**VI.** *Pétales très-entiers.*

| Feuilles lancéolées-aiguës ; corolle d'un beau bleu. | Feuilles cétacées-linéaires ; corolle blanche ou purpurine. |
| V I I. | V I I I. |

**VII.** *Feuilles lancéolées-aiguës ; corolle d'un beau bleu.*

Lin de Narbonne. *Linum Narbonenfe.* Linn. Sp. 399.

> *Linum fylveftre cæruleum, folio acuto.* Tournef. 340.

Sa tige eft haute d'un pied & demi tout-au-plus, grêle, cylindrique, feuillée & rameufe à fon fommet. Ses feuilles font éparfes, prefque toutes rapprochées de la tige, un peu roides & d'un vert-clair. Les fleurs font fort grandes, pédunculées & terminales. Elles ont leurs écailles calicinales très-aiguës & membraneufes en leur bord, & leurs étamines réunies à leur bafe. Cette plante croît en Languedoc & en Provence. ♃

702.

**VIII.** *Feuilles cétacées-linéaires ; corolle blanche ou purpurine.*

Lin à feuilles menues. *Linum tenuifolium.* Linn. Sp. 399.

*Linum sylvestre angustifolium, floribus dilutè purpurascentibus vel carneis.* Tournef. 340.
*Linum sylvestre angustifolium, flore magno albo.* Ibid.

Ses tiges sont hautes d'un pied, menues, assez dures & garnies dans toute leur longueur de feuilles éparses très-étroites, linéaires, aiguës, un peu roides & rudes en leur bord ; ses fleurs sont grandes, pédunculées, terminales & ordinairement purpurines ou couleur de chair. Elles ont, comme celles de la précédente, leurs étamines réunies à leur base. On trouve cette plante sur les collines sèches & arides. ♃

---

**IX.** *Fleurs de couleur jaune.*

| Corolle deux ou trois fois plus grande que le calice. **X.** | Corolle n'étant pas une fois plus grande que le calice. **XIII.** |
|---|---|

---

**X.** *Corolle deux ou trois fois plus grande que le calice.*

| Tiges simples, & chargées de deux ou trois fleurs. **XI.** | Tiges rameuses, & chargées de plus de trois fleurs. **XII.** |
|---|---|

---

**XI.** *Tiges simples, & chargées de deux ou trois fleurs.*

Lin campanulé. *Linum campanulatum.* Linn. Sp. 400.

*Linum sylvestre, luteum, foliis subrotundis.* Tournef. 340.

Ses tiges sont hautes de quatre à cinq pouces, menues & feuillées ; elles soutiennent ordinairement à leur sommet deux ou trois fleurs assez grandes, dont les folioles calicinales sont lancéolées & pointues : les feuilles sont remarquables, selon M. Linné, par un point glanduleux, situé à leur base de

**702.** chaque côté. On trouve cette plante dans les lieux arides des provinces méridionales. ♃

---

**XII.** *Tiges rameuses & chargées de plus de trois fleurs.*

Lin jaune. *Linum flavum.* Linn. Sp. 399.

*Linum sylvestre latifolium, luteum.* Tournef. 340.

Ses tiges sont hautes de huit à dix pouces, menues, un peu dures, feuillées & rameuses à leur sommet ; ses feuilles sont éparses, étroites, pointues, & n'ont que cinq ou six lignes de longueur. Les fleurs sont pédunculées, assez grandes, d'un beau jaune, & disposées dans la partie supérieure des tiges ; elles ont un calice court, dont les folioles sont petites, ovales & un peu pointues. On trouve cette plante dans les environs de Montpellier. ♃

---

**XIII.** *Corolle n'étant pas une fois plus grande que le calice.*

| Fleurs ramassées par bouquets glomérulés.<br><br>X I V. | Fleurs libres, & point ramassées par bouquets glomérulés.<br><br>X V. |
|---|---|

---

**XIV.** *Fleurs ramassées par bouquets glomérulés.*

Lin ramassé. *Linum strictum.* Linn. Sp. 400.

*Linum foliis asperis, umbellatum, luteum.* Tournef. 340.

Sa tige est haute de six pouces, menue, droite & divisée vers son sommet en rameaux corymbiformes ; ses feuilles sont lancéolées-linéaires, pointues, assez roides, rudes en leur bord & un peu serrées contre la tige. Les fleurs sont jaunes, terminales, & leurs folioles calicinales sont longues & aiguës. On trouve cette plante sur le bord des chemins, en Provence & en Languedoc. ☉

702.

**XV.** *Fleurs libres, & point ramaſſées par bouquets glomérulés.*

Lin maritime. *Linum maritimum.* Linn. Sp. 400.

*Linum maritimum luteum.* Tournef. 340.

*β. Linum calycibus acutis, foliis lineari-lanceolatis, panniculæ pedunculis bifloris.* Ger. prov. 421, tab. 16. fig. 1.
*Linum Gallicum.* Linn. Sp. 401.

Ses tiges ſont hautes de ſix à huit pouces, très-menues & rameuſes dans leur moitié ſupérieure; elles ſont glabres & légèrement anguleuſes: les feuilles ſont lancéolées-linéaires, pointues, éparſes, un peu écartées les unes des autres dans la partie ſupérieure des tiges, mais nombreuſes, ſerrées & preſque ramaſſées dans l'inférieure. Les fleurs ſont petites, de couleur jaune, terminales & diſpoſées en pannicule. La variété β a les folioles caliciriales très-aiguës. On trouve cette eſpèce dans les lieux maritimes des provinces méridionales.

---

**XVI.** *Feuilles oppoſées.*

| Corolle de quatre pièces. **XVII.** | Corolle de cinq pièces. **XVIII.** |

---

**XVII.** *Corolle de quatre pièces.*

Lin multiflore. *Linum multiflorum.*

*Chamælium vulgare.* Vaill. Pariſ. 33, tab. 4, fig. 6.
*Linum radiola.* Linn. Sp. 402.

Sa tige s'élève à peine juſqu'à un pouce & demi; elle eſt extrêmement rameuſe, panniculée & remarquable par ſes nombreuſes bifurcations: ſon épaiſſeur ne ſurpaſſe pas celle d'un fil ordinaire; ſes feuilles ſont ovales, glabres, & n'ont pas plus d'une ligne de longueur. Ses fleurs ſont blanches, très-petites, très-nombreuſes & diſpoſées au ſommet des rameaux; elles ont un calice de quatre feuilles, quatre pétales, quatre étamines, & un ovaire chargé de quatre ſtyles: leur fruit eſt une capſule à huit loges. On trouve cette plante dans les allées des bois, les lieux couverts & humides. ☉

702. | XVIII. *Corolle de cinq pièces.*

Lin purgatif. *Linum catharticum.* Linn. Sp. 402.

*Linum pratense, floribus exiguis.* Tournef. 340.

Sa tige est haute de cinq à sept pouces, droite, très-menue, glabre & rameuse à son sommet ; ses feuilles sont ovales-oblongues, lisses & plus courtes que les entre-nœuds. Ses fleurs sont assez petites, pédunculées & terminales ; leurs pétales sont blancs, jaunâtres en leur onglet, & une fois plus longs que le calice. On trouve cette plante dans les prés secs ☉ ; elle est amère, purgative & légèrement hydragogue.

703. *Ovaire privé de style.* . . . { Tige herbacée . . . . . . . . 704

{ Tige ligneuse. . . . . . . . 709

704. *Tige herbacée.* . . . . . . . { Tiges couchées sur la terre. 705

{ Tiges droites & point couchées. 708

705. *Tiges couchées sur la terre.* { Tiges simples ; capsules uniloculaires & trivalves. . . . . . . .706

{ Tiges rameuses ; semences nues & triangulaires . . . . . . . . 707

706. *Tiges simples ; capsules uniloculaires & trivalves.*

Telephe rampant. *Telephium repens.*

*Telephium Dioscoridis.* Tournef. 248.
*Telephium imperati.* Linn. Sp. 388.

Ses tiges sont longues d'un pied, simples, couchées, menues, glabres, légèrement anguleuses & feuillées dans toute leur longueur ; ses feuilles sont alternes, ovales & d'un vert-glauque. Ses fleurs sont blanches, petites, & disposées en bouquet glomérulé aux extrémités des tiges ; elles ont un

706. calice de cinq feuilles, cinq pétales ; cinq étamines, & un ovaire chargé de trois stigmates aigus. On trouve cette plante en Provence. ♃

---

707. *Tiges rameuses ; semences nues & triangulaires.*

## Corrigiole des rives. *Corrigiola littoralis.* Linn. Sp. 388.

*Polygoni vel linifolia per terram sparsa, flore scorpioidis.*
Tournef. Bot. par. 1, p. 218.

Ses tiges sont longues de cinq à sept pouces, très-menues, rameuses, couchées & disposées en rond sur la terre ; elles sont garnies de feuilles oblongues, beaucoup moins larges que celles de l'espèce précédente, alternes, un peu distantes & d'un vert-glauque presque blanchâtre. On observe à la base de chaque feuille, une couple de stipules fort petites & argentées. Les fleurs sont blanches, extrêmement petites, & ramassées en bouquets glomérulés aux extrémités des rameaux & des tiges ; elles ont un calice de cinq feuilles, cinq pétales, cinq étamines, & un ovaire chargé de trois stigmates. On trouve cette plante dans les lieux sablonneux, sur le bord des ruisseaux. ☉

---

708. *Tiges droites & point couchées.*

## Parnassie des marais. *Parnassia palustris.* Linn. Sp. 391.

*Parnassia palustris & vulgaris.* Tournef. 246.

Sa racine est fibreuse, chevelue, & pousse une ou plusieurs tiges menues, très-simples, chargées d'une feuille dans leur partie moyenne, & hautes d'un pied à-peu-près ; les feuilles radicales sont pétiolées, cordiformes, lisses & très-glabres : celles des tiges sont sessiles & amplexicaules. Chaque tige est terminée par une fleur assez grande, composée d'un calice à cinq divisions profondes, de cinq pétales blancs, rayés, & d'une forme ovale, de cinq follicules particuliers, bordés de cils globulifères, de cinq étamines, & d'un ovaire chargé de quatre stigmates. Le fruit est une capsule quadrivalve & polysperme. On trouve cette plante dans les marais, les prés humides. ♃

---

710.         *Feuilles sessiles.*

## Tamaris. *Tamariscus.*

Les fleurs de tamaris sont petites, composées d'un calice à cinq divisions, de cinq pétales ouverts, de cinq ou dix étamines, & d'un ovaire chargé de trois stigmates plumeux. Le fruit est une capsule uniloculaire & trivalve.

### A N A L Y S E.

| Fleurs à cinq étamines. | Fleurs à dix étamines. |
|---|---|
| I. | II. |

I.           *Fleurs à cinq étamines.*

**Tamaris pentandrique.** *Tamariscus pentandra.*

*Tamariscus Narbonensis.* Tournef. 661.
*Tamarix Gallica.* Linn. Sp. 386.

Arbrisseau de cinq à huit pieds, très-rameux, dont l'écorce est grisâtre ou rougeâtre & les rameaux très-flexibles; ses feuilles sont extrêmement petites, courtes, pointues, très-rapprochées & embriquées sur les jeunes pousses : elles ressemblent un peu à celles des bruyères ou des cyprès. Les fleurs sont disposées en épis grêles, placés vers le sommet des tiges & des branches; elles sont fort petites, & de couleur blanche ou purpurine. Cet arbrisseau croît dans les provinces méridionales ♄ ; son écorce & sa racine sont regardées comme apéritives, diurétiques & même un peu sudorifiques : le sel lixiviel, qu'on retire de ses cendres, est de la nature du sel de Glauber.

**710.**

II.     *Fleurs à dix étamines.*

Tamaris décandrique. *Tamariscus decandra.*

*Tamariscus Germanica.* Tournef. 661.
*Tamarix Germanica.* Linn. Sp. 387.

Cet arbrisseau a beaucoup de rapport avec le précédent ;
mais ses feuilles sont une fois plus grandes, moins serrées,
moins pointues & d'un vert-glauque. Ses fleurs sont aussi
une fois plus grandes, de couleur de rose ou violette, &
ont dix étamines disposées sur deux rangs. Il croît en Alsace,
où il est indiqué par Mappus ♄ ; il a les mêmes vertus que
le précédent.

**711.**

*Feuilles pétiolées.*

Sumac. *Rhus.*

Les fleurs de sumac sont très-petites & disposées en pannicule ou eu épi dense & rameux ; elles sont composées d'un
calice à cinq divisions, de cinq pétales, de cinq étamines
& d'un ovaire chargé de trois stigmates. Le fruit est une
baie monosperme.

*A N A L Y S E.*

| Feuilles simples & arrondies. | Feuilles ailées avec impaire. |
|:---:|:---:|
| I. | I I. |

I.     *Feuilles simples & arrondies.*

Sumac fustet. *Rhus cotinus.* Linn. Sp. 383.-

*Cotinus coriaria.* Tournef. 610.

Arbrisseau de cinq à six piéds, dont l'écorce est lisse, le
bois jaunâtre & les rameaux cylindriques & flexibles ; ses
feuilles sont arrondies, ovoïdes, très-lisses, nerveuses, vertes
en - dessus, blanchâtres en - dessous & portées sur de longs
pétioles. Les fleurs sont verdâtres & disposées en pannicule
au sommet des rameaux. On trouve cet arbrisseau dans les

**711.** montagnes de la Provence ♄ ; il eſt odorant : ſon bois eſt employé pour teindre en jaune, & ſes feuilles ſervent pour tanner les cuirs.

---

II.　　*Feuilles ailées avec impaire,*

Sumac des corroyeurs. *Rhus coriaria.* Linn. Sp. 379.

*Rhus folio ulmi.* Tournef. 611.

Arbriſſeau de quatre à cinq pieds, dont les rameaux ſont nombreux, flexibles & couverts d'un duvet rouſſâtre ; ſes feuilles ſont compoſées de neuf à onze folioles ovales-oblongues, velues, dentées, oppoſées, ſeſſiles & diſpoſées ſur un pétiolé commun également velu & ſouvent rougeâtre. Les fleurs ſont blanchâtres & ramaſſées au ſommet des branches en épis denſes & ſerrés ; il leur ſuccède des baies recouvertes d'un duvet rougeâtre. Cet arbriſſeau croit dans les lieux ſecs & pierreux des provinces méridionales ♄ ; ſes feuilles, ſes fleurs & ſes fruits ſont aſtringens & rafraichiſſans. On le réduit en poudre après l'avoir fait ſécher, & on s'en ſert pour préparer les cuirs.

---

**712.** *Pluſieurs ovaires, ou un ſeul profondément diviſé. . .* ⎰ Quatre pétales ou moins. . 713
⎱ Cinq pétales ou plus. . . . 717

---

**713.** *Quatre pétales ou moins. .* ⎰ Trois ou quatre étamines. . 714
⎱ Six étamines. . . . . . . . . 715

---

**714.** *Trois ou quatre étamines.*

Tilli. *Tillæa.*

Les fleurs de tilli ſont petites, çompoſées d'un calice à trois ou quatre diviſions, de trois ou quatre pétales, d'autant d'étamines, & d'un pareil nombre d'ovaires qui ſe changent en capſules polyſpermes.

**714.**

| Corolle de trois pièces ; trois étamines. I. | Corolle de quatre pièces ; quatre étamines. I I. |

I.     *Corolle de trois pièces ; trois étamines.*

Tilli mouffet. *Tillæa mufcofa.* Linn. Sp. 186.

> *Sedum, quod polygonum minimum mufcofum.* Vaill. Parif. 182.

Cette plante eft très-petite ; fa tige eft menue, rameufe, rougeàtre, liffe, entrecoupée par des nœuds très-rapprochés, & s'élève rarement au-delà d'un pouce : fes feuilles font oppofées, perfoliées & n'ont pas plus d'une ligne de longueur. Elles ont chacune dans leur aiffelle un petit faifceau d'autres feuilles, formé par les nouvelles pouffes. Les fleurs font extrêmement petites & prefque feffiles. On trouve cette plante dans les allées & les bois humides. ⊙

II.     *Corolle de quatre pièces ; quatre étamines.*

Tilli aquatique. *Tillæa aquatica.* Linn. Sp. 186.

> *Sedum minimum annuum, flore rofeo tetrapetalo.* Vaill. Parif. 182, tab. 10, f. 2.

Cette efpèce s'élève jufqu'à un pouce & demi ; fa tige eft rameufe, fucculente, liffe & un peu rougeâtre ; fes feuilles font oppofées, charnues, émouffées à leur fommet, & un peu plus grandes que celles de l'efpèce précédente : fes fleurs font folitaires, pédunculées & de couleur de rofe. On trouve cette plante dans les lieux humides & couverts. ⊙

**715.**

*Six étamines.*

### Fluteau. *Alifma.*

Les fluteaux font des plantes aquatiques qui ont beaucoup de rapport avec la fléchière n°. 169 ; leurs fleurs font compofées d'un calice de trois pièces, de trois pétales arrondis ;

[ 715. ] & de plusieurs ovaires ramassés qui se changent en capsules
monospermes.

### ANALYSE.

| Tiges droites.<br>I. | Tige rampante.<br>VI. |
| --- | --- |

I.                                    *Tiges droites.*

| Feuilles un peu en cœur<br>à leur base.<br>II. | Feuilles point en cœur<br>à leur base.<br>III. |
| --- | --- |

II.                    *Feuilles un peu en cœur à leur base.*

Fluteau étoilé. *Alisma stellata.*

*Damasonium stellatum.* Tournef. 257.
*Alisma damasonium.* Linn. Sp. 486.

Ses tiges sont hautes de quatre à six pouces, simples, lisses,
nues, & soutiennent à leur sommet, un ou deux verticilles de
fleurs, dont le terminal imite une ombelle; les feuilles sont radicales, nombreuses, pétiolées, ovales-oblongues, lisses &
très-glabres : les fleurs sont assez petites, de couleur blanche,
& portées sur des péduncules verticillés ou en ombelle. A la
base de ces péduncules, on observe une collerette composée
de trois écailles membraneuses & pointues. Les capsules sont
applaties, terminées en pointe & disposées en étoile. On
trouve cette plante sur le bord des étangs. ♃

III.                    *Feuilles non en cœur à leur base.*

| Fruits en tête ronde<br>très-hérissée;<br>verticilles ou ombelles<br>simples.<br>IV. | Fruits<br>formant trois angles émoussés;<br>verticilles composés.<br>V. |
| --- | --- |

7!5.

**IV.** *Fruits en tête ronde très-hériffée ; verticilles ou ombelles fimples.*

Fluteau renonculier. *Alifma ranunculoides.* Linn. Sp. 487.

> *Ranunculus paluftris , plantaginis folio , humilis & fupinus.* Tournef. 292.

Ses tiges font hautes de quatre pouces , droites ou quelquefois légèrement inclinées , & fe terminent par un ou deux verticilles umbelliformes qui ne font jamais compofés ; fes feuilles font radicales , étroites , pointues , & portées fur de longs pétioles. Les péduncules propres de chaque fleur ont près d'un pouce de longueur. On trouve cette plante dans les lieux aquatiques. ♃

---

**V.** *Fruits formant trois angles émouffés ; verticilles compofés.*

Fluteau plantaginé. *Alifma plantago.* Linn. Sp. 486.

> *Ranunculus paluftris , plantaginis folio ampliore.* Tournef. 292.
>
> β. *Ranunculus paluftris , plantaginis folio anguftiore.* Ibid.

Sa tige eft droite , nue , haute d'un à deux pieds , & foutient à fon fommet plufieurs verticilles compofés , & formant une pannicule étalée & fort grande ; fes feuilles font radicales , droites , pétiolées , ovales - oblongues , pointues , glabres & nerveufes : les fleurs font petites , très-nombreufes , pédunculées & de couleur blanche ou rougeâtre. La variété β eft moins grande , fa pannicule de fleurs eft moins compofée , & fes feuilles font plus étroites. On trouve cette plante dans les foffés aquatiques , les mares , & fur le bord des étangs. ♃

---

**VI.** *Tiges rampantes.*

Fluteau nageant. *Alifma natans.* Linn. Sp. 487.

> *Damafonium radiculas emittens ex geniculis.* Vaill. Parif. 46.

Ses tiges font couchées , rampantes & radicantes ; fes feuilles font oblongues & obtufes , & les péduncules de fes fleurs font folitaires ou en ombelle peu garnie. Les capfules font fouvent au nombre de huit. Cette plante croît dans les environs de Paris.

716.

*Corolle irrégulière* . . . . . { Corolle à éperon. . . . . . . 908

Corolle fans éperon. . . . . 909

---

717.

*Cinq pétales ou plus.* . . . { Trois à fix ovaires. . . . . 718

Plus de fix ovaires. . . . . 724

---

718.

*Trois à fix ovaires* . . . . { Trois ovaires. . . . . . . . 719

Plus de trois ovaires . . . 720

---

719. *Trois ovaires.*

**Garidelle nielline.** *Garidella nigellaftrum.* **Linn. Sp.** **608.**

*Garidella foliis tenuiffimè divifis.* **Tournef.** 665.

Sa tige eft haute d'un à deux pieds, grêle, anguleufe, glabre, divifée en quelques rameaux droits & prefque nue dans fa partie fupérieure; fes feuilles radicales font longues, ailées & finement découpées; celles de la tige font écartées, peu nombreufes, & compofées de trois ou cinq découpures linéaires: les fleurs font terminales & folitaires; elles ont un calice de cinq pièces; cinq pétales rougeâtres, labiés & bifides; dix étamines, & trois ovaires oblongs & pointus qui fe changent en autant de capfules polyfpermes. Cette plante croît en Provence. ☉

---

720.

*Plus de trois ovaires.* . . . { Tige herbacée; feuilles charnues. 721

Tige ligneufe; feuilles non charnues . . . . . . . . . . n°. 244

721. *Tige herbacée ; feuilles char-*  { Cinq étamines. . . . . . . . . 722
*nues* . . . . . . . . . .  { Dix étamines. . . . . . . . 723

---

722.　　　　　*Cinq étamines.*

## Crassule. *Crassula.*

Les crassules ont un très-grand rapport avec les orpins nº. 723, & les joubarbes nº. 785 ; leurs fleurs sont composées d'un calice à cinq divisions, de cinq pétales lancéolés, de cinq étamines & de cinq ovaires pointus. A la base de chacun de ces ovaires, on observe une écaille pareillement pointue. Le fruit est formé par cinq capsules polyspermes.

### A N A L Y S E.

| Feuilles alternes ; tiges un peu velues. I. | Feuilles opposées ; tiges très-glabres. I I. |
| --- | --- |

.I.　　　*Feuilles alternes ; tiges un peu velues.*

Crassule rougeâtre. *Crassula rubens.* Murraj. Syst. vég. 253.
*Sedum arvense, flore rubente.* Tournef. 265.
*Sedum rubens.* Linn. Sp. 619, & mant. 388.

Ses tiges sont hautes de quatre pouces tout au plus, un peu velues, rougeâtres, rameuses & fourchues, trifides ou quadrifides à leur extrémité ; ses feuilles sont alternes, éparses, oblongues, presque cylindriques, charnues, courtes, glabres & souvent rougeâtres. Les fleurs sont sessiles, & les pétales sont blancs, chargés d'une ligne purpurine, & velues en-dessous. On trouve cette plante dans les lieux sablonneux & sur les murs humides. ☉

---

II.　　　*Feuilles opposées ; tiges très-glabres.*

Crassule diffuse. *Crassula diffusa.*
*Crassula verticillaris.* Linn. mant. 361.

Ses tiges sont hautes de trois pouces, très-grêles, lisses,
rougeâtres,

722. rougeâtres, extrêmement rameufes & diffufes ; léurs divifions font oppofées, & reffemblent à des bifurcations : les feuilles font petites, ovales-oblongues, oppofées, un peu diftantes dans la partie inférieure des tiges, mais plus rapprochées, & prefque ramaffées vers leur fommet. Les fleurs font très-petites, feffiles, & difpofées dans les bifurcations des tiges & des rameaux. Les pétales font plus courts que le calice. Cette plante croît dans les lieux couverts & humides des provinces méridionales.

---

723. *Dix étamines.*

Orpin. *Sedum.*

Les orpins font des plantes charnues & fucculentes, qui ne diffèrent des craffules n°. 722, & des joubarbes n°. 785, que par le nombre des parties de leurs fleurs. Ces fleurs ont la plupart un calice à cinq divifions, cinq pétales, dix éta-mines, & cinq ovaires qui fe changent en un pareil nombre de capfules polyfpermes. On trouve communément à la bafe de chaque ovaire une petite écaille pointue.

### A N A L Y S E.

| Feuilles planes. | Feuilles cylindriques ou coniques. |
|:---:|:---:|
| I. | VIII. |

I. *Feuilles planes.*

| Feuilles dentées ou anguleufes. | Feuilles très-entières. |
|:---:|:---:|
| II. | V. |

II. *Feuilles dentées ou anguleufes.*

| Fleurs pedunculées & difpofées en corymbe. | Fleurs feffiles & point en corymbe. |
|:---:|:---:|
| III. | IV. |

723. **III.** *Fleurs pédunculées & disposées en corymbe.*

Orpin reprise. *Sedum thelephium.* Linn. Sp. 616.

*Anacampseros vulgò faba crassa.* Tournef. 264.

β. *Anacampseros purpurea.* Ibid.

γ. *Anacampseros minor purpurea.* Ibid.

δ. *Anacampseros maxima.* Ibid.

Sa tige est tendre, cylindrique, feuillée dans toute sa longueur, rameuse seulement à son sommet, & s'élève jusqu'à un pied & demi; ses feuilles sont sessiles, éparses ou opposées, ovales, planes, lisses, épaisses, succulentes, & légèrement dentées en leur bord. Ses fleurs sont purpurines ou blanchâtres, & disposées en corymbe serré & terminal. On trouve cette plante dans les vignes, les bois taillis & dans les lieux pierreux & couverts. ♃ Elle est anodine, rafraîchissante, vulnéraire & résolutive.

**IV.** *Fleurs sessiles & point en corymbe.*

Orpin étoilé. *Sedum stellatum.* Linn. Sp. 617.

*Sedum echinatum vel stellatum, flore albo.* Tournef. 263.

Sa tige est foible & rameuse; ses feuilles sont assez larges, ovales, planes, épaisses, dentées & anguleuses, selon la plupart des Auteurs. Ses fleurs sont blanches ou rougeâtres, sessiles & disposées au sommet des rameaux. Cette plante croît dans les provinces méridionales, où elle a été observée par Dom Fourmeault.

**V.** *Feuilles très-entières.*

| Fleurs en corymbe; feuilles ovales-arrondies. | Fleurs en pannicule; feuilles ovales-oblongues. |
|---|---|
| **VI.** | **VII.** |

**VI.** *Fleurs en corymbe; feuilles ovales-arrondies.*

Orpin à feuilles rondes. *Sedum rotundifolium.*

*Anacampseros minor, rotundiore folio, sempervirens.* Tournef. 264.

*Sedum anacampseros.* Linn. Sp. 616.

Sa racine est fibreuse, & pousse plusieurs tiges longues de

**723.** sept à huit pouces, cylindriques ; simples ; un peu couchées dans leur partie inférieure , & très-garnies de feuilles vers leur sommet , lorsqu'elles ne font pas fleuries ; ses feuilles font arrondies , un peu rétrécies en manière de coin vers leur base , charnues , d'un vert très-glauque tirant sur le bleu ; & font ramassées sur les tiges stériles , au sommet desquelles elles forment des rosettes très-remarquables. Les fleurs font petites , légèrement rougeâtres , & disposées en corymbe serré & terminal. On trouve cette plante dans les provinces méridionales, parmi les rochers. ♉

---

VII. *Fleurs en pannicule ; feuilles ovales-oblongues.*

Orpin panniculé. *Sedum panniculatum.*

*Sedum cepæa dictum.* Tournef. 263.
*Sedum cepæa.* Linn. Sp. 617.

Sa tige est haute de six à sept pouces , rameuse , cylindrique ; feuillée & rougeâtre ; ses feuilles font planes, oblongues, un peu étroites & d'une couleur olivâtre ; ses fleurs font petites , nombreuses , blanchâtres ; & disposées en une pannicule qui s'alonge en manière de grappe droite. On trouve cette plante dans les lieux pierreux & couverts. ☉

---

VIII. *Feuilles cylindriques ou coniques.*

| Fleurs blanches ou rougeâtres. | Fleurs de couleur jaune. |
| :---: | :---: |
| I X. | X I V. |

---

IX. *Fleurs blanches ou rougeâtres.*

| Tiges glabres, au moins dans toute leur moitié inférieure. | Tiges velues, même dans leur moitié inférieure. |
| :---: | :---: |
| X. | X I I I. |

723. **X.** *Tiges glabres, au moins dans toute leur moitié inférieure.*

| Feuilles cylindriques, oblongues & un peu rougeâtres.<br>**XI.** | Feuilles coniques, ventrues, très-courtes & d'un vert-glauque.<br>**XII.** |
|---|---|

**XI.** *Feuilles cylindriques, oblongues & un peu rougeâtres.*

Orpin à feuilles cylindriques. *Sedum teretifolium.*

> α. *Sedum minus, teretifolium, album.* Tournef. 262.
> *Sedum album.* Linn. Sp. 619.
> β. *Sedum minus teretifolium, alterum.* Tournef. 262.
> γ. *Sedum saxatile, atrorubentibus floribus.* Bauh. pin. 284.
> *Sedum atratum.* Linn. Sp. 1673.

Cette espèce varie dans sa grandeur & dans la quantité de points rouges dont ses feuilles sont ordinairement chargées. La plante α s'élève jusqu'à huit ou dix pouces ; ses tiges sont cylindriques, glabres, peu colorées & se divisent à leur sommet en deux ou trois rameaux courts, qui soutiennent des fleurs blanches, disposées en corymbe rameux. Ses feuilles sont longues de quatre lignes, & à peine rougeâtres ; la variété β ne s'élève que jusqu'à quatre ou cinq pouces ; ses tiges sont plus colorées. Ses feuilles sont éparses, ouvertes, plus rapprochées & plus chargées de points rouges ; ses fleurs sont plus petites & en bouquet moins étalé. La variété β ne s'élève que jusqu'à deux pouces ; ses tiges, ses feuilles & les calices de ses fleurs sont abondamment couverts de points rouges qui donnent à toute la plante un aspect d'un pourpre-foncé & obscur. Cette plante croît sur les murs & dans les lieux secs & pierreux. La variété γ a été observée en Dauphiné par M. de Villars.

**XII.** *Feuilles coniques, ventrues, très-courtes, & d'un vert-glauque.*

Orpin glauque. *Sedum glaucum.*

> *Sedum minus, folio circinato.* Tournef. 263.
> *Sedum dasyphillum.* Linn. Sp. 618.

Ses tiges sont hautes de trois ou quatre pouces, cylindriques,

**723.** très-nombreuses & ramassées en gazon. Elles font chargées de quelques poils vers leur sommet. Les feuilles font la plupart oppofées, charnues, courtes, coniques ou en forme d'épiglotte, d'une couleur glauque un peu blanchâtre, & légèrement ponc-tuées. Les fleurs font pédunculées, terminales, difpofées en bouquet lâche, de couleur blanche, mais rougeâtres avant leur parfait développement. Cette plante croit en Provence & en Dauphiné, fur les murs & dans les lieux pierreux. ♃

---

**XIII.** *Tiges velues, même dans leur moitié inférieure.*

Orpin velu. *Sedum villofum.* Linn. Sp. 610.

*Sedum paluftre, fubhirfutum, purpureum.* Tournef. 263.

Ses tiges font hautes de cinq ou fix pouces, droites, velues, rougeâtres & peu rameufes; fes feuilles font éparfes, oblongues, étroites, convexes en-deſſous, légèrement appla-ties en-deſſus, & fouvent un peu rougeâtres. Les fleurs font rouges, pédunculées, terminales & difpofées en bouquet lâche. On trouve cette plante dans les lieux humides des montagnes.

Obs. Le *fedum rubens* de M. Linné eft placé parmi les craſſules, comme n'ayant que cinq étamines dans chacune de fes fleurs; mais MM. Gerard & Haller en admettent dix. En ce cas, on diftinguera cette plante de celle que je viens de décrire, par fes fleurs feſſiles, axillaires, & légèrement rougeâtres en-deſſous. Voyez *Craſſule rougeâtre*, n°. 722.—I.

---

**XIV.** *Fleurs de couleur jaune.*

| Tiges de trois ou quatre pouces; feuilles courtes & un peu coniques. | Tige de plus de fix pouces; feuilles cylindriques & aiguës. |
|---|---|
| X V. | X V I. |

723. **XV.** *Tiges de trois ou quatre pouces ; feuilles courtes & un peu coniques.*

Orpin brûlant, *Sedum acre.* Linn. Sp. 619.

*Sedum parvum , acre, flore luteo.* Tournef. 263.
β. *Sedum minus , luteum, non acre.* Ibid.
*Sedum sexangulare.* Linn. Sp. 620.

Ses tiges sont glabres, feuillées, trifides à leur sommet, nombreuses & ramassées en gazon. Ses feuilles sont vertes, plus épaisses à leur base & d'une forme un peu conique. Les fleurs sont jaunes, presque sessiles & assez grandes. La variété β ne me paroît pas devoir être distinguée comme une espèce particulière. Ses feuilles sont un peu moins rapprochées les unes des autres, moins épaisses, & d'une saveur moins brûlante, quoique réellement âcre. On trouve cette plante sur les murs & dans les lieux secs ; sa variété croît sur les murailles humides & placées à l'ombre. ♃ Elle est vomitive, purgative, anti-hydropique & passe pour bonne dans le scorbut & dans les ulcères chancreux.

---

**XVI,** *Tiges de plus de six pouces ; feuilles cylindriques & aiguës,*

Orpin réfléchi. *Sedum reflexum.* Linn. Sp. 618.

*Sedum minus , luteum , folio acuto,* Tournef. 263,
*Sedum minus , luteum, ramulis reflexis.* Ibid.

Ses tiges sont cylindriques, glabres, presque simples & garnies seulement à leur base de quelques rameaux recourbés ou réfléchis à leur extrémité ; les feuilles sont cylindriques, terminées par une pointe remarquable, qui est quelquefois courbée, d'un vert-glauque dans la jeunesse de la plante, éparses, nombreuses & très-rapprochées avant la floraison : mais lorsque les tiges sont développées & chargées de fleurs, les feuilles sont plus écartées, & les inférieures alors se dessèchent, tombent & laissent ces tiges à demi-nues. Les fleurs sont jaunes, terminales, portées sur de courts péduncules, & disposées en une espèce de corymbe rameux, un peu serré, & dont les côtés sont quelquefois recourbés ou contournés. Cette plante croît sur les murs & parmi les rochers. ♃

**724.** *Plus de six ovaires.* . . . { Toutes les feuilles radicales. **725**

{ Tige garnie de feuilles. . . **789**

---

**725.** *Toutes les feuilles radicales.*

Ratoncule mineure. *Myosurus minimus.* Linn. Sp. 407.

*Ranunculus gramineo folio, flore caudato, seminibus in capitulum spicatum congestis.* Tournef. 293.

Plante fort petite, dont les tiges font des hampes nues, filiformes, uniflores, & qui s'élèvent rarement au-delà de deux pouces ; ses feuilles font radicales, nombreuses, étroites, linéaires, redressées, & un peu moins longües que les tiges. Ses fleurs font folitaires, terminales, & compofées d'un calice de cinq feuilles étroites ; de cinq pétales très-petits, ligulés & en cornet ; de cinq à dix étamines difpofées fur un feul rang ; & d'un grand nombre d'ovaires entaffés les uns fur les autres, formant une queue droite, cylindrique, qui s'alonge à mesure que la fructification se perfectionne. On trouve cette plante dans les terreins fecs & fablonneux. ☉

---

**726.** *Onze étamines ou plus.* . . { Pétales inférés fur le calice. **727**

{ Pétales non inférés fur le calice. **752**

---

**727.** *Pétales inférés fur le calice.* { Un feul ovaire-très-fimple. **728**

{ Ovaires nombreux & ramaffés. **735**

---

**728.** *Un feul ovaire très-fimple.* { Ovaire pédiculé & chargé de trois ftyles ; tige laiteufe. . . **729**

{ Ovaire feffile & chargé d'un feul ftyle ; tige non laiteufe. . . . **730**

**729.** *Ovaire pédiculé & chargé de trois styles ; tige laiteuse.*

## Tithymale. *Tithymalus.*

Les fleurs de tithymale font compofées d'un calice campaniforme ou en grelot, dont le bord eft à quatre ou cinq dents ;
de quatre ou cinq pétales lunulés ou entiers, inférés au bord
& entre les dents du calice ; de neuf à dix-huit étamines qui
fe developpent fucceffivement ; & d'un ovaire globuleux, à
trois côtés, foutenu par un pédicule, & furmonté de trois
ftyles communément bifides. Le fruit eft une capfule à trois
coques monofpermes ; toutes les efpèces contiennent un fuc
laiteux, abondant & très-âcre en général.

### ANALYSE.

| Ombelle compofée de cinq rayons ou davantage. | Ombelle nulle, ou compofée de trois ou quatre rayons feulement. |
|---|---|
| I. | XXXVI. |

**I.** *Ombelle compofée de cinq rayons ou davantage.*

| Ombelle à cinq rayons. | Ombelle à plus de cinq rayons. |
|---|---|
| II. | XIX. |

**II.** *Ombelle à cinq rayons.*

| Feuilles entières. | Feuilles fenfiblement dentées. |
|---|---|
| III. | XI. |

**III.** *Feuilles entières.*

| Pétales entiers & point cornus. | Pétales lunulés & à deux cornes. |
|---|---|
| IV. | X. |

729. | IV. *Pétales entiers & point cornus.*

| La plupart des fleurs à quatre pétales. **V.** | La plupart des fleurs à cinq pétales. **X L I I I.** |
| --- | --- |

V. *La plupart des fleurs à quatre pétales.*

| Feuilles obtuses, & larges de trois lignes ou davantage. **V I.** | Feuilles terminées en pointe, & dont la largeur n'excède pas deux lignes. **V I I.** |
| --- | --- |

VI. *Feuilles obtuses & larges de trois lignes ou davantage.*

Tithymale doux. *Tithymalus dulcis.* Scop. carn. 334.

*Tithymalus montanus non acris.* Tournef. 86.
*Euphorbia dulcis.* Linn. Sp. 656.

Sa tige est ordinairement simple, cylindrique, glabre & feuillée dans toute sa longueur ; ses feuilles sont oblongues, elliptiques, obtuses, & quelquefois légèrement velues ; elles sont partagées par une nervure blanche & longitudinale, & les supérieures sont souvent terminées par une petite échancrure. Les folioles de la collerette sont finement denticulées ; les bractées sont ovales, obtuses & jaunâtres ; les pétales sont entiers, & les capsules sont chagrinées ou verruqueuses. On trouve cette plante dans les champs & sur le bord des bois. ♃

VII. *Feuilles terminées en pointe, & dont la largeur n'excède pas deux lignes.*

| Feuilles toutes redressées & terminées par une pointe courte non aiguë. **V I I I.** | Feuilles terminées par une pointe très-aiguë, & les inférieures réfléchies. **I X.** |
| --- | --- |

**729.**

**VIII.** *Feuilles toutes redreſſées & terminées par une pointe courte non aiguë.*

**Tithymale maritime.** *Tithymalus maritimus.* **Tournef. 87.**

*Euphorbia paralias.* **Linn. Sp. 657.**

Sa tige eſt haute d'un pied & demi, cylindrique, quelquefois rougeâtre, rameuſe dans ſa partie inférieure, & feuillée dans toute ſon étendue ; ſes feuilles ſont blanchâtres, nombreuſes, éparſes, preſque embriquées, toutes redreſſées, lancéolées & terminées par une pointe fort courte. Les folioles de la collerette ſont lancéolées, & les bractées ſont en cœur, les capſules ſont liſſes. On trouve cette plante dans les lieux maritimes des provinces méridionales. ♃

---

**IX.** *Feuilles terminées par une pointe très-aiguë, & les inférieures réfléchies.*

**Tithymale à feuilles aiguës.** *Tithymalus acutifolius.*

*Tithymalus arboreus linifolius.* **Tournef. 87.**
*Euphorbia pithyuſa.* **Linn. Sp. 656.**

Sa tige eſt haute d'un pied, rameuſe, ſouvent rougeâtre, & ordinairement ligneuſe dans ſa partie inférieure ; ſes feuilles ſont d'un vert-glauque, nombreuſes, embriquées, étroites & aiguës à leur ſommet : les folioles de la collerette ſont ovales, & les bractées ſont en cœur. On trouve cette plante dans les lieux ſablonneux des provinces méridionales. ♄

---

**X.** *Pétales lunulés & à deux cornes.*

**Tithymale des champs.** *Tithymalus ſegetalis.*

*Tithymalus linariæ folio, lunato flore.* **Tournef. 86.**
*Euphorbia ſegetalis.* **Linn. Sp. 659.**

Sa tige eſt haute d'un pied, tout au plus, nue & rougeâtre dans ſa partie inférieure, feuillée vers ſon ſommet, ainſi qu'en ſes rameaux, glabre, & quelquefois d'une conſiſtance aſſez dure à ſa baſe ; ſes feuilles ſont linéaires, pointues, éparſes & d'un vert-clair : les ombelles ont une grandeur remarquable, & ſont compoſées de cinq rayons, une ou pluſieurs fois fourchus. La collerette de chaque ombelle eſt aſſez petite, & formée

729. par cinq folioles oblongues ; les bractées font un peu en cœur, les pétales font jaunâtres, & ont deux cornes cétacées : les capfules font ponctuées fur leurs angles. On trouve cette plante dans les champs des provinces méridionales. ☉

---

XI.   *Feuilles fenfiblement dentées.*

| Feuilles lancéolées & point arrondies à leur fommet. **XII.** | Feuilles fpatulées & arrondies à leur fommet. **XVIII.** |

---

XII. *Feuilles lancéolées & point arrondies à leur fommet.*

| Corolle de deux ou trois pétales ; feuilles très-glabres. **XIII.** | Corolle de quatre pétales ; feuilles légèrement velues. **XIV.** |

---

XIII. *Corolle de deux ou trois pétales ; feuilles très-glabres.*

Tithymale denté. *Tithymalus ferratus.*

> *Tithymalus charachias*, *folio ferrato*, Tournef. 87.
> *Euphorbia ferrata.* Linn. Sp. 658.

Ses tiges font cylindriques, glabres, quelquefois fimples, & s'élèvent jufqu'à un pied & demi ; fes feuilles font feffiles, ovales-lancéolées, pointues, remarquables par les dentelures de leur bord, & fouvent rougeâtres dans la jeuneffe de la plante : celles des rameaux ftériles font étroites & prefque linéaires. Les folioles de la collerette font fort larges & cordiformes ; la plupart des fleurs n'ont que deux pétales, qui font roufsâtres & terminés chacun par deux dents courtes & épaiffes : les capfules font glabres. On trouve cette plante fur le bord des champs & des chemins dans les provinces méridionales. ♃

**729.** **XIV.** *Corolle de quatre pétales ; feuilles légèrement velues.*

|  |  |
|---|---|
| Tiges glabres, capsules verruqueuses. **X V.** | Tiges velues ; capsules non verruqueuses. **X X X V. ***  |

**XV.** *Tiges glabres ; capsules verruqueuses.*

|  |  |
|---|---|
| Tiges nombreuses, diffuses, & un peu inclinées. **X V I.** | Tige très-droite, & ordinairement solitaire. **X X V I I.** |

**XVI.** *Tiges nombreuses, diffuses & un peu inclinées.*

Tithymale verruqueux. *Tithymalus verrucosus.* Scop. carn. 336.

> *Tithymalus myrsinites, fructu verrucæ simili.* Tournef. 86.
> *Euphorbia verrucosa.* Linn. Sp. 658.

Ses tiges font hautes d'un pied, cylindriques, ordinairement simples & feuillées dans toute leur longueur ; ses feuilles font étroites ; lancéolées, denticulées presque-glabres en-dessus & légèrement velues en-dessous : les ombelles ne font pas considérables ; les pétales font entiers & jaunâtres, & les capsules font petites & verruqueuses. On trouve cette plante sur le bord des chemins & dans les lieux sablonneux des provinces méridionales. ♃

**XVII.** *Tige très-droite & ordinairement solitaire.*

Tithymale à feuilles larges. *Tithymalus platyphyllos.* Scop. carn. 337.

> *Tithymalus arvensis, latifolius, Germanicus.* Tournef. 86.
> *Euphorbia platyphylla.* Linn. Sp. 660.

Sa tige est haute d'un pied ou un peu plus, cylindrique, glabre & communément simple ; ses feuilles font lancéolées, denticulées, rougeâtres en leur bord, sur-tout dans leur jeunesse, légèrement velues en-dessous, la plupart très-ouvertes, & les inférieures un peu réfléchies : l'ombelle est composée

**729.** de cinq rayons trifides à leur extrémité ; les folioles de la collerette sont lancéolées & presque aussi longues que les rayons : les pétales sont jaunes & entiers, & les bractées sont un peu en cœur. Cette plante croît dans les lieux secs & montueux. ☉

---

XVIII. *Feuilles spatulées & arrondies à leur sommet.*

Tithymale réveil-matin. *Tithymalus helioscopius.* Tournef. 87.

*Euphorbia helioscopia.* Linn. Sp. 658.

Sa tige est haute de six à dix pouces, droite, presque glabre & souvent simple ; ses feuilles sont alternes, glabres, élargies vers leur sommet & terminées par un bord arrondi, chargé de dentelures : les folioles de la collerette sont plus grandes que les feuilles & pareillement spatulées ; l'ombelle est fort considérable & composée de cinq rayons très-ouverts : les pétales sont jaunâtres & entiers, & les capsules sont glabres. Cette plante est commune dans les jardins & les lieux cultivés. ☉

---

XIX.  *Ombelle à plus de cinq rayons.*

| Tiges & feuilles glabres. X X. | Tiges & feuilles velues. X X X I. |
|---|---|

---

XX.  *Tiges & feuilles glabres.*

| Tiges droites. X X I. | Tiges couchées. X X V I I I. |
|---|---|

---

XXI.  *Tiges droites.*

| Tige arborescente, vivace, & dont les rameaux seulement sont feuillés. X X I I. | Tige non arborescente, & chargée de feuilles, de même que ses rameaux. X X I I I. |
|---|---|

729. **XXII.** *Tige arborescente, vivace, & dont les rameaux seulement sont feuillés.*

Tithymale arborescent. *Tithymalus arboreus.* Tournef. 85.

*Euphorbia dendroides.* Linn. Sp. 662.

Sa tige est haute de quatre à cinq pieds, & recouverte d'une écorce brune, un peu gercée ; ses rameaux sont rougeâtres, feuillés, nombreux, & forment une large tête : ses feuilles sont lisses, étroites, lancéolées, éparses, & ramassées aux extrémités des rameaux ; les folioles de la collerette sont étroites, pointues & nombreuses : les bractées sont en cœur, & les capsules sont glabres. Cet arbrisseau croît dans les îles d'Hières. ♄

**XXIII.** *Tige non arborescente & chargée de feuilles, de même que ses rameaux.*

| Feuilles lancéolées, un peu obtuses, & la plupart larges de plus de trois lignes. | Feuilles linéaires, toutes pointues, & dont la largeur n'excède jamais trois lignes. |
|---|---|
| **XXIV.** | **XXV.** |

**XXIV.** *Feuilles lancéolées un peu obtuses, & la plupart larges de plus de trois lignes.*

Tythymale des marais. *Tithymalus palustris.*

*Tithymalus palustris, fruticosus.* Tournef. 87.
*Euphorbia palustris.* Linn. Sp. 662.
β. *Tithymalus amygdaloides latifolius.* Vaill. Paris. 192.
*Euphorbia amygdaloides.* Linn. Sp. 662.

Sa tige est haute de deux ou trois pieds, cylindrique, glabre, un peu épaisse, ferme, feuillée, & pousse latéralement beaucoup de rameaux rougeâtres, ordinairement stériles ; ses feuilles sont éparses, ovales-oblongues, lancéolées, légèrement obtuses à leur sommet, glabres des deux côtés, rougeâtres en leur bord dans leur jeunesse, & partagées par une nervure blanche & longitudinale : les pétales sont entiers, & d'un jaune-roussâtre ; les

729.

folioles de la collerette font ovales ; les bractées font obtufes, prefque arrondies & de couleur jaune ; les capfules font ver-ruqueufes. La variété β ne s'élève pas au-delà de deux pieds ; fa tige eft plus fimple, & ne pouffe latéralement & vers fon fommet, que des rameaux fort courts : l'ombelle eft compofée de péduncules moins nombreux & fouvent fimplement bifides à leur extrémité. Cette plante croît dans les marais, fur le bord des ruiffeaux, des rivières, &c. ♃

---

**XXV.** *Feuilles linéaires, toutes pointues, & dont la largeur n'excède jamais trois lignes.*

| Tiges fimples ; bractées ter-minées par une pointe particulière. | Tiges rameufes vers leur fom-met ; bractées fans pointe particulière. |
| --- | --- |
| **XXVI.** | **XXVII.** |

---

**XXXI.** *Tiges fimples, bractées terminées par une pointe particulière.*

Tithymale à feuilles de lin. *Tithymalus linifolius.*

*Tithymalus foliis pini, fortè Diofcoridis pithyufa.* Tournef. 86; *Euphorbia efula.* Linn. Sp. 660.

Ses tiges font cylindriques, glabres, feuillées dans toute leur longueur ; prefque toujours fimples, & s'élèvent jufqu'à un pied & demi ; fes feuilles font nombreufes, éparfes, d'u vert-glauque, linéaires, larges d'une ligne & demie, longues d'un pouce à-peu-près, & terminées par une petite pointe. Les rayons de l'ombelle font très-nombreux & une ou plu-fieurs fois fourchus ; les pétales font prefque entiers ou légè-rement échancrés, & les capfules font glabres. Cette plante croît dans les lieux fecs. Elle eft commune aux environs de Chantilly, fur le bord de la route d'Amiens. ♃

Obs. Il ne faut pas rapporter à cette efpèce, le *Tithymalus amygdoloides anguftifolius* de M. Tournefort.

**729.** | **XXVII.** *Tiges rameuses vers leur sommet ; bractées sans pointe particulière.*

Tithymale cyparisse. *Tithymalus cyparissias.* **Tournef.** 86.

*Euphorbia cyparissias.* Linn. Sp. 661.

Sa tige est droite, rougeâtre inférieurement, garnie dans sa partie moyenne & supérieure, de beaucoup de feuilles linéaires, vertes, glabres & très-rapprochées ; elle s'élève à peine jusqu'à un pied, & pousse vers son sommet plusieurs rameaux chargés de feuilles plus étroites que les autres, presque capillaires, extrêmement nombreuses & ramassées : les pétales sont jaunâtres, fort petits & un peu lunulés ; les capsules ne sont pas lisses, mais sensiblement verruqueuses. Cette plante est commune sur le bord des bois, le long des chemins & dans les lieux sablonneux ⚥ ; elle est comme la plupart des autres espèces, âcre, caustique & un violent purgatif.

---

**XXVIII.**     *Tiges couchées.*

| Pétales lunulés ; feuilles ovales & terminées par une pointe aiguë. **XXIX.** | Pétales entiers & tronqués ; feuilles étroites & sans pointe aiguë. **XXX.** |
|---|---|

---

**XXIX.** *Pétales lunulés ; feuilles ovales & terminées par une pointe aiguë.*

Tithymale myrtier. *Tithymalus myrsinites.*

*Tithymalus myrsinites, latifolius.* **Tournef.** 86.

*Euphorbia myrsinites.* Linn. Sp. 661.

Ses tiges sont longues d'un pied, cylindriques, feuillées, & couchées sur la terre ; elles sont marquées vers leur base par les cicatrices ou empreintes des feuilles qui sont tombées ; les feuilles sont nombreuses, éparses, larges, charnues, d'un vert-glauque & presque blanchâtres : les folioles de la collerette sont ovales avec une petite pointe à leur sommet : les

pétales

329.

pétales font rougeâtres, & les capsules font glabres & redreſſées.
Cette plante croît dans les provinces méridionales. ℔

XXX. *Pétales entiers & tronqués ; feuilles étroites & ſans pointe aiguë.*

Tithymale des rochers. *Tithymalus rupeſtris.*

*Tithymalus amygdaloides anguſtifolius.* Toûrnef. 86.

Cette plante eſt tout-à-fait différente de celle du nᵒ. XXVI;
ſes tiges ſont menues, dures, rougeâtres, rameuſes & longues
d'un pied tout au plus : ſes feuilles ſont étroites, lancéolées,
non linéaires, un peu fermes, très-rapprochées les unes des
autres, & vont en diminuant de grandeur vers le ſommet
des tiges, où elles ſont petites & preſque embriquées. Les
folioles de la collerette ſont étroites & preſque linéaires ; les
bractées ſont ovales, & les capſules ſont glabres. J'ai trouvé
cette eſpèce ſur les côtes pierreuſes qui bordent la grande
route de Paris à Rouen, du côté de la rivière, à deux lieues
de cette dernière ville. ℔

XXXI. *Tige & feuilles velues.*

| Feuilles très-entières. XXXII. | Feuilles denticulées. XXXV. * |
|---|---|

XXXII. *Feuilles très-entières.*

| Pétales jaunâtres & en croiſſant. XXXIII. | Pétales d'un pourpre-noirâtre, & triangulaires. XXXIV. |
|---|---|

XXXIII. *Pétales jaunâtres & en croiſſant.*

Tithymale des bois. *Tithymalus ſylváticus.*

*Tithymalus ſylváticus, lunato flore.* Toûrnef. 85.
*Euphorbia ſylvatica.* Linn. Sp. 663.

Sa tige eſt droite, cylindrique, velue, aſſez ſimple, nue
dans ſa partie inférieure qui conſerve les empreintes des feuilles

729.

qui font tombées, & s'élève jufqu'à deux pieds. Ses feuilles font ovales-lancéolées, légèrement velues, & d'une confiftance un peu coriace. Celles des tiges fleuries, font obtufes & d'une longueur médiocre ; mais celles qui occupent le fommet des fouches ftériles, font très-longues, très-ramaffées, & forment un toupet ou une efpèce de rofette large & bien garnie. Chaque fleur eft accompagnée à fa bafe, par deux bractées réunies en une feule, dont la forme eft orbiculaire, échancrée de chaque côté, & perfoliée ou traverfée par le pédancule. On trouve cette plante fur le bord des bois. ♄

---

**XXXIV.** *Pétales d'un pourpre-noirâtre, & triangulaires.*

Tithymale pourpre. *Tithymalus purpureus.*

> *Tithymalus charachias*, *rubens*, *peregrinus.* Tournef. 85;
> *Euphorbia charachias.* Linn. Sp. 662.

Ses tiges font hautes de trois ou quatre pieds, cylindriques ; velues, vivaces, feuillées & affez fimples ; fes feuilles font éparfes, nombreufes, longues, lancéolées, étroites, molles, un peu coriaces, & couvertes d'un duvet fin. L'ombelle eft terminale, feffile & ramaffée ; au-deffous de cette ombelle, on obferve beaucoup de fleurs pédunculées, folitaires & axillaires, qui font paroître les tiges terminées chacune par un épi. Cette plante croît en Provence. ♄

---

**XXXV.** *                    Feuilles denticulées.*

Tithymale velu. *Tithymalus hirfutus.*

> *Tithymalus incanus*, *hirfutus.* Tournef. 86;
> *Euphorbia pilofa.* Linn. Sp. 659.

Ses tiges font hautes de deux à trois pieds, velues, cylindriques, feuillées & prefque fimples ; fes feuilles font éparfes, lancéolées, molles, velues, fenfiblement dentées, & partagées dans leur longueur par une nervure blanche. Les bractées & les fleurs font jaunâtres ; les pétales font entiers, & les capfules font liffes, mais chargées dans leur jeuneffe de quelques poils fins & affez longs. L'ombelle eft compofée de fix ou fept rayons, au-deffous defquels on en obferve plufieurs autres qui font folitaires & axillaires. Cette plante croît en Provence, dans les prés. ♃

Obs. Il ne faut pas rapporter à cette efpèce le *tithymalus*

729.

*pilosus* de M. Scopoli. C'est une plante différente de celle que je viens de décrire ; sa tige s'élève moins ; ses feuilles sont entières & plus distantes entre-elles ; & l'ombelle de ses fleurs n'est composée que de cinq rayons très-foibles. C'est le *tithymalus nemorosus, villosus, mollior* de Barrelier, ic. 198.

---

**XXXVI.** *Ombelle nulle ou composée de trois ou quatre rayons seulement.*

| Tiges droites. X X X V I I. | Tiges couchées. X L I V. |
| --- | --- |

**XXXVII.** *Tiges droites.*

| Tige herbacée ; fleurs à quatre pétales. X X X V I I I. | Tige ligneuse ; fleurs la plupart à cinq pétales. X L I I I. * |
| --- | --- |

**XXXVIII.** *Tige herbacée ; fleurs à quatre pétales.*

| Pétales à deux cornes appendiculées & obtuses ; toutes les feuilles opposées. X X X·I X. | Pétales à deux cornes aiguës ; la plupart des feuilles alternes. X L. |
| --- | --- |

---

**XXXIX.** *Pétales à deux cornes appendiculées & obtuses ; toutes les feuilles opposées.*

Tithymale épurge. *Tithymalus lathyris.* Scop. carn. 333.

*Tithymalus latifolius cataputia dictus.* Tournef. 86.
*Euphorbia lathyris.* Linn. Sp. 655.

Sa tige est haute de deux pieds, quelquefois beaucoup plus ; ferme, cylindrique, lisse, d'un vert-rougeâtre ou bleuâtre, & rameuse à son sommet. Ses feuilles sont sessiles, lancéolées d'un vert-foncé, très-lisses, opposées & placées sur quatre rangs. L'ombelle est quadrifide ; les bractées sont ovales & pointues ; les pétales sont à deux cornes, terminées chacune

729. par un petit appendice arrondi & lenticulaire ; & les capfules
font très-glabres. On trouve cette plante dans les lieux cultivés
& fur le bord des chemins. ♂ Elle eft émétique, draftique,
cauftique & dépilatoire.

---

**XL.** *Pétales à deux cornes aiguës ; la plupart des feuilles alternes.*

| Feuilles ovales ; les inférieures arrondies & pétiolées. **XLI.** | Feuilles alongées, étroites ou linéaires, & toutes feffiles. **XLII.** |
|---|---|

---

**XLI.** *Feuilles ovales ; les inférieures arrondies & pétiolées.*

Tithymale à feuilles rondes. *Tithymalus rotundifolius.*

*Tithymalus foliis rotundis*, non crenatis. **Tournef. 87.**
*Euphorbia peplus.* **Linn. Sp. 653.**

Sa tige eft haute de fix à fept pouces, liffe, cylindrique &
rameufe ; fes feuilles font ovales-arrondies, vertes, glabres,
très-entières, alternes fur les rameaux, & oppofées à la bafe
de chaque divifion de la tige. Les pétales font très-petits,
d'un vert-jaunâtre, & ont deux cornes cétacées. Les braƈées
font ovales ; & les capfules font glabres, obtufes, & cannelées
ou fillonnées fur leurs angles. Cette plante eft commune dans
les vignes, les jardins & le long des haies ⊙

---

**XLII.** *Feuilles alongées, étroites ou linéaires, & toutes feffiles.*

Tithymale fluet. *Tithymalus exiguus.*

α. *Tithymalus five efula exigua.* **Tournef. 86.**
β. *Tithymalus five efula exigua*, foliis obtufis. **Ibid.**
γ. *Tithymalus exiguus*, fexatilis. **Ibid.**
*Euphorbia exigua.* **Linn. Sp. 654.** ( α. β. γ )

Cette efpèce eft fort petite ; fa tige eft menue, prefque
filiforme, rameufe & haute de trois à fix pouces. Ses feuilles
font éparfes, linéaires, glabres, la plupart pointues, mais les
inférieures font fouvent un peu obtufes. L'ombelle eft trifide

729.

ou quelquefois quadrifide, & fes rayons font une ou plufieurs fois fourchus. Les braĉtées font lancéolées & aiguës ; les pétales font lunulés ; & les capfules font glabres. On trouve cette plante dans les champs. Elle fleurit en août & feptembre. ☉

OBS. M. Gouan fait mention d'une nouvelle efpèce qu'il nomme *Euphorbia peploides*. Voyez fon *Flora Monfp*. p. 174.

---

XLIII. * *Tige ligneufe ; fleurs la plupart à cinq pétales.*

Tithymale diffus. *Tithymalus diffufus.*

> *Tithymalus maritimus, fpinofus,* Tournef. 87.
> *Euphorbia fpinofa.* Linn. Sp. 655.
> β. *Euphorbia epithymoides.* Ibid. 656.

Sous-arbriffeau de deux à trois pieds, dont les tiges font nombreufes, rameufes, diffufes, & forment un petit buiffon touffu. Ses rameaux font grêles, durs, & les vieux fur-tout font prefque piquans, & font paroître le buiffon hériffé de pointes. Les feuilles font affez petites, alternes, oblongues, entières, ordinairement glabres & d'un vert-clair. L'ombelle eft médiocre, trifide ou quadrifide, & très-rarement quinquefide. Les braĉtées font ovales & jaunâtres ; les pétales font entiers & d'un jaune-rougeâtre ; les capfules font hériffées & verruqueufes. On trouve cette efpèce en Provence parmi les rochers. ♄

---

| XLIV. | *Tiges couchées.* |
|---|---|
| Feuilles arrondies. <br> X L V. | Feuilles ovales-oblongues. <br> X L V I. |

---

XLV.      *Feuilles arrondies.*

Tithymale monnoyé. *Tithymalus nummularius.*

> *Tithymalus exiguus, glaber, nummulariæ folio.* Tournef. 87.
> *Euphorbia chamæfyce.* Linn. Sp. 652.

Petite plante fort jolie, dont les tiges font menues, prefque filiformes, rougeâtres, glabres, longues de trois à fix pouces, très-rameufes & étalées en rond fur la terre ; fes feuilles font petites, oppofées, pétiolées arrondies, lenticulaires, un peu

**729.** irrégulières, à peine denticulées, quelquefois échancrées à leur sommet & très-souvent rougeâtres; les fleurs font axillaires, la plupart folitaires & prefque feffiles. Les capfules font glabres. Cette plante croît dans les lieux fablonneux des provinces méridionales. ☉

---

XLVI.        *Feuilles ovales-oblongues.*

Tithymale auriculé. *Tithymalus auriculatus.*

> *Tithymalus maritimus , folio obtufo, aurito.* **Tournef.** 87.
> *Euphorbia peplis.* **Linn.** Sp. 652.

Cette efpèce a beaucoup de rapport avec la précédente; mais elle eft plus grande & moins glabre dans toutes fes parties; fes tiges font longues de fix à huit pouces, grêles, velues, très-rameufes & étalées fur la terre. Ses feuilles font oppofées, pétiolées & irrégulières à leur bafe, ayant un côté qui s'avance en forme d'oreillette, tandis que l'autre eft très-déprimé. Les fleurs font petites & axillaires & les capfules font légèrement velues. Cette plante croît dans les lieux fablonneux & maritimes des provinces méridionales ☉

---

**730.** Ovaire *feffile & chargé d'un feul ftyle; tige non laiteufe.* 
{ Tige herbacée. . . . . . . . 731
{ Tige ligneufe . . . . . . . 732

---

**731.**        *Tige herbacée.*

Salicaire. *Salicaria.*

Les fleurs de falicaire font compofées d'un calice monophylle, dont le bord eft divifé en plufieurs dents droites, de quatre à fix pétales inférés fur le calice; de fix à douze étamines pareillement inférées fur le calice; & d'un ovaire oblong chargé d'un feul ftyle. Le fruit eft une capfule à deux loges polyfpermes.

*A N A L Y S E.*

| Feuilles oppofées; fleurs en épi. | Feuilles alternes; fleurs axillaires. |
|:---:|:---:|
| I. | II. |

**731.**

**I.** *Feuilles opposées ; fleurs en épi.*

Salicaire à épis. *Salicaria spicata.*

> *Salicaria vulgaris purpurea , foliis oblongis.* Tournef. 253.
> *Lythrum salicaria.* Linn. Sp. 640.

Sa tige est haute de deux ou trois pieds, droite, ferme, carrée, rougeâtre & un peu rameuse vers son sommet ; ses feuilles sont opposées, quelquefois ternées, lancéolées, lisses, pointues & très-entières. Ses fleurs sont purpurines, & forment de beaux épis aux extrémités des rameaux & de la tige ; elles ont un calice strié & à douze dents, six pétales oblongs & une douzaine d'étamines. Cette plante est commune sur le bord des ruisseaux, des étangs & des fossés aquatiques ⚥ ; elle est vulnéraire, astringente, & bonne dans les diarrhées.

**II.** *Feuilles alternes ; fleurs axillaires.*

| Fleurs à cinq ou six pétales. | Fleurs à quatre pétales. |
|:---:|:---:|
| I I I. | I V. |

**III.** *Fleurs à cinq ou six pétales.*

Salicaire à feuilles d'hysope. *Salicaria hyssopifolia.*

> *Salicaria hyssopifolio latiore.* Tournef. 253.
> *Lithrum hyssopifolia.* Linn. Sp. 642.

Ses tiges sont longues de six à huit pouces, un peu dures, rameuses & quelquefois assez droites ; ses feuilles sont alternes, linéaires, très-entières & obtuses à leur sommet. Ses fleurs n'ont que six étamines & un pareil nombre de pétales rougeâtres & lancéolés ; elles sont axillaires, ordinairement solitaires & presque sessiles : il leur succède une capsule cylindrique, qui est divisée en quatre loges selon M. Scopoli. On trouve cette plante dans les champs voisins des bois & dans les lieux humides. ☉

**731.** **IV.** *Fleurs à quatre pétales.*

Salicaire à feuilles de thym. *Salicaria thymifolla.*

*Salicaria minima tenuifolia.* Tournef. 254.
*Lythrum thymifolia.* Linn. Sp. 642.

Cette espèce est une fois plus petite que la précédente, avec laquelle elle a beaucoup de rapport ; sa tige est droite & rameuse ; ses feuilles font linéaires, peu distantes, la plupart alternes, mais les inférieures oppofées. Ses fleurs font axillaires, folitaires & fessiles. Elle croît dans les lieux humides des provinces méridionales. ⊙

**732.** *Tige ligneuse* . . . . . . . . . $\Big\{$ Ovaire glabre ; fruit dont le noyau est lisse . . . . . . . . . . . . . 733

Ovaire velu ; fruit dont le noyau est crevassé & réticulé. . . . . 734

**733.** *Ovaire glabre ; fruit dont le noyau est lisse.*

Prunier. *Prunus.*

Les pruniers & les cerifiers font réunis fous le même genre, parce que leur fructification est entiérement femblable. Les fleurs de ces arbres font compofées d'un calice monophylle à cinq divifions ; de cinq pétales blancs, arrondis & inférés fur le calice ; & de beaucoup d'étamines pareillement inférées fur le calice. Leur fruit est fucculent, charnu, coloré, & contient un noyau offeux, à futures faillantes, dans lequel est enfermé une femence qu'on nomme *amande.*

*A N A L Y S E.*

| Péduncules uniflores, folitaires, ou réunis en ombelle feffile. | Péduncules communs, foutenant des fleurs en grappe ou en corymbe. |
|:---:|:---:|
| I. | VI. |

**733.** **I.** *Péduncules uniflores, solitaires, ou réunis en ombelle sessile.*

| Arbre non épineux.<br>I I. | Arbrisseau garni d'épines.<br>V. |
|---|---|

**II.** *Arbre non épineux.*

| Calice tout‑à‑fait réfléchi; pétioles des feuilles, glabres ou chargés de quelques poils écartés.<br>III. | Calice jamais entièrement réfléchi, pétioles des feuilles, velus & presque cotonneux.<br>IV. |
|---|---|

**III.** *Calice tout-à-fait réfléchi, pétioles des feuilles, glabres ou chargés de quelques poils écartés.*

Prunier-cerisier. *Prunus cerasus.*

> *Cerasus major ac sylvestris, fructu subdulci, nigro colore, inficiente.* **Tournef.** 626.
>
> *Prunus avium.* **Linn.** Sp. 680.
> Merisier.
>
> β. *Cerasus sativa, fructu rubro & acido.* **Tournef.** 625.
> Cerisier commun.
>
> *Cerasus sativa, fructu majori.* Ibid.
> Griotier.
>
> *Cerasus major, fructu magno cordato.* **Tournef.** 626.
> Bigarotier.
>
> *Cerasus fructu aquoso.* Ibid.
> Guignier.
>
> *Prunus cerasus.* **Linn.** Sp. 679. ( *Vide* mant. 397.)

Le merisier ou cerisier des bois est un arbre qui s'élève fort haut, & dont l'écorce est d'un gris-argenté & blanchâtre. Ses feuilles sont ovales-lancéolées, chargées en-dessous de quelques poils écartés, & portées sur des pétioles rougeâtres. Elles sont un peu visqueuses dans leur jeunesse. Ses fruits sont très-petits,

**733.** peu charnus, fuspendus à de longs péduncules, quelquefois fimplement rouges, mais plus ordinairement d'une couleur qui paroît noire. Le cerifier des jardins fournit beaucoup de variétés, dont je viens de citer quelques-unes des plus connues. En général, il s'élève moins que le merifier; fes feuilles font plus glabres & fes fruits font rarement auffi petits; mais les caractères exprimés par le plus ou le moins, ne me paroiffent pas fuffifans pour diftinguer & déterminer des efpèces. Le merifier eft commun dans les bois. On rencontre fouvent la plupart des autres variétés dans la campagne, où la culture les a fuffifamment multipliées, ainfi que dans les jardins. ♃ Les fruits de cet arbre font connus de tout le monde fous le nom de *cerifes*. Ils font d'un goût agréable, plus ou moins acidules, rafraîchiffans, délayans & laxatifs.

---

**IV.** *Calice jamais entièrement réfléchi; pétioles des feuilles, velus & prefque cotonneux.*

Prunier domeftique. *Prunus domeftica.* Linn. Sp. 680.

*Prunus fylveftris, fructu majore.* Vaill. Parif. 163.
β. *Pruni fativæ varietates innumeræ.* Tournef. 622.

Arbre médiocrement élevé, dont le bois eft veiné & rougeâtre, l'écorce brune un peu cendrée, & les feuilles alternes, pétiolées, ovales-oblongues, nerveufes, d'un vert-trifte, dentées en leur bord, & velues en-deffous. Ses fleurs font blanches, & font remplacées par un fruit ovale, chargé, dans fa maturité, d'une pouffière fine, à laquelle on donne vulgairement le nom de *fleur*, & qu'on n'obferve jamais fur les cerifes. Ce fruit eft univerfellement connu fous le nom de *prune*, & l'on fait les variétés nombreufes que la culture en a formé. Cet arbre croît dans les bois, les haies; & fes variétés font communes dans les jardins & les champs où on les cultive. ♄ Les prunes ont une faveur très-agréable. Elles font délayantes, laxatives, rafraîchiffantes, mais un peu moins faines que les cerifes.

---

**V.** *Arbriffeau garni d'épines.*

Prunier épineux. *Prunus fpinofa.* Linn. Sp. 681.

*Prunus fylveftris.* Tournef. 623.

Arbriffeau médiocre, très-rameux, diffus, épineux &

733. souvent en buiſſon ; ſon écorce eſt brune ; ſes feuilles ſont ovales-lancéolées, aſſez petites & dentelées ; ſes fleurs ſont blanches, pédunculées, ſolitaires, & paroiſſent avant les feuilles, & ſes fruits, d'abord verdâtres, deviennent d'un bleu-foncé en mûriſſant. Ils ſont petits & connus vulgairement ſous le nom de *prunelle*. On trouve cet arbriſſeau dans les haies & dans les lieux arides. ♄ Ses feuilles, ſon écorce & ſes fruits, avant leur maturité, ſont aſtringens & anti-diarrhoïques.

---

VI. *Pédoncules communs, ſoutenant des fleurs en grappe ou en corymbe.*

| Feuilles ovales-lancéolées ; fleurs en grappes aſſez longues. **VII.** | Feuilles ovales-arrondies ; fleurs en corymbe. **VIII.** |
| --- | --- |

---

VII. *Feuilles ovales-lancéolées ; fleurs en grappe aſſez longues.*

Prunier à grappe. *Prunus racemoſa.*

*Ceraſus racemoſa, ſylveſtris, fructu non eduli.* Tournef. 626. *Prunus padus.* Linn. Sp. 677.

Arbriſſeau de cinq à huit pieds, dont l'écorce eſt d'un brun-rougeâtre ; les feuilles ovales-lancéolées, pétiolées, glabres, dentées en leur bord, & d'un vert gai ; les fleurs blanches, pédunculées & diſpoſées en grappes plus longues que les feuilles ; les pétales denticulés à leur ſommet ; & les fruits petits, ronds & d'un goût amer & déſagréable. Il croît en Lorraine, où il a été obſervé par M. Buchoz, & eſt pareillement indiqué en Alſace par Mappus. ♄

OBS. Le prunier laurier-ceriſe, *Prunus lauro-ceraſus*, Linn. Sp. 678, eſt une eſpèce étrangère qui paroît s'être naturaliſée dans quelques provinces de la France. On le diſtinguera du prunier à grappe, par ſes feuilles liſſes, épaiſſes, dures, coriaces & perſiſtantes pendant l'hiver.

733. **VIII.** *Feuilles ovales-arrondies ; fleurs en corymbe.*

Prunier odorant. *Prunus odoratus.*

> *Cerasus sylvestris, amara, mahaleb putata.* Tournef. 627.
> *Prunus mahaleb.* Linn. Sp. 678.

Arbre qui s'élève dans les jardins, jusqu'à quinze ou dix-huit pieds de hauteur ; son écorce est brune ou grisâtre, & son bois dur & odorant est connu vulgairement sous le nom de *bois de Sainte-Lucie.* Ses feuilles sont pétiolées, arrondies, mais avec une pointe à leur sommet, dentées en leur bord, vertes, glabres & un peu fermes. Elles ont une odeur agréable, surtout lorsqu'elles sont sèches. Les fleurs sont blanches, pédunculées & disposées presque en corymbe sur un péduncule commun, long d'un à deux pouces. Il leur succède un fruit noirâtre, petit, rond, d'un goût désagréable & amer. On trouve cet arbre dans les lieux incultes & les bois, en Provence ; en Alsace & dans les environs de Paris. ♄ Dans son lieu natal, il a à peine la hauteur d'un arbrisseau.

734. *Ovaire velu ; fruit dont le noyau est crevassé & réticulé.*

Amandier commun. *Amygdalus communis.* Linn. Sp. 677.

> *Amygdalus amara.* Tournef. 627.
> β. *Amygdalus sativa.* Ibid.

Arbre de dix à quinze pieds, dont le bois est assez dur ; l'écorce du tronc un peu gercée, & celle des rameaux lisse & grisâtre ; ses feuilles sont alternes, pétiolées, longues, étroites, pointues & dentées en leur bord. Ses fleurs sont presque sessiles, solitaires ou geminées, & composées d'un calice monophylle à cinq découpures obtuses ; de cinq pétales blancs, rougeâtres en leurs onglets, & insérés sur le calice ; d'une trentaine d'étamines pareillement insérées sur le calice, & d'un ovaire velu, surmonté d'un style de la longueur des étamines : il leur succède un fruit suffisamment connu sous le nom d'*amande*, dont on distingue de deux sortes, les amandes douces & les amandes amères. Cet arbre est commun dans les provinces méridionales ♄ ; les amandes fournissent par l'expression, une huile douce, laxative & très-anodine.

**734.** Obs. Le pêcher eſt une eſpèce de ce genre, que M. Linné nomme *amygdalus perſica.* On le cultive dans tous les jardins pour ſes fruits, qui ſont des meilleurs qu'il y ait en Europe. On le diſtingue de l'amandier commun, par ſes fleurs ſolitaires & tout-à-fait rouges, & par la ſubſtance épaiſſe, charnue, ſucculente & ſavoureuſe, qui recouvre les noyaux de ſes fruits ; ſes feuilles ſont amères, anti-ſeptiques & fébrifuges. Ses fleurs ſont purgatives.

---

**735.** *Ovaires nombreux & ra-maſſés* . . . . . . . . . { Calice à dix diviſions. . . . 736

{ Calice à moins de dix diviſions. 743

---

**736.** *Calice à dix diviſions.* . . { Feuilles ſimples, ou ternées, ou digitées ; leurs folioles s'inſèrent toutes en un point commun. 737.

{ Feuilles ailées, ayant cinq folioles ou davantage, qui ne s'inſèrent pas toutes en un point commun. 740

---

**737.** *Feuilles ſimples, ou ternées, ou digitées.* . . . . . . . { Feuilles ſimples, ou compoſées de trois folioles ſeulement. . . 738

{ Toutes les feuilles, ou pluſieurs, compoſées de plus de trois folioles. 739

---

**738.** *Feuilles ſimples, ou compoſées de trois folioles ſeulement.*

Fraiſier. *Fragaria.*

{ Les fleurs de fraiſier ſont compoſées d'un calice monophylle à dix diviſions alternativement grandes & petites ; de cinq pétales inſérés ſur le calice ; de vingt étamines ou environ, inſérées pareillement ſur le calice ; & d'un amas d'ovaires nombreux & extrêmement petits, dont les ſtyles ſont courts

738.

& latéraux. Dans quelques efpèces, les femences font piquées fur un réceptacle charnu, pulpeux & coloré.

Obs. Les fraifiers ne diffèrent des potentilles que par le nombre de leurs folioles, qui ne font jamais au‑delà de trois, & des argentines, que par la difpofition de ces mêmes folioles qui s'infèrent toujours en un point commun. La réunion de ces trois genres, formée par MM. de Haller & Scopoli, eft défavantageufe en ce qu'elle multiplie tellement les efpèces, qu'elle nuit à la facilité de les connoître, & fur‑tout de fe les rappeler fans confufion.

## *A N A L Y S E.*

| Fleurs blanches.<br>I. | Fleurs jaunes.<br>I V. |
| --- | --- |

I.            *Fleurs blanches.*

| Bafe de la tige produifant des rejets longs, filiformes & traçans.<br>I I. | Bafe de la tige ne produifant aucun rejet remarquable.<br>I I I. |
| --- | --- |

II. *Bafe de la tige produifant des rejets longs, filiformes & traçans.*

Fraifier de table. *Fragaria vefca.* Linn. Sp. 708.

     *Fragaria vulgaris.* Tournef. 295.
β. *Fragaria fructu albo.* Ibid. 296.
γ. *Fragaria fructu parvi pruni magnitudine.* Ibid. 296.
δ. *Fragaria monophylla.* Murr. Syft. véget. 396.

Sa racine eft noirâtre, fibreufe, rameufe, & pouffe plufieurs tiges grêles, velues, peu garnies de feuilles, & hautes de quatre ou cinq pouces; les feuilles font la plupart radicales, velues, portées fur de longs pétioles, & compofées de trois folioles ovales, prefque foyeufes en‑deffous & fortement dentées en fcie. Les fleurs font blanches, pédunculées & terminales; leurs pétales font arrondis: le réceptacle des femences grandit après la floraifon, devient pulpeux, fucculent, acquiert ordinaire‑

**738.** ment une couleur rougeâtre & se transforme en une espèce de fruit d'une odeur agréable, d'un goût exquis, & qui est connu généralement sous le nom de *fraise*. La variété β porte des fruits blancs, même dans leur maturité, & on la reconnoît souvent, lorsqu'elle est sans fructification, par les dentelures de ses feuilles, qui sont terminées par un point blanc & non rougeâtre comme celles du fraisier à fruits rouges. La variété γ se distingue par ses fraises, dont la grosseur approche de celle d'une petite prune. La variété δ est remarquable par la plupart de ses feuilles simples & point ternées. Cette plante est commune dans les bois taillis ♃ ; ses fruits sont rafraîchissans & diurétiques : ses feuilles & sa racine sont apéritives & légèrement astringentes.

---

III. *Base de la tige ne produisant aucun rejet remarquable.*

Fraisier stérile. *Fragaria sterilis.* Linn. Sp. 709.

*Fragaria sterilis.* Tournef. 296.

Ses tiges sont longues de trois ou quatre pouces, presque filiformes, velues & couchées sur la terre ; elles sont garnies à leur base de plusieurs stipules lancéolées & d'une couleur souvent ferrugineuse : ses feuilles sont petites, velues, un peu soyeuses en-dessous, pétiolées & composées de trois folioles ovales, courtes, obtuses & dentées. Ses fleurs sont blanches & plus petites que celles de l'espèce précédente ; le réceptacle des semences se dessèche & ne grandit point. On trouve cette plante dans les bois & les lieux arides ♃ ; elle fleurit de bonne heure.

---

IV.     *Fleurs jaunes.*

| Feuilles soyeuses & blanchâtres ; tiges de trois pouces.<br>**V.** | Feuilles vertes & point soyeuses ; tiges de six pouces ou davantage.<br>**VI.** |
|---|---|

738.

**V.** *Feuilles soyeuses & blanchâtres ; tiges de trois pouces.*

Fraisier blanchâtre. *Fragaria incana.*

> *Fragaria sterilis, sylvestris, sericea seu incana:* Tournef.
> 296.
>
> *Potentilla subacaulis.* Linn. Sp. 715.

Ses tiges sont basses, diffuses & un peu couchées à leur base ; ses feuilles sont pétiolées & composées de trois folioles oblongues, cunéiformes, dentées à leur sommet, & cotonneuses ou soyeuses des deux côtés. Ses fleurs sont jaunes, pédunculées & assez grandes. Cette plante croît en Provence sur les montagnes. ♃

---

**VI.** *Feuilles vertes & point soyeuses ; tiges de six pouces ou davantage.*

| Corolle une fois plus grande que le calice. | Corolle de même grandeur, ou plus courte que le calice. |
|:---:|:---:|
| **V I I.** | **V I I I.** |

---

**VII.** *Corolle une fois plus grande que le calice.*

Fraisier grandiflore. *Fragaria grandiflora.*

> *Fragaria sterilis amplissimo folio & flore, petalis cordatis.*
> Vaill. Paris 55, tab. 10, fig. 1.
>
> *Potentilla grandiflora.* Linn. Sp. 715.

Ses tiges sont inclinées, rougeâtres, légèrement velues, & longues de sept à huit pouces ; ses feuilles sont pétiolées & composées de trois folioles ovales, assez grandes, un peu velues & profondément dentées en scie. Ses fleurs sont pédunculées, terminales, fort grandes & d'un beau jaune. On trouve cette plante dans les environs de Paris. ♃

---

VIII.

738.

**VIII.** *Corolle de même grandeur, ou plus courte que le calice.*

Fraisier parviflore. *Fragaria parviflora.*

> *Fragaria sterilis Alpina, caulescens.* **Tournef.** 296.
> *Potentilla Monspeliensis.* **Linn.** Sp. 714.

Ses tiges sont longues d'un pied, un peu inclinées, assez épaisses, cylindriques & velues; ses feuilles sont grandes, pétiolées & composées de trois folioles ovales, vertes, presque glabres en-dessus, velues en-dessous, & garnies en leur bord de dents très-profondes. Ses fleurs sont pédonculées de couleur jaune, & remarquables par leurs pétales fort petits. Cette plante croît dans les montagnes des provinces méridionales.

739. *Toutes les feuilles, ou plusieurs, composées de plus de trois folioles.*

## Potentille. *Potentilla.*

Les potentilles ont beaucoup de rapport avec les fraisiers; mais elles en sont suffisamment distinguées par la forme de leurs feuilles, dont la plupart, & sur-tout les inférieures, sont constamment digitées & composées de cinq folioles ou davantage.

### ANALYSE.

| Fleurs jaunes. | Fleurs blanches. |
|:---:|:---:|
| I. | XIII. |

**I.** *Fleurs jaunes.*

| Tiges droites. | Tiges couchées. |
|:---:|:---:|
| II. | VII. |

739.

II.                    *Tiges droites.*

| Feuilles très-blanches & argentées en-dessous. III.* | Feuilles n'étant point d'une couleur blanche & argentée en-dessous. IV. |
|---|---|

III. *   *Feuilles très-blanches & argentées en-dessous.*

Potentille argentée. *Potentilla argentea.* Linn. Sp. 712.

*Quinquefolium folio argenteo.* Tournef. 297.

Sa tige est dure, rougeâtre dans sa partie inférieure, cotonneuse & blanchâtre vers son sommet, & s'élève jusqu'à un pied; ses feuilles sont pétiolées & composées de cinq folioles découpées, semi-pinnatifides, chargées en-dessous d'un coton fin & très-blanc. Les fleurs sont petites, de couleur jaune, terminales & portées sur des péduncules un peu courts; elles ont leur calice velu & cotonneux. On trouve cette plante dans les lieux secs & incultes. ♃

IV.   *Feuilles n'étant point d'une couleur blanche & argentée en-dessous.*

| Corolle d'un jaune très-pâle; tige verdâtre. V. | Corolle d'un jaune-doré; tige rougeâtre. VI. |
|---|---|

V.           *Corolle d'un jaune très-pâle; tige verdâtre.*

Potentille souffrée. *Potentilla sulfurea.*

*Quinquefolium montanum, erectum, hirsutum, luteum.* Tournef. 297. Garid. tab. 83.

Sa tige est haute de deux pieds, très-droite, cylindrique, feuillée, velue & simplement verdâtre; ses feuilles sont pétiolées, un peu épaisses, velues, & presque rudes au toucher. Les inférieures sont composées de sept digitations oblongues & dentées en scie; les supérieures sont presque sessiles & n'en ont ordinairement que cinq: les fleurs sont terminales, d'un jaune de soufre, les unes ramassées & soutenues par des péduncules

239. fort courts, & les autres solitaires sur les péduncules qui naissent des bifurcations de la tige, & qui sont assez longs. On trouve cette plante dans les montagnes des provinces méridionales. ♃

---

**VI.**     *Corolle d'un jaune-doré ; tige rougeâtre.*

**Potentille droite.** *Potentilla recta.*

> *Quinquefolium rectum , luteum.* Tournef. 297.
> β. *Potentilla intermedia.* Linn. mant. 76. *Non synonyma.*

Cette espèce a beaucoup de rapport avec la précédente ; mais sa tige est moins épaisse, rougeâtre, & ne s'élève que jusqu'à un pied & demi ; les digitations de ses feuilles sont plus étroites & garnies de dents plus profondes ; & ses fleurs sont un peu moins ramassées & d'un beau jaune. Les feuilles inférieures de la variété β, n'ont que cinq digitations. On trouve cette plante dans les montagnes de l'Alsace & de la Provence. ♃ Sa racine est vulnéraire & astringente.

---

**VII.**     *Tiges couchées.*

| Feuilles presque toutes à cinq ou sept digitations; tige d'un pied ou davantage. **VIII.** | Feuilles de la tige, la plupart ternées; tige de moins d'un pied. **X.** |
|---|---|

---

**VIII.** *Feuilles presque toutes à cinq ou sept digitations ; tige d'un pied ou davantage.*

| Feuilles vertes des deux côtés ; tige traçante. **IX.** | Feuilles très-blanches & argentées en-dessous; tige non traçante. **III.** |
|---|---|

---

**IX.**     *Feuilles vertes des deux côtés ; tige traçante.*

**Potentille rampante.** *Potentilla reptans.* Linn. Sp. 714.

> *Quinquefolium majus ; repens.* Tournef. 297.

Ses tiges sont menues, longues d'un à trois pieds, feuillées

739. rampantes, & pouffent des racines à leurs articulations. Ses feuilles font portées fur de longs pétioles, & font compofées communément de cinq folioles ovales, obtufes, dentées, un peu velues & d'un vert-foncé. Ses fleurs font jaunes, axillaires, folitaires & foutenues par de fort longs péduncules. On trouve cette plante fur le bord des champs & dans les lieux un peu humides & couverts. ♃ Elle eft vulnéraire, aftringente, & anti-dyfenterique.

---

X. *Feuilles de la tige, la plupart ternées ; tige de moins d'un pied.*

| Folioles des feuilles inférieures, cunéiformes & dentées feulement en leur fommet, qui eft tronqué. | Folioles des feuilles inférieures, ovales, ayant quelques dents latérales, & point tronquées à leur fommet. |
|---|---|
| **X I.** | **X I I.** |

---

XI. *Folioles des feuilles inférieures ; cunéiformes & dentées feulement à leur fommet, qui eft tronqué.*

Potentille printannière. *Potentilla verna.* Linn. Sp. 712.

> *Quinquefolium minus, repens, luteum.* Tournef. 297.
>
> β. *Quinquefolium minus, repens, lanuginofum, luteum.* Ibid.

Ses tiges font couchées, menues, rameufes & longues de trois à cinq pouces. Ses feuilles font petites, pétiolées & compofées de folioles cunéiformes, légèrement velues, mais point foyeufes en leur bord ni en leurs nervures poftérieures. Les folioles latérales font moins grandes que les autres. Les fleurs font jaunes, pédunculées & affez petites. Leurs pétales font un peu en cœur, & quelquefois tachés de roux à leur bafe. On trouve cette plante fur les collines sèches & fur le bord des chemins. ♃ Elle fleurit au printemps.

**739.** | XII. *Folioles des feuilles inférieures, ovales, ayant quelques dents latérales, & point tronquées à leur sommet.*

Potentille dorée. *Potentilla aurea.* Linn. Sp. 712.

*Quinquefolium minus, repens, aureum.* Tournef. 297.

Cette efpèce a beaucoup de rapport avec la précédente, mais elle eft un peu plus grande dans toutes fes parties. Ses tiges font longues de cinq à fix pouces, très-menues, couchées, mais un peu redreffées dans leur partie fupérieure. Les folioles de fes feuilles font légèrement foyeufes en leur bord, & celles des inférieures ne font pas fenfiblement tronquées à leur fommet. Les fleurs font grandes, d'un beau jaune &, portées fur d'affez longs pédunculcs. Leurs pétales font en cœur & fouvent d'un jaune de fafran à leur bafe. On trouve cette plante dans les montagnes du Dauphiné & de la Provence. ♃

---

XIII. *Fleurs blanches.*

| Tiges chargées d'une à trois fleurs.<br>X I V. | Tiges chargées de plus de trois fleurs.<br>X V. |
|---|---|

---

XIV. *Tiges chargées d'une à trois fleurs.*

Potentille luifante. *Potentilla nitida.* Linn. Sp. 714.

*Trifolium Alpinum argenteum, perfici flore.* Bauh. p. 328.

Cette plante eft couverte d'un coton fin, foyeux & luifant; fes tiges font longues de quatre ou cinq pouces & fouvent uniflores; fes feuilles inférieures font portées fur des pétioles affez longs, & font compofées de cinq folioles ovales-oblongues, argentées, foyeufes & chargées de trois dents à leur fommet. Les autres feuilles font petites & fimplement ternées. Les fleurs font blanches, un peu rougeâtres & grandes comme celles du pêcher. Le réceptacle des femences eft laineux. Cette plante a été obfervée en Dauphiné, à trois lieues de Grenoble, audeffus de Saint-Robert de Cornillon, par Dom Fourmeault. ♃

**739.** | **XV.** *Tiges chargées de plus de trois fleurs.*

Potentille blanche. *Potentilla alba.* Linn. Sp. 713.

> *Quinquefolium album majus alterum.* Tournef. 297.
> *Quinquefolium album minus.* Ibid.
> β. *Quinquefolium album majus, caulescens.* Ibid.
> *Potentilla caulescens.* Linn. Sp. 713.

Cette espèce a beaucoup de rapport avec la précédente, mais elle est plus grande & plus garnie dans toutes ses parties; ses feuilles radicales font nombreuses, disposées en un gazon épais, portées fur de longs pétioles, & composées de cinq ou sept folioles ovales-oblongues, dentées à leur sommet, cotonneuses & soyeuses en-dessous. Les tiges naissent parmi ces feuilles. Elles font cylindriques, velues, un peu inclinées & longues de six à dix pouces. Elles se partagent à leur extrémité en quelques rameaux qui soutiennent des fleurs blanches, assez grandes & un peu ramassées. Leurs pétales font arrondis & échancrés; le réceptacle des semences est barbu. On trouve cette plante dans les montagnes du Dauphiné & de la Provence. ⚤

---

**740.**

*Feuilles ailées, ayant cinq folioles ou davantage, qui ne s'insèrent pas toutes en un point commun . . . .* 
{ Semences nues ou chargées de filets courts, non articulés ni repliés dans leur longueur . . . 741

{ Semences chargées chacune d'une barbe ou d'un filet fort long, remarquable par une torsion & un repli particulier dans sa longueur. . 742

---

**741.** *Semences nues ou chargées de filets courts, non articulés ni repliés dans leur longueur.*

Argentine. *Argentina.*

Les argentines ont un très-grand rapport avec les potentilles & les fraisiers, mais elles en diffèrent par la disposition des folioles de leurs feuilles, qui ne s'insèrent pas toutes en un point commun en forme de digitations, mais qui font situées en manière d'aile.

741.

# ANALYSE.

| Fleurs de couleur jaune. <br> I. | Fleurs blanches <br> ou de couleur rouge. <br> I V. |

I.      *Fleurs de couleur jaune.*

| Pétales toujours plus grands <br> que le calice; <br> feuilles foyeufes en-deffous. <br> II. | Pétales n'étant pas plus grands <br> que le calice ; <br> feuilles non foyeufes. <br> I I I. |

**II.** *Pétales toujours plus grands que le calice ; feuilles foyeufes en-deffous.*

Argentine commune. *Argentina vulgaris.*

> *Pentaphylloides argenteum alatum , feu potentilla.* Tournef. 298.
>
> *Potentilla anferina.* Linn. Sp. 710.

Ses tiges font menues , rampantes , traçantes , légèrement velues & rameufes ; fes feuilles font affez grandes , ailées & compofées de quinze à dix-fept folioles ovales-oblongues , peu diftantes , dentées en leur bord , velues , verdâtres en-deffus , mais blanchâtres , foyeufes & luifantes en-deffous. Entre ces folioles , on en trouve fouvent d'autres fort petites , qui font comme avortées. Les fleurs font axillaires , folitaires , & portées fur de longs péduncules ; les divifions moyennes de leur calice font quelquefois découpées ou dentées. Cette plante eft très-commune fur le bord des chemins & dans les lieux un peu humides. ♃ Elle eft vulnéraire , aftringente & defficative.

**III.** *Pétales n'étant pas plus grands que le calice ; feuilles non foyeufes.*

Argentine couchée. *Argentina fupina.*

> *Pentaphylloides fupinum.* Tournef. 298.
>
> *Potentilla fupina.* Linn. Sp. 711.

Ses tiges font longues d'un pied , couchées , rameufes vers

**741.** leur sommet & légèrement velues ; ses feuilles sont pétiolées, ailées, un peu velues, d'un vert-pâle ou assez clair, & composées de folioles incisées & pinnatifides. Les fleurs sont petites, & disposées, vers l'extrémité des tiges, sur des péduncules solitaires, axillaires & d'une longueur médiocre. Cette plante croît dans les environs de Paris. ⊙

---

**IV.** *Fleurs blanches ou de couleur rouge.*

| Pétales blancs, & un peu plus grands que le calice. V. | Pétales d'un rouge-obscur, & toujours plus-petits que le calice. VI. |
| --- | --- |

---

**V.** *Pétales blancs, & un peu plus grands que le calice.*

Argentine de roche. *Argentina rupestris.*

> *Pentaphylloides erectum.* Tournef. 298.
> *Potentilla rupestris.* Linn. Sp. 711.

Sa tige est haute d'un pied ou un peu plus, droite, rougeâtre, légèrement velue, & rameuse vers son sommet ; ses feuilles sont pétiolées, ailées, & composées de cinq ou de sept folioles ovales-arrondies, dentées, vertes, & dont les inférieures sont les moins grandes. Les fleurs sont blanches, pédunculées & terminales. Cette plante croît en Alsace & en Provence. ♃

---

**VI.** *Pétales d'un rouge-obscur, & toujours plus petits que le calice.*

Argentine rouge. *Argentina rubra.*

> *Pentaphylloides palustre, rubrum.* Tournef. 298.
> *Comarum palustre.* Linn. Sp. 718.

Sa tige est longue presque d'un pied & demi, & couchée dans sa moitié inférieure ; ses feuilles sont pétiolées, ailées, & composées de cinq ou de sept folioles ovales-oblongues, un peu étroites, vertes en-dessus, blanchâtres, & chargées d'un duvet très-court en-dessous. Les fleurs sont terminales,

741. pédunculées & remarquables par leur calice coloré, à dix divifions pointues, alternativement grandes & petites, & par leurs pétales rouges, ligulés & fort courts : le réceptacle eft un peu charnu. On trouve cette plante dans les lieux maré-cageux & aquatiques. ♃

---

742. *Semences chargées chacune d'une barbe ou d'un filet fort long, remarquable par une torfion & un repli parti-culier dans fa longueur.*

## Benoite. *Caryophyllata.*

Les benoites ont beaucoup de rapport avec les argentines. Leurs fleurs font compofées, comme les leurs, de cinq pétales & de beaucoup d'étamines inférées fur un calice à dix divifions alternativement grandes & petites ; mais elles en diffèrent effentiellement par leurs femences qui font ramaffées, chargées de longues barbes, & forment une tête ronde, très-hériffée.

### *ANALYSE.*

| Tige uniflore.<br>I, | Tige pluriflore.<br>I V. |
|---|---|

| I. | *Tige uniflore.* |
|---|---|

| Lobe terminal des feuilles fort grand, ovale-arrondi, cré-nelé, & légèrement incifé.<br>I I. | Lobe terminal des feuilles, médiocre, denté, & profondément découpé.<br>I I I. |
|---|---|

II. *Lobe terminal des feuilles fort grand, ovale-arrondi, crénelé, & légèrement incifé.*

Benoite de montagne. *Caryophyllata montana.* Scop. carn. 364.

*Caryophyllata Alpina, lutea.* Tournef. 295.
*Geum montanum.* Linn. Sp. 717.

Sa tige eft haute de fix à huit pouces, droite, fimple ;

**742.** cylindrique & légèrement velue ; elle eſt preſque nuë ou chargée de quelques feuilles ſeſſiles, diſtantes & fort petites : les feuilles radicales ſont grandes, pétiolées, ailées, velues, & compoſées de pinnules qui vont en augmentant de grandeur vers le ſommet de chaque feuille, de ſorte que la pinnule terminale a au moins deux ou trois pouces de largeur. La fleur eſt grande, d'un beau jaune, & ſes pétales ſont un peu échancrés ; les barbes des ſemences ſont plumeuſes. On trouve cette plante dans les montagnes du Dauphiné & de la Provence. ♃

III. *Lobe terminal des feuilles, médiocre, denté, & profondément découpé.*

Benoite traçante. *Caryophyllata reptans.*

*Caryophyllata Alpina, apii folio.* Tournef. 295.
*Geum reptans.* Linn. Sp. 717.

Sa racine eſt fort grande, & pouſſe, outre les feuilles & les tiges, ſouvent des rejets grêles, couchés & preſque traçans ; ſes tiges ſont à peine plus longues que les feuilles, & portent chacune à leur ſommet une fleur jaune & très-grande : les feuilles radicales ſont longues, ailées, à pinnules découpées, & beaucoup moins larges que celles de l'eſpèce précédente. On trouve cette plante dans les montagnes de la Provence, la vallée de Barcelonnette. ♃

IV.          *Tige pluriflore.*

| Fleurs preſque droites ; barbes des ſemences glabres dans toute leur moitié ſupérieure. | Fleurs penchées ; barbes des ſemences velues dans toute leur longueur. |
|---|---|
| V. | VI. |

V. *Fleurs preſque droites ; barbes des ſemences glabres dans toute leur moitié ſupérieure.*

Benoite commune. *Caryophyllata vulgaris.* Tournef. 294.

*Geum urbanum.* Linn. Sp. 716.

Sa tige eſt haute d'un pied & demi, droite, feuillée ;

**742.** légèrement velue, & rameufe dans fa partie fupérieure ; fes feuilles radicales font ailées, à pinnules peu nombreufes, dont la terminale eft fort grande & dentée : celles de la tige font prefque en lyre. Les fleurs font jaunes, pédunculées, terminales, ordinairement droites & affez petites ; leurs pétales font très-ouverts, & les barbes des femences font rouges & prefque entièrement glabres. Cette plante eft commune dans les bois, les lieux couverts & les haies. ♃ Elle eft fudorifique, vulnéraire & un peu aftringente.

---

**VI.** *Fleurs penchées ; barbes des femences velues dans toute leur longueur.*

Benoite aquatique. *Caryophyllata aquatica.*

*Caryophyllata aquatica , nutante flore.* Tournef. 294;
*Geum rivale.* Linn. Sp. 717.

Ses tiges font hautes d'un pied, quelquefois davantage, droites, velues & prefque fimples ; leurs feuilles font petites, ternées ou à trois lobes dentés, & font portées fur de fort courts pétioles : celles de la racine font longues, ailées, à pinnules latérales, petites & peu nombreufes, mais la terminale eft fort grande, arrondie, dentée, & fouvent à trois lobes. Les fleurs, au nombre de deux ou trois, font pédunculées, penchées, & terminent les tiges ; leur calice eft d'un rouge-noirâtre, & les pétales font un peu échancrés, légèrement couleur de rofe., médiocrement ouverts, & point plus grands que le calice. On trouve cette plante dans les lieux aquatiques des montagnes, fur le bord des ruiffeaux. ♃

---

**743.** *Calice à moins de dix divifions* . . . . . . . . {
    Calice à huit divifions . . 744
    Calice à moins de huit divifions. 747

---

**744.** *Calice à huit divifions.* . . {
    Quatre pétales jaunes. . . 745
    Huit pétales blancs . . . . 746

745. *Quatre pétales jaunes.*

Tormentille droite. *Tormentilla erecta.* Linn. Sp. 716.

*Tormentilla sylvestris.* Tournef. 298.
β. *Tormentilla Alpina , vulgaris , major.* Ibid.

Ses tiges font menùes, chargées de quelques poils, rameufes, longues de cinq à huit pouces, quelquefois affez droites, mais fouvent couchées & diffufes; fes feuilles font feffiles & compofées de trois ou de cinq digitations, dentées en fcie. Ses fleurs font petites, folitaires, pédunculées & de couleur jaune. La variété β eft remarquable par fa racine qui eft groffe , dure, noueufe & rougeâtre intérieurement. Cette plante eft commune fur le bord des bois, des chemins, fur les peloufes & dans les pâturages fecs. ⚥ Elle eft vulnéraire & aftringente.

---

746. *Huit pétales blancs.*

Chenette à huit pétales. *Dryas octopetala.* Linn. Sp. 717.

*Caryophyllata Alpina chamædryos folio.* Tournef. 295.

Ses tiges font longues de trois à fix pouces, couchées , rameufes, diffufes, rougeâtres, feuillées, dures & prefque ligneufes ; fes feuilles font pétiolées, fimples , ovales, crénelées, fermes, vertes en-deffus, fort blanches & couvertes d'un coton court en-deffous. Les fleurs font affez grandes, folitaires, pédunculées & compofées d'un calice à huit découpures un peu étroites, & de huit pétales oblongs; elles font remplacées par des femences ramaffées & chargées chacune d'une longue barbe plumeufe. Cette plante croit dans les montagnes du Dauphiné & de la Provence. ⚥

---

747.

*Calice à moins de huit divifions* . . . . , . . . . . . {
Fruit fec ; fleurs petites & nombreufes . . . . . . . . . . . . . . 748
Fruit charnu ou fucculent; fleurs affez grandes ou peu nombreufes. 749

748.    *Fruit sec ; fleurs petites & nombreuses.*

## Spirée. *Spiræa.*

Les fleurs de spirée sont ordinairement fort petites, nombreuses & difposées en pannicule, ou en épi, ou par bouquets corymbiformes ; elles font compofées d'un calice à cinq ou fix divifions, d'un pareil nombre de pétales & de beaucoup d'étamines inférées fur le calice : les ovaires varient de trois à quinze, & fe changent en autant de capfules réunies, monofpermes ou polyfpermes.

### *A N A L Y S E.*

| Feüilles ailées ou furcompofées. | Feüilles fimples, entières ou dentées. |
|---|---|
| I. | V I. |

I.      *Feüilles ailées ou furcompofées.*

| Fleurs hermaphrodites ; feuilles fimplement ailées. | Fleurs la plupart unifexuelles ; feuilles furcompofées. |
|---|---|
| I I. | V. |

II.      *Fleurs hermaphrodites ; feuilles fimplement ailées.*

| Feuilles vertes des deux côtés, & compofées de plus de dix folioles. | Feuilles blanchâtres en-deffous, & compofées de moins de dix folioles. |
|---|---|
| I I I. | I V. |

III.   *Feuilles vertes des deux côtés, & compofées de plus de dix folioles.*

Spirée filipendule. *Spiræa filipendula.* Linn. Sp. 702.

*Filipendula vulgaris.* Tournef. 293.

Sa racine eft compofée de plufieurs tubérofités d'une forme ovale, attachées & comme fufpendües à des filets très-déliés ; elle pouffe une tige haute d'un pied & demi, droite, peu

748.

feuillée, très-glabre, & souvent simple; ses feuilles sont composées de beaucoup de folioles assez égales entre elles, petites, ovales ou oblongues, dentées en leur bord, glabres & d'un vert-foncé. Les stipules sont amplexicaules, dentées, & un peu courantes sur les pétioles; les fleurs sont blanches, quelquefois rougeâtres, nombreuses & disposées en une pannicule ombelliforme & terminale; elles ont leur calice réfléchi. On trouve cette plante dans les bois & les prés couverts. ♃ Elle est incisive, diurétique, vulnéraire & un peu astringente.

IV. *Feuilles blanchâtres en-dessous, & composées de moins de dix folioles.*

Spirée ormière. *Spiræa ulmaria.* Linn. Sp. 702.

*Ulmaria Clusii.* Tournef. 265.

Sa tige est haute de deux à trois pieds, droite, un peu rameuse, dure, glabre & rougeâtre. Ses feuilles sont grandes, ailées, composées de folioles ovales, pointues, dentées, d'un vert-foncé en-dessus, & toujours un peu blanchâtres en-dessous. La foliole terminale est plus grande que les autres, & partagée en trois lobes. Les fleurs sont petites, nombreuses, de couleur blanche & ramassées au sommet de la tige en pannicule un peu dense. Il leur succède un fruit composé de cinq à huit capsules comprimées & torses ou contournées en spirale. On trouve cette plante dans les prés humides. ♃ Elle est vulnéraire, astringente, tonique & sudorifique.

V. *Fleurs la plupart unisexuelles; feuilles surcomposées.*

Spirée barbe-de-chèvre. *Spiræa aruncus.* Linn. Sp. 702.

*Barba capræ, floribus oblongis.* Tournef. 265.

Sa tige est haute de quatre pieds, droite, ferme, glabre, feuillée & un peu rameuse; ses feuilles sont alternes, pétiolées, trois fois ailées, & composées de folioles ovales, pointues & dentées en scie. Les fleurs sont blanches, terminales, très-petites, extrèmement nombreuses, & disposées en une pannicule ample, formée par un grand nombre d'épis cylindriques, portés sur des péduncules rameux; elles sont la plupart unisexuelles, & du même sexe sur chaque individu, mais on trouve souvent des fleurs hermaphrodites sur les pieds femelles, & même sur les pieds mâles, quoique stériles. Cette plante est

**748.** commune dans le Dauphiné & dans le Bugey, où elle a été obfervée par Dom Fourmeault. ♃

---

VI.    *Feuilles fimples, entières ou dentées.*

Spirée crénelée. *Spiræa crenata.* Linn. Sp. 701.

*Spiræa Hifpanica, hyperici folio crenato.* Tournef. 618.

Arbriffeau de trois ou quatre pieds, dont les rameaux font nombreux, grêles, rougeâtres & flexibles ; fes feuilles font petites, alternes, vertes, glabres, fpatulées, quelquefois entières, mais la plupart dentées ou crénelées à leur fommet. Ses fleurs font blanches, pédunculées & difpofées par bouquets ombelliformes, placés fur le côté & dans la partie fupérieure des rameaux. Cet arbriffeau croît en Languedoc, où il a été obfervé par M. Gouan. ♄

---

**749.**

*Fruit charnu ou fucculent ; fleurs affez grandes, ou peu nombreufes. . . . . .*  { Bafe du calice charnue & globuleufe ; ftipules membraneufes, courantes fur les pétioles. . . 750

Bafe du calice point charnue ni globuleufe ; ftipules non courantes fur les pétioles . . . . . . . . 751

---

**750.** *Bafe du calice charnue & globuleufe ; ftipules membraneufes, courantes fur les pétioles.*

### Rofier. *Rofa.*

Les fleurs de rofier, que l'on nomme communément *rofes*, font compofées d'un calice campanulé, charnu & globuleux dans fa partie inférieure, & partagé en fon bord fupérieur en cinq découpures fimples ou quelquefois pinnatifides ; de cinq pétales arrondis ou en cœur ; & de beaucoup d'étamines inférées fur le calice : les ovaires font velus, ramaffés & renfermés dans la bafe du calice, qui perfifte, fe colore, devient un péricarpe pulpeux & couronné, dans lequel font contenues les femences. Les tiges font ordinairement garnies d'aiguillons, & les feuilles font ailées avec une foliole impaire.

750.

*ANALYSE.*

| Fleurs rouges ou blanches.<br>I. | Fleurs de couleur jaune.<br>XIV. |
|---|---|

I.　　　　*Fleurs rouges ou blanches.*

| Tige ou rameaux garnis<br>d'aiguillons.<br>II. | Tige & rameaux<br>fans aiguillons remarquables.<br>XIII. |
|---|---|

II.　　　　*Tige ou rameaux garnis d'aiguillons.*

| La plupart des feuilles à cinq<br>ou fept folioles.<br>III. | Prefque toutes les feuilles<br>à neuf ou onze folioles.<br>XII. |
|---|---|

III.　　*La plupart des feuilles à cinq ou fept folioles.*

| Feuilles glabres.<br>IV. | Feuilles<br>chargées de poils glanduleux.<br>XI. |
|---|---|

IV.　　　　*Feuilles glabres.*

| Péduncules<br>prefque entièrement glabres,<br>& point hériffés d'aiguillons.<br>V. | Péduncules<br>hériffés d'aiguillons nombreux<br>& remarquables.<br>VIII. |
|---|---|

V.　*Péduncules prefque entièrement glabres, & point hériffés<br>d'aiguillons.*

| Fleurs blanches<br>avec une teinte rougeâtre ;<br>feuilles luifantes en-deffus.<br>VI. | Fleurs tout-à-fait blanches ;<br>feuilles<br>non luifantes en-deffus.<br>VII. |
|---|---|

750.

**VI.** *Fleurs blanches avec une teinte rougeâtre ; feuilles luisantes en-dessus.*

Rosier des haies. *Rosa sepium.*

*Rosa sylvestris , vulgaris , flore odorato incarnato.* Tournef. 638.
*Rosa canina.* Linn. Sp. 704.

Arbrisseau de cinq à huit pieds, très-rameux, diffus & en buisson ; ses rameaux sont longs, foibles, presque sarmenteux, lisses, verdâtres & garnis d'aiguillons un peu distans, mais très-forts : ses feuilles sont alternes, composées de sept folioles ovales, dentées, luisantes en-dessus & d'une couleur pâle ou un peu glauque en-dessous ; leur pétiole commun est chargé postérieurement de quelques aiguillons crochus, les fleurs sont blanches, toujours un peu rougeâtres dans leur jeunesse, composées de cinq pétales en cœur, & d'un calice dont les divisions sont souvent pinnatifides. Cet arbrisseau est commun dans les haies ♄ ; ses fleurs sont astringentes, anti-diarrhoïques & ophtalmiques ; ses fruits sont diurétiques & anti-hydropiques.

**VII.** *Fleurs tout-à-fait blanches ; feuilles non luisantes en-dessus.*

Rosier des champs. *Rosa arvensis.* Linn. mant. 245.

*Rosa arvensis candida.* Tournef. 638.

Cette espèce a beaucoup de rapport avec la précédente ; mais ses tiges s'élèvent à peine au-delà de trois pieds, & sont garnies d'aiguillons moins forts ; ses rameaux sont rougeâtres ou bleuâtres ; ses feuilles sont d'un vert-obscur, jamais luisantes en-dessus, & un peu blanchâtres en-dessous ; ses fleurs sont blanches, même dans leur jeunesse, & sont portées sur des péduncules assez longs, d'un rouge-bleuâtre, & qui ne sont pas parfaitement glabres avant l'entier développement des fleurs. Cet arbrisseau croît dans les lieux incultes, sur le bord des champs & des vignes. ♄

750.

*VIII. Péduncules hériffés d'aiguillons nombreux & remarquables.*

| Fleurs blanches.<br>IX. | Fleurs rouges.<br>X. |
|---|---|

### IX. *Fleurs blanches.*

Rofier blanc. *Rofa alba.* Linn. Sp. 705.

*Rofa alba vulgaris, major.* Tournef. 637.

Arbriffeau très-rameux, diffus, & haut de quatre ou cinq pieds ; fes feuilles font compofées de fept folioles ovales, dentées, glabres, mais portées fur des pétioles pubefcens & garnis d'aiguillons ; les ftipules font étroites ; les fleurs font grandes, tout-à-fait blanches & odorantes ; elles ont les divifions de leur calice pinnatifides. Cet arbriffeau croît dans les lieux incultes & un peu couverts. ♄

### X. *Fleurs rouges.*

Rofier rouge. *Rofa rubra.*    ( Rofes de Provins. )

*Rofa rubra fimplex.* Tournef. 637.

*Rofa Gallica.* Linn. Sp. 704.

Arbriffeau dont les tiges font rougeâtres, couvertes d'aiguillons, rameufes, diffufes & hautes de trois ou quatre pieds tout au plus ; fes feuilles font compofées de cinq ou fept folioles ovales-obrondes, dentées, glabres, vertes en-deffus, & d'une couleur pâle ou cendrée en-deffous ; les fleurs font d'un rouge-foncé, panachées de blanc dans une variété, & font portées par des péduncules hériffés d'aiguillons nombreux, mais extrêmement petits, courts & rougeâtres. On trouve cet arbriffeau dans les provinces méridionales ♄ ; fes fleurs font aftringentes & toniques.

750. | XI. *Feuilles chargées de poils glanduleux.*

Rosier églantier. *Rosa eglanteria.*

> *Rosa sylvestris, foliis odoratis.* Tournef. 638.
> *Rosa sylvestris, foliis carinatis subtùs scabris.* Vaill. Parif.
> 173.
> β. *Rosa sylvestris pomifera, major.* Tournef. 638.
> *Rosa villosa.* Linn. Sp. 704.

Arbrisseau de trois ou quatre pieds, dont les tiges font rameuses & hérissées d'aiguillons crochus & nombreux ; ses feuilles font composées de cinq ou fept folioles affez petites, ovales, dentées, odorantes, un peu rudes au toucher, & remarquables par des poils glanduleux, visqueux & roussâtres, placés entre leurs dentelures & dans toute leur surface postérieure ; les fleurs font rouges, petites, & portées sur des pédunculcs courts & hérissés ; les pétales font échancrés en cœur, & les fruits font lisses ou quelquefois chargés de petites pointes molles ; la variété β est plus fortement velue, & ses fruits font plus constamment hérissés. On trouve cet arbrisseau dans les lieux fecs & pierreux. ♄

---

XII. *Presque toutes les feuilles à neuf ou onze folioles.*

Rosier à feuilles de pimprenelle. *Rosa pimpinellifolia.* Linn.
Sp. 703.

> *Rosa pumila spinosissima, flore rubro.* Tournef. 638.
> β. *Rosa campestris spinosissima, flore albo odoro.* Ibid.
> *Rosa spinosissima.* Linn. Sp. 705.

Sa tige est haute d'un pied & demi, rameuse & extrêmement chargée d'aiguillons droits, inégaux & très-ramassés ; ses feuilles font composées de onze folioles petites, ovales, dentées, glabres & veinées en-dessous ; ses fleurs font portées sur des pédunculcs courts, glabres, ou quelquefois un peu hérissés d'aiguillons ; les divisions de leur calice font simples ; les pétales font en cœur, blancs, souvent un peu rougeâtres en leur limbe, & jaunâtres en leur onglet ; les fruits font lisses & globuleux ; la variété β s'élève jusqu'à trois pieds ; ses aiguillons font plus forts, & communément rougeâtres, & ses fleurs font presque une fois plus grandes. On trouve

750. cet arbriffeau dans les lieux arides du Languedoc & de là Provence : fa variété croît dans les environs de Paris. ♄

---

**XIII.** *Tige & rameaux fans aiguillons remarquables.*

**Rofier des Alpes.** *Rofa Alpina.* Linn. Sp. 703.

> *Rofa campeftris*, *fpinis carens*, *biflora*. Tournef. 639.
> β. *Rofa Pyrenaica*. Gouan. Obf. p. 31, tab. 19, f. 2.

Sa tige eft haute de deux pieds tout au plus, rameufe, glabre & point hériffée d'aiguillons ; fes feuilles font compofées de fept ou de neuf folioles, ovales, glabres & dentées ; elles ont leurs pétioles communs, & leurs ftipules ciliés ou chargés de pointes foibles & extrêmement petites ; les fleurs font petites, d'un rouge-foncé, mais très-vif, folitaires ou géminées, & portées fur des péduncules couverts de petites pointes peu fenfibles ; les divifions de leur calice font fimples, & leurs pétales ont les onglets blancs. Cet arbriffeau croît en Alface & en Dauphiné : la variété β a été obfervée dans les Pyrénées par M. Gouan.

---

**XIV.** *Fleurs de couleur jaune.*

**Rofier jaune.** *Rofa lutea.*

> *Rofa lutea*, *fimplex*. Tournef. 638.

Sa tige eft haute de trois ou quatre pieds, rameufe, & garnie d'aiguillons affez petits, mais nombreux & peu diftans ; fes feuilles font compofées de fept, & quelquefois de neuf folioles ovales-obrondes, prefque obtufes, bordées de den- telures aiguës, & d'autant plus profondes qu'elles font plus voifines du fommet : ces folioles font petites, glabres, d'un vert-foncé, un peu luifantes & affez fermes. Les fleurs font fort belles, grandes, de couleur jaune, folitaires, & portées fur des péduncules glabres : les pétales font en cœur, & les calices font chargés de quelques aiguillons foibles. Cet arbriffeau eft indiqué en Provence par Garidel, & dans les environs de Paris par Vaillant. ♄

Obs. Le *rofa rubiginofa* de M. Linné, ne diffère de cette efpèce que par la couleur de fes fleurs, qui eft d'abord d'un pourpre-foncé, nuancé de jaune, mais qui paffe enfuite infenfiblement au jaune prefque pur, à mefure que la floraifon s'avance & que les corolles fe sèchent ou fe flétriffent.

**751.** *Baſe du calice point charnue ni globuleuſe ; ſtipules non courantes ſur les pétioles.*

### Ronce. *Rubus.*

Les fleurs de ronce ſont compoſées d'un calice ouvert, partagé en cinq découpures profondes & lancéolées ; de cinq pétales inſérés ſur le calice ; de beaucoup d'étamines & de pluſieurs ovaires ramaſſés. Le fruit eſt formé par l'aſſemblage de pluſieurs petits grains ſucculens, diſpoſés ſur un réceptacle conique.

### *ANALYSE.*

| | |
|---|---|
| Feuilles n'ayant pas plus de trois folioles diſtinctes. | Feuilles compoſées, les unes de trois, & les autres de cinq folioles. |
| I. | IV. |

**I.** *Feuilles n'ayant pas plus de trois folioles diſtinctes.*

| | |
|---|---|
| Feuilles glabres des deux côtés ; baie compoſée de trois ou quatre grains. | Feuilles un peu velues en-deſſous ; baie compoſée de plus de quatre grains. |
| II. | III. |

**II.** *Feuilles glabres des deux côtés ; baie compoſée de trois ou quatre grains.*

Ronce de roche. *Rubus ſaxatilis.* Linn. Sp. 708. 

*Rubus Alpinus, humilis.* Tournef. 615.

Ses tiges ſont plus ou moins couchées, longues d'un à trois pieds, preſque herbacées, rameuſes, glabres ou chargées de quelques aiguillons très-petits ; ſes feuilles ſont compoſées de trois folioles ovales, grandes, vertes & glabres des deux côtés, groſſièrement & inégalement dentées. On remarque ſur leur pétiole & ſur leurs nervures poſtérieures, quelques aiguillons extrêmement fins. Les fleurs ſont blanches & diſpoſées une à trois ſur des péduncules axillaires, légèrement

**751.** hériffés ; les pétales font oblongs & un peu plus grands que le calice : les baies font compofées de trois ou quatre grains rouges, liffes & féparés. Cette efpèce croit en Alface & en Provence. ♃ ou ♄

---

**II.** *Feuilles un peu velues en-deffous ; baie compofée de plus de quatre grains.*

Ronce bleuâtre. *Rubus cæfius.* Linn. Sp. 706.

*Rubus repens, fructu cæfio.* Tournef. 614.

Ses tiges font des farmens ligneux, longs, foibles, couchés ; cylindriques, rougeâtres, feuillés & chargés de beaucoup d'aiguillons ; fes feuilles font pétiolées, ternées, & leurs folioles latérales font fouvent à deux lobes : les baies font bleuâtres & couvertes d'une pouffière fine, que le toucher fait difparoître. On trouve ce fous-arbriffeau dans les haies, le long des murs, & fur le bord des chemins. ♄

---

**IV.** *Feuilles compofées, les unes de trois, & les autres de cinq folioles.*

| Feuilles digitées ; les folioles s'infèrent toutes en un point commun. **V.** | Feuilles ailées ; les folioles ne s'infèrent pas toutes en un point commun. **V I.** |
|---|---|

---

**V.** *Feuilles digitées.*

Ronce frutefcente. *Rubus fruticofus.* Linn. Sp. 707.

*Rubus vulgaris, five rubus fructu nigro.* Tournef. 614.
β. *Rubus vulgaris major, fructu albo.* Raj. Synopf. p. 467.
γ. *Rubus flore albo, foliis laciniatis.* Mapp. Alfat. 272.

Ses tiges font ligneufes, plus ou moins couchées, longues ; farmenteufes, anguleufes, & garnies d'aiguillons très forts & crochus ; fes feuilles font la plupart compofées de cinq folioles ovales, pointues, dentées, d'un vert-foncé en-deffus, un peu cotonneufes & blanchâtres en-deffous : la foliole impaire eft pétiolée & écartée des deux ou des quatre autres.

751. Les fleurs font blanches ou un peu rongeâtres , & difpofées en bouquet terminal ; & les fruits font compofés de beaucoup de grains noirâtres : la variété β eft remarquable par fes feuilles qui font fort grandes , d'un vert-pâle ou affez clair en-deffus , & dont les folioles font terminées par une pointe très-affilée ; fes fruits font blancs : la variété γ a les folioles de fes feuilles profondément découpées & pinnatifides. Cette efpèce eft commune dans les haies , les lieux couverts & les bois : la feconde variété croît en Alface ♄ ; les feuilles de cette plante font aftringentes , déterfives , deffticatives , & bonnes dans les maux de gorge ; fes fruits font rafraîchiffans.

---

VI.                              *Feuilles ailées.*

Ronce framboifière. *Rubus frambæfianus.*

*Rubus idæus*, *fpinofus*. Tournef. 614.
*Rubus idæus*, *lævis*. Ibid.
*Rubus idæus*. Linn. Sp. 706.

Ses tiges font hautes de quatre à fix pieds, affez droites foibles , blanchâtres , & chargées d'aiguillons très-petits & peu piquans ; fes feuilles inférieures font ailées , compofées, de cinq folioles ovales-oblongues , pointues , dentées , d'un vert-gai en-deffus , & légèrement blanchâtres en-deffous ; les fupérieures font ternées : fes fleurs font blanches , & difpofées fur des péduncules velus & un peu rameux ; il leur fuccède des fruits rougeâtres , blancs dans une variété , velus , d'une odeur très-fuave , & que tout le monde connoît fous le nom de *framboife*. Cette efpèce croît en Alface , en Dauphiné & en Provence ♄ ; on la cultive dans les jardins pour l'odeur & le goût agréable de fes fruits : elle a les même vertus que la précédente.

---

752.

Pétales non inférés fur le calice. . . . . . . . . . { Etamines réunies dans la plus grande partie de leur longueur en un feul faifceau columniforme. 753

{ Etamines libres & point réunies en un faifceau columniforme. 762

I 4

**753.** *Étamines réunies dans la plus grande partie de leur longueur en un seul faisceau columniforme.*

## Columnifères. *Columniferæ.*

Les plantes *columnifères*, que l'on nomme aussi *malvacées*, portent des fleurs qui ont un calice ordinairement double & diversement divisé ; une corolle découpée presque jusqu'à sa base en cinq parties qui vont en s'élargissant vers leur sommet ; beaucoup d'étamines réunies par leurs filamens en une espèce de colonne, mais dont les anthères sont libres ainsi que le sommet des filamens ; & plusieurs ovaires ramassés, dont les styles, plus ou moins réunis, s'élèvent au travers de la gaîne formée par les étamines. Le fruit est composé de plusieurs capsules presque toujours serrées & disposées en rond autour d'un axe commun.

### A N A L Y S E.

| Calice extérieur à trois divisions. 754. | Calice extérieur à six divisions ou davantage. 759. |
| --- | --- |

**754.** *Calice extérieur à trois divisions. . . . . . . . .*
{ Calice extérieur monophylle & trifide . . . . . . . . . . . . 755
{ Calice extérieur composé de trois pièces tout-à-fait distinctes. . 756

**755.** *Calice extérieur monophylle & trifide.*

### Lavatère. *Lavatera.*

Les lavatères portent la plupart des fleurs assez grandes & fort belles, & leur fruit est composé de beaucoup de capsules réunies & monospermes.

### A N A L Y S E.

| Tige herbacée. I. | Tige ligneuse. I I. |
| --- | --- |

755. **I:**                *Tige herbacée:*

**Lavatère à grandes fleurs.** *Lavatera grandiflora.*

> *Malva trimeſtris , flore cum unguibus purpureis.* Tournef. 96;
> *Lavatera trimeſtris.* Linn. Sp. 974.

Sa tige eſt haute d'un pied, velue, cylindrique & un peu rameuſe ; ſes feuilles ſont alternes, pétiolées, velues & verdâtres. Les inférieures ſont arrondies & ſimplement dentées, & les ſupérieures ſont très-anguleuſes. Les fleurs ſont fort grandes, d'un pourpre-vif, terminales, axillaires, & ſolitaires ſur leur péduncule. Cette plante eſt indiquée en Languedoc par MM. Sauvage & Linné.

---

**II.**                *Tige ligneuſe.*

| Feuilles anguleuſes<br>& dont<br>les lobes ſont très-pointus.<br>I I I. | Feuilles arrondies<br>& dont<br>les lobes ne ſont pas pointus.<br>I V. |
|---|---|

---

**III.** *Feuilles anguleuſes & dont les lobes ſont très-pointus.*

**Lavatère à feuilles pointues.** *Lavatera acutifolia.*

> *Althæa frutescens , folio acuto , parvo flore.* Tournef. 97.
> *Lavatera olbia.* Linn. Sp. 972.

Ses tiges ſont hautes de trois ou quatre pieds, cylindriques & velues dans leur partie ſupérieure ; ſes feuilles ſont alternes, pétiolées, aſſez grandes, molles, blanchâtres & un peu cotonneuſes ; les ſupérieures ſont courtes, un peu en cœur & à cinq angles médiocres : les ſupérieures ſont beaucoup plus longues, elles ont trois angles, dont celui du milieu eſt fort grand & pointu ; les fleurs ſont purpurines ou violettes, preſque ſeſſiles, ſolitaires dans les aiſſelles ſupérieures, & forment l'épi par leur rapprochement. Cet arbriſſeau croît en Provence. ♄

**755.** IV. *Feuilles arrondies & dont les lobes ne sont point pointus.*

Lavatère à feuilles rondes. *Lavatera rotundifolia.*

> *Althæa frutescens folio rotundiore, incano.* Tournef. 97.
> *Lavatera maritima.* Gouan. Obf. p. 46, t. 21, f. 2.
> *Lavatera triloba.* Linn. Sp. 972.

Sa tige est haute d'un à deux pieds, rameuse, d'une couleur cendrée dans sa partie inférieure qui est peu garnie de feuilles, cylindrique, cotonneuse, blanchâtre & feuillée vers son sommet : ses feuilles sont beaucoup plus petites que celles de l'espèce précédente ; elles sont molles, cotonneuses, blanchâtres, pétiolées, crénelées, les inférieures à cinq lobes peu saillans, & les supérieures à trois : les fleurs sont pédunculées, purpurines ou bleuâtres, solitaires dans les aisselles inférieures, mais souvent deux ou trois ensemble dans celles du sommet. On trouve cette espèce en Languedoc dans les environs de Narbonne. ♄

---

**756.** *Calice extérieur composé de trois pièces tout-à-fait distinctes . . . . . . . . . . .*

⎧ Capsules disposées en plateau ; feuilles arrondies & plus ou moins découpées. . . . . . . . . . . 757

⎨ Capsules amoncelées ou disposées en tête ; feuilles ovales-oblongues. 758

---

**757.** *Capsules disposées en plateau ; feuilles arrondies & plus ou moins découpées.*

### Mauve. *Malva.*

Les fleurs de mauve ont leur calice intérieur campanulé & semi-quinquefide ; l'extérieur est plus petit & composé de trois folioles lancéolées & pointues ; les capsules sont comprimées, serrées & disposées en rond, formant un disque plane.

757.

## ANALYSE.

| Feuilles presque simples, & divisées en lobes peu profonds & jamais étroits. <br> I. | Feuilles la plupart multifides, & dont les découpures sont profondes & étroites. <br> I V. |
|---|---|

I. *Feuilles presques simples, & divisées en lobes peu profonds & jamais étroits.*

| Tiges couchées; péduncules & pétioles presque glabres. <br> I I. | Tiges droites; péduncules & pétioles très-velus. <br> I I I. |
|---|---|

II. *Tiges couchées; péduncules & pétioles presque glabres.*

Mauve à feuilles rondes. *Malva rotundifolia.* Linn. Sp. 969.

*Malva vulgaris, flore minore, folio rotundo.* Tournef. 95.

Ses tiges sont longues de huit à dix pouces, rameuses & couchées sur la terre; ses feuilles sont petites, arrondies, crénelées, à cinq lobes à peine sensibles, échancrées en cœur à leur base, & portées sur de longs pétioles; ses fleurs sont ordinairement de couleur blanche, axillaires, pédunculées & fort petites. Les folioles de leur calice extérieur sont très-étroites. On trouve cette plante sur le bord des chemins & dans les lieux incultes ⊙; elle a les mêmes vertus que la suivante.

III. *Tiges droites; péduncules & pétioles très-velus.*

Mauve sauvage. *Malva sylvestris.* Linn. Sp. 969.

*Malva vulgaris, flore majore, folio sinuato.* Tournef. 95.

Ses tiges sont hautes de deux pieds, velues & rameuses; ses feuilles sont pétiolées, vertes, légèrement velues, arrondies, à cinq lobes obtus & crénelés : les fleurs sont grandes,

**757.** pédunculées, axillaires & rougeâtres ou purpurinés ; les divisions de leur corolle sont échancrées, & les folioles de leur calice extérieur sont ovales. Cette plante est commune dans les lieux incultes & le long des haies ♃ ; elle est émolliente, laxative, adoucissante, anti-néphrétique & anti-dysurique.

---

IV. *Feuilles la plupart multifides, & dont les découpures sont profondes & étroites.*

| Tige lisse & très‑glabre ; péduncules inférieurs une fois plus longs que les feuilles. | Tige rude & point glabre ; péduncules inférieurs n'étant pas plus longs que les feuilles. |
|:---:|:---:|
| **V.** | **VI.** |

---

V. *Tige lisse & très-glabre ; péduncules inférieurs une fois plus longs que les feuilles.*

Mauve maritime. *Malva maritima.*

*Alcea maritima, gallo provincialis, geranii folio.* Tournef. 98.

*Malva Tournefortiana.* Linn. Sp. 971.

Sa tige est haute d'un pied & demi, plus ou moins droite, grêle, cylindrique, très-lisse & d'un vert-clair, presque glauque, ses feuilles sont glabres, multifides, découpées très-menu, & portées sur des pétioles très-courts. Les fleurs sont très-grandes, purpurines ou bleuâtres, axillaires, solitaires sur les péduncules supérieurs, mais deux à quatre ensemble aux extrémités des péduncules inférieurs que l'on peut regarder comme des espèces de rameaux ; les pétales ou divisions de la corolle sont échancrées ; les calices sont courts & velus. L'exemplaire qui m'a servi pour cette description a été envoyé à M. Thouin par M. l'Abbé Pourret, qui a observé cette plante dans les environs de Narbonne : on la trouve aussi dans les lieux maritimes de la Provence. ⊙

757.

**VI.** *Tige rude & point glabre ; péduncules inférieurs n'étant pas plus longs que les feuilles.*

| | |
|---|---|
| Feuilles découpées jusqu'au pétiole ; poils de la tige redreffés, écartés & inférés chacun fur un point coloré.<br><br>**VII.** | Feuilles non découpées jusqu'au pétiole ; poils de la tige très-petits, couchés, & fans point coloré à leur bafe.<br><br>**VIII.** |

**VII.** *Feuilles découpées jusqu'au pétiole ; poils de la tige redreffés, écartés & inférés chacun fur un point coloré.*

Mauve mufquée. *Malva mofchata.* Linn. Sp. 971.

*Alcea folio rotundo, laciniato.* Tournef. 97.

Sa tige eft haute d'un pied & demi, droite, fouvent fimple, cylindrique, & hériffée par des poils affez longs, droits & diftans ; fes feuilles font alternes, pétiolées, arrondies, & découpées jusqu'au pétiole, en cinq ou trois parties, ailées & plurifides ; celles de la racine font reniformes & incifées ; les fleurs font grandes, rougeâtres ou purpurines, la plupart terminales, ramaffées, & quelques-unes folitaires dans les aiffelles fupérieures ; les divifions de la corolle font échancrées, & les calices font hériffés de poils & de points colorés, femblables à ceux de la tige : ces fleurs ont une odeur mufquée. On trouve cette plante dans les lieux fecs & ftériles. ♃

**VIII.** *Feuilles non découpées jusqu'au pétiole ; poils de la tige très-petits, couchés, & fans point coloré à leur bafe.*

Mauve alcée. *Malva alcea.* Linn. Sp. 971.

*Alcea vulgaris major.* Tournef. 97.

Sa tige eft haute de deux à quatre pieds, un peu rameufe, dure, cylindrique, & chargée de poils fort petits, couchés

757. & difposés comme par faifceaux ; fes feuilles font alternes, diftantes, pétiolées, rudes au toucher, & partagées en cinq ou en trois fegmens découpés, pinnatifides, quelquefois très-profonds, mais jamais prolongés jufqu'au point où s'insère le pétiole ; fes fleurs font grandes, fort belles, de couleur de chair ou purpurines, pédunculées, difpofées dans les aiffelles fupérieures & au fommet de la tige : les divifions de la corolle font échancrées, & les calices font velus. Cette plante croît fur le bord des bois, dans les lieux incultes & couverts ♃ ; elle eft émolliente, adouciffante, & paffe pour bonne dans les dyffenteries épidémiques.

---

758. *Capfules amoncelées ou difpofées en tête ; feuilles ovales-oblongues.*

Malope malacoïde. *Malope malacoides.* Linn. Sp. 974.

*Malacoides betonicæ folio.* Tournef. 98.

Ses tiges font longues de huit à dix pouces, couchées, cylindriques, rougeâtres & prefque glabres ; fes feuilles font alternes, pétiolées, ovales-oblongues, un peu en pointe à leur fommet, légèrement échancrées en cœur à leur bafe, crénelées, & communément très-glabres ; on trouve quelques poils écartés fur leur pétiole ; les fleurs font grandes, fort belles, rougeâtres ou purpurines, pédunculées, & placées dans les aiffelles fupérieures des feuilles ; les folioles du calice extérieur font larges, cordiformes & pointues. Cette plante croît en Provence. ♃

---

759. *Caliçe extérieur à fix divifions ou davantage...* 

{ Calice extérieur à fix divifions. 760

{ Calice extérieur à huit ou neuf divifions. . . . . . . . . . . . . 761

**760.** *Calice extérieur à six divisions.*

### Alcée passe-rose. *Alcea rosea.* Linn. Sp. 966.

*Malva rosea, folio subrotundo.* Tournef. 94.
β. *Alcea rosea, hortensis, maxima, folio ficus.* Ibid. 98.
*Alcea ficifolia.* Linn. Sp. 967.

Sa tige est haute de quatre à six pieds, droite, ferme, épaisse, cylindrique, velue & feuillée ; ses feuilles sont alternes, pétiolées, larges, arrondies, un peu en cœur à leur base, crénelées, sinuées, anguleuses & velues ; ses fleurs sont très-grandes, souvent doubles, purpurines, panachées de blanc, & disposées sur de courts péduncules dans les aisselles supérieures, formant un peu l'épi par leur rapprochement : la variété β s'élève jusqu'à huit pieds ; ses feuilles ont des sinuosités profondes, & sont presque palmées. Cette plante croît en Provence ♂ ; on la cultive dans les jardins pour la beauté de ses fleurs ; elle est un peu vulnéraire : ses fleurs sont émollientes & anodines.

---

**761.** *Calice extérieur à huit ou neuf divisions.*

### Guimauve. *Althæa.*

Les fleurs de guimauve ne diffèrent de celles des autres plantes malvacées, que par leur calice extérieur, dont les divisions sont un peu étroites, pointues & assez nombreuses.

### ANALYSE.

| Feuilles simples, anguleuses, ou à trois lobes peu sensibles ; péduncules longs d'un pouce ou moins.<br><br>I. | Feuilles à trois ou à cinq lobes profonds ; péduncules longs de deux pouces ou davantage.<br><br>II. |
| --- | --- |

I. *Feuilles simples, anguleuses ou à trois lobes peu sensibles ; péduncules longs à peine d'un pouce.*

### Guimauve officinale. *Althæa officinalis.* Linn. Sp. 966.

*Althæa Dioscoridis & Plinii.* Tournef. 97.

Ses tiges sont hautes de trois pieds, dures, cylindriques ;

761.

velues; affez fimples, creufes & feuillées dans touté leur longueur; fes feuilles font alternes, pétiolées, un peu en cœur, anguleufes, pointues, dentées, molles, blanchâtres, & chargées d'un coton ou d'un duvet prefque foyeux; fes fleurs font prefque feffiles & difpofées dans les aiffelles des feuilles fupérieures; elles font blanches ou légèrement purpurines. Cette plante croît fur le bord des ruiffeaux & dans les lieux un peu humides; elle eft très-émolliente & adouciffante; fa racine eft mucilagineufe, laxative, anodine, béchique & apéritive.

---

II. *Feuilles à trois ou à cinq lobes profonds; péduncules longs de plus d'un pouce.*

| Feuilles dont les lobes font arrondis ou obtus; tige à peine d'un pied. | Feuilles dont les lobes ou digitations font pointus; tige de plus d'un pied. |
|---|---|
| III. | IV. |

---

III. *Feuilles dont les lobes font arrondis ou obtus; tige d'un pied à peine.*

Guimauve velue. *Althæa hirfuta.* Linn. Sp. 966.

*Althæa hirfuta.* Tournef. 98.

Sa tige eft rameufe, plus ou moins droite, & très-hériffée; ainfi que les pétioles, les péduncules & les calices, de poils blancs, droits, affez longs & épars; fes feuilles font alternes, pétiolées, d'un vert-pâle ou blanchâtre, & prefque glabres en-deffus; les inférieures font reniformes & à cinq lobes arrondis & crénelés; les fupérieures font découpées profondément en trois lobes oblongs, dentés vers leur fommet, & toujours un peu obtus. Les fleurs font blanches, ou d'un rouge-pâle, portées fur de longs péduncules, & difpofées dans les aiffelles des feuilles; les divifions de leur calice font hériffées & ciliées. Cette plante croît dans les haies & les lieux incultes. ⊙

IV.

**761.** **IV.** *Feuilles dont les lobes ou digitations sont pointus ; tige de plus d'un pied.*

Guimauve à feuilles de chanvre. *Althæa cannabina.* Linn. Sp. 996.

*Alcæa cannabina.* Tournef. 98.

Cette plante, dans son lieu natal, ne s'élève que jusqu'à deux ou trois pieds ; sa tige est dure, menue, cylindrique, un peu rameuse & chargée de poils courts ; ses feuilles sont assez petites, pétiolées, vertes en-dessus, blanchâtres en-dessous, dentées en scie & la plupart à trois lobes pointus, dont celui du milieu est une fois plus long que les deux autres : les fleurs sont rougeâtres, petites, portées sur des pédoncules longs de trois pouces, & disposées dans les aisselles supérieures & au sommet de la tige. La même plante cultivée, s'élève une fois davantage, & ses feuilles sont alors divisées en digitations profondes, étroites & plus nombreuses. On trouve cette espèce dans les vignes & sur le bord des bois en Provence & en Languedoc. ♃

---

**762.** *Etamines libres & point réunies en un faisceau columniforme.* { Corolle régulière. . . . . . . 763

Corolle irrégulière. . . . . 792

---

**763.** *Corolle régulière.. . . . . .* { Un seul ovaire très-simple. 764

Ovaires nombreux & ramassés. 782

---

**764.** *Un seul ovaire très-simple.* { Ovaire sessile . . . . . . . 765

Ovaire porté sur un long pédoncule. . . . . . . . . . . 781

---

**765.** *Ovaire sessile . . . . . . .* { Ovaire chargé de style. . . 766

Ovaire privé de style. . . 773

---

766.

*Ovaire chargé de style.* 

Calice à deux divisions. . . 767

Calice à plus de deux divisions. 768

---

767. 

*Calice à deux divisions.*

Pourpier potager. *Portulaca oleracea.* Linn. Sp. 638.

*Portulaca angustifolia sive sylvestris.* **Tournef.** 236.
β. *Portulaca latifolia sive sativa.* Ibid.

Ses tiges sont tendres, succulentes, lisses, rameuses, plus ou moins couchées, & longues d'un pied à-peu-près. Ses feuilles sont oblongues, cunéiformes, charnues, tendres & luisantes. Ses fleurs sont sessiles, ramassées & composées d'un calice à deux divisions, de cinq pétales jaunâtres, de douze à quinze étamines & d'un ovaire chargé d'un style, selon M. Linné, ou de cinq selon M. de Haller. Il leur succède une capsule ovale, conique, polysperme & qui s'ouvre en travers. On trouve cette plante dans les lieux cultivés, les terreins gras. On en conserve dans les jardins une variété à feuilles larges, d'un vert-pâle & jaunâtre. ⊙ On la mange en salade. Elle est rafraîchissante, diurétique, anti-scorbutique & vermifuge.

---

768. 

*Calice à plus de deux divisions . . . . . . . . . .*

Calice à cinq divisions ou cinq folioles égales, & toutes disposées sur un seul rang. . . . . . . . 769

Calice composé de cinq folioles inégales, dont deux sont ou plus petites que les autres, ou extérieures & hors de rang . . . 772

---

769. 

*Calice à cinq divisions ou cinq folioles égales, & toutes disposées sur un seul rang . . . . . . . .*

Feuilles opposées . . . . . . 770

Feuilles alternes . . . . . . . 771

*Feuilles oppofées.*

## Millepertuis. *Hypericum.*

Les fleurs de millepertuis font compofées d'un calice profondément quinquefide ; de cinq pétales jaunes & oblongs ; d'un
grand nombre d'étamines, dont les filamens font un peu rapprochés à leur bafe & diftingués comme par faifceaux ; & d'un
ovaire ovale chargé d'un à cinq ftyles. Le fruit eft une capfule
conique ou globuleufe, polyfperme, & divifée en autant de
loges que l'ovaire a de ftyles.

Obs. Les feuilles, les calices & les pétales font fouvent
bordés de points noirs & glanduleux.

### *A N A L Y S E.*

| Tige & feuilles glabres. | Tige & feuilles velues. |
|---|---|
| I. | X V I. |

I.   *Tige & feuilles glabres.*

| Divifions du calice bordées de points noirâtres & glanduleux. | Divifions du calice non bordées de points noirâtres. |
|---|---|
| I I. | X I. |

II. *Divifions du calice bordées de points noirâtres & glanduleux.*

| Feuilles ovales, ou en cœur, ou linéaires. | Feuilles tout-à-fait orbiculaires. |
|---|---|
| I I I. | X. |

III.   *Feuilles ovales, ou en cœur, ou linéaires.*

| Tige droite. | Tige couchée. |
|---|---|
| I V. | I X. |

770.

**IV.**                    *Tige droite.*

| Feuilles ovales, ou en cœur, & fimplement oppofées.<br>**V.** | Feuilles étroites, linéaires, & difpofées par verticilles.<br>**VIII.** |

**V.**  *Feuilles ovales, ou en cœur, & fimplement oppofées.*

| Feuilles ovales, feffiles, & bordées de points noirs.<br>**VI.** | Feuilles en cœur, amplexi-caules & jamais bordées de points noirs.<br>**VII.** |

**VI.**  *Feuilles ovales, feffiles, & bordées de points noirs.*

Millepertuis de montagne. *Hypericum montanum.* Linn. Sp. 1105.

> *Hypericum elegantiffimum, non ramofum, folio lato.* Tournef. 255.

Sa tige eft haute d'un pied & demi, droite, cylindrique & très-fimple; fes entre-nœuds fupérieurs font très-grands, & la font paroître prefque nue vers fon fommet; fes feuilles font ovales-oblongues, terminées par une pointe obtufe, ner-veufes & d'un vert-blanchâtre en-deffous. Les fleurs font ter-minales & difpofées en une pannicule courte & refferrée. On trouve cette plante dans les bois & les lieux montagneux & couverts. ♃

**VII.**  *Feuilles en cœur, amplexicaules, & jamais bordées de points noirs.*

Millepertuis élégant. *Hypericum pulchrum.* Linn. Sp. 1106.

> *Hypericum minus, erectum.* Tournef. 255.

Sa tige eft haute d'un pied, droite, cylindrique, très-grêle, & légèrement branchue; fes feuilles font beaucoup plus petites que celles de l'efpèce précédente, & forment des entre-nœuds moins inégaux : elles font perforées ou parfemées de points

770.

tranſparens. Les fleurs ſont d'un beau jaune & diſpoſées en pannicule étroite & peu garnie. Lorſque cette plante vieillit ou ſe deſsèche, elle acquiert une belle couleur rouge dans toutes ſes parties. On la trouve dans les bois ſecs & pierreux. ♃

---

VIII. *Feuilles étroites , linéaires , & diſpoſées par verticilles.*

Millepertuis verticillé. *Hypericum verticillatum.*

> *Hypericum ſaxatile , tenuiſſimo & glauco folio.* **Tournef.** 255.
> *Hypericum coris.* **Linn. Sp.** 1107.

Sa tige eſt haute de huit à neuf pouces, cylindrique, dure, rougeâtre & très-branchue dans ſa partie inférieure ; ſes feuilles ſont petites, nombreuſes, étroites, obtuſes & toujours diſpoſées trois enſemble à chaque nœud , indépendamment des jeunes pouſſes ou des ſtipules qui ſont ſouvent paroître les verticilles plus garnis. Les fleurs ſont terminales, pédunculées & en petit nombre : leurs pétales ſont deux ou trois fois plus longs que le calice. On trouve cette plante en Provence, parmi les rochers. ♃

---

IX. *Tige couchée.*

Millepertuis couché. *Hypericum humifuſum.* **Linn. Sp.** 1105.

> *Hypericum minus , ſupinum , vel ſupinum glabrum.* **Tournef.** 255.

Ses tiges ſont très-menues, preſque filiformes , rameuſes, éparſes ſur la terre , & longues de quatre à ſix pouces ; ſes feuilles ſont ovales-oblongues, glabres, chargées en leur bord de quelques points noirs, & ſouvent perforées, c'eſt-à-dire remarquables par des points tranſparens , parſemés ſur leur diſque. Les fleurs ſont jaunes, terminales & ſolitaires ſur leur péduncule. Cette plante croît dans les terreins ſablonneux & les pâturages ſecs. ♃

---

X. *Feuilles tout-à-fait orbiculaires.*

Millepertuis monnoyer. *Hypericum nummularium.* **Linn. Sp.** 1106.

> *Hypericum nummulariæ folio.* **Tournef.** 255.

. Ses tiges ſont hautes de trois à cinq pouces , très-grêles ;

770.

foibles, cylindriques , & fouvent un peu branchues; fes feuilles
font petites, orbiculaires , glabres , vertes en-deffus , & légèrement blanchâtres en-deffous ; elles font bordées poftérieurement
de points noirs extrêmement petits ; les fleurs font terminales &
difpofées en un bouquet ou une efpèce de pannicule courte &
peu garnie. Cette plante a été obfervée dans les environs de
Grenoble par Dom Fourmeault. ♃

---

**XI.** *Divifions du calice non bordées de points noirâtres.*

| Tige herbacée ;<br>feuilles n'ayant jamais un pouce<br>de largeur.<br>X I I. | Tige ligneufe ;<br>feuilles ayant toujours un pouce<br>au moins de largeur.<br>X V. |
|---|---|

---

**XII.** *Tige herbacée ; feuilles n'ayant jamais un pouce de largeur.*

| Tige carrée ; fes angles font<br>continués fans interruption<br>dans toute fa longueur.<br>X I I I. | Tige non carrée ; fes angles<br>font interrompus & déplacés<br>à chaque entre-nœud.<br>X I V. |
|---|---|

---

**XIII.** *Tige carrée ; fes angles font continués fans interruption*
*dans toute fa longueur.*

Millepertuis carré. *Hypericum quadrangulum.* Linn. Sp. 1104.

> *Hypericum afcyron dictum , caule quadrangulo.* Tournef.
> 255.

Sa tige eft haute d'un pied & demi, très-droite, fenfiblement quadrangulaire, glabre & à peine branchue , ou garnie
feulement de rameaux extrêmement courts; fes feuilles font
ovales , vertes, glabres fans points tranfparens fur leur difque ,
ou n'en ont que de peu fenfibles ; elles font nombreufes , &
forment dans toute la longueur de la tige des entre - nœuds
peu confidérables : fes fleurs font terminales , affez petites &
difpofées en une pannicule médiocre. On trouve cette plante
dans les marais & les foffés humides. ♃

---

**770.**

**XIV.** *Tige non carrée ; ses angles sont interrompus & déplacés à chaque entre-nœud.*

Millepertuis commun. *Hypericum vulgare.* Tournef. 254.

*Hypericum perforatum.* Linn. Sp. 1105.

Sa tige est haute de deux à trois pieds, très-branchue, assez ferme, cylindrique, mais garnie à chaque entre-nœud de deux angles opposés, produits par la nervure moyenne de chaque feuille qui est courante, & se prolonge seulement dans la longueur de son entre-nœud inférieur ; les feuilles sont ovales-oblongues, obtuses, vertes, glabres & remarquables par des points transparens parsemés sur leur disque, ce qui les fait paroître criblées de petits trous : les fleurs sont jaunes, terminales & disposées en niveau ou en une espèce de corymbe assez garni. Cette plante est commune dans les bois, les lieux incultes & le longs des hâies ♃ ; elle est très-vulnéraire, résolutive, vermifuge, mondificative & utile dans le crachement de sang.

**XV.** *Tige ligneuse ; feuilles ayant toujours un pouce au moins de largeur.*

Millepertuis baccifère. *Hypericum bacciferum.* ( toute saine. )

*Androsæmum maximum, frutescens.* Tournef. 251.
*Hypericum androsæmum.* Linn. Sp. 1102.

Ses tiges sont hautes de deux ou trois pieds, cylindriques, chargées de deux lignes saillantes ou espèce d'angles très-petits, & feuillées dans toute leur longueur ; ses feuilles sont grandes, ovoïdes, sessiles, glabres, nerveuses & veinées en-dessous ; elles deviennent d'un rouge-obscur en automne, ou lorsqu'elles se sèchent : les fleurs sont jaunes, petites en proportion des autres parties, pédonculées & disposées en une espèce d'ombelle terminale. Leur fruit est une sorte de baie noirâtre, sphérique & polysperme. On trouve ce sous-arbrisseau dans les lieux couverts en Provence ♄ ; il passe pour vulnéraire, résolutif & vermifuge.

770.

| XVI. | *Tige & feuilles velues.* |

| Tige droite & longue de plus d'un pied. XVII. | Tige couchée & longue de moins d'un pied. XVIII. |

**XVII.** *Tige droite & longue de plus d'un pied.*

Millepertuis velu. *Hypericum hirfutum.* Linn. Sp. 1105.

*Hypericum villofum erectum, caule rotundo.* Tournef. 255.

Sa tige eft haute de deux ou trois pieds, très-droite, cylindrique, peu branchue & feuillée dans toute fa longueur; fes feuilles font ovales, elliptiques, molles, pubefcentes, & d'un vert-pâle en-deffous. Elles font nombreufes & forment des entre-nœuds peu confidérables. Les fleurs font difpofées en une pannicule terminale, alongée & affez garnie. Les divifions de leur calice font bordées de points noirs très-abondans. On trouve cette plante dans les bois montagneux. ♃

**XVIII.** *Tige couchée & longue de moins d'un pied.*

Millepertuis cotonneux. *Hypericum tomentofum.* Linn. Sp. 1106.

*Hypericum fupinum tomentofum, minus vel Monfpeliacum.* Tournef. 355.

β. *Hypericum paluftre fupinum, tomentofum.* Ibid.
*Hypericum elodes.* Linn. Sp. 1106.

Ses tiges font longues de fix à huit pouces, cylindriques, cotonneufes, feuillées & ordinairement fimples; fes feuilles font ovales, obtufes, molles, cotonneufes, & blanchâtres; elles ont prefque toutes dans leurs aiffelles, des jeunes pouffes qui fe développent rarement. Les fleurs font jaunes, terminales & difpofées fur des péduncules oppofés qui forment une pannicule courte & bifide; la fleur qui naît dans la bifurcation terminale eft prefque feffile. La variété β a fes feuilles plus arrondies, & fes calices prefque glabres. Cette plante croît dans les prés humides & marécageux. ♃

**771.** *Feuilles alternes.*

### Tilleul commun. *Tilia Europæa.* Linn. Sp. 733.

*Tilia fæmina, folio majore.* Tournef. 611.
β. *Tilia fæmina, folio minore.* Ibid.

Arbre élevé & d'un beau port; son tronc est droit, son écorce grisâtre & ses feuilles alternes, pétiolées, arrondies, un peu en cœur, terminées par une pointe, dentées en leur bord, & nerveuses en-dessous, avec des poils dans les angles des nervures. Les péduncules sont axillaires & adhérens dans leur moitié inférieure à une languette particulière qui les accompagne en manière d'aile courante & qui en est détachée dans sa partie supérieure; ils sont pendans & portent chacun cinq ou six fleurs blanches d'une odeur agréable, composées d'un calice à cinq divisions de cinq pétales, crénelées à leur sommet, de beaucoup d'étamines, & d'un ovaire arrondi, chargé d'un seul style. Le fruit est une capsule à cinq loges dont quatre sont ordinairement stériles. Cet arbre croît dans les bois. ♄ On l'emploie pour l'ornement des promenades. Ses fleurs sont anodines, céphaliques, anti-spasmodiques & anti-hystériques.

---

**772.** *Calice composé de cinq folioles inégales, dont deux sont ou plus petites que les autres, ou extérieures, & hors de rangs.*

### Ciste. *Cistus.*

Les fleurs de ciste sont composées d'un calice de cinq pièces ovales, pointues, concaves & inégales; de cinq pétales arrondis & très-ouverts; d'un grand nombre d'étamines moins longues que les pétales; & d'un ovaire chargé d'un style plus ou moins long, mais toujours terminé par un stigmate globuleux. Le fruit est une capsule polysperme & à une ou plusieurs loges.

Obs. Les *cistes* de M. de Tournefort ont leur capsule divisée en cinq ou dix loges, & les *hélianthèmes* du même Auteur, ont la leur uniloculaire & trivalve.

| Deux folioles calicinales exté-rieures , une fois au moins plus petites & plus étroites que les trois autres. **I.** | Folioles calicinales extérieures auffi larges , prefque auffi grandes ou plus grandes que les autres. **XXXIV.** |
|---|---|

**I.** *Deux folioles calicinales extérieures , une fois au moins plus petites & plus étroites que les trois autres.*

| Des ftipules à la bafe des feuilles. **II.** | Point de ftipules à la bafe des feuilles. **XXI.** |
|---|---|

**II.** *Des ftipules à la bafe des feuilles.*

| Fleurs blanches ou pâles , ou rougeâtres. **III.** | Fleurs de couleur jaune & point pâles, ni rougeâtres. **XII.** |
|---|---|

**III.** *Fleurs blanches ou pâles , ou rougeâtres.*

| Tige herbacée. **IV.** | Tige ligneufe. **VII.** |
|---|---|

**IV.** *Tige herbacée.*

| Calices plus longs que les pé-duncules ; capfule de la longueur du calice. **V.** | Calices moins longs que les pé-duncules ; capfule plus courte que le calice. **VI.** |
|---|---|

772.

**V.** *Calices plus longs que les péduncules ; capfule de la longueur du calice.*

Cifte lédier. *Ciflus ledifolius.* Linn. Sp. 742.

*Helianthemum foliis ledi.* Tournef. 249.

Sa tige eft haute de fix à fept pouces, droite, cylindrique, feuillée, pubefcente ou prefque glabre ; fes feuilles font oppofées, pétiolées, verdâtres, plus ou moins glabres & accompagnées de ftipules affez grandes ; les inférieures font ovales-oblongues ou elliptiques, & les fupérieures font lancéolées : les fleurs font alternes, non axillaires, & difpofées vers le fommet de la tige fur des péduncules très-courts. Le fruit eft une capfule liffe & anguleufe. Cette plante croît dans les provinces méridionales. ☉

**VI.** *Calices moins longs que les péduncules ; capfule plus courte que le calice.*

Cifte à feuilles de faule. *Ciflus falicifolius.* Linn. Sp. 742.

*Helianthemum falicis folio.* Tournef. 249.

Sa tige eft haute de cinq à fix pouces, droite, fimple, cylindrique, feuillée & légèrement velue ; fes feuilles font pétiolées, verdâtres, pubefcentes, plus longues & plus étroites que celles de l'efpèce précédente ; les inférieures font un peu ramaffées & obtufes à leur fommet. Les fleurs ont leur calice velu, & font portées fur des péduncules longs de trois à cinq lignes. On trouve cette plante en Provence dans les lieux ftériles. ☉

**VII.** *Tige ligneufe.*

| Calices glabres. | Calices velus. |
| --- | --- |
| **VIII.** | **XI.** |

**772.**

| VIII. | *Calices glabres.* |
|---|---|

| Feuilles vertes & très-lisses en-dessus.<br><br>I X. | Feuilles blanchâtres des deux côtés, & point lisses en-dessus.<br><br>X. |
|---|---|

### IX. *Feuilles vertes & très-lisses en-dessus.*

**Ciste luisant.** *Cistus splendens.*

*Helianthemum album, Germanicum.* **Tournef.** 248.

Sa tige est haute d'un pied, très-rameuse dans sa partie inférieure, diffuse & feuillée seulement sur ses rameaux, qui sont grêles, cylindriques & assez glabres ; ses feuilles sont pétiolées, opposées, lancéolées-linéaires, d'un vert-foncé, & luisantes en-dessus, partagées par une gouttière ou un sillon longitudinal, un peu repliées en leur bord comme celles du romarin, & blanchâtres en-dessous ; ses fleurs sont blanches, pédunculées, alternes. & disposées au sommet des rameaux : leurs étamines sont jaunes, ainsi que les onglets de leurs pétales. Ce sous-arbrisseau croît dans les provinces méridionales sur le bord des bois. ♄

### X. *Feuilles blanchâtres des deux côtés, & point lisses en-dessus.*

**Ciste à feuilles de polium.** *Cistus polifolius.* **Linn. Sp.** 745.

*Helianthemum foliis polii montani.* **Tournef.** 249.

Ses tiges sont couchées, rameuses, diffuses & blanchâtres dans leur partie supérieure ; ses feuilles sont étroites, linéaires, pointues, blanchâtres, partagées par un sillon, très-rapprochées les unes des autres, & disposées seulement vers le sommet des rameaux. Je n'ai pas vu ses fleurs ; elles ont leur calice lisse & leurs pétales dentés, selon M. Linné. J'ai trouvé cette plante sur la côte pierreuse qui borde la grande route du côté de la rivière, à deux lieues de Rouen. ♄

772.  **XI.**                    *Calices velus.*

**Cifte velu. *Ciftus hirfutus.***

> *Helianthemum flore albo, folio angufto, hirfuto.* Tournef.
> 248.
>
> β. *Helianthemum faxatile, foliis & caulibus incanis, oblongis,*
> *floribus albis, apennini montis.* Ibid.
>
> *Ciftus apenninus.* Linn. Sp. 744.
>
> γ. *Ciftus pilofus.* Ibid.
>
> δ. *Helianthemum five ciftus humilis, folio fampfuchi, capitulis*
> *valdè hirfutis.* Ibid. 249.

Ses tiges font affez droites, rameufes, pubefcentes, blanchâtres, & s'élèvent à-peu-près à la hauteur d'un pied ; fes
feuilles font oppofées, velues, blanchâtres, & légèrement cotonneufes en-deffous ; les fleurs font blanches, pédunculées,
& difpofées en manière d'épi au fommet des tiges. La variété β ne s'élève que jufqu'à huit ou neuf pouces, & porte
des feuilles un peu étroites & blanchâtres des deux côtés : la
variété γ eft garnie de feuilles ovales-oblongues & verdâtres
en-deffus ; fes fleurs font affez grandes, blanches, ou légèrement couleur de rofe. La variété δ eft plus fortement velue
que les précédentes dans toutes fes parties ; fes feuilles font
ovales, & reffemblent beaucoup à celles de l'efpèce d'origan,
qu'on nomme *marjolaine.* On trouve cette plante dans les lieux
ftériles des montagnes, en Provence & en Languedoc. ♃

---

**XII.** *Fleurs de couleur jaune, & point pâles ni rougeâtres.*

| Féuilles vertes des deux côtés. | Feuilles blanchâtres en-deffous. |
|:---:|:---:|
| **X I I I.** | **X V I.** |

**XIII.**               *Feuilles vertes des deux côtés.*

| Tiges longues d'un pied ou davantage. | Tige dont la longueur n'excède pas fix pouces. |
|:---:|:---:|
| **X I V.** | **X V.** |

**772.** | **XIV.** *Tiges longues d'un pied ou davantage.*

Ciſte grandiflore. *Ciſtus grandiflorus.*

*Helianthemon panax chironium.* Lob. ic. 117.
*An helianthemum vulgare, flore dilutiore.* Tournef. 248.

Cette plante a beaucoup de rapport avec le ciſte helian-thème, n°. XVII, mais elle eſt plus grande dans toutes ſes parties ; ſes feuilles ont près d'un pouce de longueur ſur deux lignes ou plus de largeur : elles ſont vertes des deux côtés, & la plupart ne ſont pas ſenſiblement repliées en leur bord. Ses fleurs ſont grandes & d'un beau jaune. On trouve cette plante dans les lieux montagneux & un peu couverts, ſur le bord des bois. ♄

**XV.** *Tiges dont la longueur n'excède pas ſix pouces.*

Ciſte à feuilles de ſerpolet. *Ciſtus ſerpillifolius.* Linn. Sp. 743.

*Helianthemum ſerpilli folio, flore majore, aureo, odorato.* Tournef. 249.

Ses tiges ſont longues de cinq à ſix pouces, cylindriques, velues, feuillées, rameuſes, diffuſes, couchées & étalées ſur la terre ; ſes feuilles ſont oppoſées, pétiolées ovales-oblongues, allant en pointe vers leur ſommet, velues particulièrement en-deſſus, & vertes des deux côtés. Ses fleurs ſont d'un beau jaune, aſſez grandes, pédunculées & diſpoſées en manière d'épi aux extrémités des tiges. Leurs calices ſont très-velus. On trouve cette plante dans les lieux arides des provinces méridionales. ♄

**XVI.** *Feuilles blanchâtres en-deſſous.*

| Feuilles vertes en-deſſus, & dont les bords ſont un peu roulés en-deſſous.<br>**XVII.** | Feuilles blanchâtres des deux côtés, & dont les bords ne ſont point roulés en-deſſous.<br>**XVIII.** |
|---|---|

772.

**XVII.** *Feuilles vertes en-deſſus , & dont les bords ſont un peu roulés en-deſſous.*

Ciſte hélianthème. *Ciſtus helianthemum.* Linn. Sp. 744.

*Helianthemum vulgare , flore luteo.* Tournef. 248.

Ses tiges ſont longues de ſix à neuf pouces, grêles, légèrement velues , rameuſes , diffuſes & couchées ſur la terre ; ſes feuilles ſont oppoſées, portées ſur de courts pétioles, ovales-oblongues , ſouvent un peu étroites, vertes en-deſſus & blanchâtres en-deſſous. Les fleurs ſont jaunes, pédunculées & diſpoſées en manière d'épi aux extrémités des tiges ; elles ont leur calice preſque glabre , & ſont penchées ou pendantes avant leur épanouiſſement. Cette plante eſt commune ſur les collines , dans les lieux ſecs & ſur le bord des bois. ♄ Elle paſſe pour vulnéraire , aſtringente & anti-diarrhoïque.

---

**XVIII.** *Feuilles blanchâtres des deux côtés , & dont les bords ne ſont pas roulés en-deſſous.*

| Feuilles très-petites, longues à peine de deux lignes, & un peu pliées en gouttière.<br>**X I X.** | Feuilles longues de trois lignes ou davantage, & point pliées en gouttière.<br>**X X.** |
| --- | --- |

**XIX.** *Feuilles très-petites , longues à peine de deux lignes , & un peu pliées en gouttière.*

Ciſte à feuilles de thym. *Ciſtus thymifolius.* Linn. Sp. 743.

*Helianthemum thymi folio incano.* Tournef. 249.

Sa tige eſt ligneuſe, brune, couchée, extrêmement rameuſe , diffuſe , & forme ſur la terre un gazon très-rude de ſix à huit pouces de diamètre ; ſes feuilles ſont très-rapprochées & ramaſſées aux extrémités des rameaux ; elles ſont blanches & cotonneuſes en-deſſous, & leur ſurface ſupérieure eſt couverte de poils blancs , couchés & un peu ſéparés ou écartés les uns des autres comme ceux de la piloſelle. Ses fleurs ſont

**772.** petites, de couleur jaune, & portées fur des péduncules cotonneux & blanchâtres. J'ai trouvé cette plante fur le bord des bois, derrière Belbœuf, à deux lieues de Rouen. ♄

---

**XX.** *Feuilles longues de trois lignes ou davantage, & point pliées en gouttière.*

Cifte glutineux. *Ciftus glutinofus*. Linn. mant. 246.

*Chamæciftus, incanus, tragorigani folio, Hifpanicus.* Barr. i. 415.

Sa tige eft haute de cinq à fix pouces, rameufe, ligneufe, cotonneufe & blanchâtre dans fa partie fupérieure; fes feuilles font difpofées fur les rameaux; ovales-oblongues, un peu étroites, prefque linéaires, la plupart oppofées, blanchâtres des deux côtés, mais particulièrement en-deffous. Ses fleurs font jaunes & difpofées deux ou trois feulement au fommet de chaque rameau; elles ont leurs pétales un peu échancrés, & leur calice cotonneux. Cette plante croît dans les lieux fecs & ftériles des provinces méridionales. ♄

---

**XXI.**     *Point de ftipules à la bafe des feuilles.*

| Tige fous-ligneufe & un peu couchée. **XXII.** | Tige herbacée & point couchée. **XXXI.** |
|---|---|

**XXII.**     *Tige fous-ligneufe & un peu couchée.*

| Feuilles ovales ou lancéolées. **XXIII.** | Feuilles étroites & linéaires. **XXVI.** |
|---|---|

**XXIII.**     *Feuilles ovales ou lancéolées.*

| Feuilles verdâtres des deux côtés. **XXIV.** | Feuilles blanchâtres & cotonneufes en-deffous. **XXV.** |
|---|---|

XXIV.

**772.** XXIV. *Feuilles verdâtres des deux côtés.*

Cifte de montagne. *Ciftus alpeftris.* Scop. carn. 375, tab. 23.

> *Helianthemum ferpilli folio ; flore minore, aureo, odorato.* Tournef. 249.
>
> *Ciftus ælandicus.* Linn. Sp. 741.

Sa tige eft ligneufe & fe divife à fa bafe en beaucoup de rameaux couchés, grèles, rougeâtres, velus, diffus, étalés & divergens ; fes feuilles font petites, ovales-oblongues, oppofées, prefque feffiles, verdâtres, velues & comme ciliées en leur bord ; fes fleurs font jaunes, affez petites, pédunculées & difpofées aux extrémités des rameaux : leur calice eft chargé de poils blancs, droits & un peu écartés. Cette plante croît dans les provinces méridionales. ♄

---

XXV. *Feuilles blanchâtres & cotonneufes en-deffous.*

Cifte à feuilles de myrthe. *Ciftus myrthifolius.*

> *Helianthemum foliis myrti minoris, fubtùs incanis.* Tournef. 249.
>
> *Ciftus canus.* Linn. Sp. 740.
>
> β *Helianthemum Alpinum, folio pilofellæ minoris.* Tournef. 249.
>
> *Ciftus marifolius.* Linn. Sp. 741.

Ses tiges font longues de quatre à fix pouces, ligneufes, rameufes, très-grèles, feuillées dans leur partie fupérieure & fur leurs rameaux ; fes feuilles font petites, ovales, pointues, verdâtres ou chargées de quelques poils blancs en-deffus, mais cotonneufes & fort blanches en-deffous : fes fleurs font jaunes, petites, terminales & difpofées en bouquets courts, prefque ombelliformes. La variété β a fes feuilles moins pointues & plus conftamment verdâtres en-deffus. Cette plante croît en Provence ♄ ; fa variété a été obfervée dans les environs de Narbonne par M. l'abbé Pourret.

772. | **XXVI.** *Feuilles étroites & linéaires.*

| Fleurs blanches & difpofées prefque en ombelle. **XXVII.** | Fleurs jaunes & point difpofées en ombelle. **XXVIII.** |

**XXVII.** *Fleurs blanches & difpofées prefque en ombelle.*

**Cifte ombellé.** *Ciftus umbellatus.* Linn. Sp. 739.

> *Helianthemum folio thymi, floribus umbellatis.* Tournef. 250.

Sa tige eft brune, branchue, & s'élève jufqu'à huit ou dix pouces; elle eft garnie de beaucoup de rameaux grêles, feuillés & un peu vifqueux; fes feuilles font linéaires, très-rapprochées, marquées d'un fillon longitudinal, d'un vert-obfcur en-deffus & un peu blanchâtres en-deffous. On trouve cette plante dans la forêt de Fontainebleau. ♄

**XXVIII.** *Fleurs jaunes & point difpofées en ombelle.*

| Fleurs en grappes; feuilles glauques, cétacées, & dont les aiffelles font garnies de jeunes pouffés fafciculées. **XXIX.** | Fleurs folitaires; feuilles vertes, linéaires, & la plupart ayant leurs aiffelles nues. **XXX.** |

**XXIX.** *Fleurs en grappes; feuilles glauques, cétacées, & dont les aiffelles font garnies de jeunes pouffes fafciculées.*

**Cifte à feuilles glauques.** *Ciftus glaucophyllus.*

> *Helianthemum Maffilienfe coridis folio.* Tournef. 250.
> *Ciftus lævipes.* Linn. Sp. 739.

Ses tiges font longues de fept ou huit pouces, ligneufes; brunes ou cendrées, un peu couchées & très-rameufes; fes feuilles font nombreufes, alternes, cétacées-linéaires, longues de trois à quatre lignes, d'une couleur glauque, & toutes

**772.** garnies dans leurs aiffelles, de paquets d'autres feuilles plus petites, formés par les neuvelles pouffes. Les fleurs font jaunes, pédunculées & difpofées au fommet des rameaux cinq à huit enfemble, en manière de grappes ; elles ont leur calice velu. On trouve cette plante en Provence. ♄

XXX. *Fleurs folitaires ; feuilles vertes, linéaires, & la plupart ayant leurs aiffelles nues.*

Cifte à feuilles nues. *Ciflus nudifolius.*

*α. Helianthemum tenuifolium, glabrum, luteo flore per humum fparfum.* Tournef. 249.
*β. Helianthemum tenuifolium, erectum, luteo flore.* Ibid.
*Ciflus fumana.* Linn. Sp. 740. ( α & β. )

Sa tige eft grêle, rameufe, feuillée, dure, ligneufe à fa bafe, plus ou moins droite, & haute de fix à huit pouces, fes rameaux font très-ouverts, & les inférieurs font couchés fur la terre ; fes feuilles font alternes, très-menues, remarquables par quelques afpérités en leur bord, & reffemblent un peu à celles de la linéaire ou du muflier commun, mais elles font beaucoup plus petites. Les inférieures ont quelques rameaux naiffans dans leurs aiffelles, mais prefque toutes les autres font nues ; les fleurs font jaunes, folitaires fur leur péduncule, & fouvent même fur chaque rameau. On trouve cette plante dans les environs de Paris. ♄

XXXI. *Tige herbacée & point couchée.*

| Fleurs jaunes & tachées de rouge ou de violet.<br>X X X I I. | Fleurs jaunes & point tachées.<br>X X X I I I. |
|---|---|

XXXII. *Fleurs jaunes & tachées de rouge ou de violet.*

Cifte taché. *Ciflus guttatus.* Linn. Sp. 741.

*Helianthemum flore maculofo.* Tournef. 250.

Sa tige eft droite, un peu rameufe, hériffée de poils blancs, & s'élève jufqu'à huit ou dix pouces ; fes feuilles font affez grandes, ovales-oblongues, oppofées, feffiles, velues & un peu

**772.** rudes au toucher. Les supérieures sont alongées & étroites. Les fleurs sont pédunculées, d'un jaune quelquefois fort pâle, & sont remarquables par cinq taches violettes, disposées en rond à la base des pétales. On trouve cette plante dans les environs de Paris. ⊙

---

**XXXIII.**      *Fleurs jaunes & point tachées.*

Ciste nerveux. *Cistus nervosus.*

> *Helianthemum plantaginis folio*, *perenne*. Tournef. 250.
> *Cistus tuberaria.* Linn. Sp. 741.

Ses feuilles radicales sont ovales, velues & chargées de trois nervures longitudinales ; celles de la tige sont lancéolées & ordinairement glabres, & les supérieures sont étroites & alternes. On trouve cette plante en Provence & en Languedoc. ♃

---

**XXXIV.** *Folioles calicinales extérieures, aussi larges, presque aussi grandes ou plus grandes que les autres.*

| Fleurs blanches ou jaunâtres.<br>**X X X V.** | Fleurs rouges ou purpurines.<br>**X L I I.** |
|---|---|

---

**XXXV.**      *Fleurs blanches ou jaunâtres.*

| Feuilles distinctement<br>pétiolées.<br>**X X X V I.** | Feuilles rétrécies insensiblement vers leur base, mais non pétiolées.<br>**X X X I X.** |
|---|---|

---

**XXXVI.**      *Feuilles distinctement pétiolées.*

| Feuilles pointues & vertes des deux côtés.<br>**X X X V I I.** | Feuilles obtuses & blanchâtres, particulièrement en-dessous.<br>**X X X V I I I.** |
|---|---|

**772.**

**XXXVII.** *Feuilles pointues & vertes des deux côtés.*

Ciste à feuilles de laurier. *Ciftus laurifolius.* Linn. Sp. 736.

*Ciftus ledon foliis laurinis.* Tournef. 260.

Arbriffeau de deux pieds, dont la tige eft rameufe & l'écorce d'une couleur brune ou rougeâtre; fes feuilles font oppofées, pétiolées, ovales, pointues, verdâtres, prefque glabres, nerveufes & légèrement vifqueufes; leurs pétioles font velus & un peu rougeâtres à leur bafe : les fleurs font blanches, terminales & portées fur des péduncules affez longs. Il croît dans les environs de Montpellier. ♄

**XXXVIII.** *Feuilles obtufes & blanchâtres, particulièrement en-deffous.*

Ciste à feuilles de fauge. *Ciftus falvifolius.* Linn. Sp. 738.

*Ciftus fæmina, folio falviæ, elatior & rectis virgis.* Tournef. 260.

Arbriffeau d'un pied & demi, rameux & plus ou moins droit; fon écorce eft d'un brun rougeâtre, & fes jeunes pouffes font velues & cotonneufes; fes feuilles font oppofées, pétiolées, ovales, obtufes, ridées, d'un vert-blanchâtre en-deffus, & prefque cotonneufes en-deffous, fur-tout dans leur jeuneffe. Les péd cules font longs d'un à deux pouces, & foutiennent chacun une fleur blanche ou légèrement jaunâtre. Il croît en Provence & en Languedoc. ♄

**XXXIX.** *Feuilles rétrécies infenfiblement vers leur bafe, mais non pétiolées.*

| Feuilles lancéolées & glabres en-deffus. | Feuilles linéaires-lancéolées, & point glabres en-deffus. |
|---|---|
| X L. | X L I. |

**XL.** *Feuilles lancéolées & glabres en-deffus.*

Ciste ladanier. *Ciftus ladaniferus.* Linn. Sp. 737.

*Ciftus ladanifera, Hifpanica, falicis folio, flore candido.* Tournef. 260.

Arbriffeau d'un à deux pieds, dont l'écorce eft brune, le

772. jeunes rameaux velus & les feuilles oppofées, lancéolées ,
chargées d'un fuc très-vifqueux, un peu ridées, nerveufes,
d'un vert-foncé en-deffus, cotonneufes & blanchâtres en-
deffous; fes fleurs font blanches, portées fur des péduncules
un peu rameux, & n'ont jamais plus de deux pouces de
diamètre; les pétales font jaunâtres en leur onglet; le ftyle
qui foutient le ftigmate n'a qu'un quart de ligne de longueur,
mais ne manque jamais entièrement : les calices font couverts
de poils blancs affez longs. Cet arbriffeau croît dans les environs
de Narbonne, où il a été obfervé par M. l'abbé Pourret ♄; fon
odeur eft forte & balfamique.

---

XLI. *Feuilles linéaires-lancéolées & point glabres en-deffus.*

Cifte de Montpellier. *Ciftus Monfpelienfis.* Linn. Sp. 737.

*Ciftus ladanifera, Monfpelienfium.* Tournef. 260.

β. *Ciftus ledon, foliis oleæ, fed anguftioribus.* Ibid.

Cet arbriffeau reffemble beaucoup au précédent & pourroit
peut-être lui être réuni comme n'en étant qu'une variété :
il n'en diffère en effet que par fes feuilles qui font une fois
plus étroites & chargées de quelques poils fort courts en-deffus;
mais le fuc vifqueux qui les enduit les fait paroître glabres &
quelquefois un peu luifantes; fes fleurs font blanches, portées
fur des péduncules velus & rameux, & n'ont pas tout-à-fait
un pouce de diamètre. On le trouve en Provence & en
Languedoc. ♄

---

XLII. *Fleurs rouges ou purpurines.*

| Feuilles petites, larges à peine de trois lignes, très-ondulées & frifées en leur bord. | Feuilles larges de plus de trois lignes, planes & point frifées en leur bord. |
|---|---|
| **X L I I I.** | **X L I V.** |

772.

**XLIII.** *Feuilles petites, larges à peine de trois lignes, très-ondulées & frisées en leur bord.*

**Ciste frisé.** *Cistus crispus.* **Linn. Sp. 738.**

*Cistus mas foliis undulatis & crispis.* **Tournef. 259.**

Sa tige est haute d'un pied & demi, rameuse, tortueuse, plus ou moins droite, & recouverte d'une écorce brune; ses jeunes rameaux sont velus & blanchâtres; ses feuilles sont petites, lancéolées, ridées, frisées, cotonneuses & blanchâtres des deux côtés, & un peu ramassées vers le sommet des rameaux; ses fleurs sont terminales, purpurines & pédunculées : leurs pétales sont légèrement échancrés en cœur, & les folioles intérieures de leur calice sont terminées par une pointe particulière. On trouve cet arbrisseau dans les îles d'Hyères. ♄

---

**XLIV.** *Feuilles larges de plus de trois lignes, planes & point frisées en leur bord.*

| Feuilles spatulées ; elles sont plus rétrécies dans leur partie inférieure que vers leur sommet. | Feuilles ovales ou elliptiques ; elles ne sont pas plus rétrécies vers leur base que vers leur sommet. |
|---|---|
| **X L V.** | **X L V I.** |

**XLV.** *Feuilles spatulées.*

**Ciste blanc.** *Cistus incanus.* **Linn. Sp. 736.**

*Cistus mas 2, folio longiore.* **Tournef. 259.**

Sa tige est haute de deux pieds, & pousse beaucoup de rameaux velus & blanchâtres; ses feuilles sont opposées, spatulées, ovales-oblongues, toujours plus fortement rétrécies vers leur sommet, légèrement ridées, un peu cotonneuses, blanchâtres des deux côtés, mais particulièrement en-dessous; ses fleurs sont purpurines, pédunculées & terminales; leurs pétales sont en cœur; leurs calices & leurs péduncules sont chargés de poils blancs. Cet arbrisseau croît dans les environs de Narbonne. ♄

772. | XLVI. *Feuilles ovales ou elliptiques.*

Cifte cotonneux. *Ciftus tomentofus.*

*Ciftus mas folio oblongo, incano.* Tournef. 259.
*Ciftus albidus.* Linn. Sp. 737.

Cet arbriffeau reffemble beaucoup au précédent, mais il en diffère conftamment par fes rameaux, & les péduncules de fes fleurs, qui font cotonneux & non pas fimplement velus; par la forme de fes feuilles qui ne font jamais plus rétrécies vers leur bafe que vers leur fommet; & par fes pétales qui ne font pas échancrés en cœur. Il croît en Provence & en Languedoc. ♄

773. *Ovaire privé de ftyle.* . . . { Quatre pétales . . . . . . . 774
Plus de quatre pétales . . . 779

774. *Quatre pétales.* . . . . . . . { Calice de deux feuilles. . . 775
Calice de quatre feuilles. . . 778

775. *Calice de deux feuilles.* . . { Stigmate à deux ou trois divifions. . . . . . . . . . . . . 776
Stigmate en plateau rayonné, &
à plus de trois divifions . . . 777.

776. *Stigmate à deux ou trois divifions.*

Chelidoine. *Chelidonium.*

Les chelidoines ont beaucoup de rapport avec les pavots; leurs fleurs font compofées d'un calice de deux feuilles très-caduques; de quatre pétales planes, arrondies ou ovales; de beaucoup d'étamines libres; & d'un ovaire cylindrique, terminé par un ftigmate ordinairement bifide. Le fruit eft une filique linéaire, uniloculaire & polyfperme.

776.

| Fleurs rouges ou violettes. | Fleurs tout-à-fait jaunes. |
| :---: | :---: |
| I. | IV. |

I.      *Fleurs rouges ou violettes.*

| Stigmate à deux divisions ; fleurs rouges. | Stigmate à trois divisions ; fleurs violettes. |
| :---: | :---: |
| II. | III. |

II.      *Stigmate à deux divisions ; fleurs rouges.*

Chelidoine rouge. *Chelidonium phœniceum.*

> *α. Glaucium hirsutum , flore phœniceo.* **Tournef.** 254.
> *β. Glaucium glabrum , flore phœniceo.* **Ibid.**
> *Chelidonium corniculatum.* **Linn.** Sp. 724. ( α, β. )

Ses tiges sont hautes d'un pied ou un peu plus, très-rameufes & hériffées de poils blancs un peu écartés ; fes feuilles font feffiles, prefque amplexicaules, profondément pinnatifides, & hériffées de poils blancs : leurs découpures font pointues & dentées, & leurs angles rentrans font arrondis ; les péduncules font uniflores, les pétales font rouges avec une tache violette ou noirâtre en leur onglet, & les filiques font longues de quatre à cinq pouces. Cette plante croît dans les provinces méridionales. ⊙

III.      *Stigmate à trois divisions ; fleurs violettes.*

Chelidoine violette. *Chelidonium violaceum.*

> *Glaucium flore violaceo.* **Tournef.** 254.
> *Chelidonium hybridum.* **Linn.** Sp. 724.

Sa tige eft rameufe, liffe ou chargée de quelques poils écartés, & s'élève jufqu'à un pied & demi ; fes feuilles font alternes, feffiles, profondément découpées, deux ou trois fois pinnatifides, & à pinnules étroites, pointues & prefque linéaires. Ses fleurs font grandes, d'un violet-foncé, & folitaires fur leur péduncule ; les pétales ont une tache noire en leur onglet,

**776.** & les filiques n'ont que deux ou trois pouces de longueur. Cettë plante croît en Provence & en Languedoc dans les champs. ⊙

---

IV.                    *Fleurs tout-à-fait jaunes.*

| Péduncules uniflores. | Péduncules multiflores. |
|:---:|:---:|
| **V.** | **V I.** |

---

V.                    *Péduncules uniflores.*

Chelidoine glauque. *Chelidonium glaucum.*

> *Glaucium flore luteo.* Tournef. 254.
> *Chelidonium glaucium.* Linn. Sp. 724.

Ses tiges font rameufes, ordinairement un peu couchées, longues d'un à deux pieds, liffes, entièrement glabres, ou quelquefois légèrement hériffées de poils courts & diftans, dans leur partie fupérieure ; fes feuilles font alternes, amplexicaules, finuées, pinnatifides, un peu charnues, très-liffes, ou quelquefois auffi hériffées de poils courts, droits & écartés : elles font, ainfi que les tiges, remarquables par une couleur très-glauque & blanchâtre. Les fleurs font jaunes, grandes & affez femblables à celles des pavots ; il leur fuccède des filiques longues de cinq à huit pouces. Cette plante croît dans les environs de Paris & dans les lieux fablonneux des provinces méridionales. ⊙

---

VI.                    *Péduncules multiflores.*

Chelidoine majeure. *Chelidonium majus.* Linn. Sp. 723. ( Eclaire. )

> *Chelidonium majus vulgare.* Tournef. 231.

Ses tiges font cylindriques, rameufes, quelquefois un peu velues, & s'élèvent jufqu'à un pied & demi ; fes feuilles font grandes, molles, découpées, ailées ou profondément pinnatifides, à lobes ou découpures arrondis ou obtus, vertes endeffus & d'une couleur glauque en-deffous. Ses fleurs font jaunes & plus petites que celles des efpèces précédentes, leurs péduncules particuliers font réunis fur les péduncules communs

**776.** en manière d'ombelle ; les filiques font grêles, & n'ont pas deux pouces de longueur. Cette plante eft pleine d'un fuc jaune très-remarquable ; elle eft commune dans les haies, les lieux couverts & fur les vieux murs. ♃ On la regarde comme diurétique, hépatique, diaphorétique & anti-hydropique, fon fuc eft un peu âcre, & s'emploie pour détruire les verrues.

---

**777.** *Stigmate en plateau rayonné & à plus de trois divifions.*

### Pavot. *Papaver.*

Les fleurs de pavot font compofées d'un calice de deux feuilles peu durables, de quatre pétales arrondis, d'un grand nombre d'étamines & d'un ovaire ovale ou oblong, chargé d'un ftigmate fort grand, applati & rayonné. Le fruit eft une capfule ovale ou oblongue, terminée par le ftigmate qui perfifte & forme à fon fommet un plateau remarquable ; il eft garni intérieurement de plufieurs bandes droites qui fervent de réceptacle aux femences, & qui forment des cloifons imparfaites.

### *A N A L Y S E.*

| Capfules glabres & point hériffées.<br>I. | Capfules velues ou hériffées.<br>VIII. |
|---|---|

I.　　　*Capfules glabres & point hériffées.*

| Fleurs rouges ou blanches.<br>II. | Fleurs de couleur jaune.<br>VII. |
|---|---|

II.　　　*Fleurs rouges ou blanches.*

| Calice glabre.<br>III. | Calice velu.<br>IV. |
|---|---|

777. | III.           *Calice glabre.*

Pavot somnifère. *Papaver somniferum.* Linn. Sp. 726.

*Papaver hortense, semine albo.* Tournef. 237.
β. *Papaver hortense, semine nigro.* Ibid.

Sa tige est droite, cylindrique, lisse, plus ou moins rameuse, & s'élève jusqu'à deux ou trois pieds; ses feuilles sont amplexicaules, incisées, inégalement dentées, lisses, glabres, & d'un vert-glauque; ses fleurs sont grandes, terminales & penchées avant leur épanouissement : leurs pétales ont une tache d'un rouge-noirâtre & livide à leur base, & leurs pédoncules sont hérissés de quelques poils redressés & distans. Cette plante croît dans les jardins & les lieux cultivés ⊙ ; ses feuilles & ses capsules sont narcotiques, anti-spasmodiques, & ses semences sont adoucissantes & anodines; son suc épaissi en consistance d'extrait, est connu sous le nom d'*opium.*

---

IV.           *Calice velu.*

| Capsule ovale ; fleur ayant deux pouces ou davantage de diamètre. | Capsule alongée ; fleurs ayant un pouce à peine de diamètre. |
|---|---|
| V. | V I. |

---

V. *Capsule ovale ; fleurs ayant deux pouces ou davantage de diamètre.*

Pavot coquelicot. *Papaver rhœas.* Linn. Sp. 726.

*Papaver erraticum, majus.* Tournef. 238.

Sa tige est droite, rameuse, chargée de poils un peu distans & ouverts, & s'élève jusqu'à un pied & demi; ses feuilles sont presque ailées & découpées profondément en lanières assez longues, velues, pointues, & dentées ou pinnatifides : ses fleurs sont grandes, terminales, & d'un rouge-éclatant; leurs pétales ont une tache noirâtre à leur base. Cette plante est commune dans les champs parmi les blés ⊙ ; ses fleurs sont anodines, diaphorétiques, pectorales & adoucissantes.

**777.** VI. *Capfule alóngée ; fleurs ayant à peine un pouce de diamètre.*

Pavot parviflore. *Papaver párviflorum.*

> *Papaver erraticum , capite longiſſimo glabro.* Tournef. 328.
> *Papaver dubium.* Linn. Sp. 726.

Cette efpèce a beaucoup de rapport avec la précédente ; fa tige eft droite, rameufe & chargée de poils écartés, couchés dans fa partie fupérieure, & ouverts ou redreffés vers fa bafe ; elle s'élève prefque jufqu'à un pied & demi ; fes feuilles font glabres en-deffus, velues en-deffous, une ou deux fois pinnatifides & à découpures très-menues : fes fleurs font petites, terminales & de couleur rouge ; il leur fuccède des capfules alongées, un peu grêles, & terminées par un plateau à fix ou fept rayons. Cette plante croît dans les champs. ☉

VII. *Fleurs de couleur jaune.*

Pavot jaune. *Papaver luteum.*

> *Papaver erraticum, Pyrenaicum, flore flavo.* Tournef. 239.
> *Papaver cambricum.* Linn. Sp. 727.

Sa tige eft droite, légèrement velue, feuillée dans fa moitié inférieure, & s'élève jufqu'à un pied ; fes feuilles font ailées, prefque glabres, & d'une couleur glauque en-deffous ; leurs folioles font incifées, pinnatifides & un peu courantes fur leur pétiole commun : fes fleurs font au nombre de deux ou trois, terminales, affez grandes, & d'un jaune tirant fur la couleur de foufre. Il leur fuccède des capfules ovales, rétrécies vers leur bafe, glabres, à quatre côtes blanches & longitudinales, & terminées par un ftigmate en bouton à cinq ou fix rayons feulement. Cette plante a été obfervée dans les bois, près du Puy-de-Dome en Auvergne, par Dom Fourmeault.

VIII. *Capfules velues ou hériffées.*

| Tige nue, ne portant qu'une fleur d'un blanc-jaunâtre. | Tige feuillée, portant plufieurs fleurs de couleur rouge. |
|---|---|
| I X. | X. |

**777.** IX. *Tige nue, ne portant qu'une fleur d'un blanc-jaunâtre.*

Pavot des Alpes. *Papaver Alpinum.* Linn. Sp. 725.

> *Papaver Alpinum, faxatile, coriandri foliis.* Tournef. 239.

Sa tige eft une hampe nue, uniflore, velue, & haute de fix à fept pouces; fes feuilles font radicales, pétiolées, pinnatifides, à pinnules plus ou moins incifées, & ordinairement un peu velues. Sa fleur eft terminale, affez petite, de couleur blanche, mais jaunâtre en l'onglet de fes petales; il lui fuccède une capfule ovale, velue, & dont le ftigmate eft à cinq rayons. Cette plante croît dans les lieux pierreux & montagneux des provinces méridionales. ♃

---

X. *Tige feuillée, portant plufieurs fleurs de couleur rouge.*

| Capfule ovale, globuleufe, & dont la longueur n'excède pas deux fois la largeur. | Capfule prefque cylindrique, & dont la longueur excède deux ou trois fois la largeur. |
|---|---|
| **XI.** | **XII.** |

---

XI. *Capfule ovale, globuleufe, & dont la longueur n'excède pas deux fois la largeur.*

Pavot hériffé. *Papaver hifpidum.*

> *Papaver erraticum, capitulo oblongo, hifpido.* Tournef. 238.
>
> *Papaver hydridum.* Linn. Sp. 725.

Sa tige eft haute d'un pied & demi, un peu rameufe, feuillée & légèrement velue; fes feuilles font deux ou trois fois pinnatifides, & leurs découpures font étroites, pointues & terminées par une petite barbe ou un filet particulier, elles font vertes en-deffus, un peu blanchâtres en-deffous, & chargées de quelques poils en leur bord & fur leurs nervures poftérieures. Ses fleurs font rouges, terminales & affez petites; leurs pétales ont les onglets noirâtres, & la capfule qui leur

**777.** ſuccède eſt très-hériſſée de poils roïdes, dont les ſommets ſe courbent & regardent en-haut. On trouve cette plante dans les lieux cultivés & les champs. ☉

---

**XII.** *Capſule preſque cylindrique, & dont la longueur excède deux ou trois fois la largeur.*

Pavot à maſſues. *Papaver clavigerum.*

> *Papaver erraticum, capitulo longiore, hiſpido.* Tournef. 238.
> *Papaver argemone.* Linn. Sp. 725.

Cette eſpèce reſſemble beaucoup à la précédente, & pourroit être regardée comme n'en étant qu'une variété ; elle n'en diffère en effet que par ſes capſules qui ſont alongées, beaucoup plus grêles, moins hériſſées dans leur partie inférieure, & qui ont la forme d'une maſſue. On la trouve dans les champs. ☉

---

**778.** *Calice de quatre feuilles.*

Aĉtée à épi. *Aĉtæa ſpicata.* Linn. Sp. 722.

> *Chriſtophoriana vulgaris noſtras, racemoſa & ramoſa.* Tournef. 299.

Sa tige eſt haute d'un pied & demi, herbacée & rameuſe ; ſes feuilles ſont grandes, compoſées, deux ou trois fois ailées, vertes, glabres & preſque luiſantes : leurs folioles ſont ovales, pointues, dentées en ſçie & plus ou moins inciſées. Les fleurs ſont petites, de couleur blanche, & ramaſſées en épi court & ovale ; elles ſont compoſées d'un calice de quatre feuilles, de quatre pétales pointus, d'une vingtaine d'étamines plus longues que la corolle, & d'un ovaire qui ſe change en une baie ovale, noirâtre dans ſa maturité. On trouve cette plante en Provence, dans les bois. ♃

---

**779.** *Plus de quatre pétales.* . . . $\left\{\begin{array}{l}\text{Tige herbacée; plante aquatique.} \\ \qquad\qquad\qquad\qquad 780 \\ \text{Tige ligneuſe; plante non aqua-} \\ \text{tique} \ldots\ldots\ldots 772\text{—XL.}\end{array}\right.$

780.

*Tige herbacée ; plante aquatique.*

## Nénuphar. *Nymphæa.*

Les fleurs de nénuphar font compofées d'un calice de quatre ou cinq feuilles, de quatorze ou vingt pétales plus ou moins grands ; de beaucoup d'étamines dont les filamens font affez courts ; & d'un ovaire ovale chargé d'un ftigmate èn plateau & rayonné comme celui des pavots. Le fruit eft une capfule multiloculaire & couronnée par le ftigmate.

### *A N A L Y S E.*

| Fleurs blanches ;<br>calice de quatre feuilles.<br>I. | Fleurs jaunes ;<br>calice de cinq feuilles.<br>II. |
|---|---|

I.      *Fleurs blanches ; calice de quatre feuilles.*

Nénuphar blanc. *Nymphæa alba.* Linn. Sp. 729.

*Nymphæa alba major.* Tournef. 260.

Sa racine eft longue, épaiffe, charnue, noueufe, couverté d'écailles brunes, & pouffe les feuilles & les hampes qui foutiennent les fleurs ; fes feuilles font larges, arrondies, cordiformes, épaiffes, très-liffes, & portées fur des pétioles qui s'alongent jufqu'à la furface de l'eau, où elles reftent flottantes ; fes fleurs font grandes, compofées de beaucoup de pétales blancs, plus larges & un peu plus longs que les folioles du calice : les pétales intérieurs vont en diminuant de grandeur, & les plus petits fe changent en étamines, dont les filamens font plus ou moins élargis & pétaliformes, felon qu'ils font plus ou moins extérieurs. On trouve cette plante dans les étangs & les eaux tranquilles ou peu agitées. ♃ Sa racine eft rafraîchiffante, tempérante, anti-dyfurique, anti-gonorrhoïque & un peu narcotique.

II.      *Fleurs jaunes ; calices de cinq feuilles.*

Nénuphar jaune. *Nymphæa lutea.* Linn. Sp. 729.

*Nymphæa lutea, major.* Tournef. 261.

Cette efpèce a beaucoup de rapport avec la précédente ; mais elle en diffère conftamment par fes fleurs une fois moins

grandes,

780. grandes, compofées d'un calice de cinq feuilles jaunâtres intérieurement, & de beaucoup de pétales très-petits, tous une fois
plus courts que les feuilles du calice ; fon fruit eft une capfule
conique, divifée en autant de loges que le ftigmate qui la
couronne a de rayons. Cette plante eft commune dans les
étangs & les eaux dormantes ♃ ; on peut la fubftituer à la
précédente pour l'ufage.

---

781. *Ovaire porté fur un long pédunctule.*

Caprier épineux. *Capparis fpinofa.* Linn. Sp. 720.

*Capparis fpinofa, fructu minore, folio rotundo.* Tournef.
261.

Sous-arbriffeau dont les tiges ou les farmens font nombreux,
longs de deux ou trois pieds, cylindriques, glabres, feuillés
& armés d'épines qui tiennent lieu de ftipules ; fes feuilles
font alternes, pétiolées, ovales-obtufes, liffes, vertes, & fouvent un peu rougeâtres ; fes fleurs font pédunculées, folitaires,
axillaires, & d'un blanc-rougeâtre ; elles font compofées d'un
calice de quatre feuilles, de quatre pétales affez grands & obtus,
de beaucoup d'étamines plus longues que la corolle, & d'un
ovaire ovale, foutenu fur un long pédunctule : le fruit eft une
efpèce de baie charnue, uniloculaire & polyfperme. Cette plante
croît dans les fentes des murs & les lieux pierreux de la Provence ; elle eft très-commune dans les environs de Toulon ♄ ;
fon écorce & fa racine font diurétiques, apéritives & emménagogues. On fait macérer les boutons de fleurs dans le vinaigre
pour l'ufage de la cuifine ; ce font les capres que tout le monde
connoît.

---

782. *Ovaires nombreux & ra-*
*maffés* . . . . . . . . . { Pétales planes. . . . . . . . : 783

{ Pétales en cornet. . . . . . : 899

---

783. 
*Pétales planes.* . . . . . { Calice à plus de cinq divifions.
784

{ Calice n'ayant pas plus de cinq
divifions. . . . . . . . . . . . 786

---

784.

*Calice à plus de cinq divi-*
*fions* . . . . . . . . . . {
Feuilles planes & ciliées ou velues . . . . . . . . . . . . . . 785.

Feuilles cylindriques ou coniques,
glabres & point ciliées . . . . 725

---

*Feuilles planes & ciliées ou velues.*

785.

## Joubarbe. *Sempervivum.*

Les joubarbes font des plantes charnues, tendres, fucculentes, & qui ont un très-grand rapport avec les orpins ;
leurs fleurs font compofées d'un calice dont les divifions varient de neuf à quinze, d'un pareil nombre de pétales lancéolés, étroits & pointus, de douze à trente étamines prefque
auffi longues que les pétales, & de neuf à quinze ovaires
oblongs, pointus, difpofés en rond, & laiffant ordinairement
un vide au centre de la fleur. Ces ovaires fe changent en
capfules polyfpermes, qui s'ouvrent latéralement. Les feuilles,
lorfque la tige n'eft pas développée, forment fur la terre une
rofette très-remarquable.

## ANALYSE.

| Rofettes de feuilles chargées de jeunes pouffes globuliformes. | Aucunes pouffes globuliformes fur les rofettes de feuilles. |
|---|---|
| I. | II. |

---

I. *Rofettes de feuilles chargées de jeunes pouffes globuliformes.*

Joubarbe globulifère. *Sempervivum globuliferum.* Linn. Sp. 665.

*Sedum vulgare, magno fimile.* Tournef. 262.

Ses feuilles font légèrement velues, ciliées en leur bord,
d'un vert-clair, & difpofées avant le développement de la
tige, en rofettes affez nombreufes, remarquables par des glo-
bules de différentes groffeurs, qu'elles pouffent çà & là dans
leurs aiffelles, & qui n'y adhèrent que par quelques fibres
très-menues ; fa tige eft droite, velue, feuillée, & fe divife

785.

à son sommet en deux ou trois rameaux auxquels sont attachées, par de très-courts péduncules, des fleurs assez grandes
& de couleur jaune. Cette plante croît en Alsace où elle a
été observée par Mappus. ♃

---

II. *Aucunes pousses globuliformes sur les rosettes de feuilles.*

| Douze à quinze pétales ; feuilles ciliées en leur bord, & glabres en leur superficie.<br><br>III. | Neuf ou dix pétales ; feuilles plus ou moins ciliées ou cotonneuses, mais velues en leur superficie.<br><br>IV. |
|---|---|

---

III. *Douze à quinze pétales ; feuilles ciliées en leur bord, & glabres en leur superficie.*

Joubarbe des toits. *Sempervivum tectorum.* Linn. Sp. 664.

*Sedum majus, vulgare.* Tournef. 262.

Ses rosettes sont composées de feuilles ovales-lancéolées,
tendres, succulentes, glabres, ciliées en leur bord, & souvent rougeâtres ; de leur milieu s'élève une tige haute d'un
pied ou un peu plus, droite, cylindrique, velue, garnie de
feuilles éparses, & divisée à son sommet en rameaux très-
ouverts, penchés ou courbés, sur lesquels sont disposées des
fleurs presque sessiles, purpurines & tournées la plupart du
même côté. On trouve cette plante sur les toits & sur les
vieux murs. ♃ Elle est rafraîchissante & très-anodine.

---

IV. *Neuf ou dix pétales ; feuilles plus ou moins ciliées ou cotonneuses, mais velues en leur superficie.*

| Rosettes de feuilles chargées de longs filets cotonneux qui ressemblent à de la toile d'araignée.<br><br>V. | Rosettes de feuilles n'ayant point de filets cotonneux remarquables, même dans leur jeunesse.<br><br>VI. |
|---|---|

**785.**

V. *Rosettes de feuilles chargées de longs filets cotonneux qui resemblent à de la toile d'araignée.*

Joubarbe araignée. *Sempervivum arachnoideum.* Linn. Sp. 665.

*Sedum montanum, tomentosum.* Tournef. 262.

Cette espèce est remarquable par ses rosettes de feuilles qui, sur-tout dans leur jeunesse, sont chargées de longs filets blancs & cotonneux, qui se croisent d'un bord à l'autre de chaque feuille & imitent une toile d'araignée ; sa tige est haute de six pouces, cylindrique, velue, feuillée & divisée à son sommet en deux ou trois rameaux qui soutiennent des fleurs purpurines assez grandes. On trouve cette plante dans les rochers des montagnes en Provence. ♃

VI. *Rosettes de feuilles n'ayant point de filets cotonneux remarquables, même dans leur jeunesse.*

Joubarbe de montagne. *Sempervivum montanum.* Linn. Sp. 665.

*Sedum majus, montanum, foliis non dentatis, floribus rubentibus.* Tournef. 262.

Cette plante a beaucoup de rapport avec la précédente, & n'en est peut-être qu'une variété ; ses feuilles sont velues, ciliées légèrement en leur bord & forment des rosettes plus ou moins contractées selon leur âge ; sa tige est haute de six pouces, & divisée en quelques rameaux à son sommet, qui soutiennent des fleurs purpurines & presque sessiles. On trouve cette plante dans les montagnes des provinces méridionales. ♃

**786.** *Calice n'ayant pas plus de cinq divisions* . . . . . . { Cinq ovaires ou moins. . . 787. / Six ovaires ou plus. . . . . 788.

*Cinq ovaires ou moins.*

## Pivoine. *Pænia.*

Les fleurs de pivoine font compofées d'un calice de cinq feuilles inégales ; de cinq pétales fort grands & ouverts ; d'un grand nombre d'étamines dont les filamens font affez courts ; & de deux à cinq ovaires oblongs, velus & terminés chacun par un ftigmate comprimé & coloré. Ces ovaires fe changent en capfules uniloculaires, univalves & polyfpermes.

### ANALYSE.

| Découpures des feuilles lan- | Découpures des feuilles li- |
| céolées ; ovaires chargés de | néaires ; ovaires chargés de |
| poils blancs. | poils rouges. |
| I. | II. |

I. *Découpures des feuilles lancéolées ; ovaires chargés de poils blancs.*

Pivoine officinale. *Pænia officinalis.* Linn. Sp. 747.

*Pænia communis vel fæmina.* Tournef. 174.

β. *Pænia folio nigricante fplendido que, mas.* Ibid.

Sa racine eft tubéreufe & pouffe une ou plufieurs tiges hautes d'un à deux pieds, rameufes & fouvent un peu rougeâtres ; fes feuilles font prefque deux fois ailées & découpées en folioles ou en efpèces de lobes oblongs, elliptiques ou lancéolés : les fleurs font folitaires, terminales, grandes, fort belles, & d'un rouge-vif. La variété β eft remarquable par fes feuilles plus larges, plus épaiffes, d'un vert-brun, luifantes en-deffus & pubefcentes en deffous. On trouve cette plante dans les pâturages des montagnes du Dauphiné & de la Provence. ♃ Elle paffe pour céphalique, anti-épileptique, anti-fpafmodique & diaphorétique.

**787.** II. *Découpures des feuilles linéaires ; ovaires chargés de poils rouges.*

Pivoine à feuilles menues. *Pænia tenuifolia.* Linn. Sp. 748.

*Pænia tenuius laciniata , subtùs non pubescens.* Garid. prov. 369, tab. 79.

Sa tige est droite, simple, feuillée & terminée par une fleur rouge, moins grande que celles de l'espèce précédente, le pétiole des feuilles est assez long, divisé à son sommet en trois parties, sous-divisées chacune en trois autres, qui sont composées de folioles ou de découpures très-menues & linéaires ; ces feuilles sont d'un vert-clair & glabres des deux côtés. Cette plante croît en Provence, selon Garidel. ♃

**788.**

Six ovaires ou plus. . . . {

Onglets des pétales distingués par une petite glande en cœur, ou par une écaille, ou une fossette. 789.

Onglets des pétales nus, & n'ayant à leur base, ni glande, ni fossette. . . . . . . . . . . 790.

**789.** *Onglets des pétales distingués par une petite glande en cœur, ou par une écaille, ou une fossette.*

### Renoncule. *Ranunculus.*

Les fleurs de renoncule sont composées d'un calice de trois ou cinq feuilles peu durables ; de cinq pétales ou davantage, remarquables chacun par une petite glande en cœur ou en cornet, ou par une écaille ou une fossette particulière, disposée à leur base intérieure ; de beaucoup d'étamines moins longues que la corolle, & d'un assez grand nombre d'ovaires qui se changent en autant de semences nues, ramassées en une tête arrondie, ovale ou conique.

## ANALYSE.

| Fleurs blanches ou rougeâtres.<br>I. | Fleurs de couleur jaune,<br>X X. |
|---|---|

**I.** *Fleurs blanches ou rougeâtres.*

| Tige rampante sur la terre, ou flottante dans l'eau.<br>I I. | Tige droite & point rampante ni flottante.<br>V I I. |
|---|---|

**II.** *Tige rampante sur la terre, ou flottante dans l'eau.*

| Toutes les feuilles simples, à trois ou cinq lobes obtus, & sans découpures capillaires.<br>I I I. | Toutes les feuilles, ou plusieurs, ayant des découpures capillaires.<br>I V. |
|---|---|

**III.** *Toutes les feuilles simples, à trois ou cinq lobes obtus, & sans découpures capillaires.*

Renoncule lierrée. *Ranunculus hederaceus.* Linn. Sp. 781.

> *Ranunculus aquaticus, hederaceus, flore albo, parvo.* Tournef. 286.

Ses tiges sont rampantes, glabres, & longues de trois à cinq pouces ; ses feuilles sont pétiolées, arrondies, divisées en trois lobes crénelés, & très-lisses en-dessus. Ses fleurs sont blanches, solitaires, & portées sur des péduncules plus longs que les feuilles. On trouve cette plante sur le bord des mares & dans les fossés où l'eau a séjourné.

O B s. Ses feuilles sont quelquefois chargées d'une petite tache noirâtre dans leur partie moyenne.

789.

**IV.** *Toutes les feuilles, ou plusieurs, ayant des découpures capillaires.*

| Feuilles dont les découpures font courtes & divergentes.<br>**V.** | Feuilles dont les découpures font longues & parallèles.<br>**V I.** |
|---|---|

**V.** *Feuilles dont les découpures font courtes & divergentes.*

Renoncule aquatique, *Ranunculus aquaticus.*

α. *Ranunculus aquaticus capillaceus.* **Tournef.** 291.

β. *Ranunculus aquaticus, folio rotundo & capillaceo.* Ibid.

γ. *Ranunculus aquaticus albus, foliis circinatis, tenuiſſimè divifis.* Pluk. p. 311, tab. 52, fig. 2.

Sa tige eſt grêle, rampante, rameuſe, liſſe & feuillée ; ſes fleurs ſont pédunculées, axillaires & de couleur blanche. La première variété α ſe diſtingue par ſes feuilles toutes à découpures rameuſes & capillaires. La ſeconde β eſt remarquable par ſes feuilles, dont les ſupérieures ſont ſimples, arrondies & lobées, & les inférieures à découpures capillaires. La troiſième γ diffère beaucoup des deux autres ; ſes feuilles ſont ſeſſiles, petites, à découpurés très-courtes, rameuſes & capillaires, & ſont tout-à-fait circonſcrites : ſes fleurs ſont portées ſur de longs péduncules. On trouve les deux premières ſur le bord des étangs & des foſſés aquatiques ; la dernière croît dans les ruiſſeaux où elle eſt entièrement plongée & flottante. On pourroit la diſtinguer comme une eſpèce à part.

**VI.** *Feuilles dont les découpures ſont longues & parallèles.*

Renoncule flottante. *Ranunculus fluitans.*

*Ranunculus aquatilis, albus, fluitans, peucedani foliis.* Tournef. 291.

Ses tiges ſont longues, rameuſes, feuillées & flottantes dans l'eau ; ſes feuilles ſont alongées & partagées en filamens ou rameaux linéaires & fourchus. Ses fleurs ſont petites,

de couleur blanche, axillaires, solitaires & portées sur de
longs péduncules. On trouve cette plante dans les ruisseaux,
les étangs.

---

VII.     *Tige droite & point rampante ni flottante.*

| Toutes les feuilles simples & entières. **VIII.** | Toutes les feuilles, ou plusieurs, découpées ou lobées. **XIII.** |

---

VIII.     *Toutes les feuilles simples & entières.*

| Feuilles inférieures ovales, & point linéaires. **IX.** | Toutes les feuilles étroites & linéaires. **XII.** |

---

IX.     *Feuilles inférieures ovales, & point linéaires.*

| Feuilles ovales, pointues & amplexicaules. **X.** | Feuilles ovales, obtuses & pétiolées. **XI.** |

---

X.     *Feuilles ovales, pointues & amplexicaules.*

Renoncule amplexicaule. *Ranunculus amplexicaulis.* Linn.
Sp. 774.

*Ranunculus montanus, foliis plantaginis.* Tournef. 292.

Sa tige est haute de six à sept pouces, droite, lisse, garnie
de quelques feuilles, & soutient à son sommet trois ou quatre
fleurs blanches, pédunculées & terminales ; ses feuilles sont
glabres, nerveuses & un peu dures : les radicales sont ovales
& presque pétiolées ; celles de la tige sont amplexicaules &
plus étroites. On trouve cette plante dans les environs de
Montpellier. ♃

**789.**

**XI.** *Feuilles ovales , obtuses & pétiolées.*

Renoncule à feuilles de parnaffie. *Ranunculus parnaffifolius.* Linn. Sp. 774.

*Ranunculus montanus, graminis parnaffifolio.* Tournef. 286.

Sa tige eft haute d'un demi-pied, quelquefois entièrement nue, & foutient à fon fommet plufieurs fleurs blanches, légèrement rougeâtres, & portées fur des péduncules difpofés, prefque en ombelle ; ces péduncules font pubefcens, blanchâtres & uniflores : les feuilles font la plupart radicales, pétiolées, ovales ou cordiformes, nerveufes & coriaces. Cette plante a été obfervée dans les montagnes du Dauphiné, par M. de Villars. ♃

**XII.** *Toutes les feuilles étroites & linéaires.*

Renoncule des Pyrénées. *Ranunculus Pyrenæus.* Linn. mant. 248.

*Ranunculus gramineo folio, bulbofus.* Tournef. 292.

Le collet de fa racine eft un faifceau blanchâtre, écailleux, fibreux & prefque bulbeux, d'où nait une tige grêle, liffe, haute de quatre à cinq pouces, & qui porte à fon fommet une couple de fleurs blanches, pédunculées & affez petites ; fes feuilles font prefque toutes radicales, étroites, linéaires, pointues, un peu nerveufes & redreffées. Cette plante croît dans les Pyrénées & en Provence. ♃

**XIII.** *Toutes les feuilles, ou plufieurs, découpées ou lobées.*

| Tige chargée d'une feule fleur, dont le calice n'eft pas velu. | Tige chargée de plus d'une fleur, dont le calice eft velu. |
|---|---|
| **XIV.** | **XVII.** |

**289.**

**XIV.** *Tige chargée d'une seule fleur, dont le calice n'est pas velu.*

| Feuilles inférieures arrondies, & à trois lobes incisés ou dentés.<br><br>**X V.** | Feuilles inférieures oblongues, presque ailées & multifides.<br><br>**X V I.** |

**XV.** *Feuilles inférieures arrondies, & à trois lobes incisés ou dentés.*

Renoncule de montagne. *Ranunculus alpestris.* Linn. Sp. 778.

> *Ranunculus Alpinus, humilis, rotundifolius, flore majore ( & minore ).* Tournef. 290.

Sa tige est haute de trois pouces, chargée d'une couple de feuilles ligulées, ordinairement très-entières, & soutient à son sommet une seule fleur assez grande & de couleur blanche; ses feuilles inférieures ou radicales sont pétiolées, arrondies, lobées, incisées ou dentées, très-lisses & presque luisantes. On trouve cette plante dans les montagnes de la Provence. ♃

**XVI.** *Feuilles inférieures oblongues, presque ailées & multifides.*

Renoncule à feuilles de rue. *Ranunculus rutæfolius.* Linn. Sp. 777.

> *Ranunculus rutaceo folio, flore suave rubente.* Tournef. 289.

Sa tige est haute de quatre pouces, cylindrique, chargée d'une ou deux feuilles qui ont quelques découpures étroites, & soutient à son sommet une fleur blanche ou rougeâtre; ses feuilles radicales sont pétiolées, ailées, & leurs pinnules sont très-découpées, presque palmées ou divisées en lobes nombreux & divergens. Cette plante croît dans les montagnes du Dauphiné ♃ : elle fleurit de bonne heure.

789.

**XVII.** *Tige chargée de plus d'une fleur, dont le calice est velu.*

| Feuilles multifides & comme ailées. **XVIII.** | Feuilles digitées ou palmées. **XIX.** |
|---|---|

**XVIII.**      *Feuilles multifides & comme ailées.*

Renoncule glaciale. *Ranunculus glacialis.* Linn. Sp. 777.

> *Ranunculus montanus, purpureus, calyce villoso falicis plateri.* Tournef. 289.

Sa tige est haute de cinq à six pouces, peu garnie de feuilles, ordinairement simple, & chargée communément d'une couple de fleurs assez grandes, dont la couleur est blanche ou un peu purpurine ; les calices sont chargés de poils jaunâtres ou rougeâtres : les feuilles radicales sont alongées, très-découpées & d'une consistance un peu épaisse ou succulente. Cette plante croît dans les montagnes du Dauphiné ♃ : elle est monocotyledone.

---

**XIX.**      *Feuilles digitées ou palmées.*

Renoncule à feuilles d'aconit. *Ranunculus aconitifolius.* Linn. Sp. 776.

> *Ranunculus montanus, aconiti folio, albo flore minore.* Tournef. 290.
>
> β. *Ranunculus montanus, aconiti folio, albo flore majore.* Ibid.
>
> *Ranunculus plantanifolius.* Linn. mant. 79.

Sa tige est haute d'un pied, quelquefois beaucoup davantage, droite, lisse, fistuleuse & rameuse ; ses feuilles sont glabres, palmées, anguleuses, & composées de trois ou cinq lobes assez grands, pointus & dentés en scie : les fleurs sont blanches, pédunculées & terminales ; leur calice est petit & tombe de bonne heure. La variété β ne diffère que par la grandeur de ses parties, qu'elle doit aux circonstances de son lieu natal. On trouve cette plante dans les montagnes de la Provence & du Dauphiné ; elle croît aussi sur le mont d'Or en Auvergne. ♃

789.

**XX.** *Fleurs de couleur jaune.*

| Feuilles fimples, entières, ou feulement dentées. **XXI.** | Feuilles découpées, lobées, ou multifides. **XXXII.** |
| --- | --- |

**XXI.** *Feuilles fimples, entières, ou feulement dentées.*

| Feuilles lancéolées ou linéaires. **XXII.** | Feuilles ovales, ou en cœur, ou arrondies. **XXVII.** |
| --- | --- |

**XXII.** *Feuilles lancéolées ou linéaires.*

| Tige droite; toutes les feuilles feffiles. **XXIII.** | Tige inclinée; feuilles inférieures pétiolées. **XXVI.** |
| --- | --- |

**XXIII.** *Tige droite; toutes les feuilles feffiles.*

| Tige un peu velue, & haute de deux ou trois pieds. **XXIV.** | Tige très-liffe, n'ayant jamais deux pieds de hauteur. **XXV.** |
| --- | --- |

**XXIV.** *Tige un peu velue, & haute de deux ou trois pieds.*

Renoncule à feuilles longues. *Ranunculus longifolius.*
( Grande douve. )

> *Ranunculus longifolius, paluftris, major.* Tournef. 292.
> *Ranunculus lingua.* Linn. Sp. 773.

Sa tige eft droite, cylindrique, velue, un peu rameufe, & haute de deux pieds au moins; fes feuilles font fort longues, pointues, légèrement velues, chargées de quelques dentelures diftantes & peu fenfibles, & embraffent la tige par une ef- pèce de gaîne : fes fleurs font grandes, terminales, pédunculées

789. & d'un beau jaune; leurs pétales font luifans, & leur calice eft un peu velu. On trouve cette plante fur le bord des étangs & des foffés aquatiques ♃; elle eft âcre & cauftique.

---

**XXV.** *Tige très-liffe, n'ayant jamais deux pieds de hauteur.*

Renoncule graminée. *Ranunculus gramineus.* Linn. Sp. 773.

*Ranunculus montanus, gramineo folio.* Tournef. 291.

Sa tige eft haute de huit à dix pouces, droite, cylindrique, glabre, peu garnie de feuilles, & porte à fon fommet deux ou trois fleurs jaunes, dont les pétales font arrondis, luifans, & les calices très-glabres; fes feuilles font alongées, étroites, linéaires, pointues, liffes, ftriées & un peu nerveufes; elles reffemblent à celles des plantes graminées. On trouve cette efpèce dans les prés fecs & montagneux. ♃

---

**XXVI.** *Tige inclinée; feuilles inférieures pétiolées.*

Renoncule flammete. *Ranunculus flammula.* Linn. Sp. 772.
( Petite douve. )

*Ranunculus longifolius, paluftris, minor.* Tournef. 292.
β. *Ranunculus paluftris, ferratus.* Ibid.

Sa tige eft longue de huit à neuf pouces, un peu couchée dans fa partie inférieure, liffe, feuillée & légèrement rameufe; fes feuilles font glabres, ovales-lancéolées, un peu dentées en leur bord, & fenfiblement pétiolées, fur-tout les inférieures; leur pétiole embraffe la tige par une gaîne membraneufe; les fleurs font jaunes, pédunculées, terminales, & moins grandes que celles des deux efpèces précédentes. La variété β eft remarquable par fes feuilles qui ont des dentelures très-marquées. On trouve cette plante dans les prés humides ♃; elle eft âcre, cauftique & nuifible aux beftiaux.

---

**XXVII.** *Feuilles ovales, ou en cœur, ou arrondies.*

| Calice de trois pièces. | Calice de cinq pièces. |
|:---:|:---:|
| **XXVIII.** | **XXIX.** |

**789.** | **XXVIII.**   *Calice de trois pièces.*

Renoncule ficaire. *Ranunculus ficaria.* Linn. Sp. 774.

> *Ranunculus vernus, rotundifolius, major ( & minor).* Tournef. 286.
>
> β. *Ranunculus vernus, rotundifolius, minor, maculatus.* Ibid.

Ses tiges font longues de trois à fix pouces, liffes, feuillées, couchées & rampantes ; fes feuilles font pétiolées, cordiformes, arrondies à leur fommet, quelquefois un peu anguleufes ou légèrement lobées, vertes, glabres & très-liffes ; fes fleurs font jaunes, affez grandes & pédunculées : leur corolle eft compofée de huit ou neuf pétales oblongs ; les péduncules font uniflores, axillaires & paroiffent dans la jeuneffe de la plante, naître immédiatement de la racine. La variété β a fes feuilles chargées d'une tache rougeâtre ou ferrugineufe. On trouve cette plante dans les lieux couverts, les haies. ♃ Elle fleurit de bonne heure ; elle eft beaucoup moins âcre que les autres efpèces de fon genre, & paffe pour anti-fcorbutique & anti-hémorroïdale.

---

**XXIX.**   *Calice de cinq pièces.*

| Feuilles ovales. | Feuilles réniformes. |
|:---:|:---:|
| X X X. | X X X I. |

---

**XXX.**   *Feuilles ovales.*

Renoncule nudiflore. *Ranunculus nudiflorus.* Linn. Sp. 773.

> *Ranunculus plantaginis folio, flofculis cauliculis adhærentibus.* Vaill. Parif. 168.

Ses feuilles font ovales, pétiolées, liffes, luifantes en-deffus & un peu nerveufes ; fes fleurs font petites, feffiles, & de couleur jaune. On trouve cette plante dans les environs de Fontainebleau, dans les lieux où l'eau a croupi pendant l'hiver.

789.

**XXXI.** *Feuilles réniformes.*

**Renoncule venimeufe.** *Ranunculus thora.* Linn. Sp. 775.

> *Ranunculus cyclaminis folio , afphodeli radice , major.* Tournef. 285.
>
> β. *Ranunculus cyclaminis folio , afphodeli radice , minor.* Ibid.

Sa tige eft haute de quatre à fix pouces, glabre, menue, & chargée d'une ou deux feuilles affez grandes, arrondies, réniformes, crénelées, glabres, veinées & un peu coriaces; elle porte à fon fommet une ou deux fleurs jaunes, petites, & au-deffous defquelles on trouve fouvent une bractée ou une petite feuille découpée en trois ou quatre lobes. Cette plante croît dans les montagnes du Dauphiné ♃ ; fon fuc eft âcre, cauftique : on prétend que les Anciens s'en fervoient pour empoifonner leurs flèches.

---

**XXXII.** *Feuilles découpées , lobées ou multifides.*

| Tige ou hampe uniflore.<br>X X X I I I. | Tige pluriflore.<br>X X X V I I. |
|---|---|

**XXXIII.** *Tige ou hampe uniflore.*

| Hampe nue, dont la hauteur n'excède pas deux pouces.<br>X X X I V. | Tige feüillée, & haute de plus de deux pouces.<br>X X X V. |
|---|---|

**XXXIV.** *Hampe nue , dont la hauteur n'excède pas deux pouces.*

**Renoncule faucilière.** *Ranunculus falcatus.* Linn. Sp. 781.

> *Ranunculus ceratophyllos , feminibus falcatis in fpicam adactis.* Tournef. 289.

Cette efpèce eft la plus petite que l'on connoiffe de ce genre ; fes tiges font des hampes nues, très-grêles, pubef-centes, cotonneufes, uniflores, & hautes à peine de deux pouces; fes feuilles font radicales, périolées, prefque palmées, & partagées en découpures linéaires, rameufes, & un peu courtes, les fleurs font petites, & de couleur jaune ; il leur

fuccède

789.

fuccède des femences difpofées en épi , & remarquables chacune par une pointe très-aiguë, alongée & un peu courbée en faucille. Cette plante croît dans les champs des provinces méridionales. ☉

---

**XXXV.** *Tige feuillée , & haute de plus de deux pouces.*

| Feuilles inférieures palmées, ou à trois lobes. XXXVI. | Feuilles inférieures multifides, alongées & point palmées. LV. * |
|---|---|

---

**XXXVI.** *Feuilles inférieures palmées ou à trois lobes.*

Renoncule des frimats. *Ranunculus nivalis.* Linn. Sp. 778.

> *Ranunculus minimus, Alpinus luteus.* J. B. 3 , p. 861, fol. 2.
>
> β. *Ranunculus faxatilis , magno flore.* Tournef. 291.
> *Ranunculus Pyrenæus.* Gouan. Obf. p. 33 , tab. 17 ; fol. 2 & 3.
>
> γ. *Ranunculus Monfpeliacus.* Linn. Sp. 778,

Sa tige eft haute de quatre à huit pouces, grêle & chargée d'une ou deux feuilles feffiles , partagées en trois ou cinq digitations un peu étroites, pointues & dentées : les feuilles radicales font petites , périolées , arrondies, glabres, luifantes & découpées profondément en trois lobes crénelés : leurs lobes latéraux, fouvent femi-bifides, les font paroître à cinq lobes & un peu palmées. La fleur eft terminale , folitaire & d'un beau jaune; fes pétales font arrondis & luifans , & fon calice eft velu. Cette plante croît dans les montagnes du Dauphiné & de la Provence, & dans les Pyrénées. ♃

---

**XXXVII.** *Tige pluriflore.*

| Calice réfléchi fur le péduncule. XXXVIII. | Calice fimplement ouvert, XXXIX. |
|---|---|

---

789.

**XXXVIII.** *Calice réfléchi sur le péduncule.*

Renoncule bulbeuse. *Ranunculus bulbosus.* Linn. Sp. 778.

> *Ranunculus pratenfis, radice verticilli modo rotundá.* Tournef. 289.
>
> β. *Ranunculus pratenfis, radice verticilli modo rotundá, minor.* Ibid.

Sa racine est ronde, bulbeuse, & pousse une ou plusieurs tiges hautes d'un pied, droites, un peu couchées dans leur jeunesse, légèrement velues, feuillées & divisées en quelques rameaux uniflores ; ses feuilles inférieures font pétiolées, partagées en trois parties, crénelées, incisées & même trilobées : elles font d'un vert-noirâtre & souvent veinées ou tachées de blanc ; les feuilles supérieures ont des découpures plus fines & plus étroites. Les fleurs font jaunes, terminales, solitaires, peu nombreuses, & remarquables par leur calice tout-à-fait réfléchi, lorsqu'elles font entièrement épanouies. Cette plante est commune dans les prés, le long de haies & dans les jardins. ♃

---

**XXXIX.** *Calice fimplement ouvert.*

| Semences chargées latéralement de petites pointes particulières. | Semences n'ayant latéralement aucune pointe particulière. |
|:---:|:---:|
| **X L.** | **X L V.** |

---

**XL.** *Semences chargées latéralement de petites pointes particulières.*

| La plupart des feuilles à découpures profondes, étroites & linéaires. | Toutes les feuilles presque simples, arrondies, lobées & incisées. |
|:---:|:---:|
| **X L I.** | **X L II.** |

789.

**XLI.** *La plupart des feuilles à découpures profondes , étroites & linéaires.*

Renoncule des champs. *Ranunculus arvensis.* Linn. Sp. 780.

*Ranunculus arvensis , echinatus.* Tournef. 289.

Sa tige est haute de huit à dix pouces , feuillée, un peu rameuse , & chargée de quelques poils très-fins ; ses feuilles sont glabres, pétiolées & découpées très-menu : les inférieures ont les découpures moins étroites, & les radicales sont simplement partagées en trois lobes oblongs & trifides. Les fleurs sont terminales , pédunculées, assez petites & d'un jaune-pâle ; il leur succède des semences comprimées & hérissées latéralement de pointes nombreuses & fort grandes. Cette plante croît dans les champs , parmi les blés. ☉

---

**XLII.** *Toutes les feuilles presque simples, arrondies , lobées & incisées.*

| Feuilles presque glabres ; tige courte , droite , & point diffuse. | Feuilles très-velues ; tiges. foibles , rameuses , & diffuses. |
|:---:|:---:|
| **X L I I I.** | **X L I V.** |

---

**XLIII.** *Feuilles presque glabres ; tige courte , droite , & point diffuse.*

Renoncule hérissée. *Ranunculus muricatus.* Linn. Sp. 780.

*Ranunculus palustris , echinatus.* Tournef. 286.

Sa tige est haute de trois à cinq pouces , un peu épaisse, droite , quelquefois légèrement oblique, glabre & simple , ou divisée en une couple de rameaux courts ; ses feuilles sont assez grandes , glabres, arrondies , partagées en trois lobes incisés , dentés , & sont portées sur de longs pétioles chargés de quelques poils. Les fleurs sont jaunes, pédunculées & remplacées par huit ou dix semences très-hérissées de pointes latérales. Cette plante croît dans les lieux humides des provinces méridionales. ☉

**XLIV.** *Feuilles très-velues ; tiges foibles, rameuses & diffuses.*

Renoncule parviflore. *Ranunculus parviflorus.* Linn. Sp. 780.

*Ranunculus arvenſis, annuus, hirſutus, flore omnium minimo.* Tournef. 289.

Cette eſpèce a beaucoup de rapport avec la précédente ; mais ſes tiges ſont une fois plus longues, très-velues, rameuſes, diffuſes, foibles & preſque couchées : ſes feuilles ſont moins grandes, plus profondément inciſées & portées ſur des pétioles longs & très-velus. Ses fleurs ſont petites, ſolitaires, pédunculées & remplacées par douze à quinze ſemences médiocrement hériſſées d'aſpérités ou de pointes latérales. On trouve cette plante dans les champs des provinces méridionales. ⊙

**XLV.** *Semences n'ayant latéralement aucune pointe particulière.*

| | |
|---|---|
| Collet de la raçine produiſant, ou des rejets rampans, ou des tiges couchées.<br><br>X L V I. | Collet de la racine ne produiſant que des tiges droites.<br><br>X L V I I. |

**XLVI.** *Collet de la racine, produiſant ou des rejets rampans, ou des tiges couchées.*

Renoncule rampante. *Ranunculus repens.* Linn. Sp. 779.

*Ranunculus pratenſis, repens, hirſutus.* Tournef. 289.

β. *Ranunculus pratenſis, erectus, dulçis.* Ibid.

Ses tiges fleuries ſont droites, hautes d'un pied, & légèrement velues ; ſes feuilles ſont grandes, pétiolées, preſque ailées, & compoſées de folioles anguleuſes, lobées, inciſées & dentées ; elles ſont chargées de quelques poils, d'un vert foncé, & quelquefois veinées ou parſemées de taches blanchâtres ; les feuilles ſupérieures des tiges ſont partagées en lobes lancéolés-linéaires : les fleurs ſont jaunes, terminales, peu nombreuſes, & ſoutenues par des péduncules ſillonnés. Cette plante eſt commune dans les prés, les lieux cultivés & un peu couverts ♃ ; elle a peu d'âcreté.

Obs. On trouve dans les lieux ſecs & montueux, une petite renoncule qui ſe rapproche beaucoup de celle que je viens de décrire ; mais ſes tiges ſont tout-à-fait couchées, même lorſqu'elles ſont fleuries ; ſes feuilles ſont fort petites, velues & compoſées de trois folioles trifides ou inciſées. Je crois qu'on pourroit la diſtinguer comme une eſpèce. On la nommeroit renoncule couchée, *ranunculus proſtratus.*

---

XLVII. *Collet de la racine, ne produiſant que des tiges droites.*

| Feuilles glabres & très-liſſes. XLVIII. | Feuilles velues & jamais liſſes. LI. |
|---|---|

---

XLVIII.      *Feuilles glabres & très-liſſes.*

| Fleurs très-petites ; ovaires ſaillans hors de la corolle. XLIX. | Fleurs aſſez grandes ; ovaires non ſaillans hors de la corolle. L. |
|---|---|

---

XLIX. *Fleurs très-petites ; ovaires ſaillans hors de la corolle.*

Renoncule ſcélérate. *Ranunculus ſceleratus.* Linn. Sp. 776.

*Ranunculus paluſtris, apii folio, lævis.* Tournef. 291.

Sa tige eſt haute d'un pied & demi, un peu épaiſſe, liſſe, feuillée & très-rameuſe ; ſes feuilles radicales ſont pétiolées, arrondies, ſemi-trilobées, inciſées & crénelées ; celles de la tige ont des découpures plus profondes, plus étroites, & ſont preſque digitées ou palmées : les unes & les autres ſont liſſes & d'un vert-pâle. Les fleurs ſont nombreuſes, pédunculées, terminales & fort petites ; les ovaires ſe développent dès l'épanouiſſement de la corolle, dont ils ſurpaſſent bientôt la grandeur, & ſe changent en un fruit oblong & un peu

789.

conique. On trouve cette plante dans les marais & fur le bord des eaux ☉ ; elle eſt très-âcre, déterſive, cauſtique & dépilatoire.

---

L. *Fleurs aſſez grandes ; ovaires non ſaillans hors de la corolle.*

Renoncule blonde. *Ranunculus auricomus.* Linn. Sp. 775.

*Ranunculus nemeroſus vel ſylvaticus , folio ſubrotundo.* Tournef. 285.

Sa tige eſt haute de ſix à ſept pouces, glabre, feuillée & rameuſe ; ſes feuilles radicales ſont pétiolées, ſimples, réniformes & crénelées ; celles de la partie inférieure de la tige ſont palmées & inciſées ; & celles du ſommet ſont ſeſſiles, digitées & profondément découpées en lanières étroites & divergentes ; ſes fleurs ſont jaunes, pédunculées, terminales, & remarquables par leurs pétales qui ne ſe développent que les uns après les autres, & qui avortent quelquefois. Cette plante eſt commune dans les bois & les lieux couverts ♃ ; elle fleurit de bonne heure.

---

LI.      *Feuilles velues & jamais liſſes.*

| Feuilles inférieures anguleuſes, & palmées ou lobées. | Feuilles inférieures alongées, ailées & multifides. |
|:---:|:---:|
| L I I. | L V *. |

---

LII. *Feuilles inférieures anguleuſes, & palmées ou lobées.*

| Tige fiſtuleuſe ; feuilles légèrement velues, & dont la largeur n'égale pas trois pouces. | Tige ſolide ; feuilles très-velues, preſque ſoyeuſes, & larges de trois pouces ou davantage. |
|:---:|:---:|
| L I I I. | L I V. |

789. **LIII.** *Tige fistuleuse ; feuilles légèrement velues, & dont la largeur n'égale pas trois pouces.*

Renoncule âcre. *Ranunculus acris.* Linn. Sp. 779.

*Ranunculus pratensis, erectus, acris.* Tournef. 289.
β. *Ranunculus polyanthemos, simplex.* Ibid.
*Ranunculus polyanthemos.* Linn. Sp. 779.

Sa tige est haute d'un à deux pieds, rameuse, médiocrement feuillée, & presque glabre ; ses feuilles radicales sont pétiolées, palmées, anguleuses, & découpées en lobes pointus & incisés ; elles ont souvent une tache brune dans leur milieu. Celles de la tige sont plus découpées, digitées, & les supérieures sont partagées en trois lanières étroites, ou sont simples & linéaires : les fleurs sont terminales, pédunculées & d'un beau jaune ; leurs pétales sont luisans & comme vernissés. Cette plante est commune dans les prés & les pâturages ℔ ; elle est fort âcre & caustique.

----

**LIV.** *Tige solide ; feuilles très-velues, presque soyeuses & larges de trois pouces ou davantage.*

Renoncule lanugineuse. *Ranunculus lanuginosus.* Linn. Sp. 779.

*Ranunculus montanus, lanuginosus, foliis ranunculi pratensis repentis.* Tournef. 291.

Sa tige est droite, cylindrique, velue, rameuse, feuillée, & s'élève jusqu'à un pied & demi ; ses feuilles sont grandes, trifides, à lobes pointus, incisés & dentés, d'un vert-obscur en-dessus, blanchâtres, très-velues & presque cotonneuses en-dessous, & particulièrement sur leur pétiole : les fleurs sont jaunes, pédunculées & terminales. On trouve cette plante dans les bois & les prés des montagnes. ℔

----

**LV. *** *Feuilles inférieures alongées, ailées & multifides.*

Renoncule cerfeuillette. *Ranunculus chærephyllos.* Linn. Sp. 780.

*Ranunculus chærophyllos, asphodeli radice.* Tournef. 289.

Sa tige est haute de six à sept pouces, légèrement velue, garnie d'une ou deux feuilles fort petites, quelquefois simple

**789.** & uniflore ; mais plus ordinairement divisée en deux ou trois rameaux droits , terminés chacun par une fleur jaune assez grande, dont le calice est simplement ouvert ; les feuilles radicales sont couchées sur la terre , pétiolées , ailées & à pinnules pinnatifides & découpées très-menu ; celles de la tige sont beaucoup plus petites & plus finement découpées. Cette plante croît dans les lieux montagneux & couverts. ♃

---

**790.**

*Onglets des pétales nus , & n'ayant à leur base ni glande ni fossette. . . .*

Feuilles alternes & très-découpées . . . . . . . . . . . . . . 791

Feuilles alternes & entières. 803

Feuilles opposées. . . . . 791*

---

**791.** *Feuilles alternes & très-découpées.*

## Adonis.

Les fleurs d'adonis sont composées d'un calice de cinq feuilles très-caduques ; de cinq pétales ou davantage ; de beaucoup d'étamines moins longues que la corolle , & d'un assez grand nombre d'ovaires, qui se changent en semences anguleuses , pointues & ramassées en une tête oblongue.

### ANALYSE.

| Cinq à huit pétales de couleur rouge ou purpurine. I. | Une douzaine de pétales de couleur jaune. IV. |
|---|---|

I.    *Cinq à huit pétales de couleur rouge ou purpurine.*

| Cinq pétales étroits & d'un rouge-clair. II. | Six à huit pétales ovales-arrondis, & d'un pourpre noirâtre. III. |
|---|---|

**791.**   **II.**    *Cinq pétales étroits & d'un rouge-clair.*

Adonis d'été. *Adonis æstivalis.* Linn. Sp. 771.

> *Ranunculus arvensis , foliis chamæmeli ; flore phæniceo.* Tournef. 291.

Sa tige est haute de sept à huit pouces, grêle, foible, feuillée & à-peine rameuse ; ses feuilles sont découpées très-menu, & ressemblent à celles de la camomille, mais elles sont beaucoup plus petites. Sa fleur est solitaire & terminale ; ses pétales sont distans, ligulés, longs de trois ou quatre lignes, larges d'une ligne seulement, d'un rouge-clair ou un peu pâle, & légèrement noirâtres à leur base : son calice est composé de cinq folioles étroites, moins longues que les pétales, ce qui me paroît suffisant pour distinguer cette espèce de la suivante. On la trouve dans les champs un peu arides & pierreux. ☉

---

**III.**   *Six à huit pétales ovales-arrondis , & d'un pourpre-noirâtre.*

Adónis d'automne. *Adonis autumnalis.* Linn. Sp. 771.

> *Ranunculus arvensis , foliis chamæmeli , flore minore atro rubente.* Tournef. 291.

Sa tige est longue d'un pied ou davantage, rameuse, lisse, cannelée, feuillée & un peu foible ; ses feuilles sont multifides & découpées comme celles de la précédente. Ses fleurs sont terminales, solitaires, assez petites, & d'un rouge-foncé & très-vif ; la longueur des pétales n'excède pas deux fois leur largeur : les folioles calicinales sont arrondies & rougeâtres. On trouve cette plante dans les champs ☉ ; elle fleurit en automne.

---

**IV.**   *Une douzaine de pétales de couleur jaune.*

Adonis printannier. *Adonis vernalis.* Linn. Sp. 771.

> *Ranunculus fœniculaceis foliis , hellebori nigri radice.* Tournef. 291.

Sa racine est épaisse, noirâtre, fibreuse, & pousse plusieu tiges hautes d'un pied, lisses, vertes, feuillées, un peu foible & presque simples, ou n'ayant que quelques rameaux courts &

791.
ftériles ; fes feuilles font découpées très-menu & fort rapprochées les unes des autres dans la partie fupérieure des tiges,
les inférieures font petites & diftantes : les fleurs font grandes,
folitaires, terminales & d'un jaune un peu verdâtre : il leur
fuccède des femences ramaffées en une tête ovale. Cette plante
croît fur les collines & dans les champs des provinces méridionales. ♃ On la regarde comme le véritable hellebore d'Hip-
pocrate.

___

791. *  *Feuilles oppofées.*

### Atragène des Alpes. *Atragene Alpina.* Linn. Sp. 764.

*Clematitis Alpina, geranii folio.* Tournef. 294.
β. *Atragene Auftriaca.* Jacq. Vind. Obf. 248.

Sa tige eft haute de cinq à fix pouces, glabre, d'un rouge-
noirâtre, foible, fimple, chargée de deux paires de feuilles,
& terminée par une feule fleur; fes feuilles font pétiolées,
deux fois ternées, compofées de folioles ovales-lancéolées,
pointues, dentées & incifées : la fleur eft pédunculée, terminale, compofée d'un calice de quatre pièces fort grandes,
lancéolées, pointues & de couleur blanche ou bleuâtre; de
dix à douze pétales étroits, obtus, beaucoup plus courts que
le calice, & qui paroiffent formés par un développement particulier des étamines extérieures; de plus de dix étamines un
peu plus courtes que les pétales; & de plufieurs ovaires ramaffés, dont les ftyles font velus & foyeux. La plante β
eft remarquable par fes tiges hautes de trois pieds au moins,
feuillées dans toute leur longueur, farmenteufes & grimpantes.
On peut la diftinguer comme une efpèce particulière. Cette
plante croît fur les montagnes de la Provence. ♃

___

792.  *Corolle irrégulière.*

### Réféda.

Les fleurs de réféda font communément fort petites & difpofées en épi ou en manière de grappe; elles font compofées d'un
calice monophylle, profondément divifé en lanières étroites;
de plufieurs pétales inégaux, laciniés, frangés ou trifides; de

**792.** onze à quinze étamines affez courtes ; & d'un ovaire terminé par plufieurs pointes ou ftyles fort courts. Le fruit eft une capfule uniloculaire , ouverte à fon fommet & qui contient plufieurs femences attachées en fes angles.

## A N A L Y S E.

| Toutes les feuilles, ou feulement les inférieures, très-fimples & point découpées ni dentées. | Toutes les feuilles, ou au moins les inférieures, découpées, pinnatifides, ou dentées. |
|---|---|
| I. | VI. |

I. *Toutes les feuilles , ou feulement les inférieures , très-fimples & point découpées ni dentées.*

| Calice à quatre divifions. | Calice à cinq ou fix divifions. |
|---|---|
| II. | III. |

II.       *Calice à quatre divifions.*

Réféda jauniffant. *Refeda luteola.* Linn. Sp. 643. ( La gaude. )

*Luteola herba falicis folio.* Tournef. 423.

Sa tige eft droite , glabre, cannelée, feuillée & s'élève jufqu'à deux ou trois pieds ; fes feuilles font éparfes, nombreufes, longues-lancéolées, un peu étroites, terminées par une pointe émouffée, liffes & planes, mais ondulées dans leur jeuneffe ; fes fleurs font petites, de couleur herbeufe & difpofées en un épi fort long, nu & terminal ; quelquefois la tige eft rameufe & fe termine par plufieurs épis. On trouve cette plante fur le bord des chemins. ⊙ Sa racine eft apéritive. On emploie toute la plante pour teindre en jaune.

792. | III. *Calice à cinq ou six divisions.*

| Capfule oblongue, terminée par trois pointes peu divergentes. **IV.** | Capfule ayant quatre ou cinq pointes divergentes & difpofées en étoile. **V.** |
| --- | --- |

**IV.** *Capfule oblongue, terminée par trois pointes peu divergentes.*

Réféda calicinier. *Refeda calicinalis.*

> *Refeda minor, vulgaris.* Tournef. 423.
> β. *Refeda minor, vulgaris folio minus incifo.* Ibid.
> γ. *Refeda minor, vulgaris, foliis integris.* Ibid.
> *Refeda phyteuma.* Linn. Sp. 645. ( β. γ. )

Sa tige eft haute de fix à huit pouces, anguleufe, rameufe, feuillée & garnie de quelques poils courts dans fa partie fupérieure ; fes feuilles radicales font alongées, fpatulées, obtufes & très-entières ; celles de la tige font quelquefois aufli très-entières, mais plus fouvent femi-trilobées : les fleurs, dans cette efpèce, font remarquables par leur calice fort grand, ayant cinq découpures fupérieures difpofées en éventail, & une inférieure pendante : les pétales font blancs & profondément laciniés ; les anthères font jaunâtres ou rougeâtres, & les péduncules font hériflés de poils courts, ainfi que les angles des capfules. Cette plante croît dans les lieux fablonneux, dans les champs. ⊙

OBS. Le réféda odorant que l'on cultivé dans les jardins, fe diftingue de cette efpèce par fes calices petits & fort courts, par fes anthères d'un rouge de brique, & par fes tiges & fes péduncules très-glabres.

---

**V.** *Capfules ayant quatre ou cinq pointes divergentes, & difpofées en étoile.*

Réféda étoilé. *Refeda ftellata.*

> *Sefamoides fructu ftellato.* Tournef. 424.
> *Refeda fefamoides.* Linn. Sp. 664.

Ses tiges font hautes de fept à neuf pouces, glabres, feuillée & fouvent un peu rameufes ; fes feuilles font lancéolées-linéaires,

**792.** éparfes & toutes très-entières. Ses fleurs font petites, prefqué feffiles, & fes fruits font en étoile. Cette plante croît dans les environs de Montpellier.

---

**VI.** *Toutes les feuilles, ou au moins les inférieures, découpées, pinnatifides ou dentées.*

| Feuilles pinnatifides, & dont les découpures font vertes & affez longues.<br>**VII.** | Feuilles chargées de quelques dents blanches, courtes & aiguës.<br>**X.** |
|---|---|

---

**VII.** *Feuilles pinnatifides, & dont les découpures font vertes & affez longues.*

| Capfule terminée par trois pointes.<br>**VIII.** | Capfulé terminée par quatre pointes.<br>**IX.** |
|---|---|

---

**VIII.**     *Capfules terminées par trois pointes.*

Réféda jaune. *Refeda lutea.* Linn. Sp. 645.

*Refeda vulgaris.* Tournef. 423.

β. *Refeda crifpa Gallica.* Boc. fic. 77, tab. 41, f. 3.

Ses tiges font hautes d'un pied & demi, un peu couchées dans leur partie inférieure, cannelées, feuillées & médiocrement rameufes ; fes feuilles font ondulées, pinnatifides, & leurs pinnules font étroites, diftantes, fimples, ou quelquefois elles-mêmes découpées. Les fleurs font difpofées en épi ou en une efpèce de grappe droite, nue, terminale & jaunâtre ; leur calice eft à fix divifions profondes & étroites : leurs étamines font au nombre de quinze à vingt, & d'un jaune-pâle ainfi que les pétales. On trouve cette plante dans les terreins fablonneux, le long des chemins & fur les vieux murs ⊙ ; elle paffe pour réfolutive.

**792.** IX. *Capſule terminée par quatre pointes.*

Réſéda blanc. *Reſeda alba.* Linn. Sp. 645.

*Reſedá maxima.* Bauh. pin. 100.

β. *Reſeda minor alba, dentatis foliis.* Barr. ic. 588.

Sa tige eſt haute d'un à deux pieds, rameuſe, glabre & cannelée; ſes feuilles ſont pinnatifides, légèrement ondulées, un peu luiſantes, & leurs pinnules ſont grandes, lancéolées, linéaires & pointues : les inférieures reſſemblent un peu à celles de la chauſſe-trape étoilée. Les fleurs ſont diſpoſées en épis fort longs; leurs pétales ſont blancs & plus grands que le calice qui eſt quelquefois à ſix diviſions, mais plus ſouvent à cinq. La variété β eſt moins grande dans toutes ſes parties; les pinnules de ſes feuilles ſont aſſez courtes, & ſes fleurs ſont preſque ſeſſiles. On trouve cette plante dans les provinces méridionales. ☉

X. *Feuilles chargées de quelques dents blanches, courtes & aiguës.*

Réſéda glauque. *Reſeda glauca.* Linn. Sp. 644.

*Luteola pumila, Pyrenaica, linariæ folio.* Tournef. 424.

Sa tige eſt haute d'un pied, foible, cylindrique, feuillée, glabre & d'un vert-glauque; ſes feuilles ſont longues, étroites, linéaires, éparſes, d'une couleur ſemblable à celle de la tige, & chargées vers leur baſe de quelques dents aiguës, courtes & fort blanches. Les fleurs ſont diſpoſées en épi terminal; leurs pétales ſont blancs, leurs étamines jaunâtres, & leur ovaire chargé de quatre pointes droites & diſtantes. Cette eſpèce croît dans les Pyrénées.

**793.** *Fleurs incomplètes.* . . . . . $\left\{ \begin{array}{l} \text{Dix étamines ou moins. . . 794} \\ \text{Onze étamines ou plus. . . 893} \end{array} \right.$

794.

*Dix étamines ou moins.* . . { Corolle à cinq divisions ou moins. 795

Corolle à six divisions ou plus. 846

---

795. *Corolle à cinq divisions ou moins* . . . . . . . . { Quatre étamines ou moins. 796

Cinq étamines ou plus . . . 814

---

796. *Quatre étamines ou moins.* { Quatre étamines. . . . . . 797

Moins de quatre étamines. 804

---

797. *Quatre étamines.* . . . . . { Plusieurs ovaires ; plantes aquatiques & flottantes dans l'eau. 798

Un seul ovaire ; plantes non aquatiques . . . . . . . . . . . 799

---

798. *Plusieurs ovaires ; plantes aquatiques & flottantes dans l'eau.*

Épi-d'eau. *Pátomogeton.*

Les fleurs d'épi-d'eau sont composées de quatre pétales, de quatre étamines , & d'un pareil nombre d'ovaires sans style , mais terminés chacun par une petite pointe un peu courbée. Ces ovaires se changent en quatre semences nues & ovales.

*A N A L Y S E.*

| Feuilles ovales ou lancéolées , & larges de deux lignes ou davantage. | Feuilles linéaires très-étroites, & n'ayant pas deux lignes de largeur. |
|---|---|
| I. | XI. |

798.

**I.** *Feuilles ovales ou lancéolées, & larges de deux lignes ou davantage.*

| Stipules très-remarquables, & ayant au moins six lignes de longueur. **I I.** | Stipules presque nulles, ou n'ayant pas trois lignes de longueur. **V I.** |
|---|---|

**II.** *Stipules très-remarquables, & ayant au moins six lignes de longueur.*

| Feuilles flottantes sur l'eau. **I I I.** | Feuilles enfoncées dans l'eau. **I V.** |
|---|---|

**III.** *Feuilles flottantes sur l'eau.*

Epi-d'eau flottant. *Potamogeton natans.* Linn. Sp. 182.

*Potamogeton rotundifolium.* Tournef. 233.

Ses tiges font longues, articulées, rameufes, feuillées & garnies de ftipules fort grandes ; fes feuilles font pétiolées, très-liffes & nerveufes : les inférieures font oblongués-lancéolées, & les fupérieures font ovales ou elliptiques. L'épi des fleurs eft cylindrique, ferré, pédunculé, & long d'un pouce, On trouve cette plante dans les eaux tranquilles. ♃

**IV.** *Feuilles enfoncées dans l'eau.*

| Feuilles larges d'un pouce ou davantage, planes & très-entières. **V.** | Feuilles larges de moins de fix lignes, ondulées & denticulées. **X. *** |
|---|---|

**V.** *Feuilles-larges d'un pouce ou davantage, planes & très-entières.*

Epi-d'eau luifant. *Potamogeton lucens.* Linn. Sp. 183.

*Potamogeton Alpinum, plantaginis folio.* Tournef. 233.

Ses tiges font longues articulées, feuillées & rameufes :

798. elles font garnies de ftipules auffi longuës que les entre-nœuds.
Les feuilles font alternes, fort grandes, ovales - lancéolées,
luifantes, tranfparentes, nerveufes, veinées & communément
terminées par une pointe particulière un peu prolongée : l'épi
de fleurs eft pédunculé cylindrique, & long de deux pouces
ou quelquefois davantage. On trouve cette plante dans les
étangs. ♃

---

VI. *Stipules prefque nulles, ou n'ayant pas trois lignes de longueur.*

| Feuilles oppofées ;<br>épi de quatre à fix fleurs.<br>V I I. | Feuilles alternes ;<br>épi de plus de fix fleurs.<br>V I I I. |
|---|---|

VII. *Feuilles oppofées ; épi de quatre à fix fleurs.*

Epi-d'eau pauciflore. *Potamogeton pauciflorum.*

> *Potamogeton foliis crifpis, five lactuca ranarum.* **Tournef.**
> 233.
> *Potamogeton denfum.* Linn. Sp. 182.
> β. *Potamogeton ramofum, anguftifolium.* **Tournef.** 233.
> *Potamogeton fetaceum.* Linn. Sp. 184.

Sa tige eft longue, grêle, articulée, très-garnie de feuilles,
rameufe & fourchue à fon extrémité ; fes feuilles font ovales-
lancéolées, pointues, légèrement ondulées, liffes, luifantes,
d'un vert-foncé & très-rapprochées les unes des autres fur-
tout au fommet de la tige & des rameaux où elles font très-
ferrées. L'épi n'eft compofé ordinairement que de quatre fleurs,
ramaffées en une efpèce de tête fort petite, foutenue par un
péduncule long de quatre à fix lignes. Cette plante eft commune
dans les ruiffeaux & les rivières.

---

VIII. *Feuilles alternes ; épi de plus de fix fleurs.*

| Feuilles amplexicaules, cordi-<br>formes, & dont la longueur<br>ne furpaffe pas deux fois la<br>largeur.<br>I X. | Feuilles lancéolées, denticu-<br>lées, & dont la longueur<br>furpaffe trois fois au moins<br>la largeur.<br>X. |
|---|---|

**798.** IX. *Feuilles amplexicaules, cordiformes ; & dont la longueur ne surpasse pas deux fois la largeur.*

Epi-d'eau perfeuillé. *Potamogeton perfoliatum.* Linn. Sp. 182.

*Potamogeton foliis latis, splendentibus.* Tournef. 233.

Sa tige eft grêle, feuillée & rameufe ; fes feuilles font ovales en cœur, amplexicaules, liffes, luifantes, nerveufes, d'un gros vert, & à peine auffi longues que les entre-nœuds. Les épis font axillaires, compofés de dix à quinze fleurs, & portés fur des péduncules plus longs que les feuilles. On trouve cette plante dans les étangs. ♃

X*. *Feuilles lancéolées, denticulées, & dont la longueur furpaffe trois fois au moins la largeur.*

Epi-d'eau denté. *Potamogeton ferratum.*

*Potamogeton longo, ferrato folio.* Tournef. 233.
β. *Potamogeton folliis anguftis & undulatis.* Ibid.
*Potamogeton crifpum.* Linn. Sp. 183.

Ses tiges font longues, menues, feuillées & légèrement rameufes à leur fommet ; fes feuilles font lancéolées-linéaires, longues de deux à trois pouces, larges de trois lignes, ayant une nervure dans leur milieu, plus grande & plus marquée que celles de leurs côtés, luifantes, tranfparentes, ondulées & bien diftinctement denticulées en leur bord : celles qui font placées au fommet ou dans le voifinage de l'épi, font quelquefois oppofées, mais toutes les autres font toujours alternes ; l'épi de fleurs eft denfe, cylindrique & porté fur un péduncule affez court. J'ai trouvé cette plante aux environs de Péronne, dans les foffés aquatiques qui bordent les prés du côté de la porte de Paris.

XI. *Feuilles linéaires très-étroites & n'ayant pas deux lignes de largeur.*

| Feuilles fimples & entières. | Feuilles rameufes ou divifées. |
|:---:|:---:|
| XII. | XV. |

| Tige cylindrique. | Tige comprimée. |
|:---:|:---:|
| XIII. | XIV. |

### XIII. *Tige cylindrique.*

Epi-d'eau graminé. *Potamogeton gramineum.* Linn. Sp. 184.

> *Potamogeton minus, foliis densis, mucronatis, non serratis.* Tournef. 233.
> β. *Potamogeton pusillum, gramineo folio, caule rotundo.* Ibid.
> *Potamogeton pusillum.* Linn. Sp. 184.
> γ. *Potamogeton marinum.* Ibid.

Sa tige est très-grèle, filiforme, articulée, feuillée & rameuse; ses feuilles sont linéaires, planes, larges d'une ligne, longues de trois pouces, & un peu ressemblantes à celles des plantes graminées : elles sont alternes, excepté celles qui naissent aux divisions de la tige ; les péduncules sont courts, & soutiennent cinq à dix fleurs verdâtres, auxquelles succèdent des semences assez grandes. La variété β a ses feuilles très-étroites, & longues de deux pouces seulement. La variété γ a ses feuilles presque capillaires & ses péduncules longs de deux pouces. On trouve cette plante dans les ruisseaux, les rivières & la mer. ☉

### XIV. *Tige comprimée.*

Epi-d'eau comprimé. *Potamogeton compressum.* Linn. Sp. 183.

> *Potamogeton caule compresso, folio graminis canini.* Tournef. 233.

Ses tiges sont menues, comprimées, feuillées & rameuses; ses feuilles sont fort longues, linéaires, étroites, un peu obtuses, planes, légèrement ondulées, luisantes & d'un vert-pâle : ses épis sont pédunculés & pauciflores. On trouve cette plante dans les fossés aquatiques.

798. **XV.** *Feuilles rameuses ou divisées.*

Epi-d'eau pectiné. *Potamogeton pectinatum.* Linn. Sp. 183.

> *Potamogeton ramosum, foliis gramineis.* Vaill. Parif. 164.
> *Myriophyllum maratriphyllum paluftre alterum.* Lob. ic. 790.

Ses tiges font fort longues, filiformes & rameufes ; fes feuilles font linéaires, capillaires & comme ramifiées ou partagées en plufieurs filamens cétacés, longs & parallèles : les épis font un peu lâches, compofés de douze à quinze fleurs, & foutenus par des péduncules longs de deux pouces. On trouve cette plante dans les ruiffeaux.

---

799. *Un feul ovaire; plantes non aquatiques* . . . . . . . . . {  Feuilles feffiles. . . . . . . . 800
Feuilles pétiolées. . . . . . 802

---

800. *Feuilles feffiles.* . . . . . . {  Feuilles linéaires, & toutes alternes ou éparfes . . . . . . 801
Feuilles ovales-oblongues, & la plupart oppofées . . . . . 834—I

---

801. *Feuilles linéaires, & toutes alternes ou éparfes.*

Camphrée de Montpellier. *Camphorofma Monfpeliaca.* Linn. Sp. 178.

> *Camphorata hirfuta.* Bauh. pin. 486.

Sa tige eft ligneufe, rameufe, velue & blanchâtre vers fon fommet, & s'élève jufqu'à un pied ; fes feuilles font petites, nombreufes, étroites, linéaires, courtes, un peu rudes & légèrement velues : les nouvelles pouffes forment dans leurs aiffelles de petits paquets de feuilles fort courtes & difpofées en faifceau. Les fleurs font petites, compofées d'une corolle de quatre pièces aiguës, dont deux oppofées font un peu plus grandes, de quatre étamines plus courtes que la corolle, & d'un ovaire chargé d'un ftyle femi-bifide : le fruit eft une

801. capfule ovale qui renferme une femence noire & luifante. On trouve cette plante dans les lieux fablonneux & fur le bord des chemins, en Provence & en Languedoc ♄ ; elle eft vulnéraire, apéritive, incifive, diurétique, fudorifique & emménagogue.

---

802. *Feuilles pétiolées* . . . . . { Fleurs axillaires . . . . . . 803
{ Fleurs terminales . . 859—VIII

---

803. *Fleurs axillaires.*

Pariétaire officinale. *Parietaria officinalis.* Linn. Sp. 1492.

*Parietaria officinarum & Diofcoridis.* Tournef. 509.
β. *Parietaria minor, ocymi folio.* Ibid.

Sa tige eft droite, cylindrique, rougeâtre, légèrement velue ; feuillée dans toute fa longueur, rameufe inférieurement, & s'élève jufqu'à deux pieds ; fes feuilles font alternes, pétiolées, ovales-lancéolées, pointues, un peu luifantes en-deffus, velues & nerveufes en-deffous : fes fleurs font petites, axillaires, & ramaffées plufieurs enfemble par pelotons prefque feffiles. Les unes font femelles, & les autres hermaphrodites : celles-ci font compofées d'une corolle quadrifide, de quatre étamines qui fe développent avec une élafticité remarquable lorfqu'on les touche avec une épingle ou autrement, & d'un ovaire dont le ftyle eft terminé par un ftigmate rayonné ou multifide. Cette plante eft commune dans les fentes des vieux murs, & quelquefois le long des haies ♃ ; elle eft émolliente, rafraîchiffante, nitreufe & diurétique.

---

804. *Moins de quatre étamines.* { Tige garnie de feuilles . . . 805
{ Tige nue & fans feuilles . . 813

---

805.

*Tige garnie de feuilles. . .* { Feuilles oppofées. : : : : : : 806

Feuilles alternes . . . . . . 807

---

806.  *Feuilles oppofées.*

## Callitric. *Callitriche.*

Les callitrics naiffent & vivent ordinairement dans l'eau; leurs fleurs font fort petites, feffiles & axillaires; elles font compofées de deux pétales oppofés, d'une étamine affez longue & d'un ovaire chargé de deux ftyles. Celles qui font placées dans les aiffelles fupérieures font communément unifexuelles.

### *A N A L Y S E.*

| Feuilles fupérieures ovales & très-entières. | Toutes les feuilles étroites, & fouvent bifides à leur fommet. |
|---|---|
| I. | I I. |

---

I.  *Feuilles fupérieures ovales & très-entières.*

### Callitric printannier. *Callitriche verna.* Linn. Sp. 6.

*Stellaria quæ lenticula paluftris bifolia, fructu tetragono.* Vaill. Parif. 190.

*Stellaria quæ alfine aquis innatans, foliis longiufculis.* Ibid.

Ses tiges font filiformes, rameufes, & s'élèvent jufqu'à la furface de l'eau où elles fe terminent par une rofette de feuilles ovales & prefque arrondies; les feuilles qui font enfoncées dans l'eau font oblongues & difpofées par paires un peu diftantes. Les fleurs font feffiles, axillaires & folitaires. Cette plante eft commune dans les ruiffeaux.

---

II.  *Toutes les feuilles étroites & fouvent bifides à leur fommet.*

### Callitric d'automne. *Callitriche autumnalis.* Linn. Sp. 6.

*Stellaria quæ lenticula paluftris anguftifolia, folio in apice diffecto.* Vaill. Parif. 190.

*Stellaria aquatiqua, foliis longis tenuiffimis.* Ibid.

Cette plante n'eft prefque qu'une variété de la précédente.

806. ſes feuilles ſont linéaires & tronquées ou bifides à leur ſommet ; celles qui terminent les tiges forment un peu la roſette, & ſont oblongues ou légèrement élargies, elles ne ſont, malgré cela, jamais arrondies comme celles de la première eſpèce. On trouve cette plante dans les foſſés aquatiques, les ruiſſeaux.

---

807.

*Feuilles alternes* . . . . . . { Feuilles découpées ou dentées. 808

Feuilles très-entières. . . . 810

---

808.

*Feuilles découpées ou dentées.* { Deux ſtyles ; feuilles dentées. 809

Un ſeul ſtyle ; feuilles, découpées très-menu. . . . . . 499—X

---

809.

*Deux ſtyles ; feuilles dentées.*

Blette effilée. *Blitum virgatum.* Linn. Sp. 7.

*Atriplex ſylveſtris, mori fructu.* Tournef. 519.

Ses tiges ſont hautes d'un pied ou un peu plus, foibles, glabres, anguleuſes, ramcuſes & feuillées dans toute leur longueur ; ſes feuilles ſont alternes, liſſes, vertes, lancéolées, un peu triangulaires, pointues, dentées, & vont en diminuant de grandeur vers le ſommet des tiges. Les fleurs ſont très-petites, herbacées, ramaſſées par pelotons ſeſſiles, axillaires & diſpoſées dans toute la longueur de la plante ; ces pelotons, dans la maturation du fruit, deviennent ſucculens, bacciformes, & acquièrent une couleur rouge qui leur donne l'aſpect de mûres ou de fraiſes. Cette plante croît en Languedoc. ⊙

---

810.

*Feuilles très-entières* . . . . { Coroles de deux pièces ; tiges droites . . . . . . . . . . . . 811

Corolle de cinq pièces ; tiges couchées . . . . . . . . . . . 812

811.  *Corolle de deux pièces ; tiges droites.*

Corifperme à feuilles d'hyfope. *Corifpermum hyffo-*
*pifolium.* Linn. Sp. 6.

*Corifpermum foliis alternis.* Sauv. Monf. p. 52.

Ses tiges font longues de fept à dix pouces, dures à leur bafe,
rameufes, pubefcentes, un peu rougeâtres, marquées de quelques
raies ou cannelures verdâtres, & feuillées dans toute leur longueur ; fes feuilles font alternes, éparfes, linéaires, longues de
deux pouces à-peu-près, larges à peine d'une ligne, & diftinguées par une nervure blanche : les fleurs font axillaires &
feffiles. il leur fuccède des femences nues, comprimées, elliptiques & entourées d'un rebord mince, échancré à fon fommet.
On trouve cette plante en Languedoc, dans les environs
d'Agde. ☉

---

812.  *Corolle de cinq pièces ; tiges couchées.*

Policnème des champs. *Policnemum arvenfe.* Linn.
Sp. 50.

*Chenopodium annuum, humifufum, folio breviori & capil-*
*laceo.* Tournef. 506.

Ses tiges font très-rameufes, couchées & étalées fur la terre
abondamment garnies de feuilles, fur-tout en leurs rameaux, &
longues d'un pied à-peu-près ; fes feuilles font vertes, glabres,
étroites, linéaires & pointues : fes fleurs font très-petites, axillaires, folitaires & feffiles : leur corolle eft enfermée entre deux
ftipules cétacées & blanchâtres : les étamines font au nombre de
trois, plus courtes que la corolle, & ont leurs anthères purpurines. On trouve cette plante dans les champs. ☉

---

813.  *Tige nue & fans feuilles.*

Salicorne. *Salicornia.*

Les fleurs de falicorne naiffent dans les articulations fupérieures de la tige ; elles n'ont qu'une feule étamine, & un
ovaire chargé d'un ftyle terminé par un ftigmate bifide ; leur
corolle eft entière, un peu ventrue & perfiftante.

**813.**     *ANALYSE.*

| Tige ligneufe; elle eft dure & grisâtre dans fa plus grande partie.<br>I. | Tige herbacée; elle eft tendre & verte jufqu'à fa bafe.<br>I I. |
|---|---|

### I.     *Tige ligneufe.*

Salicorne ligneufe. *Salicornia fruticofa.* Linn. Sp. 5.

*Salicornia geniculata, femper virens.* Tournef. cor. 51.

Sa tige eft articulée, rameufe, perfiftante, & s'élève jufqu'à un pied & demi; fes épis font toujours verts; fes articulations font nombreufes & prefque uniformes. On trouve cette plante fur les bords de la mer, dans les provinces méridionales. ♄

### II.     *Tige herbacée.*

Salicorne herbacée. *Salicornia herbacea.* Linn. Sp. 5.

*Salicornia annua, geniculata.* Tournef. cor. 51.

Cette efpèce eft plus petite que la précédente; fa tige eft tendre, charnue, un peu moins rameufe, & garnie d'articulations plus diftantes, légèrement comprimées & échancrées à leur fommet : elle croît fur les bords de la Méditerranée & de l'Océan. ⊙ Ses cendres fourniffent beaucoup de fel alkali.

**814.**    *Cinq étamines.* . . . . . . . {
Un feul ovaire. . . . . . . . . 815
Plufieurs ovaires . . . . . . . 845

**815.**    *Un feul ovaire.* . . . . . . {
Un feul ftyle & un feul ftigmate très-entiers . . . . . . . . . . . 816
Plufieurs ftyles ou plufieurs ftigmates, ou un feul ftyle avec des divifions. . . . . . . . . . . . 825

**816.** *Un seul style & un seul stigmate très-entiers . . .* { Feuilles simples & entières. 817

Feuilles ailées ou découpées. 824

---

**817.** *Feuilles simples & entières.* { Cinq étamines . . . . . . . . 818

Huit étamines . . . . . . . 819

---

**818.** *Cinq étamines . . . . . . .* { Corolle monopétale ; capsule à cinq semences. . . . . . . . 818 *

Corolle polypétale ; capsule à une seule semence . . . . . 836 *

---

**818. *** *Corolle monopétale ; capsule à cinq semences.*

**Glaux maritime.** *Glaux maritima.* Linn. Sp. 301.

*Glaux maritima.* Tournef. 88.

Ses tiges sont longues de six à sept pouces, glabres, rameuses, couchées & étalées sur la terre ; ses feuilles sont
petites, ovales, elliptiques, sessiles, nombreuses & très-rapprochées les unes des autres. Les fleurs sont axillaires, fort
petites & composées d'une corolle monopétale à cinq divisions,
de cinq étamines de la longueur de la corolle, & d'un pistil qui
se change en une capsule à cinq valves & à cinq semences.
On trouve cette plante sur le bord de la mer. ♃

---

**819.** *Huit étamines. . . . . . .* { Tige herbacée . . . . . . . 820

Tige ligneuse. . . . . . . . 821

---

**820.** *Tige herbacée.*

**Thymelée des champs.** *Thymelæa arvensis.*

*Thymelæa linariæ folio, vulgaris.* Tournef. 597.
*Stellera passerina.* Linn. Sp. 512.

Sa tige est haute d'un pied, cylindrique, glabre & un peu

**8 2 0.** rameufe ; fes feuilles font éparfes, linéaires, pointues, courtes & très-glabres. Ses fleurs font petites, axillaires, feffiles & ramaffées deux ou trois enfemble dans chaque aiffelle, fur-tout les inférieures ; leur corolle eft légèrement quadrifide, d'un blanc-jaunâtre, & pubefcente en-dehors : elle eft remplie prefque entièrement par l'ovaire qui fe change en une femence liffe, noirâtre, & qui a la forme d'une petite poire. On trouve cette plante dans les champs ☉ ; elle eft commune à Saint-Remi-en-l'eau près Saint-Juft, route d'Amiens : elle fleurit en Août & Septembre.

---

**8 2 1.**

*Tige ligneufe.* . . . . . . . . . $\Biggl\{$ Etamines inférées & renfermées dans le tube de la corolle ; baie monofperme. . . . . . . . . . 822

Etamines inférées au fommet du tube de la corolle ; fruit fec & monofperme . . . . . . . . . 823

---

**8 2 2.** *Etamines inférées & renfermées dans le tube de la corolle ; baie monofperme.*

### Lauréole. *Daphne.*

Les fleurs de lauréole font compofées d'une corolle tubulée & quadrifide, de huit étamines courtes & renfermées dans le tube de la corolle, & d'un ovaire qui fe change après la fleur en une baie ovale, pulpeufe & monofperme.

#### A N A L Y S E.

| Fleurs latérales, ou difpofées entre les feuilles. | Fleurs terminales, & point difpofées entre les feuilles. |
|:---:|:---:|
| I. | X. |

I.     *Fleurs latérales, ou difpofées entre les feuilles.*

| Feuilles très-glabres des deux côtés. | Feuilles velues ou pubefcentes, au moins en-deffous. |
|:---:|:---:|
| I I. | V I I. |

**822.** | **II.** *Feuilles très-glabres des deux côtés.*

| Fleurs solitaires, ou deux ou trois ensemble par bouquets sessiles. III. | Fleurs disposées plus de trois ensemble par petites grappes pendantes. VI. |
|---|---|

**III.** *Fleurs solitaires, ou deux ou trois ensemble par bouquets sessiles.*

| Fleurs rouges, & disposées trois à trois. IV. | Fleurs jaunâtres, & solitaires ou géminées. V. |
|---|---|

**IV.** *Fleurs rouges & disposées trois à trois.*

Lauréole gentille. *Daphne mezereum.* Linn. Sp. 509. ( Bois gentil. )

*Thymelæa lauri folio deciduo, sive laureola fæmina.* Tournef. 595.

Sa tige est haute de deux ou trois pieds, rameuse, & recouverte d'une écorce brune ou un peu grisâtre ; ses feuilles font ovales-lancéolées, d'un vert-pâle ou jaunâtre, d'une couleur un peu glauque en-dessous, alternes, & ne persistent point pendant l'hiver : ses fleurs font sessiles, odorantes, & paroissent de très-bonne heure. On trouve cet arbrisseau dans les bois montagneux ♄ ; il est âcre & caustique.

**V.** *Fleurs jaunâtres, & solitaires ou géminées.*

Lauréole thymelée. *Daphne thymelæa.* Linn. Sp. 509.

*Thymelæa foliis polygalæ glabris.* Bauh. pin. 463. β. *Daphne dioica.* Gouan. Obs. p. 27, tab. 17, f. 1.

Ses tiges font droites, cylindriques, ordinairement simples ; & s'élèvent jusqu'à un pied ; ses feuilles font sessiles, éparses, nombreuses, fort rapprochées les unes des autres, assez petites, lancéolées & très-glabres : ses fleurs font d'un blanc-jaunâtre, & naissent dans les aisselles supérieures des feuilles. La plante β

**822.** est rameuse, & dioïque selon M. Gouan; elle me paroît la même que le *thymelæa species myconi* de Dalechamp. Ce sous-arbrisseau croît dans la Provence, le Languedoc & le Roussillon. ♄

---

**VI.** *Fleurs disposées plus de trois ensemble par petites grappes pendantes.*

Lauréole majeure. *Daphne major.*

> *Thymelæa lauri folio sempervirens, seu laureola mas.* Tournef. 595.
> *Daphne laureola.* Linn. Sp. 510.

Sa tige est cylindrique, rameuse dans sa partie supérieure, & s'élève jusqu'à trois pieds; ses rameaux sont flexibles, & garnis vers leur sommet de beaucoup de feuilles ramassées, lancéolées, sessiles, épaisses, coriaces, très-glabres, lisses & persistantes : ses fleurs sont d'un jaune-verdâtre, & disposées en grappes courtes dans les aisselles des feuilles. On trouve cet arbrisseau dans les bois du Lyonnois, du Dauphiné & de la Provence ♄; il est comme toutes les autres espèces de ce genre, très-âcre, caustique, drastique & détersif.

---

**VII.** *Feuilles velues ou pubescentes, au moins en-dessous.*

| Feuilles disposées le long des rameaux. **VIII.** | Feuilles ramassées vers le sommet des rameaux. **IX.** |
|---|---|

**VIII.** *Feuilles disposées le long des rameaux.*

Lauréole blanchâtre. *Daphne candicans.*

> *Thymelæa foliis candicantibus serici instar mollibus.* Tournef. 595.
> *Daphne tarton-raira.* Linn. Sp. 510.

Sa tige est haute de huit à dix pouces, & divisée en plusieurs rameaux droits, velus & feuillés dans toute leur longueur; ses feuilles sont éparses, ovales, & couvertes des deux côtés d'un duvet blanchâtre & presque soyeux : ses

822.

fleurs font fort petites, axillaires, feffiles, blanches ou d'une couleur pâle. Ce fous-arbriffeau croît en Provence. ♄

---

IX. *Feuilles ramaffées vers le fommet des rameaux.*

Lauréole des Alpes. *Daphne Alpina.* Linn. Sp. 510.

*Thymelæa faxatilis oleæ folio.* Tournef. 594.

Sa tige eft haute d'un pied & demi, rameufe & recouverte d'une écorce cendrée; fes feuilles font ovales-oblongues, un peu obtufes, d'un vert-pâle ou jaunâtre, pubefcentes en-deffous, fur-tout dans leur jeuneffe, & la plupart ramaffées au fommet des rameaux : fes fleurs font blançhâtres & difpofées dans les aiffelles des feuilles. Ce fous-arbriffeau croît dans les montagnes du Dauphiné & en Languedoc. ♄

---

X. *Fleurs terminales & point difpofées entre les feuilles.*

| Fleurs feffiles & ramaffées en tête ombelliforme. X I. | Fleurs difpofées en une pannicule terminale. X I I. |
|---|---|

---

XI. *Fleurs feffiles & ramaffées en tête ombelliforme.*

Lauréole odorante. *Daphne odorata.*

*Thymelæa Alpina, linifolia, humilior, flore purpureo odoratiffimo.* Tournef. 594.

*Daphne cneorum.* Linn. Sp. 511.

Sa tige eft haute de fix à fept pouces, quelquefois fimple, mais plus ordinairement rameufe; l'écorce de fes rameaux eft grifâtre & pubefcente; fes feuilles font linéaires, glabres, éparfes, & un peu ramaffées vers le fommet des rameaux : fes fleurs font purpurines ou de couleur de rofe, & ont une odeur très-agréable. Ce fous-arbriffeau croît en Alface, en Dauphiné & en Provence, dans les montagnes. ♄

---

XII. *Fleurs difpofées en une pannicule terminale.*

Lauréole panniculée. *Daphne panniculata.* (Le garou.)

*Thymelæa foliis lini.* Tournef. 594.

*Daphne gnidium.* Linn. Sp. 511.

Sa tige fe divife dès fa bafe en plufieurs rameaux plus ou

**822.** moins droits, feuillés & longs d'un pied à-peu-près ; ses feuilles font lancéolées-linéaires, très-glabres, terminées par une pointe aiguë, éparfes, nombreufes, très-rapprochées les unes des autres, & prefque embriquées vers le fommet des rameaux : fes fleurs font petites, blanchâtres ou rougeâtres, pédunculées, & difpofées en une pannicule médiocre & peu étalée ; leurs péduncules & leur corolle font couverts d'un duvet prefque cotonneux. On trouve ce fous-arbriffeau dans les lieux arides & montueux des provinces méridionales ♄ ; fon écorce macérée dans le vinaigre, eft employée comme véficatoire lorfqu'il s'agit de détourner quelque humeur, & particulièrement celles qui fe jettent fur les yeux.

**823.** *Etamines inférées au fommet du tube de la corolle ; fruit fec & monofperme.*

### Pafferine velue. *Pafferina hirfuta.* Linn. Sp. 513.

*Thymelæa tomentofa, foliis fedi minoris.* Tournef. 595.

Sa tige eft haute d'un pied, & divifée en beaucoup de rameaux grêles, feuillés & chargés d'un duvet blanchâtre affez abondant ; fes feuilles font très-petites, nombreufes, fort rapprochées les unes des autres, un peu charnues, vertes & prefque glabres. Ses fleurs font axillaires, fort petites & d'une couleur herbacée ou blanchâtre ; ce fous-arbriffeau croît dans les lieux ftériles en Provence. ♄

**824.** *Feuilles ailées ou découpées.* { Tige herbacée : . : : : 644—1
{ Tige ligneufe. : : : : : : 259 :

**825.** *Plufieurs ftyles, ou plufieurs ftigmates, ou un ftyle avec des divifions . . . . . . .* { Arbre dont le tronc s'élève beaucoup au-delà de fix pieds . . . 826
{ Herbes ou fous-arbriffeaux ne s'élèvant pas au-delà de fix pieds. 829

826.

*Arbre dont le tronc s'élève beaucoup au-delà de six pieds. . . . . . . . . . .*

Etamines beaucoup plus longues que la corolle ; fruit comprimé. 827

Etamines n'étant pas plus longues que la corolle ; fruit globuleux. 828

---

827.

*Etamines beaucoup plus longues que la corolle ;
fruit comprimé.*

## Orme des champs. *Ulmus campestris.* Linn. Sp. 327.

*Ulmus campestris & Theoprasti.* Tournef. 601.
β. *Ulmus minor, folio angusto, scabro.* Vaill. Paris. 205.
γ. *Ulmus folio latissimo, scabro.* Ibid.

Arbre élevé, dont le tronc est assez droit, fort rameux & couvert d'une écorce crevassée; ses feuilles sont alternes, pétiolées, ovales, pointues, dentées, glabres, garnies de nervures parallèles, inégales à leur base, sèches & un peu rudes au toucher. Les fleurs sont petites, d'une couleur herbacée, & disposées sur les rameaux par bouquets presque sessiles, elles sont composées d'une corolle à cinq divisions, de cinq étamines plus longues que la corolle & d'un ovaire chargé de deux styles : elles se développent toujours avant les feuilles, & sont remplacées par des fruits très-comprimés, échancrés à leur sommet & monospermes. Cet arbre est commun dans les champs, les villages, le long des chemins; on le cultive partout ♄ : son bois sert pour le charronage, la charpente, &c. Son écorce, sa racine, & la liqueur qui découle ordinairement de son tronc, passent pour vulnéraires & astringentes.

---

828.

*Etamines n'étant pas plus longues que la corolle ;
fruit globuleux.*

## Micocoulier austral. *Celtis australis.* Linn. Sp. 1478.

*Celtis fructu nigricante.* Tournef. 612.

Arbre assez grand, gros & rameux; son écorce est unie
&

**828.** & grisâtre, & ses rameaux sont nombreux, longs & flexibles ; ses feuilles sont alternes, pétiolées, ovales-lancéolées, un peu étroites, dentées en scie, terminées par une pointe assez longue, & légèrement velues des deux côtés. Ses fleurs sont axillaires, solitaires, pédunculées, les unes mâles, & les autres hermaphrodites : celles-ci sont composées d'une corolle herbacée à cinq divisions, de cinq étamines, & d'un ovaire chargé de deux styles velus, ouverts, & qui ont l'aspect d'un ver ou d'une petite chenille. Le fruit est noirâtre, ressemble à une petite cerise, & renferme un noyau sphérique. Cet arbre croît dans les provinces méridionales. ♄

---

**829.** *Herbes ou sous-arbrisseaux ne s'élevant pas au-delà de six pieds.* . . . . . .
- Toutes les fleurs hermaphrodites, & aucune n'ayant leur corolle bivalve . . . . . . . . . . . . . . 830
- Des fleurs femelles, dont la corolle est bivalve, mélangées parmi les fleurs hermaphrodites. . . 844

---

**830.** *Toutes les fleurs hermaphrodites, & aucune n'ayant leur corolle bivalve* . . .
- La plupart des feuilles opposées, sur-tout les inférieures ou celles qui n'accompagnent point les fleurs. 831
- Toutes les feuilles alternes, même avant le développement des fleurs. 837

---

**831.** *La plupart des feuilles opposées, & sur-tout les inférieures, ou celles qui n'accompagnent point les fleurs.* . . . . . . . . . .
- Dix étamines, ou cinq étamines & cinq filamens stériles. . . . 832
- Cinq étamines, sans filamens stériles. . . . . . . . . . . . 835

---

**832.** *Dix étamines, ou cinq étamines & cinq filamens stériles* . . . . . . . . . . .
- Fleurs terminales. . . . . . . . 833
- Fleurs axillaires. . . . . . . . 834

833.



## Gnavelle. *Scleranthus.*

Les fleurs de gnavelle font petites, herbacées, & compofées d'une corolle campanulée à cinq divifions, de dix étamines fort courtes, & d'un ovaire chargé de deux ftyles droits. Le fruit eft compofé de deux femences difpofées au fond de la corolle qui eft perfiftante.

### *A N A L Y S E.*

| Divifions de la corolle panachées de vert & de blanc, émouffées à leur fommet, & refferrées après la floraifon. | Divifions de la corolle prefque point panachées, très-aiguës à leur fommet, & point refferrées après la floraifon. |
|---|---|
| I. | I I. |

**I.** *Divifions de la corolle panachées de vert & de blanc, émouffées à leur fommet, & refferrées après la floraifon.*

Gnavelle vivace. *Scleranthus perennis.* Linn. Sp. 580.

> *Alchimilla gramineo folio, majori flore,* Tournef. 508. Vaill. Parif. 4, tab. 1, f. 5.

Ses tiges font longues de trois à cinq pouces, articulées, à demi-couchées, rameufes & un peu panniculées à leur fommet; fes feuilles font oppofées, légèrement connées, linéaires, très-étroites & aiguës : les fleurs font ramaffées deux ou trois enfemble par petits bouquets portés fur des péduncules pubefcens & panniculés. Cette plante croît dans les champs, les terreins fablonneux. ♃

§33. II. *Divifions de la corolle prefque point panachées, très-aiguës à leur fommet, & point refferrées après la floraifon.*

Gnavelle annuelle. *Scleranthus annuús.* Linn. Sp. 580.

> *Alchimilla erecta, graminco folio, flore minore.* Tournef. 508.
> β. *Alchimilla fupina, gramineo folio, flore minore.* Ibid.
> *Scleranthús polycarpos.* Linn. Sp. 581.

Ses tiges font articulées, rameufes, plus longues, plus étalées & plus redréffées que celles de l'efpèce précédente; elles font légèrement pubefcentes, & garnies de feuilles oppofées, un peu connées, linéaires & très-étroites : les fleurs font ramaffées par petits paquets, foutenus par des péduncules rameux & panniculés. Les corolles font remarquables par leurs divifions aiguës, fimplement verdâtres; & point refferrées pendant la maturation des graines. Cette plante eft commune dans les champs. ☉

---

§34.  *Fleurs axillaires.*

### Herniaire. *Herniaria.*

Les fleurs d'herniaires font fort petites, compofées d'une corolle à quatre ou cinq divifions profondes & lancéolées, de quatre ou cinq étamines à peine auffi longues que la corolle, avec un pareil nombre de filamens ftériles placés dans leurs intervalles, & d'un ovaire chargé de deux ftyles très-courts. Le fruit eft une capfule très-mince & monofperme.

### *A N A L Y S E.*

| Corolle à quatre divifions. | Corolle à cinq divifions. |
|---|---|
| I. | II. |

I.  *Corolle à quatre divifions.*

Herniaire ligneufe. *Herniaria fruticofa.* Linn. Sp. 317.

> *Herniaria fruticofa, viticulis lignofis.* Tournef. 507.

Sa racine eft fort grande, & pouffe beaucoup de tiges grêles

**834.** ligneufes, rameufes, & feuillées dans toute leur longueur; fes feuilles font très-petites, ovales & pointues : fes fleurs ont une corolle à quatre divifions très-profondes, quatre étamines fertiles & quatre filamens ftériles. Cette plante croît en Provence. ♃

---

**II.**  *Corolle, à cinq divifions.*

Tige & feuilles glabres. | Tige & feuilles velues.
III. | IV.

---

**III.**  *Tige & feuilles glabres.*

Herniaire glabre. *Herniaria glabra.* Linn. Sp. 317.

*Herniaria glabra.* Tournef. 507.

Ses tiges font grêles, très-rameufes, feuillées, longues de cinq à fix pouces, quelquefois davantage, couchées & étalées fur la terre ; fes feuilles font petites, ovales-oblongues, vertes, glabres, oppofées dans la jeuneffe de la plante, mais deviennent alternes par la chûte de celles qui fe trouvoient du côté de chaque rameau fleuri, les autres perfiftant beaucoup plus long-temps : les fleurs font petites, verdâtres, feffiles & ramaffées par pelotons axillaires, qui fe développent & s'alongent en rameaux par la fuite : les corolles font glabres, & les anthères de couleur jaune. On trouve cette plante dans les lieux fablonneux ⊙ ; elle paffe pour aftringente, anti-herniaire, diurétique & anti-calculeufe.

---

**IV.**  *Tige & feuilles velues.*

Herniaire velue. *Herniaria hirfuta.* Linn. Sp. 317.

*Herniaria hirfuta.* Tournef. 507.

Cette plante reffemble beaucoup à la précédente, & n'en eft peut-être qu'une variété, mais elle eft velue dans toutes fes parties ; fes tiges acquièrent une dureté plus fenfible pendant la maturation des graines, & fes pelotons de fleurs font un peu moins garnis. On la trouve dans les champs.

835.

*Cinq étamines sans filamens stériles* . . . . . . . . . . {  Feuilles planes. . . . . . 836. *
Feuilles cylindriques. 841—VI

---

836. *         *Feuilles planes.*

## Paronique. *Paronychia.*

Les fleurs de paronique ne diffèrent presque de celles des herniaires que par le défaut de filamens stériles ; elles sont composées d'une corolle profondément divisée en cinq pièces un peu coriaces & ordinairement colorées, de cinq étamines non saillantes hors de la corolle, & d'un ovaire dont le style est fort court & souvent bifide. Le fruit est une capsule à cinq valves, & monosperme.

| Tiges droites.<br>I. | Tiges couchées.<br>I V. |
|---|---|

I.         *Tiges droites.*

| Tiges presque simples, & terminées chacune par une seule tête de fleurs.<br>II. | Tiges très-rameuses, & garnies de plusieurs pelotons de fleurs séparés & fort petits.<br>I I I. |
|---|---|

II. *Tiges presque simples, & terminées chacune par une seule tête de fleurs.*

Paronique capitée. *Paronychia capitata.*

*Paronychia Narbonensis, erecta.* Tournef. 508.
*Illecebrum capitatum.* Linn. Sp. 299.

Ses tiges sont hautes de deux pouces, nombreuses, un peu dures, feuillées & la plupart assez droites ; elles sont garnies de feuilles très-petites, ciliées & un peu velues en-dessous. Les fleurs sont terminales, ramassées en tête & cachées par

P 3

**836. ***  des bractées argentées & luisantes. On trouve cette plante sur les collines des provinces méridionales & sur le Mont-d'or en Auvergne. ⊙

---

III. *Tiges très-rameuses, & garnies de plusieurs pelotons de fleurs séparés & fort petits.*

Paronique ligneuse. *Paronychia fruticosa.*

> *Paronychia Hispanica fruticosa, myrti folio.* Tournef. 508.
>
> *Illecebrum suffruticosum.* Linn. Sp. 298.

Sa tige est ligneuse, & se divise dès sa base en beaucoup de rameaux grêles, redressés, feuillés, articulés, pubescens, & longs de cinq à six pouces ; ses feuilles sont opposées, ovales, terminées par une petite pointe particulière, presque glabres & d'un vert-gai : on trouve à leur base deux stipules fort petites, pointues, luisantes & transparentes ; les pelotons sont composés de deux à cinq fleurs sessiles, très-petites & d'une couleur herbacée : elles ont toutes cinq étamines dont les anthères sont de couleur jaune. On trouve cette plante sur les côteaux maritimes de la Provence. ♄

---

IV.  *Tiges couchées.*

| Fleurs disposées au sommet des tiges & des rameaux, & garnies de bractées argentées très-remarquables. | Fleurs non terminales, mais disposées dans les aisselles des feuilles, & n'ayant que des bractées fort petites. |
|---|---|
| **V.** | **VI.** |

---

V. *Fleurs disposées au sommet des tiges & des rameaux, & garnies de bractées argentées très-remarquables.*

Paronique argentée. *Paronychia argentea.*

> *Paronychia Hispanica.* Tournef. 507.
> *Illecebrum paronychia.* Linn. Sp. 299.

Ses tiges sont longues de six à sept pouces, articulées,

**836. ✱** feuillées, légèrement velues, garnies de rameaux courts, couchées & étalées fur la terre ; fes feuilles font oppofées, ovales-
oblongues, terminées par une petite pointe, prefque glabres
& d'un vert-clair : elles font accompagnées de deux ftipules
ovales, pointues, blanches & tranfparentes. Les fleurs terminent les tiges & les rameaux ; elles font difpofées par bouquets
abondamment garnis de bractées luifantes, argentées, & qui
donnent aux bouquets de fleurs un afpect charmant : les ovaires
font chargés d'un ftyle trifide. On trouve cette plante dans
les provinces méridionales. ♃

---

**VI.** *Fleurs non terminales, mais difpofées dans les aiffelles des*
*feuilles, & n'ayant que des bractées fort petites.*

| Fleurs verticillées à chaque articulation. | Fleurs par pelotons feffiles, latéraux, & point verticillés. |
|---|---|
| **V I I.** | **V I I I.** |

---

**VII.**   *Fleurs verticillées à chaque articulation.*

Paronique verticillée. *Paronychia verticillata.*

> *Paronychia ferpylli folia, paluftris.* **Vaill. Parif. 157,**
> tab. 15, f. 47.

> *Illecebrum verticillatum.* **Linn. Sp. 298.**

Ses tiges font longues de trois à quatre pouces, grêles, un
peu rameufes, feuillées & couchées fur la terre ; fes feuilles
font petites, oppofées, feffiles, glabres, ovales & terminées
par une petite pointe. Les fleurs font blanchâtres, fort petites
& verticillées dans les aiffelles des feuilles ; leurs pétales font
pointus & concaves intérieurement ou un peu creufés en ca-
puchon. On trouve cette plante dans les lieux humides, aux
environs de Paris.

836. * VIII. *Fleurs par pelotons sessiles, latéraux & point verticillés.*

Paronique hérissée. *Paronychia echinata.*

> *Polygonum capitulis inter genicula echinatis.* Bocc. sic. 40, t. XLI.
> *Illecebrum cymosum.* Linn. Sp. 299.

Ses tiges sont longues de cinq à sept pouces, grêles, articulées, légèrement pubescentes, feuillées & couchées sur la terre; ses feuilles sont petites, ovales, pointues, opposées, & souvent garnies dans leurs aisselles d'autres feuilles produites par les jeunes pousses, ce qui les fait paroître quaternées ou fasciculées; les fleurs sont ramassées par petits bouquets, courts, sessiles, axillaires, & communément tournés d'un seul côté. Les pétales se terminent par une pointe fort aiguë, un peu roide, & qui rend les paquets de fleurs très-hérissés. On trouve cette plante en Provence dans les lieux maritimes. ☉

---

837.

Toutes les feuilles alternes, même avant le développement des fleurs . . . . . {

Corolle colorée; des stipules vaginales à la base des feuilles. 838

Corolle herbacée ou verdâtre; point de stipules vaginales à la base des feuilles . . . . . . . . . . 839

---

838. *Corolle colorée; des stipules vaginales à la base des feuilles.*

## Renouée. *Polygonum.*

Les fleurs de renouée sont petites, composées d'une corolle profondément divisée en quatre ou cinq parties colorées au moins intérieurement & en leur bord, & émoussées à leur sommet; de cinq à huit étamines assez courtes; & d'un ovaire dont le style est à deux ou trois divisions. Le fruit est une semence nue, & ordinairement à trois angles.

| Feuilles ovales-lancéolées, ou lancéolées-linéaires. **I.** | Feuilles en cœur ou sagittées, & un peu triangulaires. **XVI.** |

I. *Feuilles ovales-lancéolées, ou lancéolées-linéaires.*

| Fleurs disposées en épi, & jamais toutes axillaires. **II.** | Fleurs toutes axillaires, & jamais en épi. **XIII.** |

II. *Fleurs disposées en épi, & jamais toutes axillaires.*

| Style à deux divisions; tige chargée de plusieurs épis. **III.** | Style à trois divisions; tige ne portant qu'un seul épi terminal. **X.** |

III. *Style à deux divisions; tige chargée de plusieurs épis.*

| Fleurs à cinq étamines; feuilles tronquées ou presque échancrées à l'insertion de leur pétiole. **IV.** | Fleurs à six étamines; feuilles non tronquées ni échancrées vers leur pétiole. **V.** |

IV. *Fleurs à cinq étamines; feuilles tronquées ou presque échancrées à l'insertion de leur pétiole.*

Renouée amphibie. *Polygonum amphibium.* Linn. Sp. 517.

> *Persicaria salicis folio, potamogeton angustifolium dicta.* Tournef. 509.

Sa tige est longue, cylindrique, lisse, articulée, souvent rougeâtre & couchée sur la terre ou rampante & flottante dans l'eau selon les variétés; ses feuilles sont longues, pétiolées, pointues, lisses des deux côtés dans la plante aquatique, &

§38. chargées de quelques poils rudes dans la variété terreſtre ;
les ſtipules ſont preſque nues, & les fleurs ſont diſpoſées en
épis un peu denſes ; elles ſont rouges, & leurs étamines ſont
plus longues que la corolle dans l'une & l'autre variété. On
trouve cette plante dans les lieux aquatiques., les étangs,
les foſſés, &c.

---

**V.** *Fleurs à ſix étamines ; feuilles non tronquées, ni échancrées
vers leur pétiole.*

| Feuilles ovales-lancéolées & larges de quatre lignes ou davantage.<br><br>**V I.** | Feuilles lancéolées-linéaires, & n'ayant pas trois lignes de largeur.<br><br>**I X.** |
| --- | --- |

---

**VI.** *Feuilles ovales-lancéolées, & larges de quatre lignes ou davantage.*

| Epis lâches & très-grêles ; ſaveur âcre & brûlante.<br><br>**V I I.** | Epis denſes & ſerrés ; ſaveur douce ou acidule.<br><br>**V I I I.** |
| --- | --- |

---

**VII.** *Epis lâches & très-grêles ; ſaveur âcre & brûlante.*

Renouée âcre. *Polygonum acre.*          ( Poivre d'eau. )

*Perſicaria urens, ſeu hydropiper.* **Tournef.** 509.
*Polygonum hydropiper.* **Linn.** Sp. 517.

Sa tige eſt haute d'un pied & demi, cylindrique, liſſe,
articulée, un peu rameuſe, & ſouvent tout-à-fait droite ; ſes
feuilles ſont lancéolées, pointues, glabres, non tachées &
portées ſur des pétioles très-courts : les ſtipules ſont quelquefois preſque nues, mais plus ordinairement ciliées comme
celles de l'eſpèce ſuivante, avec laquelle celle-ci a beaucoup
de rapport : ſes fleurs ſont la plupart quadrifides & médiocrement colorées. On trouve cette plante ſur le bord de l'eau,
& dans les foſſés humides ⊙ ; elle eſt diurétique & extérieurement réſolutive, déterſive & anti-œdémateuſe.

**838.** **VIII.** *Épis denses & serrés ; saveur douce ou acidule.*

Renouée perficaire. *Polygonum persicaria.* Linn. Sp. 518.

> *Persicaria mitis, non maculosa.* Tournef. 509.
> β. *Persicaria mitis, maculosa.* Ibid.
> γ. *Persicaria folio subtùs incano.* Ibid. 510.

Ses tiges sont cylindriques, articulées, feuillées, couchées dans leur partie inférieure, & hautes d'un pied ou un peu davantage ; ses feuilles sont ovales - lancéolées, glabres en-deffus, & légèrement velues en - dessous & en leur bord : les ftipules sont ciliées ; les fleurs sont la plupart quinquefides & difposées en épis denses & rougeâtres. La variété β ne diffère de la plante que je viens de décrire, que par ses feuilles chargées d'une tache brune dans leur milieu. La variété γ a ses feuilles pareillement tachées dans leur milieu, mais elles sont ovales & presque arrondies dans leur jeuneffe ; elles sont alors blanchâtres & un peu cotonneufes en-dessous : dans tous les individus que j'ai obfervés, les ftipules étoient sans cils, & les fleurs la plupart quadrifides. M. de Haller la diftingue comme une efpèce particulière ; il dit ses ftipules ciliées, & ses feuilles quelquefois non tachées ( *Hall. Hift.* n°. 1556 ). On trouve cette plante dans les lieux humides, fur le bord des foffés & des chemins ⊙ ; elle eft vulnéraire, déterfive, & un peu aftringente.

---

**IX** *Feuilles lancéolées - linéaires, & n'ayant pas trois lignes de largeur.*

Renouée fluette. *Polygonum pufillum.*

> *Persicaria minor.* Tournef. 509.

Cette efpèce diffère beaucoup de la précédente, & ne doit point lui être réunie ; ses tiges sont grêles, longues de six pouces, feuillées & couchées fur la terre : ses feuilles sont lancéolées-linéaires, très-étroites, aiguës, jamais tachées & glabres des deux côtés ; ses ftipules sont longues & ciliées, & ses fleurs sont pur-purines, difposées en épis lâches, très-grêles & presque filiformes. On trouve cette plante dans les lieux humides & fablonneux.

838.

**X.** *Style à trois divisions ; tige ne portant qu'un seul épi terminal.*

| Feuilles radicales courantes fûr leur pétiole, & les cauli-naires amplexicaules.<br>**X I.** | Aucune feuille courante fur fon pétiole, ni amplexicaule.<br>**X I I.** |
|---|---|

**XI.** *Feuilles radicales courantes fur leur pétiole, & les caulinaires amplexicaules.*

Renouée biftorte. *Polygonum biftorta.* Linn. Sp. 516.

> *Biftorta major, radice magis intortâ.* Tournef. 511.
> *Biftorta major, radice minûs intortâ.* Ibid.

Sa racine eft oblongue, groffe, fibreufe & repliée plufieurs fois fur elle-même ; elle pouffe plufieurs tiges droites, fimples, glabres & hautes d'un pied ou un peu davantage ; fes feuilles radicales font fort grandes, ovales-lancéolées, un peu on-dulées, courantes dans la partie fupérieure de leur pétiole, glabres, vertes en-deffus & d'une couleur glauque en-deffous ; celles de la tige font plus petites & amplexicaules. Les fleurs font rougeâtres, terminales & difpofées en un épi denfe, barbu & embriqué d'écailles luifantes ; elles ont huit étamines. On trouve cette plante dans les prés, les pâturages montagneux ♃ ; elle eft vulnéraire, & aftringente.

**XII.** *Aucune feuille courante fur fon pétiole, ni amplexicaule.*

Renouée vivipare. *Polygonum viviparum.* Linn. Sp. 516.

> *Biftorta Alpina, media.* Tournef. 511.
> *Biftorta Alpina, minor.* Ibid.

Cette efpèce eft beaucoup plus petite que la précédente ; fes tiges font droites, fimples, feuillées & hautes de cinq à fept poûces tout au plus : fes feuilles inférieures font pétiolées, étroites, lancéolées, pointues, & remarquables par des ftries ou efpèces de nervures courtes, difpofées en leur bord, & qui les font paroître prefque dentées : les feuilles fupérieures

838. font linéaires & feffiles ; les fleurs font blanches & bulbifères:
On trouve cette plante dans les montagnes du Dauphiné &
de la Provence. ♃

---

XIII. *Fleurs toutes axillaires, & jamais en épi.*

| Feuilles blanchâtres, coriaces & perfiftantes ; ftipules fort grandes. XIV. | Feuilles vertes, non coriaces ni perfiftantes ; ftipules médiocres. XV. |
|---|---|

---

XIV. *Feuilles blanchâtres, coriaces & perfiftantes ; ftipules fort grandes.*

Renouée maritime. *Polygonum maritimum.* Linn. Sp. 519.

*Polygonum maritimum, latifolium.* Tournef. 510.

Ses tiges font longues de fept à huit pouces, vivaces, fous-ligneufes, feuillées, prefque entièrement couchées & un peu rameufes ; fes feuilles font ovales-lancéolées ; blanchâtres, coriaces, prefque pétiolées & perfiftantes ; les ftipules font colorées à leur bafe, tranfparentes à leur fommet, & prefque auffi longues que les entre-nœuds : les fleurs font ramaffées deux à cinq par paquets dans les aiffelles des feuilles. On trouve cette plante dans les fables fur le bord de la mer. ♄

---

XV. *Feuilles vertes, non coriaces ni perfiftantes ; ftipules médiocres.*

Renouée centinode. *Polygonum centinodium.*

*Polygonum oblongo angufto folio.* Tournef. 510.
*Polygonum brevi angufto folio.* Ibid.
β. *Polygonum latifolium.* Ibid.
*Polygonum latifolium, flore candido.* Ibid.
γ. *Polygonum erectum, majus.* Garid. 374.
*Polygonum aviculare.* Linn. Sp. 519. ( β, γ. )

Ses tiges font herbacées, vertes, glabres, articulées, rameufes, feuillées, couchées, étalées fur la terre, & longues depuis huit pouces jufqu'à un pied & demi ; fes feuilles font lancéolées, plus ou moins étroites, vertes & prefque feffiles ;

838.

les stipules sont blanches, transparentes, un peu déchirées à leur sommet, & beaucoup plus courtes que les entre-nœuds : les fleurs sont solitaires ou ramassées deux à quatre par paquets dans les aisselles des feuilles : leur corolle est verte à sa base & blanche ou rougeâtre en ses bords. La variété β a les feuilles ovales-lancéolées, & larges de quatre à six lignes ; ses tiges ne sont qu'à demi-couchées. La plante γ est remarquable par ses tiges droites, hautes d'un pied & demi & très-rameuses. On pourroit la distinguer comme une espèce. Cette plante est commune dans les champs, les lieux incultes & sur le bord des chemins ⊙ ; elle est vulnéraire & astringente.

---

**XVI.** *Feuilles en cœur ou sagittées, & un peu triangulaires.*

| Tige foible, rampante ou grimpante. **XVII.** | Tige droite, & point grimpante. **XX.** |
|---|---|

---

**XVII.** *Tige foible, rampante ou grimpante.*

| Anthères blanches ; valves séminales à trois ailes saillantes. **XVIII.** | Anthères rouges ou violettes ; valves séminales non ailées. **XIX.** |
|---|---|

---

**XVIII.** *Anthères blanches ; valves séminales à trois ailes saillantes.*

Renouée des buissons. *Polygonum dumetorum.* Linn. Sp. 522.

*Fagopyrum majus, scandens.* Vaill. Paris. 522.

Ses tiges sont légèrement striées, feuillées, grimpantes, & s'élèvent quelquefois fort haut ; ses feuilles sont pétiolées, glabres, triangulaires & sagittées : ses fleurs sont ramassées par petits bouquets, les uns axillaires, & les autres disposés en épis lâches ou en grappes menues & terminales. On trouve cette plante dans les haies & les lieux couverts. ⊙

---

838.  **XIX.** *Anthères rouges ou violettes ; valves féminales non ailées ?*

Ronouée liféronne. *Polygonum convolvulaceum.*

*Fagopyrum vulgare, scandens.* Tournef. 511.
*Polygonum convolvulus.* Linn. Sp. 522.

Cette espèce ressemble beaucoup à la précédente, mais ses tiges sont très-striées, presque anguleusés, & s'élèvent beaucoup moins; ses feuilles sont pétiolées, sagittées, triangulaires, glabres, & acquièrent dans les lieux secs une couleur rouge très-remarquable : les fleurs sont la plupart axillaires ; leur corolle est composée de cinq folioles, dont deux plus petites tombent assez de bonne heure, & les trois autres plus grandes, persistent & enveloppent la semence sans former aucune aile bien sensible. Cette plante est commune dans les champs. ☉

**XX.**   *Tige droite & point grimpante.*

Renouée sarrasine. *Polygonum fagopyrum.* Linn. Sp. 522.

*Fagopyrum vulgare, erectum.* Tournef. 511.

Sa tige est droite, lisse, striée, souvent rougeâtre, un peu rameuse, & s'élève jusqu'à un pied & demi; ses feuilles sont la plupart pétiolées en cœur, sagittées, pointues & un peu distantes ; les supérieures sont sessiles ou amplexicaules : les fleurs sont blanches ou rougeâtres, & disposées par bouquets au sommet de la tige & des rameaux. On trouve huit glandes jaunâtres au fond de la corolle, placées à la base des étamines. Les semences sont brunes & triangulaires. Cette plante croît dans les lieux cultivés, les champs ☉ ; son origine est étrangère ; sa farine est résolutive, émolliente.

839.

*Corolle herbacée ou verdâtre ; point de stipule vaginale à la base des feuilles. . .*

Fleurs solitaires, ou ramassées deux ou trois seulement dans chaque aisselle, par pelotons sessiles; semence en spirale ou réniforme. 840

Fleurs ramassées au-delà de trois par pelotons nombreux, formant au sommet ou dans les aisselles, des épis ou des grappes; semence lenticulaire . . . . . . . . . . 843

840.

Fleurs solitaires ou ramassées deux ou trois seulement dans chaque aisselle, par pelotons sessiles ; semence en spirale ou réniforme.
{ Feuilles linéaires, planes ou cylindriques, & n'ayant jamais trois lignes de largeur. . . . . . . . . 841

Feuilles pétiolées, ovales-triangulaires, & larges de plus d'un pouce . . . . . . . . . . . . . . 842

---

841. *Feuilles linéaires, planes ou cylindriques, & n'ayant jamais trois lignes de largeur.*

## Soude. *Salsola.*

Les fleurs de soude sont petites, sessiles, toutes axillaires & composées d'une corolle herbacée à cinq divisions profondes ; de cinq étamines moins longues que la corolle ; & d'un ovaire dont le style est bifide ou trifide. Le fruit est une capsule qui contient un semence contournée en spirale ou en coquille de limaçon.

### ANALYSE.

| Feuilles terminées par une pointe épineuse.<br>I. | Feuilles dont la pointe n'est point épineuse.<br>I V. |
|---|---|

I.      *Feuilles terminées par une pointe épineuse.*

| Tige droite.<br>II. | Tige couchée.<br>III. |
|---|---|

II.        *Tige droite.*

Soude épineuse. *Salsola spinosa.*

*Kali spinosum, foliis longioribus & angustioribus.* **Tournef.** 247.
*Salsola tragus.* Linn. Sp. 322.

Sa tige est haute d'un à deux pieds, rameuse, ferme, cannelée & un peu velue vers son sommet ; ses feuilles sont longues,

**341.** longues, étroites, linéaires, vertes, glabres, & terminées par une pointe épineuse. Ses fleurs font axillaires, solitaires & garnies de bractées courtes & épineuses. On trouve cette plante fur les bords de la mer, dans les provinces méridionales. ☉

---

**III.** *Tige couchée.*

Soude couchée. *Salsola decumbens.*

> *Kali spinosum, foliis crassioribus & brevioribus.* Tournef. 247.
> *Salsola kali.* Linn. Sp. 322.

Cette espèce ressemble beaucoup à la précédente, & pourroit en être regardée comme une variété; cependant ses tiges font plus rudes & entièrement couchées : les feuilles font plus courtes & un peu plus épaisses, & ses fleurs ont les divisions de leur corolle scarieuses en leur bord. On trouve cette plante fur le bord de la mer. ☉

---

**IV.** *Feuilles dont la pointe n'est point épineuse.*

| Tige herbacée.<br>**V.** | Tige ligneuse.<br>**VIII.** |
| --- | --- |

---

**V.** *Tige herbacée.*

| Feuilles vertes & très-glabres.<br>**VI.** | Feuilles velues & blanchâtres.<br>**VII.** |
| --- | --- |

---

**VI.** *Feuilles vertes & très-glabres.*

Soude à feuilles longues. *Salsola longifolia.*

> *Kali majus, cochleato femine.* Tournef. 247.
> *Salsola soda.* Linn. Sp. 323.

Sa tige est haute d'un pied & demi, droite, branchue, lisse, très-glabre & quelquefois un peu rougeâtre; ses feuilles font étroites, linéaires, charnues & longues de trois pouces, ou même davantage. Ses fleurs font axillaires, solitaires, &

*Tome III.*　　　　　　　　　　　　　　Q

**841.** ſont remplacées par des fruits arrondis, contenant chacun une ſemence noirâtre, contournée en ſpirale. On trouve cette plante dans les lieux maritimes des provinces méridionales ⊙ ; elle eſt apéritive, diurétique & anti-ulcéreuſe : ſes cendres fourniſſent le ſel alkali qui entre dans la compoſition du ſavon, &c.

---

**VII.**      *Feuilles velues & blanchâtres.*

Soude velue. *Salſola hirſuta.* Linn. Sp. 323.

*Kali minus villoſum.* Bauh. pin. 289.

Sa tige eſt haute de ſix à huit pouces, grêle, velue & rameuſe ; ſes rameaux inférieurs ſont fort grands ; très-ouverts & preſque couchés ; ſes feuilles ſont étroites, linéaires ; longues de deux à quatre lignes, molles, blanchâtres, velues & un peu cotonneuſes. Ses fleurs ſont très-petites & axillaires. On trouve cette plante en Languedoc, dans les lieux maritimes. ⊙

---

**VIII.**      *Tige ligneuſe.*

Soude ligneuſe. *Salſola fruticoſa.* Linn. Sp. 324.

*Chamæpitys vermiculata.* Lob. Ic. 381.

Sa tige eſt haute d'un à deux pieds, droite, ligneuſe, & pouſſe beaucoup de rameaux grêles, feuillés, flexibles & aſſez droits ; ſes feuilles ſont petites, nombreuſes, charnues, glabres, linéaires & un peu pointues ; elles ont rarement trois lignes de longueur : ſes fleurs ſont ſeſſiles, axillaires & ſolitaires ou ramaſſées deux ou trois enſemble. Leurs étamines ſont plus longues que la corolle, & ont des anthères jaunâtres. Cet arbriſſeau croît dans les lieux maritimes des provinces méridionales. ♄

---

**842.** *Feuilles pétiolées, ovales-triangulaires, & larges de plus d'un pouce.*

Poirée maritime. *Beta maritima.* Linn. Sp. 322.

*Beta ſylveſtris, maritima.* Tournef. 502.

Sa tige eſt haute d'un pied & demi, un peu couchée à

842. fa bafe, glabre, cannelée, feuillée, & rameufe dans fa partie
fupérieure ; fes feuilles font alternes, ovales, pointues, un peu
décurrentes fur leur pétiole, liffes, & légèrement fucculentes :
les fleurs font petites, feffiles, folitaires ou difpofées deux ou
trois enfemble dans les aiffelles fupérieures de la tige & des rameaux : les feuilles qui les accompagnent font fort petites &
font paroître les fleurs difpofées en épis longs & très-grêles ; ces
fleurs font compofées de cinq pétales herbacés & concaves, de
cinq étamines fort courtes, & d'un ovaire chargé d'un ftyle
épais, très-court & à deux ou trois divifions. Le fruit eft une
femence réniforme, renfermée dans la bafe de la corolle. On
trouve cette plante en Provence, dans les lieux maritimes. ♂

Obs. La poirée commune diffère de cette efpèce par fa tige
tout-à-fait droite & haute de deux à quatre pieds, & par fes
feuilles fort grandes, larges & décurrentes fur leur pétiole qui
eft applati & quelquefois coloré. On la cultive dans les jardins ♂,
elle eft émolliente, relâchante & errhine. Sa racine cuite &
coupée par tranches, fe mange en falade ; les pétioles des
feuilles font auffi d'ufage dans la cuifine & font connus fous
le nom de *cardes.*

843. *Fleurs ramaffées au-delà de trois, par pelotons nombreux,*
*formant au fommet ou dans les aiffelles, des épis ou*
*des grappes ; femence lenticulaire.*

### Patte-d'oie. *Chenopodium.*

Les fleurs de patte-d'oie font petites, herbacées ; compofées
d'une corolle de cinq pièces lancéolées & un peu concaves ; de
cinq étamines de la longueur de la corolle ; & d'un ovaire chargé
d'un ftyle bifide & extrêmement court. Le fruit eft une femence
orbiculaire, comprimée & renfermée dans la corolle qui forme
cinq angles autour d'elle.

### *A N A L Y S E.*

| Toutes les feuilles entières, non découpées ni dentées. | La plupart des feuilles découpées ou dentées. |
|---|---|
| I. | VIII. |

**843.** **I.** *Toutes les feuilles entières non découpées ni dentées.*

| Feuilles pétiolées & point linéaires. **II.** | Feuilles linéaires & seffiles. **VII.** |
|---|---|

**II.** *Feuilles pétiolées & point linéaires.*

| Feuilles triangulaires ou fagittées. **III.** | Feuilles ovales ou rhomboïdales. **IV.** |
|---|---|

**III.** *Feuilles triangulaires ou fagittées.*

**Patte-d'oie fagittée.** *Chenopodium fagittatum.* ( Le bon Henri. )

*Chenopodium folio triangulo.* Tournef. 506.

*Chenopodium bonus Henricus.* Linn. Sp. 318.

Ses tiges font droites, un peu épaiffes, cannelées, légèrement farineufes, & s'élèvent jufqu'à un pied & demi; fes feuilles font pétiolées, triangulaires-fagittées, un peu ondulées, liffes, ridées & d'un gros vert en-deffus, nerveufes & chargées de points farineux en-deffous; fes fleurs font terminales, quelquefois dioïques & difpofées en grappe droite, nue & pyramidale. Cette plante eft commune dans les lieux incultes, les mafures, le long des chemins. ♃ Elle eft vulnéraire & très-déterfive.

**IV.** *Feuilles ovales ou rhomboïdales.*

| Feuilles rhomboïdales, blanchâtres & très-fétides. **V.** | Feuilles ovales, verdâtres & point fétides. **VI.** |
|---|---|

**V.** *Feuilles rhomboïdales blanchâtres & très-fétides.*

**Patte-d'oie fétide.** *Chenopodium fœtidum.* Tournef. 506.

*Chenopodium vulvaria.* Linn. Sp. 321.

Ses tiges font rameufes, couchées fur la terre, blanchâtres;

843.
& longues de sept à huit pouces, ou quelquefois davantage; ses feuilles sont pétiolées, ovales-rhomboïdales, & chargées particulièrement en-dessous d'une poussière farineuse qui leur donne un aspect blanchâtre & un peu glauque : les fleurs sont petites, & forment des grappes courtes au sommet & dans les aisselles supérieures des tiges. On trouve cette plante sur le bord des chemins, le long des murs & dans les jardins ⊙ : elle a une odeur extrêmement fétide; elle est anti-histérique & emménagogue.

---

VI. *Feuilles ovales, verdâtres & point fétides.*

Patte-d'oie graineuse. *Chenopodium polyspermum.* Linn. Sp. 321.

*Chenopodium betæ folio.* Tournef. 506.

Sa tige est longue d'un pied ou un peu plus, rameuse, glabre, feuillée, assez souvent couchée & étalée sur la terre, mais quelquefois entièrement droite; ses feuilles sont pétiolées, ovales, vertes, & souvent rougeâtres en leur bord : ses fleurs forment de petites grappes rameuses, grêles, axillaires & terminales. On trouve cette plante dans les lieux cultivés. ⊙

---

VII. *Feuilles linéaires sessiles.*

Patte-d'oie maritime. *Chenopodium maritimum.* Linn. Sp. 321.

*Kali minus album, femine splendente.* Bauh. pin. 289.

Ses tiges sont menues, glabres, feuillées, & hautes de huit à neuf pouces; ses feuilles sont étroites, linéaires, demi-cylindriques & un peu charnues : ses fleurs sont petites, sessiles & solitaires, ou deux ensemble dans chaque aisselle des rameaux & des feuilles supérieures; il leur succède des semences noires, lisses & un peu contournées. On trouve cette plante sur les bords de la mer dans les provinces méridionales. ⊙

Obs. Cette espèce a beaucoup d'affinité avec les soudes, & ne devroit peut-être pas en être séparée.

·843. VIII.  *La plupart des feuilles dentées ou découpées.*

| Toutes les feuilles oblongues, finuées ou femi-pinnées.<br><br>IX. | La plupart des feuilles deltoïdes, & dentées ou anguleufes.<br><br>XII. |
|---|---|

IX.  *Toutes les feuilles oblongues, finuées ou femi-pinnées.*

| Tige glabre ; feuilles glauques ou blanchâtres en-deffous.<br>X. | Tige velue ; feuilles verdâtres des deux côtés.<br>XI. |
|---|---|

X.  *Tige glabre ; feuilles glauques ou blanchâtres en-deffous.*

Patte-d'oie glauque. *Chenopodium glaucum.* Linn. Sp. 320.

*Chenopodium anguftifolium, laciniatum minus.* Tournef. 506.

Ses tiges font longues d'un pied, un peu couchées, médiocrement rameufes, cannelées & rayées de vert & de blanc ;
fes feuilles font pétiolées, oblongues, légèrement finuées ou
garnies de quelques angles émouffés, vertes en-deffus, & d'une
couleur glauque en-deffous : les fleurs font petites, les unes latérales, formant de petites grappes rameufes plus courtes que les
feuilles, & les autres terminales, difpofées de la même manière.
On trouve cette plante dans les lieux cultivés, les champs. ☉

XI.  *Tige velue ; feuilles verdâtres des deux côtés.*

Patte-d'oie botride. *Chenopodium botrys.* Linn. Sp. 320.

*Chenopodium ambrofioides, folio finuato.* Tournef. 506.

Cette plante eft odorante & légèrement vifqueufe dans toutes
fes parties ; fa tige eft droite, un peu rameufe, fur-tout vers fa
bafe, & velue ou pubefcente dans toute fa longueur ; fes feuilles
font pétiolées, oblongues, finuées, femi-pinnées, à pinnules
émouffées & anguleufes ; légèrement velues & verdâtres des
deux côtés : fes fleurs forment de petites grappes axillaires &

843. terminales. On trouve cette espèce dans les lieux sablonneux des provinces méridionales ☉ ; elle est stomachique, résolutive, expectorante & incisive.

---

XII. *La plupart des feuilles deltoïdes & dentées ou anguleuses.*

| Feuilles chargées en-dessous de points farineux. | Feuilles vertes des deux côtés & sans points farineux. |
|---|---|
| X I I I. | X V I I I. |

---

XIII. *Feuilles chargées en-dessous de points farineux.*

| Feuilles luisantes en-dessus ; points farineux peu abondans. | Feuilles non luisantes ; points farineux très-abondans. |
|---|---|
| X I V. | X V I I. |

---

XIV. *Feuilles luisantes en-dessus ; points farineux peu abondans.*

| Feuilles & corolles rougeâtres en leur bord ; grappes longues d'un pouce seulement. | Feuilles & corolles presque toutes verdâtres ; grappes longues de deux pouces ou plus. |
|---|---|
| X V. | X V I. |

---

XV. *Feuilles & corolles rougeâtres en leur bord ; grappes longues d'un pouce seulement.*

Patte-d'oie rougeâtre. *Chenopodium rubrum.* Linn. Sp. 318.

*Chenopodium pes anserinus primus tabernæ.* Tournef. 506.
*Chenopodium sylvestre, alterum, comâ purpurascente.* Vaill. p. 35.

Sa tige est haute d'un pied & demi, droite, cannelée, glabre ; feuillée & un peu rameuse ; ses feuilles sont pétiolées, deltoïdes, pointues, dentées & laciniées en leur bord, lisses en-dessus, rougeâtres en leur bord, & chargées de quelques points farineux

843.

en-deſſous. Les fleurs ſont diſpoſées par grappes rameuſes & plus courtes que les feuilles. On trouve cette plante dans les lieux incultes, les décombres. ☉

---

**XVI.** *Feuilles & corolles preſque toutes verdâtres ; grappes longues. de deux pouces ou plus.*

Patte-d'oie des murs. *Chenopodium murale.* Linn. Sp. 318.

    *Chenopodium pes anſerinus ſecundus Tabernæ.* **Tournef.** 506.

Cette eſpèce a beaucoup de rapport avec la précédente, mais elle eſt ordinairement verte dans toutes ſes parties ; ſa tige eſt plus rameuſe, plus foible, & ne s'élève que juſqu'à un pied : ſes feuilles ſont un peu plus grandes, très-luiſantes en-deſſus, ovales-rhomboïdales, dentées & légèrement farineuſes en-deſſous, ſur-tout dans leur jeuneſſe. Ses fleurs ſont diſpoſées en grappes preſque toutes terminales, rameuſes & aſſez grandes. On trouve cette plante le long des murs & ſur le bord des chemins. ☉

---

**XVII.** *Feuilles non luiſantes ; points farineux très-abondans.*

Patte-d'oie blanchâtre. *Chenopodium candicans.*

    *Chenopodium folio ſinuato candicante.* **Tournef.** 506.

    *Chenopodium album.* **Linn.** Sp. 319.

    β. *Chenopodium ſylveſtre, opuli folio.* **Vaill.** Pariſ. 36, t. 7, f. 1.

    *Chenopodium viride.* **Linn.** Sp. 319.

Sa tige eſt haute d'un à deux pieds, droite, un peu rameuſe, verte, quelquefois rougeâtre, & farineuſe dans ſa partie ſupérieure ; ſes feuilles ſont pétiolées, triangulaires-rhomboïdales, irrégulièrement dentées, vertes en-deſſus, blanchâtres & farineuſes en-deſſous : celles du ſommet ſont étroites & communément très-entières ; les grappes de fleurs ſont un peu grêles, alongées, preſque nues & blanchâtres. La variété β a ſes tiges plus rougeâtres, ſes feuilles un peu moins farineuſes en-deſſous, & ſes grappes de fleurs alongées & moins blanchâtres. Cette plante eſt commune dans les jardins & les lieux incultes. ☉

843.

XVIII. *Feuilles vertes des deux côtés & sans points farineux.*

| Feuilles triangulaires & légèrement dentées.<br><br>X I X. | Feuilles larges & un peu en cœur, & à sept angles très-saillans.<br><br>X X. |
|---|---|

XIX. *Feuilles triangulaires & légèrement dentées.*

Patte-d'oie deltoïde. *Chenopodium deltoideum.*

*Chenopodium pes anserinus primus.* Vaill. Parif. 36.
*Chenopodium urbicum.* Linn. Sp. 318.

Sa tige eft haute d'un pied & demi, droite, glabre, ftriée, feuillée & fouvent fimple, fes feuilles font pétiolées, deltoïdes, dentées, un peu charnues, vertes & glabres des deux côtés. Ses fleurs font petites, herbacées & difpofées en grappes menues, droites, axillaires & terminales. On trouve cette plante dans les environs de Paris. ☉

XX. *Feuilles larges, un peu en cœur & à sept angles très-saillans.*

Patte-d'oie anguleufe. *Chenopodium angulofum.*

*Chenopodium ftramonii folio.* Vaill. Parif. 36, tab. 7, f. 2.
*Chenopodium hybridum.* Linn. Sp. 319.

Sa tige eft haute de deux pieds, droite, glabre; cannelée, feuillée & ordinairement fimple; fes feuilles font pétiolées, vertes des deux côtés & très-anguleufes : leur angle terminal eft fort grand, alongé & aigu. Les fleurs font prefque toutes terminales, & forment au fommet de la tige une efpèce de pannicule compofée de grappes nues & très-rameufes. On trouve cette plante dans les lieux cultivés, les champs ☉ ; elle a une odeur fétide.

**844.** *Des fleurs femelles, dont la corolle est bivalve, mélangées parmi les fleurs hermaphrodites.*

### Arroche. *Atriplex.*

Les arroches ne différent des pattes-d'oie que parce qu'elles portent deux sortes de fleurs sur le même individu, c'est-à-dire, des fleurs hermaphrodites ayant une corolle de quatre ou cinq pièces, & des fleurs femelles, dont la corolle n'est composée que de deux folioles appliquées l'une contre l'autre.

### A N A L Y S E.

| Tige herbacée. I. | Tige ligneuse. X. |
|---|---|

**I.**     *Tige herbacée.*

| Valves féminales dentées en leur bord ; ou hérissées sur leur dos. I I. | Valves féminales très-entières, & point dentées ni hérissées. V. |
|---|---|

**II.** *Valves féminales dentées en leur bord ou hérissées sur leur dos.*

| Toutes les feuilles alternes, & la plupart lancéolées-linéaires. I I I. | Plusieurs feuilles-opposées, & presque toutes triangulaires & hastées. I V. |
|---|---|

**III.** *Toutes les feuilles alternes, & la plupart lancéolées-linéaires.*

Arroche étalée. *Atriplex patula.* Linn. Sp. 1494.

*Atriplex angusto oblongo folio.* Tournef. 505.

Ses tiges sont longues d'un pied & demi, rameuses, striées, glabres, quelquefois un peu droites, mais plus ordinairement

**844.** couchées & étalées fur la terre ; fes feuilles inférieures font un peu haftées, ou garnies à leur bafe d'un ou deux angles oblongs & courbés ; toutes les autres font étroites, lancéolées-linéaires, avec quelques dentelures vagues ou quelquefois très-entières : les fleurs font petites, & forment des épis fort grêles au fommet de la tige & des rameaux. On trouve cette plante dans les lieux incultes, le long des chemins, fur le bord des champs. ⊙

---

IV. *Plufieurs feuilles oppofées & prefque toutes triangulaires & haftées.*

Arroche haftée. *Atriplex haftata.* Linn. Sp. 1494.

*Atriplex folio haftato feu deltoide.* Tournef. 505.

Sa tige eft droite, anguleufe, très-rameufe, diffufe, & s'élève jufqu'à un pied & demi ; fes rameaux inférieurs font grands, très-ouverts & couchés fur la terre ; fes feuilles font pétiolées, larges, triangulaires, un peu haftées, dentées & très-glabres : les valves féminales font grandes, deltoïdes, dentées & prefque finuées. On trouve cette plante dans les lieux incultes, le long des murs & des haies. ⊙

---

V. *Valves féminales très-entières & point dentées ni hériffées.*

| Feuilles toutes linéaires & prefque feffiles. **V I.** | Feuilles pétiolées & point linéaires. **V I I.** |
|---|---|

---

VI. *Feuilles toutes linéaires & prefque feffiles.*

Arroche des rives. *Atriplex littoralis.* Linn. Sp. 1494.

*Atriplex anguftiffimo & longiffimo folio.* Tournef. 505.

Sa tige eft haute d'un à deux pieds, droite, ftriée & très-rameufe ; fes feuilles font alternes, d'un vert-clair, longues de deux pouces, larges d'une ligne & demie tout au plus, un peu rétrécies à leur bafe, & très-entières ou quelquefois

844. garnies de quelques dents peu confidérables : fes fleurs forment
au fommet de la tige & des rameaux, des épis grêles & cylindriques. Les étamines ont leurs anthères jaunâtres. Cette plante
eft indiquée en Alface par Mappus, & dans les environs de
Paris par Vaillant. ☉

---

VII.  *Feuilles pétiolées & point linéaires.*

| Tige de moins de deux pieds; feuilles couvertes de points argentés & farineux.<br>**VIII.** | Tige de plus de deux pieds; feuilles fans points farineux.<br>**IX.** |

---

VIII. *Tige de moins de deux pieds ; feuilles couvertes de points argentés & farineux.*

Arroche laciniée. *Atriplex laciniata.* Linn. Sp. 1494.

*Atriplex maritima, laciniata.* Tournef. 505.

Sa tige eft longue de fix à dix pouces, droite, quelquefois un
peu couchée, jaunâtre ou rougeâtre dans fa partie inférieure,
blanchâtre & prefque cotonneufe vers fon fommet ; fes feuilles
font pétiolées, blanchâtres & comme farineufes des deux côtés ;
les inférieures font oppofées, ovales & légèrement anguleufes ;
les fupérieures font alternes, deltoïdes, très-dentées & comme
déchirées en leur bord ; les valves féminales font un peu tétragones & leurs angles latéraux font obtus. Cette plante croît en
Provence, fur le bord de la mer. ☉

---

IX. *Tige de plus de deux pieds ; feuilles fans points farineux.*

Arroche de jardin. *Atriplex hortenfis.* Linn. Sp. 1493.

*Atriplex hortenfis, alba, five pallidè virens.* Tournef. 505.
β. *Atriplex hortenfis, rubra.* Ibid.

Sa tige eft haute de quatre ou cinq pieds, droite, glabre,
cannelée & un peu rameufe ; fes feuilles font alternes, pétiolées, liffes, molles, triangulaires & pointues ; fes fleurs font
terminales & difpofées en épis grêles & panniculés. Cette
plante eft étrangère, mais on la cultive dans les jardins pota-

844. gers ; où elle se refeme & se renouvelle tous les ans d'elle-même avec beaucoup de facilité. ⊙ Elle est rafraîchissante, délayante & laxative.

| X. | Tige ligneuse. |
| --- | --- |
| Feuilles pétiolées, oblongues & spatulées. XI. | Feuilles sessiles, & simplement ovales. XII. |

**XI.** *Feuilles pétiolées, oblongues & spatulées.*

Arroche pourpière. *Atriplex portulacoides.* Linn. Sp. 1493.

*Atriplex maritima , angustissimo folio.* Tournef. 505.

Sous-arbrisseau d'un pied environ, dont la tige est grisâtre & se divise dans sa partie inférieure en beaucoup de rameaux grêles, assez droits, feuillés & blanchâtres ; ses feuilles sont opposées, oblongues, assez étroites, d'une couleur glauque ou blanchâtre, & d'une confistance un peu charnue : ses fleurs sont terminales, difposées en épis grêles & rameux. On trouve cette plante dans les lieux maritimes des provinces méridionales. ♄

**XII.** *Feuilles sessiles & simplement ovales.*

Arroche glauque. *Atriplex glauca.* Linn. Sp. 1493.

*Atriplex maritima , Hispanica , frutescens & procumbens.* Tournef. 505.

Sous-arbrisseau dont les tiges font grêles, blanchâtres & ordinairement un peu couchées ; ses feuilles font petites, ovales, un peu charnues & d'une couleur glauque ou blanchâtre. Ses fleurs font difposées comme celles de l'efpèce précédente, avec laquelle celle-ci a beaucoup de rapport. On trouve cette plante en Languedoc, dans les lieux maritimes. ♄

845. *Plufieurs ovaires.* . . . . {

846.

Corolle à six divisions ou plus . . . . . . . . . . {
Corolle à six divisions. . . : 847
Corolle à plus de six divisions. 889

---

847. *Corolle à six divisions.*

## Liliacées.

Les liliacées font des plantes monocotyledones, dont les feuilles font ordinairement alternes, liffes, à nervures parallèles & engaînées à leur bafe; les fleurs ont une corolle partagée en fix découpures plus ou moins profondes, communément fix étamines, & en général un ovaire qui fe change prefque toujours en un fruit à trois loges.

Obs. Les liliacées, dont l'ovaire eft inférieur au réceptacle de la corolle, font analyfées aux nᵒˢ 962 & 1090.

### *A N A L Y S E.*

| Un feul ovaire. 848. | Plufieurs ovaires. 884. |
|---|---|

848. *Un feul ovaire.* . . . . . {
Ovaire chargé de ftyle. . . 849
Ovaire privé de ftyle. . . . 880

---

849. *Ovaire chargé de ftyle.* . . {
Un feul ftyle. . . . . . . . 850
Trois ftyles. . . . . . . . 877

---

850. *Un feul ftyle.* . . . . . . {
Style & ftigmate fimples & entiers. . . . . . . . . . . . . 851
Style ou ftigmate à trois divifions. . . 864

851.

*Style & stigmate simples & entiers* . . . . . . . . . $\begin{cases}$ Fleurs ramassées en naissant, dans un spathe commun, & disposées en ombelle . . . . . . . . . . . . . 852

Fleurs non ramassées dans un spathe commun, & point disposées en ombelle . . . . . . . . . . 853 $\end{cases}$

---

852. *Fleurs ramassées en naissant, dans un spathe commun, & disposées en ombelle.*

### Ail. *Allium.*

Les fleurs d'ail sont assez petites, nombreuses, renfermées avant leur épanouissement dans un spathe membraneux, & portées sur des pédoncules qui s'insèrent tous en un point commun ; elles sont composées de six pétales plus ou moins ouverts ; de six étamines, dont les filamens sont quelquefois alternativement élargis ; & d'un ovaire chargé d'un style simple. Le fruit est une capsule courte & à trois loges.

### *A N A L Y S E.*

| Filamens des étamines alternativement simples & trifides. I. | Tous les filamens des étamines très-simples. X. |
|---|---|

I. *Filamens des étamines alternativement simples & trifides.*

| Feuilles planes. I I. | Feuilles cylindriques. V I I. |
|---|---|

II. *Feuilles planes.*

| Ombelle portant des bulbes. I I I. | Ombelle ne portant que des capsules. V I. |
|---|---|

852. | **III.** *Ombelle portant des bulbes.*

| Feuilles très-entières. | Feuilles denticulées. |
| IV. | V. |

**IV.** *Feuilles très-entières.*

**Ail cultivé.** *Allium sativum.* Linn. Sp. 425.

*Allium sativum.* Tournef. 383.

Sa tige est haute d'un pied ou un peu plus, droite, cylindrique & feuillée dans sa partie inférieure ; ses feuilles sont planes, linéaires, pointues & très-entières ; ses fleurs sont blanches ou rougeâtres, terminales & disposées en une ombelle arrondie en tête. On trouve cette plante en Provence. ♃ On la cultive dans les jardins potagers. Sa racine est stomachique, anthelmintique, alexitaire, sudorifique, diurétique, anti-hystérique, & extérieurement résolutive & maturative.

**V.** *Feuilles denticulées.*

**Ail rocambole.** *Allium scorodoprasum.* Linn. Sp. 425.

*Allium sativum, alterum, sive allioprasum caulis summo circumvoluto.* Tournef. 383.

Cette espèce ressemble beaucoup à la précédente ; sa tige est droite, cylindrique, feuillée inférieurement & s'élève jusqu'à deux pieds ; sa partie supérieure se replie en spirale avant la maturité des bulbes ; ses feuilles sont longues, étroites, pointues, planes & finement denticulées en leur bord. On trouve cette plante dans les provinces méridionales. ♃ Ses bulbes, ainsi que ceux de la précédente, sont d'usage dans la cuisine.

**VI.** *Ombelle ne portant que des capsules.*

**Ail poireau.** *Allium porrum.* Linn. Sp. 423.

*Porrum commune, capitatum,* Tournef. 382.
β. *Scorodoprasum primum.* Cluf. hist. 1, p. 190.
*Allium ampeloprasum.* Linn. Sp. 423.

Sa tige est haute de trois à quatre pieds, droite, cylindrique ;
ferme

852.

ferme & feuillée dans sa partie inférieure; ses feuilles sont longues, planes & un peu en gouttière; ses fleurs forment une tête arrondie, terminale & d'une couleur glauque, ou légèrement rougeâtre : les trois étamines trifides ont leur filament fort large & pétaliforme. La variété β a sa racine prolifère, ses feuilles un peu plus étroites, & sa tête de fleurs moins dense. On cultive cete plante dans les jardins pour l'usage de la cuisine. Sa variété croît dans les provinces méridionales; elle est diurétique, emménagogue, béchique & incisive : extérieurement elle est très-adoucissante.

---

VII.                    *Feuilles cylindriques.*

| Ombelle portant des bulbes. | Ombelle ne portant que des capsules. |
|:---:|:---:|
| V I I I. | I X. |

---

VIII.              *Ombelle portant des bulbes.*

Ail des vignes. *Allium vineale.* Linn. Sp. 428.

*Porrum sylvestre, vinearum.* Tournef. 382.

Sa tige est droite, cylindrique, garnie de deux ou trois feuilles, & s'élève depuis un jusqu'à deux pieds; ses feuilles sont menues, cylindriques & fistuleuses; ses fleurs sont rougeâtres & leur ombelle porte des bulbes qui souvent commencent à pousser de nouvelles plantes avant d'être détachées, ce qui la fait paroître alors comme chevelue. On trouve cette plante dans les vignes, parmi les haies. ♉

---

IX.              *Ombelle ne portant que des capsules.*

Ail à tête ronde. *Allium sphærocephalum.* Linn. Sp. 426.

*Allium montanum, capite rotundo.* Tournef. 384.
β. *Cepa tenuifolia, sphærocephalos, purpurascens.* Ibid. 383.

Sa tige est droite, cylindrique, feuillée dans sa partie inférieure, & haute d'un pied & demi; ses feuilles sont un peu fistuleuses, semi-cylindriques, menues, assez longues, & se fanent de bonne heure; ses fleurs forment au sommet de la tige une

852.

têté arrondie & d'un pourpre-foncé : les étamines font faillantes hors de la corolle. On trouve cette plante dans les lieux montagneux , les champs ftériles. ♃

---

**X.**     *Tous les filamens des étamines très-fimples.*

| Spathe formant deux cornes remarquables. **X I.** | Spathe ne formant pas deux cornes. **X V I I I.** |

---

**XI.**     *Spathe formant deux cornes remarquables.*

| Fleurs jaunes ou blanchâtres. **X I I.** | Fleurs verdâtres ou rougeâtres. **X I I I.** |

---

**XII.**     *Fleurs jaunes ou blanchâtres.*

Ail jaune. *Allium flavum.* Linn. Sp. 428.

> *Allium juncifolium , bicorne , luteum.* Tournef. 384.
> ß. *Allium montanum , bicorne , flore pallide odoro.* Ibid.
> *Allium pallens.* Linn. Sp. 427.

Sa tige eft haute d'un pied & demi, cylindrique, feuillée & d'un vert un peu glauque, fur-tout vers fon fommet ; fes feuilles font menues , fort étroites, demi-cylindriques & un peu fiftuleufes ; fes fleurs font jaunes & difpofées en ombelle lâche , prefque panniculée : les étamines font plus longues que la corolle , & les pétales font ovales & émouffés à leur fommet. La variété ß fe diftingue par fes fleurs d'un jaune très-pâle & prefque blanchâtre. On trouve cette plante dans les champs , les haies , les bois taillis. ♃

---

**XIII.**     *Fleurs verdâtres ou rougeâtres.*

| Ombelle portant des bulbes. **X I V.** | Ombelle ne portant que des capfules. **X V I I.** |

852. | XIV.     *Ombelle portant des bulbes.*

| Feuilles planes & en gouttière; fleurs purpurines.<br><br>**X V.** | Feuilles cylindriques & un peu fistuleuses ; fleurs pâles ou verdâtres.<br><br>**X V I.** |
| --- | --- |

**XV.**   *Feuilles planes & en gouttière ; fleurs purpurines.*

**Ail cariné.** *Allium carinatum.* Linn. Sp. 426.

> *Allium montanum , bicorne , angustifolium , flore dilutè purpurascente.* Tournef. 383.

Sa tige est haute d'un pied ou un peu plus, cylindrique, & chargée de deux ou trois feuilles étroites, planes, un peu en gouttière , & ordinairement torses ou contournées ; le spathe forme deux cornes écartées, dont une est beaucoup plus longue que l'autre : les fleurs sont en petit nombre , lâches & disposées sur la tête formée par les bulbes. Les corolles, & même les peduncules, sont d'un pourpre presque violet. On trouve cette plante dans les champs , les lieux cultivés , les vignes. ♃

**XVI.** *Feuilles cylindriques & un peu fistuleuses ; fleurs pâles ou verdâtres.*

**Ail verdâtre.** *Allium virescens.*

> *Cepa bicornis , tenuifolia , flore obsoleto.* Tournef. 383.
> *Allium oleraceum.* Linn. Sp. 129.

Sa tige est haute d'un pied , cylindrique, & chargée de deux ou trois feuilles très-menues , fistuleuses & sillonnées ; ses fleurs forment une ombelle lâche & médiocrement garnie ; elles sont verdâtres ou d'une couleur brune , presque point purpurine : le spathe est divisé en deux cornes écartées , dont une est fort longue. On trouve cette plante dans les haies , les lieux cultivés , les vignes. ♃

852.

**XVII.** ···· *Ombelle ne portant que des capsules.*

Ail panniculé. *Allium panniculatum.* Linn. Sp. 428.

*Allium radice duplici, foliis succulentis, spathâ bicorni,
umbellæ radiis pendulis.* Hall. hist. n°. 1225.

Sa tige est lisse, cylindrique, & haute d'un à deux pieds; ses
feuilles sont longues, très-menues & semi-cylindriques; ses fleurs
sont disposées en une ombelle très-lâche & comme panniculée :
les extérieures ont leurs péduncules un peu pendans. Les corolles sont purpurines ou violettes; les pétales sont émousses
à leur sommet, & les étamines sont un peu plus longues que
la corolle. On trouve cette plante dans les lieux montagneux
& incultes. ♃

---

**XVIII.**       *Spathe ne formant pas deux cornes.*

| Feuilles planes ou en gouttière. | Feuilles cylindriques. |
|:---:|:---:|
| X I X. | X X X I V. |

**XIX.**       *Feuilles planes ou en gouttière.*

| Fleurs jaunes ou blanchâtres. | Fleurs sensiblement rougeâtres. |
|:---:|:---:|
| X X. | X X I X. |

**XX.**       *Fleurs jaunes ou blanchâtres.*

| Fleurs jaunes. | Fleurs blanchâtres. |
|:---:|:---:|
| X X I. | X X I I. |

**XXI.**       *Fleurs jaunes.*

Ail doré. *Allium aureum.*

*Allium latifolium luteum.* Tournef. 384.
*Allium moly.* Linn. Sp. 432.

Sa tige est haute de neuf à dix pouces, nue & presque
entièrement cylindrique; ses feuilles sont longues, lancéolées,

852. pointues, fessiles, & embrassent la partie inférieure de la tige: ses fleurs sont assez grandes, d'un beau jaune, & disposées en ombelle applatie ou très-ouverte. On trouve cette plante dans les environs de Paris. ♃

---

**XXII.** *Fleurs blanchâtres.*

| Tige nue.<br>**XXIII.** | Tige feuillée.<br>**XXVI.** |
|---|---|

**XXIII.** *Tige nue.*

| Feuilles planes & pétiolées.<br>**XXIV.** | Feuilles en gouttière & sessiles.<br>**XXV.** |
|---|---|

---

**XXIV.** *Feuilles planes & pétiolées.*

Ail pétiolé. *Allium petiolatum.*

> *Allium sylvestre latifolium.* **Tournef. 383.**
> *Allium ursinum.* **Linn. Sp. 431.**

Sa tige est haute de six à sept pouces, nue & un peu triangulaire; ses feuilles sont grandes, ovales-lancéolées; pointues, pétiolées & souvent plus longues que la tige: ses fleurs sont d'un blanc-de-lait & disposées en ombelle applatie. On trouve cette plante dans les lieux couverts ♃ ; elle fleurit en Avril.

---

**XXV.** *Feuilles en gouttière & sessiles.*

Ail triangulaire. *Allium triquetrum.* **Linn. Sp. 431.**

> *Allium caule triangulo.* **Tournef. 385.**

Sa tige est droite, un peu plus courte que les feuilles, nue & triangulaire; ses feuilles sont longues, ensiformes & profondément creusées en gouttière. Les fleurs sont blanches, les pétales sont droits, lancéolés & pointus, & les étamines sont moins longues que la corolle. On trouve cette plante en Provence, sur le bord des ruisseaux. ♃

---

852. XXVI. *Tige feuillée.*

| Feuilles glabres, nerveuſes, & larges de plus d'un pouce. XXVII. | Feuilles velues en leur bord, & larges de moins de ſix lignes. XXVIII. |
|---|---|

XXVII. *Feuilles glabres, nerveuſes, & larges de plus d'un pouce.*

Ail plantaginé. *Allium plantagineum.*

> *Allium montanum, latifolium, maculatum.* Tournef. 383.
> *Allium victoralis.* Linn. Sp. 424.

Sa tige eſt haute de huit à neuf pouces, quelquefois tachée & feuillée dans ſa partie inférieure; ſes feuilles, au nombre de deux ou trois, ſont ovales-oblonges, ſeſſiles, nerveuſes & aſſez ſemblables à celles du plantain majeur. Ses fleurs forment une tête arrondie, & ſont d'un blanc-pâle ou verdâtre. On trouve cette plante dans les montagnes des provinces méridionales. ♃

XXVIII. *Feuilles velues en leur bord, & larges de moins de ſix lignes.*

Ail velu. *Allium hirſutum.*

> *Allium anguſtifolium, umbellatum, flore albo.* Tournef. 385.
> *Allium ſubhirſutum.* Linn. Sp. 424.

Sa tige eſt haute de ſix à huit pouces, liſſe, creuſe, cylindrique & feuillée dans ſa partie inférieure; ſes feuilles ſont longues, planes, velues en leur bord, & larges de trois ou quatre lignes tout au plus. Les fleurs ſont d'un blanc-de-lait, & forment une ombelle applatie. On trouve cette plante dans les provinces méridionales.

XXIX. *Fleurs ſenſiblement rougeâtres.*

| Tige cylindrique. XXX. | Tige à deux angles. XXXIII. |
|---|---|

852. | **XXX.**        *Tige cylindrique.*

| Tige feuillée. | Tige nue. |
| :---: | :---: |
| **X X X I.** | **X X X II.** |

### XXXI.        *Tige feuillée.*

Ail rofe. *Allium rofeum.* Linn. Sp. 432.

> *Allium fylveftre, five moly minus, rofeo amplo flore.* Tournéf. 385.

Sa tige eft haute d'un pied, liffe, cylindrique & feuillée dans fa partie inférieure; fes feuilles font planes, un peu élargies, finement ftriées & plus courtes que la tige. Les fleurs font grandes & d'un pourpre-foncé; les pétales font ovales-oblongs & obtus, & les étamines font fort courtes. Cette plante croît dans les champs, les vignes des provinces méridionales. ♃

### XXXII.        *Tige nue.*

Ail à feuilles de narciffe. *Allium narciffifolium.*

> *Allium montanum, foliis narciffi mollioribus, floribus dilutioribus.* Tournef. 384.
> *Allium nigrum.* Linn. Sp. 430.
> β. *Allium Monfpeffulanum.* Gouan. Obf. p. 24, tab. 16.

Sa tige eft haute de deux pieds, nue, liffe & un peu dure; fes feuilles font radicales, au nombre de quatre ou cinq, longues, planes, pointues & d'un vert-glauque. Ses fleurs font grandes & purpurines; les pétales font droits ou demi-ouverts, & les étamines ne font pas plus longues que la corolle. On trouve cette plante en Provence & en Languedoc, dans les champs. ♃

### XXXIII.        *Tige à deux angles.*

Ail anguleux. *Allium angulofum.* Linn. Sp. 430.

> *Allium montanum, foliis narciffi, minus.* Tournef. 384.
> β. *Allium montanum, foliis narciffi, majus.* Ibid.
> *Allium fenefcens.* Linn. Sp. 430.

Sa racine, en vieilliffant, devient ligneufe, horizontale &

832. garnie de beaucoup de fibres ; elle pouffe une tige droite nue, liffe, haute d'un pied à-peu-près, & remarquable par deux angles oppofés plus ou moins tranchans : fes feuilles font radicales, au nombre de fix ou huit, longues de huit ou neuf pouces, larges de deux ou trois lignes, convexes en-deffous, prefque planes en-deffus, & torfes ou un peu contournées. Ses fleurs font légèrement rougeâtres & difpofées en ombelle hémifphérique ; les pétales font demi-ouverts, & les étamines font un peu plus longues que la corolle. On trouve cette plante dans les montagnes du Dauphiné & de la Provence. ♃

---

| XXXIV. | *Feuilles cylindriques.* |
|---|---|
| Tige ventrue à fa bafe ; fleurs verdâtres ou légèrement rougeâtres.<br><br>**X X X V.** | Tige grêle, non ventrue à fa bafe ; fleurs tout-à-fait purpurines.<br><br>**X X X V I.** |

---

**XXXV.** *Tige ventrue à fa bafe ; fleurs verdâtres ou légèrement rougeâtres.*

Ail oignon. *Allium cepa.* Linn. Sp. 431.

*Cepa vulgaris.* Tournef. 382.

Sa tige eft haute de deux à trois pieds, nue, cylindrique, 'buleufe & renflée dans fa partie inférieure ; fes feuilles font longues, cylindriques, fiftuleufes & pointues, & fes fleurs forment au fommet de la tige une tête arrondie ou un peu ovale ; les pétales font droits, prefque réunis à leur fommet, & laiffent faillir les étamines par les côtés des fleurs. Cette forte eft cultivée dans les jardins potagers pour l'ufage de la cuifine ♂ ; fa racine eft maturative, diurétique, incifive, lexitive & aphrodifiaque.

---

**XXXVI.** *Tige grêle, non ventrue à fa bafe ; fleurs tout-à-fait purpurines.*

Ail cibouie. *Allium fchænoprafum.* Linn. Sp. 432.

*Cepa fterilis, juncifolia, perennis.* Tournef. 382.
β. *Cepa alpina paluftris, tenuifolia.* Ibid.

Ses tiges font grêles, cylindriques, & hautes de cinq à fix

852. pouces ; ſes feuilles ſont auſſi longues que les tiges , cylindriques , un peu fiſtuleuſes , mais très-menues , filiformes &
pointues ; ſes fleurs ſont purpurines , & forment un ombelle
ſerrée & ramaſſée en tête. On trouve cette plante dans les
lieux humides des montagnes de la Provence ♉ ; on la cultive dans les jardins pour l'uſage de la cuiſine.

---

853.

*Fleurs non ramaſſées dans un ſpathe commun & point diſpoſées en ombelle.* . . .

{ Six écailles conniventes & ſtaminiféres au fond de la coroîle.  854

Point d'écailles particulières chargées des étamines au fond de la corolle. . . . . . . . . . . . . . . . 855

---

854.  *Six écailles conniventes & ſtaminiféres au fond de la corolle.*

### Aſphodèle. *Aſphodelus.*

Les fleurs d'aſphodèle ſont aſſez grandes , & diſpoſées en épi ſimple ou rameux ; elles ſont compoſées d'une corolle à ſix diviſions profondes , marquées d'une raie particulière dans leur milieu ; de ſix étamines remarquables par les écailles qui ſoutiennent leurs filamens ; & d'un ovaire chargé d'un ſtyle aſſez long. Le fruit eſt une capſule ſphérique & à trois lobes.

### A N A L Y S E.

| Feuilles enſiformes , un peu en gouttière , & larges de quatre ou cinq lignes. | Feuilles preſque cylindriques , très-menues , & un peu fiſtuleuſes. |
|---|---|
| I. | I I. |

**854.** I. *Feuilles ensiformes, un peu en gouttière, & larges de quatre ou cinq lignes.*

Asphodèle rameux. *Asphodelus ramosus.* Linn. Sp. 444.

*Asphodelus albus, ramosus, mas ( & minor ).* Tournef. 343.
β. *Asphodelus albus, non ramosus.* Ibid.

Sa tige est haute de trois pieds, cylindrique, nue, & plus ou moins rameuse dans sa partie supérieure; ses feuilles sont radicales, fort longues, nombreuses & ensiformes : ses fleurs sont grandes, ouvertes en étoile, & portées sur de courts péduncules. Les pétales sont blancs, & chargés d'une ligne rougeâtre sur leur dos. On trouve cette plante dans les montagnes de la Provence. ♃

II. *Feuilles presque cylindriques, très-menues, & un peu fistuleuses.*

Asphodèle fistuleux. *Asphodelus fistulosus.* Linn. Sp. 444.

*Asphodelus foliis fistulosis.* Tournef. 344.

Sa tige est haute de deux pieds, grêle, nue, cylindrique, & un peu rameuse dans sa partie supérieure; ses feuilles sont radicales, nombreuses, menues, presque filiformes, d'un vert-foncé, & fistuleuses : ses fleurs sont plus petites que celles de l'espèce précédente; leur corolle est composée de six pièces distinctes : les écailles des étamines sont velues, & le stigmate est un peu à trois lobes. On trouve cette plante dans les provinces méridionales. ♃

**855.** *Point d'écailles particulières chargées des étamines au fond de la corolle . . . .* { Corolle monopétale . . . . 856

Corolle polypétale . . . . . 861

**856.** *Corolle monopétale . . . .* { Etamines inclinées d'un seul côté; corolle longue de plus d'un pouce. 857

Etamines sans inclinaison remarquable; corolle dont la longueur n'excède pas un pouce. . . . 858

857. *Etamines inclinées d'un seul côté; corolle longue de plus d'un pouce.*

## Hemerocalle fafranée. *Hemerocallis crocea.*

*Lilio-afphodelus phæniceus.* Tournef. 344.
*Hemerocallis fulva.* Linn. Sp. 462.

Sa tige eft haute de trois pieds, nue, prefque cylindrique, liffe & un peu rameufe à fon fommet; fes feuilles font radicales, fort longues, enfiformes, un peu étroites & creufées en gouttière. Ses fleurs font grandes, pédunculées & terminales; leur corolle eft d'un jaune-rougeâtre, fur-tout intérieurement : elle forme à fa bafe un tube étroit, au fond duquel fe trouve l'ovaire qui eft bien certainement fupérieur au réceptacle de cette corolle. Cette plante croît en Provence felon Garidel. ♃

858. *Etamines fans inclinaifon remarquable; corolle dont la longueur n'excède pas un pouce.*
{ Ovaire globuleux, non fillonné; baie fphérique. . . . . . . . . 859
{ Ovaire à trois côtés, & chargé de trois fillons; capfule trigone. 860

859. *Ovaire globuleux, non fillonné; baie fphérique.*

## Muguet. *Convallaria.*

Les fleurs de muguet font compofées d'une corolle en cloche ou en grelot, à quatre ou fix divifions, d'un pareil nombre d'étamines, fouvent moins longues que la corolle, & d'un ovaire qui fe change en une baie fphérique, tachée avant fa maturité, & divifée intérieurement en deux ou trois loges.

### ANALYSE.

| Fleurs axillaires, ou difpofées fous les feuilles. | Fleurs terminales, & point difpofées fous les feuilles. |
|---|---|
| I. | VI. |

**859.**

*I.*    *Fleurs axillaires ou disposées sous les feuilles.*

| Feuilles alternes.<br>I I. | Feuilles verticillées.<br>V. |
| --- | --- |

*II.*      *Feuilles alternes.*

| Tige anguleuse ;<br>péduncules uniflores.<br>I I I. | Tige presque cylindrique ;<br>péduncules pluriflores.<br>I V. |
| --- | --- |

**III.**    *Tiges anguleuses ; péduncules uniflores.*

**Muguet anguleux.** *Convallaria angulosa.* ( Sceau de Salomon. )

*Polygonatum latifolium , vulgare.* Tournef. 78.
*Convallaria polygonatum.* Linn. Sp. 451.

Sa tige est haute d'un pied ou un peu plus, simple, anguleuse, dure, un peu courbée & feuillée dans toute sa moitié supérieure ; ses feuilles sont ovales-lancéolées, glabres, légèrement nerveuses & semi-amplexicaules. Les fleurs sont blanches, pendantes & la plupart solitaires. On trouve cette plante dans les bois ♃ ; sa racine passe pour vulnéraire, astringente & antiherniaire.

**IV.**    *Tige presque cylindrique ; péduncules pluriflores.*

**Muguet multiflore.** *Convallaria multiflora.* Linn. Sp. 452.

*Polygonatum latifolium , maximum.* Tournef. 78.
β. *Polygonatum latifolium , hellebori albi foliis.* Ibid.

Sa tige est haute de deux pieds, simple, courbée & cylindrique, ou n'ayant qu'une ou deux côtes très-obtuses & peu saillantes ; ses feuilles sont larges, ovales-elliptiques, ou un peu lancéolées, nerveuses, & souvent redressées ou réfléchies en-dessus : ses péduncules portent chacun deux à six fleurs pendantes & blanchâtres. On trouve cette plante dans les lieux couverts, les bois. ♃

**859.**

**V.** *Feuilles verticillées.*

Muguet verticillé. *Convallaria verticillata.* Linn. Sp. 451.

*Polygonatum anguſtifolium, non ramoſum.* Tournef. 78.

Sa tige eſt droite, ordinairement ſimple, creuſe, féuillée, & s'élève juſqu'à un pied & demi; ſes feuilles ſont étroites, lancéolées-linéaires, pointues, liſſes, à peine nerveuſes, & diſpoſées quatre à quatre à chaque articulation : elles ſont toutes plus longues que les entre-nœuds; les péduncules portent une à trois fleurs petites, pendantes & blanches ou un peu verdâtres. Cette plante croît dans les lieux couverts des provinces méridionales. ♃

**VI.** *Fleurs terminales & point diſpoſées ſous les feuilles.*

| Hampe nüe; corolle à ſix diviſions. **VII.** | Tige feuillée; corolle à quatre diviſions. **VIII.** |
| --- | --- |

**VII.** *Hampe nue; corolle à ſix diviſions.*

Muguet de mai. *Convallaria majalis.* Linn. Sp. 451.

*Lilium convallium album.* Tournef. 77.

Sa tige eſt haute de cinq à ſix pouces, très-grêle, nue, & un peu courbée ſous le poids des fleurs; ſes feuilles ſont radicales, ovales-lancéolées, liſſes, & ordinairement au nombre de deux : ſes fleurs ſont blanches, courtes, campanulées ou en grelot, un peu pendantes & diſpoſées en une eſpèce de grappe terminale ou en épi lâche & unilatéral; elles ont une odeur agréable. On trouve cette plante dans les bois, parmi les haies ♃; ſes fleurs ſont céphaliques, atténuantes & antiſpaſmodiques.

**VIII.** *Tige feuillée; corolle à quatre diviſions.*

Muguet quadrifide. *Convallaria quadrifida.*

*Smilax unifolia, humillima.* Tournef. 654.
*Convallaria bifolia.* Linn. Sp. 452.

Sa racine eſt fibreuſe, & pouſſe à l'entrée du printemps

**859.** une feule feuille portée fur un affez long pétiole ; quelque temps après la tige fe développe & s'élève à la hauteur de trois ou quatre pouces ; elle eft chargée d'une ou deux feuilles, & fe termine par un épi lâche, compofé de petites fleurs blanchâtres, dont la corolle eft à quatre divifions profondes, réfléchies contre le péduncule ; les étamines au nombre de quatre, & l'ovaire chargé d'un ftyle légèrement bifide à fon fommet. Les feuilles font cordiformes, liffes & un peu nerveufes. On trouve cette plante dans les bois montagneux. ℔

**860.** *Ovaire à trois côtés, & chargé de trois fillons ; capfule trigone.*

### Jacinthe. *Hyacinthus.*

Les fleurs de jacinthe font compofées d'une corolle tubulée ou en grelot, & à fix divifions plus ou moins profondes ; de fix étamines plus courtes que la corolle ; & d'un ovaire furmonté par un ftyle fimple. Cet ovaire eft chargé de trois pores prefque imperceptibles, mais remarquables par une petite goutte de liqueur qui en tranfude & qu'on y découvre affez fouvent.

### *A N A L Y S E.*

| Péduncules n'étant pas plus longs que les corolles. | Péduncules des fleurs fupérieures, beaucoup plus longs que les corolles. |
|:---:|:---:|
| I. | V I. |

I.    *Péduncules n'étant pas plus longs que les corolles.*

| Corolle oblongue, & dont l'entrée n'eft point rétrécie. | Corolle ovale ou globuleufe, & rétrécie à fon entrée. |
|:---:|:---:|
| I I. | I I I. |

**II.** *Corolle oblongue , & dont l'entrée n'eſt point rétrécie.*

Jacinthe des prés. *Hyacinthus pratenſis.*

> *Hyacinthus oblongo flore , cæruleus, major.* Tournef. 344.
> *Hyacinthus non ſcriptus.* Linn. Sp. 453.

Sa tige eſt droite , cylindrique , nue , & s'élève un peu au-delà d'un pied ; ſes feuilles ſont radicales , longues de ſept à huit pouces , larges de trois lignes , planes , liſſes, foibles & preſque couchées ſur la terre au bas de la plante. Les fleurs forment un épi lâche au ſommet de la tige ; elles ſont ordinairement bleues , d'une odeur très-agréable , tournées ſouvent d'un même côté , & un peu pendantes : leur corolle eſt découpée un peu au-delà de moitié , ou quelquefois juſqu'à ſa baſe , & le ſommet de ſes diviſions eſt rejeté en-dehors. A la baſe de chaque fleur , on trouve une couple de braɛtées linéaires , colorées , & preſque auſſi longues que les corolles. Cette plante eſt commune dans les prés en Picardie , en Artois. ♃

---

**III.** *Corolle ovale ou globuleuſe & rétrécie à ſon entrée.*

| Feuilles grêles , preſque cylindriques , & d'une ligne à peine de largeur.<br><br>**I V.** | Feuilles de deux à trois lignes de laigeur , & ſimplement canaliculées.<br><br>**V.** |
|---|---|

---

**IV.** *Feuilles grêles , preſque cylindriques , & d'une ligne à peine de largeur.*

Jacinthe à feuilles de jonc. *Hyacinthus juncifolius.*

> *Muſcari arvenſe juncifolium , cæruleum , minus.* Tournef. 348.
> *Hyacinthus racemoſus.* Linn. Sp. 455.

Sa tige eſt grêle , nue , cylindrique , & haute de cinq à ſix pouces ; ſes feuilles ſont menues , plus longues que la tige , linéaires , aſſez ſemblables à celles de quelques eſpèces de jonc , mais plus foible , & chargée d'une cannelure en gouttière : les fleurs ſont petites , nombreuſes , & diſpoſées en un épi court ,

**860.** ovale & ferré. Les corolles font bleues, mais leur limbe forme
un petit rebord blanc, qui fe colore par la fuite. On trouve
cette plante dans les lieux cultivés. ♃

---

**V.** *Feuilles de deux à trois lignes de largeur, & fimplement
canaliculées.*

Jacinthe botride. *Hyacinthus botryoides.* Linn. Sp. 455.

*Mufcari cæruleum , majus.* Tournef. 347.

Cette efpèce a beaucoup de rapport avec la précédente, mais
fa tige s'élève un peu plus, & fes feuilles font plus larges, plus
fermes & plus redreffées ; fes fleurs font inodorés, & leur corolle eft globuleufe, bleue, & terminée par un très-petit rebord
blanc. On trouve cette plante dans les provinces méridionales.

---

**VI.** *Péduncules des fleurs fupérieures beaucoup plus longs que
les corolles.*

Jacinthe à toupet. *Hyacinthus comofus.* Linn. Sp. 455.

*Mufcari arvenfe, latifolium , purpurafcens.* Tournef. 347.

Sa tige eft nue, cylindrique, liffe & haute de huit à dix
pouces ou quelquefois davantage ; fes feuilles font radicales,
longues, larges de trois lignes, un peu épaiffes, & planes au
moins fupérieurement. Ses fleurs font d'un bleu - rougeâtre,
difpofées en un épi fort long & lâche dans fa partie inférieure ;
les péduncules inférieurs font très-ouverts, & de même couleur
que celle de la tige : les fupérieurs font redreffés, colorés, fort
longs, & foutiennent de petites fleurs ordinairement ftériles.
On trouve cette plante dans les champs, les lieux cultivés, &
fur le bord des bois. ♃

---

**861.**

*Corolle polypétale.* . . . . {  Plantes ayant des feuilles radicales ; capfules à trois loges poly-
fpermes . . . . . . . . . . . . 862

Plantes fans feuilles radicales ; baie
à deux ou trois femences . . . 863

*Plantes ayant des feuilles radicales ; capfule à trois loges polyfpermes.*

### Ornithogale. -*Ornithogalum.*

Les fleurs d'ornithogale font compofées d'une corolle de fix pièces lancéolées, fouvent imparfaitement colorées & plus ou moins ouvertes ; de fix étamines, dont les filamens font fimples ou quelquefois trifides à leur fommet ; & d'un ovaire chargé d'un ftyle à-peu-près de la longueur des étamines.

Obs. Il y a plus de différence entre le *biftorta*, le *fagopyrum* & le *polygonum* de M. de Tournefort, qu'entre le *fcilla*, l'*ornithogalum* & la plupart des *anthericum* de M. Linné. Les filamens des étamines, filiformes ou alternativement élargis à leur bafe, & l'évafement plus ou moins confidérable de la corolle, n'offrent pour la diftinction de ces derniers genres, que des caractères obfcurs & très-imparfaits.

### A N A L Y S E.

| Fleurs bleues ou purpurines. | Fleurs blanches ou jaunâtres. |
| :---: | :---: |
| I. | V I. |

I.      *Fleurs bleues ou purpurines.*

| Feuilles planes, & larges de plus d'une ligne. | Feuilles filiformes, & n'ayant pas une ligne de largeur. |
| :---: | :---: |
| I I. | V. |

II.    *Feuilles planes & larges de plus d'une ligne.*

| Deux ou trois feuilles feulement. | Toujours plus de trois feuilles. |
| :---: | :---: |
| I I I. | I V. |

**862.**

**III.** *Deux ou trois feuilles seulement.*

Ornithogale double-feuille. *Ornithogalum bifolium.*

*Ornithogalum bifolium, Germanicum, cæruleum.* **Tournef.** 380.
*Scilla bifolia.* Linn. Sp. 443.

Sa tige est haute de quatre à six pouces, nue, lisse & cylindrique ; ses feuilles sont radicales, communément au nombre de deux, larges de trois lignes, un peu obtuses à leur sommet, & à peine plus longues que la tige. Les fleurs sont au nombre de deux à cinq, disposées en épi lâche, & composées de six pétales ouverts en étoile. On trouve cette plante dans les lieux couverts, & les pâturages en Alsace ♃ ; elle fleurit au commencement d'Avril.

**IV.** *Toujours plus de trois feuilles.*

Ornithogale écailleux. *Ornithogalum squamosum.*

*Lilio-hyacinthus vulgaris, flore caruleo.* **Tournef.** 372.
*Scilla lilio-hyacinthus.* Linn. Sp. 442.

Sa racine est écailleuse, oblongue & jaunâtre ; elle pousse une tige nue, haute de six à sept pouces, & chargée à son sommet de plusieurs fleurs bleues, ouvertes en étoile, ses feuilles sont radicales, au nombre de six ou sept, lisses, planes, disposées en rond au bas de la plante, & ordinairement moins longues que la tige. Cette plante a été observée dans les provinces méridionales, par Dom Fourmeault. ♃

Obs. Le *scilla amœna* de M. Linné croît spontanément dans le petit bois du Jardin Royal à Paris ; on le distingue de l'espèce que je viens de décrire, par sa racine bulbeuse, non écailleuse, & par ses feuilles plus longues que la tige.

**V.** *Feuilles filiformes, & n'ayant pas une ligne de largeur.*

Ornithogale d'automne. *Ornithogalum autumnale.*

*Ornithogalum autumnale, minus, floribus cæruleis.* **Tournef.** 381.
*Scilla autumnalis.* Linn. Sp. 443.

Sa tige est nue, grêle & haute de cinq à six pouces ; ses

862.

feuilles font radicales, très-menues, filiformes, foibles, vertes, moins longues que la tige, & fe fanent très-fouvent avant le développement des fleurs. Les fleurs font bleues ou purpurines & un peu difpofées en corymbe. On trouve cette plante dans les environs de Paris. ♃

---

**VI.**  *Fleurs blanches ou jaunâtres.*

| Fleurs difpofées en un corymbe ombelliforme.<br>**VII.** | Fleurs en épi ou en pannicule.<br>**X.** |

---

**VII.**  *Fleurs difpofées en un corymbe ombelliforme.*

| Pétales verts & blancs.<br>**VIII.** | Pétales jaunes intérieurement.<br>**IX.** |

---

**VIII.**  *Pétales verts & blancs.*

Ornithogale ombellé. *Ornithogalum umbellatum.* Linn. Sp. 441

*Ornithogalum umbellatum, medium, anguftifolium.* Tournef. 378.

Sa tige eft droite, nue & haute de cinq à fix pouces ; elle fe termine fupérieurement par un corymbe étalé, compofé de fept à huit fleurs pédunculées, affez grandes, & remarquables par leurs pétales alongés, pointus, blanchâtres en leur bord, & verts dans leur partie moyenne : les péduncules font garnis de bractées longues, membraneufes & pointues ; les filamens des étamines font fimples & non échancrés ; les feuilles font radicales, étroites & un peu en gouttière. On trouve cette plante dans les champs, les lieux cultivés. ♃

---

**IX.**  *Pétales jaunes intérieurement.*

Ornithogale jaune. *Ornithogalum luteum.* Linn. Sp. 440.

*Ornithogalum luteum.* Tournef. 379.
β. *Ornithogalum luteum, minus.* Ibid.
*Ornithogalum minimum.* Linn. Sp. 440.

Sa tige eft haute de deux à quatre pouces, anguleufe, glabre

862. inférieurement, & se divise vers son sommet en plusieurs rameaux ou péduncules pubescens, & disposés en corymbe : à la
base de chaque rameau, on observe une bractée longue, étroite
& pointue : les feuilles radicales sont étroites, souvent plus
longues que la tige & rarement au-delà de deux : les pétales
sont ligulés, velus en-dehors, & jaunes intérieurement : les
filamens des étamines ne sont point élargis à leur base. On
trouve cette plante dans les champs secs & arides. ♃

**X.** *Fleurs en épi ou en pannicule.*

| Tige simple. | Tige rameuse. |
|:---:|:---:|
| X I. | X X. |

**XI.** *Tige simple.*

| Etamines & pistil sans inclinaison particulière. | Etamines ou pistil ayant une inclinaison remarquable. |
|:---:|:---:|
| X I I. | X V I I. |

**XII.** *Etamines & pistil sans inclinaison particulière.*

| Pétales tout-à-fait blancs ; feuilles larges de deux pouces ou davantage. | Pétales verdâtres sur leur dos & colorés en leur bord ; feuilles larges de moins d'un pouce. |
|:---:|:---:|
| X I I I. | X I V. |

**XIII.** *Pétales tout-à-fait blancs ; feuilles larges de deux pouces ou davantage.*

Ornithogale maritime. *Ornithogalum maritimum.*

> *Ornithogalum maritimum, seu scilla radice rubrá.* **Tournef.** 381.
> β. *Ornithogalum maritimum, seu scilla radice albá.* Ibid.
> *Scilla maritima.* Linn. Sp. 442. ( α, β. )

Sa racine est une bulbe plus grosse que le poing, formée

**862.** de plufieurs tuniques épaiffes, charnues & rougeâtres ou blan=
châtres felon les variétés ; elle pouffe une tige haute de deux
pieds, droite, nue & terminée par un épi conique, compofé
de beaucoup de fleurs blanches, ouvertes en étoile : les feuilles
font radicales , larges, longues prefque d'un pied , & couchées
fur la terre. On trouve cette plante dans les fables fur les bords
de la mer en Bretagne, en Normandie. ♃ Sa racine eft incifive ,
diurétique & apéritive.

---

XIV. *Pétales verdâtres fur leur dos , & colorés en leur bord ;
feuilles larges de moins d'un pouce.*

| Pétales d'un blanc-jaunâtre en leur bord ; tige de deux pieds. **X V.** | Pétales d'un blanc-de-lait en leur bord ; tige de moins de deux pieds. **X V I.** |
| --- | --- |

---

XV. *Pétales d'un blanc-jaunâtre en leur bord ; tige de deux pieds.*

Ornithogale jauniffant. *Ornithogalum flavefcens.*

> *Ornithogalum anguftifolium majus , floribus ex albo virefcen-
> tibus.* Tournef. 379.
>
> *Ornithogalum Pyrenaicum.* Linn. Sp. 440.

Sa tige eft fimple, nue, très-droite & haute de deux pieds
ou quelquefois davantage ; elle fe termine par un épi fort
long, pointu & compofé de beaucoup de fleurs : les péduncules de celles qui font épanouies font très-ouverts , mais tous
les autres font redreffés & ferrés contre l'axe de l'épi ; les
pétales font ligulés , verdâtres dans leur milieu , & d'un blanc-
fale & jaunâtre en leur bord : les braétées font membraneufes,
élargies à leur bafe & très-aiguës. On trouve cette plante
dans les environs de Paris. ♃

---

XVI. *Pétales d'un blanc-de-lait en leur bord ; tige de moins
de deux pieds.*

Ornithogale de Narbonne. *Ornithogalum Narbonenfe.* Linn.
Sp. 440.

> *Ornithogalum majus , fpicatum , flore albo.* Tournef. 379.

Cette plante n'eft qu'une variété de la précédente felon

**862.** M. Gerard ; cependant ſa tige ne s'élève que juſqu'à un pied & demi , & ſes fleurs ſont toujours un peu plus grandes & n'ont jamais un aſpeĉt jaunâtre : les feuilles dans l'une & dans l'autre eſpèce ſe fanent la plupart avant l'épanoüiſſement des fleurs. On trouve celle-ci en Languedoc & en Provence. ♃

---

**XVII.** *Etamines ou piſtil ayant une inclinaiſon remarquable.*

| Corolle ouverte en étoile ;<br>épi lâche & aſſez long.<br><br>**XVIII.** | Corolle ſimplement<br>campanulée ;<br>épi court & preſque unilatéral.<br>**XIX.** |
| --- | --- |

**XVIII.** *Corolle ouverte en étoile ; épi lâche & aſſez long.*

Ornithogale graminé. *Ornithogalum gramineum.*

> *Phalangium parvo flore , non ramoſum.* **Tournef. 368.**
> *Anthericum liliago.* **Linn. Sp. 445.**

Sa tige eſt cylindrique, nue, ferme, & haute d'un pied & demi; ſes feuilles ſont radicales, longuës d'un pied, larges d'une ligne & demie tout au plus, planes, légèrement en gouttière, & reſſemblent un peu à celles des graminées : les fleurs ſont blanches , larges d'un pouce & demi dans leur épanoüiſſement, fort écartées les unes des autres à la baſe de l'épi, & très-rapprochées à ſon ſommet. Les braĉtées des fleurs inférieures ſont longues, linéaires & pointues. Les pétales ſont très-minces , & chargés de trois lignes ſur leur dos : le piſtil eſt ſenſiblement incliné. On trouve cette plante dans les environs de Paris ♃

---

**XIX.** *Corolle ſimplement campanulée ; épi court & preſque unilatéral.*

Ornithogale liniforme. *Ornithogalum liniforme.*

> *Liliaſtrum Alpinum , minus.* **Tournef. 369.**
> *Anthericum liliaſtrum.* **Linn. Sp. 445.**

Sa tige eſt haute d'un pied , nue & cylindrique ; ſes feuilles ſont radicales, planes, preſque auſſi longues que la tige, &

**862.** larges de deux ou trois lignes : ſes fleurs ſont blanches, grandes, fort belles, & la plupart tournées d'un même côte. Les pétales, preſque connivens, leur donnent l'aſpect de celles du lys ordinaire. Les bractées inférieures ſont fort longues. Cette plante croît dans les pâturages des montagnes de la Provence. ♃

---

**XX.** *Tige rameuſe.*

Ornithogale rameux. *Ornithogalum ramoſum.*

*Phalangium parvo flore, ramoſum.* Tournef. 368.
*Anthericum ramoſum.* Linn. Sp. 445.

Sa tige eſt haute de deux pieds, droite, nue & rameuſe vers ſon ſommet, où elle forme une pannicule lâche ; ſes feuilles ſont radicales, longues, linéaires, étroites, & aſſez ſemblables à celles des plantes graminées : les fleurs ſont blanches & moins grandes que celles des deux eſpèces précédentes avec leſquelles celle-ci a beaucoup de rapport : le piſtil n'eſt point incliné. La bractée inférieure eſt longue de deux pouces, linéaire & aiguë. On trouve cette plante dans les lieux montagneux & incultes. ♃

---

**863.** *Plantes ſans feuilles radicales ; baie à deux ou trois ſemences.*

### Aſperge. *Aſparagus.*

Les fleurs d'aſperges ſont petites, compoſées de ſix pétales droits, un peu réfléchis à leur ſommet, ſur-tout les trois intérieurs, & preſque connivens à leur baſe, de ſix étamines plus courtes que la corolle, adhérentes chacune à la baſe de chaque pétale ſans s'y inférer poſitivement, & d'un ovaire en poire renverſée. Je n'y ai point obſervé de ſtyle ; le fruit eſt une baie ſphérique.

*A N A L Y S E.*

| Tige herbacée ; feuilles cétacées, molles & point piquantes. | Tige ligneuſe ; feuilles courtes, roides & un peu piquantes. |
|---|---|
| I. | I I. |

**863.** **I.** *Tige herbacée ; feuilles cétacées, molles & point piquantes.*

Afperge officinale. *Afparagus officinalis.* Linn. Sp. 448.

*Afparagus fylveftris , tenuiſſimo folio.* **Tournef.** 300.

β. *Afparagus maritimus , craſſiore folio.* Ibid.

γ. *Afparagus fativa.* Ibid.

Sa tige eſt droite, cylindrique, verte, très-rameuſe & panniculée dans ſa partie ſupérieure, & s'élève juſqu'à deux ou trois pieds ; ſes feuilles ſont linéaires, cétacées, molles, & diſpoſées deux à cinq enſemble par faiſceaux aſſez nombreux. A la baſe de chaque faiſceau, on trouve une ſtipule membraneuſe extrêmement petite : les fleurs ſont d'un vert-jaunâtre, pédunculées, & diſpoſées à l'origine des rameaux ; il leur ſuccède des baies d'un rouge-vif dans leur maturité. On trouve cette plante dans les provinces méridionales. La variété β croît dans les lieux voiſins de la mer ; la variété γ eſt cultivée dans les jardins pour l'uſage de la cuiſine ♃ ; ſa racine eſt apéritive & diurétique.

---

**II.** *Tige ligneuſe ; feuilles courtes, roides & un peu piquantes.*

Afperge piquante. *Afparagus acutifolius.* Linn. Sp. 449.

*Afparagus foliis acutis.* **Tournef.** 300.

Sa tige eſt haute d'un à deux pieds, blanchâtre, ſtriée, très-rameuſe & preſque en buiſſon ; ſes feuilles ſont longues d'une ligne & demie tout au plus, roides, aiguës, un peu piquantes, vertes, nombreuſes, & ramaſſées par faiſceaux très-rapprohés les uns des autres, & diſpoſées ſur les rameaux. Les fleurs ſont ſolitaires, d'un blanc-jaunâtre, & portées ſur des péduncules à peine plus longs que les feuilles. On trouve cette eſpèce dans les lieux ſtériles & pierreux des provinces méridionales. ♄

864.

*Style ou stigmate à trois divisions . . . . . . . .* { Base intérieure des pétales, distinguée par une rainure ou une fossette, ou deux callosités remarquables . . . . . . . . . . . . . . . 865

Aucune rainure ni fossette, ni callosité particulière à la base intérieure des pétales . . . . . . . 872

---

865. *Base intérieure des pétales, distinguée par une rainure ou une fossette, ou deux callosités remarquables.* { Une rainure longitudinale à la base intérieure des pétales. . 866

Une fossette ou deux callosités à la base intérieure des pétales. 867

---

866. *Une rainure longitudinale à la base intérieure des pétales.*

## Lys. *Lilium.*

Les fleurs de lys sont grandes, fort belles, composées de six pétales ovales-lancéolés, un peu épais, réunis en manière de cloche, & remarquables par une cannelure longitudinale, disposée en leur surface intérieure ; de six étamines un peu moins longues que les pétales ; & d'un ovaire oblong, chargé d'un style de la longueur de la corolle : le stigmate est épais & à trois lobes ou trois angles obtus. Le fruit est une capsule presque cylindrique, marquée de six sillons, dont trois plus profonds que les autres, & divisée en trois loges.

*A N A L Y S E.*

| Feuilles éparses. I. | Feuilles verticillées. VIII. |
|---|---|

| I. | *Feuilles éparses.* |
|---|---|

| Corolle tout-à-fait blanche. I I. | Corolle rouge ou jaunâtre. I I I. |
|---|---|

**866.**

**II.** *Corolle tout-à-fait blanche.*

Lys blanc. *Lilium candidum.* Linn. Sp. 433.

*Lilium album, vulgare.* Tournef. 369.

Sa tige eſt haute de deux ou trois pieds, droite, cylindrique & très-ſimple ; ſes feuilles ſont entières, éparſes, oblongues, ondulées, pointues, & d'autant plus courtes & plus étroites, qu'elles ſont plus voiſines du ſommet de la tige ; les fleurs ſont terminales, pédunculées, fort belles & d'une odeur exquiſe. Cette plante paroît étrangère, mais on la cultive dans tous les jardins, dont elle fait l'ornement ♃. Sa racine eſt émolliente, anodine & maturative.

---

**III.** *Corolle rouge ou jaunâtre.*

| Corolles droites & ſimplement campanulées. | Corolles pendantes, & dont les pétales ſont réfléchies en-deſſus. |
|---|---|
| I V. | V. |

---

**IV.** *Corolles droites & ſimplement campanulées.*

Lys bulbifère. *Lilium bulbiferum.* Linn. Sp. 433.

*Lilium purpuro-croceum, majus.* Tournef. 369.

β. *Lilium purpuro-croceum, minus.* Ibid. 370.

Sa tige eſt haute d'un à deux pieds, droite, très-ſimple, feuillée & terminée par une ou pluſieurs fleurs ; ſes feuilles ſont éparſes, aſſez petites, étroites, pointues, & chargées de lignes ou de nervures très-fines en leur ſurface inférieure : on trouve dans leurs aiſſelles ſupérieures de petites bulbes blanchâtres & ſeſſiles. Les fleurs ſont grandes, d'un pourpre-jaunâtre ou couleur de ſafran, parſemées intérieurement de petites taches noires & pubeſcentes en leur rainure. Cette plante croît en Alſace & en Provence, dans les lieux montagneux & humides. ♃

866.

**V.** *Corolles pendantes , & dont les pétales sont réfléchis en-dessus.*

| Corolles tout-à-fait rouges , & point ponctuées.<br>**V I.** | Corolles jaunâtres , & plus ou moins ponctuées.<br>**V I I.** |
| --- | --- |

**VI.** *Corolles tout-à-fait rouges & point ponctuées.*

Lys rouge. *Lilium rubrum.*

*Lilium rubrum , angustifolium.* **Tournef.** 371.

*Lilium pomponium.* **Linn.** Sp. 434.

Sa tige est haute d'un pied & demi, droite, simple & abondamment garnie de feuilles dans toute sa longueur ; ses feuilles sont éparses, nombreuses, étroites, pointues, & vont en diminuant de grandeur vers le sommet de la tige , de sorte que les supérieures sont très-petites. Les fleurs sont terminales, fort belles, d'un rouge-vif, & rarement au-delà de quatre. On trouve cette plante en Provence. ♃

**VII.** *Corolles jaunâtres , & plus ou moins ponctuées.*

Lys jaune. *Lilium flavum.*

*Lilium flavum , angustifolium.* **Tournef.** 371.

*Lilium Pyrenaicum.* **Gouan.** Obf. 25.

Cette espèce a beaucoup de rapport avec la précédente ; sa tige est haute d'un à deux pieds, simple & garnie de feuilles éparses, nombreuses & très-rapprochées les unes des autres ; elles sont étroites-lancéolées, nerveuses en-dessous, & vont en diminuant de grandeur vers le sommet de la tige. Les fleurs sont terminales, à peine au-delà de trois, & quelquefois solitaires ; leur corolle est jaune, d'une couleur pâle en-dehors, & parsemée en-dedans de points rouges ou noirâtres. Cette plante croît dans les Pyrénées. ♃

## ( 284 )

**866.** | VIII. *Feuilles verticillées.*

Lys martagon. *Lilium martagon.* Linn. Sp. 435.

> *Lilium floribus reflexis , montanum , flore rubente.* **Tournef.**
> 370.
>
> β. *Lilium floribus reflexis , montanum , flore albicante.* **Ibid.**
>
> γ. *Lilium floribus reflexis , alterum , lanuginofum , hirfutum.* **Ibid.**

Sa tigé eft droite , fimple , quelquefois tachée , & s'élève jufqu'à deux pieds ; fes feuilles font ovales-lancéolées, pointues, nerveufes en-deffous , & difpofées par verticilles dont les fupérieurs font fouvent imparfaits : les fleurs font rougeâtres ou blanchâtres , communément velues en-dehors , fur-tout avant leur épanouiffement , pendantes & parfemées de taches purpurines ou noirâtres : leurs pétales font réfléchis en-deffus. Cette plante croît en Provence , en Alface & fur le Mont d'or en Auvergne. ♃

---

**867.**

*Une foffette où deux callofités à la bafe intérieure des pétales* . . . . . . .
{
Une foffette arrondie ou ovale à la bafe intérieure de chaque pétale. 868

Deux callofités faillantes à la bafe des trois pétales intérieurs. . . 871

---

**868.**

*Une foffette arrondie ou ovale , à la bafe intérieure de chaque pétale.* . . . .
{
Fleurs terminales ; feuilles étroites & feffiles . . . . . . . . . . . 869

Fleurs difpofées fous les feuilles ; feuilles larges & amplexicaules. 870

---

**869.** *Fleurs terminales ; feuilles étroites & feffiles.*

Fritillaire. *Fritillaria.*

Les fleurs de fritillaire font pendantes , compofées de fix pétales difpofés en cloche pentagone ; de fix étamines prefque auffi longues que la corolle , & d'un ovaire oblong chargé d'un ftyle qui excède la longueur des étamines , & dont le ftigmate eft trifide. Le fruit eft une capfule oblongue , prifmatique & triloculaire.

869.

| Toutes les feuilles alternes ; tige uniflore. **I.** | Feuilles inférieures oppofées, tige pluriflore. **II.** |

**I.** *Toutes les feuilles alternes ; tige uniflore.*

Fritillaire méléagre. *Fritillaria meleagris.* Linn. Sp. 436.

> *Fritillaria præcox , purpurea , variegata.* Tournef. 377.
> β. *Fritillaria alba , præcox.* Ibid.
> γ. *Fritillaria lutea maxima, Italica.* Ibid.
> δ. *Fritillaria ferotina , floribus ex flavo virentibus.* Ibid.

Sa tige eſt droite, menue, très-ſimple, & haute de huit à neuf pouces ; ſes feuilles ſont au nombre de trois ou quatre, écartées, longues, étroites & pointues ; ſa fleur eſt terminale, fort belle, & reſſemble un peu à une tulipe renverſée ; elle varie dans ſa couleur, mais elle eſt communément panachée ou tachée par petits carreaux en forme de damier. On trouve cette plante dans les pâturages humides & dans les montagnes. ♃

**II.** *Feuillés inférieures oppofées ; tige pluriflore.*

Fritillaire des Pyrénées. *Fritillaria Pyrenaica.* Linn. Sp. 436.

> *Fritillaria flore minore.* Tournef. 377.

Je ne ſai ſi cette eſpèce eſt ſuffiſamment diſtinguée de la précédente ; ſelon les Auteurs ſa tige s'élève davantage, ſes feuilles ſont plus étroites & ſes fleurs plus petites ; elles ſont ordinairement ſéparées par une feuille. On trouve cette plante dans les montagnes de la Provence. ♃

870. *Fleurs disposées sous les feuilles ; feuilles larges & amplexicaules.*

Uvulaire amplexicaule. *Uvularia amplexifolia.* Linn. Sp. 436.

*Polygonatum latifolium quartum, ramosum.* Cluf. Hist. I, p. 276.

Sa tige est haute d'un pied, rameufe, feuillée & cylindrique ; fes feuilles font alternes, amplexicaules, pointues, liffes & nerveufes : fes fleurs font petites, pendantes, folitaires & attachées à des péduncules courbés dans leur milieu, & qui naiffent à la bafe des feuilles : leur corolle eft campanulée, & compofée de fix pétales lancéolés, diftingués chacun par une petite foffette à leur bafe intérieure. Les étamines font très-courtes, & au nombre de fix ; le fruit eft une baie qui devient rougeâtre en mûriffant. Cette plante croit en Dauphiné dans les lieux couverts des montagnes. ♃

---

871. *Deux callofités faillantes à la bafe des trois pétales intérieurs.*

Dent-de-chien mouchetée. *Erythronium maculofum.*

*Dens canis latiore rotundioreque folio.* Tournef. 738.

β. *Dens canis angufliore longioreque folio.* Ibid.

*Erythronium dens canis.* Linn. Sp. 437. ( α, β. )

Sa tige eft une hampe uniflore, haute de cinq à fix pouces, garnie dans fa partie inférieure d'une couple de feuilles ovales-lancéolées, très-ouvertes, mouchetées & panachées de vert & d'un rouge-obfcur. Sa fleur eft terminale, pendante, compofée de fix pétales lancéolés, pointus, & à demi réfléchis en-deffus ; de fix étamines inférées aux onglets des pétales ; & d'un ovaire dont le ftyle eft plus long que les étamines, & terminé par trois ftigmates. On trouve cette plante dans les lieux couverts des montagnes. ♃

---

872. *Aucune rainure ni foffette, ni callofité particulière à la bafe intérieure des pétales.* 

{ Pétales ftaminifères & à onglets étroits . . . . . . . . . . . . . 873

{ Pétales non ftaminifères & fans onglets remarquables . . . . . 876

873.

*Pétales ſtaminifères & à onglets étroits. . . . . .* 

{ Feuilles lancéolées; point d'écailles glumacées embriquées autour
des fleurs . . . . . . . . . . . . 874

Feuilles nulles, des écailles glumacées embriquées autour des fleurs.
875

---

874. *Feuilles lancéolées ; point d'écailles glumacées embriquées autour des fleurs.*

## Campanette printannière. *Bulbocodium vernum.* Linn. Sp. 422.

*Colchicum vernum, Hiſpanicum.* **Tournef.** 350.

Cette plante a beaucoup de rapport avec les colchiques, nº. 878 ; ſes feuilles ſont radicales & lancéolées. Sa fleur eſt campanulée, blanche avant ſon épanoüiſſement, & acquiert en s'ouvrant, une couleur purpurine plus ou moins foncée ; elle naît preſque immédiatement de la racine, & eſt compoſée de ſix pétales dont les onglets ſont longs & étroits ; de ſix étamines inſérées ſur les onglets dés pétales ; & d'un ovaire pointu, chargé d'un ſtyle de la longueur des étamines, & terminé par trois ſtigmates. Le fruit eſt une capſule obtuſément triangulaire, pointue & diviſée en trois loges polyſpermes. Cette plante a été obſervée dans le Dauphiné par M. de Villars. ♃

---

875. *Feuilles nulles ; des écailles glumacées embriquées autour des fleurs.*

## Non-feuillée de Montpellier. *Aphyllantes Monſpelienſis.* Linn. Sp. 422.

*Aphyllantes Monſpelienſium.* **Tournef.** 657.

Cette plante a l'aſpect d'un petit jonc ; ſes tiges ſont des hampes nues, grêles, & hautes de ſept à huit pouces : elles ſont chargées à leur extérmité d'une ou deux fleurs ſeſſiles, blanches ou bleuâtres, & environnées à leur baſe par des écailles luiſantes, ſcarieuſes & un peu rouſsâtres. On trouve cette plante dans les lieux pierreux des provinces méridionales. ♃

876.    *Pétales non ſtaminifères, & ſans onglets remarquables.*

## Jonc. *Juncus.*

Les joncs tiennent le milieu entre les liliacées, avec leſquelles ils ont de très-grands rapports, & les plantes graminées auxquelles ils reſſemblent auſſi beaucoup par leur port en général, ſur-tout à celles qui forment la diviſion des ſcirpes, des ſouchets, &c. Leurs fleurs ſont petites, compoſées de ſix pétales pointus & coriaces ; de ſix étamines, dont les anthères ſont ſouvent auſſi longues que la corolle ; & d'un ovaire, dont le ſtyle ſt terminé par trois ſtigmates quelquefois plumeux. Le fruit eſt une capſule uniloculaire & trivalve.

### *A N A L Y S E.*

| Tige nue entièrement ou dans toute ſa moitié inférieure. | Tige feuillée, au moins dans ſa moitié inférieure. |
|:---:|:---:|
| I. | X I V. |

**I.**   *Tige nue entièrement ou dans toute ſa moitié inférieure.*

| Tige chargée d'une à trois fleurs. | Tige chargée de plus de trois fleurs. |
|:---:|:---:|
| I I. | I I I. |

**II.**     *Tige chargée d'une à trois fleurs.*

Jonc trifide. *Juncus trifidus*. Linn. Sp. 465.

    *Junçus acumine reflexo, minor & trifidus.* Tournef. 246.

Sa tige eſt haute de ſix à huit pouces, menue, cylindrique, garnie près de ſa racine, de pluſieurs écailles vaginales, rouſsâtre, & chargée vers ſon ſommet de deux ou trois feuilles cétacées, aiguës, liſſes, & qui, par leur rapprochement, font ſouvent paroître ſon extrémité trifide. Ses fleurs ſont terminales, brunes, luiſantes, quelquefois ſolitaires & rarement au nombre de trois. On trouve cette plante ſur les montagnes de la Provence.

III.

876. **III.** *Tige chargée de plus de trois fleurs:*

| Bouquet de fleurs tout-à-fait terminal & sans bractées saillantes à sa base. | Bouquet de fleurs n'étant pas à la fois terminal & sans bractées à sa base. |
|---|---|
| **I V.** | **V.** |

**IV.** *Bouquet de fleurs tout-à-fait terminal & sans bractées saillantes à sa base.*

Jonc rude. *Juncus squarrosus.* Linn. Sp. 465.

*Juncus parvus, cum pericarpiis rotundis.* Tournef. 247.

Cette plante a une rigidité très-remarquable ; sa tige est nue, & ne s'élève que jusqu'à six à sept pouces ; ses feuilles sont radicales, vertes, cétacées, un peu carinées & aiguës ; ses fleurs forment une pannicule terminale, non feuillée, & ses fruits sont luisans & roussâtres. On trouve cette plante dans les lieux humides & marécageux.

**V.** *Bouquet de fleurs n'étant pas à la fois terminal & sans bractées à sa base.*

| Bouquet de fleurs terminal, entre deux bractées piquantes, ou un peu latéral avec une bractée saillante à sa base. | Bouquet de fleurs parfaitement latéral, & sans bractée saillante à sa base. |
|---|---|
| **V I.** | **V I I.** |

**VI.** *Bouquet de fleurs terminal, entre deux bractées piquantes, ou un peu latéral avec une bractée saillante à sa base.*

Jonc piquant. *Juncus acutus.* Linn. Sp. 463.

*Juncus acutus, capitulis sorghi.* Tournef. 246.

Sa tige est nue, cylindrique & se termine par une pointe aiguë & piquante ; ses fleurs sont disposées en une pannicule

*Tome III.*         **T**

876.   lâche, imparfaitement terminale, ou difpofées un peu latéralement, dans l'aiffelle d'une braɛ̃ée aiguë & faillante ; fes feuilles
font radicales, cylindriques & piquantes à leur fommet. On
trouve cette plante dans les lieux marécageux. ♃

---

**VII.** *Bouquet de fleurs parfaitement latéral & fans braɛ̃ée faillante
à fa bafe.*

| | |
|---|---|
| Bouquet de fleurs difpofé prefque au milieu de la tige qui ne s'élève que jufqu'à un pied. **V I I I.** | Bouquet de fleurs difpofé au moins au tiers fupérieur de la tige qui s'élève au-delà d'un pied. **I X.** |

**VIII.** *Bouquet de fleurs difpofé prefque au milieu de la tige qui
ne s'élève que jufqu'à un pied.*

Jonc filiforme. *Juncus filiformis.* Linn. Sp. 465.

*Juncus lævis, panniculá fparfá, minor.* Bauh. pin. 12.

Sa tige eft cylindrique, grêle, foible & plus ou moins penchée ; fes feuilles font radicales, molles & cétacées ; fes fleurs
font d'une couleur pâle & difpofées en une pannicule peu
garnie, placée dans la partie moyenne de la tige. Cette plante
croît dans les marais. ♃

---

**IX.** *Bouquet de fleurs difpofé au moins au tiers fupérieur de la
tige qui s'élève au-delà d'un pied.*

| | |
|---|---|
| Fleurs ramaffées en un peloton ferré & feffile ; tous les pé-duncules très-courts & peu fenfibles. **X.** | Fleurs difpofées en une panni-cule lâche ; péduncules affez longs & très-fenfibles. **X I.** |

**876.**   X. *Fleurs ramaffées en un peloton ferré & feffile ; tous les péduncules très-courts & peu fenfibles.*

Jonc congloméré. *Juncus conglomeratus.* Linn. Sp. 464.

*Juncus lævis, panniculâ non fparfâ.* Tournef. 246.

Sa tige eft haute d'un pied & demi, nue, liffe & cylindrique ; fes feuilles font radicales, cylindriques, aiguës & un peu foibles ; fes fleurs font d'un brun-roufsâtre & difpofées en un peloton ferré & latéral : les capfules font courtes & obtufes. On trouve cette plante dans les marais. ♃

---

XI. *Fleurs difpofées en une pannicule lâche ; péduncules affez longs & très-fenfibles.*

| Tige dont la pointe eft droite & point courbée.<br>**XII.** | Tige dont la pointe eft foible, & courbée ou penchée.<br>**XIII.** |
|---|---|

XII.    *Tige dont la pointe eft droite & point courbée.*

Jonc épars. *Juncus effufus.* Linn. Sp. 464.

*Juncus lævis, panniculâ fparfâ, major.* Tournef. 246.

Ses tiges font droites, liffes, ftriées, cylindriques, nues & hautes de deux pieds ; elles fe terminent par une pointe droite & très-aiguë ; les feuilles font radicales, cylindriques, pointues, droites & refferrées contre les tiges ; les fleurs forment une pannicule latérale très-lâche ; les capfules font brunes & obtufes. On trouve cette plante dans les marais & fur le bord des chemins un peu humides : on en fait des cordages, des liens, &c.

---

XIII. *Tige dont la pointe eft foible & courbée ou penchée.*

Jonc recourbé. *Juncus inflexus.* Linn. Sp. 246.

*Juncus acumine reflexo, major.* Tournef. 246.

Cette plante a beaucoup de rapport avec le précédente, & n'en eft qu'une variété felon M. de Haller ; fes tiges font cylindriques, nues, ftriées & fe prolongent au-deffus des fleurs en manière de feuilles très-foibles & arquées ; les feuilles font

**876.** radicales, cylindriques & pointues ; les fleurs font difposées en une pannicule lâche & latérale. On trouve cette plante dans les lieux humides des provinces méridionales. ♃

---

**XIV.** *Tige feuillée , au moins dans fa moitié inférieure.*

| Feuilles glabres.<br>X V, | Feuilles velues.<br>X X I I. |
|---|---|

---

**XV.** *Feuilles glabres.*

| Feuilles articulées ;<br>elles paroiffent noueufes en les<br>gliffant entre les doigts.<br>X V I. | Feuilles non articulées ,<br>& point noueufes.<br>X V I I. |
|---|---|

---

**XVI.** *Feuilles articulées.*

Jonc articulé. *Juncus articulatus.* Linn. Sp. 465.

> • *Juncus foliis articulofis , floribus umbellatis.* Tournef. 247.
> β. *Juncus nemerofus , folio articulofo.* Ibid.

Sa tige eft droite, cylindrique & s'élève jufqu'à un pied ; elle eft garnie de deux ou trois feuilles un peu comprimées, fenfiblement articulées, pointues & peu ouvertes : les fleurs font terminales, & difpofées en pannicule lâche, formée par deux ou trois ombelles ; elles font folitaires ou ramaffées deux à quatre enfemble fur chaque péduncule, par petits faifceaux. La variété β s'élève un peu plus ; fes fleurs forment une pannicule plus ample, & fes feuilles font prefque cylindriques ou très-peu comprimées. On trouve cette plante dans les lieux humides ; fa variété croît dans les bois. ♃

**XVII.** *Feuilles non articulées & point noueufes*

| Feuilles planes ;<br>fleurs en épi ou grappe.<br>penchée.<br>X V I I I. | Feuilles<br>anguleufes ou canaliculées ;<br>fleurs droites.<br>X I X. |
|---|---|

**876.** **XVIII.** *Feuilles planes ; fleurs en épi ou grappe penchée.*

Jonc à épi. *Juncus spicatus.* Linn. Sp. 469.

> *Juncus Alpinus , latifolius , panniculâ racemosâ , nigricante , pendulâ.* Mich. nov. Gen. 42.
>
> β. *Juncus foliis planis , glabris , spicis oblongis pluribus.* Ger. prov. 140.

Sa tige est haute de cinq à sept pouces , feuillée , & se termine par une grappe de fleurs brunes ou roussâtres , plus ou moins droite , & composée de petits épis pédunculés & nombreux ; ses feuilles sont planes , glabres , linéaires & pointues. Celles de la variété β sont larges de deux ou trois lignes. On trouve cette plante dans les montagnes des provinces méridionales ♃ ; elle a beaucoup de rapport avec le jonc champêtre , n°. XXV.

---

**XIX.** *Feuilles anguleuses ou canaliculées ; fleurs droites.*

| Capsule arrondie ; pétales très-courts, un peu pointus & d'un brun-roussâtre. **X X.** | Capsule oblongue ; pétales alongés, très-aigus & simplement blanchâtres. **X X I.** |
|---|---|

---

**XX.** *Capsule arrondie ; pétales très-courts , un peu pointus , & d'un brun-roussâtre.*

Jonc bulbeux. *Juncus bulbosus.* Linn. Sp. 466.

> *Gramen junceum pericarpiis rotundis , vulgare.* Morif. Hift. p. 227 , sec. 8 , tab. 9. fol. 11.

Sa racine est épaisse , s'alonge horizontalement, produit beaucoup de fibres chevelues , & pousse plusieurs tiges hautes de cinq à huit pouces ou quelquefois davantage , fort grêles & légèrement comprimées ; ses feuilles sont linéaires , très-étroites , canaliculées & pointues : les fleurs forment une pannicule peu étalée & terminale. Les pétales sont courts , & les capsules sont brunes , arrondies & luisantes. Cette plante est commune dans les marais & les prés humides. ♃

**876.** **XXI.** *Capsules oblongues, pétales alongés, très-aigus & simplement blanchâtres.*

Jonc des crapauds. *Juncus bufonius.* Linn. Sp. 466.

*Juncus paluſtris, humilior, erectus,* Tournef. 246.
β. *Juncus paluſtris, humilior, repens.* Ibid.

Ses tiges font menues, filiformes, bifurquées, plus ou moins droites, & hautes de quatre à cinq pouces ; ſes feuilles font linéaires, cétacées & anguleuſes, ſes fleurs font folitaires, quelquefois géminées, & diſpoſées aux extrémités & dans les bifurcations des tiges. On remarque à leur baſe une ou deux écailles fort petites, tranſparentes & blanchâtres ; les pétales font plus longs que la capſule. La variété β eſt extrêmement grêle dans toutes ſes parties ; ſes fleurs font toutes folitaires, blanchâtres, & la plupart ont leurs pétales terminés par une barbe ou pointe cétacée particulière. On trouve cette plante dans les lieux humides, les prés marécageux, ſur le bord des chemins, &c. ☉

---

**XXII.** *Feuilles velues.*

| Fleurs tout-à-fait blanches. **XXIII.** | Fleurs brunes ou rouſsâtres. **XXIV.** |
|---|---|

---

**XXIII.** *Fleurs tout-à-fait blanches.*

Jonc blanc. *Juncus niveus.* Linn. Sp. 468.

*Juncus anguſtifolius villoſus, floribus albis, panniculatis.* Tournef. 247.

Sa tige eſt droite, menue, fimple, feuillée, & haute d'un pied & demi ; ſes feuilles font longues, larges à peine d'une ligne, & velues ſur-tout à leur baſe. Les fleurs font diſpoſées en une panniculle reſſerrée & un peu convexe ; les pétales font très-blancs & pointus, & les intérieurs font beaucoup plus longs que les autres : la feuille ſupérieure fait une ſaillie au-deſſus des fleurs. Cette plante croît dans les pâturages des montagnes de l'Alſace & de la Provence. ♃

876.  XXIV.  *Fleurs brunes ou roussâtres.*

| | |
|---|---|
| Fleurs ramassées en deux à cinq têtes compactes, dont une sessile, & les autres portées sur des péduncules simples. **X X V.** | Fleurs solitaires sur leur péduncule, ou ramassées par petits paquets disposés sur des péduncules rameux. **X X V I.** |

**XXV.** *Fleurs ramassées en deux à cinq têtes compactes, dont une sessile, & les autres portées sur des péduncules simples.*

Jonc champêtre. *Juncus campestris.* Linn. Sp. 468.

*Juncus villosus, capitulis psyllii.* Tournef. 246.

Sa tige est haute de quatre à six pouces, menue, légèrement feuillée & ordinairement simple ; ses feuilles sont planes, alongées, pointues, larges presque d'une ligne, & chargées de poils blancs en leur bord ou à l'entrée de leur gaîne : ses têtes de fleurs sont arrondies, brunes ou noirâtres & un peu panachées par le mélange de quelques bractées ou écailles membraneuses & blanchâtres ; elles sont ordinairement au nombre de trois, & sensiblement hérissées par les petites barbes qui terminent les pétales, & par la saillie des stigmates. On trouve cette plante sur le bord des champs & dans les prés secs. ♃

**XXVI.** *Fleurs solitaires sur leur péduncule, ou ramassées par petits paquets disposés sur des péduncules rameux.*

| | |
|---|---|
| Péduncules chargés d'une à trois fleurs toutes séparées & solitaires. **X X V I I.** | Péduncules chargés de plus de trois fleurs, la plupart ramassées par petits paquets. **X X V I I I.** |

876.

**XXVII.** *Péduncules chargés d'une à trois fleurs toutes féparées & folitaires.*

Jonc des bois. *Juncus nemerofus.*

> *Gramen hirfutum, nemerofum.* Lob. ic. p. 16.
> *Juncus nemerofus, latifolius, major.* Tournef. 246.

Ses tiges font hautes de huit à neuf pouces, droites, fimples, feuillées, & terminées par une ombelle de fleurs, médiocre; elles font chargées de trois ou quatre feuilles courtes, pointues & velues à l'entrée de leur gaîne : les feuilles radicales font nombreufes, planes, larges de deux lignes & prefque auffi longues que les tiges; elles font garnies de quelques poils blancs en leur bord. Les fleurs font petites, pédunculées & folitaires; leurs pétales font liffes, de couleur brune & un peu blanchâtres fur leur bord. On trouve cette plante dans les bois ♂; elle fleurit de bonne heure.

---

**XXVIII.** *Péduncules chargés de plus de trois fleurs, la plupart ramaffées par petits paquets.*

Jonc de montagne. *Juncus montanus.*

> *Juncus villofus, latifolius, maximus.* Vaill. Parif. 110.
> β. *Juncus foliis planis, pilofis, panniculâ coarctâ nutante,* Ger. prov. 141.

Ses tiges font hautes d'un pied ou quelquefois davantage, droites, feuillées, & terminées par une pannicule de fleurs étalée, garnie à fa bafe de deux ou trois feuilles qui l'embraffent & lui fervent de collerette; les feuilles caulinaires font à peine plus longues que leur gaîne; celles de la racine font fort longues, nombreufes, & forment un gazon denfe; les unes & les autres font planes, velues en leur bord, & larges de deux à trois lignes. Les péduncules font rameux, foutiennent des petits paquets de deux à cinq fleurs, & pendent quelquefois un peu fous leur poids; les pétales font liffes & bruns dans leur moitié fupérieure. On trouve cette plante dans les bois montagneux. ♃

877.

Trois *styles.* . . . . . . . {

Corolle fort longue, dont le tube naît immédiatement de la racine.
878

Fleurs petites & ramaffées en épi au fommet de la tige . . . . . 879

---

878. *Corolle fort longue, dont le tube naît immédiatement de la racine.*

## Colchique. *Colchicum.*

Les fleurs de colchique font compofées d'une corolle tubulée fort longue, partagée en fix découpures ovales-lancéolées, droites & profondes ; de fix étamines moins longues que la corolle ; & d'un ovaire chargé de trois ftyles filiformes de la longueur des étamines. Le fruit eft compofé de trois capfules enflées, cohérentes & polyfpermes.

### *A N A L Y S E.*

| | |
|---|---|
| Feuilles à peine larges de fix lignes, fe développant peu de temps après les fleurs, & toujours dans la même faifon.<br><br>I. | Feuilles larges d'un pouce au moins, fe développant long-temps après les fleurs, & toujours dans une faifon différente.<br><br>I I. |

---

I. *Feuilles à peine larges de fix lignes, fe développant peu de temps après les fleurs, & toujours dans la même faifon.*

**Colchique de montagne.** *Colchicum montanum.* **Linn. Sp. 485.**

*Colchicum montanum, anguftifolium.* **Tournef. 350.**

Sa fleur eft rougeâtre, & compofée de pétales linéaires ; elle paroît en automne, & quelque temps après les feuilles fe développent ; elles font très-ouvertes, étalées fur la terre, au nombre de quatre ou cinq ; étroites, un peu en gouttière, vertes, & perfiftent communément pendant l'hiver. Cette plante croît en Alface dans les montagnes. ♃

**878.**   II. *Feuilles larges d'un pouce au moins, se développant long-temps après les fleurs, & toujours dans une saison différente.*

Colchique d'automne. *Colchicum autumnale.* Linn. Sp. 485.

*Colchicum commune.* Tournef. 348.

Sa fleur est longue de trois ou quatre pouces, d'un blanc rougeâtre, & naît immédiatement de la racine sans être accompagnée d'aucune feuille ; elle paroît en automne : les feuilles & les fruits ne se développent qu'au printemps. Ces feuilles sont grandes, larges, lancéolées, droites, & engaînées à leur base. Cette plante est commune dans tous les prés ♈ ; sa racine est un puissant diurétique, que l'on ne doit employer qu'avec précaution.

---

**879.**   *Fleurs petites & ramassées en épi au sommet de la tige.*

Narthec caliculé. *Narthecium calyculatum.*

*Phalangium Alpinum palustre, iridis folio.* Tournef. 368.
*Anthericum calyculatum.* Linn. Sp. 447.

Sa tige est haute de sept à huit pouces, simple & feuillée dans sa partie inférieure ; ses feuilles sont étroites, pointues, & s'engaînent par le côté comme celles des iris : les radicales sont nombreuses, planes, un peu dures, & disposées en gazon. Les fleurs sont petites, verdâtres, portées sur de très-courts péduncules, & ramassées en épi terminal un peu interrompu ; elles sont composées de six pétales herbacés, de six étamines, & d'un seul ovaire chargé de trois styles courts, mais très-distincts. Un peu au-dessous de la fleur, le péduncule est chargé de trois petites dents qui paroissent former un petit calice à la base de la corolle : la capsule du fruit se divise supérieurement en trois parties dans sa maturité. On trouve cette plante en Provence, en Dauphiné, dans les lieux humides des montagnes. ♈

---

**880.**   *Ovaire privé de style* . . . $\left\{\begin{array}{l} \text{Fleurs petites \& nombreuses. 881} \\ \text{Fleur solitaire \& terminale. . 883} \end{array}\right.$

881.

*Fleurs petites & nombreuses.*
{ Plante ayant des feuilles radicales ; fleurs ramaſſées autour d'un
chaton. . . . . . . . . . . . . 882

Plante ſans feuilles radicales ;
fleurs éparſes ſur les rameaux. 863

---

882. *Plante ayant des feuilles radicales ; fleurs ramaſſées autour d'un chaton.*

## Acore odorant. *Acorus odoratus.*

*Acorus ſive calamus officinalis aromaticus.* Bauh. Pinn. 34.
*Acorus calamus.* Linn. Sp. 462.

Ses feuilles ſont droites, longues, enſiformes, & s'engaînent
par le côté comme celles des iris ; ſes fleurs naiſſent ſur un chaton
un peu incliné d'un côté, & moins élevé que les feuilles ; elles
ſont compoſées d'une corolle de ſix pièces courtes & perſiſtantes ; de ſix étamines un peu plus longues que la corolle ;
& d'un ovaire qui ſe change en une capſule à trois loges mo-
noſpermes, obtuſe & ſillonnée. On trouve cette plante dans
les foſſés & ſur le bord des eaux ♃ ; ſes feuilles, froiſſées
entre les doigts, rendent une odeur agréable : ſa racine eſt
ſtomachique, carminative, hiſtérique & diurétique.

---

883. *Fleur ſolitaire & terminale.*

## Tulipe ſauvage. *Tulipa ſylveſtris.* Linn. Sp. 438.

*Tulipa minor, lutea, Gallica.* Tournef. 376.

Sa tige eſt haute d'un pied, cylindrique, & garnie de deux
ou trois feuilles étroites & légèrement pliées en gouttière ;
elle ſe termine par une fleur jaune dont les pétales ſont lancéolés,
très-pointus, & les étamines un peu velues à leur baſe. Cette
fleur eſt penchée avant ſon épanouiſſement, ce qui diſtingue
cette eſpèce de la tulipe des jardins, dont la fleur eſt en tout
temps très-droite. On trouve cette plante dans les prés montagneux de la Provence & du Languedoc. ♃

884.

Plufieurs ovaires . . . . . . { Six étamines . . . . . . . . . 885

{ Neuf étamines. . . . . . . 888

---

885.

Six étamines. . . . . . . {

Fleurs fupérieures hermaphrodites, & les - inférieures mâles.;
feuilles larges de plus de deux
pouces & très-nerveufes . . . 886

Toutes les fleurs hermaphrodites;
feuilles n'ayant pas deux lignes de
largeur & point nerveufes. . . 887

---

886.  *Fleurs fupérieures hermaphrodites, & les inférieures mâles ;
feuilles larges de plus de deux pouces & très-nerveufes.*

### Verâtre. *Veratrum.*

Les verâtres portent des fleurs nombreufes, difpofées par
petites grappes en une pannicule droite & alongée ; ces fleurs
font compofées de fix pétales ovales-lancéolés & perfiftans ;
de fix étamines un peu plus courtes que la corolle, & de trois
ovaires, dont les fommets divergent, & qui avortent particulièrement dans les fleurs inférieures. Le fruit eft formé par
trois capfules comprimées & univalves.

#### *A N A L Y S E.*

| Fleurs d'un blanc-verdâtre. | Fleurs d'un rouge-noirâtre. |
|---|---|
| I. | II. |

I.          *Fleurs d'un blanc-verdâtre.*

Verâtre blanc. *Veratrum album.* Linn. Sp. 1479.
( Hellébore blanc. )

*Veratrum flore fubviridi.* Tournef. 273.

Sa rige eft haute de deux ou trois pieds, droite, fimple
& cylindrique ; elle fe termine par une pannicule de fleurs

886. d'un blanc-verdâtre, & dont les corolles font droites ou médio-crement ouvertes: fes feuilles font fort grandes, ovales-lancéolées, & remarquables par des nervures nombreufes & parallèles. On trouve cette plante dans les pâturages des montagnes de la Provence ♃ ; elle eft émétique, draftique & fternutatoire.

---

II.    *Fleurs d'un rouge-noirâtre.*

Verâtre\noir. *Veratrum nigrum.* Linn. Sp. 1479.

*Veratrum flore atro-rubente.* Tournef. 273.

Cette efpèce a beaucoup de rapport avec la précédente, mais on l'en diftingue aifément par la couleur de fes fleurs, par leurs pétales très-ouverts, & par fes péduncules pubefcens. Elle croît dans les montagnes de l'Alface, felon Mappus. ♃

---

887. *Toutes les fleurs hermaphrodites ; feuilles n'ayant pas deux lignes de largeur, & point nerveufes.*

Scheuchzère des marais. *Scheuchzeria paluftris.* Linn. Sp. 482.

*Juncus floridus, minor.* Bauh. pin. 12.

Sa racine eft rampante, & pouffe plufieurs tiges fimples, feuillées, hautes de fix à huit pouces, & garnies à leur bafe de quelques écailles vaginales & blanchâtres; fes feuilles font alternes, très-étroites, aiguës, engaînées & pliées en goutière, Ses fleurs font folitaires fur chaque péduncule, & difpofées cinq ou fix enfemble en une efpèce de grappe terminale ; elles font compofées de fix pétales, fix étamines & trois ovaires qui fe changent en un pareil nombre de capfules monofpermes. Cette plante croît dans le Dauphiné, où elle a été obfervé par M. de Villars. ♃

---

888.    *Neuf étamines.*

Butome ombellé. *Butomus umbellatus.* Linn. Sp. 532. (Jonc fleuri.)

*Butomus flore rofeo.* Tournef. 271.

Ses tiges font droites, nues, cylindriques, & hautes de

888.   deux ou trois pieds ; elles se terminent par une ombelle de quinze à vingt fleurs, garnie à sa base d'une collerette de trois pièces membraneuses & pointues. Les fleurs sont portées sur des péduncules longs de trois pouces ou environ ; elles sont composées de six pétales oblongs & rougeâtres ; de neuf étamines moins longues que la corolle ; & de six ovaires pointus, qui se changent en un pareil nombre de capsules univalves & polyspermes : les feuilles sont radicales, longues étroites, pointues, droites & un peu triangulaires vers leur base. On trouve cette plante sur le bord des eaux. ♃

---

889.   *Corolle à plus de six divisions.* $\left\{ \begin{array}{l} \text{Quatre étamines, . . . . . 890} \\ \text{Plus de quatre étamines. . . 891} \end{array} \right.$

---

890.   *Quatre étamines.*

Pied-de-lion. *Alchemilla.*

Les fleurs de pied-de-lion sont petites, herbacées & composées d'une corolle à huit divisions, dont quatre plus petites que les autres ; de quatre étamines très-courtes, insérées sur la corolle ; & d'un ovaire chargé d'un ou deux styles, qui se change en une ou deux semences renfermées dans la corolle.

### A N A L Y S E.

| Fleurs terminales, & disposées par bouquets presque panniculés. | Fleurs ramassées dans les aisselles des feuilles, & point terminales. |
|:---:|:---:|
| I. | I V. |

I. *Fleurs terminales, & disposées par bouquets presque panniculés.*

| Feuilles lobées, simples, & point découpées jusqu'au pétiole. | Feuilles digitées, & composées de cinq ou sept folioles très-distinctes. |
|:---:|:---:|
| I I. | I I I. |

890.

II. *Feuilles lobées , simples , & point découpées jusqu'au pétiole.*

Pied-de-lion commun. *Alchemilla vulgaris.* Linn. Sp. 178.

*Alchimilla vulgaris.* Tournef. 508.
β. *Alchimilla Alpina , pubescens , minor.* Ibid.
*Alchemilla Alpina , hybrida.* Linn. Sp. 179.

Sa racine est grosse, ligneuse, garnie de beaucoup de fibres chevelues, & pousse plusieurs tiges cylindriques, rameuses, légèrement velues, feuillées & hautes d'un pied ou environ ; ses feuilles sont pétiolées, arrondies, à huit ou dix lobes dentés, glabres en-dessus, nerveuses & veinées en-dessous, & chargées de quelques poils en leur bord & sur leurs nervures : celles de la racine sont assez grandes, & portées sur de longs pétioles. Les fleurs sont petites, nombreuses, verdâtres, & disposées par bouquets pédonculés au sommet & dans les aisselles supérieures des tiges. La variété β est un peu moins grande dans toutes ses parties ; ses tiges & le dessous de ses feuilles sont plus abondamment garnis de poils. On trouve cette plante dans les prés & les bois montagneux. Sa variété croît dans les Alpes ♃ ; elle est vulnéraire & astringente.

III. *Feuilles digitées & composées de cinq ou sept folioles très-distinctes.*

Pied-de-lion argenté. *Alchemilla argentea.*

*Alchimilla Alpina , quinquefolii folio , subtùs argenteo.* Tournef. 508.

Cette plante a un aspect charmant ; sa racine est assez grosse, ligneuse, & pousse plusieurs tiges hautes de six à huit pouces, grêles, souvent simples, feuillées & pubescentes ; ses feuilles sont pétiolées, composées de cinq ou sept folioles très-distinctes, disposées en manière de digitations ; ces folioles sont ovales, un peu rétrécies vers leur base, dentées à leur sommet, vertes en-dessus, soyeuses, luisantes & très-argentées en-dessous ; les fleurs sont petites, ramassées par bouquets serrés, & disposées au sommet & dans les aisselles supérieures des tiges. On trouve cette espèce dans les pâturages des montagnes en Dauphiné, en Provence & sur le Mont-d'or en Auvergne. ♃

890. **IV.** *Fleurs ramaffées dans les aiffelles des feuilles & point terminales.*

Pied-de-lion des champs. *Alchemilla arvenfis.* Scop. carn. 1,
p. 115.

> *Alchimilla montana , minima.* Tournef. 508.
> *Aphanes arvenfis.* Linn. Sp. 179.

Cette plante eft petite & légèrement velue dans toutes fes parties ; fes tiges font grêles, feuillées & hautes de deux ou trois pouces ; fes feuilles font petites, blanchâtres, arrondies, découpées en trois lobes bifides ou trifides, & portées par des pétioles fort courts, à la bafe defquels on trouve, comme dans les efpèces précédentes, une ftipule embraffante & vaginale : les fleurs font très-petites, herbacées, feffiles & ramaffées dans les aiffelles des feuilles : les fruits font fouvent compofés de deux femences. On trouve cette plante dans les champs. ⊙ Elle paffe pour diurétique & lithontriptique.

---

891.

*Plus de quatre étamines.* . $\left\{\begin{array}{l}\text{Feüilles écailleufes, pointues \& alternes} \dots\dots 892 \\ \\ \text{Feuilles arrondies \& oppofées.} \\ \qquad\qquad 554^{*}\end{array}\right.$

---

892.      *Feuilles écailleufes , pointues & alternes.*

Sucepin parafite. *Monotropa hypopithys.* Linn. Sp. 555.

> *Orobanchoides noftras , flore oblongo , flavefcente.* Vaill. Parif. 155.

Cette plante eft d'une couleur pâle & un peu jaunâtre dans toutes fes parties ; fa racine eft écailleufe, charnue & naît ou s'attache fur celles des arbres, aux dépens defquelles elle fe nourrit ; elle pouffe une tige droite, très-fimple, garnie d'écailles oblongues, pointues, éparfes, & prefque embriquées inférieurement : les fleurs font oblongues, jaunâtres & difpofées en épi terminal penché avant leur épanouiffement ; elles font compofées de huit ou dix pétales peu ouverts, d'un pareil nombre
d'étamines,

892. d'étamines, & d'un ovaire ovale, qui fe change en une capfule polyfperme. On trouve cette plante dans les bois, au
pied des pins , des hêtres; &c.

---

893.

*Onze étamines ou plus.* . . . $\left\{\begin{array}{l}\end{array}\right.$ Corolle régulière & fymétrique.
894

Corolle irrégulière & point fymétrique . . . . . . . . . . . 913

---

894.

*Corolle régulière & fymé-
trique.* . . . . . . . . . $\left\{\begin{array}{l}\end{array}\right.$ Quatre pétales dans la plupart
des fleurs . . . . . . . . . . 895

Toutes les fleurs à plus de quatre
pétales . . . . . . . . . . . 898

---

895.

*Quatre pétales dans la plu-
part des fleurs.* . . . . . $\left\{\begin{array}{l}\end{array}\right.$ Semences à aigrette; feuilles oppofées. . . . . . . . . . . . 896

Capfules nues; feuilles alternes.
897.

---

896. *Semences à aigrette; feuilles oppofées.*

Clématite. *Clematis.*

Les fleurs de clématite font compofées de quatre pétales oblongs, de vingt étamines ou davantage , & de cinq à vingt
ovaires, chargés de ftyles longs & fouvent plumeux ou foyeux.

*A N A L Y S E.*

| Tiges droites<br>& point grimpantes.<br>I. | Tiges farmenteufes<br>& grimpantes.<br>I I. |
| --- | --- |

I. *Tiges droites & point grimpantes.*

Clématite droite. *Clematis recta.* Linn. Sp. 767.

*Clematitis five flammula furrecta , alba.* Tournef. 294.

Ses tiges font droites, feuillées, & hautes de trois pieds;
fes feuilles font grandes, ailées, compofées de folioles ovales,

*Tome III.* V

**896.** pointues, très-entières, pubefcentes en-deffous, pétiolées & diftantes : les fleurs font blanches, terminales, & difpofées en une efpèce de pannicule formée par des péduncules droits, deux ou trois fois ternés ou trifides ; les femences font en petit nombre. Cette plante croit dans les lieux ftériles & incultes des provinces méridionales. ♃

---

**II.**      *Tiges farmenteufes & grimpantes.*

| | |
|---|---|
| Pétales pubefcens en leur bord, mais point fur leur dos ; cinq à huit femences pour chaque fleur.<br><br>**III.** | Pétales pubefcens & comme veloutés fur leur dos ; plus de huit femences pour chaque fleur.<br><br>**IV.** |

---

**III.** *Pétales pubefcens en leur bord, mais point fur leur dos ; cinq à huit femences pour chaque fleur.*

Clématite flammule. *Clematis flammula.* Linn. Sp. 766.

*Clematitis five flammula repens.* Tournef. 293.

Ses farmens font nombreux, rampans ou grimpans, feuillés & un peu anguleux ; fes feuilles font ailées, compofées de folioles fort petites, ovales-lancéolées, & la plupart très-entières : fes fleurs font blanches & difpofées en une efpèce de pannicule terminale fur des péduncules trois à trois. On trouve cette plante dans les provinces méridionales. ♃

---

**IV.** *Pétales pubefcens, & comme veloutés fur leur dos ; plus de huit femences pour chaque fleur.*

Clématite des haies. *Clematis fepium.* ( Herbe aux gueux. )

*Clematitis fylveftris, latifolia.* Tournef. 293.
β. *Clematitis fylveftris, latifolia, foliis non incifis.* Ibid.
*Clematis vitalba.* Linn. Sp. 766. ( α, β. )

Ses farmens font nombreux, anguleux, feuillés, grimpans, & s'alongent fouvent au-delà de fix pieds ; fes feuilles font toutes ailées, compofées ordinairement de cinq folioles un peu en cœur, pointues & plus ou moins dentées ; les pétioles,

896. comme dans la plupart des autres efpèces, s'accrochent à tout
ce qu'ils rencontrent, en fe roulant ou fe tortillant en manière
de vrille : les fleurs font blanches, & difpofées en une pannicule formée par des péduncules plufieurs fois trifides. Les
femences font ramaffées, & forment par leurs aigrettes, des
plumets blancs, foyeux & très-remarquables. Cette plante eft
commune dans les haies ♈ ; elle eft cauftique, véficatoire &
anti-ulcéreufe.

---

897. *Capfules nues ; feuilles alternes.*

### Pigamon. *Thali␣ctrum.*

Les fleurs de pigamon font petites, nombreufes, compofées
de quatre ou cinq pétales très-caduques, de beaucoup d'étamines,
& de plufieurs ovaires qui fe changent en capfules monofpermes,
cannelées ou ailées.

### ANALYSE.

| Tige de deux pieds ou davan-tage ; fleurs droites ou peu étalées. | Tige de moins de deux pieds ; fleurs penchées & très-lâches. |
|---|---|
| I. | VI. |

I. *Tige de deux pieds ou davantage ; fleurs droites ou peu étalées.*

| Folioles des feuilles, arrondies ou ovales, & larges de plus d'une ligne. | Folioles des feuilles, linéaires & point larges de plus d'une ligne. |
|---|---|
| II. | V. |

II. *Folioles des feuilles, arrondies ou ovales, & larges de plus d'une ligne.*

| Capfules pendantes ; des ftipules à la bafe des divifions des pétioles. | Capfules non pendantes ; point de ftipules aux divifions des pétioles. |
|---|---|
| III. | IV. |

**897.**

**III.** *Capsules pendantes ; des stipules à la base des divisions des pétioles.*

Pigamon à feuilles d'ancolie. *Thalictrum aquilegifolium.* Linn. Sp. 770.

> *Thalictrum Alpinum, aquilegiæ foliis, florum staminibus purpurascentibus.* Tournef. 270.

Sa tige est haute de deux ou trois pieds, cylindrique, à peine striée & d'un bleu-rougeâtre ; ses feuilles sont fort grandes, trois fois ailées, composées de folioles larges, ovoïdes, légèrement trilobées ou crénelées à leur sommet, & d'une couleur glauque : les fleurs sont disposées en une pannicule dense, terminale & un peu purpurine ; il leur succède des capsules pendantes, triangulaires & presque ailées. On trouve cette plante dans les prés couverts des montagnes. ♉

**IV.** *Capsules non pendantes ; point de stipules aux divisions des pétioles.*

Pigamon jaunâtre. *Thalictrum flavum.* Linn. Sp. 770.

> *Thalictrum majus, siliquâ angulosâ aut striatâ.* Tournef. 270.
>
> β. *Thalictrum majus, siliquâ seminis striatâ, foliis rugosis, trifidis.* Ibid.

Sa tige est haute de deux ou trois pieds, droite, un peu dure, striée, & plus ou moins rameuse ; ses feuilles sont grandes, deux ou trois fois ailées, composées de folioles ovales, à trois lobes obtus, nerveuses, presque ridées, & d'une couleur pâle en-dessous. Les fleurs forment une pannicule jaunâtre terminale & peu étalée. La variété β est remarquable par les folioles de ses feuilles, un peu étroites, plus ridées, d'un vert-noirâtre en-dessus, & la plupart terminées par trois angles ou trois dents pointues. On trouve cette plante dans les prés humides ♉ ; ses racines sont légèrement purgatives & diurétiques : elles teignent en jaune.

**V.** *Folioles des feuilles linéaires, & point larges de plus d'une ligne.*

Pigamon à feuilles étroites. *Thalictrum angustifolium.* Linn. Sp. 769.

> *Thalictrum pratense, angustissimo folio.* Tournef. 271.

Cette espèce a beaucoup de rapport avec la précédente ;

**897.** fa tige eſt haute de trois ou quatre pieds , droite , ſtriée , feuillée & peu rameuſe : ſes feuilles ſont deux fois ailées , compoſées de folioles étroites , linéaires , longues preſque d'un pouce , la plupart très-entières , ridées & luiſantes en-deſſus. Les fleurs ſont petites , herbacées , & diſpoſées en panniculε terminale , un peu reſſerrée. Cette plante croît dans les prés en Alſace , en Provence , &c. ♃

---

VI.. *Tige de moins de deux pieds ; fleurs penchées & très-lâches.*

| Tige & feuilles velues ou pubeſcentes. **V I I.** | Tige & feuilles glabres , & point pubeſcentes. **V I I I.** |
|---|---|

---

**VII.** *Tige & feuilles velues ou pubeſcentes.*

Pigamon fétide. *Thaliĉtrum fœtidum.* Linn. Sp. 768.

*Thaliĉtrum minimum , fœtidiſſimum.* Tournef. 271.

Sa tige eſt haute d'un pied ou un peu plus , grêle , cylindrique , feuillée , pubeſcente & rameuſe ; ſes feuilles ſont trois fois ailées , compoſées de folioles très-petites , courtes , à trois lobes entiers ou dentés , d'un vert-obſcur en-deſſus & pubeſcentes des deux côtés. Les fleurs ſont diſpoſées en pannicules très-lâches ; les capſules , au nombre de cinq à huit , ſont ramaſſées , & divergent en formant l'étoile. Cette plante croît dans le Dauphiné , la Provence & le Languedoc ♃ ; elle a une odeur fétide.

---

**VIII.** *Tige & feuilles glabres , & point pubeſcentes.*

Pigamon mineur. *Thaliĉtrum minus.* Linn. Sp. 769.

*Thaliĉtrum minus.* Tournef. 271.

Sa tige eſt haute d'un pied , un peu ſtriée & feuillée ſeulement dans ſa partie inférieure ; ſes feuilles ſont petites , deux ou trois fois ailées , compoſées de folioles ovales , un peu cunéiformes , & partagées à leur ſommet en trois lobes rarement entiers : le lobe du milieu eſt à trois dents , & les lobes latéraux

**897.** n'en ont communément que deux; la pannicule de fleurs est très-lâche, & occupe la plus grande partie de la tige : les capsules sont très-pointues, cannelées & au nombre de trois à six. On trouve cette plante dans les prés montagneux & les bois humides. ♃

---

**898.**

*Toutes les fleurs à plus de quatre pétales. . . . . . .*

{ Plusieurs cornets ou follicules tubulés, disposés entre les pétales & les ovaires . . . . . . . . . . 899.

Aucun cornet ni follicule tubulé, disposé dans la fleur. . . . . . 907

---

**899.**

*Plusieurs cornets ou follicules tubulés, disposés entre les pétales & les ovaires.*

{ Cinq cornets fort grands, & terminés chacun par un éperon saillant sous la corolle. . . . . . . . . 900

Tous les cornets renfermés dans la fleur, & point saillans sous la corolle . . . . . . . . . . . . 901

---

**900.** *Cinq cornets fort grands, & terminés chacun par un éperon saillant sous la corolle,*

### Ancolie. *Aquilegia.*

Les fleurs d'ancolie sont grandes, fort belles, composées de cinq pétales ovales-lancéolés, de cinq cornets tubulés, placés alternativement entre les pétales, & saillans sous la corolle ; de trente à quarante étamines & de cinq ovaires environnés de dix paillettes courtes, ridées & canaliculées. Ces ovaires se changent en capsules uniloculaires & polyspermes.

### *A N A L Y S E.*

| Découpures des feuilles, arrondies. | Découpures des feuilles, linéaires. |
|:---:|:---:|
| I. | I I. |

900.

I. *Découpures des feuilles, arrondies.*

Ancolie vulgaire. *Aquilegia vulgaris.* Linn. Sp. 752.

*Aquilegia sylvestris.* Tournef. 428.
β. *Aquilegia viscosa.* Gouan. Obs. 33, tab. 19, f. 1.

Sa tige est droite, pubescente, rameuse, feuillée, & s'élève jusqu'à trois ou quatre pieds ; ses feuilles sont grandes, pétiolées, deux ou trois fois ternées, & leurs folioles sont larges, arrondies, incisées ou trilobées, & d'un vert-glauque en-dessous. Les fleurs sont pédunculées, terminales, de couleur bleue & pendantes. Cette plante croît dans les lieux couverts, les bois, les haies, &c. ♃ ; elle passe pour emménagogue, diurétique, sudorifique & anti-scorbutique. On la cultive dans les jardins pour la beauté de ses fleurs, qui doublent facilement, & varient agréablement dans leur couleur.

II. *Découpures des feuilles, linéaires.*

Ancolie des Alpes. *Aquilegia Alpina.* Linn. Sp. 752.

*Aquilegia montana, magno flore.* Tournef. 428.

La tige de cette plante, selon M. de Haller, est haute d'un pied & demi, & chargée d'une ou deux fleurs ; ses feuilles sont pétiolées, deux fois ternées, & leurs folioles sont partagées en trois découpures ou lobes linéaires, presque parallèles & point divergens : les fleurs sont grandes, fort belles, d'un beau bleu, terminales & pendantes. Cette plante a été observée en Dauphiné par M. de Villars. ♂

901.

*Tous les cornets renfermés dans la fleur, & point saillans sous la corolle.*

{ Pétales pétiolés & à onglets très-remarquables ; capsule simple ou divisée dans sa moitié supérieure. 902

Pétales sessiles ou à onglets peu sensibles ; plusieurs capsules tout-à-fait distinctes . . . . . . . . 903

**902.** *Pétales pétiolés & à onglets très-remarquables ; capfule fimple, ou divifée dans fa moitié fupérieure.*

## Nielle, *Nigella.*

Les fleurs de nielle font compofées de cinq pétales pétiolés, pointus & très-ouverts ; de huit petits cornets ou follicules pédiculés, terminés par deux lèvres, dont l'inférieure eft à deux dents, & la fupérieure courte & pointue ; de beaucoup d'étamines un peu moins longues que la corolle ; & d'un ovaire dont les divifions fupérieures, plus ou moins profondes, font chargées de ftyles qui divergent en manière de cornes.

### *A N A L Y S E.*

| Une collerette feuillée & multifide fous la corolle. **I.** | Corolle nue & fans collerette remarquable. **I I.** |
|---|---|

**I.** *Une collerette feuillée & multifide fous la corolle.*

Nielle bleue. *Nigella cærulea.*

> *Nigella anguftifolia, flore fimplici cæruleo.* **Tournef.** 258.
> *Nigella damafcena.* **Linn. Sp.** 753.

Sa tige eft haute d'un pied ou un peu plus, glabre, ftriée, feuillée & rameufe dans fa partie fupérieure ; fes feuilles font alternes, feffiles & découpées très-menu ; fes fleurs font grandes, terminales & de couleur bleue. On trouve cette plante dans les champs & les vignes des provinces méridionales. ⊙ On la cultive dans les parterres.

**II.** *Corolle nue & fans collerette remarquable.*

Nielle des champs. *Nigella arvenfis.* **Linn. Sp.** 753.

> *Nigella arvenfis, cornuta.* **Tournef.** 258.

Cette efpèce eft un peu plus petite que la précédente dans toutes fes parties ; fes fleurs font nues & blanches, ou d'un bleu très-pâle ; fa capfule eft oblongue, rétrécie inférieurement

**902.** & profondément divisée, au lieu que celle de la première est globuleuse & presque entière : elle croît dans les champs, parmi les blés. ☉ Ses semences passent pour incisives, emménagogues & diurétiques.

**903.** *Pétales sessiles ou à onglets peu sensibles ; plusieurs capsules tout-à-fait distinctes.*

### Hellébore. *Helleborus.*

Les fleurs d'hellébore sont composées de cinq pétales ou davantage, communément arrondis à leur sommet & persistans dans plusieurs espèces ; de cinq à douze cornets très-petits, tubulés, souvent labiés & très-caducs ; de beaucoup d'étamines moins longues que la corolle, & de trois à douze ovaires pointus, qui se changent en un pareil nombre de capsules ramassées ou divergentes.

O B S. Je ne connois pas de moyen suffisant pour séparer l'*isopyrum* de l'*helleborus*. Le nombre des capsules n'est pas au-delà de trois dans l'*isop. thalictroides* & *aquilegioides*, selon MM. de Haller & Scopoli ; j'ai observé bien distinctement des cornets dans l'*isop. fumaroides* ; les pétales de l'*helleb. hyemalis* ne sont pas persistans, &c.

### A N A L Y S E.

| Pétales coriaces, persistans & verdâtres dans leur plus grande partie.<br>I. | Pétales minces, non coriaces, caduques & entièrement colorés.<br>I V. |
|---|---|

I. *Pétales coriaces, persistans & verdâtres dans leur plus grande partie.*

| Tige presque nue & pauciflore ; feuilles radicales, plus nombreuses que les caulinaires.<br>I I. | Tige rameuse, feuillée & multiflore ; feuilles radicales moins nombreuses que les caulinaires.<br>I I I. |
|---|---|

**903.**

**II.** *Tige presque nue & pauciflore ; feuilles radicales plus nombreuses que les caulinaires.*

Hellébore noir. *Helleborus niger.* Linn. Sp. 783.

> *Helleborus niger, angustioribus foliis.* Tournef. 272.
> β. *Helleborus niger, hortensis, flore viridi.* Ibid.
> *Helleborus viridis.* Linn. Sp. 784.

Ses tiges font presque nues, souvent simples ou fourchues dans leur partie supérieure, & s'élèvent jusqu'à un pied ; elles portent à leur sommet quelques fleurs verdâtres & ordinairement penchées ; les feuilles radicales font pédiaires, digitées ; coriaces & portées sur de longs pétioles : leurs folioles font dentées en scie. On trouve cette plante dans les lieux arides des provinces méridionales. ♃

---

**III.** *Tige rameuse, feuillée & multiflore ; feuilles radicales moins nombreuses que les caulinaires.*

Hellébore fétide. *Helleborus fœtidus.* Linn. Sp. 784. ( Pied de griffon. )

> *Helleborus niger, fœtidus.* Tournef. 272.

Sa tige est droite, cylindrique, épaisse, ferme, feuillée, & haute d'un pied & demi ; ses feuilles font pétiolées, digitées, d'un vert-noirâtre, souvent rougeâtres vers l'épanouissement de leurs pétioles, & à digitations longues, pointues & dentées ; les corolles font verdâtres & un peu rouges en leur bord : les péduncules font pubescens. On trouve cette plante dans les lieux stériles & pierreux ♃ ; elle a une odeur fétide : elle est âcre & purge avec violence.

---

**IV.** *Pétales minces, non coriaces, caduques, & entièrement colorés.*

| Tige uniflore. | Tige pluriflore. |
|:---:|:---:|
| V. | VI. |

**903.** **V.** *Tige uniflore.*

Hellébore d'hiver. *Helleborus hyemalis.* Linn. Sp. 783.

*Helleborus niger, tuberofus, ranunculi folio, flore luteo.* Tournef. 272.

Sa racine eſt tubéreuſe, & pouſſe une ou pluſieurs tiges droites très-ſimples, & hautes de trois pouces ; ces tiges ſont chargées à leur ſommet d'une feuille diſpoſée horizontalement, plane, orbiculaire, très-glabre, & profondément découpée en lobes un peu étroits, ſimples ou inciſés. Au-deſſus de cette feuille on trouve une ſeule fleur ſeſſile, terminale & de couleur jaune ; ſes pétales ſont communément au nombre de ſix. Cette plante croit dans les lieux couverts des montagnes de la Provence, & fleurit de très-bonne heure. ♃

**VI.** *Tige pluriflore.*

Hellébore pigamier. *Helleborus thalictroides.*

*Thalictrum montanum præcox.* Tournef. 271.
*Iſopyrum thalictroides.* Linn. Sp. 783.

Sa tige eſt haute de cinq à huit pouces, grêle, d'un vert un peu rougeâtre, feuillée, & plus ou moins rameuſe ; ſes feuilles ſont pétiolées, une ou deux fois ternées, compoſées de folioles ovales, légèrement trilobées, petites, tendres, & d'une couleur un peu glauque : ſes fleurs ſont blanches & ſolitaires ſur leurs péduncules. Cette plante a été obſervée en Auvergne par Dom Fourmeault.

**904.** *Feuilles ſimples.* . . . . . . $\begin{cases} \text{Toutes les feuilles radicales. 905} \\ \text{Tige garnie de feuilles. . . . 863} \end{cases}$

**905.** *Toutes les feuilles radicales.* $\begin{cases} \text{Un ſeul ovaire . . . . . . . 906} \\ \text{Pluſieurs ovaires. . . . . . . 725} \end{cases}$

906. *Un feul ovaire.* . . . . . . {
Corolle monopétale . . . . . 866
Corolle polypétale. . . . . 862

907. *Aucun cornet ni follicule tubulé, difposé dans la fleur.* . . . . . . . . {
Semences libres ; trois ou plufieurs feuilles verticillées en manière de collerette, à quelque diftance au-deffous de la fleur." . . . . . 908

Capfules polyfpermes ; point de feuilles verticillées, ni de collerette ternée fous la fleur . . . . . . 909

908. *Semences libres ; trois ou plufieurs feuilles verticillées en manière de collerette, à quelque diftance au-deffous de la fleur.*

### Anémone. *Anemone.*

Les fleurs d'anémone font pédunculées, terminales, compofées de cinq à douze pétales difpofés fur plufieurs rangs ; de beaucoup d'étamines moins longues que la corolle, & d'ovaires nombreux ramaffés en tête ; les femences font ou nues avec une petite pointe, ou entourées d'un duvet laineux, ou chargées de longues queues plumeufes.

### ANALYSE.

| Feuilles de la colerette, pétiolées. | Feuilles de la collerete, feffiles. |
|---|---|
| I. | XII. |

I.     *Feuilles de la collerette, pétiolées.*

| Semences nues, non laineufes & fans queue remarquable ; collerette de trois feuilles feulement. | Semences, ou laineufes, ou chargées d'une longue queue plumeufe ; collerette communément de plus de trois feuilles. |
|---|---|
| II. | IX. |

**908.** **II.** *Semences nues, non laineuses, & sans queue remarquable ;*
*collerette de trois feuilles seulement.*

| Fleurs blanches ou rougeâtres. | Fleurs de couleur jaune. |
| :---: | :---: |
| **III.** | **VIII.** |

**III.** *Fleurs blanches ou rougeâtres.*

| Feuilles à trois folioles simplement dentées. | Feuilles dont les folioles sont profondément découpées. |
| :---: | :---: |
| **IV.** | **V.** |

**IV.** *Feuilles à trois folioles, simplement dentées.*

Anémone trifoliée. *Anémone trifolia.* Linn. Sp. 762.

*Ranunculus nemerosus, trifolius.* Tournef. 285.

Sa tige est haute de cinq à six pouces, grêle, cylindrique,
& porte à son sommet une fleur blanche ou un peu rougeâtre ; à deux pouces au-dessous de cette fleur, on trouve
trois feuilles pétiolées, disposées en verticilles, & composées
chacune de trois folioles ovales, pointues & dentées : elles
sont un peu luisantes en-dessous & rougeâtres en leur pétiole.
Cette plante croît dans les bois. ♃

**V.** *Feuilles dont les folioles sont profondément découpées.*

| Cinq à huit pétales. | Plus de huit pétales. |
| :---: | :---: |
| **VI.** | **VII.** |

**VI.** *Cinq à huit pétales.*

Anémone des bois. *Anémone nemorosa.* Linn. Sp. 762.
( La Silvie. )

*Ranunculus phragmites, albus, vernus.* Tournef. 285.
β. *Ranunculus phragmites, purpureus, vernus.* Ibid.

Sa tige est haute de cinq à sept pouces, grêle, & terminée

908.

à son sommet par une fleur assez grande, blanche, quelquefois purpurine extérieurement, & ordinairement composée de six pétales oblongs ; à un pouce & demi au-dessous de la fleur, on trouve une collerette de trois feuilles pétiolées & partagées en trois ou cinq folioles pointues, incisées, dentées & presque glabres. Cette plante est commune dans les bois, où elle fleurit de très-bonne heure. ♃

---

### VII.         *Plus de huit pétales.*

Anémone bleue. *Anemone cærulea.*

> *Ranunculus nemerosus , flore cæruleo ; foliis majoribus (& minoribus),*
> *Apennini montis:* Tournef. 285.
> *Anemone Apennina.* Linn. Sp. 762.

..Sa racine est grosse, recourbée, noueuse, & pousse une tige grêle, nue dans sa plus grande partie, haute de cinq à six pouces, chargée vers son sommet d'une collerette de trois feuilles, & terminée par une fleur, dont les pétales sont étroits & nombreux ; les feuilles de la collerette sont partagées en trois folioles incisées ou trilobées : celles de la racine sont petites, portées sur de longs pétioles, deux fois ternées & à folioles incisées ou dentées. Cette plante croît dans les bois des montagnes de la Provence, où elle a été observée par Dom Fourmeault.

---

### VIII.         *Fleurs de couleur jaune.*

Anémone jaune. *Anemone lutea.*

> *Ranunculus nemerosus , luteus.* Tournef. 285.
> *Anemone ranunculoides.* Linn. Sp. 762.

Sa tige est haute d'un demi-pied, menue, chargée de quelques poils, & porte à son sommet une ou deux fleurs jaunes, petites, & dont les pétales sont arrondis ; à peu de distance au-dessous de la fleur, on trouve une collerette de trois feuilles portées sur de courts pétioles, divisées profondément en trois ou quatre lobes incisés ou dentés, & qui ressemblent à des digitations. Cette plante croît dans les bois & les prés couverts. ♃

---

908.

**IX.** *Semences ou laineuses, ou chargées d'une longue queue plumeuse, collerette communément de plus de trois feuilles.*

| Semences entourées d'un duvet laineux. **X.** | Semences chargées d'une longue queue plumeuse. **X I.** |
| --- | --- |

**X.** *Semences entourées d'un duvet laineux.*

Anémone sauvage. *Anemone sylvestris.* Linn. Sp. 761.

*Anemone sylvestris, alba, major.* Tournef. 277.

Sa tige est haute de six à huit pouces, cylindrique, velue & chargée à son sommet d'une fleur blanche, composée de six pétales ovales-oblongs & assez grands ; à quelques pouces au-dessous de la fleur, on trouve une collerette composée de trois à cinq feuilles pétiolées, & partagées en lobes profonds & incisés : les feuilles radicales sont pétiolées & composées de cinq digitations incisées & anguleuses. Cette plante croît en Alsace. ♃

**XI.** *Semences chargées d'une longue queue plumeuse.*

Anémone des Alpes. *Anemone Alpina.* Linn. Sp. 760.

*Pulsatilla flore albo.* Tournef. 284.
β. *Pulsatilla lutea, pastinacæ sylvestris folio.* Ibid.

Sa tige est haute de huit à neuf pouces, cylindrique, velue & chargée à son sommet d'une fleur assez grande, blanchâtre en-dedans, & quelquefois un peu rougeâtre en-dehors ; la collerette est composée de plus de trois feuilles pétiolées, très-divisées & à découpures anguleuses : les feuilles radicales sont grandes, d'un vert-pâle ou un peu obscur, deux ou trois fois ailées & à découpures qui ressemblent presque à celles de l'*athamanta libanotis*. La variété β a sa fleur d'un blanc-jaunâtre, & ses feuilles découpées très-menu. On trouve cette plante dans les lieux montagneux, sur le bord des bois. ♃

908.

**XII.** *Feuilles de la collerette, sessiles.*

| Feuilles composées ou très-découpées. XIII. | Feuilles simples, & à trois lobes entiers. XX. |
|---|---|

**XIII.** *Feuilles composées ou très-découpées.*

| Tige uniflore. XIV. | Tige pluriflore. XIX. |
|---|---|

**XIV.** *Tige uniflore.*

| Six ou sept pétales; semences chargées de longues queues plumeuses. XV. | Plus de sept pétales; semences simplement laineuses. XVIII. |
|---|---|

**XV.** *Six ou sept pétales; semences chargées de longues queues plumeuses.*

| Feuilles deux fois ailées, & à pinnules finement découpées. XVI. | Feuilles une fois ailées, & à pinnules élargies, courtes & incisées. XVII. |
|---|---|

**XVI.** *Feuilles deux fois ailées, & à pinnules finement découpées.*

Anémone pulsatille. *Anemone pulsatilla.* Linn. Sp. 769.

> *Pulsatilla folio crassiore & majore flore.* Tournef. 284.
> β. *Pulsatilla flore minore, nigricante.* Ibid.
> *Anemone pratensis.* Linn. Sp. 760.

Sa tige est haute de six à sept pouces, cylindrique & velue; elle porte à son sommet une fleur violette assez grande, dont les pétales sont oblongs, plus ou moins droits & velus en-dehors;

908.

dehors ; à un demi-pouce au-deſſous de la fleur, on remarque une collerette profondément découpée en lanières velues & étroites : les feuilles ſont radicales, périolées, alongées, deux fois ailées, velues, blanchâtres dans leur jeuneſſe, & à découpures fines & pointues. La variété β a le ſommet de ſes pétales rejeté en-dehors. On trouve cette plante ſur le bord des bois & dans les prés montagneux ♃, elle eſt âcre, déterſive, ſternutatoire & un peu véſicatoire.

---

XVII. *Feuilles une fois ailées, & à pinnules élargies, courtes & inciſées.*

Anémone printannière. *Anemone vernalis.* Linn. Sp. 759.

*Pulſatilla apii folio vernalis, flore majore ( & minore ).* Tournef. 284.

Sa tige eſt haute de trois à ſix pouces, très-velue, & porte à ſon ſommet une fleur droite aſſez grande, d'un blanc jaunâtre, quelquefois un peu rougeâtre en-dehors, & dont les pétales ſont velus extérieurement ; à un pouce au-deſſous de la fleur, on trouve une collerette découpée comme celle de la précédente, mais remarquable par le coton rouſſâtre ou jaunâtre & très-abondant dont elle eſt garnie : ſes feuilles ſont radicales, ſimplement ailées, à pinnules peu nombreuſes, inciſées & preſque cuneiformes. Cette plante croît dans les pâturages des montagnes. ♃

---

XVIII. *Plus de ſept pétales ; ſemences ſimplement laineuſes.*

Anémone des jardins. *Anemone hortenſis.* Linn. Sp. 761.

*Anemone geranii rotundo folio, purpuraſcens.* Tournef. 276.

Sa racine eſt compoſée de pluſieurs tubéroſités garnies de fibres, & pouſſe une tige haute de cinq à ſept pouces, cylindrique, à peine velue & uniflore ; les feuilles radicales ſont preſque digitées, compoſées de trois folioles profondément inciſées & portées ſur d'aſſez longs périoles : les feuilles de la collerette ſont au nombre de trois, ſeſſiles, un peu connées & plus ou moins découpées. La fleur eſt terminale, grande, légèrement purpurine, & compoſée de neuf pétales, longs, étroits, marqués de quelques lignes & un peu velus en-deſſous. Cette

*Tome III.*                                                    **X**

908. plante croît dans les lieux stériles de la Provence ♃ ; on en cultive dans les jardins de très-belles variétés , dont les pétales sont moins étroits & les couleurs beaucoup plus vives.

---

**XIX.** *Tige pluriflore.*

**Anémone ombellée.** *Anemone umbellata.*

> *Ranunculus montanus , hirsutus , humilior , narcissi flore.*
> Tournef. 290.
> β. *Ranunculus montanus , hirsutus , albus , altior.* Ibid.
> *Anemone narcissi flora.* Linn. Sp. 763. ( α, β. )

Sa tige s'élève depuis huit pouces jusqu'à un pied , ou quelquefois un peu davantage ; elle est velue , & porte à son sommet trois à six fleurs blanches , soutenues par des pétioles courts & disposés en ombelle : les pétales sont ovales & pointus ; la collerette est composée de trois feuilles sessiles , petites , découpées & presque palmées. Les feuilles radicales sont pétiolées , arrondies , & partagées en trois ou cinq lobes profondément bifides ou trifides. On trouve cette plante dans les montagnes de la Provence ♃.

---

**XX.** *Feuilles simples & à trois lobes entiers.*

**Anémone hépatique.** *Anemone hepatica.* Linn. Sp. 758.

> *Ranunculus tridentatus , vernus , flore simplici , cæruleo.*
> Tournef. 286.

Ses tiges sont hautes de trois ou quatre pouces , grêles , foibles, & terminées chacune par une fleur assez belle , de couleur blanche ou bleue , ou rougeâtre : la collerette est formée par trois petites feuilles lancéolées , entières, & tellement rapprochées de la fleur, qu'on les pourroit prendre pour son calice. Les feuilles radicales sont nombreuses , simples , trilobées , un peu coriaces , & portées sur des pétioles la plupart plus longs que les tiges. On trouve cette plante dans les lieux couverts des montagnes ♃ ; on la cultive dans les jardins pour la beauté de ses fleurs qui paroissent de très-bonne heure ; elle est vulnéraire , astringente & tonique.

909. *Capfules polyfpermes; point de feuilles verticillées ni de collerette ternée fous la fleur* . . . . . . . . . .
{ Cinq ou fix pétales : : : : : 910

Plus de dix pétales. . . . . 912

---

910.

*Cinq où fix pétales.* . . . .
{ Fleurs jaunes; feuilles fimples. 911

Fleurs blanches; feuilles compofées. . . . . . . . . . 903—VI

---

911.         *Fleurs jaunes ; feuilles fimples.*

**Populage des marais.** *Populago palufris.* Scop. carn. 1, p. 404.

*Populago flore majore ( & minore ).* Tournef. 273.
*Caltha paluftris.* Linn. Sp. 784.

Ses tiges font hautes d'un pied, cylindriques, liffes, feuillées, & quelquefois rameufes ; elles foutiennent des fleurs d'un beau jaune, affez grandes, compofées de cinq pétales oblongs ; d'un grand nombre d'étamines, & de dix à douze ovaires qui fe changent en capfules polyfpermes. Les feuilles font grandes, pétiolées, arrondies, réniformes ou un peu en cœur, très-glabres & crénelées en leur contour. On trouve cette plante dans les marais & fur le bord des étangs ♃ ; elle eft âcre, un peu cauftique & déterfive.

---

912.         *Plus de dix pétales.*

**Trolle globuleux.** *Trollius globofus.*

*Helleborus niger, ranunculi folio, flore globofo, majore.* Tournef. 272.
*Trollius Æuropæus.* Linn. Sp. 782.

Sa tige eft haute de huit à dix pouces, feuillée, ordinairement fimple & uniflore ; fes feuilles font palmées, arguleufes, à cinq lobes pointus, incifés & denrés ; elles ont quelque reffemblance avec celles de la renoncule âcre : la fleur eft grande,

X 2

912. terminale, de couleur jaune, & compofée de douze ou quatorze pétales ramaffés en boule; elle contient, outre les étamines & les ovaires, dix ou douze languettes canaliculées,
qui ont beaucoup de rapport avec les cornets des hellébores.
On trouve cette plante fur le Mont d'or en Auvergne & dans
les prés montagneux du Dauphiné & de la Provence ♃ ; on
la dit anti-fcorbutique.

---

913.

*Corolle irrégulière.* . . . . . { Pétale fupérieur terminé en arrière par un éperon, & point voûté
antérieurement . . . . . . . . 914

Pétale fupérieur fans éperon,
voûté, & renfermant deux follicules fiftuleux & pédiculés. . 915

---

914. *Pétale fupérieur terminé en arrière par un éperon, & point
voûté antérieurement.*

## Dauphin. *Delphinium.*

Les fleurs de dauphin font compofées de cinq pétales inégaux,
dont le fupérieur un peu moins grand que les autres, fe termine
poftérieurement par un éperon alongé & pointu, ou quelquefois légèrement bifide. Au milieu de chaque fleur, on trouve
un follicule particulier à trois lobes, dont le fupérieur eft droit
& médiocrement échancré, & les deux latéraux font rabattus
fur les étamines & comme comprimés. Ce follicule fe prolonge en arrière dans l'éperon du pétale fupérieur. Les étamines font au nombre de douze à feize, & le nombre des
ovaires varie d'un à trois.

Obs. Dans quelques efpèces, la corolle, avant fon épanouiffement, a à-peu-près la forme que l'on attribue au dauphin.

### A N A L Y S E.

| Feuilles pétiolées & palmées; fruit tricapfulaire. | Feuilles prefque feffiles & à découpures linéaires; fruit unicapfulaire. |
|---|---|
| I. | I V. |

.914. I.    *Feuilles pétiolées & palmées ; fruit tricapſulaire.*

| Tige liſſe, creuſe & s'élevant au-delà de deux pieds.<br><br>I I. | Tige velue, pleine & ne s'élevant pas au-dlà de deux pieds.<br><br>I I I. |

II.    *Tige liſſe, creuſe & s'élevant au-delà de deux pieds.*

Dauphin élevé. *Delphinium elatum.* Linn. Sp. 749.

> *Delphinium perenne, montanum, villoſum, aconiti folio.* Tournef. 426.

Sa tige eſt droite, liſſe, feuillée, & s'élève juſqu'à quatre ou cinq pieds ; elle ſe termine par un long épi de fleurs d'un bleu admirable ; & dont les péduncules propres ſont un peu pubeſcens où légèrement farineux : les feuilles ſont alternes, pétiolées, palmees, glabres dans leur parfait développement, & découpées en cinq lobes pointus & inciſés. Cette plante a été obſervée en Dauphiné par M. de Villars. ♃

III.    *Tige velue, pleine & ne s'élevant pas au-delà de deux pieds.*

Dauphin ſtaphiſaigre. *Delphinium ſtaphiſagria.* Linn. Sp. 750.

> *Delphinium platani folio, ſtaphiſagria dictum.* Tournef. 428.

Sa tige eſt haute d'un pied & demi, cylindrique, velue & un peu rameuſe ; ſes feuilles ſont pétiolées, palmées, velues, & à lobes ou digitations pointus & inciſés : les fleurs ſont aſſez grandes, d'un bleu-pâle, & diſpoſées en épi terminal. Cette plante croît dans les provinces méridionales, dans les lieux expoſés à l'ombre ⊙ ; ſa ſemence eſt un purgatif violent & dangereux : on l'emploie extérieurement pour déterger les ulcères & pour détruire les poux.

IV.    *Feuilles preſque ſeſſiles & à découpures linéaires ; fruit unicapſulaire.*

Dauphin des blés. *Delphinium ſegetum.* (Pied d'alouette.)

> *Delphinium ſegetum, flore cæruleo.* Tournef. 426.
> *Delphinium conſolida.* Linn. Sp. 748.

Sa tige eſt haute d'un à deux pieds, cylindrique, preſque

914. glabre, rameufe, & un peu panniculée ou à rameaux très-ouverts ; fes feuilles font découpées très-menu ; & fes fleurs, ordinairement d'un beau bleu, font difpofées au fommet de la tige & des rameaux, en bouquets lâches formant à peine l'épi. Les corolles, avant leur épanouiffement, ont un peu la forme d'un dauphin. Cette plante eft commune dans les champs parmi les blés ⊙ ; elle eft vulnéraire.

9 5. *Pétale fupérieur fans éperon , voûté & renfermant deux follicules fiftuleux & pédiculés.*

### Aconit. *Aconitum.*

Les aconits ont beaucoup de rapport avec les dauphins ; le pétale fupérieur de leur corolle reffemble à un cafque : le fruit eft toujours pluricapfulaire.

### *A N A L Y S E.*

| Fleurs de couleur bleue. | Fleurs d'un jaune-pâle. |
| --- | --- |
| I. | I I. |

I.        *Fleurs de couleur bleue.*

Aconit napel. *Aconitum napellus.* Linn. Sp. 751.

*Aconitum cæruleum , feu napellus.* Tournef. 425.

Sa tige eft droite, fimple, ferme, feuillée, & haute de deux pieds ; elle fe termine par un épi un peu denfe, dont les fleurs font affez grandes, ferrées & folitaires fur leur péduncule ; fes feuilles font pétiolées, palmées, multifides, d'un vert-noirâtre, luifantes & à découpures étroites, chargées d'une ligne ou cannelure courante. On trouve cette plante dans les lieux couverts & humides des montagnes de la Provence ; elle eft âcre, cauftique & paffe pour un poifon dangereux : cependant fon extrait donné à petites dofes, peut, felon les expériences de M. Storck, être employé avantageufement & fans danger dans les maladies où il eft néceffaire d'exciter la tranfpiration & la fueur.

915. | II.                     *Fleurs d'un jaune-pâle.*

| Trois ovaires ; découpures des feuilles élargies & point linéaires. **III.** | Cinq ovaires ; découpures des feuilles toutes étroites & linéaires. **IV.** |
| --- | --- |

**III.** *Trois ovaires ; découpures des feuilles élargies & point linéaires.*

Aconit tue-loup. *Aconitum lycoctonum.* Linn. Sp. 750.

*Aconitum lycoctonum, luteum.* Tournef. 424.

Sa tige eft haute de deux ou trois pieds, cylindrique, feuillée & un peu rameufe ; fes feuilles font pétiolées, fort larges, palmées, à trois ou cinq lobes pointus, incifés & dentés ; elles font d'un vert-foncé ou un peu noirâtre : les fleurs font terminales, d'un blanc-jaunâtre & difpofées en épi ; le pétale fupérieur de leur corolle eft alongé en manière de toque ou de bonnet prefque conique, obtus à fon fommet, pubefcent & anguleux ou ridé. Cette plante croît dans les lieux montagneux de l'Alface & des provinces méridionales.

**IV.** *Cinq ovaires ; découpures des feuilles toutes étroites & linéaires.*

Aconit falutifère. *Aconitum anthora.* Linn. Sp. 751.

*Aconitum falutiferum feu anthora.* Tournef. 425.

Sa tige eft haute d'un pied ou un peu plus, liffe dans fa partie inférieure, feuillée & prefque fimple ; fes feuilles font palmées, multifides & à découpures linéaires ; elles font un peu blanchâtres en-deffous, & les fupérieures font prefque feffiles : les fleurs font terminales, jaunâtres, velues, & le cafque que forme leur pétale fupérieur eft obtus, convexe, & point alongé en toque conique comme celui de l'efpèce précédente. On trouve cette plante dans les montagnes de la Provence. ♃

916. *Ovaire sous la corolle.* . . { Corolle monopétale. . . . 917
Corolle polypétale. . . . 977.

917. *Corolle monopétale.* . . . { Cinq étamines ou moins. . 918
Plus de cinq étamines. . . 959

918. *Cinq étamines ou moins.* { Feuilles ou radicales ou alternes. 919
Tige garnie de feuilles opposées ou verticillées. . . . . . . . 932.

919. *Feuilles ou radicales ou alternes.* . . . . . . . { Feuilles simples, entières ou dentées . . . . . . . . . . . . 920
Feuilles ailées avec une impaire. 931.

920. *Feuilles simples, entières ou dentées* . . . . . . . . . . { Fleurs complètes ; elles ont une corolle & un calice . . . . . . 921
Fleurs incomplètes ; elles n'ont qu'une corolle & point de calice. 929

921. *Fleurs complètes.* . . . . . . { Corolle régulière. . . . . . 922
Corolle irrégulière. . . . . 928

922. *Corolle régulière.* . . . . . . { Stigmate simple & entier. . 923
Stigmate à deux ou trois divisions. . . . . . . . . . . . . 925.

923.

*Stigmate simple & entier.*

Samole aquatique. *Samolus aquaticus.*

*Samolus valerandi.* Tournef. 143. Linn. Sp. 243

Sa tige eſt haute d'un pied ou environ, droite, cylindrique, glabre, feuillée & un peu rameuſe ; ſes feuilles ſont ovales-obtuſes, ſpatulées & très-liſſes. Ses fleurs ſont blanches & diſpoſées en grappes droites & terminales; elles ont une corolle en ſoucoupe, partagée en cinq découpures ovales-obtuſes, & remarquable par cinq petites écailles pointues & conniventes à l'entrée de ſon tube : le fruit eſt une capſule ovale, uniloculaire, polyſperme & couronnée par le calice. Cette plante croît ſur le bord des ruiſſeaux & dans les lieux aquatiques. ♂

924.

*Feuilles ailées.* . . . . . . . . 
{ Feuilles ailées avec une impaire. 931

{ Feuilles ailées ſans impaire. 259

925.

*Stigmate à deux ou trois diviſions* . . . . . . . .
{ Corolle partagée au-delà de moitié en cinq découpures linéaires. 926

{ Corolle non diviſée au-delà de moitié, & dont les découpures ne ſont pas linéaires . . . . . . . 927

926. *Corolle partagée au-delà de moitié en cinq découpures linéaires.*

Raiponce. *Rapunculus.*

Les raiponces ont beaucoup de rapport avec les campanules & les jaſions ; leurs fleurs ſont ramaſſées en épi ou en tête, & compoſées d'un calice court, à cinq diviſions ; d'une corolle dont les découpures ſont profondes & linéaires ; de cinq étamines, & d'un ſtyle terminé par un ſtigmate bifide ou trifide.

| Feuilles inférieures en cœur à leur bafe.<br>**I.** | Toutes les feuilles étroites, & point en cœur.<br>**VI.** |
|---|---|

**I.**    *Feuilles inférieures en cœur à leur bafe.*

| Fleurs en épi affez long & conique.<br>**II.** | Fleurs en bouquet court ou orbiculaire.<br>**III.** |
|---|---|

**II.**        *Fleurs en épi affez long & conique.*

Raiponce à épi. *Rapunculus fpicatus.* Tournef. 113.

> *Phyteuma fpicata.* Linn. Sp. 242.

Sa tige eft haute de fix à huit pouces, droite, feuillée & très-fimple ; elle fe termine par un épi conique ou cylindrique, long de deux à quatre pouces, & compofé de fleurs bleues ou d'un blanc jaunâtre : les feuilles inférieures font cordiformes, portées fur de longs pétioles & légèrement dentées en leur bord ; les fupérieures font étroites & feffiles. On trouve cette plante dans les pâturages des montagnes. ♃

**III.**        *Fleurs en bouquet court ou orbiculaire.*

| Tête de fleurs nue, & fans bractées à fa bafe.<br>**IV.** | Tête de fleurs, garnie à fa bafe de deux bractées affez longues.<br>**V.** |
|---|---|

**IV.**        *Tête de fleurs nue, & fans bractées à fa bafe.*

Raiponce orbiculaire. *Rapunculus orbicularis.* Scop. carn. 1, p. 150.

> *Rapunculus folio oblongo, fpicâ orbiculari.* Tournef. 113.
> *Phyteuma orbicularis.* Linn. Sp. 242.

Sa tige eft grêle, très-fimple, & haute de fix à fept pouces ;

926. ſes feuilles ſont un peu dures : les inférieures ſont en cœur & plus courtes que leur pétiole ; les ſupérieures ſont étroites, pointues & preſque ſeſſiles : les fleurs ſont bleuâtres & ramaſſées en une tête terminale, arrondie ou orbiculaire. On trouve cette plante dans les lieux montagneux de l'Alſace & des provinces méridionales. ♃

---

**V.** *Tête de fleurs garnie à ſa baſe de deux braćlées aſſez longues.*

**Raiponce colletée.** *Rapunculus comoſus.*

> *Rapunculus Alpinus, corniculatus.* Tournef. 113.
> *Phyteuma comoſa.* Linn. Sp. 242.

Sa racine pouſſe pluſieurs tiges grêles, liſſes, garnies de quelques feuilles, & hautes de cinq à ſix pouces ; ſes feuilles ſont pétiolées, un peu dures, nerveuſes, d'un vert-noirâtre & plus fortement dentées en leur bord que celles des eſpèces précédentes : les radicales ſont en cœur & beaucoup plus courtes que leur pétiole, & les caulinaires ſont lancéolées. Les fleurs ſont bleuâtres & ramaſſées en une tête terminale, remarquable par les braćlées qui l'accompagnent. Cette plante a été obſervée dans les montagnes des provinces méridionales par Dom Fourmeault.

---

**VI.** *Toutes les feuilles étroites & point en cœur.*

**Raiponce hémiſphérique.** *Rapunculus hemiſphericus.*

> *Rapunculus gramineo folio.* Tournef. 113.
> *Phyteuma hemiſpherica.* Linn. Sp. 241.

Sa tige eſt très-ſimple, cannelée, haute d'un demi-pied, & garnie dans ſa partie moyenne de beaucoup de feuilles étroites, légèrement dentées, & dont les inférieures ſont portées ſur des pétioles extrêmement longs. Les fleurs ſont bleues & ramaſſées en une tête terminale fort courte & hémiſphérique. Cette plante croît dans les montagnes de la Provence. ♃

927.

*Corolle non divisée au-delà de moitié, & dont les découpures ne sont pas linéaires.*

### Campanule. *Campanula.*

Les fleurs de campanule sont composées d'un calice à cinq divisions ; d'une corolle monopétale assez grande, ayant communément la forme d'une cloche, & partagée en son limbe, en cinq découpures élargies, pointues & ouvertes ; de cinq étamines qui se flétrissent de bonne heure, & dont les filamens s'insèrent sur des écailles conniventes au fond de la corolle ; & d'un style terminé par un stigmate trifide. Le fruit est une capsule anguleuse, à plusieurs loges polyspermes, & qui s'ouvre latéralement.

### ANALYSE.

| Fleurs glomérulées & ramassées en tête ou en épi dense. | Fleurs libres, lâches & point glomérulées. |
|:---:|:---:|
| I. | VI. |

I.     *Fleurs glomérulées & ramassées en tête ou en épi dense.*

| Toutes les feuilles sessiles & lancéolées-linéaires. | Feuilles inférieures pétiolées, & point linéaires. |
|:---:|:---:|
| II. | V. |

II.     *Toutes les feuilles sessiles & lancéolées-linéaires.*

| Tige terminée par un épi dense & cylindrique. | Tige terminée par une tête de fleurs. |
|:---:|:---:|
| III. | IV. |

**927.** **III.** *Tige terminée par un épi denfe & cylindrique.*

Campanule thirſoïde. *Campanula thyrſoidea.* Linn. Sp. 235.

*Campanula Alpina , echioides , pyramidata.* Tournef. 109.

Sa tige eſt haute de huit à dix pouces, droite, très-ſimple & hériſſée de poils blancs ; ſes feuilles ſont nombreuſes, éparſes autour de la tige , lancéolées-linéaires , un peu émouſſées à leur ſommet, & pareillement hériſſées de poils. Les fleurs ſont d'un blanc-ſale, ſeſſiles, velues, très-nombreuſes , & diſpoſées en un épi denſe , cylindrique, terminal, feuillé dans ſa partie infé-rieure, preſque nu vers ſon ſommet & long de trois ou quatre pouces. Cette plante croît dans les montagnes de la Provence. ♃

---

**IV.** *Tige terminée par une tête de fleurs.*

Campanule cervicaire. *Campanula cervicaria.* Linn. Sp. 235.

*Campanula foliis echii.* Bauh. prodr. 36.

Sa tige eſt haute de deux pieds , hériſſée de poils blancs, feuillée, ſimple ou quelquefois garnie dans ſa partie ſupéricure de quelques rameaux médiocres ; ſes feuilles ſont étroites , preſque linéaires , dentées en leur bord, émouſſées à leur ſommet, d'un aſpect blanchâtre & hériſſées de poils qui les rendent très-rudes au toucher. Les fleurs ſont terminales, de couleur bleue , ſeſſiles & ramaſſées en tête au ſommet de la tige & des rameaux : leur corolle eſt velue en ſes angles. On trouve cette plante dans les bois & les lieux pierreux des montagnes. ♃

---

**V.** *Feuilles inférieures pétiolées & point linéaires.*

Campanule glomérulée. *Campanula glomerata.* Linn. Sp. 235.

*Campanula pratenſis , flore glomerato.* Tournef. 110.

Sa tige eſt haute d'un pied , ordinairement ſimple , à peine velue , feuillée & légèrement anguleuſe ; ſes feuilles radicales ſont ovales-lancéolées , pointues, finement dentées en leur bord, médiocrement velues , un peu blanchâtres en-deſſous & portées ſur de longs pétioles ; celles de la tige ſont petites & ſemi-amplexicaules ; les fleurs ſont bleues , ſeſſiles , ramaſſées

927. en une tête terminale, & quelques-unes difposées dans les aiffelles des feuilles fupérieures. On trouve cette plante dans lieux fecs & montueux. ♃

---

**VI.** *Fleurs libres, lâches & point glomérulées.*

| Calice beaucoup plus court que la corolle. **VII.** | Calice auffi grand, ou plus grand que la corolle. **XXIV.** |

---

**VII.** *Calice beaucoup plus court que la corolle.*

| Corolle velue. **VIII.** | Corolle très-glabre. **XV.** |

---

**VIII.** *Corolle velue.*

| Toutes les feuilles feffiles & point cordiformes. **IX.** | Feuilles inférieures pétiolées & cordiformes. **XII.** |

---

**IX.** *Toutes les feuilles feffiles & point cordiformes.*

| Corolle longue de plus d'un pouce, & velue en-dehors. **X.** | Corolle longue de moins d'un pouce, & très-velue en-dedans. **XI.** |

---

**X.** *Corolle longue de plus d'un pouce & velue en-dehors.*

Campanule à grandes fleurs. *Campanula grandiflora.*

> *Campanula hortenfis, folio & flore oblongo, cæruleo.* Tournef. 109.
>
> *Campanula medium.* Linn. Sp. 236.

Sa tige eft haute de deux pieds, droite, feuillée, rude, velue & un peu rameufe ; fes feuilles font ovales-lancéolées, feffiles, rudes au toucher, légèrement velues, & d'un vert quelquefois

**927.** noirâtre, ſes fleurs ſont fort grandes, pédunculées & de couleur bleue ou blanchâtre; leur calice eſt remarquable par des replis & des ſinuoſités particulières dans ſa moitié inférieure, & leur corolle eſt légèrement velue en ſes angles. Cette plante croît dans les bois & les lieux arides de la Provence. ♂

---

**XI.** *Corolle longue de moins d'un pouce , & très-velue en-dedans.*

Campanule barbue. *Campanula barbata.* Linn. Sp. 236.

*Campanula foliis echii , floribus villoſis.* Tournef. 110.

Sa tige eſt velue, médiocrement feuillée, un peu rameuſe vers ſon ſommet & s'élève juſqu'à un pied & demi ; ſes feuilles ſont ovales-oblongues, velues, un peu rudes au toucher & très-entières ; les fleurs ſont bleues, pédunculées, la plupart inclinées ou péndantes & diſpoſées au nombre de huit à dix en une panicule très-lâche ; elles ſont beaucoup plus petites que celles de l'eſpèce précédente, & leur corolle eſt remarquable par beaucoup de poils blancs & tortueux qui rendent ſon entrée très-barbue. Cette plante a été obſervée en Dauphiné par M. de Villars.

---

**XII.** *Feuilles inférieures pétiolées & cordiformes.*

| Preſque toutes les feuilles pé-tiolées ; angles extérieurs de la corolle, velus. **XIII.** | Feuilles inférieures pétiolées ; angles extérieurs de la corolle, glabres. **XIV.** |
|---|---|

---

**XIII.** *Preſque toutes les feuilles pétiolées ; angles extérieurs de la corolle , velus.*

Campanulle gantelée. *Campanula trachelium.* Linn. Sp. 235.

*Campanula vulgatior, foliis urticæ, vel major & aſperior.*

Sa tige eſt velue, anguleuſe, rude, quelquefois rameuſe, feuillée dans toute ſa longueur & s'élève juſqu'à deux ou trois pieds ; ſes feuilles ſont en cœur, pointues, dentées en ſcie, larges, rudes & pétiolées ; ſes fleurs ſont bleues ou violettes,

927. pédunculées & remarquables par leur calice hériffé de poils blancs, & par fes divifions élargies. On trouve cette plante dans les bois. ♃

---

**XIV.** *Feuilles inférieures pétiolées ; angles extérieurs de la corolle , glabres.*

Campanule inclinée. *Campanula nutans.*

*Campanula hortenfis , rapunculi radice.* Tournef. 109.
*Campanula rapunculoides.* Linn. Sp. 234.

Sa tige eft haute de deux pieds, droite ; cylindrique, rougeâtre, prefque liffe, à peine velue, & feuillée dans toute fa longueur ; fes feuilles inférieures font en cœur, pointues, dentées & portées fur de longs pétioles ; les fupérieures font ovales-lancéolées & feffiles ou femi-amplexicaules. Les fleurs font d'un bleu-rougeâtre, pédunculées, toutes inclinées ou pendantes, & difpofées dans les aiffelles des feuilles fupérieures, en un épi fort long & terminal ; les divifions de leur calice font très-ouvertes, prefque réfléchies, & celles de leur corolle font légèrement velues en leurs bords intérieurs. On trou plante dans les lieux fecs & fur le bord des vignes. ♃

---

**XV.** *Corolle très-glabre.*

| | |
|---|---|
| Feuilles inférieures ou feffiles, ou rétrécies en pétiole, & point arrondies ni en cœur. **XVI.** | Feuilles inférieures diftinctement pétiolées, & d'une forme arrondie ou en cœur. **XXI.** |

---

**XVI.** *Feuilles inférieures ou feffiles, ou rétrécies en pétiole, & point arrondies ni en cœur.*

| | |
|---|---|
| Feuilles inférieures rétrécies en pétiole, & longues de plus de deux pouces. **XVII.** | Toutes les feuilles feffiles, ovales, pointues, & longues à peine d'un pouce. **XX.** |

---

XVIII.

**527.** XVII. *Feuilles inférieures rétrécies en pétiole , & longues de plus de deux pouces.*

| Tige simple & très-glabre ; longueur de la corolle moins grande que le diamètre de son ouverture.<br><br>XVIII. | Tige rameuse & un peu velue ; longueur de la corolle plus grande que le diamètre de son ouverture.<br><br>XIX. |
| --- | --- |

XVIII. *Tige simple & très-glabre ; longueur de la corolle moins grande que le diamètre de son ouverture.*

Campanule à feuilles de pêcher. *Campanula persicifolia.* Linn. Sp. 232.

*Campanula persicæ folio.* Tournef. 110.

ß. *Campanula nemorosa, angustifolia, magno flore, major.* Ibid. 111.

Sa tige est droite, lisse, médiocrement garnie de feuilles , & haute de deux à trois pieds ; ses feuilles sont longues, étroites, glabres, & garnies de dentelures légères & glanduleuses : les radicales sont ovales-oblongues & rétrécies en pétiole ; celles de la tige sont distantes & très-pointues : les fleurs sont bleues ou quelquefois blanches, pédunculées & assez grandes. La variété ß n'en porte ordinairement que deux ou trois. On trouve cette plante dans les bois taillis. ♃

XIX. *Tige rameuse & légèrement velue ; longueur de la corolle plus grande que le diamètre de son ouverture.*

Campanule raiponce. *Campanula rapunculus.* Linn. Sp. 232.

*Campanula radice esculentâ ; flore cæruleo.* Tournef. 111.

ß. *Campanula radice esculentâ , flore candicante.* Ibid.

Sa tige est haute d'un pied. & demi ou quelquefois beaucoup davantage ; cannelée, rameuse ; & médiocrement garnie de feuilles dans sa partie supérieure ; ses feuilles radicales sont molles, un peu velues, ovales-oblongues & rétrécies en pétiole à leur base : celles de la tige sont lancéolées-linéaires,

**927.** pointuës, feffiles & un peu diftantes. Les fleurs font bleues ou quelquefois blanches, pédunculées & difpofées au fommet de la tige & des rameaux en manière d'épis grêles & très-lâches. On trouve cette plante dans les vignes, les lieux incultes & le long des haies ♂ ; on mange fa racine en falade, au printemps, avant qu'elle ait pouffé la tige.

---

XX. *Toutes les feuilles feffiles, ovales, pointues & longues à peine d'un pouce.*

Campanule rhomboïdale. *Campanula rhomboïdalis.* Linn. Sp. 233.

> *Campanula Alpina, teucrii folio, angulato.* Tournef. 110.
> *Campanula drabæ minoris foliis.* Ibid. 112.

Sa tige eft fimple, grêle, ftriée, prefque glabre, feuillée, & s'élève jufqu'à un pied & demi ; fes feuilles font éparfes, affez nombreufes, petites, ovales, pointues, glabres & dentées en leur bord : elles ont quatre ou cinq lignes de largeur, & font longues de fept ou huit lignes. Les fleurs forment au fommet de la tige, un épi court & un peu lâche ; elles font de couleur bleue, pédunculées & fouvent tournées d'un même côté ; les divifions de leur calice font cétacées ou capillaires. Cette plante croit dans les prés des montagnes du Dauphiné & de la Provence. ℔

---

XXI. *Feuilles inférieures diftinctement pétiolées, & d'une forme arrondie ou en cœur.*

| Feuilles pétiolées, en cœur & à cinq lobes divergens.<br>X X I I. | Feuilles la plupart linéaires, & les inférieures arrondies.<br>X X I I I. |
|---|---|

---

XXII. *Feuilles pétiolées, en cœur & à cinq lobes divergens.*

Campanule lierrée. *Campanula hederacea.* Linn. Sp. 240.

> *Campanula cymbalariæ foliis, vel folio hederaceo.* Tournef. 112.

Sa tige eft très-menue, foible, rameufe & peu élevée ; fes feuilles font glabres, pétiolées, en cœur & à cinq lobes un peu

927. pointus. Les fleurs font petites, écartées, pédunculées & folitaires. On trouve cette plante dans les lieux couverts & un peu
humides.

---

**XXIII.** *Feuilles la plupart linéaires, & les inférieures arrondies.*

Campanule mineure. *Campanula minor.*

> *Campanula minor*, *rotundifolia*, *vulgaris*. Tournef. 111.
> β. *Campanula Alpina*, *rotundifolia*, *minor*. Ibid.
> γ. *Campanula Alpina*, *linifolia*, *cærulea*. Ibid.
> *Campanula rotundifolia*. Linn. Sp. 232. ( α, β, γ. )

Ses tiges font hautes de fix à neuf pouces, très-grêles, plus ou
moins glabres & feuillées, mais un peu nues vers leur fommet;
fes feuilles inférieures font fort petites, pétiolées, arrondies, &
un peu en cœur à leur bafe. Au-deffus d'elles, on en trouve
quelques-unes qui font lancéolées & dentées en leur bord : toutes
les autres font linéaires, très-étroites & pointues : les fleurs font
en petit nombre, affez grandes, pédunculées, & ordinairement
de couleur bleue; les divifions de leur calice font cétacées. Cette
plante eft commune dans les lieux pierreux, montueux & fur
le bord des bois. ♃

---

**XXIV.** *Calice auffi grand ou plus grand que la corolle.*

| Tige & feuilles glabres; corolles planes & en roue. | Tige & feuilles velues; corolles campanulées ou tubulées. |
|---|---|
| **XXV.** | **XXVIII.** |

---

**XXV.** *Tige & feuilles glabres; corolles planes & en roue.*

| Fleurs pétiolées & folitaires fur leur pétiole. | Fleurs feffiles, & fouvent ramaffées plufieurs enfemble. |
|---|---|
| **XXVI.** | **XXVII.** |

**927.**

**XXVI.** *Fleurs pétiolées & solitaires sur leur pétiole.*

Campanule doucette. *Campanula speculum.* Linn. Sp. 238.
( Miroir de Vénus. )

*Campanula arvensis, erecta.* Tournef. 112.
*Campanula arvensis, procumbens.* Ibid.

Sa tige est haute de six à dix pouces, anguleuse, feuillée,
rameuse & diffuse; ses feuilles sont petites, ovales, un peu
en pointe, sessiles & légèrement dentées : les fleurs sont d'un
bleu-rougeâtre, pédunculées & disposées au sommet & dans les
aisselles supérieures de la tige & des rameaux; leur corolle est
plane & semi-quinquefide; les étamines n'ont pas d'écailles bien
sensibles à la base de leurs filamens; le calice est à cinq divisions
très-profondes & linéaires; & le fruit est une capsule longue &
prismatique. On trouve cette plante dans les champs parmi les
blés. ⊙

---

**XXVII.** *Fleurs sessiles, & souvent ramassées plusieurs ensemble.*

Campanule bâtarde. *Campanula hybrida.* Linn. Sp. 239.

*Campanula arvensis, minor, siliquâ ampliori.* Tournef. 112.

Cette espèce a beaucoup de rapport avec la précédente, mais
sa tige est simple ou seulement rameuse à sa base; ses feuilles
sont oblongues & légèrement crénelées : les fleurs à peine se
développent & paroissent même avorter entièrement. Le fruit
est une capsule longue, prismatique & couronnée par le calice,
dont les divisions sont grandes, linéaires & persistantes. On
trouve cette plante dans les champs. ⊙

---

**XXVIII.** *Tige & feuilles velues; corolles campanulées ou tubulées.*

Campanule érine. *Campanula erinus.* Linn. Sp. 241.

*Campanula minor, annua, foliis incisis.* Tournef. 112.

Sa tige est haute de cinq à six pouces, grêle, velue &
rameuse; ses feuilles sont sessiles, un peu distantes, ovales
& garnies de quelques dents écartées & assez profondes; les

927. inférieures font oblongues & un peu fpatulées : celles du fommet font oppofées : les fleurs font petites, & leur corolle eft d'un bleu-pâle ou blanchâtre ; fes divifions font droites & régulières. On trouve cette plante dans les lieux pierreux ⊙

928.

*Corolle irrégulière.*

**Lobélie brûlante.** *Lobelia urens.* Linn. Sp. 1321.

*Rapuntium urens, folonienfe.* Tournef. 163.

Sa tige eft haute d'un pied ou un peu plus, droite, feuillée, très-fimple & anguleufe ; fes feuilles radicales font ovales-oblongues, & celles de la tige font ovales-lancéolées & un peu diftantes entre elles ; les unes & les autres font glabres & légèrement dentées en leur bord : les fleurs font bleues, portées fur de courts péduncules, & difpofées en une efpèce de grappe ou d'épi terminal : leur corolle eft comme labiée, & fa gorge eft diftinguée par deux taches pâles ou blanchâtres. On trouve cette plante dans les environs de Paris ⊙ ; fon goût eft piquant & brûlant.

929. *Fleurs incomplètes.* . . . . { Quatre ou cinq étamines. 930

Trois étamines. . . . . . . 1093

930. *Quatre ou cinq étamines.* { Tige herbacée, & de moins de deux pieds . . . . . . . . . . 930 *

Tige ligneufe, & de plus de deux pieds . . . . . . . . . . . . . 1068

930. * *Tige herbacée & de moins de deux pieds.*

**Théfion.** *Thefium.*

Les fleurs de thefion ont une corolle monopétale, colorée intérieurement, & partagée en quatre ou cinq découpures, un pareil nombre d'étamines inférées à la bafe des divifions de la corolle, & un ftyle terminé par un ftigmate fimple. Le fruit eft une femence inférieure au réceptacle de la fleur.

X 3

930. *

| Tiges rameuses, & presque panniculées dans leur partie supérieure ; fleurs pédunculées.<br><br>I. | Tiges simples dans leur moitié supérieure ; fleurs la plupart presque sessiles.<br><br>I I. |

---

**I.** *Tiges rameuses & presque panniculées dans leur partie supérieure ; fleurs pédunculées.*

Thésion linophylle. *Thesium linophyllum.* Linn. Sp. 301.

> *Alchimilla linariæ folio, calyce florum albo ( & subluteo).* Tournef. 509.

Ses tiges sont menues, glabres, anguleuses, feuillées, plus ou moins droites, & longues de six à dix pouces ; ses feuilles sont alternes, étroites-linéaires, & quelquefois lancéolées-linéaires : ses fleurs sont pédunculées & communément quinquefides. On trouve cette plante sur les collines & dans les prés secs & montagneux. ♃

---

**II.** *Tiges simples dans leur moitié supérieure ; fleurs la plupart presque sessiles.*

Thésion des Alpes. *Thesium Alpinum.* Linn. Sp. 301.

> *Thesium floribus subsessilibus, pedunculis foliosis, foliis linearibus.* Ger. prov. 441, t. 17, f. 1.

Ses tiges sont nombreuses, très-menues, simples, feuillées & hautes de six à huit pouces ; ses feuilles sont toutes étroites, linéaires, & les supérieures sont aussi longues ou quelquefois plus longues que les autres. Ses fleurs sont fort petites, la plupart quadrifides & presque sessiles ou portées sur des péduncules longs d'une ligne ; ces péduncules sont chargés d'une longue feuille & souvent de deux autres beaucoup plus petites. On trouve cette plante en Provence & en Daupiné. ♃

931. *Feuilles ailées avec une impaire.*

## Pimprenelle. *Pimpinella.*

Les fleurs de pimprenelle font petites & ramaffées en tête ou en épi ferré ; elles font compofées d'un calice de deux ou trois feuilles fort courtes & inférieures à l'ovaire ; d'une corolle profondément quadrifide & portée fur l'ovaire ; de quatre ou plus de dix étamines, & d'un ftyle fimple ou de deux ftyles plumeux & rougeâtres. Le fruit eft une capfule sèche ou un peu charnue, tétragone & biloculaire.

### ANALYSE.

| Fleurs à quatre étamines. | Fleurs à plus de dix étamines. |
| :---: | :---: |
| I. | I I. |

### I. *Fleurs à quatre étamines.*

**Pimprenelle officinale.** *Pimpinella officinalis.*

*Pimpinella fanguiforba, major.* Tournef. 156.
*Sanguiforba officinalis.* Linn. Sp. 169.

Ses tiges font droites, anguleufes, glabres, médiocrement rameufes & hautes de deux ou trois pieds ; fes feuilles font alternes, un peu diftantes, pétiolées & compofées de onze ou treize folioles cordiformes, obtufes à leur fommet, dentées en leur bord & d'un vert-glauque en-deffous. Les fleurs font terminales, rougeâtres & difpofées en une tête ovale ou un épi fort court. Cette plante croît dans les prés fecs ♃ ; elle eft vulnéraire & aftringente.

### II. *Fleurs à plus de dix étamines.*

**Pimprenelle mineure.** *Pimpinella minor.*

*Pimpinella fanguiforba, minor, hirfuta.* Tournef. 157.
β. *Pimpinella fanguiforba, minor, lævis.* Ibid.
*Poterium fanguiforba.* Linn. Sp. 1411. ( α, β. )

Ses tiges font un peu anguleufes, plus ou moins velues, légèrement rameufes, & ne s'élèvent que jufqu'à un pied & demi ; fes feuilles font compofées de onze à quinze folioles affez

931. petites, prefque toutes égales, ovales & garnies de dentelures profondes. Ses fleurs font terminales & difpofées en tête ovale ou quelquefois entièrement arrondie; les unes font femelles, & n'ont que deux ftyles plumeux & rougeâtres ; ce font les fupérieures : d'autres font mâles, & ont trente à quarante étamines fort longues ; d'autres enfin, font hermaphrodites. On trouve cette plante dans les prés fecs & montagneux ♃ ; elle eft defficative, vulnéraire, aftringente & anti-dyfenterique : elle entre comme affaifonnement dans les falades.

---

932. *Tige garnie de feuilles oppofées ou verticillées.* . . . {  Feuilles fimplement oppofées. 933

Feuilles verticillées, & plus de deux à chaque nœud. . . . . 948

---

933. *Feuilles fimplement oppofées.* {  Fleurettes nombreufes, difpofées fur un même réceptacle environné par un calice commun . . . . 934

Fleurs libres, non difpofées fur un même réceptacle, ni environnées par un calice commun. . . . . 937

---

934. *Fleurettes nombreufes, difpofées fur un même réceptacle environné par un calice commun* . . . . . . {  Fleurettes ayant chacune un calice fimple ; nervure poftérieure des feuilles, épineufe. . . . . . . 935

Fleurettes ayant chacune un calice double ; aucune épine fur la nervure poftérieure de feuilles. 936

---

935. *Fleurettes ayant chacune un calice fimple ; nervure poftérieure des feuilles, épineufe.*

## Cardère, *Dipfacus.*

Les fleurs de cardère font ramaffées en tête conique ou hémifphérique, hériffée par des paillettes fort grandes, roides

935.

& piquantes. Chaque fleurette a un calice simple fort petit; une corolle monopétale, tubulée & quadrifide; quatre étamines & un ftyle terminé par un ftigmate fimple. Le fruit eft une femence tétragone.

### *A N A L Y S E.*

| Têtes de fleurs, alongées & coniques. I. | Têtes de fleurs, arrondies ou hémifphériques. I V. |
|---|---|

I.                *Têtes de fleurs, alongées & coniques.*

| Feuilles fimplement dentées. I I. | Feuilles finuées ou laciniées. I I I. |
|---|---|

II.                *Feuilles fimplement dentées.*

**Cardère fauvage.** *Dipfacus fylveftris.*

> *Dipfacus fylveftris aut virga paftoris major.* **Tournef. 466.**
> *Dipfacus fullonum.* **Linn. Sp. 140.**

Sa tige eft haute de trois ou quatre pieds, droite, ferme, un peu branchue, cannelée & hériffée d'épines; fes feuilles font oppofées, connées, fur-tout les inférieures, ovales-lancéolées, vertes, glabres & épineufes en leurs nervures : les têtes de fleurs font terminales, folitaires, & garnies à leur bafe de bractées linéaires, courbées & épineufes; les fleurettes ont leur corolle d'un bleu-rougeâtre, & les paillettes du réceptacle font très-droites. On trouve cette plante fur le bord des chemins & le long des haies ♂ ; fes racines font diurétiques.

OBS. La cardère cultivée diffère de cette efpèce par fes têtes de fleurs hériffées de paillettes crochues.

III.                *Feuilles finuées ou laciniées.*

**Cardère laciniée.** *Dipfacus laciniatus.* **Linn. Sp. 141.**

> *Dipfacus folio laciniato.* **Tournef. 466.**

Cette efpèce a beaucoup de rapport avec la précédente;

**935.** mais elle eſt garnie d'épines plus petites & moins fortes ; ſes feuilles ſont laciniées & plus fortement connées , & les braĉtées ſont moins courbées, moins étroites & plus courtes. Elle eſt indiquée en Alſace par Mappus, d'après J. Bauhin. ♂

---

IV.    *Têtes de fleurs , arrondies ou hémiſphériques.*

**Cardère velue.** *Dipſacus piloſus.* **Linn. Sp. 141.**

     *Dipſacus ſylveſtris , capitulo minore , ſeu virga paſtoris minor.* Bauh. Pin. 385.

Sa tige eſt haute de deux à trois pieds, branchue, cannelée & garnie de petites épines aſſez foibles ; ſes feuilles ſont ovales-lancéolées, pointues, dentées en leur bord , épineuſes en leur nervure poſtérieure , & remarquables par quelques appendices ou oreillettes diſpoſées à leur baſe : les inférieures ſont pétiolées, & les ſupérieures ſont preſque ſeſſiles. Les têtes de fleurs ſont petites , velues & hémiſphériques ou preſque arrondies : les corolles ſont blanchâtres , & les étamines ont des anthères noirâtres ou purpurines. On trouve cette plante ſur le bord des foſſés humides & le long des haies. ♂

---

**936.** *Fleurettes ayant chacune un calice double ; aucune épine ſur la nervure poſtérieure des feuilles.*

### Scabieuſe. *Scabioſa.*

Les ſcabieuſes ne ſont point garnies d'épines comme les cardères , & leurs têtes de fleurs ſont en général planes ou ſimplement convexes ; la corolle de chaque fleurette eſt mono-pétale , tubulée & diviſée en quatre ou cinq parties inégales. Le réceptacle eſt velu ou chargé de paillettes courtes.

### *A N A L Y S E.*

| Fleurettes ayant leur corolle quadrifide.<br>I. | Fleurettes ayant leur corolle quinquefide.<br>XII. |
|---|---|

936.

**I.**     *Fleurettes ayant leur corolle quadrifide.*

| | |
|---|---|
| Réceptacle fimplement velu, & fans paillettes.<br>**I I.** | Réceptacle chargé de paillettes difpofées entre les fleurettes.<br>**V I I.** |

**II.**     *Réceptacle fimplement velu, & fans paillettes.*

| | |
|---|---|
| Toutes les feuilles, ou au moins les inférieures, pinnatifides.<br>**I I I.** | Toutes les feuilles très-fimples, & point pinnatifides.<br>**V I.** |

**II.** *Toutes les feuilles, ou au moins les inférieures, pinnatifides.*

| | |
|---|---|
| Feuilles inférieures obtufes à leur fommet & en leurs découpures.<br>**I V.** | Toutes les feuilles pointues & fans découpures obtufes.<br>**V.** |

**IV.** *Feuilles inférieures obtufes à leur fommet & en leurs découpures.*

**Scabieufe à feuilles de paquerette.** *Scabiofa bellidifolia.*

*Scabiofa annua , integrifolia five foliis bellidis.* **Tournef.** 465.
*Scabiofa integrifolia.* **Linn. Sp. 142.**

Sa tige eft haute d'un pied & demi, cylindrique, légèrement velue, & un peu branchue dans fa partie fupérieure ; fes feuilles inférieures font fpatulées, certainement pinnatifides à leur bafe, & terminées par un lobe fort grand, ovale, un peu obtus & crénelé : les pinnulés font obtufes & crénelées à leur fommet ; les feuilles fupérieures font étroites-lancéolées, pointues, ciliées, & à peine dentées en leur bord : les fleurs font rougeâtres, terminales, & forment des têtes affez petites. On trouve cette plante fur le bord des champs dans les provinces méridionales ⊙

936.

**V.** *Toutes les feuilles pointues & sans découpures obtuses.*

Scabieufe des champs. *Scabiosa arvensis.* Linn. Sp. 143.

*Scabiosa pratensis, hirsuta quæ officinarum.* Tournef. 464.

Sa tige eft haute d'un à deux pieds, plus ou moins branchue, un peu velue, feuillée & cylindrique; fes feuilles font profondément pinnatifides, prefque ailées, & terminées par une pinnule affez grande, lancéolée, un peu dentée & pointue : les fleurs font d'un bleu-rougeâtre, terminales, & portées fur des péduncules longs & nus. Les fleurettes de la circonférence font plus grandes que celles du centre. Cette plante eft commune dans les champs, les prés & fur le bord des chemins : elle paffe pour fudorifique, expectorante, déterfive & vulnéraire.

**VI.** *Toutes les feuilles fimples & point pinnatifides.*

Scabieufe des bois. *Scabiosa fylvatica.* Linn. Sp. 142.

*Scabiosa montana, latifolia, non laciniata, rubra & prima.* Tournef. 464.

Sa tige eft haute de deux ou trois pieds, cylindrique, feuillée, branchue, & chargée de poils un peu diftans & redreffés; ces poils naiffent chacun fur un petit point rougeâtre; les feuilles font grandes, ovales, pointues, dentées, un peu connées, traverfées par une nervure blanche, & d'un vert prefque noirâtre : les fleurs font grandes, terminales, & reffemblent à celles de l'efpèce précédente. On trouve cette plante dans les bois des montagnes. ♃

**VII.** *Réceptacle chargé de paillettes difpofées entre les fleurettes.*

| Feuilles pinnatifides; fleurs blanches ou jaunâtres. | Feuilles très-fimples; fleurs ordinairement de couleur bleue. |
|:---:|:---:|
| **VIII.** | **XI.** |

936.

**VIII.** *Feuilles pinnatifides ; fleurs blanches ou jaunâtres.*

| Ecailles calicinales glabres & obtuses. I X. | Ecailles calicinales velues & pointues. X. |
|---|---|

**IX.** *Écailles calicinales glabres & obtuses.*

Scabieufe à fleurs blanches. *Scabiofa leucantha.* Linn. Sp. 142.

*Scabiofa fruticans, angustifolia, alba.* Tournef. 464.

Sa tige eft haute de trois ou quatre pieds , branchue, cylindrique , cannelée & très-glabre ; fes feuilles font grandes , profondément pinnatifides, compofées de pinnules , lancéolées , pointues, dentées & prefque incifées ; elles font vertes , & ont leur nervure poftérieure très-blanche : les fleurs font de coûleur blanche , & forment de petites têtes prefque globuleufes au fommet de la plante. On trouve cette efpèce dans les lieux montagneux de la Provence. ♃

OBS. Il y a une variété de cette plante dont les écailles intérieures du calice font pointues, & les fleurs d'un blanc-jaunâtre : les fleurettes ont leur corollé quadrifide.

---

**X.** *Écailles calicinales velues & pointues.*

Scabieufe des Alpes. *Scabiofa Alpina.* Linn. Sp. 141.

*Scabiofa Alpina, foliis centaurii majoris.* Tournef. 464.

Sa tige eft haute de trois ou quatre pieds , épaiffe , ferme , fiftuleufe , cylindrique & velue ; fes feuilles ne reffemblent pas mal à celles de la grande centaurée ; elles font fort grandes, d'un vert-blanchâtre , & compofées de folioles lancéolées , dentées , décurrentes , & difpofées en manière d'aile ; la foliole terminale eft plus grande que les autres : lès fleurs font jaunâtres , & forment des têtes prefque globuleufes, un peu penchées , & hériffées par des paillettes velues. On trouve cette plante dans les montagnes de la Provence. ♃

**936.** XI. *Feuilles très-simples ; fleurs ordinairement de couleur bleue.*

Scabieufe fuccife. *Scabiofa fuccifa.* Linn. Sp. 142.
(Mors du diable.)

*Scabiofa folio integro , glabro, flore cæruleo.* Tournef. 466.
β. *Scabiofa folio integro, hirfuto.* Ibid.

Sa tige eft haute d'un à deux pieds, cylindrique, feuillée prefque fimple & pauciflore ; fes feuilles inférieures font pétiolées, ovales, entières, & chargées fouvent de quelques poils affez longs ; celles de la tige font ovales - lancéolées, rétrécies à leur bafe, connées, ordinairement très-entières, quelquefois dentées ou même incifées, & difpofées par paires un peu diftantes : les fleurs font terminales, fouvent au nombre de trois, & forment des têtes un peu convexes : les fleurettes ne font point inégales entre elles, & le calice commun eft fort court. On trouve cette plante dans les bois & fur les collines sèches ⚥ : on la regarde comme alexitère, fudorifique & vulnéraire.

XII. *Fleurettes ayant leur corolle quinquefide.*

| Feuilles découpées ou pinnatifides. XIII. | Feuilles toutes très-entières. XX. |
| --- | --- |

XIII. *Feuilles découpées ou pinnatifides.*

| Calice commun débordant la fleur. XIV. | Calice commun ne débordant point la fleur. XV. |
| --- | --- |

XIV. *Calice commun débordant la fleur.*

Scabieufe maritime. *Scabiofa maritima.* Linn. Sp. 144.

*Scabiofa maritima, parva.* Tournef. 465.

Sa tige eft haute d'un pied & demi, blanchâtre, chargée de quelques poils un peu écartés entre eux, feuillée, très-branchue

( 351 )

936.
& presque panniculée ; ses feuilles sont vertes, la plupart glabres,
profondément pinnatifides & à découpures étroites & linéaires :
celles du sommet sont souvent linéaires & très-simples. Les fleurs
sont blanchâtres, terminales & portées sur d'assez longs péduncules ; les fleurettes de la circonférence sont plus grandes que
celles du centre. On trouve cette plante dans les lieux maritimes
des provinces méridionales ⊙

---

**XV.**     *Calice commun ne débordant point la fleur.*

| | |
|---|---|
| Feuilles caulinaires élargies & dentées à leur sommet, & pinnatifides à leur base. | Feuilles caulinaires pinnatifides dans toute leur longueur, & point dentées à leur sommet. |
| **XVI.** | **XVII.** |

---

**XVI.** *Feuilles caulinaires élargies & dentées à leur sommet,*
*& pinnatifides à leur base.*

Scabieuse étoilée. *Scabiosa stellata.* Linn. Sp. 144.

> *Scabiosa stellata, folio laciniato, major.* Tournef. 465.
> *Scabiosa stellata, folio laciniato, minor.* Ibid.

Sa tige est cylindrique, blanchâtre, velue, un peu branchue,
& haute d'un pied & demi ; ses feuilles sont molles, velues, d'un
vert-blanchâtre, profondément pinnatifides à leur base, élargies
& simplement incisées ou dentées dans leur partie supérieure :
les fleurs sont blanches, terminales & assez grandes ; les fleurettes extérieures sont plus grandes que celles du centre, & les
divisions de leur calice commun sont velues & ciliées : les semences sont fort belles & ramassées en une tête globuleuse ;
chacune d'elles est velue à sa base, distinguée par huit cavités
latérales, & chargée d'une aigrette campaniforme membraneuse
& scarieuse, au milieu de laquelle on observe une étoile noirâtre, pédiculée & à cinq pointes. Cette plante croît dans les
lieux stériles & maritimes de la Provence. ⊙

**936.** XVII. *Feuilles caulinaires pinnatifides dans toute leur longueur,
& point dentées à leur sommet.*

| Fleurs bleuâtres ou rougeâtres. | Fleurs d'un blanc-jaunâtre. |
| XVIII. | XIX. |

XVIII.  *Fleurs bleuâtres ou rougeâtres.*

Scabieuse colombaire. *Scabiosa columbaria.* Linn. Sp. 143.

*Scabiosa capitulo globoso , major.* Tournef. 465.
β. *Scabiosa capitulo globoso , minor.* Ibid.
*Scabiosa gramuntia.* Linn. Sp. 143.

Sa tige est cylindrique, branchue, presque glabre & s'élève
depuis un pied jusqu'à deux ; ses feuilles radicales sont simples,
ovales, spatulées, dentées, & se fanent de bonne heure, ce
qui fait qu'on ne les trouve que dans la jeunesse de la plante ;
toutes les autres sont une fois pinnatifides & à découpures
linéaires : les fleurs sont portées sur des péduncules nus & fort
longs ; les fleurettes extérieures sont plus grandes que celles du
centre ; les semences sont petites, distinguées par huit cannelures
latérales, & chargées d'un petit godet scarieux, au milieu duquel on observe une étoile terminée par cinq filets fort longs
& noirâtres. La variété β est moins grande & a toutes ses
feuilles découpées. On trouve cette plante dans les lieux secs
& montueux. ♈

XIX.  *Fleurs d'un blanc-jaunâtre.*

Scabieuse jaunâtre. *Sabiosa ochroleuca.* Linn. Sp. 146.

*Scabiosa multifido folio , flore flavescente.* Tournef. 464.

Cette plante a beaucoup de rapport avec la précédente &
n'en est peut-être qu'une variété ; sa tige est haute d'un pied
& demi, branchue, cylindrique, grêle, un peu dure, verte,
& quelquefois rougeâtre à ses articulations ; ses feuilles sont
connées, profondément pinnatifides, & à découpures linéaires ;
les fleurs sont terminales, portées sur des péduncules nus &
fort

**936.** fort longs ; les fleurettes extérieures font plus grandes que celles du centre. On trouve cette plante dans les prés fecs des provinces méridionales. ♃

---

**XX.**  *Feuilles toutes très-entières.*

Scabieufe graminée. *Scabiofa graminifolia.* Linn. Sp. 145.

*Scabiofa argentea, angustifolia.* Tournef. 464.

Toute la plante eft couverte d'un duvet blanc & très-court ; fa tige eft haute d'un pied ou un peu plus, uniflore & nue vers fon fommet ; fes feuilles font linéaires, longues de deux à quatre pouces, larges d'une ou deux lignes, pointues, & d'un blanc-argenté ; la fleur eft affez grande & terminale, fon calice eft cotonneux, & les fleurettes de la circonférence font plus grandes que celles du centre. Cette plante croît en Provence où elle a été obfervée par Dom Fourmeault. ♃

---

**937.** Fleurs libres, non difpofées fur un même réceptacle, ni environnées par un calice commun ...... { Tige herbacée. ....... 938

Tige ligneufe ......... 941

---

**938.** Tige herbacée. ....... { Fleurs feffiles & toutes axillaires ; tige rampante ........ 938*

Fleurs terminales ; tige non rampante ............. 939

---

**938. ***  *Fleurs feffiles & toutes axillaires ; tige rampante.*

Ifnarde des marais. *Ifnardia paluftris.* Linn. Sp. 175.

*Dantia foliis fubovatis, pediculatis, floribus in foliorum alis feffilibus.* Guett. Stamp. II, p. 115.

Cette plante reffemble beaucoup à la péplide pourpière, n°. 554 ; fa tige eft grêle & rampante ou flottante dans l'eau ; fes feuilles font ovales-arrondies, oppofées, glabres, & un peu épaiffes : fes fleurs font petites, verdâtres & axillaires ;

938. ***** elles font compofées de quatre étamines, d'un piftil, & d'une corolle herbacée à quatre divifions. On trouve cette plante fur le bord des rivières & dans les ruiffeaux. ☉

---

939.

Fleurs terminales ; tige non rampante. . . . . . . . {
Une à quatre étamines; ftyle & ftigmate fimple . . . . . . . . 940
Cinq étamines; trois ftigmates feffiles . . . . . . . . . 947—III

---

940. *Une à quatre étamines ; ftyle & ftigmate fimple.*

### Valériane. *Valeriana.*

Les fleurs de valériane font compofées d'une corolle mono-pétale, fouvent renflée à fa bafe, & à cinq divifions plus ou moins régulières ; d'une à quatre étamines auffi longues ou plus longues que la corolle ; & d'un ftyle terminé par un ftigmate fimple. Le fruit eft une femence ou nue, ou couronnée par le calice qui eft fenfible dans quelques efpèces, ou chargée d'une aigrette de poils.

### A N A L Y S E.

| Fleurs à une étamine. | Fleurs à trois étamines. |
|---|---|
| I. | I V. |

I.      *Fleurs à une étamine.*

| Feuilles lancéolées & très-fimples. | Feuilles profondément pinnatifidés. |
|---|---|
| I I. | I I I. |

II.      *Feuilles lancéolées & très-fimples.*

Valériane rouge. *Valeriana rubra.* Linn. Sp. 44.

*Valeriana rubra.* Tournef. 131.
β. *Valeriana rubra, anguftifolia.* Ibid.

Sa tige eft liffe, cylindrique, branchue, & haute de deux pieds ; fes feuilles font larges-lancéolées, pointues, très-entières, & d'un vert-glauque en-deffous ; les fupérieures

940. font quelquefois dentées à leur bafe : les fleurs font rougeâtres ?
blanches dans une variété, & difpofées en pannicule terminale :
leur corölle eft garnie d'un éperon alongé & très-grêle. La variété β eft remarquable par fes feuilles beaucoup plus étroites &
prefque linéaires, mais elle dégénère & fe change infenfiblement en la première, au bout de quelques années, plus ou moins
promptement, felon la fertilité du fol. Cette plante croît dans
les vieilles murailles & dans les lieux pierreux des provinces
méridionales ♃ ; on la cultive dans les parterres.

III. *Feuilles profondément pinnatifides.*

Valériane chauffe-trape. *Valeriana calcitrapa.* Linn. Sp. 44.

*Valeriana foliis calcitrapæ.* Tournef. 132.

Sa tige eft liffe, cylindrique, creufe, branchue, & haute
d'un pied ou quelquefois davantage; fes feuilles font profondément pinnatifides, molles, vertes, liffes & terminées par
un lobe élargi, ovale-oblong & denté : les fleurs font rouges
& difpofées en pannicule courte ou corymbiforme, au fommet
de la tige & des rameaux. On trouve cette plante dans les lieux
ftériles de la Provence. ⊙

IV. *Fleurs à trois étamines.*

| Tige non interrompue dans fa direction, & fimple, ou dont les rameaux font latéraux. | Tige interrompue dans fa direc-tion, & une ou plufieurs fois fourchue. |
|---|---|
| V. | XVIII. |

V. *Tige non interrompue dans fa direction, & fimple, ou dont les rameaux font latéraux.*

| Feuilles de la tige fimples, ou feulement trifides. | Feuilles de la tige, la plupart ailées ou pinnatifides. |
|---|---|
| VI. | XIII. |

940.

**VI.** *Feuilles de la tige simples ou seulement trifides.*

| Feuilles de la tige profondément trifides ou ternées. **VII.** | Toutes les feuillles simples & point trifides. **VIII.** |
|---|---|

**VII.** *Feuilles de la tige profondément trifides ou ternées.*

Valériane trifide. *Valeriana tripteris.* Linn. Sp. 45.

*Valeriana Alpina, prima.* Tournef. 131.

Sa tige est haute d'un pied ou un peu plus, cylindrique, feuillée & souvent simple; ses feuilles radicales sont pétiolées, vertes, lisses cordiformes, quelques-unes un peu obtuses ou presque arrondies, & les autres pointues & dentées en leur bord: les feuilles caulinaires sont portées sur de courts pétioles; elles sont composées de trois folioles lancéolées, pointues, confluentes, inégalement dentées, & dont une terminale est plus grande que les deux autres. Les fleurs sont blanches ou rougeâtres & disposées en pannicule au sommet de la tige. On trouve cette plante dans les montagnes de la Provence. ♉

**VIII.** *Toutes les feuilles simples & point trifides.*

| Feuilles ayant à leur base un enfoncement en cœur, dans lequel s'insère leur pétiole. **IX.** | Feuilles sans enfoncement en cœur à leur base, mais rétrécies en pétiole. **X.** |
|---|---|

**IX.** *Feuilles ayant à leur base un enfoncement en cœur, dans lequel s'insère leur pétiole.*

Valériane des Pyrénées. *Valeriana Pyrenaica.* Linn. Sp. 46.

*Valeriana maxima, Pyrenaica, cacaliæ folio.* Tournef. 131.

Sa tige est haute de deux pieds, simple, cylindrique, épaisse, creuse, feuillée & quelquefois rougeâtre dans sa partie supérieure; ses feuilles sont pétiolées, grandes, cordiformes, dentées,

940. d'un gros vert , & chargées en leurs nervures poſtérieures , & à la baſe de leur pétiole , de poils fort courts & blanchâtres. Les fleurs ſont purpurines , & forment au ſommet de la tige , une pannicule un peu ramaſſée. Cette plante a été obſervée dans les montagnes des provinces méridionales par Dom Fourmeault. ♃

X. *Feuilles ſans enfoncement en cœur à leur baſe , mais rétrécies en pétiole.*

| Feuilles inférieures diſtincte-ment pétiolées , & larges de ſix lignes ou davantage. XI. | Feuilles inférieures ſimplement ſpatulées , & dont la largeur n'excède pas trois lignes. XII. |
|---|---|

XI. *Feuilles diſtinctement pétiolées , & larges de ſix lignes ou davantage.*

Valériane de montagne. *Valeriana montana.* Linn. Sp. 45.

> *Valeriana montana , folio ſubrotundo.* Tournef. 131.
> *Valeria Alpina , ſcrophulariæ folio.* Ibid.

Sa racine eſt longue , un peu horizontale , & pouſſe une tige ſimple , cylindrique , médiocrement garnie de feuilles , & haute de ſix à dix pouces ; ſes feuilles inférieures ſont pétiolées , ovales , la plupart pointues , très-entières & plus ou moins glabres : les feuilles de la tige ſont ſeſſiles , ovales-oblongues , un peu étroites , pointues & au nombre de deux ou de quatre ſeulement. Les fleurs ſont rougeâtres , terminales & diſpoſées en une pannicule médiocre. Cette plante croît dans les montagnes du Dauphiné & de la Provence. ♃

XII. *Feuilles inférieures ſimplement ſpatulées , & dont la largeur n'excède pas trois lignes.*

Valériane celtique. *Valeriana celtica.* Linn. Sp. 46.

> *Valeriana celtica.* Tournef. 131.

Sa racine eſt odorante , noirâtre , un peu horizontale , garnie de beaucoup de fibres , & diviſée communément vers ſon collet en pluſieurs ſouches qui pouſſent des paquets de feuilles , & les

940.

tigés qui portent les fleurs ; ces tiges font grêles, folitaires fur chaque fouche, hautes de trois à cinq pouces, quelquefois nues, mais plus ordinairement chargées d'une ou deux paires de feuilles fort petites, étroires & pointues : les feuilles radicales font ovales - oblongues, légèrement obtufes & rétrécies vers leur bafe ; elles font glabres, & ont à peine un pouce de longueur fur deux lignes de largeur. Les fleurs font petites, rougeâtres, & difpofées en un petit corymbe terminal ou quelquefois en deux ou trois efpèces de verticilles un peu écartés ; les étamines font plus longues que la corolle. Cette plante croît dans les montagnes du Dauphiné ♃ ; fa racine eft antifpafmodique, carminative & diurétique.

---

**XIII.** *Feuilles de la tige la plupart ailées ou pinnatifides.*

| Feuilles radicales, ou feuilles inférieures de la tige très-fimples & point découpées. | Toutes les feuilles de la plante ailées ou pinnatifides. |
|---|---|
| **X I V.** | **X V I I.** |

---

**XIV.** *Feuilles radicales, ou feuilles inférieures de la tige très-fimple & point découpées.*

| Tige fleurie ayant à fa bafe des feuilles fimples ; fleurs hermaphrodites. | Aucune feuille fimple à la bafe de la tige fleurie ; fleurs unifexuelles. |
|---|---|
| **X V.** | **X V I.** |

---

**XV.** *Tige fleurie ayant à fa bafe des feuilles fimples ; fleurs hermaphrodites.*

Valériane des jardins. *Valeriana hortenfis.*

*Valeriana hortenfis, phu folio olufatri Diofcoridis.* **Tournef.** 132.

*Valeriana phu.* **Linn.** Sp. 45.

Sa tige eft haute de trois ou quatre pieds, liffe, cylindrique, creufe & un peu branchue ; fes feuilles radicales font pétiolées,

**940.** ovales-oblongues, les unes tout-à-fait fimples, & les autres ayant une couple de pinnules à leur bafe ; les feuilles fupérieures de la tige font ailées, compofées de folioles lancéolées, pointues & un peu décurrentes : les fleurs font blanches ou rougeâtres, & difpofées au fommet de la tige & des rameaux, en pannicule peu étalée. Cette plante croît en Alface ♃ : on la cultive dans les parterres ; fa racine eft anti-fpafmodique, diurétique, emménagogue & céphalique.

**XVI.** *Aucune feuille fimple à la bafe de la tige fleurie ; fleurs unifexuelles.*

**Valériane dioïque.** *Valeriana dioica.* Linn. Sp. 44.

*Valeriana paluftris, minor.* Tournef. 132.

Sa racine eft odorante, & pouffe latéralement quelques rejets garnis de feuilles fimples, ovales-oblongues, liffes, & portées fur de longs pétioles ; fa tige eft haute d'un pied ou un peu plus, droite, prefque fimple, menue, feuillée & très-liffe ; fes feuilles font ailées ou profondément pinnatifides, & leur foliole terminale eft plus grande que les autres : les fleurs font purpurines ou blanchâtres, & difpofées au fommet de la plante en une pannicule compofée & un peu denfe ; elles ne font qu'imparfaitement unifexuelles, felon M. de Haller. On trouve cette plante dans les marais. ♃

**XVII.** *Toutes les feuilles de la plante ailées ou pinnatifides.*

**Valériane officinale.** *Valeriana officinalis.* Linn. Sp. 45.

*Valeriana fylveftris, major.* Tournef. 132.
β. *Valeriana fylveftris, major altera folio lucido.* Ibid.

Sa tige eft haute de trois à cinq pieds, prefque fimple, creufe, cannelée & un peu velue ; fes feuilles font toutes ailées, & leurs folioles font pointues, légèrement velues, & dentées en leur bord : les fleurs font rougeâtres, terminales, & difpofées comme celles des efpèces précédentes. La variété β eft remarquable par fes feuilles luifantes & d'un vert-foncé ou noirâtre. On trouve cette plante dans les bois & les lieux humides ♃ ; elle paffe pour anti-épileptique, anti-hiftérique, fudorifique, diurétique & emménagogue.

940.

**XVIII.** *Tige interrompue dans sa direction , & une ou plusieurs fois fourchue.*

| Tige fourchue ; semences nues ou couronnées par des dents calicinales.<br><br>**X I X.** | Tige quadrifide ; semences couronnées par une aigrette de poils.<br><br>**X X I I.** |
|---|---|

**XIX.** *Tige fourchue ; semences nues ou couronnées par des dents calicinales.*

| Bouquets de fleurs portés sur des péduncules uniformes, & par-tout d'égale grosseur.<br><br>**X X.** | Bouquets de fleurs portés sur des péduncules coniques & épaissis vers leur sommet.<br><br>**X X I.** |
|---|---|

**XX.** *Bouquets de fleurs portés sur des péduncules uniformes, & par-tout d'égale grosseur.*

Valériane mâche. *Valeriana locusta.* Linn. Sp. 47.

α. *Valerianella arvensis præcox , humilis , semine compresso.* Tournef. 132.

*V. locusta olitoria.* Mâche potagère.

β. *Valerianella semine stellato.* Tournef. 133.

*V. locusta coronata.* Mâche couronnée.

γ. *Valerianella arvensis , serotina , altior semine turgidiore.* Tournef. 132.

*V. locusta dentata.* Mâche dentée.

δ. *Valerianella semine umbilicato , nudo , rotundo,* Tournef. 132.

*Valerianella semine umbilicato , nudo , oblongo.* Ibid. 133.

*V. locusta pumila.* Mâche naine.

Sa tige est haute de cinq à dix pouces, grêle, foible, cylindrique, un peu cannelée, feuillée, communément très-glabre ;

940.

& fe divife par bifurcations divergentes; fes feuilles font alongées, prefque linéaires & entières ou dentées : fes fleurs font
fort petites, de couleur blanche ou rougeâtre, & ramaffées
par petits bouquets au fommet de la plante. La variété *a* fe
diftingue par fon fruit fimple & comprimé : on la cultive dans
les jardins, & l'on mange fes jeunes feuilles en falade pendant
l'hiver & dans le carême. La variété *β* a fon fruit couronné
par fix dents. Celui de la variété *γ* n'eft couronné que par
trois dents. Enfin, la variété *δ* eft remarquable par fes femences nues & ombiliquées; fes feuilles inférieures font dentées, & les fupérieures font très-découpées & linéaires. Ces
plantes croiffent dans les lieux cultivés, les vignes & fur le
bord des champs. ☉

XXI. *Bouquets de fleurs portés fur des péduncules coniques
& épaiffis vers leur fommet.*

Valériane hériffée. *Valeriana echinata.* Linn. Sp. 47.

*Valerianella cornucopioides, echinata.* Tournef. 133.

Sa tige eft plufieurs fois fourchue, & garnie de feuilles feffiles, lancéolées, dentées & un peu incifées à leur bafe. Ses
fleurs font blanchâtres & régulières, & fes fruits font chargés
de trois dents, dont une recourbée & plus grande que les autres.
On trouve cette plante dans les champs des provinces méridionales. ☉

XXII. *Tige quadrifide; femences couronnées par une aigrette
de poils.*

Valériane mixte. *Valeriana mixta.* Linn. Sp. 48.

*Valerianella femine umbilicato, hirfuto, minore.* Tournef.
133.

Sa tige ne s'élève que jufqu'à fix ou huit pouces, & fe
divife, prefque dès fa bafe, en quatre rameaux qui fe bifurquent
enfuite chacun une feule fois; fes feuilles inférieures font bi-
pinnatifides. Cette plante croît dans les champs des provinces
méridionales. ☉

**941.**

*Tige ligneuse* . . . . . . . . $\left\{\begin{array}{l}\end{array}\right.$ Feuilles simples & entières, ou dentées ou lobées . . . . . . 942

Feuilles ailées, & à folioles dentées ou multifides. . . . . . 947

---

**942.**

*Feuilles simples, entières, ou dentées ou lobées.* $\left\{\begin{array}{l}\end{array}\right.$ Corolle presque plane & en roue; trois stigmates sessiles. . . . . 943

Corolle infundibuliforme ou campanulée; style terminé par un stigmate simple ou bifide . . . . 944

---

**943.** *Corolle presque plane & en roue; trois stigmates sessiles.*

### Viorne. *Viburnum.*

Les fleurs de viorne sont disposées en manière d'ombelle, sur des péduncules rameux; elles sont composées d'un calice très-petit & à cinq dents; d'une corolle quinquefide, plus ou moins régulière & légèrement campanulée ou presque plane; de cinq étamines & de trois stigmates. Le fruit est une baie arrondie, comprimée & monosperme.

#### A N A L Y S E.

| Feuilles très-simples, & point lobées. | Feuilles à trois ou cinq lobes; pétioles glanduleux. |
|---|---|
| I. | IV. |

I.  *Feuilles très-simples & point lobées.*

| Feuilles dentées en leur bord, & ridées en-dessus. | Feuilles très-entières, lisses, & luisantes en-dessus. |
|---|---|
| I I. | I I I. |

943. II. *Feuilles dentées en leur bord & ridées en-dessus.*

Viorne cotonneuse. *Viburnum tomentosum.*

> *Viburnum matth.* Tournef. 607.
> *Viburnum lantana.* Linn. Sp. 384.

Arbrisseau de quatre à six pieds, rameux, & dont l'écorce des jeunes pousses est comme farineuse ; ses feuilles sont opposées, pétiolées, assez larges, ovales, denticulées, blanchâtres & cotonneuses en-dessous. Ses fleurs sont blanches ; terminent les rameaux, & sont disposées en manière d'ombelle sur des péduncules cotonneux ; il leur succède des baies d'abord verdâtres, rouges ensuite, & enfin de couleur noire lorsqu'elles sont mûres. On trouve cet arbrisseau dans les haies & les bois ♄ ; ses feuilles & ses baies passent pour rafraîchissantes & astringentes.

---

III. *Feuilles très-entières, lisses & luisantes en-dessus.*

Viorne lauriforme. *Viburnum lauriforme.* ( Laurier-tin. )

> *Tinus 1, 2, 3, Clusii.* Tournef. 607.
> *Viburnum tinus.* Linn. Sp. 383.

Arbrisseau de deux ou trois pieds, rameux, & dont les jeunes pousses sont quarrées & souvent rougeâtres ; ses feuilles sont opposées, pétiolées, ovales, pointues, persistantes, coriaces, lisses, d'un vert-foncé en-dessus, & garnies en-dessous de nervures pubescentes. Les fleurs sont blanches ou un peu rougeâtres, disposées en manière d'ombelle, & durent fort long-temps. On trouve cet arbrisseau dans les lieux pierreux & couverts des provinces méridionales ♄ ; on le cultive dans les jardins pour sa beauté.

---

IV. *Feuilles à trois ou cinq lobes ; pétiole glanduleux.*

Viorne lobée. *Viburnum lobatum.* ( Obier. )

> *Opulus ruellii.* Tournef. 607.
> *Viburnum opulus.* Linn. Sp. 384.

Arbrisseau de quatre à cinq pieds, rameux, & dont le bois est blanc & fragile ; ses feuilles sont opposées, pétiolées, glabres & ordinairement à trois lobes un peu pointus & dentés. Ses

**943.** fleurs font blanches, terminales & difpofées en manière d'ombelle ; les fleurs de la circonférence de l'ombelle font plus
grandes que les autres, tout-à-fait planes, irrégulières & communément ftériles. On trouve cet arbriffeau dans les bois & les
haies ♄ ; on en cultive dans les jardins une variété, dont les
fleurs font ramaffées en boule & prefque toutes ftériles : elle eft
connue fous le nom de *rofe de Gueldre*.

---

**944.** *Corolle infundibuliforme ou* | Calice fimple ; fleurs à cinq éta-
*campanulée ; ftyle terminé* | mines . . . . . . . . . . . . . . 945
*par un ftigmate fimple ou* | Calice double ; fleurs à quatre
*bifide* . . . . . . . . . . | étamines. . . . . . . . . . . 946

---

**945.**  *Calice fimple ; fleurs à cinq étamines.*

### Chèvre-feuille. *Caprifolium.*

Les fleurs de chèvre-feuille font ou terminales & difpofées en
bouquet, ou axillaires & communément géminées fur le même
péduncule ; elles font compofées d'un calice à cinq dents &
extrêmement petit ; d'une corolle tubulée, quinquefide & plus
ou moins irrégulière ; de cinq étamines, & d'un ftyle fimple : le
fruit eft une baie polyfperme.

*A N A L Y S E.*

| Fleurs terminales & difpofées plus de deux enfemble. | Fleurs axillaires & géminées fur chaque péduncule. |
|---|---|
| I. | I V. |

I.   *Fleurs terminales & difpofées plus de deux enfemble.*

| Feuilles du fommet connées & perfoliées. | Toutes les feuilles libres & point perfoliées. |
|---|---|
| I I. | I I I. |

**945.** **II.** *Feuilles du sommet connées & perfoliées.*

Chèvre-feuille des jardins. *Caprifolium hortenfe.*

*Caprifolium Italicum.* Tournef. 608.
*Lonicera caprifolium.* Linn. Sp. 246.

Arbriffeau grimpant dont les tiges font cylindriques, liffes, feuillées & s'entortillent facilement autour des arbres de fon voifinage ; fes rameaux font grêles, verdâtres & flexibles ; fes feuilles font oppofées, feffiles, ovales, la plupart obtufes, très-entières, glabres & d'un vert-glauque en-deffous : les deux ou trois couples placées vers le fommet des tiges font réunies chacune en une feule feuille arrondie & perfoliée : les fleurs font grandes, fort belles, d'une odeur fuave, rougeâtres en-dehors & difpofées en bouquet terminal, compofé d'un ou deux verticilles feuillés ou colletés. Ce qui diftingue cette efpèce de chèvre-feuille toujours vert, dont les verticilles de fleurs font tout-à-fait nus. On trouve cet arbriffeau dans les haies & les vignes des provinces méridionales ♄ ; on le cultive dans les jardins pour la beauté & l'odeur délicieufe de fes fleurs : il a les mêmes vertus que le fuivant.

---

**III.** *Toutes les feuilles libres & point perfoliées.*

Chèvre-feuille des bois. *Caprifolium fylvaticum.*

*Caprifolium Germanicum.* Tournef. 608.
*Lonicera perclymenum.* Linn. Sp. 247.

Cet arbriffeau reffemble beaucoup au précédent, mais fes feuilles font toutes libres, pointues, & jamais perfoliées ; fes fleurs font grandes, terminales, & d'une odeur agréable : leur corolle a un tube fort long ; elle eft rougeâtre en-dehors, jaunâtre à fon entrée, & prefque labiée en fon limbe : il eft commun dans les bois & les haies ♄ ; fes fleurs & fes baies font diurétiques, fes feuilles font vulnéraires & déterfives, & l'eau diftillée de fes fleurs eft ophtalmique.

---

**IV.** *Fleurs axillaires & géminées fur chaque péduncule.*

| Fleurs blanches & point rouges extérieurement.<br>V. | Fleurs rouges ou purpurines, au moins extérieurement.<br>X. |
|---|---|

945.

**V.** *Fleurs blanches & point rouges extérieurement.*

| Un seul ovaire par couple de fleurs ; baie d'un bleu-noirâtre. | Un ovaire pour chaque fleur ; baie rougeâtre. |
|:---:|:---:|
| **V I.** | **V I I.** |

**VI.** *Un seul ovaire par couple de fleurs ; baie d'un bleu-noirâtre.*

Chèvre-feuille bleuâtre. *Caprifolium cœruleum.*

> *Chamæserasus montana, fructu singulari, cæruleo.* **Tournef.** 609.
>
> *Lonicera cærulea.* **Linn.** Sp. 249.

Arbrisseau de trois ou quatre pieds, rameux & dont l'écorce est d'un jaune-rougeâtre ; ses feuilles sont opposées, ovales, très-entières, émoussées à leur sommet, un peu fermes, glabres dans leur parfait développement, & portées sur de courts pétioles ; les fleurs sont blanches, géminées sur chaque ovaire, & soutenues par des pédoncules fort courts ; elles sont presque régulières, & remplacées par une baie ovale & bleuâtre. Cet arbrisseau croît en Provence. ♄

**VII.** *Un ovaire pour chaque fleur ; baie rougeâtre.*

| Feuilles glabres. | Feuilles velues. |
|:---:|:---:|
| **V I I I.** | **I X.** |

**VIII.** *Feuilles glabres.*

Chèvre-feuille des Pyrénées. *Caprifolium Pyrenaicum.*

> *Xylosteum Pyrenaicum.* **Tournef.** 609.
> *Lonicera Pyrenaica.* **Linn.** Sp. 248.

Arbrisseau de trois pieds à peu-près, branchu, dont l'écorce est grisâtre & le bois cassant ; ses feuilles sont opposées, presque sessiles, oblongues, un peu élargies vers leur sommet, d'un vert-glauque & veinées en-dessous : ses fleurs sont blanches,

945.

presque régulières, & ont une petite bosse à la base de leur corolle; leurs anthères sont jaunâtres. On trouve cet arbrisseau sur les montagnes de la Provence. ♄

---

IX.                    *Feuilles velues.*

**Chèvre-feuille des buissons.** *Caprifolium dumetorum.*

> *Chamæcerasus dumetorum, fructu gemino rubro.* Tournef. 609.

> *Lonicera xylosteum.* Linn. Sp. 248.

Arbrisseau de six pieds, droit, branchu, dont le bois est blanc, l'écorce des rameaux rougeâtre, & celle du tronc grise ou cendrée; ses feuilles sont opposées, pétiolées, ovales-oblongues, pointues, molles, d'un vert-blanchâtre, pubescentes & presque cotonneuses en-dessous : ses fleurs sont petites, blanches, & disposées deux ensemble sur le même péduncule : il leur succède deux baies rouges, remplies d'un suc amer & désagréable. On trouve cet arbrisseau dans les lieux montagneux & couverts, dans les haies. ♄

---

X. *Fleurs rouges ou purpurines, au moins extérieurement.*

| Feuilles plus larges dans leur partie moyenne qu'à leur base; baies rougeâtres.<br>**X I.** | Feuilles plus larges à leur base que dans leur partie moyenne; baies noirâtres.<br>**X I I.** |
|---|---|

---

XI. *Feuilles plus larges dans leur partie moyenne qu'à leur base; baies rougeâtres.*

**Chèvre-feuille des Alpes.** *Caprifolium Alpinum.*

> *Chamæcerasus Alpina, fructu gemino rubro, duobus punctis notato.* Tournef. 609.

> *Lonicera alpigena.* Linn. Sp. 248.

Arbrisseau de trois pieds, dont le bois est cassant, & les rameaux un peu épais & feuillés; ses feuilles sont opposées, pétiolées, fort grandes, ovales-lancéolées, pointues, légèrement velues en leur bord dans leur jeunesse, & un peu luisantes en-dessous : ses fleurs sont géminées, labiées, jaunâtres

**945.** intérieurement, & purpurines en-dehors ; il leur succède deux baies réunies & rougeâtres. On trouve cet arbrisseau dans les lieux couverts & montagneux de l'Alsace & de la Provence ♄ ; ses baies sont émétiques.

---

XII. *Feuilles plus larges à leur base que dans leur partie moyenne ; baies noirâtres.*

**Chèvre-feuille rose.** *Caprifolium roseum.*

*Chamæcerasus Alpina , fructu nigro gemino.* Tournef. 609.
*Lonicera nigra.* Linn. Sp. 247.

Arbrisseau de quatre à six pieds, dont les rameaux sont assez droits, feuillés & plians ; ses feuilles sont ovales, pointues, presque en cœur à leur base, très-entières, glabres, partagées par une nervure blanche, & portées sur de courts pétioles : ses fleurs sont deux à deux sur chaque pédoncule, garnies chacune d'une bractée linéaire, & d'une couleur rose fort agréable : il leur succède deux baies noirâtres & distinctes. On trouve cet arbrisseau dans les montagnes de la Provence. ♄

---

**946.** *Calice double ; fleurs à quatre étamines.*

**Linnée boréale.** *Linnæa borealis.* Linn. Sp. 880.

*Campanula serpyllifolia.* Tournef. 112.

Ses tiges sont longues de huit à dix pouces, persistantes, très-grêles, légèrement velues, rameuses, feuillées & couchées sur la terre ; ses feuilles sont petites, arrondies, garnies de quelques dentelures, pétiolées, opposées & un peu velues : ses fleurs sont blanches ou rougeâtres, & géminées sur chaque pédoncule ; elles sont composées de deux calices, dont un est diphyle & inférieur à l'ovaire, & l'autre supérieur & à cinq divisions ; d'une corolle campanulée, à cinq découpures obtuses & un peu inégales ; de quatre étamines, & d'un style simple : le fruit est une baie sèche & trisperme. On trouve ce sous-arbrisseau dans les lieux pierreux & couverts des provinces méridionales. ♄

947.

*Feuilles ailées & à folioles dentées ou multifides.*

## Sureau. *Sambucus.*

Les fleurs de fureau ont beaucoup de rapport avec celles des viornes ; elles font compofées d'un calice très-petit & à cinq dents ; d'une corolle en roue ou légèrement campanulée & à cinq découpures obtufes ; de cinq étamines, & de trois ftigmates feffiles. Le fruit eft une baie trifperme.

### ANALYSE.

| Fleurs difpofées en manière d'ombelle. I. | Fleurs difpofées en grappe ovale. IV. |
|---|---|

I.      *Fleurs difpofées en manière d'ombelle.*

| Tige ligneufe , s'élevant au-delà de quatre pieds. II. | Tige herbacée , ne s'élevant que jufqu'à trois pieds. III. |
|---|---|

II.      *Tige ligneufe s'élevant au-delà de quatre pieds.*

Sureau commun. *Sambucus vulgaris.*

> *Sambucus fructu in umbellá nigro.* Tournef. 606.
> β. *Sambucus fructu in umbellá viridi.* Ibid.
> *Sambucus nigra.* Linn. Sp. 385. ( α , β. )

Arbriffeau de dix à quinze pieds, dont le bois eft caffant & les rameaux creux ou pleins de moëlle ; fes feuilles font oppofées, ailées avec une impaire, & compofées de cinq ou fept folioles ovales-lancéolées, pointues & dentées en fcie. Ses fleurs font blanches, odorantes, petites, nombreufes, terminales & dif-pofées en manière d'ombelle fur des péduncules particuliers rameux ; il leur fuccède des baies d'abord rouges & enfuite noi-râtres lorfqu'elles font mûres. Cet arbriffeau eft commun dans les haies & les terreins un peu humides ♄ ; fes feuilles & fes

947. fleurs font réfolutives, anti-éryfipélateufes & diaphorétiques : fa feconde écorce eft purgative & hydragogue, & fes baies font anti-dyfentériques.

---

III.  *Tige herbacée ne s'élevant que jufqu'à trois pieds.*

Sureau nain. *Sambucus humilis.* ( Yeble. )

*Sambucus humilis five ebulus.* **Tournef. 606.**
*Sambucus ebulus.* **Linn. Sp. 385.**

Sa tige eft droite, un peu rameufe, verte, cannelée, pleine de moëlle, feuillée, & périt tous les ans ; fes feuilles font oppo-fées, aïlées, & compofées de fept ou neuf folioles plus longues & plus étroites que celles de l'efpèce précédente, & pareille-ment dentées en fcie : fes fleurs font blanches & difpofées en ombelle terminale. On trouve cette plante fur le bord des che-mins & des foffés humides ℔ ; fa racine, fon écorce moyenne & fes feuilles font purgatives & anti-hydropiques : à l'extérieur, fes fleurs & fes feuilles font réfolutives & anti-œdémateufes.

---

IV.  *Fleurs difpofées en grappe ovale.*

Sureau à grappes. *Sambucus racemofa.* **Linn. Sp. 386.**

*Sambucus racemofa, rubra.* **Tournef. 606.**

Arbriffeau de cinq à huit pieds, & affez femblable au fureau commun par fon port ; fes feuilles font oppofées, aïlées & com-pofées de cinq ou fept folioles lancéolées & dentées en fcie : les fupérieures font quelquefois fimplement ternées. Ses fleurs font terminales, difpofées en grappes prefque droites, & remplacées par des baies de couleur rouge. On trouve cet arbriffeau en Alface & en Provence dans les lieux montagneux. ♄

---

948.  *Feuilles verticillées, & plus de deux à chaque nœud.*

## Rubiacées.

Les fleurs des plantes rubiacées font petites, quelquefois in-complètes, & ont communément une corolle monopétale & quadrifide ; quatre étamines & un ftyle bifide à fon fommet.

**948.** Le fruit eft compofé de deux femences ou deux capfules rapprochées & prefque réunies ; ces plantes, en général, font remarquables par leurs feuilles difpofées par verticilles ou par des ftipules oppofées & intermédiaires : les racines de la plupart donnent une teinture rouge.

*A N A L Y S E.*

| Corolle tubulée ou campanulée. 949. | Corolle plane & point tubulée. 956. |
|---|---|

**949.** *Corolle tubulée ou campanulée. . . . . . . . . .*

- Calice compofé de deux feuilles lancéolées . . . . . . . . . . . . 950
- Calice à quatre dents ou prefque nul . . . . . . . . . . . . . . 951

**950.** *Calice compofé de deux feuilles lancéolées.*

### Croifette. *Crucianella.*

Les fleurs de croifette font ordinairement difpofées en épi terminal ; leur corolle eft infundibuliforme, & fon tube eft extrêmement grêle. Le fruit eft compofé de deux femences linéaires, fituées entre le calice & la corolle.

*A N A L Y S E.*

| Fleurs en épi grêle, non interrompu, & embriqué d'écailles refferrées contre fon axe. I. | Fleurs oppofées, & ne forman que des épis lâches ou interrompus, dont les écailles font très-ouvertes. I I. |
|---|---|

950.

**I.** *Fleurs en épi grêle, non interrompu, & embriqué d'écailles*
*resserrées contre son axe.*

Croisette à épi. *Crucianella spicata.*

α. *Rubeola angustiore folio.* **Tournef.** 130.

*Crucianella angustifolia.* **Linn. Sp.** 157.

β. *Rubeola latiore folio.* **Tournef.** 130.

*Crucianella latifolia.* **Linn. Sp.** 158.

γ. *Rubeola supina, spicâ longissimâ.* **Tournef.** 130.

*Crucianella Monspeliaca.* **Linn. Sp.** 158.

Sa tige est rameuse, diffuse, feuillée, rude en ses angles,
droite ou couchée dans sa partie inférieure, & s'élève jusqu'à
un pied ; ses feuilles sont plus courtes que les entre-nœuds,
pointues & verticillées au nombre de quatre à six : les épis
sont grêles, longs de deux à quatre pouces, & agréablement
panachés de vert & de blanc. La plante α se distingue par
toutes ses feuilles étroites, linéaires & aiguës. La seconde β a
ses feuilles un peu plus élargies, & les inférieures sont ovales
ou lancéolées. La troisième γ a sa tige plus couchée que les deux
autres. On trouve ces plantes dans les lieux stériles & incultes
des provinces méridionales. ☉

**II.** *Fleurs opposées, & ne formant que des épis lâches ou interrompus,*
*dont les écailles sont très-ouvertes.*

Croisette maritime. *Crucianella maritima.* **Linn. Sp.** 158.

*Rubeola maritima.* **Tournef.** 130.

Ses tiges sont dures, ligneuses, persistantes, un peu couchées,
& longues de six à dix pouces ; ses feuilles sont quaternées, lancéolées, rudes & pointues : ses fleurs sont jaunâtres & un peu
rougâtres en-dehors : leur corolle est à cinq divisions, terminées
chacune par une petite pointe remarquable. On trouve cette
plante dans les lieux maritimes des provinces méridionales. ♄

**951.**

*Calice à quatre dents ou presque nul. . . . . . . .* {  Fruit couronné par les dents du calice. . . . . . . . . . . . 952<br>Fruit nu & point couronné. 953

---

**952.** *Fruit couronné par les dents du calice.*

Sherard des champs. *Sherardia arvensis.* Linn. Sp. 149.

*Aparine supina, pumila, flore cæruleo.* Tournef. 114.

Ses tiges font longues de cinq à six pouces, plus ou moins droites, rameuses, feuillées, très-grêles & rudes en leurs angles; ses feuilles font lancéolées, très-aiguës, verticillées quatre à six à chaque nœud, & hériffées de poils roides: ses fleurs font bleuâtres ou purpurines, terminales & ramassées en ombelle, garnie d'une collerette en étoile. On trouve cette plante dans les champs. ☉

---

**953.** *Fruit nu & point couronné.* { Corolle tubulée & infundibuliforme; fruit fec. . . . . . . 954<br>Corolle campanulée; fruit pulpeux ou fucculent . . . . . . 955

---

**954.** *Corolle tubulée & infundibuliforme; fruit fec.*

Afpérule. *Afperula.*

Les fleurs d'afpérule ne diffèrent de celles des caillelait que par leur corolle, dont la forme reffemble à celle d'un entonnoir. Le fruit eft compofé de deux femences globuleufes.

*A N A L Y S E.*

| Tous les verticilles compofés de fix feuilles, ou davantage. I. | Tous les verticilles, ou au moins les fupérieurs; compofés de moins de fix feuilles. I V. |
|---|---|

**954.** **I.** *Tous les verticilles compofés de fix feuilles, ou davantage.*

| Fleurs bleues.<br>II. | Fleurs blanches.<br>III. |
| --- | --- |

**II.**     *Fleurs bleues.*

**Afpérule des champs.** *Afperula arvenfis.* **Linn. Sp. 150.**

*Gallium arvenfe, flore cæruleo.* **Tournef. 115.**

Sa tige eft haute de fix à neuf pouces, feuillée, plus ou moins liffe & rameufe ; fes feuilles font linéaires, un peu émouffées à leur fommet, & au nombre de fix ou de huit par verticilles : fes fleurs font terminales, feffiles, ramaffées & environnées de feuilles florales, ciliées & difpofées en étoiles. On trouve cette plante dans champs. ☉

**III.**     *Fleurs blanches.*

**Afpérule odorante.** *Afperula odorata.* **Linn. Sp. 150.**

*Aparine latifolia, humilior, montana.* **Tournef. 114.**

Ses tiges font hautes de fix à fept pouces, fimples, liffes, feuillées & légèrement anguleufes ; fes feuilles font ovales-lancéolées, un peu ciliées en leur bord, & au nombre de huit par verticilles. Les fupérieures font plus grandes que les inférieures : les fleurs font blanches, pédunculées, terminales, & remplacées par des fruits un peu velus. On trouve cette plante dans les bois & les lieux couverts ♃ ; fon herbe verte & à demi-fanée, a une odeur agréable ; elle eft vulnéraire, tonique & emménagogue.

**IV.** *Tous les verticilles, ou au moins les fupérieurs, compofés de moins de fix feuilles.*

| Toutes les feuilles, ou au moins celles de la moitié fupérieure de la tige, étroites & linéaires.<br>V. | Prefque toutes les feuilles ovales ou lancéolées, & point linéaires.<br>VI. |
| --- | --- |

954. **V.** *Toutes les feuilles, ou au moins celles de la moitié supérieure de la tige, étroites & linéaires.*

Aspérule rubéole. *Asperula rubeola.*

> *Rubeola vulgaris, quadrifolia lævis, floribus purpurascentibus ( & albis ).* Tournef. 130.
> α. *Asperula cynanchica.* Linn. Sp. 151.
> β. *Asperula tinctoria.* Ibid. 150.
> γ. *Asperula Pyrenaica.* Ibid. 151.

Je ne connois aucun caractère constant qui puisse servir à distinguer sans erreur les plantes α, β, γ. J'ai eu beaucoup d'occasions d'observer la première, & je l'ai trouvée, selon les circonstances locales, tantôt avec les caractères qu'on lui attribue, & tantôt avec ceux de la seconde β. La description de G. Bauhin ( *Prodr.* 146, n°. *VIII* ), ne m'apprend rien de particulier sur la troisième γ.

Les tiges de la plante que j'ai observée, sont menues, un peu dures, rameuses, anguleuses & feuillées ; dans les lieux secs & montagneux, elles sont couchées & longues de cinq à huit pouces ; dans les lieux fertiles & cultivés, elles sont assez droites, & s'élèvent jusqu'à un pied & demi : ses feuilles sont étroites, linéaires, glabres, simplement opposées dans le voisinage des fleurs, ordinairement quaternées à la plupart des verticilles, & quelquefois six à six, selon les circonstances que je viens de citer. Les fleurs sont petites, terminales, de couleur rougeâtre ou quelquefois blanches, & trifides ou quadrifides On trouve cette plante sur les collines arides & dans les prés secs ♃ ; elle est un peu astringente & vantée dans la squinancie.

---

**VI.** *Presque toutes les feuilles ovales ou lancéolées & point linéaires.*

| Toutes les feuilles pointues & à trois nervures. | La plupart des feuilles obtuses & point nerveuses. |
|:---:|:---:|
| **V I I.** | **V I I I.** |

**954.**

**VII.** *Toutes les feuilles pointues & à trois nervures.*

Afpérule à trois nerfs. *Afperula trinervia.*

*Cruciata Alpina, latifolia, lævis.* Tournef. 115.
*Afperula taurina.* Linn. Sp. 150.

Ses tiges font droites, rameufes & s'élèvent jufqu'à un pied ; fes feuilles font toutes quaternées, larges, ovales-lancéolées, pointues, chargées de quelques poils en-deffous, & marquées de trois nervures difpofées comme celles des plantains. Les fleurs font blanches, terminales & fafciculées ou verticillées ; les ûnes font hermaphrodites, & les autres mâles ou ftériles. Cette plante croît dans les environs de Montpellier. ♃

**VIII.** *La plupart des feuilles obtufes, & point nerveufes.*

Afpérule liffe. *Afperula lævigata.* Linn. Mant. 38.

*Cruciata lufitanica, latifolia, glabra, flore albo.* Tournef. 115.

Ses tiges font hautes de fix pouces, menues, feuillées, rameufes & un peu diffufes ; fes feuilles font petites, toutes quaternées, ovales, la plupart obtufes, liffes, & légèrement accrochantes ou rudes en leur bord. Ses fleurs font blanches, fort petites, pédunculées & terminales. On trouve cette plante dans les environs de Montpellier. ♃

**955.**

*Corolle campanulée ; fruit pulpeux ou fucculent.*

Garance des Teinturiers. *Rubia Tinctorum.* Linn. Sp. 158.

*Rubia Tinctorum, fativa.* Tournef. 114.
*Rubia fylveftris, Monfpeffulana.* Ibid.

Sa racine eft longue, rampante, & pouffe plufieurs tiges hautes de deux ou trois pieds, rameufes, feuillées, & dont les angles font hériffés de dents crochues ; fes feuilles font verticillées au nombre de quatre à fix, ovales, pointues, & garnies en leur bord & en leur nervure poftérieure, de dents dures, crochues & blanchâtres. Ses fleurs font petites, jaunâtres,

**955.** & naiſſent ſur des péduncules rameux, diſpoſés dans les aiſſelles des feuilles ſupérieures ; il leur ſuccéde des baies noirâtres. On trouve cette plante dans les provinces méridionales ♃ ; ſa racine donne une teinture rouge très-employée : elle eſt aſtringente, diurétique, apéritive & emménagogue.

---

**956.**

*Corolle plane & point tubulée . . . . . . . . .* { Fleurs terminales ; elles naiſſent dans les aiſſelles des feuilles ſupérieures, & au ſommet des tiges qu'elles terminent très-diſtinctement . . . . . . . . . . . . . . . 957

Fleurs latérales ; elles naiſſent dans la plus grande partie de la longueur des tiges, ſans malgré cela les terminer . . . . . . . 958

---

**957.**　　　　*Fleurs terminales.*

## Caillelait. *Galium.*

Les fleurs de caillelait ſont petites, diſpoſées en pannicule quelquefois alongée en manière d'épi, & compoſées d'une corolle plane, ordinairement à quatre diviſions ; de quatre étamines & d'un ſtyle légèrement bifide. Le fruit eſt compoſé de deux ſemences globuleuſes.

### A N A L Y S E.

| Fleurs tout-à-fait blanches. | Fleurs rougeâtres ou jaunâtres. |
|:---:|:---:|
| I. | X I V. |

I.　　　　*Fleurs tout-à-fait blanches.*

| Verticilles de quatre feuilles. | Verticilles de plus de quatre feuilles. |
|:---:|:---:|
| I I. | V. |

**957.**

**II.** *Verticilles de quatre feuilles.*

| Feuilles à-peu-près égales, & à trois nervures.<br>III. | Feuilles inégales & à une seule nervure.<br>IV. |
|---|---|

**III.** *Feuilles à-peu-près égales & à trois nervures.*

Caillelait nerveux. *Galium nervofum.* ∕

> *Cruciata erecta, angustifolia, glabra.* Vaill. Parif. 43.
> *Galium boreale.* Linn. Sp. 156.
> β. *Galium rubioides.* Ibid. 152.

Sa tige eft droite, menue, glabre, un peu rude en fes angles, feuillée, rameufe, & s'élève jufqu'à un pied & demi; fes feuilles font quaternées, lancéolées, d'un vert-noirâtre, glabres, rudes en leur bord, & remarquables par leurs nervures: les fleurs font blanches & difpofées en pannicule terminale; il leur fuccède des fruits un peu velus. La variété β ne diffère que par fes fruits glabres. On trouve cette plante dans les prés montagneux. ♃

**IV.** *Feuilles inégales & à une feule nervure.*

Caillelait des marais. *Galium paluftre.* Linn. Sp. 153.

> *Cruciata paluftris, alba.* Tournef. 115.

Sa tige eft grêle, filiforme, anguleufe, un peu rude en fes angles, feuillée, rameufe, & haute d'un pied à-peu-près; fes feuilles font petites, inégales entre elles, un peu obtufes, rétrécies à leur bafe, & communément quaternées : fes fleurs font pédunculées, fort petites & de couleur blanche. On trouve cette plante dans les marais. ♃

**V.** *Verticilles de plus de quatre feuilles.*

| Verticilles compofés de cinq à fept feuilles.<br>VI. | Verticilles compofés de huit feuilles.<br>XI. |
|---|---|

957. **VI.** *Verticilles composés de cinq à sept feuilles.*

| Feuilles d'une couleur glauque remarquable.<br>**V I I.** | Feuilles verdâtres & point de couleur glauque.<br>**V I I I.** |
|---|---|

**VII.** *Feuilles d'une couleur glauque remarquable.*

Caillelait glauque. *Galium glaucum.* Linn. Sp. 156.

> *Galium faxatile , glauco folio.* Tournef. 115.
>
> β. *Galium foliis linearibus , fulcatis , retrorsùm fcabris , pedicellis capillaribus.* Ger. Prov. 226.

Ses tiges font liffes, grêles, anguleufes, rougeâtres à leurs articulations, très-rameufes, diffufes, un peu couchées dans leur partie inférieure, & s'élèvent prefque jufqu'à un pied & demi; fes feuilles font linéaires, communément au nombre de fix à chaque verticille, & de couleur glauque, particulièrement en-deffous; elles ont environ fix lignes de longueur, & font à peine larges d'un tiers de ligne. Leur fommet eft chargé d'une pointe très-petite : les fleurs font pédunculées & de couleur blanche. On trouve cette plante en Provence. ♃

**VIII.** *Feuilles verdâtres & point de couleur glauque.*

| Feuilles aiguës & point émouffées.<br>**I X.** | Feuilles émouffées à leur fommet.<br>**X.** |
|---|---|

**IX.** *Feuilles aiguës & point émouffées.*

Caillelait couché. *Galium fupinum.*

> *Galium album, fupinum, multicaule.* Mapp. Alfat. 120.
>
> *Galinm faxatile minimum, fupinum & pumilum.* Tournef. 115.
>
> β. *Aparine paluftris, minor, Parifienfis, flore albo.* Ibid. 114.
>
> *Galium uliginofum.* Linn. Sp. 153.

Ses tiges font longues de quatre à fept pouces, très-nombreufes, rameufes, grêles, feuillées, couchées & étalées fur

**957.** la terre ; fes feuilles font lancéolées-linéaires, aiguës, petites, rudes ou accrochantes en leur bord, d'une roideur remarquable, & ordinairement fix ou fept à chaque verticille. Ses fleurs font blanches, pédunculées & fort petites. On trouve cette plante dans les lieux arides & pierreux. La variété β croît dans les lieux humides. ♃

---

X.       *Feuilles émouffées à leur fommet.*

Caillelait de roche. *Galium faxatile.* Linn. Sp. 154.

> *Galium faxatile, fupinum, molliore folio.* Juff. act. 1714, p. 492, t. 15.

Ses tiges font nombreufes, très-garnies de feuilles, & longues à peine de fix pouces ; fes feuilles font oblongues, rétrécies vers leur bafe ; fans pointe aiguë à leur fommet, moins roides que celles de l'efpèce précédente, & au nombre de fix à chaque verticille ; fes fleurs font blanches & portées fur de courts péduncules. Cette plante a été obfervée en Dauphiné par M. de Villars.

---

XI.       *Verticilles compofés de huit feuilles.*

| Tige quadrangulaire.<br>X I I. | Tige cylindrique.<br>X I I I. |
|---|---|

---

XII.       *Tige quadrangulaire.*

Caillelait blanc. *Galium album.*

> *Galium album vulgare.* Tournef. 115.
> *Galium mollugo.* Linn. Sp. 155.

Ses tiges font foibles, liffes, quarrées, noueufes, rameufes & s'élèvent jufqu'à deux ou trois pieds ; fes feuilles font ovales-oblongues, glabres, très-ouvertes, chargées d'une petite pointe à leur fommet, & au nombre de huit à la plupart des verticilles ; fes fleurs font blanches, pédunculées & difpofées en une pannicule oblongue & très-ramifiée. Cette plante eft commune le long des haies & fur le bord des prés & des chemins humides ♃ ; fa racine teint en rouge ; elle eft deſſicative & aftringente.

957.

**XIII.** *Tige cylindrique.*

Caillelait des bois. *Galium sylvaticum.* Linn. Sp. 155.

*Galium montanum, latifolium, ramosum.* Tournef. 115.

Ses tiges font hautes de deux pieds, liffes, fans angles remarquables, rougeâtres à leurs articulations & très-rameufes; fes
feuilles font larges-lancéolées, plus grandes que celles de l'efpèce
précédente, d'un vert prefque glauque, un peu rudes en leur
bord & en leur nervure, & au nombre de huit aux verticilles
inférieurs; les fleurs font extrêmement petites, panniculées &
portées fur des pédunculcs capillaires. Cette-plante croît en
Alface & en Dauphiné. ⛢

---

**XIV.** *Fleurs rougeâtres ou jaunâtres.*

| Fruits glabres; tiges liffes & point accrochantes. **X V.** | Fruits hériffés; tiges rudes, & accrochantes. **X V I I I.** |
|---|---|

**XV.** *Fruits glabres; tiges liffes & point accrochantes.*

| Fleurs jaunes. **X V I.** | Fleurs rouges. **X V I I.** |
|---|---|

---

**XVI.** *Fleurs jaunes.*

Caillelait jaune. *Galium luteum.* Tournef. 115.

*Galium verum.* Linn. Sp. 155.

Ses tiges font grêles, quarrées, rameufes, un peu couchées
dans leur partie inférieure & s'élèvent jufqu'à un pied & demi;
fes rameaux fleuris font fort courts; fes feuilles font étroites,
linéaires, pointues, liffes, partagées par un fillon, fouvent
réfléchies pendant la floraifon, & au nombre de fix ou de huit
à la plupart des verticilles : les fleurs font petites, portées fur
de courts pédunculcs & ramaffées en grappe droite, alongée
prefque en épi. On trouve cette plante dans les prés, le long
des haies & fur le bord des chemins ⛢; elle eft defficative,

957.

aftringente & vulnéraire : elle paffe auffi pour céphalique, anti-épileptique, anti-fpafmodique & anti-hyftérique : fes fommités fleuries font aifément cailler le lait.

---

XVII.     *Fleurs rouges.*

Caillelait rouge. *Galium rubrum.* Linn. Sp. 156.

> *Galium rubro flore.* Cluf. Hift. II, p. 175.

Ses tiges font grêles, anguleufes, très-rameufes & hautes d'un pied ou un peu plus ; fes feuilles font longues, linéaires, étroites, vertes & au nombre de cinq ou fix par verticille. Ses fleurs font petites, terminales & portées fur de courts péduncules. On trouve cette plante fur les collines ftériles de la Provence.

---

XVIII.     *Fruits hériffés ; tiges rudes & accrochantes.*

Caillelait Parifien. *Galium Parifienfe.* Linn. Sp. 157.

> *Galium Parifienfe, tenuifolium, flore atro purpureo.* Tournef. 115.

Ses tiges font hautes de fix à huit pouces, grêles, quadrangulaires, accrochantes en leurs angles, foibles & rameufes ; fes feuilles font un peu étroites, linéaires, pointues, rudes particuliérement en leur bord, & verticillées fix ou fept à chaque nœud. Ses fleurs font petites, pédunculées & rougeâtres. On trouve cette plante dans les lieux ftériles & fablonneux. ℔

---

958.

*Fleurs latérales.*

## Valance. *Valantia.*

Les valances ont beaucoup de rapport avec les caillelaits, & n'en diffèrent que par la difpofition de leurs fleurs qui ne terminent point les tiges, mais font toutes axillaires ou difpofées par bouquets latéraux. On trouve fouvent des fleurs mâles ou ftériles parmi les fleurs hermaphrodites.

958.

A N A L Y S E.

| Verticilles composés de cinq feuilles ou davantage. <br> I. | Verticilles composés de quatre feuilles. <br> VI. |
|---|---|

I. *Verticilles composés de cinq feuilles ou davantage.*

| Fleurs blanches ; tiges rudes & accrochantes en leurs angles. <br> I I. | Fleurs jaunâtres ; tiges non accrochantes. <br> V. |
|---|---|

II. *Fleurs blanches ; tiges rudes & accrochantes en leurs angles.*

| Péduncules communs, plus longs que les feuilles ; toutes les fleurs hermaphrodites. <br> I I I. | Péduncules communs à peine aussi longs que les feuilles ; des fleurs mâles & des fleurs hermaphrodites. <br> I V. |
|---|---|

III. *Péduncules communs, plus longs que les feuilles ; toutes les fleurs hermaphrodites.*

Valance grateron. *Valantia aparine.*

*Aparine vulgaris.* Tournef. 114.
β. *Aparine vulgaris, femine minori.* Ibid.
*Galium oparine.* Linn. Sp. 157. ( α, β. )
γ. *Aparine femine lævi.* Tournef. 114.
*Galium spurium.* Linn. Sp. 154.

Ses tiges font foibles, quarrées, rameuses, feuillées dans toute leur longueur, hérissées en leurs angles de petites dents très-accrochantes, & s'élèvent depuis un pied jusqu'à trois ; ses feuilles font longues, lancéolées-linéaires, verticillées six ou huit à chaque nœud, terminées par une petite pointe particulière, & garnies en leur bord & en leur nervure postérieure,

958.  de petites dents rudes & crochues. Ses fleurs font très-petites, blanches, & naiſſent latéralement ſur des pédurìcules très-diviſés & alongés en rameaux ; il leur ſuccède des fruits hériſſés & portés ſur des pédunucules alors réfléchis en bas. La variété β ſe diſtingue par ſes fruits très-petits & légèrement velus. La variété γ eſt remarquable par ſes fruits entièrement glabres. On trouve cette plante dans les haies, les champs & les lieux incultes ⊙ ; elle paſſe pour apéritive & un peu ſudorifique.

---

**IV.** *Pédunucules communs, à peine auſſi longs que les feuilles ; des fleurs mâles & des fleurs hermaphrodites.*

Valance triflore. *Valantia triflora.*

*Aparine femine coriandri faccharati.* **Tournef.** 114.
*Valantia aparine.* **Linn. Sp.** 1491.

Ses tiges font longues d'un pied, grêles, foibles, feuillées dans toute leur longueur, & garnies en leurs angles de petites dents, crochues comme celles de l'eſpèce précédente ; ſes feuilles font preſque linéaires, un peu rétrécies vers leur baſe, rudes & comme dentées en leur bord, & ſix enſemble à chaque verticille. Les fleurs font au nombre de trois ſur chaque pédunucule ; les deux latérales font trifides, mâles & pédunculées : celle du milieu eſt hermaphrodite, quadrifide & ſans pédunucule propre ; les fruits font légèrement hériſſés. On trouve cette plante dans les champs des provinces méridionales. ⊙

---

**V.**  *Fleurs jaunâtres ; tiges non accrochantes.*

Valance des rochers. *Valantia rupeſtris.*

*Sherardia muralis.* **Linn. Sp.** 149.

Ses tiges font grêles, fort petites, plus ou moins droites & feuillées dans toute leur longueur ; ſes feuilles font petites, étroites, lancéolées & diſpoſées au nombre de ſix à la plupart des verticilles. Ses fleurs font jaunâtres, axillaires & preſque ſeſſiles ; il leur ſuccède des fruits un peu hériſſés. Cette plante croît en Provence dans les lieux pierreux & ſur les vieux murs. ⊙

**VI.**

958.

**VI.** *Verticilles composés de quatre feuilles.*

| | |
|---|---|
| Péduncules simples & chargés d'une ou deux fleurs.<br>**VII.** | Péduncules rameux & chargés de plus de deux fleurs.<br>**VIII.** |

**VII.** *Péduncules simples & chargés d'une ou deux fleurs.*

Valance des murs. *Valantia muralis.* Linn. Sp. 1490.

> *Valantia quadrifolia*, *verticillata.* Tournef. act. 1706,
> p. 86.

Ses tiges sont longues de trois ou quatre pouces, glabres, menues, feuillées, & simples ou rameuses à leur base; ses feuilles sont quaternées, petites, ovales, obtuses, rétrécies en pétiole à leur base, verres & très-glabres : les péduncules sont courts, axillaires, simples & portent communément deux fleurs d'un vert-jaunâtre, dont une est stérile & trifide, & l'autre quadrifide & fertile. On trouve cette plante en Provence parmi les rochers & sur les murs. ☉

**VIII.** *Péduncules rameux & chargés de plus de deux fleurs.*

Valance croisette. *Valantia cruciata.* Linn. Sp. 1491.

> *Cruciata hirsuta.* Tournef. 115.

Ses tiges sont longues d'un pied ou environ, foibles, quarrées, très-velues, ordinairement simples & feuillées dans toute leur longueur; ses feuilles sont quaternées, ovales, velues, sessiles & marquées de trois nervures; ses fleurs sont petites, d'un jaune-verdâtre, toutes quadrifides & disposées par bouquets pédunculés, communément plus courts que les feuilles; ces bouquets sont au nombre de quatre ou cinq par verticille & garnis chacun de deux bractées très-petites. On trouve cette plante le long des haies & sur le bord des chemins ♃; son odeur est assez forte; elle est astringente & vulnéraire.

959.

*Plus de cinq étamines.* . . $\left\{\begin{array}{l}\text{Six étamines. : : : . . . : : } 960 \\ \text{Plus de six étamines . . . . } 967\end{array}\right.$

---

960.

*Six étamines* . . . . . . . $\left\{\begin{array}{l}\text{Limbe de la corolle entier, \&} \\ \text{terminé en languette. . . . . } 961 \\ \\ \text{Limbe de la corolle divisé, \&} \\ \text{point terminé en languette. . } 962\end{array}\right.$

---

961.     *Limbe de la corolle entier, & terminé en languette.*

### Aristoloche. *Aristolochia.*

Les fleurs d'aristoloche ont une corolle tubulée, ventrue à sa base, & remarquable par son limbe terminé en languette : leurs étamines sont composées de six anthères sessiles, portées sur le style, un peu au-dessous du stigmate qui est à six divisions. Le fruit est une capsule à six loges, & polysperme.

### *A N A L Y S E.*

| Aisselles des feuilles uniflores. | Aisselles des feuilles pluriflores. |
|:---:|:---:|
| I. | V I. |

I.      *Aisselles des feuilles uniflores.*

| Feuilles presque sessiles ; racine ronde. | Feuilles pétiolées ; racine longue. |
|:---:|:---:|
| I I. | I I I. |

II.      *Feuilles presque sessiles, racine ronde.*

### Aristoloche ronde. *Aristolochia rotunda.* Linn. Sp. 1364.

*Aristolochia rotunda, flore ex purpurá nigro.* Tournef. 162.

Ses tiges sont foibles, anguleuses, feuillées & s'élèvent jusqu'à un pied & demi ; ses feuilles sont alternes, toutes

961. presque seffiles, cordiformes & un peu obtufes à leur fommet : fes fleurs font axillaires, folitaires, fort grandes, & leur languette eft ordinairement d'un rouge-noirâtre. Cette plante croît dans les champs & les vignes des provinces méridionales ♃ ; fa racine eft emménagogue & tonique.

III.     *Feuilles pétiolées ; racine longue.*

| Feuilles très-entières ; racine longue & très-fimple.    IV. | Feuilles denticulées ; racine très-divifée & fafciculée.    V. |
| --- | --- |

IV.     *Feuilles très-entières ; racine longue & très-fimple.*

Ariftoloche longue. *Ariftolochia longa.* Linn. Sp. 1364.

*Ariftolochia longa, vera.* Tournef. 162.

Ses tiges font grêles, anguleufes, foibles, feuillées, & longues d'un à deux pieds ; fes feuilles font en cœur, un peu obtufes, pétiolées & alternes : fes fleurs font axillaires, folitaires, longues, & ont leur languette d'une couleur moins foncée que celles de l'efpèce précédente. On trouve cette plante dans les provinces méridionales. ♃

V.     *Feuilles denticulées ; racine très-divifée & fafciculée.*

Ariftoloche fafciculée. *Ariftolochia fafciculata.*

*Ariftolochia piftolochia dicta.* Tournef. 162.
*Ariftolochia piftolochia.* Linn. Sp. 1364.

Sa racine eft divifée en portions nombreufes, cylindriques, & difpofées en faifceau ; elle pouffe plufieurs tiges grêles, foibles, anguleufes, feuillées, & hautes d'un pied ou un peu plus ; fes feuilles font petites, pétiolées, cordiformes, crénelées ou denticulées en leur bord, & d'un vert-pâle : fes fleurs font folitaires, jaunâtres en leur tube, & un peu noirâtres en leur languette ; les péduncules font prefque auffi longs que la corolle. On trouve cette plante en Provence & en Languedoc dans les lieux incultes. ♃

**961.** VI. *Aisselles des feuilles pluriflores.*

Ariſtoloche clématite. *Ariſtolochia clematitis.* Linn. Sp. 1364.

*Ariſtolochia clematitis, recta.* Tournef. 162.

Sa tige eſt haute de deux pieds, aſſez droite, moins foible que celle des eſpèces précédentes, ſimple, feuillée & anguleuſe; ſes feuilles ſont alternes, pétiolées, cordiformes, glabres, & remarquables par des nervures très-ramifiées & réticulées dans leur ſurface inférieure : ſes fleurs ſont d'un jaune-pâle, pédunculées & ramaſſées trois à cinq enſemble dans les aiſſelles des feuilles. On trouve cette plante dans les lieux pierreux, ſtériles, & dans les décombres ♃; elle eſt vulnéraire, emménagogue & déterſive.

---

**962.** *Limbe de la corolle diviſé & point terminé en languette.*

{ Limbe de la corolle ſimple; étamines inſérées au fond de la corolle. **963**

{ Limbe de la corolle double; étamines inſérées ſur la corolle. **964**

---

**963.** *Limbe de la corolle ſimple; étamines inſérées au fond de la corolle.*

Agavé d'Amérique. *Agave Americana.* Linn. Sp. 461.

*Aloe folio in oblongum aculeum abeunte.* Tournef. 366.

Ses feuilles ſont radicales, nombreuſes, fort grandes, épaiſſes, charnues, lancéolées, terminées par une pointe alongée & très-dure, concaves en-deſſus, convexes en-deſſous, & bordées de dents épineuſes; ſa tige eſt une hambe cylindrique, épaiſſe, rameuſe à ſon ſommet, chargée d'un grand nombre de fleurs, & qui s'élève juſqu'à quinze ou vingt pieds : ſes fleurs ſont d'un jaune-verdâtre, compoſées d'une corolle cylindrique, à ſix diviſions profondes & point ouvertes; de ſix étamines ſaillantes hors de la corolle, & d'un ſtyle terminé par un

963. ftigmate fimple. Le fruit eft une capfule à trois loges polyfpermes ♄ : cette plante originaire d'Amérique, eft maintenant
naturalifée dans le Rouffillon & la Provence.

---

964. *Limbe de la corolle double; étamines inférées fur la corolle* . . . . . . . . . $\Big\{$ Etamines inférées fur le bord du limbe intérieur de la corolle. . 965

Etamines inférées dans le tube de la corolle, & point en fon bord. 966

---

965. *Etamines inférées fur le bord du limbe intérieur de la corolle.*

Pancrace maritime. *Pancratium maritimum.* Linn. Sp.
418.

*Narciffus maritimus.* Tournef. 357.

Sa tige eft une hampe nue, un peu anguleufe d'un côté, &
haute d'un pied ou un peu plus ; elle porte à fon fommet cinq
ou fix fleurs blanches fort grandes, & difpofées en manière
d'ombelle ; leur corolle eft divifée dans la partie fupérieure de
fon tube en deux limbes, dont un extérieur eft compofé de
fix pièces lancéolées & un peu étroites, & l'autre intérieur eft
moins grand, monophylle, & partagé en fix découpures terminées chacune par une étamine longue & faillante. Le ftyle
eft un peu plus long que les étamines : les feuilles font radicales,
longues, planes, & larges prefque d'un pouce. On trouve cette
plante dans les lieux maritimes des provinces méridionales. ♃

---

966. *Etamines inférées dans le tube de la corolle, & point*
*en fon bord.*

Narciffe. *Narciffus.*

Les fleurs de narciffe font affez grandes, fort belles, &
naiffent renfermées dans un fpathe : leur corolle eft un tube
long, cylindrique, & divifé, dans fa partie fupérieure, en
deux limbes, dont l'extérieur eft de fix pièces lancéolées, &

966.

l'intérieur monophylle, en anneau ou en cloche, & frangé ou un peu découpé en son bord. Les étamines sont au nombre de six, & le style est terminé par un stigmate légèrement trifide.

## ANALYSE.

| Hampe uniflore. I. | Hampe pluriflore. IV. |
|---|---|

I.          *Hampe uniflore.*

| Limbe intérieur très-petit, en anneau & rouge en son bord. II. | Limbe intérieur fort grand, campanulé & jaunâtre. III. |
|---|---|

II. *Limbe intérieur très-petit, en anneau & rouge en son bord.*

Narcisse de Poëte. *Narcissus Poeticus.* Linn. Sp. 414.

*Narcissus albus, circulo purpureo.* Tournef. 353.

Sa tige s'élève un peu au-delà d'un pied, & soutient à son sommet une belle fleur blanche, dont le limbe extérieur est composé de six pièces assez grandes, ovales, presque obtuses & d'un blanc-de-lait, & l'intérieur forme un anneau très-court, crénelé & d'une couleur purpurine en son bord; les feuilles sont radicales, ensiformes, vertes, lisses, presque aussi longues que la tige, & larges de près de deux lignes. On trouve cette plante dans les prés des provinces méridionales. ♃

III. *Limbe intérieur fort grand, campanulé & jaunâtre.*

Narcisse sauvage. *Narcissus sylvestris.*

    α. *Narcissus sylvestris pallidus, calice luteo.* Tournef. 356.
    *Narcissus pseudo-narcissus.* Linn. Sp. 414.
    β. *Narcissus albus, tubo luteo.* Tournef. 356.
    *Narcissus bicolor.* Linn. Sp. 415.

Sa tige est haute presque d'un pied, & porte à son sommet une fleur fort grande, & remarquable par le limbe intérieur de

966. ſa corolle, qui eſt auſſi grand que l'extérieur, campanulé, légèrement frangé en ſon bord & de couleur jaunâtre; le limbe
extérieur eſt compoſé de ſix pièces lancéolées, d'un jaune-
pâle dans la plante α, & de couleur blanche dans la variété β:
ſes feuilles ſont radicales, enſiformes, liſſes, & un peu moins
longues que la tige. On trouve cette plante dans les bois ♃;
elle fleurit de très-bonne heure.

---

| IV. | *Hampe pluriflore.* |

| Feuilles planes.<br>V. | Feuilles ſemi-cylindriques.<br>V I. |

---

### V. *Feuilles planes.*

Narciſſe multiflore. *Narciſſus multiflorus.*

> *Narciſſus medio luteus, copioſo flore, odore gravi.* Tournef. 354.
> *Narciſſus taʒetta.* Linn. Sp. 416.

On peut rapporter à cette eſpèce beaucoup de variétés que
l'on ne pourroit diſtinguer que très-imparfaitement, & qu'il
eſt inutile de citer; ſa tige s'élève rarement au-delà d'un pied,
& n'a communément que huit ou dix ponces de hauteur;
elle porte à ſon ſommet ſix à dix fleurs, dont les péduncules
naiſſent d'un même point, & ſont inégaux en longueur. Ces
fleurs ſont remarquables par le limbe intérieur de leur corolle un peu jaunâtre, légèrement campanulé, tronqué, &
deux ou trois fois plus court que l'extérieur, qui eſt compoſé
de ſix pièces ordinairement de couleur blanche; les feuilles
ſont radicales, liſſes, planes, un peu moins longues que la
tige, & larges de deux lignes ou environ. Cette plante croît dans
les lieux humides & maritimes des provinces méridionales. ♃

---

### VI. *Feuilles ſemi-cylindriques.*

Narciſſe jonquille. *Narciſſus junquilla.* Linn. Sp. 417.

> *Narciſſus juncifolius, luteus, minor.* Tournef. 355.
> β. *Narciſſus juncifolius, oblongo calyce, luteus, major.* Ibid.

Sa tige eſt liſſe, & s'élève juſqu'à un pied; elle ſoutient

966.

> à son sommet trois à six fleurs jaunes, dont le tube est grêle & fort long, & le limbe intérieur un peu campanulé & très-court. Ces fleurs sont petites & odorantes ; celles de la variété β ont le limbe intérieur de leur corolle un peu moins court & d'un jaune-rougeâtre ; les feuilles sont radicales, menues, en alène, presque cylindriques avec une gouttière, & ressemblent en quelque manière à celles de plusieurs espèces de jonc. On trouve cette plante sur les collines en Provence ♃ ; on la cultive dans les parterres, mais les Fleuristes font peu de cas de la variété β.

---

967. *Plus de six étamines.* . . . $\begin{cases}$ Tige herbacée . . . . . . . 968 <br> Tige ligneuse . . . . . . . 976 $\end{cases}$

---

968. *Tige herbacée* . . . . . . . $\begin{cases}$ Feuilles simples . . . . . . 969 <br> Feuilles composées. . . . . 974 $\end{cases}$

---

969. *Feuilles simples.* . . . . . $\begin{cases}$ Corolle à trois divisions. . 970 <br> Corolle à plus de trois divisions. 971 $\end{cases}$

---

970.     *Corolle à trois divisions.*

**Cabaret d'Europe.** *Asarum Europæum.* Linn. Sp. 633.

*Asarum dod.* Tournef. 501.

Sa tige est une souche rampante, longue de deux à cinq pouces, & qui se divise, & pousse à différens intervalles, les feuilles & les péduncules des fleurs ; les feuilles sont réni-formes, un peu coriaces, vertes & lisses en-dessus, légèrement velues en-dessous & en leur bord, & portées sur des pétioles longs de trois pouces. Les fleurs sont petites, campanulées, trifides, un peu velues en-dehors, d'un rouge-noirâtre inté-rieurement, soutenues par de courts péduncules, solitaires

970. & situées à la base des feuilles : elles sont composées d'une douzaine d'étamines extrêmement courtes, & d'un style, dont le stigmate est à six divisions ; il leur succède une capsule coriace, couronnée & à six loges polyspermes. On trouve cette plante dans les bois & les lieux couverts ♉ ; elle est émétique, purgative, emménagogue, anti-hypocondriaque & errhine.

---

971.

*Corolle à plus de trois divisions* . . . . . . . . . .

{ Feuilles sessiles ; plus de dix étamines . . . . . . . . . . . . . . . 972

Feuilles pétiolées ; huit ou dix étamines seulement . . . . . . 973

---

972. *Feuilles sessiles ; plus de dix étamines.*

Cytinet hypociste. *Cytinus hypocistis.* Linn. Gen. 1232.

*Hypocistis flore luteo.* Tournef. cor. 46.

Sa tige est haute de trois ou quatre pouces, épaisse, succulente, rougeâtre ou jaunâtre, & couverte de petites feuilles ou d'écailles charnues & comme embriquées. Ses fleurs sont terminales, composées d'une corolle campanulée & quadrifide, & de seize étamines sessiles, attachées sur le style, un peu au-dessous du stigmate ; le fruit est une baie couronnée & à huit loges. Cette plante est parasite & croît communément sur les racines du ciste ladanier : son suc est astringent.

---

973. *Feuilles pétiolées ; huit ou dix étamines seulement.*

Dorine. *Chrysosplenium.*

Les fleurs de dorine ont une corolle à quatre ou cinq découpures obtuses ou arrondies, huit ou dix étamines très-courtes, & deux styles un peu divergens. Le fruit est une capsule à deux cornes, uniloculaire, bivalve & polysperme.

*A N A L Y S E.*

| Feuilles opposées. | Feuilles alternes. |
| --- | --- |
| I. | II. |

973. **I.** *Feuilles oppofées.*

**Dorine à feuilles oppofées.** *Chryfofplenium oppofitifolium.* Linn. Sp. 569.

*Chryfofplenium foliis amplioribus auriculatis.* **Tournef. 146.**

Ses tiges font menues, hautes de trois ou quatre pouces, feuillées & un peu rameufes; fes feuilles font oppofées, pétiolées, arrondies & un peu crénelées en leur contour. Ses fleurs font jaunâtres, portées fur de très-courts péduncules & garnies de braêtées à leur bafe. On trouve cette plante dans les terreins humides & couverts ♃; elle eft vulnéraire.

**II.** *Feuilles alternes.*

**Dorine à feuilles alternes.** *Chryfofplenium alternifolium.* Linn. Sp. 569.

*Chryfofplenium foliis pediculis oblongis infidentibus.* **Tournef. 146.**

Cette efpèce reffemble beaucoup à la précédente; fes tiges font hautes de quatre ou cinq pouces, menues, feuillées & un peu rameufes à leur fommet; fes feuilles font alternes, pétiolées, arrondies, réniformes, crénelées & chargées de quelques poils courts : les inférieures font portées fur de longs pétioles. Les fleurs font jaunâtres, un peu ramaffées au fommet de la plante, & comme pofées fur les feuilles. On trouve cette efpéce en Alface. ♃

974. *Feuilles compofées.* . . . . . { Feuilles oppofées. . . . . . 975

{ Feuilles alternes. . . . 931—II

975. *Feuilles oppofées.*

**Adoxe mofcatelline.** *Adoxa mofchatellina.* Linn. Sp. 527.

*Mofchatellina foliis fumariæ bulbofæ.* **Tournef. 156.**

Sa tige eft haute de trois à cinq pouces, herbacée, menue, fimple, & chargée d'une ou deux paires de feuilles; elle porte

**975.** à son sommet quatre ou cinq fleurs sessiles, ramassées en une petite tête, d'une couleur pâle ou herbeuse. Ces fleurs ont un calice bifide selon M. Linné, ou trifide selon M. de Haller, une corolle à quatre ou cinq divisions, huit ou dix étamines & quatre ou cinq styles. Le fruit est une baie à quatre ou cinq loges monospermes; les feuilles sont pétiolées, deux ou trois fois ternées, à folioles incisées, lobées, tendres, & d'un vert un peu glauque. On trouve cette plante dans les haies & les lieux couverts ♃ ; elle a une odeur de musc.

---

*Tige ligneuse.*

**976.**

## Airelle. *Vaccinium.*

Les fleurs d'airelle sont petites, composées d'un calice très-court, entier ou quadrifide ; d'une corolle campanulée ou en grelot, dont les bords sont à quatre ou cinq dents; de huit étamines insérées sur le réceptacle ; & d'un style simple. Le fruit est une baie ombiliquée, quadriloculaire & polysperme.

### A N A L Y S E.

| Tige droite.<br>I. | Tige couchée & rampante.<br>V I. |
|---|---|

I.         *Tige droite.*

| Calice entier.<br>I I. | Calice à quatre divisions.<br>I I I. |
|---|---|

II.         *Calice entier.*

Airelle myrtille. *Vaccinium myrtillus.* Linn. Sp. 498.

> *Vitis idæa foliis oblongis crenatis, fructu nigricante.* **Tournef.** 608.

Sa tige est glabre, verdâtre, anguleuse, rameuse, & s'élève jusqu'à un pied & demi ; ses feuilles sont alternes, ovales, glabres, un peu nerveuses, légèrement dentées en leur bord, & portées sur des pétioles très-courts : ses fleurs sont en

976.

grelot, d'un blanc un peu rougeâtre, & font remplacées par des baies d'un bleu-noirâtre dans leur maturité. On trouve ce fous-arbriffeau dans les bois & les lieux couverts ♄ ; fes baies font aftringentes & anti-dyfentériques : leur fuc teint en bleu ou en violet.

| III. | *Calice à quatre divifions.* |
|---|---|
| Feuilles ponctuées en-deffous, & perfiftantes. **I V.** | Feuilles veinées en-deffous, & point perfiftantes. **V.** |

**IV.** *Feuilles ponctuées en-deffous & perfiftantes.*

Airelle ponctuée. *Vaccinium punctatum.*

> *Vitis idæa foliis fubrotundis, non crenatis, baccis rubris.* Tournef. 608.
>
> *Vaccinium vitis idea.* Linn. Sp. 500.

Ses tiges font hautes d'un pied, cylindriques & rameufes ; fes feuilles font ovales, dures, liffes, ponctuées en-deffous, & entières ou garnies de quelques dentelures peu fenfibles : fes fleurs font rougeâtres, & difpofées au fommet des tiges en petites grappes penchées ; il leur fuccède des baies rouges dans leur maturité. On trouve cette efpèce en Alface & en Dauphiné dans les bois. ♄

**V.** *Feuilles veinées en-deffous, & point perfiftantes.*

Airelle fangeufe. *Vaccinium uliginofum.* Linn. Sp. 499.

> *Vitis idæa magna quibufdam, five myrtillus grandis.* Tournef. 608.

Sa tige eft haute d'un à deux pieds, rameufe & feuillée dans fa partie fupérieure ; fes feuilles font ovales, obtufes, liffes, glabres dans leur parfait développement, veinées & un peu blanchâtres en-deffous : fes fleurs font blanches, quelquefois un peu couleur de rofe, & ont leur corolle ovale, à quatre ou cinq dents réfléchies en-dehors ; il leur fuccède des baies noirâtres dans leur maturité. On trouve ce fous-arbriffeau dans les lieux fangeux & humides. ♄

976. | **VI.** *Tige couchée & rampante.*

**Airelle canneberge.** *Vaccinium oxicoccos.* Linn. Sp. 500.

*Oxicoccus sive vaccinia palustris.* Tournef. 655.

Ses tiges font très-menues, filiformes, rameufes, fouvent rougeâtres, feuillées, couchées & étalées fur la terre ; fes feuilles font petites, ovales-oblongues, quelquefois pointues, plus ou moins contractées en leur bord, vertes en-deffus & blanchâtres en-deffous : fes fleurs font rougés, profondément quadrifides, non polypétales, à découpures pointues, & portées fur de longs péduncules ; il leur fuccède des baies rouges, dans leur maturité. On trouve cette efpèce dans les lieux humides & marécageux. ♄

977. Corolle polypétale. . . . . {
   Cinq pétales ou moins. . . 978
   Six pétales ou plus. . . . 1090

978. Cinq pétales ou moins. . . {
   Cinq étamines ou moins. . 979
   Six étamines ou plus . . . 1069

979. Cinq étamines ou moins. {
   Cinq pétales . . . . . . . 980
   Moins de cinq pétales. . . 1062

980. Cinq pétales. . . . . . . {
   Semences nues & géminées. 981
   Semences contenues dans une baie ou dans une capfule. . 1059

981.  *Semences nues & géminées.*

## Ombellifères.

Les plantes ombellifères portent des fleurs en rofe, compofées de cinq pétales fouvent inégaux ; de cinq étamines auffi
longues ou plus longues que la corolle ; & de deux ftyles courts
plus ou moins perfiftans ; ces fleurs, dans le plus grand nombre,
ont une difpofition particulière très-remarquable ; elles font foutenues par des péduncules qui partent tous d'un point commun,
divergent comme les rayons d'un parafol, & forment ce qu'on
nomme une *ombelle*. Voyez *les Principes*, *n°. 551*. Dans quelques
plantes de cette divifion, les fleurs ont un calice propre, mais
dans la plupart, elles en manquent entièrement. Le fruit eft
conftamment compofé de deux femences nues, réunies avant
leur maturité, mais qui à ce terme fe féparent, & ne font alors
foutenues que par un filet qui s'insère dans la partie fupérieure
de leur furface interne ; les tiges font ordinairement creufes, &
les feuilles toujours alternes, & communément engaînées ou
amplexicaules.

### A N A L Y S E.

| Fleurs feffiles & difpofées fur un réceptacle commun, garni de paillettes. 982. | Fleurs non difpofées fur un réceptacle commun, garni de paillettes. 983. |
|---|---|

982.  *Fleurs feffiles & difpofées fur un réceptacle commun,*
*garni de pailletes.*

### Panicaut. *Eryngium.*

Les panicauts reffemblent un peu aux chardons par leur port,
aux fcabieufes par la difpofition de leurs fleurs, & aux plantes
ombellifères par leur fructification. Leurs fleurs font ramaffées fur
un réceptacle convexe ou conique, & entourées par un calice
commun, prefque toujours épineux : elles font compofées d'un
calice propre de cinq pièces, de cinq pétales oblongs, de cinq
étamines & de deux ftyles. Le fruit fe divife en deux femences
nues & oblongues.

982.

# ANALYSE.

| Feuilles inférieures de la tige, fimples, ou non découpées jufqu'au pétiole.<br><br>I. | Feuilles inférieures de la tige, découpées jufqu'au pétiole.<br><br>V I. |
|---|---|

**I.** *Feuilles inférieures de la tige, fimples, ou non découpées jufqu'au pétiole.*

| Feuilles inférieures pliffées, très-nerveufes & très-épineufes.<br><br>I I. | Feuilles inférieures planes, peu nerveufes, & peu ou point épineufes.<br><br>I I I. |
|---|---|

**II.** *Feuilles inférieures pliffées, très-nerveufes & très-épineufes.*

Panicaut marin. *Eryngium maritimum.* Linn. Sp. 337.

*Eryngium maritimum.* Tournef. 327.

Sa tige eft cylindrique, épaiffe, blanchâtre, feuillée, rameufe & haute d'un pied & demi; fes feuilles inférieures font pétiolées, arrondies, larges, nerveufes, blanchâtres, pliffées, coriaces, un peu découpées ou lobées, & bordées de dents épineufes : les autres font feffiles, courtes, anguleufes, épineufes & légèrement trilobées ; les folioles du calice commun font fort larges, anguleufes, épineufes & au nombre de cinq ou fix. Cette plante croît dans les lieux maritimes des provinces méridionales. ♃

**III.** *Feuilles inférieures planes, peu nerveufes, & peu ou point épineufes.*

| Calice commun de cinq à huit folioles; têtes de fleurs ovales.<br><br>I V. | Calice commun de plus de dix folioles; têtes de fleurs coniques.<br><br>V. |
|---|---|

982.

**IV.** *Calice commun de cinq à huit folioles ; tête de fleurs ovales.*

Panicaut plane. *Eringium planum.* Linn. Sp. 336.

*Eryngium latifolium planum.* Tournef. 327.

Sa tige eſt haute de deux pieds, droite, cylindrique, feuillée & ſimple, ou légèrement rameuſe à ſon ſommet; ſes feuilles inférieures ſont pétiolées, ovales-oblongues, obtuſes, planes, vertes, dentées en leur bord, & un peu en cœur à leur baſe, les ſupérieures ſont petites, ſeſſiles, quelques-unes ſimples, & les autres trifides ou digitées : les fleurs ſont bleuâtres & forment de petites têtes arrondies ou ovales; les folioles de leur calice commun ſont étroites. On trouve cette plante dans les montagnes de la Provence. ℔

---

**V.** *Calice commun de plus de dix folioles ; têtes de fleurs coniques.*

Panicaut des Alpes. *Eryngium Alpinum.* Linn. Sp. 337.

*Eryngium Alpinum, cæruleum, capitulis dipſaci.* Tournef. 327.

β. *Eryngium Alpinum, ſpinis horridum, dipſaci capitulo longiori.* Ibid.

*Spina alba.* Dalech. Hiſt. 1462.

Sa tige eſt haute d'un pied & demi, droite, ſimple, feuillée, & chargée à ſon ſommet d'une à trois têtes de fleurs cylindriques & fort belles. Ces têtes ſont remarquables par leur calice commun, compoſé d'un grand nombre de folioles longues, étroites, légèrement pinnatifides, d'un bleu-violet mêlé de vert & de blanc, non épineuſes, mais agréablement ciliées dans toute leur longueur ; les feuilles de la racine ſont cordiformes, portées ſur de longs pétioles, & bordées de dents terminées chacune par un filet foible : celles du milieu de la tige ſont preſque ſeſſiles, trilobées & ciliées ; enfin, les ſupérieures ſont digitées. La plante β diffère par ſa tige plus épaiſſe, plus ferme, blanche & plus rameuſe ; ſes feuilles ſont plus ſenſiblement épineuſes, & ſes têtes de fleurs ont leur calice commun compoſé de folioles roides & piquantes. Ces plantes croiſſent dans les montagnes du Dauphiné où elles ont été obſervées par M. de Villars. ℔

VI.

982.

VI. *Feuilles inférieures de la tige découpées jusqu'au pétiole.*

| Tige simple, & chargée de trois à cinq têtes de fleurs. VII. | Tige très-rameuse, & chargée de plus de dix têtes de fleurs. VIII. |
|---|---|

VII. *Tige simple, & chargée de trois à cinq têtes de fleurs.*

Panicaut améthyste. *Eryngium amethyſtinum.* Linn. Sp. 337.

*Eryngium montanum, amethyſtinum.* Tournef. 327.

*Eryngium bourgati.* Gouan. Obſ. p. 7, t. 3.

Sa tige eſt cylindrique, glabre, ſtriée, médiocrement feuillée, d'un bleu-violet dans ſa partie ſupérieure, & s'élève juſqu'à un pied & demi ; ſes feuilles ſont épineuſes, très-découpées, & panachées de vert & de blanc : les inférieures ſont portées ſur de longs pétioles, preſque arrondies, & diviſées en trois parties trifides ou pinnatifides ; les ſupérieures ſont preſque ſeſſiles & pareillement découpées. Les têtes de fleurs ſont ovales, termi- nales ; & remarquables par leur calice commun, intérieurement coloré, & d'une couleur bleue ſuperbe, tirant ſur celle de l'amé- thiſte ; ſes folioles ſont étroites & épineuſes. On trouve cette plante dans les environs de Montpellier. ♃

VIII. *Tige très-rameuſe, & chargée de plus de dix têtes de fleurs.*

Panicaut commun. *Eryngium vulgare.* Tournef. 327.

*Eryngium campeſtre.* Linn. Sp. 337.

Sa tige eſt haute d'un pied ou un peu plus, droite, cylin- drique, ſtriée, blanchâtre, & garnie dans ſa moitié ſupérieure de beaucoup de rameaux très-ouverts ; ſes feuilles ſont dures, vertes, nerveuſes, épineuſes, ailées & à folioles décurrentes, laciniées ou ſemi-pinnées vers leur ſommet : ſes têtes de fleurs ſont petites, terminales & très-nombreuſes ; les folioles de leur

982. | calice commun font étroites, roides & épineufes. On trouve cette plante fur le bord des chemins & dans les lieux incultes ♉ ; fa racine paffe pour apéritive, diurétique, emménagogue & aphrodifiaque.

---

983.

*Fleurs non difpofées fur un réceptacle commun garni de paillettes. . . . . . .*

{ Feuilles fimples, entières ou lobées, ou digitées ; leur pétiole n'eft jamais ramifié. . . . . . . . . 984

Feuilles compofées, plus ou moins ramifiées, & dont les folioles ne font point difpofées en digitations. . . . . . . . . . . 991

---

984.

*Feuilles fimples, entières, ou lobées ou digitées. . .*

{ Feuilles palmées ou digitées. 985

Feuilles très-entières ou légèrement crénelées . . . . . . . . 988

---

985.

*Feuilles palmées ou digitées.*

{ Fruit hériffé de pointes nombreufes ; folioles des collerettes partielles, ne débordant point leur ombelle. . . . . . . . . . . . 986

Fruit non hériffé de pointes ; folioles des collerettes partielles débordant leur ombelle. . . . . 987

---

986. *Fruit heriffé de pointes nombreufes ; folioles des collerettes partielles ne débordant point leur ombelle.*

Sanicle officinale. *Sanicula officinarum.* Tournef. 326.

*Sanicula Europæa.* Linn. Sp. 339.

Sa tige eft droite, prefque nue, grêle, & s'élève jufqu'à un pied & demi ; fes feuilles font liffes, luifantes, vertes, palmées & à trois ou cinq lobes profonds, dentés, incifés

**986.** ou trifides : celles de la racine font portées fur de longs pétioles. Les fleurs font blanches, fort petites & ramaffées en
ombellules globuleufes ; les rayons de l'ombelle univerfelle
font longs & communément au nombre de cinq, dont quatre
font trifides à leur fommet, & portent chacun trois ombelles
partielles. On trouve cette plante dans les bois ♉ ; elle eft
très-vulnéraire, aftringente & déterfive.

---

**987.** *Fruit non hériffé de pointes ; folioles des collerettes*
*partielles débordant leur ombelle.*

## Radiaire. *Aftrantia.*

Les radiaires ont quelquefois leur ombelle fimple ; & lorfqu'elle eft compofée, l'ombelle univerfelle n'a qu'un petit
nombre de rayons ; les ombelles partielles paroiffent radiées,
leur collerette étant compofée de folioles faillantes, colorées
& ordinairement très-nombreufes.

### A N A L Y S E.

| Feuilles compofées de cinq fo- | Feuilles compofées de fept fo- |
|---|---|
| lioles fimples ou bilobées, | lioles fimples, dont la lar- |
| & larges de trois lignes ou | geur n'excède pas une ligne. |
| davantage. | |
| I. | I I. |

---

I. *Feuilles compofées de cinq folioles fimples ou bilobées, & larges*
*de trois lignes ou davantage.*

Radiaire majeure. *Aftrantia major.* Linn. Sp. 339.

*Aftrantia major, coronâ floris purpurafcente.* Tournef. 314.

Sa tige eft droite, un peu rameufe, & s'élève jufqu'à un
pied & demi ; fes feuilles font palmées, digitées, dentées,
ciliées & d'un vert-noirâtre : celles de la racine font larges,
& portées fur de longs pétioles. Les fleurs font terminales,
petites & difpofées trente ou quarante par ombellules ; ces
ombelles partielles paroiffent former chacune une belle fleur
radiée, rougeâtre ou blanchâtre : la collerette qui forme leur

**987.** couronne, eſt compoſée de quinze à vingt folioles pointues & à trois nervûres. On trouve cette plante dans les montagnes du Dauphiné & de l'Alſace ♃ ; ſa racine eſt purgative.

---

**II.** *Feuilles compoſées de ſept folioles ſimples, dont la largeur n'excède pas une ligne.*

**Radiaire mineure.** *Aſtrantia minor.* Linn. Sp. 340.

*Aſtrantia minor.* Tournef. 314.

Cette eſpèce eſt beaucoup plus petite que la précédente dans toutes ſes parties, ſes tiges ſont hautes de huit à dix pouces, grêles & preſque nues : ſes feuilles ſont digitées & compoſées de ſept folioles tout-à-fait diſtinctes, ſimples, très-étroites & dentées. Les fleurs forment des ombellules très-petites, & dont la collerette ne déborde que légèrement. On trouve cette plante dans les montagnes du Dauphiné & de la Provence. ♃

---

**988.** *Feuilles très-entières, ou légèrement crénelées...* $\left\{\begin{array}{l}\text{Feuilles légèrement crénelées ;}\\\text{fleurs blanches........989}\\\text{Feuilles très-entières ; fleurs}\\\text{jaunes............990}\end{array}\right.$

---

**989.** *Feuilles légérement crénelées ; fleurs blanches.*

**Goblet d'eau commun.** *Hydrocotyle vulgaris.* Linn. Sp. 338.

*Hydrocotyle vulgaris.* Tournef. 328.

Ses tiges ſont grêles, rampantes & longues de deux à cinq pouces ; ſes feuilles ſont orbiculaires, crénelées, vertes, glabres & portées ſur de longs pétioles qui s'inſèrent dans le milieu de leur ſurface inférieure. Les fleurs naiſſent dans les aiſſelles des feuilles, le long des tiges, ou quelquefois ſur des hampes courtes qui partent immédiatement de la racine : elles ſont fort petites & ramaſſées cinq à huit enſemble en une ombelle ſimple, gloméruée ou en une tête très-petite. Le fruit eſt comprimé & compoſé de deux ſemences ſemi-orbiculaires. On trouve cette plante dans les marais. ♃

990.

*Feuilles très-entières ; fleurs jaunes.*

Buplèvre. *Buplevrum.*

Les fleurs de buplèvre ont leurs pétales entiers & jaunâtres ; les ombelles partielles sont garnies chacune d'une collerette de cinq feuilles remarquables par leur grandeur, & sonvent colorées. Le fruit est comprimé & chargé de stries saillantes.

*A N A L Y S E.*

| Feuilles de la tige, ou perfoliées, ou tout-à-fait amplexicaules.<br>I. | Feuilles de la tige sessiles ou semi-amplexicaules.<br>VI. |
|---|---|

I. *Feuilles de la tige ou perfoliées ou tout-à-fait amplexicaules.*

| Collerette universelle nulle ; feuilles de la tige perfoliées.<br>II. | Collerette universelle de plusieurs folioles, feuilles de la tige amplexicaules.<br>III. |
|---|---|

II. *Collerette universelle nulle ; feuilles de la tige perfoliées.*

Buplèvre percefeuille. *Buplevrum perfoliatum.*

> *Buplevrum perfoliatum , rotundifolium , annuum.* Tournef. 310.
> *Buplevrum perfoliatum , longifolium , annuum.* Ibid.
> *Buplevrum rotundifolium.* Linn. Sp. 340.

Sa tige est rameuse, glabre, & s'élève jusqu'à un pied & demi ; ses feuilles sont ovales, arrondies dans leur partie inférieure, chargées d'une très-petite pointe à leur sommet, glabres, d'un vert-glauque, & la plupart percées par la tige ; les inférieures sont simplement amplexicaules : les collerettes partielles sont composées chacune de cinq folioles ovales, inégales, jaunâtres intérieurement, & terminées par une petite pointe aiguë. On trouve cette plante dans les champs, dans les terreins secs ⊙ ; elle est vulnéraire & astringente.

**990.**

**III.** *Collerette universelle de plusieurs folioles ; feuilles de la tige amplexicaules.*

| Tige simple ; feuilles caulinaires alongées, & peu cordiformes.<br>I V. | Tige rameuse ; feuilles caulinaires courtes & cordiformes.<br>V. |
| --- | --- |

**IV.** *Tige simple ; feuilles caulinaires alongées & peu cordiformes.*

Buplévre à feuilles longues. *Buplevrum longifolium.* Linn. Sp. 341.

*Buplevrum montanum ; latifolium.* Tournef. 310.

Sa tige est feuillée, simple, & s'élève un peu au-delà d'un pied ; ses feuilles sont longues, glabres & pointues ; les inférieures sont un peu rétrécies en pétiole à leur base, & toutes les autres sont amplexicaules : la collerette universelle est composée de trois à cinq feuilles inégales, & la partielle en a cinq ovales, pointues & de la longueur des rayons de l'ombellule. Cette plante croît dans les montagnes du Dauphiné & de la Provence. ♃

**V.** *Tige rameuse ; feuilles caulinaires courtes & cordiformes.*

Buplèvre anguleux. *Buplevrum angulosum.* Linn. Sp. 341.

*Bublevrum Alpinum, angustifolium majus.* Tournef. 310.
β. *Buplevrum Alpinum, angustifolium, minus.* Ibid.

Sa tige est cylindrique, médiocrement garnie de feuilles, & s'élève jusqu'à un pied & demi ; ses feuilles radicales sont longues, étroites, & particulièrement rétrécies vers leur base ; celles de la tige sont un peu distantes, cordiformes, pointues & amplexicaules. La collerette universelle est composée de deux ou trois folioles ovales-oblongues, & la partielle en a cinq ou six disposées en étoile, & terminées chacune par une petite pointe particulière. On trouve cette plante en Languedoc & dans le Roussillon. ♃

OBS. Le *buplevrum ranunculoides* de M. Linné est une variété de cette espèce, selon M. de Haller.

990.

**VI.** *Feuilles de la tige sessiles ou semi-amplexicaules.*

| Tige herbacée.<br>**V I I.** | Tige ligneuse.<br>**X V I I I.** |
|---|---|

**VII.** *Tige herbacée.*

| Collerettes partielles monophylles & en bassin.<br>**V I I I.** | Collerettes partielles de plusieurs pièces très-distinctes.<br>**I X.** |
|---|---|

**VIII.** *Collerettes partielles monophylles & en bassin.*

Buplèvre étoilé. *Buplevrum stellatum.* Linn. Sp. 340.

*Buplevrum foliis gramineis, involucro peculiari octies emarginato.* Hall. Hist. n°. 771, t. XVIII.

Sa tige est haute d'un pied, cylindrique & souvent simple; ses feuilles sont longues, presque toutes radicales, vertes & graminées : les collerettes partielles sont en forme de bassin découpé en ses bords, & l'universelle est de trois pièces. Cette plante a été observée en Dauphiné par M. de Villars. ♃

**IX.** *Collerettes partielles de plusieurs pièces très-distinctes.*

| Tige simple & presque nue.<br>**X.** | Tige rameuse & feuillée.<br>**X I.** |
|---|---|

**X.** *Tige simple & presque nue.*

Buplèvre des rochers. *Buplevrum petræum.* Linn. Sp. 340.

*Sedum petræum, buplevri folio.* Pon. Bald. 347.

Sa tige est haute de six à huit pouces, cylindrique, nue ou chargée dans sa partie supérieure d'une petite feuille sessile, étroite & aiguë; ses feuilles radicales sont nombreuses, très-

990.

étroites, aiguës, & longues de quatre à cinq pouces : la collerette univerfelle eft compofée de cinq folioles étroites & inégales, & la partielle en a fix ou huit fort petites, ne débordant pas leur ombelle, & entièrement diftinctes. Cette plante a été obfervée en Dauphiné par M. de Faujas de Saint-Fond qui m'a envoyé l'exemplaire dont je me fuis fervi pour cette defcription. ♃

---

**XI.**       *Tige rameufe & feuillée.*

| Collerettes partielles ne débordant pas leur ombelle. <br> X I I. | Collerettes partielles débordant de beaucoup leur ombelle. <br> X V. |
|---|---|

---

**XII.**   *Collerettes partielles ne débordant pas leur ombelle.*

| Toutes les ombelles compofées & terminales. <br> X I I I. | Plufieurs ombelles fimples & latérales. <br> X I V. |
|---|---|

---

**XIII.**    *Toutes les ombelles compofées & terminales.*

Buplèvre faucillier. *Buplevrum falcatum.* Linn. Sp. 341.

> *Buplevrum folio fubrotundo, five vulgatiffimum.* Tournef. 309.
>
> β. *Buplevrum folio rigido.* Ibid.
> *Buplevrum rigidum.* Linn. Sp. 342.

Sa tige eft haute d'un à deux pieds, cylindrique, cannelée, dure, un peu fléchie en zig-zag & très-rameufe, fes feuilles inférieures font elliptiques-lancéolées, rétrécies en pétiole à leur bafe & nerveufes; les autres font étroites-lancéolées, pointues & fouvent courbées en faucille; les ombellules font fort petites; la collerette univerfelle eft compofée d'une à trois folioles inégales, & la partielle en a ordinairement cinq petites & aiguës. La variété β a fes feuilles un peu plus élargies, plus roides & plus nerveufes. On trouve cette efpèce dans les lieux fecs & pierreux; fa variété croît dans les provinces méridionales. ♃

990. **XIV.** *Plusieurs ombelles simples & latérales.*

Buplèvre menu. *Buplevrum tenuissimum.* Linn. Sp. 343.

*Buplevrum angustissimo folio.* Tournef. 310.

Sa tige est grêle, un peu dure, feuillée, haute d'un pied & demi, & garnie dans la plus grande partie de sa longueur, de rameaux alternes & peu alongés; ses feuilles sont étroites, pointues & presque linéaires; les fleurs forment des ombellules extrêmement petites; les ombelles qui terminent la tige ou les rameaux sont composées, & celles qui sont à la base des rameaux sont la plupart simples. La collerette universelle est formée par quatre ou cinq folioles très-courtes & pointues. On trouve cette plante dans les lieux secs & pierreux. ☉

**XV.** *Collerettes partielles débordant de beaucoup leur ombelle.*

| Fleurs presque sessiles & dont les péduncules propres n'ont pas une ligne de longueur.<br>**X V I.** | Fleurs dont les péduncules propres ont plus d'une ligne de longueur.<br>**X V I I.** |
|---|---|

**XVI.** *Fleurs presque sessiles & dont les péduncules propres n'ont pas une ligne de longueur.*

Buplèvre joncier. *Buplevrum junceum.* Linn. Sp. 343.

*Buplevrum involucris & involucellis pentaphyllis, foliis lineari-subulatis.* Ger. prov. 233, t. 9.

Sa tige est très-grêle, un peu anguleuse, divisée en rameaux presque droits, & s'élève jusqu'à un pied; ses feuilles sont linéaires, étroites, aiguës & chargées de trois nervures très-fines : les rayons de l'ombelle universelle sont longs & filiformes : les ombelles partielles n'ont qu'un petit nombre de fleurs, la plupart presque sessiles : les folioles de la collerette, soit universelle, soit partielle, sont extrêmement aiguës. On trouve cette plante en Provence. ☉

990.

#### XVII. *Fleurs dont les péduncules propres ont plus d'une ligne de longueur.*

Buplèvre étalé. *Buplevrum divaricatum.*

> *Buplevrum annuum minimum, angustifolium.* Tournef. 310.
> *Buplevrum odontites.* Linn. Sp. 342.
> β. *Buplevrum semi-compositum.* Ibid.

Sa tige est grêle, striée, haute de six à sept pouces, & garnie de rameaux étalés & très-ouverts ; ses feuilles sont presque linéaires, longues de trois ou quatre pouces, larges d'une ligne & demie, pointues & chargées de trois nervures fines : les collerettes, soit universelles, soit partielles, sont composées chacune de cinq folioles longues-lancéolées, aiguës & à trois nervures : les ombelles sont portées sur des péduncules très-inégaux, & forment de belles étoiles jaunâtres. La variété β s'élève un peu moins ; ses feuilles sont élargies vers leur sommet & presque obtuses avec une petite pointe ; les étoiles que forment ses ombellules sont plus petites & simplement verdâtres. On trouve cette espèce dans les provinces méridionales. ☉

#### XVIII. *Tige ligneuse.*

Buplèvre ligneux. *Buplevrum fruticosum.* Linn. Sp. 343.

> *Buplevrum frutescens, salicis folio.* Tournef. 310.

Sa tige est haute de trois pieds, droite, rameuse, cylindrique & d'un rouge-noirâtre : ses feuilles sont ovales-oblongues, un peu rétrécies vers leur base, coriaces, lisses, & traversées par une nervure longitudinale. Ses fleurs sont terminales & disposées en ombelle composée, garnie de collerette universelle & partielle. On trouve cette espèce dans les environs de Marseille & de Narbonne ♄ ; ses semences sont carminatives.

991.

| | |
|---|---|
| *Feuilles composées, plus ou moins ramifiées, & dont les folioles ne sont point disposées en digitations.* | Fleurs blanches, ou rougeâtres, ou verdâtres. . . . . . . . . . 992 |
| | Fleurs sensiblement de couleur jaune. . . . . . . . . . . . . 1044 |

992.

*Fleurs blanches, ou rou-
geâtres, ou verdâtres.*

{ Fruit ou comprimé, ou chargé
de plufieurs ailes membraneufes &
très-faillantes . . . . . . . . . 993

Fruit non comprimé, & point
chargé d'ailes membraneufes ; il eft
plus ou moins ftrié. . . . . . 1002

---

993.

*Fruit ou comprimé, ou
chargé de plufieurs ailes
membraneufes & très-
faillantes. . . . . . . .*

{ Fleurs très irrégulières ; les pétales extérieurs font beaucoup plus
grands que les autres . . . . . 994

Fleurs prefque régulières ; tous
les pétales font à-peu-près égaux.
997.

---

994.

*Fleurs très-irrégulières. . .*

{ Fruit entouré d'un rebord particulier hériffé de poils, ou d'un
bourrelet crénelé. . . . . . . 995

Fruit plane, elliptique, & fans
rebord particulier hériffé ni crénelé.
996

---

995. *Fruit entouré d'un rebord particulier hériffé de poils
ou d'un bourrelet crénelé.*

## Tordyle. *Tordylium.*

Les fleurs de tordyle font irrégulières, fur-tout celles de la
circonférence de l'ombelle, & font remplacées par des femences
comprimées, plus ou moins velues, ovales ou arrondies, &
garnies d'un rebord.

### *A N A L Y S E.*

| Semences entourées d'un rebord blanc & crénelé. | Semences entourées d'un rebord rougeâtre & très-velu. |
|---|---|
| I. | I I. |

995. **I.** *Semences entourées d'un rebord blanc & crénelé.*

Tordyle officinal. *Tordylium officinale.* Linn. Sp. 345.

*Tordylium Narbonense, minus.* Tournef. 320.

Sa tige est droite, velue, rameuse, & haute de huit à dix pouces ; ses feuilles sont ailées, & leurs folioles sont ovales, incisées & crénelées : ses fleurs sont blanches & disposées en ombelle plane ; il leur succède des fruits orbiculaires & garnis d'un bourrelet. On trouve cette plante dans les provinces méridionales, sur le bord des champs ⊙ ; sa racine est incisive, & ses semences sont diurétiques & emménagogues.

**II.** *Semences entourées d'un rebord rougeâtre & très-velu.*

Tordyle majeure. *Tordylium maximum.* Linn. Sp. 345.

*Tordylium maximum.* Tournef. 320.

Sa tige est haute de deux à trois pieds, très-velue, striée & rameuse ; ses feuilles sont ailées, & leur foliole impaire est beaucoup plus longue que les autres. Les fleurs sont blanches, & les extérieures sont rougeâtres en-dessous ; il leur succède des semences ovoïdes, comprimées, velues, & garnies d'un rebord un peu renflé & rougeâtre. On trouve cette plante dans les lieux incultes & sur le bord des champs. ⊙

996. *Fruit plane, elliptique & sans rebord particulier hérissé ni crénelé.*

### Berce. *Heracleum.*

Les fleurs de berce sont grandes, très-irrégulières, & leurs pétales extérieurs sont profondément bifides. Les collerettes sont caduques, & manquent quelquefois.

### A N A L Y S E.

| Tige droite, & haute de plus d'un pied. | Tige couchée, ou ne s'élevant pas au-delà d'un pied. |
|---|---|
| I. | II. |

996.

I. *Tige droite, & haute de plus d'un pied.*

Berce branc-urfine. *Heracleum fphondylium.* Linn. Sp. 358.

*Sphondylium vulgare, hirfutum.* Tournef. 320.
β. *Sphondylium hirfutum, foliis angustioribus.* Ibid.
γ. *Sphondilium Alpinum, glabrum.* Ibid.
*Heracleum Alpinum.* Linn. Sp. 359.

Sa tige est haute de trois ou quatre pieds, épaiſſe, cannelée, cylindrique, creuſe, rameuſe, & plus ou moins velue ; ſes feuilles ſont fort amples, ailées, à pinnules lobées, & velues particulièrement en-deſſous. La variété β a ſes feuilles un peu plus finement découpées, & ſes fleurs quelquefois d'un blanc ſale. Cette plante est commune dans les prés ♅ ; ſes feuilles paſſent pour émollientes ; ſa racine & ſes ſemences ſont inciſives & carminatives.

II. *Tige couchée, ou ne s'élevant pas au-delà d'un pied.*

Berce mineure. *Heracleum minimum.*

*Heracleum foliis bipinnatis, foliolis lanceolatis, glabris, caule proſtrato.* Vil. Delph.

Sa tige est longue de ſix à huit pouces, menue, glabre, & preſque toujours couchée ou ſerpentante parmi les cailloux ; ſes feuilles ſont petites, deux fois ailées, & compoſées de folioles lancéolées & entières ou un peu confluentes ; les ombelles ſont communément au nombre de deux, ſoutenues par des péduncules redreſſés, & n'ont que quatre à ſix rayons : les fleurs ſont blanches & irrégulières, & la collerette manque très-ſouvent. Cette plante a été obſervée en Dauphiné par M. Clappier, Médecin de Grenoble, & par M. Liettard neveu. ♃

997.

*Fleurs preſque régulières.* {

Fruit à huit ailes membranéuſes & ſaillantes . . . . . . . . . . 998

Fruit comprimé, & n'ayant pas huit ailes remarquables . . . . 999

**998.**  *Fruit à huit ailes membraneuses & saillantes.*

## Laser. *Laserpitium.*

Les fleurs de laser forment communément des ombelles assez grandes & fort garnies, & leurs pétales ont un pli qui les fait paroître échancrés en cœur ; les femences ont chacune quatre ailes ou feuillets remarquables qui font une faillie fur leur dos.

### A N A L Y S E.

| | |
|---|---|
| Feuilles dont les folioles font fimples, entières ou dentées en leur bord. <br> I. | Feuilles dont les folioles font fourchues ou trifides. <br> I V. |

I. *Feuilles dont les folioles font fimples, entières ou dentées en leur bord.*

| | |
|---|---|
| Folioles un peu en cœur & dentées en leur bord. <br> I I. | Folioles lancéolées & très-entières. <br> I I I. |

II.  *Folioles un peu en cœur & dentées en leur bord.*

Lafer à feuilles larges. *Laferpitium latifolium.* Linn. Sp. 356.

*Laferpitium foliis latioribus, lobatis.* **Tournef.** 324.

Sa tige eft glabre, ftriée, rameufe, & s'élève jufqu'à deux pieds, fes feuilles font amples, divifées en trois parties qui foutiennent chacune trois ou cinq folioles, affez larges, un peu fermes, glabres, obliquement en cœur & dentées : les fleurs font blanches & difpofées en ombelle terminale fort large & très-ouverte. On trouve cette plante dans les montagnes des provinces méridionales. ♍

998.

**III.** *Folioles lancéolées & très-entières.*

Laſer de montagne. *Laſerpitium montanum.*

> *Liguſticum quod ſeſeli officinarum.* Tournef. 323.
> β. *Liguſticum ſive ſiler montanum, anguſtifolium.* Ibid.
> *Laſerpitium ſiler.* Linn. Sp. 357. ( α, β. )

Sa tige eſt haute de deux à quatre pieds, cylindrique, ſtriée & un peu rameuſe ; ſes feuilles ſont fort amples, deux ou trois fois ailées, & compoſées de folioles lancéolées, entières, glabres, un peu fermes, & d'un vert-pâle : ſes fleurs ſont blanches & diſpoſées en ombelles larges, terminales & très-garnies. On trouve cette plante dans les montagnes des provinces méridionales ♃ ; elle eſt inciſive, carminative, diurétique & emménagogue.

**IV.** *Feuilles dont les folioles ſont fourchues ou trifides.*

Laſer. trifurqué. *Laſerpitium trifurcatum.*

> *Laſerpitium Gallicum.* Tournef. 324. Linn. Sp. 357.
> β. *Laſerpitium Alpinum, extremis lobulis breviter multifidis.* Hall. enum. p. 441, n°. 2, Hiſt. n°. 795.

Sa tige eſt haute d'un pied & demi, glabre, ſtriée & un peu rameuſe ; ſes feuilles ſont extrêmement amples, ſurcompoſées, & trois ou quatre fois ailées : leurs folioles ſont nombreuſes, petites, cunéiformes, la plupart trifides ou quinquefides, pointues en leurs angles, liſſes, glabres, un peu dures & d'un vert-foncé. Les fleurs ſont blanches & terminales ; leur ombelle eſt très-garnie & un peu ramaſſée, & les ſemences, qui leur ſuccèdent, ont leurs ailes très-ondulées & comme friſées. La variété β ne diffère uniquement que par des proportions de grandeur ; elle eſt beaucoup plus petite, & ſa tige eſt quelquefois ſimple & preſque nue. On trouve cette plante dans les provinces méridionales ♃ ; elle eſt inciſive & carminative.

999.

Fruit comprimé & n'ayant pas huit ailes remarquables.

{ Gaîne des pétioles fort large & ventrue ; folioles des feuilles, larges, fimples ou lobées, & dentées en fcie.
. 1000

Gaîne des pétioles étroite ou médiocre ; feuilles ou n'ayant que des découpures étroites, ou dont les folioles font incifées profondément.
1001

---

1000. *Gaîne des pétioles fort large & ventrue, folioles des feuilles, larges, fimples ou lobées, & dentées en fcie.*

### Impératoire. *Imperatoria.*

Les impératoires reffemblent beaucoup aux angéliques par leur port ; mais elles en diffèrent par leurs fruits comprimés, entourés d'un rebord ou feuillet mince, & chargés de trois petites ftries dans leur milieu.

OBS. On éprouve, en féparant les impératoires des felins, des difficultés à-peu-près femblables à celles que préfente la féparation des angéliques d'avec les livêches.

### *A N A L Y S E.*

| Rameaux alternes, ou quelquefois oppofés. I. | Rameaux la plupart verticillés IV. |
|---|---|

I. *Rameaux alternes, ou quelquefois oppofés.*

| Feuilles dont les folioles font la plupart trilobées. II. | Feuilles dont les folioles font fimples & point trilobées. III. |
|---|---|

II.

1000.

**II.** *Feuilles dont les folioles font la plupart trilobées.*

Impératoire majeure. *Imperatoria major.* Tournef. 317.

*Imperatoria oftruthium.* Linn. Sp. 371.

Sa racine eft affez groffe, un peu noueufe, & pouffe une tige épaiffe, cylindrique & hauté de deux pieds ; fes feuilles font pétiolées & divifées communément en trois folioles larges, trilobées & dentées ; l'ombelle dés fleurs eft fort grande, & prefque toujours dépourvue de collerette. On trouve cette plante dans les pâturages des montagnes ⚥ ; fa racine eft carminative, emménagogue, incifive, céphalique & ftomachique.

---

**III.** *Feuilles dont les folioles font fimples & point trilobées.*

Impératoire fauvage. *Imperatoria fylveftris.*

*Imperatoria pratenfis major.* Tournef. 317.
*Angelica fylveftris.* Linn. Sp. 361.

Sa tige eft haute de trois à cinq pieds, cylindrique, ftriée & un peu rameufe ; fes feuilles font deux ou trois fois ailées & compofées de folioles ovales-lancéolées, & dentées en fcie : leur pétiole commun forme à fa bafe une gaine ventrue & très-large. Les fleurs font blanches ou un peu rougeâtres, & difpofées en une ombelle très-garnie, très-ample, & fouvent fans collerette ; il leur fuccède des femences applaties & garnies de chaque côté d'une aile ou d'un feuillet très-mince. ⚥

---

**IV.** *Rameaux la plupart verticillés.*

Impératoire nodiflore. *Imperatoria nodiflora.*

*Angelica Alpina, ad nodos florida.* Tournef. 313.

Sa tige eft haute de quatre ou cinq pieds, droite, cylindrique, très-glabre, & garnie dans fa moitié fupérieure de beaucoup de rameaux très-ouverts, la plupart verticillés trois à trois, & qui vont en diminuant de grandeur vers le fommet de la plante ; ces rameaux foutiennent eux-mêmes d'autres petits rameaux également verticillés, & qui portent des ombelles compofées, nombreufes & très-petites : les feuilles font très grandes,

**1000.** deux ou trois fois ternées, compofées de folioles ovales, pointues, fortement dentées, vertes, liffes, minces & très-glabres. Cette plante croît dans les montagnes du Dauphiné, où elle a été obfervée par M. de Villars. ♃

---

**1001.** *Gaîne des pétioles étroite ou médiocre ; feuilles ou n'ayant que des découpures étroites, ou dont les folioles font incifées profondément.*

### Selin. *Selinum.*

Les felins diffèrent beaucoup des impératoires par leur port, mais prefque point par leurs fruits ; leurs fleurs font régulières ; la collerette univerfelle eft compofée d'une à quinze folioles : les femences font comprimées, elliptiques, & chargées de trois ftries fur leur dos.

### A N A L Y S E.

| Collerette univerfelle ou nulle, ou d'une à quatre pièces ; folioles des feuilles larges de moins de deux lignes. I. | Colerette univerfelle de plus de quatre pièces ; folioles des feuilles ayant plus de deux lignes de largeur. I V. |
|---|---|

**I.** *Collerette univerfelle ou nulle, ou d'une à quatre pièces ; folioles des feuilles larges de moins de deux lignes.*

| Tige laiteufe. I I. | Tige non laiteufe. I I I. |
|---|---|

**II.** *Tige laiteufe.*

Selin lactefcent. *Selinum lactefcens.*

> *Thyffelinum paluftre.* Tournef. 319.
> *Selinum paluftre.* Linn. Sp. 350.
> β. *Thyffelinum Plinii.* Tournef. 319.
> *Selinum fylveftre.* Linn. Sp. 350.

Sa tige eft haute de deux ou trois pieds, cylindrique, ftriée

**1001.** & divisée en quelques rameaux droits ; ses feuilles font deux fois ailées, & leurs folioles ou découpures font étroites & linéaires : les fleurs font blanches, terminales & difposées en ombelles médiocrement garnies. Là variété β a fes feuilles plus amples ; & fa racine plus divifée, pouffe communément plu- fieurs tiges. On trouve cette plante dans les prés humides ♃ ; elle eft carminative, diurétique & emménagogue.

---

III.                    *Tige non laiteufe.*

**Selin anguleux.** *Selinum angulatum.*

> *Angelica pratenfis apii folio, altera.* Tournef. 313.
> *Selinum carvifolia.* Linn. Sp. 350.

Sa tige eft haute de deux à quatre pieds, droite, glabre, un peu rameufe, & remarquable dans toute fa longueur par des angles élevés & tranchans, qui la font paroître prefque ailée ; fes feuilles font tripinnées, & leurs folioles font nom- breufes, petites ; fimples ou trifides, ou pinnatifides. Les feuilles fupérieures ont leurs folioles plus alongées & moins compofées ; les fleurs font blanches, régulières, & forment au fommet de la tige & des rameaux, des ombelles évafées & affez garnies : la collerette univerfelle eft nulle ou monophylle. J'ai trouvé cette plante dans les bois de Saint-Prix aux environs de Paris. ♃

---

IV. *Collerette univerfelle de plus de quatre pièces ; folioles des feuilles ayant plus de deux lignes de largeur.*

| Feuilles d'un vert-glauque, & dont les folioles font larges-lancéolées.<br><br>V. | Feuilles non d'un vert-glauque, & dont les folioles font cu- néiformes & incifées.<br><br>V I. |
|---|---|

---

V. *Feuilles d'un vert-glauque, & dont les folioles font larges-lancéolées.*

**Selin glauque.** *Sélinum glaucum.*

> *Oreofelinum apii folio, majus.* Tournef. 318.
> *Athamanta cervaria.* Linn. Sp. 352.

Sa tige eft haute de trois ou quatre pieds, ferme, ftriée

**1001.** & rameufe ; fes feuilles font deux fois ailées, compofées de folioles grandes, lancéolées, pointues, denrées, pinnatifides, d'une couleur glauque, un peu fermes & veinées en-deffous. Les fleurs font blanches & difpofées en ombelles terminales. On trouve cette plante dans les montagnes de la Provence. ♃

---

**VI.** *Feuilles non d'un vert-glauque, & dont les folioles font cunéiformes & incifées.*

| Feuilles trois fois ailées ; tige rameufe & fans cannelures luifantes. **VII.** | Feuilles deux fois ailées ; tige prefque fimple, ayant des cannelures luifantes. **VIII.** |
|---|---|

---

**VII.** *Feuilles trois fois ailées ; tige rameufe & fans cannelures luifantes.*

Selin perfillé. *Selinum oreofelinum.*

> *Oreofelinum apii folio, minus.* Tournef. 318.
> *Athamanta oreofelinum.* Linn. Sp. 352.

Sa tige eft glabre, cylindrique, rameufe, & haute de deux ou trois pieds ; fes feuilles font trois fois ailées, & ont des folioles cunéiformes, incifées, trifides ou pinnatifides, & affez femblables à celles du perfil : les pétioles communs & leurs divifions font un peu pliés, & comme brifés ou interrompus dans leur direction : les fleurs font blanches, & forment des ombelles terminales affez garnies. On trouve cette plante dans les bois & les lieux montagneux ♃ ; fa racine eft incifive, diurétique & fudorifique.

---

**VIII.** *Feuilles deux fois ailées ; tige prefque fimple, ayant des cannelures luifantes.*

Selin noir. *Selinum nigrum.*

> *Dauci tertium genus.* Fuchf. p. 233.
> *Selinum Auftriacum.* Jacq. Vind. obf. 220.
> *Selinum Pyrenæum.* Gouan. obf. 2, tab. 5.

Sa tige eft haute d'un pied & demi, glabre, cannelée, chargée de deux ou trois feuilles diftantes entre elles, & garnie

**1001.** ordinairement d'un seul rameau; ses feuilles radicales ont une forme triangulaire, sont deux fois ailées, portées sur des pétioles cannelés & presque luisans, & ont leurs folioles élargies, partagées en trois lobes cunéiformes & incisés : ces folioles sont lisses, d'un vert-foncé ou noirâtre en-dessus, d'une couleur pâle en-dessous, & ont leurs découpures terminées par une petite pointe blanche : les feuilles de la tige ont une forme oblongue, & sont plus petites & une seule fois ailées. Les fleurs sont blanches, régulières, & forment une ombelle plane, composée d'une vingtaine de rayons ; les folioles de la collerette universelle sont petites, blanchâtres en leur bord, & au nombre de huit ou dix. Cette plante a été observée dans le Roussillon par M. Gouan. ♃

*Obs.* L'individu vivant, d'après lequel j'ai fait cette description, est assez bien rendu par la figure qu'a donnée M. Gouan ; mais cet illustre auteur dit que la collerette universelle est nulle, ce qui est contraire à mon observation.

---

**1002.** *Fruit non comprimé & point chargé d'ailes membraneuses.* . . . . . . . .
{ Fruit couronné par le calice, ou hérissé de pointes roides, ou sensiblement velu . . . . . . . . 1003

Fruit plus ou moins strié ou crénelé, mais point couronné, ni hérissé, ni velu . . . . . . . 1013

---

**1003.** *Fruit couronné par le calice, ou hérissé de pointes roides, ou sensiblement velu.* . . .
{ Feuilles épineuses. . . . . 1004

Feuilles non épineuses. . . 1005

---

**1004.** *Feuilles épineuses.*

Échinophore épineuse. *Echinophora spinosa.* Linn. Sp. 344.

*Echinophora maritima, spinosa.* Tournef. 656.

Sa tige est épaisse, cannelée, feuillée, haute de huit ou neuf pouces, & rameuse dans sa partie supérieure ; ses feuilles

1004. font alongées, prefque deux fois ailées, d'un vert-blanchâtre, & à découpures étroites, aiguës & épineufes. Les fleurs font blanches, irrégulières, & difpofées en ombelles très-ouvertes ; la collerette univerfelle eft compofée de cinq folioles affez longues, & la partielle de fix, dont les trois extérieures font beaucoup plus grandes que les autres : ces folioles font toutes terminées par une pointe épineufe ; elles font pubefcentes ainfi que les rayons de l'ombelle. On trouve cette plante dans les lieux maritimes des provinces méridionales. ♃

---

1005. *Feuilles non épineufes* . . . { Fruit hériffé de pointes ou chargé de poils . . . . . . . . . . . 1006

Fruit glabre, mais couronné par le calice. . . . . . . . . . . 1012

---

1006. *Fruit hériffé de pointes ou chargé de poils* . . . . . { Folioles de la collerette, fimples. . 1007

Folioles de la collerette, mul-tifides . . . . . . . . . . . . 1011

---

1007. *Folioles de la collerette, fimples.* . . . . . . . . { Fruit chargé de pointes ou de poils très-roides. . . . . . . 1008

Fruits fimplement velus, & dont les poils n'ont aucune roideur re-marquable . . . . . . . . . 1009

---

1008. *Fruit chargé de pointes ou de poils très-roides.*

## Caucalier. *Caucalis.*

Les caucaliers ont beaucoup de rapport avec les carottes, leurs fleurs font plus ou moins régulières, & les intérieures font fouvent ftériles : la collerette, lorfqu'elle exifte, eft compofée d'une à cinq folioles non découpées & membraneufes en leur bord ; les pointes font éparfes, ou quelquefois difpofées par rangées fur les côtes des femences.

1008.

| Ombelle universelle, composée de cinq rayons ou davantage.<br>I. | Ombelle universelle ou nulle, ou composée de moins de cinq rayons.<br>I V. |
|---|---|

I. *Ombelle universelle, composée de cinq rayons ou davantage.*

| Fleurs extérieures très-irrégulières, & ayant chacune un pétale extrêmement grand, & fendu en deux.<br>I I. | Fleurs toutes fort petites, les extérieures légèrement irrégulières, & leurs pétales un peu en cœur.<br>I I I. |
|---|---|

II. *Fleurs extérieures très-irrégulières, & ayant chacune un pétale extrêmement grand & fendu en deux.*

Caucalier grandiflore. *Caucalis grandiflora.* Linn. Sp. 346.

*Caucalis arvensis, echinata, magno flore.* Tournef. 323.

Sa tige est haute d'un pied, cannelée & rameuse; ses feuilles sont deux fois ailées, finement découpées, d'un vert-pâle & légèrement velues: ses fleurs sont blanches; les intérieures ont leurs pétales forts petits, mais celles de la circonférence ont chacune un pétale bifide, long de quatre lignes, & qui fait paroître l'ombelle radiée: les folioles de la collerette sont sèches & blanchâtres en leur bord: les semences sont hérissées de pointes fort longues. On trouve cette plante dans les champs ☉; elle passe pour apéritive, diurétique & emménagogue.

**1008.**

III. *Fleurs toutes fort petites, les extérieures légérement irrégulières,*
*& leurs pétales un peu en cœur.*

Caucalier âpre. *Caucalis aspera.*

> *Daucus annuus, minor, flosculis rubentibus ( & albis ).*
> Tournef. 308.
> β. *Daucus segetum, humilior & ramosior.* Vaill. Parif. 46.
> *Tordylium anthriscus.* Linn. Sp. 346.

Sa tige est haute de deux à quatre pieds, rameuse, grêle,
dure & âpre, ou rude au toucher ; ses feuilles sont ailées,
& leurs folioles sont ovales-lancéolées, profondément pinnatifides, incisées & dentées : les feuilles supérieures ont leur
foliole terminale fort alongée & pointue. Les fleurs sont communément rougeâtres ou simplement blanches, & forment des
ombelles planes, composées de cinq à dix rayons ; il leur succède des semences petites, ovales & hérissées de poils courts,
roides & quelquefois purpurins. On trouve cette plante le
long des haies & dans les lieux incultes. La variété β croît
dans les champs, & s'élève à peine jusqu'à un pied. ⊙

---

IV. *Ombelle univerfelle ou nulle, ou compofée de moins de*
*cinq rayons.*

| Ombelles fimples, presque fessiles, & difposées le long de la tige. | Ombelles compofées, & toutes diftinctement pédunculées. |
|:---:|:---:|
| V. | V I. |

V. *Ombelles fimples, prefque feffiles, & difpofées le long de la tige.*

Caucalier nodiflore. *Caucalis nodiflora.*

> *Daucus annuus, ad nodos floridus.* Tournef. 308.
> *Tordylium nodofum.* Linn. Sp. 346.

Ses tiges sont longues d'un pied ou environ, grêles, dures,
un peu rudes au toucher, rameufes, & plus ou moins droites ;
fes feuilles sont ailées & compofées de folioles profondément
pinnatifides, dont les découpures font étroites & pointues :

**1008.** ſes fleurs ſont blanches, petites, & naiſſent à l'oppoſition des feuilles, ramaſſées en une ombelle ſimple & preſque ſeſſile. Les ſemences ſont petites, ovales & hériſſées la plupart d'un ſeul côté. On trouve cette plante dans les lieux incultes & ſur le bord des champs. ⊙

---

**VI.** *Ombelles compoſées, & toutes diſtinctement pédunculées.*

| Ombelle univerſelle à deux rayons.  **V I I.** | Ombelle univerſelle à trois ou quatre rayons.  **V I I I.** |
| --- | --- |

**VII.**      *Ombelle univerſelle à deux rayons.*

**Caucalier nain.** *Caucalis pumila.*

> α. *Caucalis pumila, maritima.* Tournef. 323.
>
> *Caucalis involucro univerſali diphyllo, partialibus pentaphyllis.* Ger. prov. 237, t. X.
>
> β. *Caucalis arvenſis, echinata, parvo flore & fructu.* Tournef. 323.
>
> *Caucalis leptophylla.* Linn. Sp. 347.

Sa tige eſt haute de quatre ou cinq pouces, rameuſe, plus ou moins droite, & chargée de poils rudes, mais très-courts & peu apparens; ſes feuilles ſont deux fois ailées, & leurs folioles ſont petites & découpées très-menu : l'ombelle eſt compoſée de deux rayons courts qui ſoutiennent chacun cinq à ſept fleurs petites, aſſez régulières & preſque ſeſſiles. La collerette univerſelle eſt diphylle, ſelon M. Gerard, mais les individus que j'ai obſervés, & qui appartiennent bien décidément à la plante α, en manquoient entièrement : les fruits ſont hériſſés de poils roides, longs & jaunâtres. On trouve cette plante dans les champs & les lieux ſablonneux des provinces méridionales. ⊙

**1008.** | **VIII.** *Ombelle universelle à trois ou quatre rayons.*

| Collerette universelle nulle ou monophylle ; fleurs petites & régulières. **I X.** | Collerette universelle de trois ou quatre folioles ; fleurs extérieures irrégulières. **X.** |
| --- | --- |

**IX.** *Collerette universelle nulle ou monophylle ; fleurs petites & régulières.*

**Caucalier maritime. *Caucalis maritima.***

> *Caucalis' dauci sylvestris folio, echinato magno fructu.* Tournef. 323.
> *Caucalis daucoides.* Linn. Sp. 346.

. Sa tige est haute de sept ou huit pouces, rameuse, diffuse, striée & chargée de quelques poils courts ; ses feuilles font deux fois ailées, vertes & découpées très-menu : leurs découpures font étroites & linéaires, & les pinnules inférieures font un peu écartées des autres. Les fleurs font petites, blanches ou rougeâtres, presque point irrégulières, & naissent latéralement à l'opposition des feuilles ; leur ombelle universelle est trifide, fans collerette ou garnie feulement d'une foliole étroite. Les ombelles partielles n'ont que trois à fix fleurs auxquelles succèdent des fruits chargés de pointes fort grandes & un peu crochues. On trouve cette plante dans les lieux maritimes & les champs des provinces méridionales. ☉

**X.** *Collerette universelle de trois ou quatre folioles ; fleurs extérieures irrégulières.*

**Caucalier à feuilles larges. *Caucalis latifolia.*** Linn. Syft. Nat. 205.

> *Caucalis arvensis, echinata, latifolia.* Tournef. 323.

Sa tige est haute d'un pied, anguleuse, rameuse, & chargée de quelques poils écartés ; ses feuilles font larges, vertes, deux fois ailées, & leurs folioles font ovales & pinnatifides : les ombelles font portées fur de longs péduncules qui naissent à l'opposition des feuilles ; elles ont trois ou quatre rayons, & un pareil

1008. nombre de folioles pour collerette ; les fleurs font un peu rougeâtres en-dehors ; il leur fuccède des fruits affez gros & hériffés
de pointes longues & purpurines. On trouve cette plante dans
les champs & les lieux incultes ⊙

---

1009. *Fruits fimplement velus &*
*dont les poils n'ont aucune*
*roideur remarquable . . .*

Collerette univerfelle de une à
douze folioles . . . . . . . . . 1010

Colerette univerfelle nulle. 1022

---

1010. *Collerette univerfelle de une à douze folioles.*

Turbit. *Libanotis.*

Les turbits ont quelque rapport avec les carottes ; leurs fleurs
font affez régulières, & forment des ombelles bien garnies &
point concaves ; les fruits font oblongs, ftriés & légèrement
velus.

*A N A L Y S E.*

| Pinnules des feuilles garnies de folioles jufqu'à leur bafe, c'eft-à-dire jufqu'au pétiole commun.<br><br>I. | Pinnules des feuilles nues à leur bafe, & point garnies de folioles jufqu'au pétiole commun.<br><br>I I. |
|---|---|

I. *Pinnules des feuilles garnies de folioles jufqu'à leur bafe.*

Turbit de montagne. *Libanotis montana.*

*Daucus montanus , apii folio , minor.* Bauh. prod. 77.
*Athamantha libanotis.* Linn. Sp. 351.

Sa tige eft droite, cannelée, plus ou moins glabre, un peu
rameufe, & s'élève depuis fix pouces jufqu'à un pied & demi
ou même davantage, lorfque la plante eft cultivée ; fes feuilles
font grandes, deux fois ailées, & leurs pinnules ou premières
divifions font garnies jufqu'à leur bafe, de folioles oblongues,
pinnatifides & à découpures pointues. Les fleurs font blanches,

1010. diſpoſées en ombelles denſes, très-garnies & convexes. Cette plante croît dans les montagnes du Dauphiné & de la Provence. ♃

---

II.      *Pinnules des feuilles nues à leur baſe.*

**Turbit velu.** *Libanotis hirſuta.*

*Liguſticum Alpinum , multifido longoque folio.* Tournef. 324.
*Athamantha Cretenſis.* Linn. Sp. 352.

Sa tige eſt droite, ſtriée, pubeſcente, péu garnie de feuilles dans ſa partie ſupérieure, & s'élève juſqu'à un pied ; ſes feuilles ſont légèrement velues , trois fois ailées , & leurs folioles ſont partagées en découpures planes , étroites, pointues & linéaires : leur pétiole embraſſe la tige par une gaîne un peu large & membraneuſe en ſes bords ; l'ombelle univerſelle eſt compoſée de huit à quinze rayons pubeſcens & blanchâtres, & les folioles de ſa collerette, dont le nombre varie d'un à ſix, ſont blanchâtres en leur bord. Cette plante croît dans les montagnes du Dauphiné & de la Provence. ♃

---

1011.      *Folioles de la collerette , multifides.*

## Carotte. *Daucus.*

Les fleurs de carotte ſont un peu irrégulières, & forment des ombelles qui deviennent concaves à meſure que le fruit ſe développe. La collerette univerſelle eſt grande , polyphylle & très-découpée ; les ſemences ſont hériſſées de poils un peu roides.

### A N A L Y S E.

| | |
|---|---|
| Ombelle univerſelle de dix à douze rayons ; fruit hériſſé de pointes longues & rougeâtres.<br><br>I. | Ombelle univerſelle de plus de douze rayons ; fruit chargé de poils roides non rougeâtres.<br><br>II. |

**IOII.** **I.** *Ombelle univerfelle de dix à douze rayons ; fruit hériffé de pointes longues & rougeâtres.*

Carotte hériffée. *Daucus muricatus.* Linn. Sp. 349.

*Caucalis daucoides, tingitana.* Morif. fect. 9, tab. 14, f. 4.

Sa tige eft rameufe, chargée de poils blancs un peu rudes & écartés, & ne s'élève que jufqu'à un pied ; fes feuilles font longues, étroites, découpées très-menu, à peine deux fois ailées, & n'ont pas plus d'un pouce de largeur. Les fleurs font irrégulières, blanches ou un peu rougeâtres, & leur ombelle univerfelle, quoiqu'affez lâche, n'a jamais moins de huit ou dix rayons, dont les intérieurs font beaucoup plus courts que les autres. Cette plante croît dans les champs des provinces méridionales. ☉

Obs. Les fynonymes de Bauhin, de Columna, de M. Gouan & de M. Gerard, rapportés dans le *Syft. vég.* de M. Murray, ne conviennent point à la plante que je viens de décrire.

---

**II.** *Ombelle univerfelle de plus de douze rayons ; fruit chargé de poils roides non rougeâtres.*

| Ombelle fort grande, dont les rayons s'insèrent fur un réceptacle commun, charnu & hémifphérique. | Ombelle plus ou moins grande, mais dont les rayons s'insèrent en un point commun fimple. |
|---|---|
| **III.** | **IV.** |

---

**III.** *Ombelle fort grande dont les rayons s'insèrent fur un réceptacle commun, charnu & hémifphérique.*

Carotte d'Efpagne. *Daucus Hifpanicus.* Gouan. Obf. p. 9.

*Daucus Hifpanicus, umbellâ maximâ.* Tournef. 308.

*Daucus Mauritanicus.* Linn. Sp. 348.

Cette plante n'eft prefque qu'une variété de l'efpèce fuivante, mais elle eft plus grande dans toutes fes parties ; fa tige eft haute de quatre ou cinq pieds, cannelée & rameufe,

**1011.** ſes feuilles ſont fort amples, luiſantes, deux ou trois fois ailées & à folioles élargies, ovales, inciſées, pinnatifides & très-glabres. Les fleurs ſont blanches, & forment des ombelles denſes & très-garnies, au centre deſquelles on obſerve communément une fleur rouge, ſtérile & charnue. Cette plante croît dans les environs de Perpignan. ☉

---

IV. *Ombelle plus ou moins grande, mais dont les rayons s'inſèrent en un point commun ſimple.*

Carotte commune. *Daucus vulgaris.* Tournef. 307.

> *Paſtinaca tenuifolia, ſylveſtris, Dioſcoridis.* Bauh. p. 151.
> *Daucus carota.* Linn. Sp. 348.
> β. *Daucus maritimus, lucidus.* Tournef. 307.
> *Daucus polygamus.* Gouan. obſ. p. 9.
> *Daucus gengidium.* Linn. Sp. 348.

Sa tige eſt haute de deux à quatre pieds, rameuſe, un peu hériſſée de poils courts & rudes au toucher; ſes feuilles ſont grandes, légèrement velues, deux ou trois fois ailées, & leurs folioles ſont partagées en découpures aſſez étroites, pointues & preſque linéaires; les fleurs ſont blanches & forment des ombelles très-garnies, dont le centre eſt ſouvent remarquable par une fleur rouge & ſtérile : les ſtries des ſemences ſont hériſſées & comme ciliées. On trouve cette plante dans les prés & ſur le bord des champs; la variété β croît dans les provinces méridionales; & l'on cultive dans les jardins, pour l'uſage de la cuiſine, une variété que tout le monde connoît ſuffiſamment ♂; ſes ſemences ſont carminatives & diurétiques.

---

**1012.** *Fruits glabres, mais couronnés par le calice.*

### Œnanthe.

Les fleurs d'œnanthe ſont un peu irrégulières & forment des ombelles médiocrement garnies : dans quelques eſpèces, celles du centre ſont ſeſſiles & avortent ordinairement. La collerette univerſelle eſt nulle ou compoſée d'un petit nombre de folioles. Les fruits ſont oblongs, couronnés par le calice & par les ſtyles qui ſont perſiſtans.

1012.



| Ombelle univerfelle compofée de trois à cinq rayons. <br> I. | Ombelle univerfelle compofée de fix rayons ou davantage. <br> II. |
| --- | --- |

I. *Ombelle univerfelle compofée de trois à cinq rayons.*

Œnanthe fiftuleufe. *Œnanthe fiftulofa.* Linn. Sp. 365.

Œnanthe aquatica. Tournef. 313.

Œnanthe aquatica triflora. Morif. fec. 9, t. 7, f. 8.

Sa tige eft cylindrique, liffe, ftriée, fiftuleufe & haute d'un pied ; fes feuilles font alongées, deux fois ailées & à découpures petites & pointues ; les fupérieures ont des folioles linéaires : les fleurs font blanches & forment une ombelle compofée ordinairement de trois rayons qui foutiennent chacun une ombellule très-ramaffée, mais plane : la collerette univerfelle manque très-fouvent. Cette plante eft commune dans les marais. ♃

II. *Ombelle univerfelle compofée de fix rayons ou davantage.*

| Collerette univerfelle d'une ou plufieurs folioles. <br> III. | Collerette univerfelle nulle. <br> IV. |
| --- | --- |

III. *Collerette univerfelle d'une ou plufieurs folioles.*

Œnanthe pimpinellière. *Œnanthe pimpinelloides.* Linn. Sp. 366.

Œnanthe apii folio. Tournef. 312.

Sa tige eft cannelée, glabre, fiftuleufe & s'élève jufqu'à deux pieds ; fes feuilles radicales font deux ou trois fois ailées, & compofées de folioles un peu cunéiformes, incifées & affez femblables à celles du perfil ; celles de la tige font diftantes, & leurs folioles ou découpures font plus étroites, plus alongées & moins nombreufes : l'ombelle eft compofée de fix à douze rayons. On trouve cette plante dans les prés marécageux. ♃

**IOI2.** | **IV.**      *Collerette universelle nulle.*

| | |
|---|---|
| Suc jauniſſant ; péduncules des ombelles plus longs que les feuilles qui leur ſont op-poſées.<br>**V.** | Suc non jauniſſant ; péduncules des ombelles plus courts que les feuilles qui leur ſont op-poſées.<br>**V I.** |

**V.** *Suc jauniſſant ; péduncules des ombelles plus longs que les feuilles qui leur ſont oppoſées.*

Œnanthe ſafranée. *Œnanthe crocata.* Linn. Sp. 365.

*Œnanthe chærophylli foliis.* Tournef. 313.

Sa tige eſt haute de deux pieds, cannelée, rameuſe & ſouvent d'un vert-rouſsâtre ; ſes feuilles ſont deux fois ailées, liſſes, glabres, & compoſées de folioles élargies, inciſées & à dé-coupures obtuſes : l'ombelle eſt compoſée de quinze à vingt rayons, & eſt ordinairement dépourvue de collerette. On trouve cette plante dans les lieux marécageux de la Pro-vence ♃ ; elle paſſe pour un poiſon très-dangereux.

**VI.** *Suc non jauniſſant ; péduncules des ombelles plus courts que les feuilles qui leur ſont oppoſées.*

Œnanthe phellandri. *Œnanthe phellandrium.*

*Phellandrium Dod.* Tournef. 306.
*Phellandrium aquaticum.* Linn. Sp. 366.

Sa tige eſt haute de deux ou trois pieds, très-épaiſſe, creuſe ; cannelée & rameuſe ; ſes feuilles ſont fort amples, trois fois ailées, vertes, glabres, à pinnules écartées & à folioles extrê-mement petites : les pinnules ou principales ramifications des feuilles, ſont ſouvent relevées de chaque côté, & font pa-roître les feuilles un peu pliées dans leur longueur ; les fleurs ſont petites, & leurs ombelles ſont portées ſur de courts pé-duncules. On trouve cette plante ſur le bord des étangs & dans les foſſés aquatiques ♃ ; elle eſt très-venimeuſe. On la croit utile contre le ſchirre, le cancer & la gangrène.

**1013.**

*Fruit plus ou moins ftrié, ou crénelé, mais point couronné, ni hériffé ni velu.*

Collerette univerfelle ou nulle, ou fimplement monophylle. 1014

Collerette univerfelle compofée de plus d'une foliole. . . . . 1031

---

**1014.**

*Collerette univerfelle ou nulle, ou fimplement monophylle.*

Collerette univerfelle ou partielle, compofée d'une ou plufieurs folioles. . . . . . . . . . . 1015

Collerette univerfelle & partielle, nulle. . . . . . . . . . . 1030

---

**1015.**

*Collerette univerfelle ou partielle, compofée d'une ou plufieurs folioles . . . .*

Semences alongées, & une ou plufieurs fois plus longues que larges . . . . . . . . . . . 1016

Semences courtes, & dont la largeur approche de la longueur. 1023

---

**1016.**

*Semences alongées, & une ou plufieurs fois plus longues que larges. . . . . . . .*

Semences une fois plus longues que larges, & fans pointe particulière. . . . . . . . . . . 1017

Semences trois fois, ou davantage, plus longues que larges, & terminées par une pointe ou corne particulière. . . . . . . . . . 1019

---

**1017.**

*Semences une fois plus longues que larges, & fans pointe particulière. . . . . . . .*

Feuilles découpées très-menu, & point compofées de folioles larges . . . . . . . . . . . 1018

Feuilles dont toutes les folioles font larges, fimples ou lobées & dentées en fcie . . . . . 1035—II

---

**1018.** *Feuilles découpées très-menu, & point composées de folioles larges.*

### Seseli.

Les fleurs de seseli sont petites & régulières ; leurs ombellules sont souvent un peu ramassées ; la collerette universelle manque presque toujours, & la partielle est composée d'une ou plusieurs folioles linéaires. Les semences sont alongées & cannelées.

### A N A L Y S E.

| Feuilles radicales ayant leurs pinnules garnies de folioles jusqu'à leur base. | Feuilles radicales ayant leurs pinnules nues à leur base & comme pétiolées. |
|---|---|
| I. | V I. |

I. *Feuilles radicales ayant leurs pinnules garnies de folioles jusqu'à leur base.*

| Gaîne des feuilles échancrée à son sommet. | Gaîne des feuilles très-entière & point échancrée. |
|---|---|
| I I. | I I I. |

II. *Gaîne des feuilles échancrée à son sommet.*

Seseli annuel. *Seseli annuum.* Linn. Sp. 373.

*Fœniculum sylvestre annuum, tragoselini odore, umbellâ albâ.* Vaill. Paris. 54, t. IX, f. 4.

Sa tige est haute d'un pied, cylindrique, striée, articulée, glabre, & légèrement rameuse ; ses feuilles sont deux fois ailées, lisses, d'un vert un peu foncé, & leurs folioles sont assez roides, trifides ou pinnatifides. L'ombelle universelle est un peu convexe, & les ombellules sont denses & presque glomérulées. On trouve cette plante dans les prés secs & sur le bord des bois. ☉ ou ♂

1018.

III. *Gaine des feuilles très-entière & point échancrée.*

| Collerette univerfelle nulle ; tige d'un pied.<br><br>IV. | Collerette univerfelle monophylle ; tige de deux pieds.<br><br>V. |
|---|---|

IV. *Collerette univerfelle nulle ; tige d'un pied.*

Sefeli de montagne. *Sefeli montanum.* Linn. Sp. 372.

*Carvifolia.* Vaill. Parif. tab. V, f. 2.

Sa tige eft haute d'un pied, cylindrique, liffe & un peu rameufe ; fes feuilles radicales font petites, alongées, deux fois ailées & à découpures ou folioles courtes & divergentes, qui reffemblent un peu à celles des feuilles de carotte : les feuilles de la tige font diftantes, plus petites & moins compofées ; les rayons de l'ombelle font courts, & foutiennent des ombellules denfes & en petit nombre. On trouve cette plante dans les lieux fecs & montagneux. ♄

V. *Collerette univerfelle monophylle ; tige de deux pieds.*

Sefeli carvi. *Sefeli carum.*

*Carvi cæfalp.* Tournef. 306.
*Carum carvi.* Linn. Sp. 378.

Ses tiges font hautes de deux pieds, liffes, ftriées & rameufes ; fes feuilles font alongées, deux fois ailées, & compofées de folioles ou découpures linéaires & pointues : fes fleurs font blanches, petites & difpofées en ombelle lâche ; elles ont leurs pétales bifides. On trouve cette plante dans les prés montagneux ♂ ; fa racine, & fur-tout fes femences, font incifives, carminatives, ftomachiques & diurétiques.

VI. *Feuilles radicales ayant leurs pinnules nues à leur bafe, & comme pétiolées.*

| Tige dure, roide, très-tortueufe, & dont les entre-nœuds font courts.<br><br>VII. | Tige effilée, peu tortueufe, & dont les entre-nœuds font grands.<br><br>VIII. |
|---|---|

1018. | **VII.** *Tige dure, roide, très-tortueufe, & dont les entre-nœuds*
*font courts.*

Sefeli tortueux. *Sefeli tortuofum.* Linn. Sp. 373.

*Fœniculum tortuofum.* Tournef. 311.

Sa tige eft liffe, ftriée, dure, prefque ligneufe inférieurement, très-rameufe, tortueufe, à-entre-nœuds courts, & blanchâtre à fes articulations ; fes feuilles inférieures font grandes,
deux fois ailées, & leurs folioles font partagées en découpures
linéaires : les feuilles de la tige font pareillement divifées, mais
beaucoup moins grandes, & leur gaîne eft bordée d'une membrane blanche ; les ombelles font portées fur des péduncules
longs d'un pouce & demi tout au plus. On trouve cette plante
dans les provinces méridionales ♃ ; fes femences font carminatives, diurétiques & emménagogues.

---

**VIII.** *Tige effilée, peu tortueufe, & dont les entre-nœuds font grands.*

| Feuilles glauques ; les radicales font amples, & ont plus de trois pouces de largeur. **IX.** | Feuilles vertes ; les radicales n'ont pas plus de deux pouces de largeur. **X.** |

---

**IX.** *Feuilles glauques ; les radicales font amples, & ont plus*
*de trois pouces de largeur.*

Sefeli glauque. *Sefeli glaucum.* Linn. Sp. 372.

*Fœniculum fylveftre, glauco folio.* Tournef. 311.

Sa tige eft cylindrique, articulée, légèrement ftriée, rameufe,
haute d'un pied & demi, & s'élève jufqu'à quatre pieds dans les
jardins ; fes feuilles font deux fois ailées, & leurs folioles ou découpures font longues & linéaires : elles ont fouvent leur gaîne
un peu échancrée à leur fommet. Les fleurs font blanches, &
les ombellules font petites & un peu denfes. On trouve cette
plante dans les lieux incultes & montueux. ♃

1018.    **X.** *Feuilles vertes ; les radicales n'ont pas plus de deux pouces de largeur.*

Seseli élevé. *Seseli elatum,* Linn. Sp. 375.

> *Fœniculum sylvestre, elatius, ferulæ folio longiori.* Tournef. 311.

Sa tige est haute de deux pieds, grêle, cylindrique, lisse, à peine striée, articulée & légèrement rameuse ; ses articulations sont un peu noueuses & blanchâtres : ses feuilles sont deux fois ailées, & composées de folioles étroites & linéaires : celles de la tige sont distantes, & les supérieures sur-tout sont fort petites & peu composées. Les fleurs sont blanches, rougeâtres avant leur épanouissement, & forment des ombelles qui ont à peine un pouce de diamètre. On trouve cette plante dans les lieux montagneux & sur le bord des bois.

---

1019.    *Semences trois fois, ou davantage, plus longues que larges, & terminées par une pointe ou corne particulière* . . . . . . .

{ Ombelle universelle de deux ou trois rayons. . . . . . . . . 1020

{ Ombelle universelle de quatre rayons ou davantage. . . . 1021

---

1020.    *Ombelle universelle de deux ou trois rayons.*

Peigne de Vénus. *Pecten Veneris.* Cam. Epit. 302.

> *Scandix semine rostrato, vulgaris.* Tournef. 326.
> *Scandix pecten.* Linn. Sp. 368.
> β. *Scandix Cretica, minor.* Tournef. 326.

Sa tige est haute d'un pied, grêle, lisse & un peu rameuse ; ses feuilles sont finement découpées, vertes & quelquefois légèrement velues : ses fleurs sont petites, blanches, irrégulières, & forment des ombelles peu garnies ; il leur succède des fruits terminés chacun par une corne très-longue, qui imite une aiguille ou une dent de peigne. La variété β est fort petite, & ses fruits sont légèrement velus. Cette plante est commune dans les champs parmi les blés ; sa variété croît en Provence. ⊙

**1021.**

*Ombelle univerſelle de quatre rayons ou davantage.*

### Cerfeuil. *Chærophyllum.*

Les fleurs de cerfeuil ſont un peu irrégulières, & forment des ombelles communément aſſez lâches. Les fruits ſont alongés, grêles, liſſes, & quelquefois cannelés.

### A N A L Y S E.

| Ombelle la plupart de quatre ou cinq rayons, latérales & ſeſſiles. | Ombelles la plupart de plus de cinq rayons, & terminales. |
|---|---|
| I. | I I. |

I. *Ombelles la plupart de quatre ou cinq rayons, latérales & ſeſſiles.*

Cerfeuil cultivé. *Chærophyllum ſativum.* Tournef. 314.

*Scandix cerefolium.* Linn. Sp. 368.

Sa tige eſt haute d'un à deux pieds, rameuſe & ordinairement glabre; ſes feuilles ſont tendres, deux ou trois fois ailées, & compoſées de folioles un peu élargies, courtes, & inciſées ou pinnatifides. Les fleurs ſont petites, blanches, & les extérieures un peu irrégulières; les collerettes partielles ſont compoſées de deux ou trois folioles tournées du même côté. On cultive cette plante dans les jardins potagers ⊙; elle eſt inciſive, apéritive, diurétique, anti-hydropique, emménagogue & réſolutive.

II. *Ombelles la plupart de plus de cinq rayons, & terminales.*

| Tige rameuſe; ſemences brunes ou noirâtres. | Tige preſque ſimple; ſemences de couleur jaune. |
|---|---|
| I I I. | V I I I. |

1021. | III. *Tige rameuſe ; ſemences brunes ou noirâtres.*

| Semences profondément can-nelées, & longues de quatre ou cinq lignes. **IV.** | Semences liſſes ou un peu ſtriées, & longues de deux lignes ſeulement. **V.** |

**IV.** *Semences profondément cannelées, & longues de quatre ou cinq lignes.*

Cerfeuil odorant. *Chærophyllum odoratum.*

*Myrrhis major, vel circutaria odorata.* **Tournef.** 315.

*Scandix odorata.* **Linn. Sp.** 368.

Sa tige eſt épaiſſe, creuſe, cannelée, un peu velue, ra-meuſe, & haute de deux ou trois pieds; ſes feuilles ſont fort grandes, larges, molles, trois fois ailées, légèrement velues, & ſouvent marquetées de taches blanches : ſes ſemences ſont luiſantes, & remarquables par leur grandeur & par leurs pro-fondes cannelures. On trouve cette plante dans les prés des montagnes de la Provence ♃; elle a une odeur agréable qui a quelque rapport avec celle de l'anis; elle eſt inciſive & emménagogue.

**V.** *Semences liſſes ou un peu ſtriées, & longues de deux lignes ſeulement.*

| Feuilles glabres, ou velues en leur bord & en leurs ner-vures, & dont les folioles ſont partagées en décou-pures pointues. **VI.** | Feuilles velues des deux côtés, même ſur leur diſque, & dont les folioles ſont parta-gées en découpures obtuſes. **VII.** |

**1021.**

**VI.** *Feuilles glabres ou velues en leur bord & en leur nervure, & dont les folioles font partagées en découpures pointues.*

Cerfeuil fauvage. *Chærophyllum fylveftre.* Linn. Sp. 369.

*Chærophyllum fylveftre, perenne, cicutæ folio.* Tournef. 314.
β. *Myrrhis paluftris, latifolia, alba ( & rubra ).* Ibid.
*Chærophyllum hirfutum.* Linn. Sp. 371.

Sa tige eft haute de deux à quatre pieds, fiftuleufe, rameufe, velue dans fa partie inférieure, ftriée & un peu enflée fous chaque articulation ; fes feuilles font grandes, deux ou trois fois ailées, ordinairement glabres, & à folioles alongées, pinnatifides & pointues ; les fleurs font blanches, & forment des ombelles médiocres, compofées de huit à douze rayons. La variété β a fa racine fort longue ; fa tige & fes feuilles font plus fenfiblement velues. Cette plante eft commune dans les prés, le long des haies & dans les montagnes. ♃

**VII.** *Feuilles velues des deux côtés, même fur leur difque, & dont les folioles font partagées en découpures obtufes.*

Cerfeuil penché. *Chærophyllum temulum.* Linn. Sp. 370.

*Myrrhis annua, femine ftriato lævi.* Tournef. 315.

Sa tige eft haute de deux pieds, rameufe, enflée fous fes articulations, velue & un peu rude au toucher ; fes feuilles font deux fois ailées, & leurs folioles font élargies, incifées, & à découpures obtufes : les ombelles font lâches, fouvent penchées & compofées de fix à dix rayons. On trouve cette plante dans les haies & les lieux incultes. ♂

**VIII.** *Tige prefque fimple ; femences de couleur jaune.*

Cerfeuil doré. *Chærophyllum aureum.* Linn. Sp. 370.

*Myrrhis perennis, alba, minor, foliis hirfutis, femine aureo.* Tournef. 315.

Sa tige eft haute d'un à deux pieds, ftriée, tachée, & légèrement velue ; fes feuilles font deux fois ailées, un peu

1021. velues, & composées de folioles profondément pinnatifides ; dont les découpures sont étroites & pointues : les fleurs sont disposées en ombelle ample , composées de dix à quinze rayons filiformes. Les pétales sont blancs & un peu rougeâtres en-dehors. La collerette partielle est remarquable par six ou sept folioles ovales-lancéolées & pointues. Cette plante croît en Dauphiné , selon M. de Villars. ℔ L'individu que j'ai observé au Jardin du Roi avoit les pétales & les collerettes partielles jaunâtres.

---

1022. *Collerette universelle nulle.*

## Myrrhis.

Les myrrhis ont beaucoup de rapport avec les cerfeuils, mais ils en diffèrent par leurs fruits velus & point lisses ni striés.

### *A N A L Y S E.*

| Tige hérissée de poils blancs ; & enflée sous ses articulations. | Tige lisse, glabre & point enflée sous ses articulations. |
| --- | --- |
| I. | I I. |

I. *Tige hérissée de poils blancs , & enflée sous ses articulations.*

Myrrhis noueuse. *Myrrhis nodosa.*

*Chærophyllum sylvestre alterum , geniculis tumentibus,* Tournef. 314.

*Scandix nodosa.* Linn. Sp. 369.

Sa tige est haute de deux pieds, rameuse, hérissée de poils droits & distans, & enflée sous chacune de ses articulations ; ses feuilles sont deux fois ailées, & leurs folioles sont larges, incisées & à découpures presque obtuses : les fleurs sont blanches ; l'ombelle universelle n'est composée que de deux à quatre rayons, & les semences sont cylindriques , longues de deux lignes ou davantage , & couvertes de poils qui vont en montant. On trouve cette plante dans les haies & les lieux couverts. ☉

1022. ╏ II. *Tige liffe, glabre, & point enflée fous fes articulations.*

Myrrhis cerfeuillière. *Myrrhis chærophyllæa.*

> *Chærophyllum fylveftre, feminibus brevibus hirfutis.* Tournef.
> 314.
> *Scandix anthrifcus.* Linn. Sp. 368.

Cette plante reffemble beaucoup au cerfeuil cultivé ; fa tige eft haute d'un pied & demi, liffe, ftriée & très-rameufe : fes feuilles font molles, légèrement velues, trois ou quatre fois ailées, & compofées de folioles très-petites & incifées ; les ombelles font la plupart latérales, portées fur de courts péduncules, & formées par quatre à fix rayons filiformes. Les fleurs font petites, prefque régulières, & les femences n'ont pas plus d'une ligne & demie de longueur. On trouve cette plante dans les haies & fur le bord des champs ⊙ ; fon odeur eft défagréable.

---

1023.

*Semences courtes, & dont la largeur approche de la longueur* . . . . . . . . . .
{
Semences ovales & cannelées, ou profondément fillonnées. 1024

Semences fphériques & fans ftries, ou avec des ftries légères, mais point cannelées . . . . 1029

---

1024.

*Semences ovales & cannelées, ou profondément fillonnées.*
{
Toutes les feuilles ayant des découpures très-menues, & point élargies en folioles fimples. 1025

Toutes les feuilles, ou feulement les inférieures, ayant des folioles fimples, élargies, & cunéiformes ou lancéolées . . . . . . . . 1026

---

1025. *Toutes les feuilles ayant des découpures très-menues, & point élargies en folioles fimples.*

Æthufe. *Æthufa.*

Les æthufes ont quelques rapports avec la ciguë & la

1025. coriandre ; leurs fleurs font petites & un peu irrégulières, & leurs femences font courtes , ovales-arrondies & cannelées.

*ANALYSE.*

| Collerettes partielles débordant de beaucoup les ombellules. | Collerettes partielles ne débordant pas les ombellules. |
|---|---|
| I. | II. |

I. *Collerettes partielles débordant de beaucoup les ombellules.*

Æthufe perfillée. *Æthufa cynapium.* Linn. Sp. 367.

*Cicuta minor , petrofelino fimilis.* Tournef. 306.

Sa tige eft haute d'un pied & demi, rameufe, glabre & cannelée ; fes feuilles font deux ou trois fois ailées, & leurs folioles font pointues & pinnatifides, ou profondément découpées. Ses fleurs font blanches, & forment des ombelles planes, très-garnies, & dépourvues de collerette. Cette plante eft commune dans les lieux cultivés ⊙ ; on l'emploie à l'extérieur comme calmante & réfolutive, mais prife intérieurement elle eft très-dangereufe.

II. *Collerettes partielles ne débordant pas les ombellules.*

Æthufe mutelline. *Æthufa mutellina.*

*Phellandrium Alpinum , umbellá purpurafcente.* Tournef. 307.
*Phellandrium mutellina.* Linn. Sp. 366.

Sa tige eft nue dans toute fa moitié inférieure, haute de huit à dix pouces ; & porte communément à fon fommet une couple d'ombelles, dont lès fleurs font rougeâtres ; les feuilles font prefque toutes radicales, deux fois ailées, & leurs folioles font partagées en découpures très-étroites & pointues. Cette plante croît en Dauphiné, où elle a été obfervée par M. de Faujas de Saint-Fond. ♃

**1026.**

*Toutes les feuilles, ou feule-ment les inférieures, ayant des folioles fimples, élar-gies, & cunéiformes ou lancéolées . . . . . . . .*

Feuilles inférieures avant des folioles courtes, ovales ou cunéi-formes. . . . . . . . . . . . 1027

Toutes les feuilles ayant des folioles lancéolées & dentées en fcie. . . . . . . . . . . . 1028

---

**1027.** *Feuilles inférieures ayant des folioles courtes, ovales ou cunéiformes.*

### Perfil. *Apium.*

Les fleurs de perfil forment des ombelles médiocrement garnies; la collerette univerfelle eft nulle ou monophylle, & la partielle eft compofée d'une ou plufieurs folioles très-petites. Les femences font ovales & cannelées.

### A N A L Y S E.

| Toutes les ombelles pédunculées.<br>I. | La plupart des ombelles feffiles.<br>I I. |
| --- | --- |

**I.** *Toutes les ombelles pédunculées.*

**Perfil commun.** *Apium vulgare.*

*Apium hortenfe feu petrofelinum vulgò.* Tournef. 305.
*Apium petrofelinum.* Linn. Sp. 379.

Sa tige eft haute de deux ou trois pieds, glabre, ftriée & rameufe; fes feuilles inférieures font deux fois ailées, & compofées de folioles ovales ou cunéiformes & incifées: les fleurs font blanches ou d'une couleur pâle, & leur ombelle eft fouvent garnie d'une collerette monophylle. Cette plante croît en Provence dans les lieux couverts; on la cultive dans les jardins potagers ♂; elle eft apéritive, emménagogue, réfo-lutive, diaphorétique & propre pour diffiper le lait des mamelles.

**1027.** | **II.** *La plupart des ombelles sessiles.*

Persil odorant. *Apium graveolens.* Linn. Sp. 379.
(Ache, céleri. )

*Apium palustre & apium officinarum.* Tournef. 305.
β. *Apium palustre minus, cauliculis procumbentibus, ad alas floridum.* Ibid.

Sa tige est haute d'un à deux pieds, un peu épaisse, striée & rameuse ; ses feuilles font une ou deux fois ailées, & leurs folioles font larges, lisses, presque luisantes, incisées, lobées & dentées : la plupart des ombelles font axillaires & sessiles. On trouve cette plante dans les marais & sur le bord des ruisseaux : la culture en a formé une variété suffisamment connue de tout le monde sous le nom de *céleri* ♂ ; sa racine est diurétique, sudorifique & emménagogue.

**1028.** *Toutes les feuilles ayant des folioles lancéolées - & dentées en scie.*

Cicutaire aquatique. *Cicutaria aquatica.*

*Sium palustre alterum, foliis serratis.* Tournef. 308.
*Cicuta virosa.* Linn. Sp. 366.

Sa tige est haute d'un ou deux pieds, cylindrique, fistuleuse & rameuse ; ses feuilles font grandes, deux ou trois fois ailées & composées de folioles lancéolées, un peu étroites, pointues & dentées en scie ; les fleurs font blanches, presque régulières & disposées en ombelles lâches : la collerette universelle est nulle ou monophylle, & la partielle est composée de plusieurs folioles qui débordent les ombellules. On trouve cette plante sur le bord des étangs & des fossés aquatiques ♃ ; elle est un poison très-dangereux.

**1029.** *Semences sphériques & sans stries, ou avec des stries légères, mais point cannelées.*

Coriandre. *Coriandrum.*

Les fleurs de coriandre font plus ou moins irrégulières, & forment des ombelles médiocrement garnies : la collerette

1029.

universelle est nulle ou monophylle. Les semences sont exactement sphériques.

## *A N A L Y S E.*

| Toutes les fleurs petites & presque régulières.<br>I. | Fleurs extérieures, grandes & très-irrégulières.<br>I I. |
|---|---|

I.     *Toutes les fleurs petites & presque régulières.*

Coriandre dydime. *Coriandrum testiculatum.* Linn. Sp. 367.

*Coriandrum minus, testiculatum.* Tournef. 316.

Sa tige est rameuse, cannelée, & ne s'élève que jusqu'à un pied & demi ; ses feuilles sont une ou deux fois ailées, & leurs folioles sont toutes partagées en découpures étroites & pointues ; les ombelles sont petites & souvent simples ; les semences sont géminées, presque cohérentes ; un peu ridées, mais sans stries. On trouve cette plante dans les champs des provinces méridionales. ⊙

II.     *Fleurs extérieures, grandes & très-irrégulières.*

Coriandre cultivée. *Coriandrum sativum.* Linn. Sp. 367.

*Coriandrum majus.* Tournef. 316.

Sa tige est glabre, rameuse & haute de deux pieds ou quelquefois davantage ; ses feuilles inférieures sont deux fois ailées & composées de folioles assez larges, ovales ou arrondies, lobées & dentées dans leur contour : toutes les autres feuilles sont découpées très-menu : les fleurs sont blanches, l'ombelle est composée de cinq à huit rayons ; & les semences sont chargées de stries légères. M. Vaillant indique cette plante dans les environs de Paris, vraisemblablement comme cultivée ⊙ ; son odeur est forte & désagréable, mais celle de ses semences sèches est un peu aromatique & même assez suave : on la regarde comme stomachique & carminative.

**1030.**

*Collerette univerfelle & partielle nulle.*

## Boucage. *Tragofelinum.*

Les boucages ont les fleurs prefque régulières ; leurs ombelles font tout-à-fait dépourvues de collerette, & leurs fruits font ovales-oblongs & ftriés.

### A N A L Y S E.

| Feuilles inférieures une fois ailées, & dont le pétiole eft fimple. | Feuilles inférieures plus d'une fois ailées, ou plufieurs fois ternées. |
|---|---|
| I. | I V. |

I. *Feuilles inférieures une fois ailées, & dont le pétiole eft fimple.*

| Feuilles fupérieures fimples & linéaires. | Feuilles fupérieures pinnatifides ou incifées. |
|---|---|
| I I. | I I I. |

II.    *Feuilles fupérieures fimples & linéaires.*

Boucage mineure. *Tragofelinum minus.* Tournef. 309.

   *Pimpinella faxifraga.* Linn. Sp. 378.

  β. *Tragofelinum foliis duplicato pinnatis, pinnulis profundiffimè lobatis.* Hall. Hift. n°. 787.

Sa tige eft grêle, médiocrement rameufe, peu garnie de feuilles, & haute d'un pied ou quelquefois un peu plus ; fes feuilles radicales imitent affez celles de la pimprenelle : elles font ailées, compofées de cinq ou fept folioles arrondies & dentées, & la terminale eft fouvent trilobée ; ces feuilles fe flétriffent de bonne heure, & fe trouvent rarement lorfque la plante fruêtifie ; les feuilles de la tige ont leurs folioles découpées très-menu, & les fupérieures ne font que des gaînes alongées & dépourvues de véritables feuilles. Les fleurs font blanches, & leur ombelle eft penchée avant la floraifon. On trouve cette plante fur les peloufes & dans les pâturages fecs.

1030. **III.** *Feuilles supérieures pinnatifides ou incisées.*

Boucage majeur. *Tragoselinum majus.*

> *Tragoselinum majus, umbellá candidá ( & rubente ).*
> Tournef. 309.
> *Pimpinella magna.* Linn. mant. 219.
> β. *Pimpinella peregrina.* Linn. Sp. 378.

Sa tige est striée, rameuse ; & s'élève jusqu'à deux ou trois pieds ; les premières feuilles que pousse la racine sont pétiolées, simples, ovales arrondies, dentées & trilobées : celles d'ensuite sont ternées ; enfin, les autres sont ailées, & composées de cinq ou sept folioles ovales, assez larges, dentées & souvent un peu luisantes ; les feuilles de la tige sont pareillement ailées, mais leurs folioles sont moins larges, & d'autant plus petites, que les feuilles dont elles font partie sont plus près du sommet de la plante. Les fleurs sont blanches ou rougeâtres, & leurs ombelles sont penchées avant la floraison. On trouve cette plante dans les lieux incultes & sur le bord des bois. ♃

**IV.** *Feuilles inférieures plus d'une fois ailées, ou plusieurs fois ternées.*

| Feuilles découpées très-menu, ou dont les folioles sont linéaires. | Feuilles dont les folioles sont ovales ou lancéolées, & dentées en scie. |
|---|---|
| **V.** | **VI.** |

**V.** *Feuilles découpées très-menu, ou dont les folioles sont linéaires.*

Boucage nain. *Tragoselinum pumilum.*

> *Seseli pumilum.* Linn. Sp. 373.
> β. *Tragoselinum caule crasso, sulcato, divaricato, foliis multifidis capillaribus.* Hall. Hist. n°. 788.
> *Pimpinella glauca.* Linn. Sp. 378.

Cette espèce est fort petite ; sa tige est un peu épaisse, glabre, anguleuse, droite, rameuse, panniculée, & ne s'élève communément que depuis six jusqu'à neuf pouces : ses feuilles
sont

**1030.** font partagées ēn découpures ou folioles linéaires ; vertes & un peu fermes. Ses fleurs font blanches ou rougeâtres, & forment des ombelles petites & extrémement nombreuses, qui couvrent presque toute la plante. On la trouve dans les montagnes du Dauphiné & de la Provence. ♂

---

VI.  *Feuilles, dont les folioles font ovales ou lancéolées*

*& dentées en scie.*

Boucage angélique. *Tragoselinum angelica.*

*Angelica sylvestris minor, seu erratica.* **Tournef. 313.**

*Ægopodium podagraria.* **Linn. Sp. 379.**

Sa racine est longue, rampante, traçante, & pousse une tige droite, glabre, un peu rameuse, & haute de deux ou trois pieds, ses feuilles inférieures ont leur pétiole divisé en trois parties, qui soutiennent chacune trois folioles ovales, pointues & dentées : les supérieures font simplement ternées, & ont leurs folioles plus étroites. Les fleurs font blanches ; leur ombelle est lâche & composée d'une vingtaine de rayons. On trouve cette plante dans les vergers & le long des haies. ♈

OBS. Cette plante se rapproche des angéliques par son port ; mais comment la séparer du *Tragoselinum* par sa fructification ?

---

**1031.**

*Collerette universelle composée de plus d'une foliole...*

Folioles de la collerette très-simples & entières, ou seulement dentées ............. 1032

Folioles de la collerette profondément découpées en lanières très-étroites. ............. 1043

**1032.**

*Folioles de la collerette très-simples et entières ou seulement dentées . . . . . .* }

Feuilles décomposées, ou plusieurs fois ailées, & dont le pétiole n'est point simple . . . . . . 1033

Feuilles une seule fois ailées, & dont les folioles sont opposées ou verticillées sur un pétiole simple. 1042

---

**1033.**

*Feuilles décomposées ou plusieurs fois ailées, & dont le pétiole n'est point simple.* }

Fruit dont les stries sont entières. 1034

Fruit dont les stries sont crénelées. 1041

---

**1034.**

*Fruit dont les stries sont entières . . . . . . . . . .* }

Feuilles dont les folioles sont simples, anguleuses ou lobées, ou dentées, & ont au moins six lignes de largeur . . . . . . . . . 1035

Feuilles décomposées, très-découpées, ou dont les folioles n'ont pas six lignes de largeur dans leur partie pleine . . . . . . . . 1036

---

**1035.** *Feuilles dont les folioles sont simples, anguleuses ou lobées, ou dentées, & ont au moins six lignes de largeur.*

### Angélique. *Angelica.*

Les angéliques ont beaucoup de rapport avec les impératoires, n°. 1000 ; mais elles en diffèrent fortement par leurs semences, qui, au lieu d'être comprimées & bordées d'une aile mince, sont oblongues, solides, convexes sur leur dos, & chargées de stries plus ou moins profondes.

Obs. En ne considérant que les parties de la fructification, il n'est pas possible de séparer les angéliques des livêches.

1035.

| Folioles des feuilles lancéolées, ou cunéiformes, & pointues à leur sommet. I. | Folioles des feuilles arrondies, lobées, & point terminées en pointe. IV. |

I. *Folioles des feuilles lancéolées, ou cunéiformes, & pointues à leur sommet.*

| Folioles ovales - lancéolées, & dentées en leurs bords. II. | Folioles cunéiformes, & incisées, ou anguleuses. III. |

II. *Folioles ovales-lancéolées, & dentées en leurs bords.*

Angélique archangélique. *Angelica archangelica.* Linn. Sp. 360.

> *Imperatoria sativa.* Tournef. 317.
> β. *Angelica razulii.* Gouan. obf. p. 13, tab. VI.

Sa racine eft affez longue, groffe, brune, & pouffe une tige creufe, rameufe, un peu rougeâtre à fa bafe, & qui s'élève à la hauteur de trois pieds, ou quelquefois beauçoup davantage; fes feuilles font grandes, deux fois ailées, & compofées de folioles ovales-lancéolées, pointues, dentées en fcie, & fouvent lobées, fur-tout la terminale : les fleurs font verdâtres; leur ombelle eft fort grande & très-garnie. Cette plante croît dans les montagnes des provinces méridionales. On la cultive dans les jardins, ♃; elle a une odeur & un goût aromatique; elle eft cordiale, ftomachique, fudorifique, carminative & emménagogue.

III. *Folioles cunéiformes & incisées, ou anguleuses.*

Angélique à feuilles d'ache. *Angelica paludapifolia.*

> *Angelica montana, perennis, paludapii folio.* Tournef. 313.
> *Ligufticum levifticum.* Linn. Sp. 359.

Sa tige eft haute de trois à cinq pieds, cylindrique, glabre

**1035.** & un peu rameuse ; ses feuilles sont grandes, deux ou trois fois ailées, & composées de folioles planes, lisses, luisantes, cunéiformes, incisées ou lobées vers leur sommet, & entières dans leur moitié inférieure : les fleurs sont terminales, & disposées en ombelle d'une grandeur médiocre. Cette plante croît dans les montagnes des provinces méridionales, ♉ ; elle est incisive, alexitère, sudorifique & emménagogue.

**IV.** *Folioles des feuilles arrondies, lobées, & point terminées en pointe.*

Angélique à feuilles d'ancolie. *Angelica aquilegifolia.*

*Angelica montana, perennis, aquilegiæ folio.* Tournef. 313.
*Laserpitium trilobum.* Linn. Sp. 357.

Sa tige est cylindrique, striée, légèrement rameuse, & haute de deux pieds ; ses feuilles ont leur pétiole divisé en trois parties, qui soutiennent chacune trois folioles arrondies, lobées, incisées, & d'un vert glauque en-dessous : les fleurs sont blanches, & leur ombelle est lâche, mais fort ample. Les semences n'ont certainement point de ressemblance avec celles des *laserpitium.* On trouve cette plante dans les pâturages des montagnes de la Provence. ♉

**1036.** *Feuilles décomposées, très-découpées, ou dont les folioles n'ont pas six lignes de largeur dans leur partie pleine.* 

$\left\{\begin{array}{l} \text{Fruit profondément cannelé ou chargé de sillons enfoncés . . 1037} \\ \text{Fruit n'ayant que des stries légères, & point de sillons enfoncés. 1038} \end{array}\right.$

**1037.** *Fruit profondément cannelé ou chargé de sillons enfoncés.*

Livêche. *Ligusticum.*

Les livêches ont beaucoup de rapport avec les angéliques & avec les lasers ; leurs ombelles en général sont amples & bien garnies ; leurs fruits ont des cannelures un peu plus profondes que ceux des angéliques, & n'ont pas des ailes feuillées & membraneuses comme ceux des lasers.

**1037.**

A N A L Y S E.

| | |
|---|---|
| Ombelle fort ample, & ayant trente à cinquante rayons.<br><br>I. | Ombelle médiocre, n'ayant pas plus de vingt rayons.<br><br>I V. |

I. *Ombelle fort ample, & ayant trente à cinquante rayons.*

| | |
|---|---|
| Folioles des feuilles à découpures linéaires, écartées & divergentes, ou disposées en tout sens.<br><br>I I. | Folioles des feuilles à découpures élargies vers leur base, confluentes & point divergentes.<br><br>I I I. |

I I. *Folioles des feuilles à découpures linéaires, écartées & divergentes, ou disposées en tout sens.*

**Livêche férulacée.** *Ligusticum ferulaceum.*

> *Ligusticum Pyrenaicum, amplissimo tenuique folio.* Tournef. 321.
>
> *Ligusticum Pyrenæum.* Gouan. Obs. p. 14.

Sa tige est haute de deux ou trois pieds, ferme, striée, anguleuse & très-rameuse ; ses feuilles sont fort grandes, découpées très-menu, comme celles des férules, & quatre fois ailées ou surcomposées ; leurs folioles ou découpures sont terminées par une petite pointe particulière : les fleurs sont blanches & forment des ombelles très-amples. Cette plante croît dans les Pyrenées & dans les montagnes du Dauphiné. ♃

I I I. *Folioles des feuilles à découpures élargies vers leur base ; confluentes & point divergentes.*

**Livêche cicutaire.** *Ligusticum cicutarium.*

> *Cicutaria latifolia, fœtida.* Tournef. 322.
>
> *Ligusticum Peloponnesiacum.* Linn. Sp. 360.

Sa tige est haute de trois ou quatre pieds, très-grosse

F f 3

**1037.** cannelée, creuse & rameuse ; ses feuilles sont extrêmement grandes, très-découpées, surcomposées & à folioles longues-lancéolées, pointues & semi-pinnées ou à découpures confluentes : l'ombelle est fort ample, & les folioles de la collerette sont élargies & membraneuses. On trouve cette plante dans les montagnes du Dauphiné & de la Provence. ♃

---

**I V.**  *Ombelle médiocre n'ayant pas plus de vingt rayons.*

| | |
|---|---|
| Semences alongées ; découpures des feuilles capillaires. **V.** | Semences très-courtes ; découpures des feuilles non capillaires. **V I.** |

**V.**  *Semences alongées ; découpures des feuilles capillaires.*

**Livêche capillacée.** *Ligusticum capillaceum.*

*Meum foliis anethi.* Tournef. 312.
*Athamantha meum.* Linn. Sp. 353.

Sa tige est cannelée, un peu rameuse & s'élève à la hauteur d'un pied ou quelquefois davantage ; ses feuilles sont deux ou trois fois ailées & remarquables par leurs folioles ou découpures très-nombreuses, courtes & capillaires : les fleurs sont terminales : la collerette universelle est quelquefois nulle, mais on la trouve plus souvent composée d'une à cinq folioles étroites. Cette plante croît dans les provinces méridionales, ♃ ; elle est diurétique, incisive & emménagogue ; on l'emploie avec succès dans les fiévres intermittentes.

---

**V I.** *Semences très-courtes ; découpures des feuilles non capillaires.*

**Livêche mineure.** *Ligusticum minus.*

*Selinum monnieri.* Linn. Sp. 351.

Sa tige est cannelée, très-rameuse & ne s'élève que jusqu'à un pied ; ses feuilles ressemblent un peu à celles de l'œthuse persillée ; elles sont deux ou trois fois ailées, & ont des découpures assez menues, planes & traversées par un sillon

**1037.** très-fin : les pétioles font bordées d'une membrane blanche & tranfparente : les fleurs font blanches, petites & forment une ombelle refferrée & peu ouverte. Les folioles de la collerette univerfelle font fouvent réfléchies contre le péduncule. On trouve cette plante dans les provinces méridionales. ⊙

---

**1038.** *Fruit n'ayant que des ftries légères & point de fillons enfoncés* . . . . . . . . . .

Semences lices, ayant fur leur dos un angle tranchant. & deux latéraux plus petits ; feuilles charnues . . . . . . . . . . . . . . . 1039

Semences chargées de ftries légères & rapprochées, mais fans angle particulier ; feuilles non charnues . . . . . . . . . . . . 1040

---

**1039.** *Semences liffes, ayant fur leur dos un angle tranchant & deux latéraux plus petits ; feuilles charnues.*

### Crifte marine. *Crithmum maritimum.* Linn. Sp. 354.

*Crithmum five fœniculum marinum, minus.* Tournef. 317.

Sa tige eft haute d'un pied, cylindrique, liffe, verte, feuillée, & fouvent fimple ; fes feuilles font affez grandes, deux fois ailées, & compofées de folioles étroites, linéaires, un peu aplaties & charnues. Les fleurs font terminales, & forment des ombelles médiocres, portées fur de fort courts péduncules ; fes fruits ne font certainement point comprimés. On trouve cette plante dans les lieux voifins de la mer, parmi les rochers, ♃ ; elle eft apéritive & diurétique : on fait confire fes feuilles dans le vinaigre pour l'ufage de la table.

O B s. Je ne fais pas mention du *crithmum pirenaïcum* de M. Linné, ne le croyant pas différent de *l'athamanta libranotis* de ce célèbre Auteur.

**1040.** *Semences chargées de stries légères & rapprochées, mais sans angle particulier ; feuilles non charnues.*

Terre noix bulbeuse. *Bunium bulbocastanum.* Linn. Sp. 349.

*Bulbocastanum majus, apii folio.* Tournef. 307.

*Bunium majus ( & minus ).* Gouan. Obs. p. 10.

Sa racine est une bulbe arrondie, noirâtre, & pousse une tige haute d'un pied & demi, cylindrique, striée & un peu rameuse ; ses feuilles sont deux ou trois fois ailées, & partagées en découpures étroites & linéaires : les inférieures sont portées sur de longs pétioles, & les radicales ont des découpures un peu plus élargies & moins longues. Les fleurs sont blanches, & forment des ombelles assez amples. On trouve cette plante dans les champs, ♃ ; on mange sa racine.

---

**1041.** *Fruit, dont les stries sont crénelées.*

Ciguë majeure. *Cicuta major.* Tournef. 306.

*Conium maculatum.* Linn. Sp. 349.

Sa tige est haute de trois ou quatre pieds, épaisse, fistuleuse, rameuse, feuillée, & chargée inférieurement de taches noirâtres ou purpurines ; ses feuilles sont grandes, un peu molles, trois fois ailées, & leurs folioles sont pinnatifides, pointues, d'un vert noirâtre & un peu luisantes. Les fleurs sont blanches, & forment des ombelles très-ouvertes. On trouve cette plante sur le bord des haies & dans les terreins un peu humides, ♂ ; son odeur est forte & fétide : elle passe pour résolutive, anti-schirreuse, anti-ulcéreuse, & anti-cancéreuse ; on l'emploie aussi dans les cataractes naissantes & contre la goutte & les rhumatismes.

**1042.** *Feuilles une seule fois ailées, & dont les folioles sont opposées ou verticillées sur un pétiole simple.*

## Berle. *Sium.*

Les fleurs de Berle sont assez régulières, & forment des ombelles lâches, plus ou moins garnies ; les collerettes sont communément polyphylles, & le fruit est ovale ou oblong & strié.

### A N A L Y S E.

| Ombelle composée de douze rayons ou moins. I. | Ombelle composée de plus de douze rayons. X I I. |
|---|---|

**I.** *Ombelle composée de douze rayons ou moins.*

| Feuilles ayant toutes des folioles élargies, ovales ou lancéolées, & dentées en scie. I I. | Toutes les feuilles, ou seulement les inférieures, ayant des folioles ou des découpures capillaires. I X. |
|---|---|

**I I.** *Feuilles ayant toutes des folioles élargies, ovales ou lancéolées, & dentées en scie.*

| Collerette universelle, ou nulle ou composée de trois ou quatre folioles très-entières. I I I. | Collerette universelle, composée de cinq folioles ou davantage, dont plusieurs sont dentées. V I I I. |
|---|---|

**1042.** **III.** *Collerette universelle, ou nulle où composée de trois ou quatre folioles très-entières.*

| Ombelles tout-à-fait terminales, & point sessiles. | Ombelles axillaires, & presque sessiles. |
|:---:|:---:|
| **I V.** | **V I I.** |

**IV.** *Ombelles tout-à-fait terminales, & point sessiles.*

| Feuilles n'ayant jamais plus de neuf folioles. | Feuilles inférieures ayant onze à quinze folioles. |
|:---:|:---:|
| **V.** | **V I.** |

**V.** *Feuilles n'ayant jamais plus de neuf folioles.*

**Berle aromatique.** *Sium aromaticum.*

> *Sium aromaticum, Sifon officinarum.* **Tournef.** 308.
> *Sifon amomum.* Linn. Sp. 362.

Sa tige est grêle, droite, un peu rameuse, & s'élève jusqu'à un pied & demi ; ses feuilles sont ailées, & composées de cinq ou sept folioles ovales-lancéolées, pointues & bordées de dentelures assez fines : les folioles des feuilles supérieures sont quelquefois un peu incisées ; les ombelles sont petites, & n'ont que quatre à six rayons. On trouve cette plante dans les terreins humides & glaiseux ; ses racines & ses semences sont odorantes, carminatives & diurétiques.

**VI.** *Feuilles inférieures ayant onze à quinze folioles.*

**Berle des blés.** *Sium segetum.*

> *Sium arvense sive segetum.* **Tournef.** 308.
> *Sifon segetum.* Linn. Sp. 362.

Sa tige est droite, rameuse, & haute de sept à neuf pouces ; ses feuilles inférieures sont longues, composées de folioles nombreuses, petites, ovales, pointues, dentées & quelquefois un peu incisées : les ombelles sont terminales, plus ou moins droites, & n'ont que cinq ou six rayons. On trouve cette plante dans les champs un peu humides. ♂

**1042** | **VII.** *Ombelles axillaires & presque sessiles.*

Berle nodiflore. *Sium nodiflorum.* Linn. Sp. 36.

*Sium aquaticum ad alas floridum.* Tournef. 308.

Ses tiges sont longues, souvent couchées, feuillées & rameuses ; ses feuilles sont ailées, composées de cinq ou sept folioles ovales-lancéolées, pointues & dentées en scie ; les fleurs sont blanches ; leurs ombelles n'ont que six ou huit rayons, & naissent à l'opposition des feuilles, portées sur des péduncules longs d'une à trois lignes. La collerette universelle manque, presque toujours. On trouve cette plante dans les ruisseaux & sur le bord des rivières.

**VIII.** *Collerette universelle, composée de cinq folioles ou davantage, dont plusieurs sont dentées.*

Berle à feuilles étroites. *Sium angustifolium.* Linn. Sp. 1672.

*Sium verum Matthioli.* Lugd. 1092.

Sa tige est longue d'un pied & demi, rameuse, & ordinairement droite ; ses feuilles inférieures sont composées de treize ou quinze folioles, ovales-oblongues, assez larges, dentées, un peu incisées, & lobées ou auriculées à leur base. Les supérieures sont beaucoup plus petites, & leurs folioles sont presque laciniées : les fleurs sont blanches ; leurs ombelles sont pédunculées, composées de huit à douze rayons, & naissent dans les aisselles supérieures à l'opposition des feuilles. On trouve cette plante dans les ruisseaux & les fossés aquatiques.

**IX.** *Toutes les feuilles, ou seulement les inférieures, ayant des folioles ou des découpures capillaires.*

| Ombelles axillaires ; feuilles supérieures à folioles élargies. | Ombelles terminales ; toutes les feuilles à folioles ou découpures capillaires. |
|:---:|:---:|
| **X.** | **XI.** |

**1042.** **X.** *Ombelles axillaires ; feuilles supérieures à folioles élargies.*

Berle inondée. *Sium inundatum.*

*Sium minimum.* Vaill. Parif. 187.
*Sifum inundatum.* Linn. Sp. 363.

Cette efpèce eft fort petite ; fa tige eft rampante ; fes feuilles inférieures font partagées en découpures capillaires, & les fupérieures qui font commûnément hors de l'eau, font ailées & compofées de cinq folioles fort petites, élargies, & dentées ou trifides à leur fommet. Les ombelles font axillaires, pédunculées, & n'ont fouvent que deux ou trois rayons ; les ombellules font très-petites. On trouve cette plante dans les foffés aquatiques.

---

**XI.** *Ombelles terminales : toutes les feuilles à folioles ou découpures capillaires.*

Berle verticillée. *Sium verticillatum.*

*Carvi foliis tenuiſſimis, afphodeli radice.* **Tournef.** 306.
*Sifon verticillatum.* Linn. Sp. 363.

Sa tige eft très-grêle, un peu rameufe vers fon fommet, & s'élève à la hauteur d'un pied ; fes feuilles radicales ont des folioles capillaires très-courtes, très-nombreufes, & qui entourent le pétiole dans la plus grande partie de fa longueur, comme fi elles étoient verticillées ; les feuilles de la tige font diftantes entre elles, & leurs folioles font un peu plus alongées, & n'ont point un afpeét verticillé. Les ombelles font terminales, & compofées de fix à dix rayons : la collerette nniverfelle eft formée par cinq folioles très-courtes. On trouve cette plante dans les pâturages humides. ⚥

---

**XII.** *Ombelle compofée de plus de douze rayons.*

| Feuilles dont les folioles font fimples & point décurrentes ni confluentes. | Feuilles dont les folioles font partagées en plufieurs lanières confluentes à leur bafe. |
|:---:|:---:|
| **XIII.** | **XIV.** |

**1042.**

**XIII.** *Feuilles dont les folioles font fimples & point décurrentes ni confluentes.*

Berle à feuilles larges. *Sium latifolium.* Linn. Sp. 361.

*Sium.* Dod. pempt. 589.

Sa tige eft droite, rameufe, cannelée, & s'élève jufqu'à trois pieds ; fes feuilles font ailées, compofées de neuf ou onze folioles lancéolées, un peu étroites, longues de deux pouces au moins, & dentées en fcie : les fleurs font blanches, terminales, & forment des ombelles affez amples & bien garnies. On trouve cette plante dans les foffés aquatiques & fur le bord des étangs. ♈

**XIV.** *Feuilles dont les folioles font partagées en plufieurs lanières confluentes à leur bafe.*

Berle faucillière. *Sium falcaria.* Linn. Sp. 362.

*Ammi perenne.* Tournef. 305.

Sa tige eft haute de deux pieds, cylindrique & rameufe ; fes feuilles font compofées de folioles longues, étroites, dentées, glabres, un peu dures, & fouvent partagées en plufieurs lanières, fur-tout la terminale, qui eft communément trifide, & dont les lanières latérales font confluentes: les fleurs font blanches, les ombelles font amples & bien garnies. On trouve cette plante en Alface & en Provence le long des haies. ♈

**1043.** *Folioles de la collerette profondément découpées en lanières étroites.*

*Ammi.*

Les fleurs d'ammi font un peu irrégulières & forment des ombelles ordinairement bien garnies. Leurs fruits font liffes & plus ou moins ftriés.

1043.

| Feuilles inférieures ayant des folioles simples non linéaires, ou des découpures lancéolées. I. | Toutes les feuilles multifides & dont les folioles ou découpures sont linéaires. I I. |
| --- | --- |

I. *Feuilles inférieures ayant des folioles simples, non linéaires, ou des découpures lancéolées.*

Ammi majeur. *Ammi majus.* Linn. Sp. 349.

*Ammi majus.* Tournef. 304.

Sa tige est haute d'un pied & demi, cylindrique, glabre & rameuse; ses feuilles inférieures sont ailées, composées de cinq folioles ovales-lancéolées, dentées en scie & la plupart simples, ou quelquefois ayant un lobe à leur base; les feuilles supérieures sont moins grandes, plus divisées, & partagées en découpures-lancéolées, dentées, assez étroites, mais point linéaires : les fleurs sont blanches, leurs ombelles sont amples & les folioles de la collerette universelle n'ont communément que trois découpures. On trouve cette plante sur le bord des champs. ⊙

O B S. L'*ammi glaucifolium* de M. Linné croît en France, dans les environs de Luçon, selon M. Guettard. Je ne l'ai point analysé, ne le connoissant pas suffisamment. M. de Haller le rapporte au *tragoselinum.* Hall. enum. p. 430. n°. 5.

II. *Toutes les feuilles multifides & dont les folioles ou découpures sont linéaires.*

Ammi visnage. *Ammi visnaga.* ( Herbe aux cure-dents ).

*Fœniculum annuum umbellâ contractâ, oblongâ.* Tournef. 311.

*Daucus visnaga.* Linn. Sp. 348.

Sa tige est droite, cylindrique, cannelée, lisse, un peu rameuse, feuillée, & s'élève jusqu'à deux pieds; ses feuilles sont toutes découpées très-menu, & leurs découpures sont étroites

1043. & linéaires : les fleurs font blanches & forment au fommet de la tige & des rameaux, des ombelles compofées de rayons nombreux, qui fe contractent dans la maturatioq des fruits. On trouve cette plante en Languedoc & en Provence. ☉

1044. Fleurs fenfiblement de couleur jaune . . . . . . . . . . . { Fruit ou comprimé, ou entouré d'ailes remarquables . . . . . 1045
Fruit non comprimé & n'ayant aucune aile bien fenfible . . 105**

1045. Fruit ou comprimé, ou entouré d'ailes remarquables . . . . { Feuilles dont les folioles font tout-à-fait linéaires . . . . . 104**
Feuilles dont les folioles ne font point linéaires . . . . . . . . 1048

1046. Feuilles dont les folides font tout-à-fait linéaires . . . . { Ombelle arrondie ou globuleufe. 1047
Ombelle évafée & point arrondie. 1058 — III.

1047. *Ombelle arrondie ou globuleufe.*

Ferule commune. *Ferula communis.* Linn. Sp. 355.

*Ferula fæmina Plinii.* Tournef. 321.

Sa tige eft haute de quatre à cinq pieds, épaiffe, ferme, cylindrique & un peu rameufe; fes feuilles font fort grandes, plufieurs fois ailées, décompofées & à folioles longues & linéaires : fes fleurs forment des ombelles très-garnies, difpofées ordinairement trois à trois, dont une intermédiaire affez grande & deux latérales plus petites, foutenues par des péduncules oppofés. On trouve cette plante dans les lieux montueux & maritimes des Provinces méridionales. ♃ Sa femence eft carminative & fudorifique.

1048.

*Feuilles dont les folioles ne font point linéaires* ......

{ Fruit oblong & ailé, ou entouré d'un rebord large, mince & feuillé. 1049

Fruit elliptique & fimplement comprimé .......... 1050

---

1049. *Fruit oblong & ailé, ou entouré d'un rebord large, mince & feuillé.*

## Thapfie velue. *Thapfia villofa.* Linn. Sp. 375.

*Thapfia latifolia, villofa.* Tournef. 322.

Sa tige eft haute de deux ou trois pieds, cylindrique & prefque fimple ; fes feuilles font grandes, larges, velues, blanchâtres en-deffous, deux fois ailées & à folioles dentées, pinnatifides & cohérentes à leur bafe : les fleurs forment des ombelles lâches fort amples, & compofées d'une vingtaine de rayons. On trouve cette plante dans les lieux montagneux du Languedoc & de la Provence, ♃ ; fa racine eft âcre & purge avec violence.

---

1050. *Fruit elliptique & fimplement comprimé.*

## Panais. *Paftinaca.*

Les fleurs de Panais forment des ombelles évafées, & communément affez bien garnies. Les collerettes font nulles ou polyphylles, felon les efpèces, & les fruits font aplatis & entourés d'un rebord étroit, non feuillé.

### A N A L Y S E.

| Collerettes nulles ; pétioles des feuilles glabres & point hériffés de poils. | Collerettes de plufieurs folioles ; pétioles des feuilles inférieures hériffés de poils blancs. |
|---|---|
| I. | II. |

L

**1050.** **I.** *Collerettes nulles ; pétioles des feuilles glabres & point hériffés de poils.*

Panais cultivé. *Paftinaca fativa.* **Linn. Sp.** 376.

> *Paftinaca fylveftris , latifolia.* **Tournef.** 319.
> β. *Paftinaca fativa , latifolia.* **Ibid.**

Sa tige eft haute de trois pieds, quelquefois un peu plus, cylindrique, cannelée & rameufe ; fes feuilles font glabres, une fois ailées, & compofées de folioles affez larges, lobées ou incifées : les fleurs font petites, régulières, & forment des ombelles très-ouvertes, dépourvues de collerette. On trouve cette plante dans les lieux incultes, & le long des haies ou des chemins ♂ ; on cultive la variété β , dont la racine eft plus grande, moins dure, & d'un ufage affez fréquent dans les cuifines.

**II.** *Collerettes de plufieurs folioles ; pétioles des feuilles inférieures hériffés de poils blancs.*

Panais élevé. *Paftinaca altiffima.*

> *Paftinaca fylveftris , altiffima.* **Tournef.** 319.
> *Paftinaca opoponax.* **Linn. Sp.** 376.
> *Laferpitium chironium.* **Ibid.** 358.

Sa tige eft haute de cinq à fix pieds, très-droite, cylindrique, glabre dans fa partie fupérieure, & un peu rameufe ; fes feuilles font très-amples , deux fois ailées, hériffées en leur pétiole & en leurs nervures poftérieures, compofées de folioles ovales, dentées & remarquables par un lobe à leur bafe, ou par un de leurs côtés beaucoup plus court que l'autre, ce qui forme un vide ou une échancrure unilatérale : les ombelles font affez petites, toutes garnies de collerette , & les latérales font portées fur des pédoncules verticillés trois ou quatre enfemble vers le fommet de la tige ; les fruits font tout-à-fait planes. On trouve cette plante fur le bord des champs dans les provinces méridionales. ♃

**1051.**

*Fruit non comprimé, & n'ayant aucune aile bien sensible.* . . . . . . . .

Collerette universelle & partielle nulle. . . . . . . . . . . . . 1052

Collerette universelle ou partielle, composée d'une ou plusieurs folioles . . . . . . . . . . . 1055

---

**1052.**

*Collerette universelle & partielle nulle* . . . . . . . .

Feuilles dont les folioles sont élargies & arrondies ou ovales. . 1053

Feuilles dont les folioles sont toutes étroites & linéaires. 1054

---

**1053.** *Feuilles dont les folioles sont élargies & arrondies ou ovales.*

Maceron commun. *Smyrnium olusatrum.* Linn. Sp. 376.

*Smyrnium Matthioli.* Tournef. 316.

Sa tige est haute de deux ou trois pieds, cylindrique & rameuse ; ses feuilles inférieures sont trois fois ternées & composées de folioles ovales-arrondies, dentées, lobées, glabres & luisantes. Les supérieures sont simplement ternées : les fleurs sont d'un jaune-pâle, & les fruits sont composés de deux semences cannelées & un peu en forme de croissant. On trouve cette plante dans les pâturages humides & couverts de la Provence ♂ ; sa racine & ses semences sont diurétiques & emménagogues.

---

**1054.** *Feuilles dont les folioles sont toutes étroites & linéaires.*

Anet fenouil. *Anethum fœniculum.* Linn. Sp. 377.

*Fœniculum dulce, majore & albo semine.* Tournef. 311.
β. *Fœniculum vulgare, Germanicum.* Ibid.

Ses tiges sont cylindriques, lisses, rameuses, & s'élèvent jusqu'à quatre ou cinq pieds ; ses feuilles sont deux ou trois fois ailées, très-divisées, & leurs folioles ou découpures sont presque capillaires : les fleurs sont régulières, leurs pétales sont

**1054.** entiers, & les ombelles font amples & terminales. On trouve cette plante dans les lieux pierreux ♂ ; fon odeur eft agréable, & fon goût eft doux & aromatique ; elle eft apéritive, diurétique, carminative & ftomachique.

---

**1055.** *Collerette univerfelle ou partielle, compofée d'une ou plufieurs folioles . . . .* Tige & feuilles glabres. 1056

Tige & feuilles un peu velues. 1021—VIII.

---

**1056.**

*Tige & feuilles glabres. . .* Fruit très-gros, ovale-arrondi, anguleux, fongueux & difperme. 1057

Fruit oblong, ftrié, entouré d'un rebord plus ou moins fenfible, & compofé de deux femences nues. 1058

---

**1057.** *Fruit très-gros, ovale-arrondi, anguleux, fongueux & difperme.*

Amarinte libanotide. *Cachris libanotis.* Linn. Sp. 355.

*Cachris femine fungofo, lævi, foliis ferulaceis.* Tournef. 325.

Sa tige eft cylindrique, ftriée, rameufe & haute de deux pieds ; fes feuilles font amples, bipinnées & partagées en découpures linéaires & pointues ; fes fleurs font jaunes, terminales, & forment des ombelles bien garnies. Il leur fuccède des fruits liffes, fillonnés & qui fe divifent en deux portions fongueufes, dans chacune defquelles eft renfermée une efpèce de noyau. On trouve cette plante dans les lieux montueux & incultes des provinces méridionales. ♃

---

**1058.** *Fruit oblong, ftrié, entouré d'un rebord plus ou moins fenfible, & compofé de deux femences nues.*

Peucedan. *Peucedanum.*

Les fleurs de peucedan font jaunâtres ; leurs pétales font

**1058.**

entiers, oblongs & égaux, & les rayons de leur ombelle univerfelle font dans quelques efpèces remarquables par leur longueur.

## *ANALYSE.*

| Feuilles quatre ou cinq fois de fuite partagées en trois. I. | Feuilles ailées deux ou trois fois, & point divifées trois par trois. II. |
|---|---|

I. *Feuilles quatre ou cinq fois de fuite partagées en trois.*

Peucedan officinal. *Peucedanum officinale.* Linn. Sp. 353.

*Peucedanum Germanicum.* Tournef. 318.

Sa tige eft haute de deux ou trois pieds, cylindrique & rameufe vers fon fommet ; fes feuilles inférieures font amples, leur pétiole eft divifé trois ou quatre fois de fuite trois par trois, & fes dernières divifions fe terminent chacune par trois folioles étroites, planes & linéaires ; les ombelles font un peu lâches, ouvertes & difpofées au fommet de la tige & des rameaux ; les fruits font oblongs, non comprimés & n'ont point de rebord remarquable. On trouve cette plante dans les lieux couverts & un peu humides. ♉ Elle eft incifive, diurétique & emménagogue.

II. *Feuilles ailées deux ou trois fois, mais point divifées trois par trois.*

| Fruits planes ; collerette univerfelle de trois folioles ou davantage. III. | Fruits prefque point comprimés ; collerette univerfelle d'une ou deux folioles. IV. |
|---|---|

III. *Fruits planes ; collerette de trois folioles ou davantage.*

Peucedan alfatique. *Peucedanum alfaticum.* Linn. Sp. 354.

*Oreofelinum pratenfe, cicutæ folio.* Tournef. 318.

Sa tige eft haute de quatre ou cinq pieds, ftriée & un peu

**1058.** rameufe ; fes premières feuilles radicales font deux ou trois fois ailées & reffemblent par la forme de leurs découpures à celles des carottes ; celles d'enfuite ont leurs découpures un peu plus alongées & plus diftantes ; enfin, celles de la tige ont toutes des folioles étroites, linéaires, pointues & longues de plus d'un pouce. Les pétioles ont les bords de leur gaîne un peu rougeâtres. Les ombelles font amples & compofées d'une vingtaine de rayons fort grêles. Cette plante croît en Alface. ♃

---

IV. *Fruits prefque point comprimés ; collerette univerfelle d'une ou deux folioles.*

Peucedan des prés. *Peucedanum pratenfe.*

*Angelica pratenfis, apii folio.* Tournef. 313.

*Peucedanum filaus.* Linn. Sp. 354.

Sa tige eft haute de deux ou trois pieds, ftriée, prefque anguleufe & médiocrement rameufe vers fon fommet ; fes feuilles font d'un vert-noirâtre, trois fois ailées, & leurs folioles font petites & lancéolées-linéaires ; les folioles du fommet des pinnules font un peu confluentes à leur bafe ; les ombelles font lâches, très-ouvertes & terminales ; les fruits font oblongs & cannelés. On trouve cette plante dans les prés humides ♃ ; elle paffe pour diurétique & anti-calculeufe.

---

**1059.** *Semences contenues dans une baie ou dans une capfule.*

   Tige ligneufe ; feuilles pétiolées. 1060

   Tige herbacée ; feuilles amplexicaules . . . . . . . . . . 1109

---

**1060.** *Tige ligneufe ; feuilles pétiolées* . . . . . . . . .

   Style fimple ; pétales non inférés fur le calice. . . . . . . . 1060*

   Style bifide ; pétales inférés fur le calice . . . . . . . . . . 1061

---

1060. *  *Style simple ; pétales non insérés sur le calice.*

.Lierre rampant. *Hedera helix.* Linn. Sp. 292.

> *Hedera arborea.* Tournef. 613.
> β. *Hedera major, sterilis.* Bauh. pin. 305.
> γ. *Hedera humi repens.* Ibid.

Arbrisseau dont les tiges sont sarmenteuses, rampantes ou grimpantes, & s'attachent aux arbres ou aux vieilles murailles par des vrilles qui s'y implantent en manière de racine ; dans un âge avancé, il prend souvent la forme d'un arbre, & se soutient alors sans appui ; ses feuilles sont pétiolées, fermes ou coriaces, luisantes, partagées en plusieurs lobes anguleux sur les individus jeunes ou stériles, & ovales, pointues & entières sur ceux qui sont adultes : les fleurs sont disposées en corymbe ou en manière d'ombelles ; elles sont composées d'un calice très-petit, de cinq pétales oblongs & charnus, de cinq étamines & d'un style simple. Le fruit est une baie à cinq semences. On trouve cet arbrisseau dans les bois, les haies & contre les vieux murs ♄ ; il est vulnéraire & astringent.

---

1061.  *Style bifide ; pétales insérés sur le calice.*

### Groseillier. *Ribes.*

Les fleurs de groseillier ont un calice à cinq divisions ; cinq pétales fort petits insérés sur le calice ; cinq étamines & un style bifide. Le fruit est une baie sphérique, succulente & polysperme.

*A N A L Y S E.*

| Tige épineuse. I. | Tige non épineuse. I I. |
| --- | --- |

I.  *Tige épineuse.*

Groseillier épineux. *Ribes spinosum.*

> *Grossularia simplici acino, vel spinosa sylvestris.* Tournef. 639.
> *Rubes uva crispa.* Linn. Sp. 292.

Ses tiges sont hautes de deux à quatre pieds, rameuses &

1061. garnies d'épines ou d'aiguillons, disposés communément deux ou trois enfemble ; fes feuilles font petites, pétiolées, arrondies, crénelées, incifées, à trois ou cinq lobes, & un peu velues en-deffous : les fleurs naiffent des boutons à feuilles, attachées une ou deux enfemble à des péduncules courts & pendans ; il leur fuccède des baies verdâtres, un peu velues dans leur jeuneffe, mais qui blanchiffent ou jauniffent, & deviennent glabres dans leur maturité. Cet arbriffeau eft commun dans les haies ♄ ; on en cultive une variété dans les jardins, dont les fruits font affez gros. Ces fruits font aftringens & rafraîchiffans lorfqu'ils font verds ; ils deviennent laxatifs en mûriffant.

---

II.              *Tige non épineufe.*

| Fruits noirâtres ; grappes de fleurs velues. III. | Fruits rouges ou blancs ; grappes de fleurs glabres. IV. |

---

III.      *Fruits noirâtres ; grappes de fleurs velues.*

Grofeillier noir. *Ribes nigrum.* Linn. Sp. 291. ( *caffis.* )

*Groffularia non fpinofa, fructu nigro, majore.* Tournef. 640.

Ses tiges font hautes de quatre à fix pieds, droites & rameufes, fes feuilles font pétiolées, affez grandes, anguleufes, à trois ou cinq lobes pointus, dentées, glabres, & ont une odeur forte : les fleurs font oblongues & difpofées en grappes. Cet arbriffeau croît en Languedoc ♄ ; on le cultive dans les jardins ; fes fruits font ftomachiques & diurétiques : fon écorce & fes feuilles font anti-hydropiques. On vante fes feuilles contre la morfure des bêtes venimeufes & des animaux enragés.

---

IV.      *Fruits rouges ou blancs ; grappes de fleurs glabres.*

| Grappes de fleurs toutes pendantes ; bractées moins longues que les fleurs. V. | Grappes de fleurs la plupart droites ; bractées auffi longues que les fleurs. VI. |

**1061.**

V. *Grappes de fleurs toutes pendantes ; braſtées moins longues que les fleurs.*

Groſeillier rouge. *Ribes rubrum.* Linn. Sp. 290.

*Groſſularia multiplici acino, ſive non ſpinoſa, hortenſis rubra, ſive ribes officinarum.* Tournef. 639.

Arbriſſeau de quatre à ſix pieds, droit & très-rameux ; ſes feuilles ſont pétiolées, anguleuſes, lobées & dentées ; ſes fleurs courtes, diſpoſées en grappes, & remplacées par des fruits ordinairement rouges dans leur maturité, blancs dans une variété, & d'un goût acide, mais très-agréable : il croît dans les montagnes de la Provence ♄ ; on le cultive dans les jardins ; ſes fruits ſont rafraîchiſſans & tempérans.

VI. *Grappes de fleurs la plupart droites ; braſtées auſſi longues que les fleurs.*

Groſeillier des Alpes. *Ribes Alpinum.* Linn. Sp. 291.

*Groſſularia vulgaris, fruſtu dulci.* Tournef. 639.

Ses tiges ſont hautes de trois pieds, rameuſes & recouvertes d'une écorce blanchâtre ; ſes feuilles ſont petites, pétiolées, glabres, trilobées, dentées, vertes en-deſſus & un peu pâles en-deſſous. Les fleurs forment de petites grappes redreſſées, verdâtres & garnies de braſtées aſſez longues ; il leur ſuccède des baies d'un blanc-rougeâtre, douces & d'un goût agréable. On trouve cet arbriſſeau dans les haies, en Alſace & en Provence. ♄

---

**1062.** *Moins de cinq pétales . . .* { Deux étamines . . . . . . 1063
Quatre étamines . . . . . 1064

---

**1063.** *Deux étamines.*

*Circée. Circæa.*

Les fleurs de circée ont un calice de deux pièces ; deux

1063. pétales échancrés en cœur, deux étamines & un style simple: Léur fruit est une capsule pyriforme, hérissée & biloculaire.

## A N A L Y S E.

| Tige de plus d'un pied ; feuilles un peu velues, & point en cœur à leur base. <br> I. | Tige de moins d'un pied ; feuilles très-glabres, & sensiblement en cœur à leur base. <br> I I. |
|---|---|

I. *Tige de plus d'un pied ; feuilles un peu velues & point en cœur à leur base.*

Circée majeure. *Circæa major.*

*Circæa Luteriana.* Tournef. 301. Linn. Sp. 12.

Sa tige est droite, rameuse ; un peu velue, & haute d'un pied & demi ; ses feuilles sont opposées, pétiolées, ovales, pointues, & à peine dentées en leur bord. Ses fleurs sont blanches ou rougeâtres, portées sur des pédoncules velus, & disposés au sommet de la tige & des rameaux, en longs épis ; les folioles de leur calice sont réfléchies. On trouve cette plante dans les bois. ♃

II. *Tige de moins d'un pied ; feuilles très-glabres, & sensiblement en cœur à leur base.*

Circée mineure. *Circæa minima.* Tournef. 301.

*Circæa Alpina.* Linn. Sp. 12.

Sa tige est longue de quatre à six pouces, glabre & quelquefois couchée ; ses feuilles sont opposées, pétiolées, très-glabres, cordiformes & garnies en leur bord de dents bien marquées : les fleurs ne forment souvent qu'un seul épi ; elles ont leur calice rougeâtre. On trouve cette plante en Alsace ; elle croît aussi en Dauphiné, où elle a été observée par M. Liettard. ♃

1064. *Quatre étamines.* . . . . . {
Tige herbacée. . . . . . 1065
Tige ligneuse. . . . . . 1066

---

1065. *Tige herbacée.*

Mâcre flottante. *Trapa natans.* Linn. Sp.) 175.

*Tribuloides vulgare, aquis innascens.* Tournef. 655.

Sà tige est longue, rampe dans l'eau, & jette çà & là quelques feuilles capillaires, garnies vers leur base de filets latéraux, disposés en forme d'aile ; elle s'élève jusqu'à la surface de l'eau, & produit alors beaucoup de feuilles flottantes disposées en rond, & qui forment une belle rosette à la superficie de ce fluide ; ces feuilles sont glabres en-dessus, triangulaires ou rhomboïdales, dentées & portées sur de longs pétioles : les fleurs sont presque sessiles, composées d'un calice quadrifide & persistant, de quatre pétales blancs, de quatre étamines, & d'un style simple. Le fruit est monosperme & hérissé de quatre pointes formées par le calice. On trouve cette plante dans les étangs & les fossés aquatiques. ☉ On mange son fruit ; il est astringent & anti-diarrhoïque.

---

1066. *Tige ligneuse.*

Cornouiller. *Cornus.*

Les fleurs de cornouiller ont un calice fort petit & à quatre dents, quatre pétales pointus, quatre étamines & un style terminé par un stigmate épais & obtus. Le fruit est arrondi, ombiliqué & contient un noyau biloculaire.

*A N A L Y S E.*

| Fleurs jaunes, paroissant avant le développement des feuilles.<br>I. | Fleurs blanches, paroissant après le développement des feuilles.<br>I I. |
|---|---|

1066.

**I.** *Fleurs jaunes, paroiſſant avant le développement des feuilles.*

Cornouiller mâle. *Cornus mas.* Linn. Sp. 171.

*Cornus ſylveſtris, mas.* Tournef. 641.

Arbriſſeau de dix à douze pieds, rameux, & dont le bois eſt dur ; ſes feuilles ſont oppoſées, portées ſur de courts pétioles, ovales, pointues, chargées de quelques poils en-deſſous, & garnies de nervures parallèles & convergentes : les fleurs forment de petites ombelles, compoſées de dix à quinze rayons très-courts & uniflores. Ces ombelles ont chacune une collerette de quatre folioles ovales, pointues & auſſi longues que les rayons ; les fruits ſont d'un beau rouge dans leur maturité. On trouve cet arbriſſeau dans les bois & les haies ♄ ; ſes fruits ſont bons à manger & un peu aſtringens.

**II.** *Fleurs blanches, paroiſſant après le développement des feuilles.*

Cornouiller ſanguin. *Cornus ſanguinea.* Linn. Sp. 171.

*Cornus fæmina.* Tournef. 641.

Cet arbriſſeau s'élève un peu moins que le précédent ; ſes rameaux ſont longs, droits & recouverts d'une écorce liſſe, qui devient ſouvent d'un rouge-vif pendant l'hiver ; ſes feuilles ſont oppoſées, pétiolées, ovales, pointues, entières, & garnies de nervures convergentes : les fleurs forment des ombelles aſſez grandes, ſans collerette, & dont les rayons ſont rameux ; les fruits ſont noirâtres dans leur maturité. On trouve cette eſpèce dans les haies & les bois. ♄

1067.

*Fleurs incomplètes. . . . .* {
Tige ligneuſe, & de plus de trois pieds. . . . . . . . . . . . . 1068

Tige herbacée, & de moins de deux pieds. . . . . . . . . . 930 *

**1068.**

*Tige ligneuse, & de plus de trois pieds.*

Olinet blanchâtre. *Elæagnus incanus.*

*Elæagnus orientalis, angustifolius, fructu parvo olivæ formi, subaulci.* Tournef. cor. 53.
*Elæagnus angustifolius.* Linn. Sp. 176.

Grand arbrisseau dont les jeunes rameaux sont couverts d'un duvet blanc & cotonneux ; ses feuilles sont alternes, ovales-oblongues, molles, blanchâtres, cotonneuses en-dessous, & portées sur de courts pétioles : ses fleurs sont petites, presque sessiles, & disposées dans les aisselles des feuilles, souvent deux ou trois ensemble ; elles ont une corolle campanulée, quadrifide & jaunâtre intérieurement ; il leur succède un fruit à noyau qui a la forme d'une olive. On trouve cet arbrisseau en Provence. ♄

---

**1069.** *Six étamines ou plus. . .* { Tige herbacée . . . . . . . 1070
Tige ligneuse. . . . . . . 1078

---

**1070.** *Tige herbacée . . . . . . . .* { Cinq pétales . . . . . . . . 1071
Moins de cinq pétales. . 1073

---

**1071.** *Cinq pétales. . . . . . . .* { Calice ou double, ou hérissé de pointes roides à sa base, & portant la corolle . . . . . . . . . 1072

Calice très-simple, non hérissé de pointes, & ne portant point la corolle . . . . . . . . . . . 1112

1072. *Calice ou double, ou hériſſé de pointes roides à ſa baſe,*
*& portant la corolle.*

Aigremoine officinale. *Agrimonia officinarum.*
Tournef. 381.

*Agrimonia eupatoria.* Linn. Sp. 643.

Sa tige eſt haute de deux pieds, plus ou moins, un peu
dure, velue, & ordinairement ſimple; ſes feuilles ſont alternes,
aïlées, avec une impaire, & compoſées de ſept ou neuf folioles
ovales-lancéolées, dentées en ſcie, velues, & entre leſquelles
on en trouve d'autres extrêmement petites : les folioles vont en
augmentant de grandeur vers le ſommet des feuilles : les fleurs
ſont jaunes, petites, preſque ſeſſiles, & forment un épi grêle,
alongé & terminal ; les fruits ſont diſpermes, & très-hériſſés de
pointes crochues. On trouve cette plante le long des haies, des
chemins, & dans les bois ♅ ; elle eſt vulnéraire, aſtringente,
apéritive & déterſive.

---

1073. *Moins de cinq pétales . . .* ⎰ Trois pétales . . . . . . . . 1074
⎱ Quatre pétales . . . . . . 1075

---

1074. *Trois pétales.*

Stratiote aloïde. *Stratiotes aloides.* Linn. Sp. 754.

*Sedum aquatile ſive ſtratiotes potamios.* Dod. pempt. 583.

Ses feuilles ſont nombreuſes, longues, étroites, pointues,
bordées de cils durs & piquans, & diſpoſées en un faiſceau
ou une large roſette qui eſt communément enfoncée en grande
partie dans l'eau. De la baſe de cette roſette partent pluſieurs
fibres déliées, cylindriques, vermiformes, & que l'on peut
regarder comme des racines ; ſes tiges ſont de petites hampes
ſimples, uniflores, & à peine de la longueur des feuilles : les
fleurs ſont blanches, compoſées d'un calice à trois diviſions,
de trois pétales arrondis & plus grands que le calice, d'une
vingtaine d'étamines, & de ſix ſtyles ſimples ; il leur ſuccède
une baie à ſix loges. On trouve cette plante en Flandre dans
les eaux tranquilles, les foſſés aquatiques & les étangs. ♅

1075.

*Quatre pétales* . . . . . . $\left\{\begin{array}{l}\text{Fleurs jaunes ; femences nues.}\\ \hspace{3em}\text{1076}\\ \text{Fleurs rouges ou blanchâtres ;}\\ \text{femences à aigrette . . . . . 1077}\end{array}\right.$

---

1076.      *Fleurs jaunes ; femences nues.*

Onagre bifannuelle. *Onagra biennis.* Scop. carn. 1 ,
p. 269.

> *Onagra latifolia.* Tournef. 302.
> *Oenothera biennis.* Linn. Sp. 492.

Sa tige eft haute de trois ou quatre pieds, velue, feuillée,
& un peu rameufe vers fon fommet ; fes feuilles font ovales-
lancéolées, dentées en leur bord, & remarquables par une
nervure blanche qui les traverfe dans leur longueur ; fes fleurs
font grandes, pédunculées, terminales, & compofées d'un
calice à quatre divifions réfléchies, de quatre pétales jaunes
& un peu échancrés en cœur, de huit étamines, & d'un
ftyle terminé par un ftigmate quadrifide. Le fruit eft une
capfule fort longue, pointue, quadriloculaire & polyfperme.
Cette plante eft étrangère, mais elle s'eft naturalifée dans plufieurs provinces ou elle eft maintenant très-commune. ♂

---

1077.      *Fleurs rouges ou blanchâtres ; femences à aigrette.*

### Epilobe. *Epilobium.*

Les fleurs d'épilobe ont un calice de quatre feuilles, quatre
pétales, huit étamines, & un ftyle terminé par un ftigmate
quadrifide, mais qui dans fa jeuneffe paroît quelquefois entier.
Le fruit eft une capfule très-longue, grêle, communément
tétragone, & remplie de femences à aigrette, attachées à un
placenta libre & linéaire.

*A N A L Y S E.*

| Fleurs régulières ; la plupart des feuilles oppofées. | Fleurs irrégulières ; toutes les feuilles alternes. |
|:---:|:---:|
| I. | X. |

**1077.** I. *Fleurs régulières, la plupart des feuilles opposées.*

|  |  |
|---|---|
| Tige abondamment velue. II. | Tige glabre ou presque glabre. V. |

II. *Tige abondamment velue.*

|  |  |
|---|---|
| Feuilles toutes amplexicaules, les inférieures formant à leur base une gaîne décurrente. I I I. | Feuilles presque pétiolées, & ne formant point à leur base une gaîne décurrente. I V. |

III. *Feuilles toutes amplexicaules, & les inférieures formant à leur base une gaîne décurrente.*

Epilobe amplexicaule. *Epilobium amplexicaule.*

*Chamænerion villosum, magno flore purpureo.* Tournef. 303.

Sa tige est haute de trois à cinq pieds, cylindrique, feuillée, velue & un peu branchue dans sa partie supérieure ; ses feuilles sont grandes, lancéolées, pointues, d'un vert-noirâtre, toutes amplexicaules, & ont leurs bords un peu décurrens, & qui se réunissent pour former une gaîne plus ou moins distincte : les fleurs sont purpurines, fort grandes, & ont leurs pétales échancrés en cœur. On trouve cette plante sur le bord des eaux. ♃

IV. *Feuilles presque pétiolées, & ne formant point à leur base une gaîne décurrente.*

Epilobe mollet. *Epilobium molle.*

*Chamænerion hirsutum, parvo flore.* Tournef. 303.

Cette espèce me paroît suffisamment distinguée de la précédente ; sa tige est haute de deux ou trois pieds, velue & cylindrique ; ses feuilles sont lancéolées, denticulées, non

**1077.** amplexicaules., d'un vert-blanchâtre , très-molles & pubefcentes : fes fleurs font petites, compofées de quatre pétales
échancrés , peu ouverts, & d'une couleur de chair affez pâle.
On trouve cette plante dans les lieux humides & couverts. ♃

---

V.     *Tige glabre ou prefque glabre.*

| Tige droite, & haute de plus d'un pied.<br>**V I.** | Tige fouvent couchée à fa bafe,<br>& haute de moins d'un pied.<br>**I X.** |

---

VI.     *Tige droite , & haute de plus d'un pied.*

| Feuilles étroites – lancéolées ,<br>& toutes<br>entièrement feffiles.<br>**V I I.** | Feuilles ovales-lancéolées,<br>& la plupart<br>diftinctement pétiolées.<br>**V I I I.** |

---

VII. *Feuilles étroites-lancéolées , & toutes entièrement feffiles.*

Epilobe tétragone. *Epilobium tetragonum.* Linn. Sp. 494.

    *Chamænerion glabrum , minus.* Tournef. 303.

    β. *Chamænerion anguftifolium , glabrum.* Ibid.

    *Epilobium paluftre.* Linn. Sp. 495.

Sa tige eft haute d'un pied & demi, glabre & un peu
branchue ; fes feuilles font longues de deux pouces , & ont
à peine quatre lignes de largeur; elles font feffiles, glabres &
un peu dentées en leur bord , même celles de la variété β.
Les fleurs font petites , leurs pétales font échancrés , & leur
ftigmate, long à fe développer, paroit fouvent très-fimple.
On trouve cette plante fur le bord des ruiffeaux. ♃

---

**VIII.**

**1077.**

**VIII.** *Feuilles ovales-lancéolées ; & la plupart distinctement pétiolées.*

Épilobe de montagne. *Epilobium, montanum.* Linn. Sp. 494.

*Chamænerion glabrum, majus.* Tournef. 303.

Sa tige est cylindrique, branchue, & s'élève jusqu'à deux pieds ; ses feuilles sont ovales-lancéolées, pointues, dentées en leurs bords, glabres, & ont la plûpart plus de quatre lignes de largeur : elles sont oppofées & quelquefois ternées, mais celles du sommet sont alternes. Les fleurs sont petites, purpurinés ou couleur de chair, & leurs pétales sont échancrés. On trouve cette plante dans les lieux montagneux & les bois. ♃

---

**IX.** *Tige souvent couchée à fa base, & haute de moins d'un pied.*

Épilobe des Alpes. *Epilobium Alpinum.* Linn. Sp. 495.

*Chamænerion Alpinum, minus ; brunellæ foliis.* Tournef. 303.

Sa tige est haute de cinq à huit pouces, rameufe, glabre, & plus ou moins droite ; ses feuilles sont ovales-lancéolées, dentées en leurs bords, rarement entières, glabres, nerveufes & émouffées à leur sommet : les inférieures sont ovales & un peu pétiolées. Les fleurs sont petites, purpurines, & difpofées en petit nombre au sommet de la tige & des rameaux. On trouve cette plante dans les montagnes, fur le bord dés ruiffeaux. ♃

---

**X.** *Fleurs irrégulières ; toutes les feuilles alternes.*

| Péduncules nus, & fortant de l'aiffelle d'une petite bractée. | Péduncules chargés d'une petite feuille ou bractée étroite. |
|:---:|:---:|
| XI. | XII. |

**1077.** | **XI.** *Péduncules nus , & sortant de l'aisselle d'une petite bractée.*

Épilobe à épi. *Epilobium spicatum.* ( Laurier S. Antoine );

*Chamænerion latifolium , vulgare.* Tournef. 302.

Sa tige est haute de trois ou quatre pieds, simple, glabre & souvent rougeâtre ; ses feuilles ressemblent un peu à celles de l'amandier : elles sont longues, lancéolées, pointues, à peine denticulées, glabres, traversées par une nervure blanche & longitudinale, & d'un vert blanchâtre en-dessous. Ses fleurs sont grandes, fort belles, d'une couleur rouge ou violette, & forment un épi superbe au sommet de la tige ; elles ont leur calice coloré & leur ovaire cotonneux. J'ai trouvé cette plante dans les bois de Bondy, aux environs de Paris. ♃

**XII.** *Péduncules chargés d'une petite feuille ou bractée étroite.*

Épilobe à feuilles étroites. *Epilobium angustifolium.*

*Chamænerion angustifolium , Alpinum , flore purpureo.* Tournef. 302.

Sa tige est haute de deux pieds ou environ, cylindrique, glabre & rameuse ; ses feuilles sont alternes, éparses, linéaires, étroites & rarement dentées. Ses fleurs sont assez grandes, purpurines, & portées sur des péduncules chargés à leur base d'une bractée longue & linéaire ; elles ont leurs pétales presque entiers, oblongs, & moins larges que ceux de l'espèce précédente. On trouve cette plante dans les montagnes du Dauphiné & de la Provence. ♃

**1078.**

*Tige ligneuse.* . . . . . . . . { Un seul style : . . . . . . . 1079
Plusieurs styles . . . . . . . 1083

1079. *Un seul style* . . . . . . . . $\left\{\begin{array}{l}\text{Feuilles très-entières . . . 1080}\\\text{Feuilles découpées.. . 1084 — I}\end{array}\right.$

---

1080.

*Feuilles très-entières* . . . . $\left\{\begin{array}{l}\text{Fleurs blanches ; baie à deux ou}\\\text{trois femences . . . . . . . 1081}\\\text{Fleurs rouges ; fruit multiloculaire}\\\text{\& polyfperme . . . . . . . 1082}\end{array}\right.$

---

1081.   *Fleurs blanches ; baies à deux ou trois femences.*

Myrte commun. *Myrtus communis.* Linn. Sp. 673.

*Myrtus minor, vulgaris.* Tournef. 640.

β. *Myrtus fylveftris, foliis acutiffimis.* Ibid.

Arbriffeau peu élevé, dont la tige fe divife en beaucoup de rameaux flexibles, feuillés, & d'un port très-agréable ; fes feuilles font pétites, nombreufes, fort rapprochées les unes des autres, lancéolées, pointues, vertes, liffes & un peu dures : elles ne tombent point pendant l'hiver. Ses fleurs font axillaires, folitaires, pédunculées, compofées d'un calice à cinq divifions, de cinq pétales inférés fur le calice, de beaucoup d'étamines &. d'un ftyle fimple. Ses fruits font de petites baies ovales & ombiliquées ; il croît dans les lieux incultes des provinces méridionales, ♄ ; fes feuilles & fes baies font aftringentes & déterfives.

---

1082.   *Fleurs rouges ; fruit multiloculaire & polyfperme.*

Grenadier épineux. *Punica fpinofa.*

*Punica fylveftris.* Tournef. 636.

*Punica granatum.* Linn. Sp. 676.

Arbriffeau élevé, épineux, & dont les raméaux font recouverts d'une écorce rougeâtre ; fes feuilles font affez petites, lancéolées, pointues, très-liffes & rougeâtres dans leur jeuneffe. Ses fleurs font grandes, fort belles, d'un rouge éclatant, compofées d'un calice monophyle, campanulé, coloré &

1082. quinquefide; de cinq pétales insérés sur le calice, de beaucoup d'étamines assez courtes & d'un style simple. Le fruit est fort gros, arrondi, ombiliqué, & renferme beaucoup de semences entourées d'une pulpe rougeâtre. On trouve cet arbrisseau en Provence & en Languedoc, ♭; son fruit est rafraîchissant & astringent.

---

1083. *Plusieurs styles* . . . . . . {
Deux styles dans la plùpart des fleurs. . . . . . . . . . . . .1084
Plus de deux styles dans toutes les fleurs. . . . . . . . . . .1085

---

1084. *Deux styles dans la plupart des fleurs.*

Alisier. *Cratægus.*

{ Les fleurs d'alisier sont composées d'un calice à cinq divisions; de cinq pétales insérés sur le calice, d'une vingtaine d'étamines, & communément de deux styles droits. Les fruits sont des baies couronnées & dispermes; les feuilles sont rarement deux fois plus longues que larges.

*A N A L Y S E.*

| Tige ou rameaux garnis d'épines. I. | Tige & rameaux n'ayant aucune épine. II. |
|---|---|

I.    *Tige ou rameaux garnis d'épines.*

Alisier aubepin. *Cratægus oxyacantha.* Linn. Sp. 683.

*Mespilus apii folio, sylvestris, spinosa, sive oxyacantha.* Tournef. 642.

β. *Mespilus apii folio, laciniato.* Ibid.

*Cratægus azarolus.* Linn. Sp. 683. ( Azerolier ).

Arbrisseau élevé, dont le bois est dur, le tronc tortueux, & les rameaux nombreux, diffus & armés de fortes épines; les feuilles sont alternes, pétiolées, lisses, vertes des deux côtés, profondément découpées, incisées, élargies vers leur baie, & émoussées ou obtuses à leur sommet. Ses fleurs sont blanches, disposées par bouquets corymbiformes, n'ont sou-

1084

vent qu'un seul style, & ont une odeur très-agréable ; les fruits font rouges & quelquefois monofpermes. Cet arbriffeau eft commun dans les haies & autour des bois, ♭ ; fes fruits font un peu aftringens.

L'azerolier eft moins épineux & plus grand dans toutes fes parties.

---

**II.**  *Tige & rameaux n'ayant aucune épine.*

| Feuilles ovales, fimplement dentées, & point incifées, ni anguleufes. **III.** | Feuilles incifées, fenfiblement anguleufes, & dentées en leurs angles. **VI.** |
|---|---|

---

**III.**  *Feuilles ovales fimplement dentées, & point incifées, ni anguleufes.*

| Feuilles vertes des deux côtés ; fleurs rougeâtres. **IV.** | Feuilles blanchâtres & cotonneufes en-deffous ; fleurs blanches. **V.** |
|---|---|

---

**IV.**  *Feuilles vertes des deux côtés ; fleurs rougeâtres.*

Alifier nain. *Cratægus humilis.*

*Cratægus folio oblongo, ferrato, utrinquè virente.* **Tournef.** 633.

*Mefpilus chamæmefpilus.* Linn. Sp. 685.

Arbriffeau de deux ou trois pieds, rameux, tortueux, & dont l'écorce eft noirâtre ; fes feuilles font ovales, dentées en fcie, un peu dures, d'un vert foncé en-deffus, pâles en-deffous, glabres des deux côtés dans leur parfait développement, & portées fur de courts pétioles : les fleurs font rougeâtres, difpofées en corymbe au fommet des rameaux, & n'ont que deux ftyles, felon M<sup>rs</sup> de Haller, Jacquin & Scopoli. On le trouve dans les montagnes de la Provence. ♭

**1084.** **V.** *Feuilles blanchâtres & cotonneufes en-deffous ; fleurs blanches.*

Alifier commun. *Cratægus aria.* Linn. Sp. 681.

*Cratægus folio fubrotundo , ferrato , fubtùs incano.* Tournef. 633.

Arbriffeau communément de dix à quinze pieds, & qui s'élève en arbre jufqu'à la hauteur de trente à quarante pieds, lorfqu'on le cultive ; fes feuilles font pétiolées, ovales, dentées, un peu fermes, vertes en-deffus, & garnies en-deffous d'un coton blanc très-remarquable : fes pétioles, fes péduncules & fes calices, font auffi très-cotonneux. Ses fleurs font difpofées en corymbe , & portées fur des péduncules rameux ; il leur fuc-cède des baies rouges dans leur maturité, & bonnes à manger. On trouve cet arbriffeau dans les bois. ♄

**VI.** *Feuilles incifées , fenfiblement anguleufes , & dentées en leurs angles.*

| | |
|---|---|
| Feuilles ovales-arrondies , non en cœur à leur bafe , & dont les angles font médiocres. | Feuilles un peu en cœur à leur bafe , & à fept angles ; dont les inférieurs font fort grands. |
| **VII.** | **VIII.** |

**VII.** *Feuilles ovales-arrondies , non en cœur à leur bafe, & dont les angles font médiocres.*

Alifier à feuilles larges. *Cratægus latifolia.*

*Cratægus folio fubrotundo , ferrato & laciniato.* Vail. Parif. 42.

Arbre élevé ; très-rameux, dont l'écorce eft grisâtre & le bois blanc, mais affez dur ; fes feuilles font pétiolées, larges, ovales-arrondies, pointues, dentées, anguleufés particulière-ment vers leur bafe, vertes en-deffus, blanchâtres & un peu cotonneufes en-deffous : fes fleurs font blanches, & difpofées en corymbe ; leurs péduncules & leurs calices font cotonneux ; fes fruits font d'un jaune-rougeâtre, & d'un goût amer. On trouve cet arbre dans la forêt de Fontainebleau. ♄

**1084.** VIII. *Feuilles un peu en cœur à leur bafe, & à fept angles,* *dont les inférieurs font fort grands.*

Alifier torminal. *Cratægus torminalis.* Linn. Sp. 681.

*Cratægus folio laciniato.* Tournef. 633.

Arbriffeau, ou arbre médiocre, rameux & dont l'écorce eft rougeâtre ; fes feuilles reffemblent un peu à celles de quelques efpèces d'érable ; elles font pétiolées, affez larges, courtes, très-anguleufes, incifées, dentées & remarquables par leurs angles inférieurs, écartés & divergens : elles font légèrement velues en-deffous, mais prefque point cotonneufes : les fleurs font blanches & difpofées en corymbe. On trouve cet arbre dans les forêts. ♄.

**1085.**

*Plus de deux ftyles dans* { Feuilles ailées ou profondément
*toutes les fleurs* . . . . . { pinnatifides . . . . . . . . . . . 1086
{ Feuilles très-fimples, entières ou
{ feulement dentées . . . . . . 1087

**1086.** *Feuilles ailées ou profondément pinnatifides.*

### Sorbier. *Sorbus.*

Les fleurs de forbier ne diffèrent de celles des alifiers que parce qu'elles ont toujours plus de deux ftyles, & les fruits font des baies ombiliquées qui contiennent plus de deux femences.

### *A N A L Y S E.*

| Feuilles ailées, glabres des deux côtés, & la plupart à plus de treize folioles. | Feuilles ailées, cotonneufes en-deffous, & n'ayant jamais plus de treize folioles. |
|---|---|
| I. | I I. |

I. *Feuilles ailées, glabres des deux côtés, & la plupart à plus de treize folioles.*

Sorbier des Oifeleurs. *Sorbus aucuparia.* Linn. Sp. 683.

*Sorbus aucuparia.* Tournef. 634.

Arbre droit, rameux & médiocre; fes feuilles font ailées;

**1086.** compofées de treize à dix-fept folioles ovales-lancéolées, pointues, dentées en leurs bords, glabres des deux côtés, mais d'une couleur pâle en-deſſous, & même un peu velues dans l ur jeuneſſe ; ſes fleurs ſont blanches & diſpoſées en corymbe, ſur des pédunçules rameux: il leur ſuccède des fruits d'un beau rouge, contenant trois ou quatre ſemences. Cet arbre eſt commun dans les bois.

II. *Feuilles ailées, cotonneuſes en-deſſous, & n'ayant jamais plus de treize folioles.*

Sorbier domeſtique. *Sorbus domeſtiça.* Linn. Sp. 684.

*Sorbus ſativa.* Tournef. 633.

Cet arbre eſt plus élevé que le précédent; ſon tronc eſt uni & fort droit, & ſes branches forment une tête aſſez réguliére: les folioles de ſes feuilles ſont ovales, dentées, un peu obtuſes, blanchâtres & légèrement velues en-deſſous, même dans leur dévelopement parfait Ses fleurs ſont blanches, diſpoſées en corymbe, & remplacées par des fruits pyriformes & d'un rouge jaunâtre. On trouve cet arbre dans les bois en Alſace & en Provence, ♄; ſes fruits ſont aſtringens.

**1087.** *Feuilles très-ſimples, entières ou ſeulement dentées.....* { Fruit contenant trois à cinq ſemences très-dures & oſſeuſes. 1088
Fruit contenant cinq à dix ſemences non oſſeuſes, noirâtres, & qu'on nomme *pepins* .... 1089

**1088.** *Fruit contenant trois à cinq ſemences très-dures & oſſeuſes.*

Neflier. *Meſpilus.*

Les nefliers ne différent des aliſiers que par le nombre des ſtyles de leurs fleurs, & par celui des ſemences que contiennent leurs fruits. Leurs feuilles ſimples les diſtinguent ſuffiſamment des Sorbiers.

1088.

| Fleurs folitaires & prefque feffiles. I. | Fleurs pédunculées & point folitaires. I I. |
| --- | --- |

I.     *Fleurs folitaires & prefque feffiles.*

Neflier germanique. *Mefpilus germanica.* Linn. Sp. 684.

    *Mefpilus germanica, folio laurino non ferrato, five mef-pilus fylveftris.* Tournef. 641.

Arbriffeau ou arbre médiocre, dont le tronc eft tortueux, & les rameaux ordinairement garnis de fortes épines, qu'ils perdent lorfqu'on le cultive ; fes feuilles font ovales - lan-céolées, légèrement dentées en leurs bords, vertes en-deffus, d'une couleur pâle, & un peu velues en-deffous : leurs pétioles font très-courts. Les fleurs font blanches ou un peu rougeâtres, folitaires, terminent les rameaux, & font remarquables par les découpures de leur calice, alongées & pointues ; il leur fuc-cède des fruits connus fous le nom de *nefle.* On trouve cet arbriffeau dans les bois & les haies, ♄ ; les nefles font un peu aftringentes.

II.     *Fleurs pédunculées & point folitaires.*

| Tige épineufe ; feuilles dentées. III. | Tige fans épines ; feuilles très-entières. IV. |
| --- | --- |

III.     *Tige épineufe ; feuilles dentées.*

Neflier pyracanthe. *Mefpilus pyracantha.* Linn. Sp. 685. ( Buiffon ardent ).

    *Mefpilus aculeata, amygdali folio.* Tournef. 642.

Arbriffeau très - rameux, diffus, difpofé en buiffon, & garni de fortes épines ; fon écorce eft rougeâtre ou noirâtre : fes feuilles font ovales-lancéolées, légèrement dentées, un peu fermes, liffes en - deffus, nerveufes, & quelquefois un peu velues en - deffous. Ses fleurs font d'une couleur pâle ou rougeâtre, & font remplacées par des fruits petits, obronds, d'un rouge écarlate, & qui, par leur grand nombre, font

**1088.** souvent paroître çet arbriffeau comme en feu ; il croît en Provence. ♄

---

IV.    *Tige fans épines ; feuilles très-entières.*

Neflier cotonnier. *Mefpilus cotoneafter.* Linn. Sp. 686.

*Mefpilus folio fubrotundo , fructu rubro.* Tournef. 642.

Arbriffeau peu élevé, tortueux, rameux, & dont l'écorce eft d'un rouge noirâtre ; fes feuilles font pétiolées, ovales-arrondies , très-entières , vertes en-deffus , blanchâtres & cotonneufes en-deffous. Ses fleurs font petites, de couleur herbacée , & difpofées deux à cinq enfemble par bouquets axillaires ; elles n'ont fouvent que trois ftyles , & leurs fruits font des baies rouges , obtufes & trifpermes. On trouve cet arbriffeau en Provence. ♄

---

**1089.** *Fruit contenant cinq à dix femences non offeufes, noirâtres , & qu'on nomme pepins.*

### Poirier. *Pyrus.*

Le grand rapport, & même la reffemblance prefque parfaite dans toutes les parties de la fructification des poiriers proprement dits , des pommiers & du coignaffier , exige que l'on réuniffe ces différens arbres fous un feul genre , comme l'a fait M. Linné ; leurs fleures ont un calice monophylle à cinq divifions , cinq pétales arrondis ou oblongs , inférés fur le calice , une vingtaine d'étamines & cinq ftylés. Les fruits font ordinairement charnus , divifés intérieurement en cinq petites loges membraneufes ou cartilagineufes , qui renferment prefque toujours chacune deux femences oblongues , noirâtres , & connues fous le nom de *pepins*.

#### A N A L Y S E.

| Fruit très-charnu , & d'une couleur verdâtre , ou jaunâtre , ou rougeâtre. <br> I. | Fruit peu charnu , petit , & d'un bleu noirâtre. <br> VI. |
|---|---|

**1089.**

**I.** *Fruit très-charnu, & d'une couleur verdâtre, ou jaunâtre, ou rougeâtre.*

| Fleurs disposées par bouquets.<br>**II.** | Fleurs solitaires.<br>**V.** |
|---|---|

**II.** *Fleurs disposées par bouquets.*

| Bouquets de fleurs corymbiformes; fruit conique, & point concave à l'insertion de son péduncule.<br>**III.** | Bouquets de fleurs ombelliformes; fruit obrond, & concave à l'insertion de son péduncule.<br>**IV.** |
|---|---|

**III.** *Bouquets de fleurs corymbiformes ; fruit conique, & point concave à l'insertion de son péduncule.*

Poirier commun. *Pyrus communis.* Linn. Sp. 686.

*Pyrus sylvestris.* Tournef. 632.
β *Pyrus sativa* ( & *varietates* ) ibid. 628, &c.

Les nombreuses variétés de Poiriers que l'on cultive dans les jardins, paroissent la plupart provenir du poirier sauvage, que la culture & la greffe ont avec le temps perfectionné. Cet arbre est médiocre, rameux & épineux ; ses feuilles sont pétiolées, ovales-lancéolées, pointues, glabres & un peu dentées ; ses fleurs sont blanches, & leurs péduncules s'insèrent en manière de corymbe sur un péduncule commun ; il leur succède des fruits qui sont très-âcres. On trouve cet arbre dans les forêts, ♄ ; son bois est fort dur.

**IV.** *Bouquets de fleurs ombelliformes ; fruit obrond & concave à l'insertion de son péduncule.*

Poirier pommier. *Pyrus malus.* Linn. Sp. 686.

*Malus sylvestris, fructu valdè acerbo.* Tournef. 634.
β *Malus sativa* ( & *varietates* ). Ibid. 634, 635, &c.

Le pommier sauvage paroît être aussi le type de toutes

**1089.** les variétés de pommier que l'on cultive dans les jardins, &
dont le nombre est prodigieux. Cet arbre est d'une moyenne
grandeur , étalé , & quelquefois épineux ; ses feuilles sont
pétiolées , ovales , pointues , un peu dentées , d'un vert
triste, nerveuses , & légèrement velues en-dessous ; ses fleurs
sont d'un blanc mélangé de couleur de rose , & remplacées
par des fruits fort acerbes. On trouve cet arbre dans les bois
& les haies , ♄ ; on s'en sert pour greffer les pommiers que l'on
veut cultiver en plein vent.

---

V.             *Fleurs solitaires.*

Poirier coignassier. *Pyrus cydonia.* Linn. Sp. 687.

*Cydonia angustifolia , vulgaris.* Tournef. 633.

Cet arbre ressemble au coignassier cultivé ; mais il est plus
petit dans toutes ses parties ; son tronc est tortueux , & ne
s'élève qu'à une hauteur médiocre ; ses feuilles sont pétiolées,
ovales , très-entières , molles , vertes en-dessus , blanchâtres
& cotonneuses en-dessous : ses fleurs sont assez grandes, d'un
blanc mêlé de rose , & ont les divisions de leur calice dentées ;
il leur succède des fruits jaunâtres , odorans , & couverts d'un
duvet fin. On trouve cet arbre en Provence , ♄ ; les variétés
que l'on cultive ont leurs fruits en général assez gros. Ces fruits
sont astringens , fortifians & stomachiques.

---

VI.     *Fruit peu charnu , petit & d'un bleu noirâtre.*

Poirier amélanchier. *Pyrus amelanchier.*

*Mespilus folio rotundiori , fructu nigro , subdulci.* Tournef.
.642.

*Mespilus amelanchier.* Linn. Sp. 685.

Arbrisseau de quatre à six pieds , rameux , & dont l'écorce
est d'un rouge noirâtre ; ses feuilles sont pétiolées , ovales ,
presque obtuses , dentées , glabres , souvent rougeâtres ; &
pubescentes en - dessous dans leur jeunesse : ses fleurs sont
blanchâtres , & remarquables par leurs pétales alongés & lancéolés ; il leur succède des fruits lisses , d'un bleu noirâtre , ombi-
liqués , d'une saveur douce , & qui renferment six à dix semences semblables à des pepins. On trouve cet arbrisseau dans
les lieux montagneux. ♄

1090. *Six pétales ou plus.* . . . { Six étamines ou moins. 1091

Plus de six étamines. . . 1110

1091. *Six étamnies ou moins.* . . { Trois ou six étamines . . 1092

Moins de trois étamines. 1101

1092. *Trois ou six étamines* . . . { Trois étamines . . . . . . 1093

Six étamines. . . . . . . 1098

1093. *Trois étamines* . . . . . . . { Corolle régulière & symétrique. 1094

Corolle irrégulière & point symétrique. . . . . . . . . 1097

1094. *Corolle régulière & symétrique.* . . . . . . . . { Trois stigmates grêles, roulés, & qui ne recouvrent point les étamines. . . . . . . . . . 1095

Trois stigmates larges, pétaliformes, & qui recouvrent les étamines. . . . . . . . . 1096

1095. *Trois stigmates grêles, roulés, & qui ne recouvrent point les étamines.*

Safran cultivé. *Crocus sativus.* Linn. Sp. 50.

α. *Crocus autumnalis.*

*Crocus sativus.* Tournef. 350.

β. *Crocus vernalis.*

*Crocus vernus ( & varietates ).* Tournef. 351, &c.

Les feuilles de cette plante sont radicales, très-étroites,

**1095.** linéaires, pointues, glabres, divifées dans leur longueur par une ligne blanche, & enveloppées à leur bafe par une gaîne compofée de membranes sèches & tranfparentes ; fa tige eft une hampe à peine haute de quelques pouces, & terminée par une fleur qui reffemble un peu à celle du colchique ; la corolle de cette fleur forme à fa bafe un tube étroit & fort long, qui fe dilate infenfiblement vers fon fommet, & fe termine en un limbe partagé en fix découpures redreffées & ovales-oblongues ; cette corolle varie beaucoup dans fa couleur, mais elle eft fouvent d'un violet plus ou moins foncé, & quelquefois mélangé de pourpre : les étamines font au nombre de trois ; le ftigmate eft à trois divifions roulées en cornet, communément affez longues, & un peu incifées à leur extrémité. La variété α fleurit en automne, & eft cultivée pour l'ufage, dans plufieurs provinces & particulièrement en Gâtinois. On trouve la variété β dans les lieux incultes & montagneux de la Provence & du Languedoc ; elle fleurit au printemps, &c. : les ftigmates du fafran font anodins, aléxitères, ftomachiques, carminatifs, emménagogues, réfolutifs & ophtalmiques.

---

**1096.** *Trois ftigmates larges, pétaliformes, & qui recouvrent les étamines.*

### Iris.

Les fleurs d'Iris font grandes, fort belles, compofées de fix pétales, dont trois intérieurs font redreffés, & les trois autres très-ouverts ou réfléchis, de trois étamines cachées fous les divifions du ftigmate, & d'un ftyle fimple, terminé par un ftigmate à trois divifions pétaliformes & bifides à leur extrémité. Le fruit eft une capfule oblongue, à trois angles & à trois loges polyfpermes.

*A N A L Y S E.*

| Pétales réfléchis chargés d'une raie très-barbue. | Tous les pétales nus, & fans barbe. |
|---|---|
| I. | I V. |

**1096.** I. *Pétales réfléchis chargés d'une raie très-barbue.*

| Tige pluriflore, & haute d'un pied ou davantage. I I. | Tige uniflore, & haute de moins d'un pied. I I I. |
| --- | --- |

---

II. *Tige pluriflore, & haute d'un pied ou davantage.*

Iris germanique. *Iris germanica.* Linn. Sp. 55.

> *Iris vulgaris, germanica, sive sylvestris.* Tournef. 358.

Sa tige est haute d'environ deux pieds, droite ; souvent un peu rameuse, & feuillée dans sa partie inférieure ; ses feuilles sont ensiformes, pointues, planes, un peu épaisses, moins longues que la tige, amplexicaules, & disposées sur deux côtés opposés : les fleurs sont grandes, d'une couleur violette ou bleuâtre & peu nombreuses. On trouve cette plante dans les lieux incultes & sur les vieux murs, ♄ ; sa racine est purgative, diurétique, anti-hydropique & errhine.

---

III. *Tige uniflore, & haute de moins d'un pied.*

Iris naine. *Iris pumila.* Linn. Sp. 56.

> *Iris humilis, minor, flore purpureo.* Tournef. 361.
> β. *Iris humilis, flore pallido & albo.* Ibid. 362.
> γ. *Iris humilis, flore luteo.* Ibid.
> δ. *Iris humilis, saxatilis, gallica.* Ibid.

Sa tige est ordinairement très-basse, & s'élève rarement au-delà de six ou huit pouces ; elle porte à son sommet une fleur fort belle, mais de couleur différente, selon les variétés de cette espèce qui sont assez nombreuses : les feuilles sont petites, un peu étroites, amplexicaules, & excèdent quelquefois la hauteur de la tige, comme dans la variété δ. On trouve cette plante dans les lieux stériles & montueux des provinces méridionales. ♄

1096.   IV.    *Tous les pétales nus & sans barbe.*

| Fleurs jaunes ; pétales intérieurs plus petits que les divisions du stigmate.<br>V. | Fleurs bleuâtres ; pétales intérieurs plus grands que les divisions du stigmate.<br>V I. |
|---|---|

**V.** *Fleurs jaunes ; pétales intérieurs plus petits que les divisions du stigmate.*

Iris jaune. *Iris lutea.*

> *Iris palustris , lutea.* Tournef. 361.
> *Iris pseudo-acorus.* Linn. Sp. 56.

Sa tige est haute de deux à quatre pieds, un peu fléchie en zig-zag vers son sommet, & chargée d'un petit nombre de fleurs ; ses feuilles sont longues, ensiformes, pointues, & excèdent quelquefois la hauteur de la tige : ses fleurs sont remarquables par les trois pétales intérieurs de leur corolle, qui sont extrêmement petits. On trouve cette plante sur le bord des étangs & des fossés aquatiques , ♊ ; sa racine est astringente & dessicative.

**VI.** *Fleurs bleuâtres ; pétales intérieurs plus grands que les divisions du stigmate.*

| Pétales intérieurs très-ouverts ; tige à peine plus haute que les feuilles.<br>V I I. | Pétales intérieurs redressés ; tige beaucoup plus haute que les feuilles.<br>VIII. |
|---|---|

**VII.** *Pétales intérieurs très-ouverts ; tige à peine plus haute que les feuilles.*

Iris fétide. *Iris fœtidissima.* Linn. Sp. 57.

> *Iris fœtidissima , seu xyris.* Tournef. 360.

Cette plante est un peu plus petite que la précédente , à
laquelle

**1096.** laquelle elle reſſemble par ſon port ; ſes feuilles ſont plus étroites, d'un vert noirâtre ou moins clair, & rendent une mauvaiſe odeur lorſqu'on les preſſe entre les doigts : ſes fleurs ſont aſſez petites, & d'un bleu triſte, tirant ſur le pourpre. On trouve cette eſpèce dans les bois taillis & ſur les bords des chemins du Dauphiné & de la Provence, ♃ ; ſa racine eſt anti-hyſtérique & fondante.

---

**VIII.** *Pétales intérieurs redreſſés ; tige beaucoup plus haute que les feuilles.*

| Pétales extérieurs étroits, & terminés chacun par un appendice arrondi & échancré.<br><br>**I X.** | Pétales extérieurs s'élargiſſant par degrés vers leur ſommet, qui eſt entier, & ſans appendice.<br><br>**X.** |
| --- | --- |

**IX.** *Pétales extérieurs étroits, & terminés chacun par un appendice arrondi & échancré.*

Iris maritime. *Iris maritima.*

> *Iris anguſtifolia, pratenſis, folio fœtido.* **Tournef.** 360.
> *Iris anguſtifolia, maritima, major ( & minor ).* **Ibid.** 361.

Sa tige eſt haute de deux pieds, ſimple, feuillée, & un peu fléchie en zig-zag dans ſa partie ſupérieure ; ſes feuilles ſont enſiformes, étroites, pointues, & la plupart aſſez droites ou ſerrées contre la tige : les radicales ſont un peu recourbées en-dehors. Les fleurs ſont grandes, & remarquables par leurs pétales longs & étroits ; les trois pétales intérieurs ſont re-dreſſés, & d'une belle couleur bleue ou violette ; les trois autres ſont réfléchis ou ſimplement ouverts, & diſtingués par un appendice arrondi & échancré qui les termine. Ces pétales ſont agréablement panachés de veines jaunâtres, violettes & purpurines. On trouve cette plante en Languedoc. ♃

---

**1096.** | X. *Pétales extérieurs s'élargissant par degrés vers leur sommet ; qui est entier & sans appendice.*

Iris des prés. *Iris pratensis.*

*Iris pratensis , angustifolia , non fœtida , altior.* **Tournef.** 361.

*Iris sibirica.* **Linn. Sp.** 57.

Sa tige est haute de trois pieds , droite, cylindrique , grêle , & presque nue dans sa partie supérieure ; ses feuilles sont longues , linéaires , pointues & très-étroites : ses fleurs sont d'un beau bleu , & leurs pétales extérieurs sont panachés de blanc & de jaune à leur base ; les spathes sont scarieux & desséchés. On trouve cette plante dans les prés en Dauphiné & en Alsace. ♈

---

**1097.** *Corolle irrégulière & point symétrique.*

Glayeul commun. *Gladiolus communis.* **Linn. Sp.** 52.

*Gladiolus floribus uno versu dispositis , major & procerior , flore purpuro-rubente ( & candicante ).* **Tournef.** 365.

β. *Gladiolus utrinquè floridus.* **Ibid.** 366.

Sa tige est haute d'un à deux pieds , lisse , feuillée , très-simple & terminée par un épi communément unilatéral ; ses feuilles sont ensiformes , pointues , nerveuses & amplexicaules. Ses fleurs sont ordinairement purpurines, sessiles, un peu distantes entr'elles , tournées souvent d'un seul côté , & garnies chacune à leur base d'un spathe assez long , lancéolé & de deux pièces : leur corolle est partagée en six découpures profondes & inégales , & forme à sa base un tube court & un peu courbé. On trouve cette plante dans les champs des provinces méridionales.

---

**1098.**

*Six étamines* . . . . . . . . . . Corolle composée de six pétales presqu'égaux & entiers. . 1099

Corolle composée de six pétales dont trois intérieurs sont cordiformes & beaucoup plus petits que les autres . . . . . . 1100

1099. *Corolle composée de six pétales presqu'égaux & entiers.*

Perce-neige. *Leucoium.*

Les fleurs de perce-neige sont blanches, régulières & campaniformes; leurs pétales sont épaissis & verdâtres à leur extrémité & leur stigmate est très-simple: le fruit est une capsule en forme de poire, & à trois loges polyspermes.

### A N A L Y S E.

| Tige chargée d'une ou deux fleurs.<br>I. | Tige chargée de plus de deux fleurs.<br>I I. |
|---|---|

I.         *Tige chargée d'une ou deux fleurs.*

Perce-neige printannière. *Leucoium vernum.* Linn. Sp. 414.

*Narcisso-leucoium vulgare.* Tournef. 387.

Sa tige est haute de six à huit pouces, lisse, nue & ordinairement uniflore; ses feuilles sont radicales & ressemblent un peu à celles de la plupart des narcisses, mais elles sont plus courtes: la fleur est terminale, penchée & sort d'un spathe alongé, étroit & blanchâtre en ses bords: elle a six étamines dont les anthères sont jaunâtres, & un style en massue. On trouve cette plante dans les prés humides & couverts, ♃ ; elle fleurit à la fin de février.

II.         *Tige chargée de plus de deux fleurs.*

Perce-neige d'été. *Leucoium æstivum.* Linn. Sp. 414.

*Narcisso-leucoium pratense, multiflorum.* Tournef. 387.

Cette espèce ressemble beaucoup à la précédente, mais sa tige s'élève jusqu'à un pied & demi, & soutient à son sommet cinq ou six fleurs pendantes, & qui sortent d'un spathe commun; ses feuilles sont radicales, longues, lisses, planes, un peu convexes en-dessous & émoussées à leur extrémité. On trouve cette plante dans les prés couverts des provinces méridionales, ♃ ; elle fleurit en avril & en mai.

**1100.** *Corolle composée de six pétales, dont trois intérieurs sont cordiformes & beaucoup plus petits que les autres.*

Galant d'hiver. *Galanthus nivalis.* Linn. Sp. 413.

*Narcisso-leucoium triphyllum, minus.* Tournef. 387.

Sa tige est une hampe grêle, lisse & haute de cinq ou six pouces ; elle porte à son sommet une seule fleur pendante, composée de trois pétales extérieurs oblongs, presqu'obtus, blancs & légèrement rayés, & de trois autres intérieurs plus épais, plus courts, verdâtres & échancrés en cœur, de six étamines courtes, dont les anthères sont jaunes, réunies & pointués, & d'un style terminé par un stigmate simple : les feuilles sont radicales, planes, lisses & étroites. On trouve cette plante dans les prés couverts & montagneux, ♃ ; elle fleurit en février.

---

**1101.** *Moins de trois étamines.*

## Orquides. *Orchideæ.* Linn.

Les plantes orquides ont beaucoup de rapport avec les liliacées ; leurs fleurs ont une corolle composée communément de six pétales, dont l'inférieur est presque toujours plus grand que les autres, & d'une forme qui varie considérablement : il est souvent garni postérieurement d'un éperon plus ou moins alongé, & qui ressemble à une corne ou à une petite bourse : les étamines sont au nombre de deux, & ont une forme & une situation tout-à-fait particulières. Dans la plupart de ces plantes on trouve au centre de la fleur un corps membraneux que l'on dit être le stigmate, & qui forme en avant deux petites loges droites, dans lesquelles sont nichées les anthères des étamines : les filamens qui soutiennent ces anthères, s'insèrent en un point commun, situé antérieurement à la base de la cloison qui forme les loges de ce stigmate ; les anthères sont composées de spirales nombreuses, serrées & formées par la partie supérieure des filamens qui est contournée & roulée en tire-bourre. Le fruit est une

**1101.** capfule ovale-oblongue, uniloculáiré, trivalve, & qui contient des femences ramaffées fur trois placenta ou trois bandes affez larges ; les racines font tendres & bulbeufes : les tiges font fimples & les feuilles font très-entières, & ont leurs nervures parallèles

### A N A L Y S E.

| Fleurs ayant poftérieurement un éperon plus ou moins alongé, mais très-fenfible. **1102.** | Fleurs n'ayant poftérieurement aucun éperon remarquable. **1105.** |
| --- | --- |

**1102.**

| *Fleurs ayant poftérieurement un éperon plus ou moins alongé, mais très-fenfible.* | Éperon alongé & reffemblant à une corne . . . . . . . . . . . 1103 |
| --- | --- |
| | Éperon très-court & reffemblant à une petite bourfe . . . . . . 1104 |

**1103.** *Éperon alongé & reffemblant à une corne.*

### Orquis. *Orquis.*

Les orquis ne différent des fatirions que par l'éperon de leur corolle qui eft communément grêle, corniforme & dont la longueur excède toûjours une ligne : les étamines dans prefque toutes les efpèces ont des filamens très-fenfibles.

### A N A L Y S E.

| Bulbes de la racine arrondies & point divifées. I. | Bulbes de la racine palmées ou fafciculées. X X. |
| --- | --- |

I. *Bulbes de la racine arrondies & point divifées.*

| Pétale inférieur entier, ou à trois divifions. II. | Pétale inférieur à quatre ou cinq divifions bien diftinctes. X I. |
| --- | --- |

{103.

**II.** *Pétale inférieur entier ou à trois divisions.*

| Pétale inférieur très-entier. III. | Pétale inférieur à trois divisions. IV. |
|---|---|

**III.** *Pétale inférieur très-entier.*

Orquis blanc. *Orchis alba.*

> *Orchis alba, bifolia, minor, calcari oblongo.* Tournef. 433.
> β. *Orchis trifolia minor.* Ibid.
> *Orchis bifolia.* Linn. Sp. 1331. ( α. β. )

Sa tige est lisse, garnie de deux ou trois petites feuilles lancéolées & s'élève jusqu'à un pied & demi; ses feuilles radicales sont au nombre de deux ou de trois, fort longues & larges de deux ou trois pouces; ses fleurs sont blanches ou un peu verdâtres, d'une odeur agréable & forment un épi lâche & terminal; leur pétale inférieur est presque linéaire & obtus à son extrémité, & leur éperon est extrêmement long & très-grêle. On trouve cette plante dans les prés couverts, les bois. ♃

**IV.** *Pétale inférieur à trois divisions.*

| Pétale inférieur à trois divisions pointues. V. | Pétale inférieur à trois divisions arrondies ou obtuses. VI. |
|---|---|

**V.** *Pétale inférieur à trois divisions pointues.*

Orquis punais. *Orchis coriophora.* Linn. Sp. 1332.

> *Orchis odore hirci, minor.* Tournef. 433.

Sa tige est haute de sept à dix pouces, lisse & garnie de quelques feuilles lancéolées-linéaires; ses feuilles radicales n'ont que trois ou quatre lignes de largeur; ses fleurs sont assez petites, nombreuses, d'un rouge-sale mêlé de vert, & disposées en épi un peu serré : les pétales supérieurs sont ramassés, connivens & rougeâtres; l'inférieur est verdâtre

**1103.** & réfléchi vers la tige, & ses divisions latérales font un peu dentées : l'éperon est courbé & regarde en bas. On trouve cette plante dans les prés, ♃ ; ses fleurs ont une odeur forte de punaise.

---

**VI.** *Pétale inférieur à trois divisions arrondies ou obtuses.*

| Pétale inférieur à trois divisions égales & très-entières. | Pétale inférieur à trois divisions dont celle du milieu est un peu échancrée. |
|---|---|
| **VII.** | **VIII.** |

---

**VII.** *Pétale inférieur à trois divisions égales & très-entières.*

Orquis pyramidal. *Orchis pyramidalis.* Linn. Sp. 1332.

*Orchis militaris montana, spicâ rubente conglomeratâ.* Tournef. 432.

Sa tige est haute d'un pied ou environ & garnie, sur-tout dans sa partie inférieure, de quelques feuilles oblongues-lancéolées, dont la largeur égale à peine un pouce ; elle se termine par un épi un peu dense, court, & d'une forme pyramidale dans sa jeunesse : ses fleurs sont purpurines & remarquables par leur éperon très-alongé & très-grêle. On trouve cette plante dans les pâturages secs. ♃

---

**VIII.** *Pétale inférieur à trois divisions, dont celle du milieu est un peu échancrée.*

| Fleurs d'une couleur pâle & jaunâtre. | Fleurs purpurines & presque violettes. |
|---|---|
| **IX.** | **X.** |

---

**IX.** *Fleurs d'une couleur pâle & jaunâtre.*

Orquis pâle. *Orchis pallens.* Linn. mant. 292.

*Orchis radicibus subrotundis, petalis galeâ lineatis, labello trifido, integerrimo.* Hall. hist. n°. 1281.

Sa tige est lisse, peu garnie de feuilles, & haute de cinq ou

**1103.** six pouces ; ses feuilles sont lancéolées, pointues, & les radicales ont quelquefois plus d'un pouce de largeur : ses fleurs sont jaunâtres & forment un épi lâche & peu garni. Leur pétale inférieur est d'un jaune plus marqué que les autres , & leur éperon est un peu courbé & regarde en haut. On trouve cette plante dans les bois ♃ ; son odeur est désagréable.

X.   *Fleurs purpurines & presque violettes.*

Orquis à fleurs lâches. *Orchis laxiflora.*

*Orchis morio fœmina procerior , majori flore.* Vail. Parif. 150 ; tab. 31, fig. 33, 34.

Sa tige s'élève un peu au-delà d'un pied ; ses feuilles sont assez étroites, pointues, & ordinairement pliées en gouttière, ses fleurs sont grandes, d'un pourpre foncé ou presque violet ; & disposées en épi très-lâche ; leur pétale inférieur est large & à trois lobes, dont les deux latéraux sont grands, crénelés & s'avancent davantage que celui du milieu qui est fort petit, court & légèrement échancré. Les pétales supérieurs ne sont pas connivens, ce qui suffit pour distinguer cette espèce de la suivante. On la trouve dans les prés montagneux. ♃

XI.   *Pétale inférieur à quatre ou cinq divisions bien distinctes.*

| Pétale inférieur à quatre divisions. XII. | Pétale inférieur à cinq divisions. XVII. |
|---|---|

XII.   *Pétale inférieur à quatre divisions.*

| Éperon aussi long ou presque aussi long que l'ovaire. XIII. | Éperon de moitié au moins plus court que l'ovaire. XVI. |
|---|---|

1103.

**XIII.** *Eperon auſſi long, ou preſque auſſi long que l'ovaire.*

| Pétales latéraux<br>& ſupérieurs,<br>ramaſſés & connivens.<br>**XIV.** | Deux pétales latéraux<br>très-ouverts ;<br>& redreſſés ou réfléchis.<br>**XV.** |
|---|---|

**XIV.** *Pétales latéraux & ſupérieurs, ramaſſés & connivens.*

Orquis bouffon. *Orchis morio.* Linn. Sp. 1333.

> *Orchis morio, fœmina.* Tournéf. 433. Vaill. tab. 31,
> f. 13, 14.

Sa tige eſt hante de cinq à ſept pouces, liſſe & garnie de quelques feuilles étroites ; ſes feuilles radicales ſont lancéolées & n'ont que quatre ou cinq lignes de largeur. Ses fleurs ſont purpurines & forment un épi aſſez lâche ou peu garni ; elles ont les lobes latéraux de leur pétale inférieur crénelés, & communément réfléchis ſur les côtés ou en arrière : l'éperon eſt obtus ou quelquefois échancré à ſon extrémité, & va en montant. On trouve cette plante ſur les peloufes & les collines sèches. ♃

**XV.** *Deux pétales latéraux très - ouverts & redreſſés ou réfléchis.*

Orquis mâle. *Orchis maſcula.* Linn. Sp. 1333.

> *Orchis morio, mas foliis maculatis.* Tournef. 432.
> β. *Orchis morio, foliis ſeſſilibus, non maculatis.* Ibid.

Sa tige s'élève depuis un pied juſqu'à un pied & demi ; ſes feuilles ſont oblongues-lancéolées, planes, pointues, & ſouvènt tachées : ſes fleurs ſont grandes, purpurines, & forment un bel épi, long de trois pouces & un peu lâche ; leur pétale inférieur eſt large, quadrifide, crénelé, & remarquable par les deux diviſions du milieu plus avancées ou plus prolongées que les deux latérales extérieures : l'éperon eſt obtus & preſque droit. On trouve cette plante dans les prés, ♃ ; ſa racine paſſe pour ſtimulante & aphrodiſiaque : lorſqu'on la fait bouillir dans l'eau & enſuite ſécher, elle ſe change en une eſpèce de gomme farineuſe, que l'on emploie avec ſuccès pour adoucir les âcretés dans la phthiſie, la dyſenterie, &c.

1103. Cette dernière vertu paroît être la seule que l'expérience confirme, & est à peu-près commune à toutes les plantes orquides.

---

**XVI.** *Eperon de moitié au moins plus court que l'ovaire.*

Orquis piâé. *Orchis uftulata.* Linn. Sp. 1333.

*Orchis militaris, pratenfis, humilior.* Tournef. 432.

Sa tige eft haute de fept à huit pouces, liffe, & garnie de quelques feuilles oblongues-lancéolées & un peu étroites; fes fleurs forment un épi un peu denfe, long d'un pouce & demi ou environ, d'un pourpre foncé ou noirâtre à fon fommet, & panaché de rouge & de blanc dans fa partie inférieure; elles font petites : leurs pétales fupérieurs font prefque connivens, & l'inférieur eft pendant, blanchâtre & chargé de points rouges. Ce pétale eft partagé en trois divifions principales, dont celle du milieu eft plus alongée & divifée en deux lobes; les braâées font plus courtes que les ovaires. On trouve cette plante dans les prés. ♃

---

**XVII.** *Pétale inférieur à cinq divifions.*

| Pétale inférieur peu alongé & à cinq divifions, dont les deux latérales intérieures font fort larges. **XVIII.** | Pétale inférieur alongé & à cinq divifions, toutes fort étroites, & prefque linéaires. **XIX.** |
|---|---|

---

**XVIII.** *Pétale inférieur peu alongé & à cinq divifions, dont les deux latérales intérieures font fort larges.*

Orquis militaire. *Orchis militaris.* Linn. Sp. 1333.

*Orchis militaris, major.* Tournef. 432.

Sa tige eft haute d'un pied & demi ou quelquefois davantage, & garnie de quelques feuilles droites & lancéolées; fes feuilles inférieures font fort grandes, longues au moins d'un demi-pied, & larges de deux ou trois pouces. Ses fleurs font grandes,

I I O 3.

mélangées de pourpre & de blanc, & difposées en un épi
long de trois ou quatre pouces ; les pétales fupérieurs font tous
rapprochés & connivens, & extérieurement d'un pourpre ferrugineux ou noirâtre : l'inférieur eft large, blanchâtre & chargé
de points pourpres ; fes deux divifions latérales extérieures font
étroites, les deux latérales intérieures font larges d'une ligne
au moins & fouvent dentées, & celle du milieu eft fort petite
& pointue ; l'éperon eft de moitié plus court que l'ovaire. On
trouve cette plante dans les prés & les lieux couverts. ℔

---

**XIX.** *Pétale inférieur alongé & à cinq divifions, toutes fort
étroites & prefque linéaires.*

Orquis finge. *Orchis fimia.*

> *Orchis latifolia , hiants cucullo , major.* **Tournef.** 432.
> **Vail. Parif.** 148 , t. XXXl , t. 21.

> β. *Orchis flore fimiam referens.* **Vail. Parif.** 148 , t. XXXI.
> f. 25.

Sa tige eft haute d'un pied ou un peu plus ; fes feuilles inférieures font longues de quatre pouces, & n'ont pas plus d'un
pouce & demi de largeur : fes fleurs font blanchâtres, tachées
de pourpre, & difpofées en un épi court & compact dans fa
jeuneffe ; les pétales fupérieurs font ramaffés & pointus, &
l'inférieur reffemble à un petit finge pendu, dont les bras font
repréfentés par les deux divifions latérales extérieures, & les
cuiffes par les deux divifions latérales intérieures qui terminent
le corps du finge : toutes ces divifions font fort étroites & d'une
couleur rougeâtre à leur extrémité ; la cinquième n'eft qu'une
fpinule ou une languette fort petite & aiguë, mais très-appa-
rente. On trouve cette plante dans les prés. ℔

---

**XX.** *Bulbes de la racine, palmées ou fafciculées.*

| Pétale inférieur<br>à trois divifions ;<br>tige garnie de feuilles.<br>**X X I.** | Pétale inférieur entier ;<br>tige non feuillée,<br>mais écailleufe.<br>**X X V I I I.** |
|---|---|

1103.

**XXI.** *Pétale inférieur à trois divisions ; tige garnie de feuilles.*

| Éperon plus court que l'ovaire. XXII. | Éperon plus long que l'ovaire. XXVII. |
|---|---|

**XXII.** *Éperon plus court que l'ovaire.*

| Division moyenne du pétale inférieur, obtuse ; tige fistuleuse. XXIII. | Division moyenne du pétale inférieur, un peu pointue ; tige pleine. XXIV. |
|---|---|

**XXIII.** *Division moyenne du pétale inférieur, obtuse ; tige fistuleuse.*

Orquis à feuilles larges. *Orchis latifolia.* Linn. Sp. 1334.

    *Orchis palmata, pratensis, latifolia, longis calcaribus.* Tournef. 434.

    *Orchis palmata, pratensis, maculata.* Ibid. 435.

Sa tige est haute d'un pied ou un peu plus, creusé, lisse & garnie dans toute sa longueur de feuilles oblongues - lancéolées & pointues ; ses feuilles inférieures sont larges d'un pouce & demi ; & souvent tachées. Les fleurs sont purpurines & forment un épi dense & cylindrique : leur pétale inférieur est large, ponctué & légèrement divisé en trois lobes, dont les deux latéraux sont réfléchis en arrière & dentés en leur contour. L'éperon est conique, & les bractées sont plus longues que les fleurs ; cette plante est commune dans les prés humides. ♃

**XXIV.** *Division moyenne du pétale inférieur, un peu pointue ; tige pleine.*

| Fleurs panachées de blanc & de pourpre ; feuilles étroites-lancéolées & presque toujours tachées. XXV. | Fleurs tout-à-fait purpurines ; feuilles linéaires & point tachées. XXVI. |
|---|---|

**XXV.** *Fleurs panachées de blanc & de pourpre ; feuilles étroites,
lancéolées & presque toujours tachées.*

Orquis taché. *Orchis maculata.* Linn. Sp. 1335.

*Orchis palmata, montana, maculata.* Tournef. 436.

Sa tige est pleine, feuillée & s'élève jusqu'à un pied & demi ;
ses feuilles sont ordinairement chargées de taches noirâtres,
& n'ont pas plus d'un pouce de largeur. Ses fleurs forment un
épi conique, pointu & médiocre : leur pétale inférieur est
presque plane & partagé en trois lobes, dont les deux latéraux seulement sont dentés, & celui du milieu petit, entier
& pointu : les bractées ne sont pas plus longues que les fleurs.
On trouve cette plante dans les prés montagneux & les
bois. ♉

**XXVI.** *Fleurs tout-à-fait purpurines ; feuilles linéaires & point
tachées.*

Orquis odorant. *Orchis odoratissima.* Linn. Sp. 1335.

*Orchis palmata, angustifolia, minor, odoratissima.* Tournef.
435.

Sa tige est haute d'un pied, grêle, feuillée & un peu dure ;
ses feuilles sont très-étroites, linéaires, pointues, & les inférieures ont au moins cinq pouces de longueur. Ses fleurs sont
d'une couleur uniforme, d'une odeur très - agréable, & disposées en un épi long de deux pouces & assez grêle : leur-éperon
est court ; les bractées sont aiguës & plus longues que les ovaires.
On trouve cette plante dans les prés des provinces méridionales.

**XXVII.** *Eperon plus long que l'ovaire.*

Orquis conopsé. *Orchis conopsea.* Linn. Sp. 1335.

*Orchis palmata, minor, calcaribus oblongis.* Tournef. 435.

Sa tige est grêle, feuillée & haute d'un pied & demi ; ses
feuilles sont étroites & pointues : les inférieures sont longues
de cinq ou six pouces, & les supérieures sont fort petites. Ses
fleurs sont purpurines, non panachées, odorantes & disposées
en un épi long de trois pouces ; les trois pétales supérieurs sont

**1103.** ramaffés, les deux latéraux font très-ouverts, & l'inférieur eft à trois divifions égales : l'éperon eft fort long & cétacé. On trouve cette plante dans les prés montueux. ♈

---

**XXVIII.** *Pétale inférieur entier ; tige non feuillée, mais écailleufe.*

Orquis avorté. *Orchis abortiva.* Linn. Sp. 1336.

*Limodorum auftriacum.* Tournef. 437.

Sa tige eft haute d'un pied ou davantage, & garnie d'é-cailles courtes, lancéolées & vaginales ; elle eft, ainfi que fes écailles & fes fleurs, d'une couleur violette plus ou moins foncée, & fe termine par un épi lâche. Ses fleurs font grandes & ont un éperon prefque auffi long que l'ovaire ; leur pétale inférieur eft ovale, un peu concave & pointu : les racines font des bulbes fafciculées, longues, grêles & prefque filiformes. On trouve cette plante dans les lieux couverts & montagneux ♈

---

**1104.** *Éperon très-court, & reffemblant à une petite bourfe.*

Satirion. *Satyrium.*

Les fatyrions ne diffèrent des orquis que par leur éperon qui eft court, affez gros, & reffemble plus à une bourfe qu'à une corne.

### A N A L Y S E.

| Bulbes de la racine, arrondies & très-entières. | Bulbes de la racine, palmées ou fafciculées. |
|---|---|
| I. | I I. |

**I.** *Bulbes de la racine, arrondies & très-entières.*

Satirion bouquin. *Satyrium hircinum.* Linn. Sp. 1337.

*Orchis barbata, odore hirci, breviore latioreque folio.* Tournef. 433.

*Orchis barbata, fœtida.* Vail. 149, t. XXX, f. 6.

Sa tige eft haute de deux pieds, cylindrique, ferme, feuillée & terminée fupérieurement par un long épi de fleurs blanchâtres

**104.** & d'une odeur de bouc très-défagréable ; fes feuilles font larges, lancéolées pointues & très-liffes : fes fleurs font nombreufes, & naiffent chacune de l'aiffelle d'une bractée étroite, prefque linéaire & aiguë. Les cinq pétales fupérieurs de leur corolle font ramaffés en cafque, & le fixième ou l'inférieur eft fort grand, taché de pourpre à fa bafe, & partagé en trois lanières, dont les deux latérales font petites, fubulées & ondulées, & celle du milieu eft longue d'un à deux pouces, linéaire & comme rongée ou déchirée à fon extrémité ; cette lanière eft roulée fur elle-même avant l'épanouiffement de la fleur. On trouve cette plante dans les prés montueux & fur le bord des bois. ℞

---

II.    *Bulbes de la racine, palmées ou fafciculées.*

| Pétale inférieur ovale - lancéolé, & entier ou un peu crénelé.<br>III. | Pétale inférieur à trois divifions, dont les deux latérales font pointues.<br>IV. |
|---|---|

---

III.  *Pétale inférieur ovale-lancéolé, & entier ou un peu crénelé.*

Satirion noir. *Satyrium nigrum.* Linn. Sp. 1338.

   *Orchis palmata, angustifolia, alpina, nigro flore.* **Tournef.** 436.

Sa tige eft grêle, feuillée, & haute de fix ou fept pouces ; fes feuilles font étroites & linéaires : fes fleurs font petites, très-odorantes, d'un pourpre foncé ou noirâtre, & difpofées en un épi court, denfe & ovale-conique ; ces fleurs font fouvent dans une fituation renverfée. On trouve cette plante dans les prés des montagnes. ℞

---

IV.  *Pétale inférieur à trois divifions, dont les deux latérales font pointues.*

| Divifions latérales du pétale inférieur, plus longues que celle du milieu.<br>V. | Divifions latérales du pétale inférieur, moins longues que celle du milieu.<br>VI. |
|---|---|

**1104.**

**V.** *Divisions latérales du pétale inférieur, plus longues que celle du milieu..*

Satirion verdâtre. *Satyrium viride.* **Linn.** Sp. 1337.

> *Orchis palmata, flore viridi.* **Tournef.** 435. **Vail.** t. XXXI, f. 6, 7, 8.

Sa tige est haute de cinq à sept pouces ; ses feuilles inférieures font assez larges, presque ovales, & les supérieures font lancéolées & en petit nombre. Ses fleurs font d'un vert-pâle ou quelquefois un peu jaunâtre ; les pétales supérieurs font ramassés en casque : l'inférieur est étroit, pendant, & ses divisions latérales font presque linéaires & pointues, les bractées font plus longues que les ovaires. Cette plante croît dans les prés humides. ♃

**VI.** *Divisions latérales du pétale inférieur, moins longues que celle du milieu..*

Satirion blanchâtre. *Satyrium albidum.* **Linn.** Sp. 1338.

> *Orchis radicibus confertis, teretibus, calcare breviffimo, labello trifido.* **Hall.** Hist. n°. 1270, t. XXVI.

Sa racine est divisée jusqu'à son collet, en six ou huit portions cylindriques & ramassées ; elle pousse une tige haute d'un pied, garnie de feuilles lancéolées & terminée par un épi alongé & un peu dense. Ses fleurs font petites, d'un vert blanchâtre ou quelquefois légèrement purpurines ; les trois pétales supérieurs font ramassés, les deux latéraux font ouverts, & l'inférieur est court & trifide. Cette plante croît en Provence. ♃

**1105.**

*Fleurs n'ayant postérieurement aucun éperon remarquable.*

Pétale inférieur pendant, & postérieurement concave ou en gouttière ; feuilles lisses . . . . . 1106

Pétale inférieur concave intérieurement ; feuilles dont les nervures font très-saillantes. . . . . . 1107

**1106.** *Pétale inférieur pendant, & postérieurement concave ou en gouttière ; feuilles lisses.*

## Ophris.

Les ophris se distinguent aisément des orquis & des satirions, par leur corolle tout-à-fait sans éperon ; & des helleborines, par leur pétale inférieur concave postérieurement ; leurs feuilles sont lisses, & n'ont que des nervures fines & peu saillantes.

### ANALYSE.

| Bulbes de la racine, arrondies, & point au-delà de deux. | Bulbes de la racine, alongées, ou fasciculées ou rameuses. |
|---|---|
| I. | X. |

I. *Bulbes de la racine arrondies & point au-delà de deux.*

| Racine composée d'une seule bulbe. | Racine composée de deux bulbes. |
|---|---|
| II. | III. |

II. *Racine composée d'une seule bulbe.*

Ophris unibulbe. *Ophris monorchis.* Linn. Sp. 1342.

*Orchis odorata moschata, sive monorchis.* Bauh. pin. 84.

Sa tige est haute de trois à cinq pouces, grêle, nue ou chargée d'une petite feuille linéaire, & se termine par un épi très-menu, quelquefois un peu en spirale ; ses feuilles radicales sont ovales-lancéolées, & au nombre de deux ou trois. Ses fleurs sont petites & d'un vert jaunâtre ; leurs pétales sont pointus, & l'inférieur est à trois divisions disposées en forme de croix. On trouve cette plante dans les prés montagneux. ♃

**1106.**  **III.**  *Racines composées de deux bulbes.*

| Tige nue. IV. | Tige feuillée. V. |
|---|---|

### IV. *Tige nue.*

Ophris des Alpes. *Ophris Alpina.* Linn. Sp. 1342.

*Orchis humilis Alpina, gramineo folio.* Tournef. 432.

Sa tige est haute de trois ou quatre pouces, nue & terminée par un épi de cinq à dix fleurs ; ses feuilles sont radicales, étroites, linéaires, graminées, & presque aussi longues que la tige ; ses fleurs sont verdâtres, ou un peu jaunâtres ; leurs pétales sont ramassés & l'inférieur est entier. Cette plante croît dans les pâturages des montagnes des provinces méridionales, où elle a été observée par dom Fourmeault. ♃

### V. *Tige feuillée.*

| Pétales supérieurs ramassés en casque ; l'inférieur très - étroit, & à quatre divisions linéaires. VI. | Pétales supérieurs très-ouverts ; l'inférieur élargi & à divisions non linéaires. VII. |
|---|---|

**VI.** *Pétales supérieurs ramassés en casque, l'inférieur très-étroit, & à quatre divisions linéaires.*

Ophris homme. *Ophris antropophora.* Linn. Sp. 1343.

*Orchis flore nudi hominis effigiem reprefentans, fœmina.* Tournef. 433. Vaill. t. 31, f. 19, 20.

Sa tige est haute d'un pied & terminée par un épi assez long ; ses feuilles radicales sont longues-lancéolées & un peu étroites, celles de la tige sont petites & peu nombreuses : ses fleurs représentent en quelque sorte un homme pendu par la tête : cette partie est formée par les pétales supérieurs qui sont d'un blanc jaunâtre : le pétale inférieur forme le corps & les quatre membres ; sa couleur tire sur le soufre doré ; mais celle de ses

**1106.** divisions ou des membres est d'un rouge ferrugineux. On trouve cette plante dans les prés. ♃

---

**VII.** *Pétales supérieurs très-ouverts ; l'inférieur élargi, & à divisions non linéaires.*

| Pétale inférieur un peu rétréci dans sa partie moyenne, & terminé par une échancrure tout-à-fait nue. **VIII.** | Pétale inférieur large, ovale & terminé par un lobe en saillie, ou placé dans une échancrure. **IX.** |

---

**VIII.** *Pétale inférieur un peu rétréci dans sa partie moyenne, & terminé par une échancrure tout-à-fait nue.*

Ophris mouche. *Ophris muscaria.*

*Orchis muscæ corpus referens, minor, galeâ & alis herbidis.* Tournef. 434. Vail. t. 31. f. 17, 18.

Sa tige est haute d'un pied ou environ ; ses feuilles sont lisses, étroites-lancéolées & ont à peine un pouce de largeur ; ses fleurs sont disposées en épi lâche, peu garni & ressemblent à des mouches bleuâtres : les trois pétales supérieurs sont d'un blanc-verdâtre ; les deux intérieurs sont très-petits, extrêmement grêles & rougeâtres ; l'inférieur est pendant, forme le corps de la mouche, & est chargé d'une tache bleue, remarquable : il se termine par une fourche formée par deux lobes pointus, qui laissent entr'eux un vide ou une échancrure dans lequel on ne trouve ni lobe ni appendice quelconque. Cette plante croît dans les paturages montueux. ♃

---

**IX.** *Pétale inférieur large, ovale & terminé par un lobe en saillie ou placé dans une échancrure.*

Ophris araignée. *Ophris arachnites.*

*Orchis fucum referens, major, foliolis superioribus candidis & purpurascentibus.* Tournef. 433. Vail. t. 30. f. 10, 11, 12, 13.

β. *Orchis fucum referens, colore rubiginoso.* Tournef. 434. Vail. tab. 31. f. 15, 16.

Sa tige s'élève depuis huit pouces jusqu'à un pied ou quelque-

**1106.** fois un peu davantage ; ses feuilles font liffes ,. lancéolées &
pointues ; ses fleurs font grandes , diftantes , en petit nombre ,
& forment à peine l'épi : les trois pétales fupérieurs & extérieurs font lancéolés & rougeâtres : les deux intérieurs font
très-petits & herbacés : l'inférieur eft pendant, large, convexe,
velu , d'un rouge-brun , marqué vers fa bafe , de quelques
lignes jaunâtres , & terminé par un lobe pointu , placé en
forme de faillie , ou dans une échancrure : la pointe de ce lobe
eft repliée vers la partie poftérieure & concave du pétale,
de forte qu'on ne l'apperçoit qu'en la redreffant : le corps membraneux qui foutient ou reçoit les étamines , fe termine en
avant par un bec très-remarquable. On trouve cette plante dans
les prés & les pâturages montagneux. ♃

---

**X.** *Bulbes de la racine alongées , ou fafciculées , où rameufes.*

| Pétale inférieur bifide à fon fommet.<br>**X I.** | Pétale inférieur entier , ou denticulé à fon fommet.<br>**X I V.** |
|---|---|

**XI.**      *Pétale inférieur bifide à fon fommet.*

| Tige garnie de deux feuilles ovales & oppofées.<br>**X II.** | Tige non feuillée & n'ayant que des écailles alternes.<br>**X III.** |
|---|---|

**XII.**      *Tige garnie de deux feuilles ovales & oppofées.*

Ophris double-feuille. *Ophris bifolia.* Toúrnef. 437.

*Ophris ovata.* Linn. Sp. 1340.

Sa tige eft pubefcente & s'élève jufqu'à un pied & demi ;
elle eft garnie dans fa partie inférieure de deux feuilles larges ,
ovales , un peu nerveufes & qui paroiffent entièrement oppofées ; fes fleurs font d'un vert-pâle & jaunâtre , nombreufes
& difpofées en un épi grêle , lâche , & affez long : les pétales

**1106.** fupérieurs font courts & à demi ouverts ; l'inférieur eft long, pendant, étroit & bifide. On trouve cette plante dans les bois & les prés couverts. 

---

XIII. *Tige non feuillée & n'ayant que des écailles alternes.*

Ophris nid d'oifeau. *Ophris nidus avis.* Linn. Sp. 1339.

*Nidus avis.* Tournef. 438.

Sa racine eft compofée de fibres charnues, cylindriques, nombreufes, & ramaffées prefqu'en forme de nid d'oifeau ; fa tige eft haute d'un pied ou environ & garnie de quelques écailles pointues, amplexicaules, deffechées & d'un blanc-fale ou roufsâtre ; fes fleurs font affez nombreufes, difpofées en épi cylindrique, & d'une couleur femblable à celle de la tige ; c'eft-à-dire, jaunâtre ou roufsâtre : les cinq pétales fupérieurs font courts & un peu ramaffés en cafque ; l'inférieur eft pendant & fe termine par deux divifions divergentes. On trouve cette plante dans les lieux couverts & les bois.

---

XIV. *Pétale inférieur entier ou denticulé à fon fommet.*

| Pétale inférieur denticulé ; épi grêle, difpofé en fpirale. **X V.** | Pétale inférieur entier à fon fommet ; épi non en fpirale. **X V I.** |
|---|---|

---

XV. *Pétale inférieur denticulé : épi grêle, difpofé en fpirale.*

Ophris en fpirale. *Ophris fpiralis.* Linn. Sp. 1340.

*Orchis fpiralis, alba, odorata.* Tournef. 433.

β. *Orchis fpiralis, alba, odorata, longo anguftoque folio.* Vail. 147.

Sa racine eft compofée d'une à trois bulbes alongées & prefque cylindriques ; elle pouffe une tige grêle, garnie de quelques feuilles courtes & étroites, & qui s'élève depuis fix pouces jufqu'à un pied : fes feuilles radicales font au nombre

**1106.** de trois ou quatre, ovales ou lancéolées, liffes & un peu fucculentes. Ses fleurs font petites, blanchâtres, & difpofées en une férie imparfaitement unilatérale, formant fenfiblement la fpirale autour de l'axe de l'épi. On trouve cette plante fur les peloufes & les collines sèches. La variété β croît dans les lieux humides : fa tige ne naît point à côté des feuilles, comme cela arrive fouvent à la première.

---

XVI. *Pétale inférieur entier à fon fommet ; épi non en fpirale.*

Ophris coralloriſe. *Ophris corallorhiza.* Linn. Sp. 1339.

*Orobanche radice coralloide.* Bauh. pin. 88.

Les bulbes de fa racine font très-rameufes, tortueufes, & reffemblent par leur forme à des morceaux de corail ; fa tige eft haute de cinq à fept pouces, nue & garnie de quelques écailles vaginales qui tiennent lieu de feuilles. Ses fleurs font petites, d'une couleur herbacée ou blanchâtre, peu nombreufes, & ont quatre étamines felon M. de Haller. On trouve cette plante dans les bois en Languedoc. ♃

---

**1107.** *Pétale inférieur concave intérieurement ; feuilles dont les nervures font très-faillantes.*

Six pétales très-diftincts, dont un inférieur légèrement concave à fa bafe. . . . . . . . . . . . 1108

Cinq pétales, dont un inférieur fort grand, ventru & creufé en fabot . . . . . . . . . . . . 1109

---

**1108.** *Six pétales très-diſtincts, dont un inférieur légèrement concave à fa bafe.*

## Helleborine. *Serapias.*

Les fleurs d'Helleborine font compofées de fix pétales prefque égaux, mais dont l'inférieur, un peu en nacelle vers fa bafe, a ordinairement fon fommet plus ouvert ou rejeté en dehors en forme d'appendice particulière.

**1108.**

| Pétale inférieur entier ou échancré ; bulbes de la racine longues & fibreuses. I. | Pétale inférieur à trois lobes ; bulbes de la racine arrondies. VIII. |
|---|---|

**I.** *Pétale inférieur entier ou échancré ; bulbes de là racine longues & fibreuses.*

| Ovaire sessile, & jamais pendant. II. | Ovaire pédunculé, & un peu pendant. V. |
|---|---|

**II.** *Ovaire sessile & jamais pendant.*

| Fleurs blanches ; pétale inférieur court & un peu obtus. III. | Fleurs rouges ; pétale inférieur alongé & pointu. IV. |
|---|---|

**III.** *Fleurs blanches ; pétale inférieur court & un peu obtus.*

Helleborine grandiflore. *Serapias grandiflora.* Linn. mant. 491.

*Helleborine flore albo, vel damasonium montanum, latifolium.* Tournef. 436.

Sa tige est haute d'un pied ou un peu plus, & garnie dans toute sa longueur, de feuilles ovales-lancéolées, nerveuses, & dont les inférieures sont engaînées ou amplexicaules. Ses fleurs sont blanches, assez grandes, au nombre de cinq à dix ou environ, & disposées en épi terminal, garni de bractées assez longues ; leur pétale inférieur est jaunâtre vers son extrémité, & chargé de trois lignes saillantes. On trouve cette plante dans les pâturages montagneux. ♃

**1108.** **IV.** *Fleurs rouges ; pétale inférieur alongé & pointu.*

Helleborine rouge ; *Serapias rubra.* Linn. mant. 490.

> *Helleborine montana , angust folia , purpurascens.* Tournef.
> 4,6.

Sa tige s'élève jusqu'à un pied & demi, & est garnie de feuilles étroites-lancéolées, pointues, & plus longues que celles de l'espèce précédente Ses fleurs sont assez grandes, purpurines, & au nombre de huit ou dix seulement ; elles sont peu ouvertes, & leur pétale inférieur est chargé de lignes ondulées très-remarquables. Cette plante croît dans les lieux couverts des montagnes. ♃

---

**V.** *Ovaire pédunculé & un peu pendant.*

| Pétale inférieur, terminé par une appendice saillante, élargie, & obtuse ou échancrée à son sommet. | Pétale inférieur, terminé par une appendice courte, pointue, & recourbée en-dehors. |
|---|---|
| **V I.** | **V I I.** |

---

**VI.** *Pétale inférieur, terminé par une appendice saillante, élargie, & obtuse ou échancrée à son sommet.*

Helleborine des marais. *Serapias palustris.* Scop. carn. II, p. 205.

> *Helleborine angustifolia , palustris sive pratensis.* Tournef.
> 436.
> *Serapias longifolia.* Linn. mant. 490.

Sa tige est haute d'un à deux pieds, feuillée & légèrement pubescente ; ses feuilles sont étroites-lancéolées, ensiformes, glabres & nerveuses : les inférieures sont engaînées, & les supérieures sessiles. Les fleurs sont d'un vert blanchâtre un peu mêlé de pourpre, & disposées au nombre de dix à quinze, en un épi assez lâche ; leur ovaire est un peu cotonneux, & leur pétale inférieur est grand, plus saillant que les autres, marqué de lignes pourpres à sa base, & terminé par une appendice obtuse, presque en cœur, & plissée ou ondulée en

**1108.** ſes bords. Cette plante eſt commune dans les prés marécageux. ♃

---

**VII.** *Pétale inférieur terminé par une appendice courte, pointue,*
*& recourbée en-dehors.*

Helleborine à feuilles larges. *Serapias latifolia.* Linn. mant.
490.

*Helleborine latifolia, montana.* Tournef. 436.

Sa tige eſt haute d'un pied & demi, feuillée & terminée
par un épi long de quatre à ſix pouces ; ſes feuilles ſont ovales-
lancéolées, nerveuſes & engaînées ou amplexicaules : les inſé-
rieures ont près de deux pouces de largeur, & ſont terminées
par une pointe émouſſée ou obtuſe ; les ſupérieurs ſont plus
étroites & aiguës. Les fleurs ſont d'un vert blanchâtre dans leur
jeuneſſe, & deviennent rougeâtres ou purpurines en vieilliſ-
ſant ; elles ſont plus petites que celles de l'eſpèce précédente :
leur pétale inférieur n'eſt pas plus grand ni plus ſaillant que
les autres, & ſon appendice ou ſon ſommet eſt ſenſiblement
pointue. On trouve cette plante dans les lieux couverts &
les bois. ♃

---

**VIII.** *Pétale inférieur à trois lobes ; bulbes de la racine arrondies.*

Helleborine à languette. *Serapias lingua.* Linn. Sp. 1344.

*Orchis montana, Italica, flore ferrugineo, linguâ oblongâ.*
Tournef. 434.

Sa tige eſt haute d'un pied, creuſe, & garnie de feuilles
un peu étroites & pointues ; ſes fleurs ſont d'une couleur fer-
rugineuſe, & diſpoſées, au nombre de cinq ou ſept, en un
épi lâche & aſſez long : elles ſont remarquables par leur pétale
inférieur, garni à ſa baſe de deux lobes latéraux, courts &
obtus, & terminé par une languette étroite, pendante, &
longue de ſix ou huit lignes ; les anthères ne ſont point ſeſſiles
comme celles des autres eſpèces de ce genre. Cette plante
croît dans les lieux montagneux des provinces méridionales. ♃

**1109.** *Cinq pét..les, dont un inférieur fort grand, ventru & creusé en sabot.*

Sabot de Vénus. *Cypripedium calceolus.* Linn. Sp.
1346.

*Calceolus marianus.* Tournef. 437.

Sa tige eſt haute d'un pied ou environ, feuillée & chargée d'une ou deux fleurs d'une grandeur remarquable, & jaunâtres ou un peu purpurines ; elles ſont compoſées de quatre pétales lancéolés, pointus & très-ouvets, & d'un cinquième inférieur, très-ventru, concave, rétréci à ſon ouverture, & reſſemblant en quelque manière à un ſabot : ſes feuilles ſont larges, ovales-lancéolées, pointues, nerveuſes & engaînées à leur baſe. On trouve cette plante dans les prés couverts des provinces méridionales. ♃

---

**1110.** *Plus de ſix étamines.*

Caſtier aux raquettes. *Cactus opuntia.* Linn. Sp.
669.

*Opuntia vulgò herbariorum.* Tournef. 239.

Cette plante eſt une eſpèce d'arbriſſeau qui s'élève juſqu'à ſix ou huit pieds ; il eſt entièrement compoſé de feuilles épaiſſes, charnues & articulées, ou qui naiſſent toutes les unes ſur les autres ; ces feuilles ſont grandes, ovales, aſſez ſemblables à des raquettes par leur forme, & chargées d'épines cétacées, diſpoſées par petits faiſceaux. Les fleurs ſont jaunes & naiſſent ſur les feuilles ; elles ont un calice monophylle & garni d'écailles, une dixaine de pétales, beaucoup d'étamines & un ſtyle terminé par un ſtigmate multifide. Le fruit eſt une baie ovale-oblongue, ombiliquée & uniloculaire. Cette plante croît en Provence parmi les rochers, ♄ ; ſes feuilles paſſent pour anodines & rafraîchiſſantes.

---

**1111.**

*Cinq pétales. . . . . . . .* $\left\{\begin{array}{l}\text{Calice très-ſimple, non hériſſé de}\\ \text{pointes \& ne portant pas la corolle.}\\ \hfill 1112\\ \text{Calice double, ou hériſſé de}\\ \text{pointes \& portant la corolle. } 1072\end{array}\right.$

1112. *Calice très-simple, non hé-* { Feuilles alternes, ou embriquées,
*riffé de pointes & ne portant* { ou radicales. . . . . . . . . 1113
*pas la corolle.* { Tige garnie de feuilles oppofées
{ & diftantes.. . . . . . . . 722 — 11

---

1113. *Feuilles alternes ou embriquées, ou radicales.*

## Saxifrage. *Saxifraga.*

Les faxifrages font des plantes herbacées, la plupart charnues & fucculentes ; leurs fleurs font compofées d'un calice
à cinq divifions, de cinq pétales plus grands que le calice,
de dix étamines, & d'un ovaire plus ou moins inférieur &
qui fe change en une capfule à deux cornes, prefque biloculaire & polyfperme.

### A N A L Y S E.

| Feuilles inférieures toutes très-fimples & entières, ou dentées, ou crénelées. | Feuilles inférieures toutes ou la plupart divifées & découpées. |
| :---: | :---: |
| I. | X X X. |

I. *Feuilles inférieures toutes très-fimples, & entières, ou dentées, ou crénelées.*

| Tige prefque nue ; les feuilles font la plupart ramaffées à fa bafe en rofette denfe. | Tige feuillée par-tout à peu-près également, & n'ayant point à fa bafe de rofette denfe. |
| :---: | :---: |
| I I. | X I X. |

II. *Tige prefque nue ; les feuilles font la plupart ramaffées à fa bafe en rofette denfe.*

| Calices droits. | Calices réfléchis. |
| :---: | :---: |
| I I I. | X. |

1113. | III.      *Calices droits.*

| Tige panniculée & chargée de plus de fix fleurs, dont les péduncules font rameux. <br> I V. | Tige chargée d'une à fix fleurs foutenues par des péduncules fimples. <br> V. |
|---|---|

IV. *Tige panniculée & chargée de plus de fix fleurs, dont les péduncules font rameux.*

Saxifrage cotyledone. *Saxifraga cotyledon.* Linn. Sp. 570.

    α. *Saxifraga fedi folio anguftiore, ferrato.* Tournef. 252.
    β. *Saxifraga foliis fubrotundis, ferratis.* Ibid.
    γ. *Saxifraga fedi folio, flore albo, multiflora.* Ibid.

Ses feuilles radicales font dures, charnues, d'un vert un peu glauque, bordées de dents cartilagineufes & blanchâtres, & ramaffées en rofettes ferrées & étalées fur la terre : du milieu de ces rofettes s'élève une tige prefque nue, panniculée dans fa partie fupérieure & haute de fix pouces à un pied : les fleurs font blanches, fouvent ponctuées & portées fur des péduncules chargés de poils vifqueux. La variété α eft fort petite & fe diftingue par fes feuilles alongées & étroites. La variété β s'élève davantage ; fes feuilles font plus larges, plus courtes & prefque arrondies. La variété γ eft une plante fuperbe, remarquable par fa tige très-rameufe dans prefque toute fa longueur, & qui forme une belle pannicule pyramidale, garnie de beaucoup de fleurs. On tronve ces plantes dans les lieux montagneux & pierreux des provinces méridionales. ♃

V. *Tige chargée d'une à fix fleurs foutenues par des péduncules fimples.*

| Fleurs blanches. <br> V I. | Fleurs jannes. <br> I X. |
|---|---|

1113. | VI. *Fleurs blanches.*

| Feuilles glauques, pointues, & dont le sommet est recourbé en-dehors. **VII.** | Feuilles vertes, obtuses, & n'ayant point leur sommet recourbé. **VIII.** |

**VII.** *Feuilles glauques, pointues, & dont le sommet est recourbé en-dehors.*

Saxifrage bleuâtre. *Saxifraga cæsia.* Linn. Sp. 571.

> *Saxifraga Alpina, minima, foliis cæsiis, deorsùm incurvis.* Tournef. 253.

Cette plante est fort petite; le collet de sa racine se divise en plusieurs souches garnies de beaucoup de feuilles ramassées, & disposées en rosettes très-denses; ces feuilles sont très-petites, oblongues, pointues, recourbées, ciliées à leur base, légèrement ponctuées en-dessous, un peu dures & d'une couleur glauque: les tiges sont grèles, presque nues, hautes de deux à quatre pouces, & soutiennent une à cinq fleurs d'un blanc de lait. On trouve cette plante dans les montagnes, parmi les rochers. ♃

---

**VIII.** *Feuilles vertes, obtuses, & n'ayant point leur sommet recourbé.*

Saxifrage androsace. *Saxifraga androsacea.* Linn. Sp. 571.

> *Saxifraga foliis ellipticis & tridentatis, hirsutis, caule pauci-floro.* Hall. Hist. n°. 984.

Ses feuilles sont petites, oblongues, obtuses, planes, ordinairement entières, velues, & ramassées sur la terre en rosettes ou petits gazons bien garnis; ses tiges sont très-menues, hautes de deux ou trois pouces, chargées de quelques feuilles étroites & distantes, & portent à leur sommet une ou deux fleurs blanchâtres. Cette plante croît dans les lieux pierreux des montagnes. ♃

1113.

IX. *Fleurs jaunes.*

Saxifrage brycïde. *Saxifraga bryoides.* Linn. Sp. 572.

*Saxifraga pyrenaica, minima, lutea, musco similis.* Tournef. 253.

Ses feuilles sont très-petites, lancéolées, d'un vert jaunâtre, luisantes & ciliées : elles ont à peine une ligne de longueur, & les inférieures sont ramassées en rosettes denses ou en petits gazons compacts, qui ressemblent à de la mousse : les tiges sont filiformes, hautes de deux pouces, garnies de quelques petites feuilles étroites, & chargées d'une ou deux fleurs assez grandes ; les pétales sont oblongs, jaunes, & distingués par des taches roussâtres. Cette plante croît dans les lieux pierreux & couverts du Dauphiné, où elle a été observée par M. Faujas de Saint-Fond.

---

X. *Calices réfléchis.*

| Feuilles très-obtuses. | Feuilles pointues à leur sommet. |
| --- | --- |
| X I. | X V I I I. |

---

XI. *Feuilles très-obtuses.*

| Feuilles courantes sur leur pétiole, & crénelées seulement en leur bord supérieur. | Feuilles non courantes sur leur pétiole, & crénelées en leur contour. |
| --- | --- |
| X I I. | X V. |

---

XII. *Feuilles courantes sur leur pétiole, & crénelées seulement en leur bord supérieur.*

| Feuilles spatulées, ovoïdes à leur sommet, & à crénelures distantes. | Feuilles tout-à-fait cunéiformes, & à crénelures peu distantes. |
| --- | --- |
| X I I I. | X I V. |

**XIII.** *Feuilles spatulées, ovoïdes à leur sommet, & à crénelures distantes.*

Saxifrage ombragée. *Saxifraga umbrosa.* Linn. Sp. 574.

*Geum folio subrotundo minori, piftillo floris rubro.* Tournef. 251.

Sa racine pousse, outre les tiges fleuries, des rejets stériles, rougeâtres, couchés & rampans; ses feuilles forment des rosettes assez larges & étalées sur la terre : elles sont spatulées, arrondies à leur sommet, cartilagineuses & blanchâtres en leurs bords, glabres, chargées de points argentés très-petits, souvent rougeâtres en-dessous, & un peu dures ou coriaces. La tige est haute de six ou sept pouces, nue, très-grêle, & se termine par une pannicule médiocre, composée de cinq à huit fleurs portées sur des péduncules courts & rameux ; les pétales sont blancs & un peu jaunâtres en leur onglet. Cette plante croît dans les lieux couverts des montagnes en Dauphiné. ♃

---

**XIV.** *Feuilles tout-à-fait cunéiformes, & à crénelures peu distantes.*

Saxifrage cunéiforme. *Saxifraga cuneifolia.* Linn. Sp. 574.

*Geum folio subrotundo, minimo.* Tournef. 251.

Cette plante ressemble beaucoup à la précédente, mais elle est plus petite, & ses feuilles sont plus étroites, moins arrondies & parfaitement cunéiformes ; elles sont coriaces, chargées de points argentés, & entourées d'un rebord cartilagineux & blanchâtre : la tige est grêle, nue, & haute de cinq à six pouces ; les pétales sont blancs, & les anthères d'un rouge écarlate. Cette plante croît en Provence, dans les rochers & les lieux couverts. ♃

---

**XV.** *Feuilles non courantes sur leur pétiole, & crénelées en leur contour.*

| Pétales blancs, & chargés de points rouges. | Pétales tout-à-fait blancs, & sans points remarquables. |
|:---:|:---:|
| **XVI.** | **XVII.** |

1113.

**XVI.** *Pétales blancs, & chargés de points rouges.*

Saxifrage velue. *Saxifraga hirfuta.* Linn. Sp. 574.

> *Geum folio, circinato, acutè crenato, piftillo floris rubro.* Tournef. 251.

> *Geum folio circinato, piftillo floris pallido.* Ibid.

Sa tige eft haute de fept à huit pouces, nue, rougeâtre, rameufe & panniculée dans fa partie fupérieure; fes fuilles font radicales, ovales-arrondies, crenelées affez également dans leur contour, fouvent rougeâtres en leurs bords, & portées fur des pétioles velus & longs d'un pouce au moins; fes fleurs font petites & portées fur des pédunculcs velus & d'un rouge-noirâtre : leurs pétales font blancs & agréablement ponctués. Cette plante croît dans les montagnes des provinces méridionales. ♃

---

**XVII.** *Pétales tout-à-fait blancs & fans points remarquables.*

Saxifrage mignonette. *Saxifraga geum.* Linn. Sp. 574.

> *Geum rotundifolium, minus.* Tournef. 251.

Cette efpèce a beaucoup de rapport avec la précédente, mais elle eft plus petite; fes feuilles font radicales, vertes, arrondies, crenelées & portées fur des pétioles velus & affez longs; fa tige eft haute de cinq ou fix pouces, rougeâtre vers fon fommet, nue, grêle, & porte huit à douze fleurs difpofées en une pannicule médiocre : leurs pétales font petits, oblongs & tout-à-fait blancs. On trouve cette plante dans les lieux couverts des montagnes. ♃

---

**XVIII.** *Feuilles pointues à leur fommet.*

Saxifrage étoilée. *Saxifraga ftellaris.* Linn. Sp. 572.

> *Geum paluftre, minus, foliis oblongis, crenatis.* Tournef. 252.

Sa racine pouffe plufieurs fouches couchées & garnies de feuilles difpofées en gazons ou en rofettes lâches; ces feuilles font oblongues, un peu cunéiformes, élargies vers leur fommet, & garnies en leur bord fupérieur de quelques angles ou de dents pointues & diftantes; elles font un peu charnues

&

**1113.** & communément affez glabres : la tige eft nue , haute de quatre à fix pouces , & un peu rameufe ou panniculée à fon fommet : les fleurs font petites & leurs pétales font lancéolés , blancs , & diftingués par deux taches rouffatres , placées dans le voifinage de leur onglet. On trouve cette plante fur le bord des ruiffeaux , dans les montagnes des provinces méridionales. ℔

**XIX.** *Tige feuillée par-tout à-peu-près également & n'ayant point à fa bafe de rofette denfe.*

| Feuilles feffiles , petites & ovales ou lancéolées. **X X.** | Feuilles pétiolées , affez grandes & réniformes. **X X V I I.** |

**XX.** *Feuilles feffiles , petites & ovales ou lancéolées.*

| Fleurs jaunâtres ; feuilles pointues & éparfes ou alternes. **X X I.** | Fleurs purpurines ou bleuâtres ; feuilles obtufes & embriquées. **X X V I.** |

**XXI.** *Fleurs jaunâtres ; feuilles pointues & éparfes.*

| Calice réfléchi ; tige chargée d'une ou deux fleurs. **X X I I.** | Calice non réfléchi ; tige chargée de plus de deux fleurs. **X X I I I.** |

**XXII.** *Calice réfléchi ; tige chargée d'une ou deux fleurs.*

Saxifrage jaune. *Saxifraga flava.*

*Saxifraga foliis ellipticis , caule unifloro.* Hall. Hift. n°. 972.
*Saxifraga hirculus.* Linn. Sp. 576.

Sa tige eft droite , fimple , feuillée , un peu velue dans le voifinage de la fleur , & s'élève jufqu'à un pied ; fes feuilles font éparfes , alternes , lancéolées & point ciliées en leurs bords : la fleur eft terminale , grande & d'un beau jaune ; fes

**1113.** pétales font larges, marqués de lignes & quelquefois tachés à leur bafe. Cette plante croît dans les lieux humides des montagnes des provinces méridionales, où elle a été obfervée par Dom Fourmeault.

---

XXIII. *Calice non réfléchi ; tige chargée de plus de deux fleurs.*

| Feuilles nues ou légèrement ciliées ; fleurs jaunes & diftinguées par des taches fafrannées. **XXIV.** | Feuilles bordées de cils durs ; fleurs d'un jaune-pâle & point tachées. **XXV.** |
|---|---|

---

XXIV. *Feuilles nues ou légèrement ciliées ; fleurs jaunes & diftinguées par des taches fafrannées.*

Saxifrage d'automne. *Saxifraga autumnalis.* Linn. Sp. 575.

*Geum angustifolium, autumnale, flore luteo, guttato.* Tournef. 252.

β. *Saxifraga aizoides.* Linn. Sp. 576.

Cette efpèce a beaucoup de rapport avec la précédente ; mais elle eft plus petite ; fa racine pouffe plufieurs tiges affez fimples, un peu couchées dans leur partie inférieure, feuillées & hautes de cinq à fept pouces ; fes feuilles font éparfes, feffiles, lancéolées & médiocrement ciliées en leurs bords ; fes fleurs font au nombre de trois à fix, difpofées au fommet de chaque tige, fur des pédunculcs fimples & un peu velus ; leurs pétales font lancéolés, jaunes & remarquables par des taches de couleur de fafran. On trouve cette plante en Provence, fur le bord des ruiffeaux. ♃

---

XXV. *Feuilles bordées de cils durs ; fleurs d'un jaune pâle & point tachées.*

Saxifrage rude. *Saxifraga afpera.* Linn. Sp. 575.

*Saxifraga alpina, foliis crenatis & afperis.* Tournef. 252.

Ses tiges font hautes d'un demi-pied, foibles, feuillées &

1113.

un peu rameufes; fes feuilles font étroites-lancéolées, pointues, un peu dures & bordées de cils rudes & prefque piquans;
les fleurs font au nombre de trois ou quatre fur chaque tige,
foutenues par des péduncules nus, fimples & affez longs :
la corolle eft fupérieure à l'ovaire. On trouve cette plante en
Provence. ♃

---

**XXVI.** *Fleurs purpurines ou bleuâtres ; feuilles obtufes & em-*
*briquées.*

Saxifrage embriquée. *Saxifraga imbricata.*

*Saxifraga alpina, ericoïdes, flore purpurafcente ( & cæruleo).*
Tournef. 253.

*Saxifraga retufa.* Gouan. obf. 28. t. XVIII, f. 1.

Sa racine eft ligneufe & pouffe un grand nombre de tiges
couchées, ramaffées en un gazon denfe, & longues de deux ou
trois pouces ; ces tiges font couvertes dans prefque toute leur
longueur, de feuilles extrêmement petites, ovales, un peu
dures, liffes, légèrement ciliées à leur bafe, très-rapprochées
les unes des autres & embriquées fur quatre faces : les fleurs
font terminales, folitaires ou géminées, purpurines dans leur
jeuneffe & enfuite bleuâtres : la capfule du fruit eft remarquable
par deux pointes longues & très-aiguës. On trouve cette plante
en Provence parmi les rochers : elle a été auffi obfervée en Dauphiné par M<sup>rs</sup>. de Villars & Faujas de Saint-Fond. ♃ On
ne doit pas la diftinguer du *Saxifraga oppofitifolia* de M. Linné,
ni du *Saxifraga*, n°. 980 de M. Haller, *hift.* p. 420.

---

**XXVII.** *Feuilles pétiolées, affez grandes & réniformes.*

| Pétales pointus<br>& ponctués.<br>XXVIII. | Pétales obtus<br>& non ponctués.<br>XXIX. |
| --- | --- |

---

**XXVIII.**  *Pétales pointus & ponctués.*

Saxifrage à feuilles rondes. *Saxifraga rotundifolia.* Linn. Sp.
576.

*Geum rotundifolium, majus.* Tournef. 251.

Sa tige eft haute d'un pied ou un peu plus, feuillée ;

**I I I 3.** légèrement rameufe & chargée de poils blancs un peu écartés les uns des autres ; fes feuilles font arrondies, réniformes, bordées de grandes crénelures, ou de dents affez larges, dont la pointe eft fouvent glanduleufe & rougeâtre ; elles font portées fur de longs pétioles : les fleurs au fommet de la tige font difpofées en une pannicule médiocre : leurs pétales font lancéolés & chargés de points rouges. On trouve cette plante dans les montagnes des provinces méridionales. ♃

XXIX.　　　*Pétales obtus & non ponctués.*

Saxifrage granulée. *Saxifraga granulata.* Linn. Sp. 576.

*Saxifraga rotundifolia , alba.* Tournef. 252.

Sa racine eft fibreufe , garnie de plufieurs grains ou tubercules bulbeux, & pouffe une tige cylindrique, velue, médiocrement rameufe, peu feuillée & haute d'un pied & demi ou environ ; fes feuilles inférieures font réniformes, bordées de grandes crénelures & portées fur de longs pétioles : les fupérieures font petites , à peine pétiolées , incifées & prefque palmées : les fleurs font affez grandes, terminales & de couleur blanche : leurs calices & leurs péduncules font chargés de poils courts & vifqueux. On trouve cette plante dans les prés fecs & fur le bord des bois, ♃ ; elle eft diurétique, & paffe pour lithontriptique.

XXX. *Feuilles inférieures , toutes ou la plupart divifées & découpées.*

| Feuilles inférieures , toutes palmées , à cinq divifions ou davantage ; & portées fur des pétioles longs de plus d'un pouce. **X X X I.** | Feuilles inférieures , toutes ou plufieurs , fimplement trifides , & point longues de plus d'un pouce. **X X X I V.** |
|---|---|

**1113.** **XXXI.** *Feuilles inférieures toutes palmées , à cinq divisions ou da- vantage , & portées fur des pétioles longs de plus d'un pouce.*

|  |  |
|---|---|
| Feuilles glabres , & dont les divifions font toutes très-étroites & prefque linéaires. **XXXII.** | Feuilles velues , & dont les divifions font élargies & point linéaires. **XXXIII.** |

**XXXII.** *Feuilles glabres , & dont les divifions font toutes très-étroites & prefque linéaires.*

Saxifrage quinquefide. *Saxifraga quinquefida.*

*An faxifraga geranioides.* Linn. Sp. 578.

Sa tige eft grêle , rougeâtre , chargée de quelques poils très-courts , quelquefois tout-à-fait glabre , un peu couchée à fa bafe , prefque nue , & haute de huit ou neuf pouces ; les feuilles naiffent pour la plupart du collet de la racine , ou font difpofées fur les jeunes pouffes non fleuries : elles font glabres & quinquefides , ou à trois divifions principales , dont les latérales font bifides. Leurs pétioles font grêles & longs d'un pouce & demi ; celles du fommet de la tige font courtes & trifides , & les fupérieures font tout-à-fait linéaires. Les fleurs font blanches & difpofées fix à douze au fommet de la tige en une pannicule fimple & médiocre ; leurs pétales font un peu obtus & chargés de trois lignes verdâtres. Cette plante croît dans les montagnes des provinces méridionales. ♃

**XXXIII.** *Feuilles velus , & dont les divifions font élargies & point linéaires.*

Saxifrage de roche. *Saxifraga petræa.* Linn. Sp. 578.

*Saxifraga alba , petræa ponæ.* Tournef. 252.

β. *Saxifraga pyrenaica , tridactylites , latifolia.* Ibid. 253.

Sa tige eft haute d'un pied , rameufe , rougeâtre & chargée ainfi que les pétioles , les péduncules & les calices , de poils courts & vifqueux ; fes feuilles inférieures font nombreufes

**1113.** & forment un gazon épais : elles font palmées, divifées en trois lobes principaux & élargis, dont celui du milieu eft trifide, & les latéraux font partagés chacun en deux autres lobes incifés ou découpés : ces feuilles font portées fur des pétioles longs prefque de deux pouces ; les feuilles de la tige font un peu diftantes les unes des autres, plus petites & foutenues par des pétioles plus courts. Les fleurs font blanches, & forment, au fommet de la tige, une pannicule courte & un peu refferrée ; les pédunculs font chargés de deux ou trois fleurs : les pétales font obtus, & vont en fe rétréciffant vers leurs onglets. La variété β s'élève moins, & fa tige eft beaucoup moins rameufe. Cette plante croît en Languedoc parmi les rochers. La variété β a été obfervée par M. Rivière, dans les environs de Paris, auprès de Montlhéry. Ἐ

**XXXIV.** *Feuilles inférieures, toutes ou pluficurs fimplement tri-fides, & point longues de plus d'un pouce.*

| Tige fleurie, ayant à fa bafe des rejets nombreux alongés & couchés fur la terre. **XXXV.** | Tige fleurie, n'ayant à fa bafe aucun rejet particulier couché fur la terre. **XXXVI.** |
|---|---|

**XXXV.** *Tige fleurie, ayant à fa bafe des rejets nombreux, alongés & couchés fur la terre.*

Saxifrage hypnoïde. *Saxifraga hypnoïdes.* Linn. Sp. 579.

*Saxifraga mufcofa, trifido folio.* Tournef. 252.

Sa racine pouffe un grand nombre de rejets ou de tiges ftériles, feuillées, couchées, & tellement entrelacées les unes dans les autres, qu'elles forment un gazon très-denfe, & femblable à une mouffe épaiffe ; fes feuilles font petites, linéaires, pointues, les unes fimples, les autres trifides, & toutes d'un vert jaunâtre: les tiges fleuries font hautes de trois ou quatre pouces, grêles, prefque nues, droites, & portent à leur fommet une à quatre fleurs affez grandes, dont les pétales font ovales, obtus, blancs, & marqués de trois lignes pâles ou verdâtres.

**1113.** Cette plante croît en Provence, parmi les rochers, dans les lieux couverts. ♃

---

**XXXVI.** *Tige fleurie, n'ayant à sa base aucun rejet particulier ; couché sur la terre.*

| Feuilles inférieures n'ayant pas trois lignes de longueur, & ramassées en rosette dense ; tige presque nue. **XXXVII.** | Feuilles inférieures longues de six lignes ou davantage, & point ramassées en rosette dense ; tige feuillée. **XXXVIII.** |
| --- | --- |

---

**XXXVII.** *Feuilles inférieures n'ayant pas trois lignes de longueur ; & ramassées en rosette dense ; tige presque nue.*

Saxifrage des gazons. *Saxifraga cespitosa.* Linn. Sp. 578.

*Saxifraga tridactilites , pyrenaica , pallidè lutea , minima.* Tournef. 253.

β. *Saxifraga pyrenaica , foliis partim integris , partim trifidis.* Ibid.

Cette espèce est une des plus petites de ce genre ; le collet de sa racine est très-divisé, & pousse un grand nombre de rosettes de feuilles denses & fort petites, mais qui, par leur assemblage, forment des gazons très-garnis ; les feuilles, qui composent ces rosettes, sont étroites, ligulées, trifides à leur sommet qui est comme tronqué, glabres ou un peu ciliées à leur base, & d'un vert tendre : les tiges sont grêles, hautes de deux pouces, garnies d'une ou deux feuilles simples ou trifides, & portent deux ou trois fleurs petites, d'un blanc jaunâtre, & soutenues par des pédoncules simples. On trouve cette plante dans les lieux pierreux & couverts des montagnes. ♃

**1113.** **XXXVIII.** *Feuilles inférieures longues de six lignes ou davantage, & point ramassées en rosette dense ; tige feuillée.*

Saxifrage tridactyle. *Saxifraga tridactylites.* Linn. Sp. 578.

*Saxifraga annua, verna, humilior.* Tournef. 252.

Sa tige est haute de trois à cinq pouces, grêle, plus ou moins rameuse, souvent rougeâtre, & chargée, ainsi que les péduncules & les calices, de poils courts & visqueux ; ses feuilles inférieures sont assez longues, rétrécies en pétiole, & partagées en trois lobes à leur sommet : celles de la tige sont moins longues, pareillement trilobées ; mais leurs lobes latéraux sont souvent chargés d'une découpure, ce qui les fait paroître quinqufidés : les fleurs sont blanches, petites, & terminent les rameaux & la tige. Cette plante est commune sur les toits & les vieux murs, ☉ ; elle fleurit de bonne heure.

---

**1114 à 1145.** *Numéros de reste.*

---

**1146.**

*Fleurs non pétalées . . . .* 

{ Fleurs tout-à-fait nues, & n'ayant aucune enveloppe propre, bien distincte . . . . . . . . . . . . 1147

Fleurs enfermées dans des écailles ou paillettes, insérées par opposition ou par embrication. . . . . . 1157

---

**1147.**

*Fleurs tout-à-fait nues, & n'ayant aucune enveloppe propre, bien distincte.*

{ Fleurs disposées sur un chaton ou réceptacle commun, cylindrique ou linéaire. . . . . . . . . . 1148

Fleurs libres, & point disposées sur un réceptacle commun . . 1155

---

**1148.**

*Fleurs disposées sur un chaton ou réceptacle commun, cylindrique ou linéaire.*

{ Chaton cylindrique, & garni d'un spathe membraneux, très-distingué des feuilles. . . . . . 1149

Chaton linéaire, n'ayant aucun spathe sensible, différent de la gaîne que forment les feuilles . . . 1152

1149.

Chaton cylindrique & garni d'un spathe membraneux, très-distingué de la gaîne que forment les feuilles.

Spathe en cornet . . . . . 1150

Spathe plane . . . . . . . 1151

---

1150.    *Spathe en cornet.*

### Pied - de - veau. *Arum.*

Les fleurs de pied-de-veau sont ramassées autour d'un chaton cylindrique, qui naît dans un grand spathe membraneux, en cornet ou en oreille d'âne, plus ou moins coloré & caduc ; les étamines sont nombreuses, disposées dans la partie moyenne du chaton & composées d'anthères sessiles & tétragones : la partie inférieure de ce réceptacle est occupée par les ovaires, & son sommet est nu, coloré & se flétrit de bonne heure. Les fruits sont des baies rondes, ordinairement polyspermes.

### A N A L Y S E.

| Feuilles simples, en cœur ou sagittées. I. | Feuilles pédiaires & à cinq ou six digitations profondes. I V. |
|---|---|

I.    *Feuilles simples, en cœur ou sagittées.*

| Feuilles sagittées ; spathe & chaton droits. I I. | Feuilles cordiformes ; spathe & chaton courbés. I I I. |
|---|---|

II.    *Feuilles sagittées ; spathe & chaton droits.*

Pied-de-veau commun. *Arum vulgare.*

*Arum vulgare, non maculatum.* Tournef. 158.

β. *Arum vulgare, maculis candidis ( & nigris ).* Ibid.

*Arum maculatum.* Linn. Sp. 1370. ( α. β. ).

Sa racine est tubéreuse, charnue, garnie de fibres & pousse

**1150.** une tige cylindrique , haute de fix à huit pouces , & terminée par le chaton qui porte les fleurs ; fes feuilles font radicales, pétiolées, fagittées, très-liffes & fouvent tachées: le fpathe eft fort grand, pointu & coloré en-dedans. Le chaton eft blanchâtre, & fon fommet repréfente une maffue qui fe colore, fe flétrit, & tombe avant la maturation du fruit ; les baies en mûriffant acquièrent une couleur rouge éclatante. On trouve cette plante dans les bois, les haies & les lieux couverts, ℔ ; fa faveur eft âcre & brûlante. Sa racine sèche eft incifive, déterfive & expectorante.

Obs. Lorfque le chaton fleuri eft dans un certain état de perfection ou de développement, il eft chaud au point de paroître brûlant, & n'eft point du tout à la température des autres corps ; cet état ne dure que quelques heures : j'ai obfervé ce phénomène fur une variété de cette plante, que M. de Tournefort nomme *arum venis albis , italicum , maximum.* Inft. 158.

III. *Feuilles cordiformes ; fpathe & chaton courbés.*

Pied-de-veau courbé. *Arum incurvatum.*

*Arifarum latifolium , majus.* Tournef. 161.

*Arum arifarum.* Linn. Sp. 1370.

Sa racine eft ronde, charnue, affez petite, & pouffe une ou deux tiges grêles, hautes de deux ou trois pouces; fes feuilles font radicales, pétiolées, cordiformes, à angles poftérieurs arrondis, liffes & un peu épaiffes: le chaton des fleurs eft incliné & environné par un fpathe entier & tubulé à fa bafe, ouvert d'un côté dans fa motié fupérieure, & terminé par une languette courbée en manière de coqueluchon. On trouve cette plante dans les lieux pierreux & couverts de la Provence. ℔

IV. *Feuilles pédiaires & à cinq ou fix digitations profondes.*

Pied-de-veau ferpentaire. *Arum dracunculus.* Linn. Sp. 1367.

*Dracunculus polyphyllus.* Tournef. 160.

Sa tige eft haute de deux ou trois pieds, épaiffe, imparfaitement cylindrique, liffe, tachée & comme marbrée ; fes

1150. feuilles font pétiolées, liffes, vertes, fouvent tachées de blanc, & compofées de cinq ou fix lobes lancéolés, difpofés en manière de digitations, fur la bifurcation de leur pétiole : le fpathe eft fort grand, verdâtre en-dehors & d'un pourpre noirâtre en-dedans : le chaton eft pointu & rougeâtre à fon fommet. Cette plante croît dans les lieux ombrageux & incultes des provinces méridionales ♃

---

1151. *Spathe plane.*

Calle des marais. *Calla paluftris.* Linn. Sp. 1373.

*Arum paluftre, radice arundinaceâ.* Mapp. Alfat. 30.

Sa racine eft une fouche couchée, rampante, d'une groffeur médiocre, longue de fix ou fept pouces, & qui produit à différens intervalles, les feuilles & les hampes qui portent les fleurs ; fes feuilles font pétiolées, cordiformes & terminées par une pointe courte : les hampes font longues de trois pouces, cylindriques, & foutiennent à leur fommet un chaton court & fleuri dans toute fa longueur. Les étamines font blanches & femées entre les ovaires, fans nombre déterminé ; le fpathe eft ovale, plane, terminé par une petite pointe, verdâtre en-dehors & de couleur blanche en-dedans. On trouve cette plante en Alface dans les marais & les lieux humides. ♃

---

1152. *Chaton linéaire ; n'ayant aucun fpathe fenfible différent de la gaîne que forment les feuilles.*

Chaton portant les étamines d'un côté fur un feul rang, & les ovaires de l'autre . . . . . . . . . . 1153

Chaton portant les étamines & les ovaires fur les mêmes côtés, & fans féparation remarquable. 1154

---

1153. *Chaton portant les étamines d'un côté fur un feul rang, & les ovaires de l'autre.*

Algue marine. *Alga marina.* Lob. Ic. II, p. 248.

*Alga anguftifolia vitriariorum.* Tournef. 569.

*Zoftera marima.* Linn. Sp. 1374.

Sa racine eft articulée, rampante, & pouffe, à différens in-

**1153.** tervalles, des paquets de feuilles difpofées en faifceau; ces feuilles font longues, étroites, planes & pointues : la tige eft nulle, & le chaton qui porte les fleurs naît du centre de chaque faifceau, porté fur un péduncule grêle & fort court. Ce chaton eft long d'un demi-pouce, & chargé d'un côté de huit ou dix étamines alternes, & de l'autre, d'un pareil nombre d'ovaires, qui deviennent des fruits monofpermes. Cette plante croît au fond des eaux; on l'obferve dans les étangs, les rivières & fur les bords de la mer. ⚥

---

**1154.** *Chaton portant les étamines & les ovaires fur les mêmes côtés, & fans féparation remarquable.*

### Ruppie maritime. *Ruppia maritima.* Linn. Sp. 184.

*Corallina fœniculi folio longiore.* Tournef. 571.

Sa tige eft grêle, herbacée & très-rameufe; fes feuilles font affez longues, étroites, linéaires, aiguës & alternes : les chatons naiffent dans les aiffelles des feuilles; ils portent des fleurs nues, compofées chacune de quatre anthères feffiles, & de quatre ou cinq ovaires qui fe changent en femences foutenues par des péduncules longs & filiformes. Cette plante croît dans les étangs & fur les bords de la mer. ☉

---

**1155.** *Fleurs libres & point difpo-*$\left\{\vphantom{\begin{array}{c}a\\b\\c\end{array}}\right.$ Tige herbacée . . . . . . . 1156
*fées fur un réceptacle commun.*  Tige ligneufe . . . . 543 [*]—II

---

**1156.** *Tige herbacée.*

### Peffe commune. *Hippuris vulgaris.* Linn. Sp. 6.

*Limnopeucè.* Vail. Parif. 117.

Ses tiges font droites, fimples, feuillées, & s'élèvent au-deffus de la furface de l'eau jufqu'à huit ou dix pouces; elles font garnies dans toute leur longueur de feuilles verticillées, étroites & linéaires : les verticilles font nombreux, très-rapprochés, & compofés de dix à douze feuilles; la longueur de ces feuilles eft d'autant moindre, que les verticilles font plus voifins

**1156.** du sommet des tiges. Les fleurs sont axillaires, sessiles, & n'ont qu'une étamine ; leur ovaire se change en un fruit ovale & monosperme. On trouve cette plante dans les fossés aquatiques & sur le bord des étangs. ℔

---

**1157.** *Fleurs enfermées dans des écailles ou paillettes, insérées par opposition ou par embrication.*

### Graminées.

Les fleurs des Plantes graminées sont petites, d'une couleur herbeuse, ordinairement hermaphrodites, & composées communément de trois étamines, dont les anthères sont oblongues, & souvent fourchues à leurs extrémités, & d'un ovaire chargé, en général, de deux styles velus ou plumeux ; ces fleurs sont renfermées dans des écailles ou paillettes minces, coriacés, pointues, persistantes, presque toujours un peu inégales entre elles, & souvent chargées d'un filet plus ou moins terminal, qu'on nomme *barbe* : ces paillettes, auxquelles on donne le nom de *valves*, tiennent lieu de corolle, lorsqu'elles sont contre les fleurs ou lorsqu'elles les enveloppent immédiatement, & celles qui sont secondaires ou extérieures, sont censées faire les fonctions de calice ; les premières forment la bâle immédiate ou florale, & les secondes, la bâle calicinale. Le fruit est une semence nue, qui contient une substance farineuse.

Ces plantes sont monocotyledones, & ont beaucoup de rapport avec les liliacées ; leur tige est grêle, communément articulée, & porte le nom de *chaume* : leurs feuilles sont simples, entières, alongées, pointues, à nervures parallèles, & embrassent la tige par une gaîne fendue d'un côté dans toute sa longueur, dans le plus grand nombre.

OBS. N'ayant pas encore eu occasion d'examiner sur le *vert*, les parties de la fructification de toutes ces plantes, & trouvant la plupart des Auteurs partagés sur les caractères qu'ils leur attribuent, & sur la manière d'en déterminer les genres, je vais présenter ces genres tels que les a formés M. Linné, & selon l'ordre de ses classes. Je ne les analyserai pas, parce que leur imperfection rend ce travail impraticable, la plupart d'entre eux n'ayant que des caractères vagues, non limités, & sujets à beaucoup d'exceptions. Je me bornerai dans cet ouvrage à fixer la distinction des espèces, en attendant que

**1157.** J'aie achevé la nouvelle formation des génres, qui me paroît indispensable.

### *Classes de M. Linnée.*

| Diandrie ; fleurs hermaphrodites & ayant deux étamines. | Triandrie ; fleurs hermaphrodites & ayant trois étamines. | Polygamie ; des fleurs hermaphrodites & des fleurs unisexuelles sur le même pied. |
|---|---|---|
| 1158. | 1159. | 1191. |

**1158.** ### *Diandrie.*

**Flouve odorante.** *Anthoxanthum odoratum.* Linn. Sp. 40.

*Gramen anthoxanthum, spicatum.* **Tournef.** 518.

Sa tige est haute de huit ou dix pouces, simple & garnie de deux ou trois articulations ; elle se termine par un épi lâche, long d'un pouce ou un peu plus, légèrement jaunâtre & composé de fleurs oblongues, pointues, chargées de barbes courtes, & médiocrement pédunculées ; ses feuilles sont un peu velues & assez courtes. On trouve cette plante dans les prés, ℔ ; sa racine est odorante.



**1160.** ### *Triandrie monogynie.*

## Choin. *Schœnus.*

**1161.**

Les fleurs de Choin font compofées de paillettes ramaffées & difpofées en recouvrement les unes fur les autres. Les fruits font des femences rondes & folitaires entre les bâles.

### *ANALYSE.*

| Tige terminée par un feul épi, ou par plufieurs épillets feffiles & ramaffés. | Tige terminée par de fleurs en pannicule, ou par des épillets lâches & pédunculés. |
|---|---|
| I. | VI. |

*I. Tige terminée par un feul épi, ou par plufieurs épillets feffiles & ramaffés.*

| Collerette de deux ou trois feuilles fous l'épi de fleurs. | Collerette d'une feule feuille fous l'épi de fleurs. |
|---|---|
| II. | V. |

*II. Collerette de deux ou trois feuilles fous l'épi de fleurs.*

| Collerette de deux ou trois feuilles prefque égales & plus longues que l'épi. | Collerette de deux feuilles, dont une feule eft plus longue que l'épi. |
|---|---|
| III. | IV. |

*III. Collerette de deux ou trois feuilles prefque égales & plus longues que l'épi.*

**Choin maritime.** *Schœnus maritimus.*

*Scirpus maritimus, capite glomerato.* Tournef. 528.
*Schœnus mucronatus.* Linn. Sp. 63.

Sa tige eft haute d'un pied, nue, liffe & cylindrique; fes feuilles font radicales, nombreufes, difpofées en faifceau, fouvent plus longues que la tige, femi-cylindriques, canaliculées & un peu rudes en leurs bords; les épillets font

**1161.** ramaſſés en un faiſceau terminal, glomérulé, rouſsâtre & luiſant. On trouve cette plante dans les lieux maritimes des provinces méridionales. ♃

---

IV. *Collerette de deux feuilles, dont une ſeule eſt plus longue que l'épi.*

Choin noirâtre. *Schœnus nigricans.* Linn. Sp. 64.

> *Gramen ſpicatum, junci facie, lithoſpermi ſemine.* Tournef. 518.

Sa tige eſt haute d'un pied ou un peu plus, grêle, nue & cylindrique ; ſes feuilles ſont radicales, nombreuſes, diſpoſées en faiſceau très-garni, longues, étroites, preſque cylindriques, un peu roides & aiguës ; ſes fleurs forment une tête brune ou noirâtre, ſur-tout avant leur développement, & compoſée de quelques épillets ſerrés & faſciculés : les folioles de la collerette ſont élargies & noirâtres à leur baſe ; l'une des deux eſt fort courte, & l'autre eſt terminée par une pointe en alène, longue de près d'un pouce. On trouve cete plante dans les prés humides. ♃

---

V. *Collerette d'une ſeule feuille ſous l'épi de fleurs.*

Choin comprimé. *Schœnus compreſſus.* Linn. Sp. 65.

> *Scirpus planifolius, ſpicâ terminante diſtichâ.* Hall. hiſt. n°. 1342.

Sa tige eſt légèrement triangulaire, feuillée dans ſa partie inférieure, & s'élève juſqu'à un pied ; ſes feuilles radicales ſont planes, un peu en gouttière, larges d'une ligne ou environ, & longues de quatre ou cinq pouces ; ſes fleurs forment un épi terminal, d'un brun-rouſsâtre, comprimé, & compoſé de cinq à ſept épillets ſeſſiles, alternes & diſpoſés ſur deux côtés oppoſés. On trouve cette plante en Provence, dans les lieux humides. ♃

VI.

1161.

**VI.** *Tige terminée par des fleurs en pannicule, ou par des épillets lâches & pédunculés.*

| Feuilles cétacées, & n'ayant pas une ligne de largeur.<br><br>**VII.** | Feuilles larges de plus d'une ligne, & bordées de dents tranchantes.<br><br>**VIII.** |
|---|---|

**VII.** *Feuilles cétacées, & n'ayant pas une ligne de largeur.*
Choin blanc. *Schænus albus.* Linn. Sp. 65.

*Juncus paluftris, glaber, floribus albis.* Vaill. Parif. 110.

Sa tige eft haute de cinq à huit pouces, très-grêle, prefque filiforme, feuillée & un peu triangulaire ; elle eft chargée d'un à trois bouquets de fleurs, dont un eft terminal & les deux autres axillaires & écartés entre eux : ces bouquets font compofés d'épillets cylindriques, pointus, difpofes en faifceau lâche, d'une couleur blanche dans leur jeuneffe, & qui devient rouf-sâtre lorfqu'ils vieilliffent. Les femences font garnies à leur bafe de plufieurs filets blancs qui les environnent. On trouve cette plante dans les lieux humides & tangeux. ♃

**VIII.** *Feuilles larges de plus d'une ligne, & bordées de dents tran-chantes.*

Choin marifque. *Schænus marifcus.* Linn. Sp. 62.

*Scirpus paluftris, altiffimus, foliis & carinâ ferratis.* Tournef. 528.

Sa tige eft haute de trois à cinq pieds, feuillée & cylin-drique ; fes feuilles font longues, triangulaires, pointues, larges de deux à quatre lignes, & garnies de dents aiguës en leurs bords & fur le dos. Ses fleurs forment une pannicule rameufe, alongée & compofée de beaucoup d'épillets courts, glomé-rulés & roufsâtres. On trouve cette plante fur le bord des étangs & dans les lieux aquatiques. ♃

## 1162. Souchet. *Cyperus.*

Les souchets sont remarquables par leurs épillets aplatis, & dont les écailles paroissent embriquées sur deux rangs op‑posés.

### A N A L Y S E.

| Deux ou trois feuilles formant une collerette sous les péduncules communs des épillets. I. | Plus de trois feuilles en collerette sous les péduncules communs des épillets. I V. |
|---|---|

I. *Deux ou trois feuilles formant une collerette sous les péduncules communs des épillets.*

| Épillets d'une couleur pâle ou jaunâtre. I I. | Épillets d'une couleur brune ou noirâtre. I I I. |
|---|---|

II.  *Épillets d'une couleur pâle ou jaunâtre.*

Souchet jaunâtre. *Cyperus flavescens.* Linn. Sp. 68.

*Cyperus minimus , panniculâ sparsâ , flavescente.* Tournef. 527.

Sa racine pousse des tiges nombreuses, disposées en gazon , triangulaires , nues ou feuillées seulement à leur base , & hautes de deux à cinq pouces; elles portent chacune à leur sommet une pannicule ou une ombelle composée de quelques pédun‑cules inégaux, qui soutiennent chacun cinq à dix épillets sessiles, ramassés , lancéolés & jaunâtres : les feuilles sont assez longues , étroites & pointues. On trouve cette plante dans les prés humides. ♏

III.  *Épillets d'une couleur brune ou noirâtre.*

Souchet brun. *Cyperus fuscus.* Linn. Sp. 69.

*Cyperus minimus, panniculâ sparsâ, nigricante.* Tournef. 527.

Cette plante ressemble beaucoup à la précédente ; ses tiges

**1162.** font nombreuſes, triangulaires, preſque nues, & hautes dé trois à ſix pouces : ſes feuilles ſont auſſi longues que la tige, & n'ont pas plus d'une ligne de largeur ; celles qui forment la collerette, ſont au nombre de trois, dont deux ſont fort longues : les épillets ſont noirâtres, petits, étroits & preſque linéaires. On trouve cette eſpèce dans les lieux humides & aquatiques. ✶

---

**IV.** *Plus de trois feuilles en collerette ſous les peduncules communs des épillets.*

| | |
|---|---|
| Ombelle lâche ; péduncules communs très-inégaux, & les plus longs rameux à leur ſommet. | Ombelle ramaſſée ; tous les péduncules communs ſimples, & point rameux. |
| **V.** | **VI.** |

---

**V.** *Ombelle lâche ; péduncules communs très-inégaux, & les plus longs rameux à leur ſommet.*

Souchet long. *Cyperus longus.* Linn. Sp. 67.

> *Cyperus odoratus, radice longâ, ſive cyperus offieinarum.* Tournef. 527.

.Sa tige eſt nue, triangulaire, & haute d'un à deux pieds ou quelquefois davantage ; ſes feuilles ſont aſſez longues, carinées, ſtriées, pointues & radicales : les péduncules communs ſont au nombre de cinq à dix, très-inégaux, & diſpoſés en ombelle : les intérieurs ſont fort courts, & les autres ont trois à cinq pouces de longueur, les épillets ſont extrêmement petits, linéaires, pointus & rouſsâtres : la collerette a trois de ſes feuilles fort longues : les autres ſont petites & moins remarquables. On trouve cette plante dans les marais ; ſa racine eſt alongée, & a une odeur agréable : elle eſt diurétique, emménagogue, ſtoma-chique & déterſive.

**1162.** VI. *Ombelle ramaffée ; tous les péduncules communs fimples & point rameux.*

Souchet commeftible. *Cyperus efculentus.* Linn. Sp. 67.

*Cyperus rotundus , efculentus , anguftifolius.* Tournef. 527.

Sa racine eft compofée de fibres menues, auxquelles font attachés plufieurs tubercules arrondis ou oblongs, d'une couleur brune en-dehors, & d'une fubftance blanche, tendre & comme farineufe ; fes tiges font hautes de fept à huit pouces, nues, dures & triangulaires : fes feuilles font radicales, prefque auffi longues que les tiges, étroites, pointues, un peu rudes en leurs bords, carinées & d'un vert glauque. Ses fleurs forment une pannicule ou une ombelle denfe & peu éparfe ; les épillets font d'un brun rouffâtre, longs de deux ou trois lignes, feffiles & ramaffés fur les péduncules communs, dont la longueur furpaffe rarement un pouce. On trouve cette plante en Provence, dans les lieux humides, ℞ ; les tubercules de fa racine ont un goût affez agréable, & paffent pour adouciffans & diurétiques.

**1163.** ## Scirpe. *Scirpus.*

Les épillets des fcirpes font moins comprimés que ceux des fouchets, & font compofés d'écailles embriquées affez uniformément de tous côtés. Le fruit eft une femence nue, mais fouvent nichée dans un faifceau de poils fort courts.

### A N A L Y S E.

| Un feul épi fimple & terminal. | Plufieurs épillets ramaffés, ou pédunculés, ou panniculés. |
|---|---|
| I. | VIII. |

| I. | *Un feul épi fimple & terminal.* |
|---|---|

| Tige feuillée & rameufe. | Tige nue & très-fimple. |
|---|---|
| II. | III. |

II. *Tige feuillée & rameufe.*

Scirpe flottant. *Scirpus fluitans.* Linn. Sp. 71.

*Scirpus equifeti capitulo minori.* Tournef. 528.

Sa tige eft grêle, rampante ou flottante, & pouffe à différens

**2163.** intervalles plufieurs faifceaux de feuilles planes, linéaires & aiguës : les pédunculcs font filiformes, nus, longs de deux ou trois pouces, & naiffent chacun du milieu des faifceaux de feuilles ; ils font la plupart redreffés en manière de hampes, & terminés par un épi extrêmement petit & pauciflore. On trouve cette plante dans les mares & les lieux aquatiques.

---

**III.**               *Tige nue & très-simple.*

| Épi compofé de trois à cinq fleurs, & dont la longueur ne furpaffe pas deux lignes. **IV.** | Épi compofé de beaucoup plus de cinq fleurs, & long de quatre à fix lignes. **VII.** |
| --- | --- |

---

**IV.** *Épi compofé de trois à cinq fleurs, & dont la longueur ne furpaffe pas deux lignes.*

| Épi ayant à fa bafe deux valves fort petites, & qui ne l'égalent point en longueur. **V.** | Épi ayant à fa bafe deux valves, dont une l'égale ou le furpaffe en longueur. **VI.** |
| --- | --- |

---

**V.** *Épi ayant à fa bafe deux valves fort petites, & qui ne l'égalent point en longueur.*

Scirpe en épingle. *Scirpus acicularis.* Linn. Sp. 71.

> *Scirpus omnium minimus, capitulo breviore.* **Tournef.** 528.

Ses tiges font hautes de trois pouces, nues, capillaires, & terminées chacune par un épi fort petit, pauciflore & verdâtre ou panaché de blanc & de brun ; fes feuilles font radicales, auffi menues que des cheveux, & forment avec les tiges, un gazon très-fin. On trouve cette plante dans les lieux humides & fur le bord des étangs.

---

1163.

**VI.** *Épi ayant à sa base deux valves, dont une l'égale ou le surpasse en longueur.*

**Scirpe des gazons.** *Scirpus cespitosus.* **Linn. Sp. 71.**

*Scirpus montanus, capitulo breviore.* **Tournef. 528.**

Ses tiges sont hautes de trois à six pouces, nombreuses, très-grêles & disposées en gazon ; ses feuilles sont cylindriques, menues, aiguës, un peu dures & moins longues que les tiges ; l'épi est d'un brun jaunâtre très-petit & composé de deux ou trois fleurs. On trouve cette plante dans les lieux humides & montagneux, & les allées des bois. ♃

---

**VII.** *Épi composé de beaucoup plus de cinq fleurs, & long de quatre à six lignes.*

**Scirpe des marais.** *Scirpus palustris.* **Linn. Sp. 70.**

*Scirpus equiseti capitulo majori.* **Tournef. 528.**

*β. Scirpus equiseti capitulo rotundiori.* **Vaill. Parif. 179.**

Ses tiges sont nues, cylindriques, & s'élèvent depuis huit pouces jusqu'à un pied & demi ; elles sont terminées par un épi cylindrique, pointu, & embriqué d'écailles roussâtres & scarieuses ou blanchâtres en leurs bords. La variété β a son épi ovale, obtus & presque arrondi. Cette plante est commune dans les marais & sur le bord des étangs. ♃

---

**VIII.** *Plusieurs épillets ramassés, ou pédunculés, ou panniculés.*

| Épillets sessiles, ramassés & point disposés en pannicule. IX. | Épillets, ou pédunculés, ou disposés en pannicule. XIV. |
|---|---|

---

**IX.** *Épillets sessiles, ramassés, & point disposés en pannicule.*

| Tige filiforme ou cylindrique. X. | Tige triangulaire & point filiforme. XIII. |
|---|---|

**B163.**

**X.** *Tige filiforme ou cylindrique.*

| Deux ou trois épillets extrêmement petits, & comprimés latéralement.<br><br>**XI.** | Plus de trois épillets, glomérulés, & point comprimés latéralement.<br><br>**XII.** |
| --- | --- |

**XI.** *Deux ou trois épillets extrêmement petits, & comprimés latéralement.*

Scirpe cétacé. *Scirpus cetaceus.*

> *Scirpus omnium minimus, capitulo breviori.* Scheuch, Gram. 358. *Non vero synonyma.*
>
> *Juncellus omnium minimus.* Morif. Hift. 3 , p. 232, t. X, f. 23.
>
> β. *Scirpus supinus, minimus, capitulis conglobatis, foliis rotundo-teretibus.* Tournef. 528.
>
> *Scirpus supinus.* Linn. Sp. 73.

Ses tiges font capillaires, très-foibles, & longues de trois à fept pouces ; fes feuilles font cétacées, & moins longues que les tiges ; fes épillets font au nombre de deux ou trois , feffiles, très-petits, ovales, ramaffés, & difpofés toujours à quelque diftance au-deffous du fommet des tiges, fans jamais les terminer ; d'où il fuit que l'obfervation de M. Linné ( *scirpus cetaceus.* Mant. 321 ) ne convient point à cette plante. La variété β a fes épillets difpofés prefque au milieu dés tiges; Cette efpèce eft commune dans les lieux couverts & les bois humides.

**XII.** *Plus de trois épillets glomérulés, & point comprimés latéralement.*

Scirpe glomérulé. *Scirpus glomeratus.*

> *Scirpoïdes acutum, maritimum, capitulo glomerato, folitario.* Scheuch. Gramm. 373 , t. VIII, f. 6.
>
> *Scirpus romanus.* Linn. Sp. 72.

Ses tiges font grêles , cylindriques, nues, & s'élèvent

1163. jufqu'à un pied & demi ; fes feuilles font radicales, pareillement cylindriques, prefque auffi longues que les tiges &
terminées par une pointe aiguë & un peu dure : les épillets
font ramaffés à quelque diftance au-deffous du fommet de
chaque tige, en un glomérule denfe, ferré, d'un brun-roufsâtre & garni à fa bafe d'une bractée fouvent réfléchie en bas.
Cette plante croît dans les lieux maritimes de la Provence. ♃

---

**XIII.** *Tige triangulaire & point filiforme.*

Scirpe piquant. *Scirpus mucronatus.* Linn. Sp. 73.

*Cyperus maritimus, capitulis glomeratis.* Tournef. 527.

*Scirpus glomeratus.* Scop. carn. 1, p. 47.

Ses tiges font nues, triangulaires, molles, hautes d'un pied,
& terminées par une pointe aiguë & un peu piquante : les
épillets font oblongs, feffiles & ramaffés cinq à vingt à quelque
diftance au-deffous du fommet des tiges. Cette plante croît en
Provence fur le bord des ruiffeaux & dans le voifinage de la
mer. ♃

---

**XIV.** *Épillets ou pédunculés, ou difpofés en pannicule.*

| Tige cylindrique.<br>X V. | Tige triangulaire.<br>X V I I I. |
|---|---|

---

**XV.** *Tige cylindrique.*

| Épillets globuleux ;<br>une bractée faillante<br>à la bafe des péduncules<br>& diftinguée<br>de la continuation de la tige.<br>X V I. | Épillets ovales ;<br>point de bractée faillante<br>à la bafe des péduncules,<br>mais feulement<br>une écaille courte.<br>X V I I. |
|---|---|

---

XVI. *Épillets globuleux ; une bractée faillante à la bafe des péduncules, & diftinguée de la continuation de la tige.*

Scirpe junciforme. *Scirpus holofchœnus.* Linn. Sp. 72.

*Scirpus maritimus, capitulis rotundioribus glomeratis.* Tournef.
528.

Ses tiges font hautes de trois ou quatre pieds, cylindriques,

**1163.** nües, vertes & pleines d'une moëlle fpongieufe & blanchâtre ; elles font enveloppées inférieurement par des gaînes roufsâtres, qui fe terminent chacune en une pointe dure & aiguë. Les épillets font arrondis ou fphériques, d'un brun roufsâtre, la plupart pédunculés, & difpofés un peu au-deffous du fommet des tiges, dans l'aiffelle d'une bractée affez longue & linéaire. On trouve cette plante dans les lieux aquatiques des provinces méridionales. ♃

---

XVII. *Épillets ovales ; point de bractées faillantes à la bafe des péduncules, mais feulement une écaille courte.*

Scirpe des étangs. *Scirpus lacuftris*. Linn. Sp. 72.

*Scirpus paluftris, altiffimus*. Tournef. 528.

Sa tige eft haute de quatre à fix pieds, nue, cylindrique, liffe, affez groffe, molle, pleine de moëlle blanche, & garnie à fa bafe de gaines remarquables ; fes épillets font roufsâtres, ovales ou un peu coniques, la plupart pédunculés, & tournés fouvent du même côté. Les péduncules font inégaux ; les plus courts ne portent ordinairement qu'un feul épillet, & les autres en portent deux ou trois. Cette plante eft commune dans les étangs. ♃

---

XVIII. *Tige triangulaire.*

| Péduncules communs des épillets très-fimples, & point panniculés. **X I X.** | Péduncules communs des épillets rameux & panniculés. **X X.** |
| --- | --- |

---

XIX. *Péduncules communs des épillets très-fimples, & point panniculés.*

Scirpe cypéroïde. *Scirpus cyperoïdes.*

Cyperus vulgatior, panniculâ fparfâ. Tournef. 527.

β. *Cyperus rotundus, inodorus, germanicus*. Ibid.

γ. *Cyperus rotundus, vulgaris*. Ibid.

*Scirpus maritimus*. Linn. Sp. 74. (α, β.)

Cette plante a entiérement le port des fouchets ; fa tige eft

**1163.** haute d'un à trois pieds, triangulaire, & feuillée dans sa partie inférieure ; ses feuilles sont longues, planes, & ont une côte saillante sur leur dos ; ses épillets sont assez gros, ovales-coniques, d'un brun roussâtre, barbus à leur extrémité, & disposés par paquets de trois à sept, au sommet de chaque péduncule : ils sont embriqués d'écailles sèches, obtuses, ou comme tronquées, mais terminées par trois dents, dont celle du milieu s'alonge en une barbe tortue, & longue d'une ligne. Les péduncules varient dans leur longueur depuis deux lignes jusqu'à deux pouces, & se réunissent en une ombelle garnie à sa base de trois ou quatre feuilles, dont une est quelquefois longue de plus de six pouces. Cette plante est commune par-tout sur le bord des eaux & dans les marais. ♃

XX. *Péduncules communs des épillets, rameux & panniculés.*

Scirpe des bois. *Scirpus sylvaticus.* Linn. Sp. 75.

*Cyperus gramineus.* Tournef. 527.

Sa tige est haute d'un pied & demi, triangulaire, feuillée, & terminée supérieurement par une pannicule ombelliforme & très-rameuse ; les épillets sont ovales, très-nombreux, extrêmement petits, d'un vert sale ou roussâtre, & ramassés deux à cinq ensemble au sommet des divisions des péduncules : les feuilles sont planes, larges de deux ou trois lignes, & rudes en leurs bords lorsqu'on les glisse entre les doigts de haut en bas. L'ombelle en a deux ou trois à sa base, disposées en manière de collerette. On trouve cette plante dans les bois & les lieux humides & couverts. ♃

**1164.** Linaigrette. *Linagrostis.*

Les linaigrettes se distinguent des scirpes par des poils blancs fort longs & très-fins, qui naissent du réceptacle, environnent chaque semence, & font une saillie considérable en forme de panache ou d'aigrette, disposée sur les épis.

**1164.**



| Un feul épi terminal.<br>I. | Plufieurs épis pédunculés.<br>I I. |
|---|---|

### I.   *Un feul épi terminal.*

Linaigrette à gaîne. *Linagroſtis vaginata.* Scop. carn. 47.

*Juncus alpinus, capitulo lanuginoſo.* Bauh. prod. 23.
*Eriophorum vaginatum.* Linn. Sp. 67.

Sa tige eſt haute d'un pied, grêle, cylindrique, feuillée feulement à fa baſe, & garnie de quelques gaînes courtes; ſes feuilles ſont menues, cylindriques ou un peu comprimées, & diſpoſées en un faiſceau qui enveloppe la baſe de la tige: l'épi eſt ſolitaire, ovale, droit & terminal; ſes écailles ſont oblongues, pointues & ſcarieuſes. Cette plante croît dans les lieux humides & montagneux. ♃

### II.   *Plufieurs épis pédunculés.*

Linaigrette panniculée. *Linagroſtis panniculata.*

*Linagroſtis panniculâ ampliore.* Tournef. 664.
β. *Linagroſtis panniculâ minore.* Ibid.
*Eriophorum polyſtachion.* Linn. Sp. 76. (α, β)

Sa tige eſt cylindrique, feuillée, & haute de deux pieds; ſes feuilles ſont planes, larges d'une ou deux lignes, & embraſſent la tige par une gaîne entière & longue d'un pouce; ſes épis ſont au nombre de quatre à ſept, la plupart pédunculés, pendans ou flottans, & diſpoſés en une eſpèce de pannicule ſimple & terminale. On trouve cette plante dans les prés humides & marécageux. ♃

**1165.**

### Nard. *Nardus.*

Les fleurs de nard ſont diſpoſées en un épi ſimple, linéaire ou unilatéral; les bâles ſont feſſiles, nues, bivalves & uniflores.

| Tiges simples ; épi gréle & unilatéral. **I.** | Tiges rameufes ; épi articulé & point unilatéral. **II.** |
| --- | --- |

**I.** *Tiges simples ; épi gréle & unilatéral.*

**Nard ferré.** *Nardus ſtriǎa.* Linn. Sp. 77.

> *Gramen loliaceum, minimum, foliis junceis, pannniculâ unam partem ſpeǎante.* Tournef. 517.

Ses tiges ſont très-menues & hautes de cinq à ſept pouces ; elles ſont terminées par un épi long de deux pouces, d'un vert ſouvent un peu violet, & compoſé de fleurs toutes diſpoſées d'un feul côté. Les bâles ſont feffiles ; étroites, pointues & chargées de barbes courtes : les feuilles ſont capillaires. On trouve cette plante dans les lieux ſecs, montagneux & ſtériles. ♃

**II.** *Tiges rameufes ; épi articulé & point unilatéral.*

**Nard courbé.** *Nardus incurva.* Gouan. Monſp. 33.

> *Gramen loliaceum, maritimum ſpicis articulatis.* Tournef. 517.
> *Nardus ariſtatus.* Linn. Sp. 78.
> β. *Gramen loliaceum, ſpicis articuloſis, erectis.* Tournef. 517.
> *Ægilops incurvata.* Linn. Sp. 1430.

Sa racine pouſſe pluſieurs tiges longues de ſix à huit pouces, couchées dans leur partie inférieure, rameuſes vers leur baſe, feuillées & articulées ; ſes feuilles ſont planes & un peu étroites ; les radicales ſont aſſez longues & diſpoſées en un gazon bien garni ; celles des tiges ont rarement plus de deux pouces de longueur ; les épis ſont linéaires, articulés, d'un vert blanchâtre, un peu courbés, & ne ſont pas plus épais que les tiges : les fleurs ſont alternes, & ſerrées contre l'axe de leur épi : elles ont deux ſtyles ſelon M. Scopoli. On trouve cette plante dans les provinces méridionales. ♃

**1166.** Triandrie. *Digynie.*

| ( α ) | | ( β ) | | ( ♂ ) | |
|---|---|---|---|---|---|
| Vulpin.. | 1167 | Foin.... | 1176 | Cynofure. | 1185 |
| Fléau... | 1168 | Mélique. | 1177 | | |
| Phalaris. | 1169 | **( γ )** | | Yvroie.. | 1186 |
| Millet... | 1170 | Brife... | 1178 | Élimé... | 1187 |
| Agroftis. | 1171 | Paturin.. | 1179 | Seigle... | 1188 |
| Stipe ... | 1172 | Fétuque. | 1180 | Orge ... | 1189 |
| Lagurier. | 1173 | Brome.. | 1181 | Froment. | 1190 |
| Sucre ... | 1174 | Avoine.. | 1182 | | |
| Panic... | 1175 | Rofeau.. | 1183 | | |
| | | Dactyle.. | 1184 | | |

( α ) Bâles calicinales uniflores & difpofées ou en épi, ou en panicule, ou en forme de digitations.

( β ) Bâles calicinales, biflores & difpofées en pannicule plus ou moins lâche.

( γ ) Bâles calicinales, multiflores dans le plus grand nombre, & difpofées communément en pannicule.

( ♂ ) Bâles calicinales fouvent multiflores & difpofées prefque toujours en épi, fur un réceptacle en aiène & denté.

**1167.** Vulpin. *Alopecurus.*

Les fleurs de vulpin font compofées chacune de trois écailles, dont deux extérieures & oppofées font les fonctions de calice, & une feule enfermée avec les étamines & le piftil dans les deux valves calicinales, eft regardée comme leur corolle. Ces fleurs font difpofées en épi cylindrique, garni de barbes affez longues.

### A N A L Y S E.

| Épi fimple, ferré & cylindrique. | Épi lâche, compofé & prefque panniculé. |
|---|---|
| I. | VIII. |

**1167.**

**I.** *Épi simple, ferré & cylindrique.*

|  |  |
|---|---|
| Tige droite,<br>& point coudée<br>à fes articulations.<br>I I. | Tige couchée<br>dans fa partie inférieure,<br>& coudée à fes articulations.<br>V I I. |

**II.** *Tige droite, & point coudée à fes articulations.*

|  |  |
|---|---|
| Bâles glabres.<br>I I I. | Bâles velues.<br>I V. |

**III.** *Bâles glabres.*

Vulpin des champs. *Alopecurus agreftis.* Linn. Sp. 89.

> *Gramen fpicatum, fpicâ cylindraceâ, tenuiffimâ, longiore.* Tournef. 519.

Sa tige eft grêle, droite, & haute d'un pied ou environ ; elle eft chargée de deux ou trois feuilles glabres & un peu étroites, & fe termine par un épi grêle, long de trois ou quatre pouces, d'une couleur verdâtre ou un peu purpurine, & garni de barbes longues de deux ou trois lignes. On trouve cette plante fur le bord des champs. ☉

**IV.** *Bâles velues.*

|  |  |
|---|---|
| Racine bulbeufe ;<br>épi grêle & pointu<br>à fon fommet.<br>V. | Racine non bulbeufe ;<br>épi un peu denfe,<br>mollet & fouvent obtus.<br>V I. |

**V.** *Racine bulbeufe ; épi grêle & pointu à fon fommet.*

Vulpin bulbeux. *Alopecurus bulbofus.* Linn. Sp. 1665.

> *Gramen myofuroïdes, nodofum.* Raj. fynopf. 397, t. XX, f. 2.

Sa tige eft haute d'un pied, grêle, & garnie de deux ou trois articulations ; fes feuilles font étroites, glabres & pointues ;

**167.** celles de la tige ont à peine deux pouces de longueur: l'épi eſt terminal, long d'un pouce, cylindrique, velu, & garni de barbes. On trouve cette plante dans les environs de Montpellier.

---

**VI.** *Racine non bulbeuſe; épi un peu denſe, mollet, & ſouvent obtus.*

Vulpin des prés. *Alopecurus pratenſis.* Linn. Sp. 88.

> *Gramen ſpicatum, ſpicâ cylindraceâ, longioribus villis donatâ.* Tournef. 520.

> *Gramen ſpicatum, ſpicâ cylindraceâ, molli & denſâ.* Ibid.

Sa tige eſt haute de deux pieds, glabre, & garnie de trois ou quatre feuilles, larges d'une ligne, & un peu rudes en leurs bords, mais point velues, comme celles de la plante dont parle M. de Hàller (*Hiſt. n.°* 1539); ſon épi eſt terminal, cylindrique, un peu denſe, mollet, velu, d'un vert blanchâtre ou cendré, & long de deux pouces. On trouve cette plante dans les prés. ♃

---

**VII.** *Tige couchée dans ſa partie inférieure, & coudée à ſes articulations.*

Vulpin genouillé. *Alopecurus geniculatus.* Linn. Sp. 89.

> *Gramen ſpicatum, aquaticum, ſpicâ cylindraceâ brevi.* Tournef. 520.

Ses tiges ſont longues d'un pied, glabres, à demi-couchées, & pliées à leurs articulations, qui ſont rougeâtres & fréquentes dans leur partie inférieure; ſes feuilles ſont glabres, & ont rarement plus d'une ligne de largeur: l'épi eſt cylindrique, grêle, ſerré, & panaché de vert & de blanc: les bâles ſont fort petites, comprimées, un peu velues, & terminées par deux petites cornes, comme celles des fléaux. On trouve cette plante dans les foſſés aquatiqnes & ſur le bord des eaux. ♃

**1167.** **VIII.** *Épi lâche, composé & presque panniculé.*

Vulpin panicé. *Alopecurus paniceus.* Linn. Sp. 90.

*Panicum maritimum, spicâ longiore, villosâ.* Tournef. 515.
β. *Alopecurus Monspeliensis.* Linn. Sp. 90.

Sa tige est haute d'un pied plus ou moins, feuillée, glabre, & un peu coudée à ses articulations, dont la couleur est brune ; ses feuilles sont larges d'une ou deux lignes, & celles du sommet ont l'entrée de leur gaîne garnie d'une membrane blanche : l'épi est terminal, long de deux à trois pouces, verdatre, lâche, mollet, très-garni de barbes soyeuses, & composé de rameaux courts, chargés de beaucoup de fleurs ramassées comme par paquets. Les bâles n'ont chacune que deux écailles, & une membrane blanche extrêmement petite qui enveloppe l'ovaire. Chaque écaille porte sur son dos, à peu de distance de son sommet, une barbe blanche, longue de trois lignes. On trouve cette plante dans les lieux incultes & stériles des provinces méridionales. ⊙

---

**1168.** Fléau. *Fleum.*

Les fléaux sont remarquables par leurs épis serrés, ordinairement cylindriques & un peu rudes ; la bâle calicinale de chaque fleur paroît tronquée, & terminée par deux dents aiguës ; elle est composée de deux valves égales, opposées, & qui ont chacune leur angle extérieur prolongé en une pointe aiguë & assez roide. La bâle intérieure est courte & bivalve.

### ANALYSE.

| Tige simple, & chargée d'un seul épi.<br>I. | Tige rameuse, ou chargée de plusieurs épis.<br>VI. |
|---|---|

I.     *Tige simple, & chargée d'un seul épi.*

| Tige tout-à-fait droite ; racine non bulbeuse.<br>II. | Tige couchée dans sa partie inférieure ; racine bulbeuse.<br>V. |
|---|---|

II.

**1168.** | II.    *Tige tout-à-fait droite ; racine non bulbeuſe.*

|  |  |
|---|---|
| Épi cylindrique, blanchâtre, & long de plus de deux pouces. **III.** | Épi ovale-cylindrique, noirâtre, & long dè moins de deux pouces. **IV.** |

**III.** *Épi cylindrique, blanchâtre, & long de plus de deux pouces.*

Fléau des prés. *Phleum pratenſe.* Linn. Sp. 87.

> *Gramen ſpicatum, ſpicâ cylindraceâ, longiſſimâ.* **Tournef.** 519.

Sa tige eſt haute de trois ou quatre pieds, très-droite, articulée & feuillée ; elle ſe termine par un épi cylindrique, un peu grêle, ſerré, & long de trois à cinq pouces : les bâles ſont fort petites, nombreuſes, blanches ſur leur dos, vertes ſur les côtés, ciliées, & terminées par deux dents cétacées, longues d'une demi-ligne. Cette plante eſt commune dans les prés. ♃

**IV.** *Épi ovale-cylindrique, noirâtre, & long de moins de deux pouces.*

Fléau des Alpes. *Phleum Alpinum.* Linn. Sp. 88.

> *Gramen typhoides Alpinum, ſpicâ brevi, densâ & velutì villosâ.* Scheuch. Agroſt. 64.

Sa tige eſt haute d'un pied, glabre, articulée & feuillée ; elle ſe termine par un épi long à péine d'un pouce, un peu denſe, velu, & d'une couleur preſque noirâtre : les bâles ſont ciliées, & velues même ſur leurs cornes, qui ſont un peu longues ; les feuilles ſont larges d'une ligne, & longues de trois ou quatre pouces. Cette plante eſt commune dans les montagnes du Dauphiné & de la Provence. ♃

**1168.** **V.** *Tige couchée dans sa partie inférieure ; racine bulbeuse.*

Fléau noueux. *Phleum nodosum.* Linn. Sp. 88.

*Gramen typhoides, asperum, alterum.* Bauh. Pin. 4.
β. *Gramen spicatum, spicâ cylindraceâ, brevi, radice nodosâ.*
Tournef. 520.

Sa tige est longue d'un pied ou davantage, couchée dans sa partie inférieure, glabre, feuillée & coudée à ses articulations ; ses feuilles sont larges d'une ligne, & rudes en leurs bords : son épi est cylindrique, assez rude, & long d'un à trois pouces ; les bâles sont très-petites, serrées, blanchâtres ou un peu purpurines, & ciliées très-distinctement. La variété β est beaucoup plus petite ; son épi est presque ovale, & n'a que cinq ou six lignes de longueur : les fleurs de sa base sont imparfaites & comme avortées. On trouve cette plante sur le bord des chemins & des fossés humides. ♃

---

**VI.** *Tige rameuse, ou chargée de plusieurs épis.*

| Épi nu à sa base ; bâles velues & ciliées. | Épi enveloppé à sa base par deux feuilles ; bâles glabres & pointues. |
|:---:|:---:|
| **VII.** | **VIII.** |

---

**VII.** *Épi nu à sa base ; bâles velues & ciliées.*

Fléau des sables. *Phleum arenarium.* Linn. Sp. 88.

*Gramen spicatum, maritimum, minimum, spicâ cylindraceâ.*
Tournef. 520.

Ses tiges sont hautes de quatre à six pouces, feuillées, articulées, communément rameuses dans leur partie inférieure, & un peu coudées à leurs articulations ; ses feuilles ont leur gaîne lâche, glabre & striée : les épis sont cylindriques, souvent rétrécis vers leurs extrémités, longs de six à dix lignes, & terminent les tiges & les rameaux. On trouve cette plante dans les lieux sablonneux & maritimes des provinces méridionales. ☉

1168.

**VIII.** *Épi enveloppé à sa base par deux feuilles ; bâles glabres & pointues.*

| Épi plus long que large, & d'une forme ovale.<br>**IX.** | Épi plus large que long, & hémisphérique.<br>**X.** |
| --- | --- |

**IX.** *Épi plus long que large, & d'une forme ovale.*

Fléau couché. *Phleum supinum.*

*Phleum schœnoïdes.* Linn. Sp. 88.

Ses tiges sont longues d'un pied, couchées, feuillées, garnies d'articulations assez fréquentes & rougeâtres, glabres & plus ou moins rameuses ; ses feuilles sont longues de trois à cinq pouces, larges d'une ligne & demie, & d'une couleur un peu glauque : leur gaîne est lâche & striée ; les épis naissent au sommet de la tige & des rameaux, & dans les aisselles des feuilles supérieures : ils sont ovales-obtus, un peu denses & longs de cinq ou six lignes. Je n'ai pu appercevoir que deux étamines dans chaque fleur, ce que j'ai attribué au mauvais état de l'individu sec que j'ai observé ; les bâles sont pointues, blanches sur leur dos, & vertes en leurs bords. On trouve cette plante dans les lieux humides en Languedoc.

**X.** *Épi plus large que long, & hémisphérique.*

Fléau piquant. *Phleum aculeatum.*

*Gramen spicatum, spicis in capitulum foliatum congestis.* Tournéf. 519.

*Schœnus aculeatus.* Linn. Sp. 63.

Ses tiges sont hautes de quatre à sept pouces, plus ou moins droites, articulées, feuillées & rameuses ; ses feuilles sont d'un vert glauque ou blanchâtre, communément assez courtes & très-aiguës : elles ont leur gaîne lâche, glabre & striée ; les épis sont arrondis, très-courts & enveloppés chacun par deux feuilles courtes, roides, aiguës à leur sommet, presque piquantes, & qui ressemblent à des épines. Les fleurs

**1168.** font d'ailleurs en tout femblables à celles de l'efpèce précédente. On trouve cette plante dans les lieux maritimes & fablonneux de la Provence & du Languedoc. ⚥

OBS. Il faut faire un genre à part de ces deux dernières
efpèces.

---

**1169.** *Phalaris.*

Les fleurs de phalaris font difpofées en épi lâche ou quelquefois en pannicule ; leur bâle extérieure eft compofée de
deux valves égales, oppofées, concaves, fouvent comprimées
fur les côtés, & plus grandes que celles de la bâle intérieure.

OBS. La dernière efpèce trouble le caractère de ce genre,
qui eft très-marqué dans la compreffion des bâles.

### ANALYSE.

| Fleurs difpofées en épi lâche, ovale ou cylindrique.<br>I. | Fleurs difpofées en pannicule ample & alongée.<br>VIII. |
|---|---|

**I.** *Fleurs difpofées en épi lâche, ovale ou cylindrique.*

| Bâles terminées par deux dents ; épi long & fort grêle.<br>II. | Bâles fimplement pointues ; épi médiocre & affez épais.<br>III. |
|---|---|

**II.** *Bales terminées par deux dents ; épi long & fort grêle.*

Phalaris phléoïde. *Phalaris phleoides.* Linn. Sp. 80.

*Gramen fpicatum, fpicâ cylindraceâ, tenuiori, longâ.* Tournef.
520.

Sa tige eft droite, haute de deux ou trois pieds, feuillée,
glabre, & d'un vert fouvent un peu rougeâtre ; fes feuilles
ont à peine une ligne & demie de largeur : les fupérieures
font courtes, & ont une gaîne fort longue. Les fleurs forment
un épi grêle, long de trois ou quatre pouces, & affez fem-

**1169.**

blable à celui du Clau des prés ; mais ses bâles sont portées sur des péduncules lâches & rameux, que l'on apperçoit aisément en glissant l'epi entre les doigts, de haut en bas. On trouve cette plante dans les prés & sur le bord des bois. ♃

---

III. *Bâles simplement pointues ; épi médiocre & assez épais.*

| Épi ovale ou cylindrique, & point dilaté à son sommet ; toutes les fleurs fertiles.<br><br>I V. | Épi oblong, étroit à sa base, & dilaté à son sommet ; fleurs inférieures, imparfaites ou avortées.<br><br>V I I. |
| --- | --- |

---

IV. *Épi ovale ou cylindrique, & point dilaté à son sommet ; toutes les fleurs fertiles.*

| Épi nu & sans barbes.<br>V. | Épi garni de barbes.<br>V I. |
| --- | --- |

---

V.  *Épi nu & sans barbes.*

Phalaris de Canarie. *Phalaris Canariensis.* Linn. Sp. 79.

*Gramen spicatum, semine miliaceo, albo.* Tournef. 518.

β. *Phalaris panniculâ ovato-cylindricâ, spiciformi, glumis ciliatis.* Ger. prov. 77.

Ses tiges sont hautes de deux pieds ou environ, articulées, feuillées & communément assez droites ; ses feuilles sont larges de deux ou trois lignes, molles, quelquefois un peu pubescentes, & ont leur gaîne assez longue, & garnie à son entrée d'une petite membrane blanche : la gaîne de la feuille supérieure est un peu ventrue ou enflée ; l'épi est terminal, ovale ou cylindrique, épais & panaché de vert & de blanc. Les bâles sont glabres, & portées sur de courts péduncules ; celles de la variété β sont légèrement velues. On trouve cette plante dans les lieux maritimes de la Provence & du Languedoc. ☉

**VI.** *Épi garni de barbes.*

Phalaris à vessies. *Phalaris utriculata.* Linn. Sp. 80.

*Gramen spicatum, pratense, spicâ ex utriculo prodeunte.* Tournef. 519.

Ses tiges sont articulées, feuillées & hautes d'un pied ou environ ; ses feuilles sont larges d'une ligne ou un peu plus, & remarquables par leur gaîne, lâche, glabre & striée : la gaîne de la feuille supérieure est très-enflée, ventrue & ressemble à une vessie ou une espèce de spathe qui enveloppe l'épi dans sa jeunesse : cet épi est ovale, long de six à neuf lignes, épais, garni de barbes qui naissent de la bâle interne de chaque fleur, & panaché de vert & de blanc, ou quelquefois un peu rougeâtre. On trouve cette plante dans les prés humides, en Languedoc, aux environs de Lyon, & en Bourgogne. ⊙

---

**VII.** *Épi oblong, étroit à sa base, & dilaté à son sommet ; fleurs inférieures, imparfaites ou avortées.*

Phalaris rongé. *Phalaris præmorsa.*

*Phalaris panniculâ ovato-oblongâ, apice dilatatâ.* Ger. prov. 75.

*Phalaris paradoxa.* Linn. Sp. 1665.

Cette espèce a beaucoup de rapport avec la précédente, mais elle s'élève un peu plus, ses feuilles sont plus longues & plus larges, & son épi, qui naît aussi dans la gaîne oblongue & ventrue de la feuille supérieure, a au moins deux pouces de longueur ; il est rétréci & comme rongé dans sa partie inférieure, & son sommet est élargi, plus épais, panaché de vert & de blanc, & couvert de fleurs fertiles : les valves de la bâle extérieure sont très-aiguës, & leur pointe ressemble souvent à une petite barbe. On trouve cette plante en Provence. ⊙

---

**VIII.** *Fleurs disposées en pannicule ample & alongée.*

Phalaris roseau. *Phalaris arundinacea.* Linn. Sp. 80.

*Gramen panniculatum, aquaticum, phalaridis semine.* Tournef. 523.

β. *Gramen panniculatum, folio variegato.* Bauh. pin. 3.

Sa tige est haute de trois ou quatre pieds, articulée &

**1169.**

garnie de feuilles affez longues, un peu rudes en leurs bords ; terminées par une pointe très-aiguë & qui reffemblent un peu à celles du rofeau commun : les fleurs forment une pannicule alongée, fouvent contractée en épi, & d'une couleur blanche, communément mélangée de violet : les bâles font pointues, glabres même intérieurement, & un peu ramaffées par pelotons. La variété β eft remarquable par fes feuilles rayées de vert & de blanc, & femblables à des rubans panachés. On trouve cette plante dans les lieux humides & les bois. ♃

Obs. Le *phalaris oryzoides* de M. Linné le diftingué aifément de cette efpèce par fes bâles comprimées & bordées de cils : il croît dans les environs de Paris, fi le *gramen paluftre, panniculâ fpeciosâ* de Bauhin, cité par Vaillant, en eft véritablement le fynonyme; ce que ne confirme point la defcription de Scheuchzer, *p.* 184.

---

**1170.**

## Millet. *Milium.*

Les fleurs de millet font difpofées en pannicule très-lâche ou quelquefois refferrée en épi : leur bâle intérieure eft bivalve & fort petite : l'extérieur eft uniflore & compofée de deux valves affez égales, un peu ventrues & fouvent fcarieufes en leurs bords.

Obs. Ce genre eft mal diftingué des Agroftis.

### *A N A L Y S E.*

| Fleurs nues & fans barbes. I. | Fleurs garnies de barbes. I I. |
|---|---|

I.      *Fleurs nues & fans barbes.*

Millet épars. *Milium effufum.* Linn. Sp. 90.

    *Gramen fylvaticum, panniculâ miliaceâ, fparsâ.* Tournef. 522.

Sa tige eft haute de trois pieds, grêle & garnie de quelques feuilles affez longues & larges de deux ou trois lignes; fes fleurs font difpofées en une pannicule terminale, longue de près d'un pied, très-lâche & peu garnie. On trouve cette plante dans les bois. ♃

<table>
<tr><td>

Pannicule en épi,<br>
& dont les rameaux<br>
n'ont pas un pouce<br>
de longueur.<br>
**III.**

</td><td>

Pannicule étalée,<br>
& dont les rameaux<br>
font longs de plus<br>
de deux pouces.<br>
**IV.**

</td></tr>
</table>

**III.** *Pannicule en épi, & dont les rameaux n'ont pas un pouce de longueur.*

**Millet lendier.** *Milium lendigerum.* **Linn.** Sp. 91.

*Pannicum ferotinum, arvenfe, fpicâ pyramidatâ.* **Tournef.** 515.

Sa tige eft haute de fix ou fept pouces, articulée, feuillée & ordinairement rameufe dans fa partie inférieure; fes feuilles font longues de deux ou trois pouces, & à peine larges d'une ligne; fes fleurs font petites, d'un vert-jaunâtre, & difpofées au fommet de la tige & des rameaux en une pannicule refferrée en épi, pyramidale, longue d'un pouce & demi, & large de trois ou quatre lignes à fa bafe. Cette pannicule reffemble un peu à celle du vulpin panic; n°. 1167 — VIII, mais elle eft plus petite, & les barbes des fleurs font moins longues. Cette plante croît dans les environs de Montpellier; elle a été aufli obfervée auprès de Grenoble dans les champs, par M. Liottard, neveu. ☉

**IV.** *Pannicule étalée, & dont les rameaux font longs de plus de deux pouces.*

**Millet noir.** *Milium nigrum.*

*Gramen panniculatum, latifolium, locuftis craffioribus, femine nigro aquilegiæ fimili.* **Tournef.** 522.

*Milium paradoxum.* **Linn.** Sp. 90.

Ses tiges font hautes de deux ou trois pieds, droites, glabres, feuillées & articulées; elles fe terminent fupérieurement par une pannicule très-lâche, dont les rameaux font fort longs, & difpofés deux ou trois enfemble comme par étages. Les bâles font oblongues, un peu pointues, liffes, vertes à

**1170.** leur bafe, blanchâtres & prefque tranfparentes vers leur fommet, & chargées chacune d'une barbe longue de quatre ou cinq lignes, qui naît d'une des valves intérieures : les femences font ovales, noires & luifantes. On trouve cette plante en Provence le long des chemins & des haies. ℔

---

**1171.** *Agroftis.*

Les agroftis ont beaucoup de rapport avec les millets ; leurs fleurs fon petites, nombreufes, & difpofées communément en pannicule finement ramifiée : la bâle extérieure eft bivalve, uniflore, & un peu plus grande que l'intérieure.

### A N A L Y S E.

| Fleurs garnies de barbes. | Fleurs nues & fans barbes. |
|:---:|:---:|
| I. | XII. |

I.        *Fleurs garnies de barbes.*

| Rameaux de la pannicule prefque fimples, & chargés de deux à cinq fleurs. | Rameaux de la pannicule très-divifés, & chargés de plus de cinq fleurs. |
|:---:|:---:|
| II. | III. |

**II.** *Rameaux de la pannicule prefque fimples, & chargés de deux à cinq fleurs.*

Agroftis bromoïde. *Agroftis bromoides.* Linn. mant. 30.

> *Agroftis panniculâ lineari fimpliciffimâ, flofculis binatis ternatifque altero feffili, ariftâ rectâ flofculis triplo longiore.* Gouan. obf. 8, tab. 1, f. 3.

Ses tiges font droites, liffes, un peu roides, & hautes d'un à deux pieds, fes feuilles font très-étroites, canaliculées, ou ayant leurs bords roulés en dedans, & paroiffent fouvent cylindriques ; fes fleurs forment une pannicule droite, fimple, alongée & étroite : la bâle intérieure eft légèrement pubefcente, & chargée d'une barbe fort longue, & l'extérieure

**171.** eſt compoſée de deux valves pointues, liſſes, & d'un jaune rougeatre On trouve cette plante dans les environs de Montpellier. ♃

---

III. *Rameaux de la pannicule très-diviſés, & chargés de plus de cinq fleurs.*

| Bâle intérieure très-velue & ſoyeuſe.<br>I V. | Bâle intérieure glabre & point ſoyeuſe.<br>V. |
|---|---|

IV. *Bale intérieure très-velue & ſoyeuſe.*

**Agroſtis argenté.** *Agroſtis argentea.* ✝

*Gramen arundinaceum, panniculâ denſâ, viridi argenteâ, ſplendente. Scheuch. Gram.* 146.

*Agroſtis calamagroſtis. Linn. Sp.* 92. [annotation manuscrite]

Ses tiges ſont hautes de deux à trois pieds, articulées, feuillées, & ſouvent rameuſes à leur baſe ; ſes feuilles ſont aſſez longues, larges de deux ou trois lignes, & un peu rudes en leurs bords : les fleurs ſont diſpoſees en une panicule terminale, un peu reſſerrée, denſe, & longue de quatre à ſix pouces : leur bâle calicinale eſt ovale-pointue, verte à ſa baſe, blanche, luiſante, & argentée en ſes bords & à ſon ſommet. On trouve cette plante dans les environs de Montpellier. ♃

---

V. *Bâle intérieure glabre & point ſoyeuſe.*

| Barbes trois fois au moins plus longues que les fleurs.<br>V I. | Barbes une fois ſeulement plus longues que les fleurs.<br>I X. |
|---|---|

VI. *Barbes trois fois au moins plus longues que les fleurs.*

| Pannicule très-étroite, interrompue, & dont les rameaux n'ont pas plus d'un pouce de longuéur.<br>V I I. | Pannicule ample, bien garnie, & dont les rameaux ont plus d'un pouce de longueur.<br>V I I I. |
|---|---|

**1171.**

**VII.** *Pannicule très-étroite, interrompue, & dont les rameaux n'ont pas plus d'un pouce de longueur.*

Agrostis interrompu. *Agrostis interrupta.* Linn. Sp. 92.

*Gramen capillatum, panniculis interruptis, angustioribus.* Vail. Parif. 88, t. XVII, f. 4.

Ses tiges font hautes de fix ou fept pouces, grêles, articulées, feuillées, & plus ou moins droites; fes feuilles font glabres, un peu rudes en leurs bords, & à peine larges d'une demi-ligne: fes fleurs font très-petites, & difpofées en une pannicule refferrée, étroite, interrompue ou entre-coupée, & longue de deux à trois pouces. On trouve cette plante dans les environs de Paris.

---

**VIII.** *Pannicule ample, bien garnie, & dont les rameaux ont plus d'un pouce de longueur.*

Agrostis éventé. *Agrostis spicâ venti.* Linn. Sp. 91.

*Gramen capillatum, panniculis viridantibus (& rubentibus).* Tournef 524.

*Gramen fegetum, paniculâ arundinaceâ.* Ibid.

Ses tiges font articulées, feuillées, prefque entièrement droites, & s'élèvent jufqu'à deux ou trois pieds; fes feuilles font larges de deux à trois lignes, un peu rudes en leurs bords, & ont leur gaîne ftriée. Les fleurs font très-petites, verdâtres ou rougeâtres, extrêmement nombreufes, & difpofées en pannicule ample, quelquefois longue d'un pied, & compofée de rameaux foibles prefque capillaires & très-divifés; la bâle calicinale eft glabre, liffe, & l'intérieure eft chargée d'une barbe capillaire & fort longue. On trouve cette plante fur le bord des champs & parmi les blés. ⊙

---

**IX.** *Barbes une fois feulement plus longues que les fleurs.*

| Tiges couchées, dans leur plus grande partie, & très-coudées à leurs articulations. | Tiges prefque entièrement droites, & point coudées à leurs articulations. |
|---|---|
| X. | XI. |

**1171.**

**X.** *Tiges couchées dans leur plus grande partie, & très-coudées à leurs articulations.*

**Agroftis genouillé.** *Agroftis geniculata.*

Gramen caninum, fupinum, panniculatum, folio varians. Bauh. pin. 1, theatr. 12.
*Agroftis canina.* Linn. Sp. 92.

Ses tiges font longues d'un pied ou environ, grêles, feuillées, prefque entièrement couchées & pliées à leurs articulations; fes feuilles font glabres, affez courtes, & larges d'une ligne ou quelquefois beaucoup moins. Ses fleurs font petites, d'un pourpre un peu violet, & difpofées aux extrémités des tiges, en pannicule refferrée, étroite, & longue de deux ou trois pouces. On trouve cette plante dans les lieux humides. ⛢

**XI.** *Tiges prefque entièrement droites, & point coudées à leurs articulations.*

**Agroftis miliacé.** *Agroftis miliacea.* Linn. Sp. 91.

An gramen à gramine pratenfi fpicâ ferè arundinaceâ, glumis parum ariftatis differens. Scheuch. gram. 142.

. Ses tiges font articulées, feuillées, & hautes d'un à deux pieds; fes feuilles font affez longues, larges d'une à deux lignes, glabres & ftriées. Ses fleurs font petites, très-nombreufes, un peu rougeâtres, garnies de barbes courtes, & difpofées en une pannicule un peu refferrée, & longue de trois à fix pouces; les pédunciles font prefque capillaires & très-divifés. On trouve cette plante en Languedoc dans les lieux fablonneux. ⛢

**XII.** *Fleurs nues & fans barbes.*

| Tiges rameufes, & couchées dans leur plus grande partie. **XIII.** | Tiges fimples, & droites dans leur plus grande partie. **XIV.** |
|---|---|

**1171.**

XIII. *Tiges rameufes, & couchées dans leur plus grande partie.*

Agroftis traçant. *Agroftis ftolonifera.* Linn. Sp. 93.

*Gramen caninum, fupinum, minus.* Vail. Parif. 86.

*Poa ftolonifera monantha, calycibus leviter exafperatis.* Hall. Hift. n°. 1473.

Ses tiges font longues d'un pied, rougeâtres, feuillées, rampantes, & coudées à leurs articulations, qui font affez nombreufes, & pouffent fouvent des racines; fes feuilles font glabres, un peu courtes, & larges d'une demi-ligne ou quelquefois un peu plus. Ses fleurs font difpofées en une pannicule un peu refferrée, longue de deux ou trois pouces, & d'un vert rougeâtre. On trouve cette plante fur le bord des chemins & dans les lieux fablonneux. ♌

XIV. *Tiges fimples & droites dans leur plus grande partie.*

| Fleurs en pannicule finement ramifiée.<br>X V. | Fleurs prefque feffiles, & en épi filiforme.<br>X V I. |
| --- | --- |

XV.     *Fleurs en pannicule finement ramifiée.*

Agroftis chevelu. *Agroftis capillaris.* Linn. Sp. 93.

*Gramen montanum, panniculá fpadiceá, delicatiore.* Tournef. 523.

Sa tige eft grêle, feuillée, prefque entièrement droite, & haute d'un pied plus ou moins; fes feuilles font larges d'une ligne ou environ, glabres, ftriées fur leur gaîne & un peu rudes en leurs bords. Ses fleurs font très-petites, nombreufes, d'un vert-pâle dans leur jeuneffe, enfuite rougeâtres & difpofées en une pannicule étendue, compofée de rameaux très-divifés & capillaires. On trouve cette plante fur le bord des champs & des chemins. ☉

**1171.** **XVI.** *Fleurs presque sessiles, & en épi filiforme.*

Agrostis mineur. *Agrostis minima.* Linn. Sp. 93.

*Gramen loliaceum, minimum, elegantissimum.* Tournef. 517.

Cette espèce est fort petite ; ses tiges sont hautes d'un óu deux pouces, nombreuses, droites, lisses, capillaires, feuillées à leur base, & terminées chacune par un épi linéaire, rougeâtre, & long de quatre ou cinq lignes : les fleurs sont presque sessiles, disposées alternativement, serrées contre l'axe de l'épi, & souvent tournées d'un seul côté ; les feuilles sont courtes, à peine larges d'une demi-ligne, naissent de la racine ou de la base des tiges, & forment un petit gazon serré & fort joli. On trouve cette plante dans les terreins sablonneux, ♃ ; elle fleurit de très-bonne heure.

---

**1172.** ## Stipe. *Stipa.*

Les fleurs de stipe sont remarquables par une barbe très-longue, articulée à sa base, & qui naît du sommet d'une des valves de leur bâle intérieure.

### *A N A L Y S E.*

| Barbes velues & plumeuses.<br><br>I. | Barbes nues<br>& point plumeuses.<br>I I. |
|---|---|

**I.** *Barbes velues & plumeuses.*

Stipe empenné. *Stipa pennata.* Linn. Sp. 115.

*Gramen spicatum ; aristis pennatis.* Tournef. 518.

Ses feuilles radicales sont droites, fasciculées, glabres, très-étroites, roulées en leurs bords, junciformes, & longues de six à dix pouces ; ses tiges sont hautes d'un pied & demi, droites, grêles, feuillées, & terminées par une pannicule étroite & pauciflore, qui naît de la gaîne de la feuille supérieure. Chaque fleur est chargée d'une barbe longue de près d'un pied, plumeuse, & torse ou en spirale dans sa partie inférieure. On trouve cette plante dans les lieux secs, montagneux & pierreux. ♃

**1172.** | **II.** *Barbes nues & point plumeuſes.*

Stipe joncier. *Stipa juncea.* Linn. Sp. 116.

*Feſtuca junceo folio.* Bauh. Pin. 9, Theatr. 145.

β. *Feſtuca longiſſimis ariſtis.* Bauh. Pin. 10, Theatr. 152, 153.

Ses tiges ſont hautes de deux ou trois pieds, feuillées, & garnies de deux ou trois articulations, ſes feuilles ſont étroites, aſſez longues, roulées en leurs bords, preſque cylindriques, junciformes, & d'un vert un peu glauque ; en les dépliant, on les apperçoit ſenſiblement velues dans leur intérieur: les fleurs forment une pannicule médiocrement éparſe, & longue preſque d'un pied ; elles ſont chargées chacune d'une barbe capillaire longue de quatre à ſix pouces, d'abord droite, mais qui ſe courbe & ſe tortille enſuite en tout ſens. Les deux valves extérieures de chaque bâle ſont longues, très-aiguës, verdâtres ſur leur dos, blanches & luiſantes en leurs bords. La variété β a ſa pannicule moins alongée, & ſes fleurs rougeâtres dans leur parfait développement. On trouve cette plante dans les lieux pierreux des provinces méridionales. ⚘

---

**1173.** Lagurier. *Lagurus.*

Les fleurs de lagurier ont leur bâle calicinale très-velue, & ſont diſpoſées en épi cotonneux, mollet & aſſez ſemblable à une queue de lièvre.

*ANALYSE.*

| Fleurs chargées de longues barbes, très-diſtinguées des poils qui les environnent. | Fleurs environnées de beaucoup de poils, mais point chargées de barbes. |
|---|---|
| I. | I I. |

I. *Fleurs chargées de longues barbes, très-diſtinguées des poils qui les environnent.*

Lagurier ovale. *Lagurus ovatus.* Linn. Sp. 119.

*Gramen ſpicatum, tomentoſum, longiſſimis ariſtis donatum.* Tournef. 518.

Sa tige eſt haute de ſix ou ſept pouces, grêle & garnie d'une

**⊄ 173.** ou deux feuilles larges d'une à trois lignes, & dont la gaîne eſt pubeſcente & blanchâtre ; elle porte à ſon ſommet un épi ovale ou oblong, très-velu, blanchâtre, quelquefois d'une couleur rouſsâtre, & chargé de barbes très-ſaillantes. Les valves calicinales ſont plumeuſes, mais les barbes ſont très-glabres dans toute leur longueur. On trouve cette plante dans les champs des provinces méridionales. ⊙

---

II. *Fleurs environnées de beaucoup de poils, mais point chargées de barbes.*

Lagurier cylindrique. *Lagurus cylindricus.* Linn. Sp. 120.

*Gramen tomentoſum, ſpicatum.* Tournef. 518.

Sa tige eſt haute d'un à deux pieds, articulée, feuillée & communément glabre ; ſes feuilles radicales ſont aſſez longues, & ont une nervure un peu ſaillante : celles de la tige ſont plus courtes que les entre-nœuds ; l'épi eſt long de cinq à ſept pouces, cylindrique, pointu, très-velu & cotonneux. On trouve cette plante en Provence. ♃

---

**⊄ 174.** *Sucre.*

Les fleurs de ſucre ne diffèrent de celles des roſeaux que par leur bâle calicinale, qui eſt très-velue en-dehors.

Sucre de Ravenne. *Saccharum Ravennæ.* Murr. Syſt. véget. 88.

*Gramen panniculatum, arundinaceum, ramoſum, panniculâ denſâ, ſericeâ.* Tournef. 523.

Ses tiges ſont hautes de trois ou quatre pieds, fermes, articulées, feuillées & ſouvent rougeàtres vers leur ſommet ; ſes feuilles ſont longues de près d'un pied, larges de trois ou quatre lignes, garnies d'une nervure blanche, ſtriées, rudes en leurs bords, & plus ou moins vélues à l'entrée de leur gaîne. Ses fleurs ſont diſpoſées en une pannicule rameuſe, longue de ſix à huit pouces, un peu denſe, luiſante, & ſoyeuſe ou plumeuſe. On trouve cette plante en Provence, ſur le bord des ruiſſeaux. ♃

---

## Panic. *Panicum.*



Les fleurs de panic font remarquables dans la plupart des efpèces, par leur bâle calicinale compofée de trois valves, dont deux font oppofées & affez égales, & la troifième fort petite & hors de rang ; elles font fouvent environnées de filets cétacés qui naiffent des pédunculies propres.

### *ANALYSE.*

| Épi fimple ou rameux, & ne formant point de digitations. | Plufieurs épis lineaires, difpofés en manière de digitations. |
|:---:|:---:|
| I. | V I. |

I. *Épi fimple ou rameux, & ne formant point de digitations.*

| Pédunculies chargés de filets cétacés ; épi cylindrique & prefque fimple. | Pédunculies nus ; épi rameux & point cylindrique. |
|:---:|:---:|
| I I. | V. |

II. *Pédunculies chargés de filets cétacés ; épi cylindrique & prefque fimple.*

| Filets rudes & très-accrochans, lorfque l'on gliffe l'épi de bas en haut entre les doigts. | Filets point accrochans, lorfque l'on gliffe l'épi de bas en haut entre les doigts. |
|:---:|:---:|
| I I I. | I V. |

III. *Filets rudes & très-accrochans, lorfque l'on gliffe l'épi de bas en haut entre les doigts.*

Panic rude. *Panicum afperum.*

*Panicum vulgare, fpicâ fimplici & afperâ.* Tournef. 515.
*Panicum verticillatum.* Linn. Sp. 81.

Ses tiges font plus ou moins droites, articulées, feuillées &

**1175.** s'élèvent jufqu'à un pied & demi ; fes feuilles font larges de deux ou trois lignes, un peu velues à l'entrée de leur gaîne, & garnies d'une nervure blanche ; fon épi eft long de deux à trois pouces, cylindrique, verdâtre & remarquable par les filets très-accrochans, dont il eft garni ; cet épi eft compofé de petits rameaux ou paquets de fleurs, qui font fouvent un peu écartés & diftinĉts, mais ce caraĉtère s'obferve auffi dans l'efpèce fuivante. On trouve cette plante dans les champs. ☉

---

IV. *Filets point accrochans, lorfque l'on gliffe l'épi de bas en haut,*
*entre les doigts.*

Panic liffe. *Panicum lævigatum.*

> *Panicum vulgare, fpicâ fimplici & molliori.* Tournef. 515.
> *Panicum vulgare, fpicâ fimplici veftibus non adhærente.* Vaill. 156.
> *Panicum viride.* Linn. Sp. 83.
> β. *Panicum glaucum.* Ibid.

Cette efpèce a beaucoup de rapport avec la précédente ; fes tiges font affez droites, articulées, feuillées & s'élèvent depuis huit pouces jufqu'à un pied & demi ; fes feuilles font larges de deux à quatre lignes, & un peu velues à l'entrée de leur gaîne ; fon épi eft cylindrique, long d'un à deux pouces, verdâtre & point accrochant : il eft compofé de paquets de fleurs plus ou moins ferrés ou diftinĉts, felon le degré de la floraifon. Pendant la maturation des fruits, les filets cétacés acquièrent de la roideur, mais ils ne s'accrochent point à ce qui les touche. La variété β a fes filets d'un jaune-roufsâtre, & les gaînes de fes feuilles garnies de poils blancs affez longs. On trouve cette plante fur le bord des champs. ☉

---

V. *Péduncules nûs ; épi rameux & point cylindrique.*

Panic pied-de-coq. *Panicum crus galli.* Linn. Sp. 83.

> *Panicum vulgare, fpicâ multiplici, afperiufculâ.* Tournef. 515.
> β. *Panicum vulgare, fpicâ multiplici, longis ariftis circumvallatâ.* Ibid.

Ses tiges font longues d'un à deux pieds, articulées, feuillées, & couchées dans leur partie inférieure ; fes feuilles font glabres, planes, & larges de deux à quatre lignes. Les fleurs

**1175.** ſont diſpoſées en une eſpèce de pannicule compoſée d'épis alternes, verdâtres, rudes au toucher, & dont les inférieures ſont plus longs & plus écartés entre eux que les autres ; les bâles ſont un peu hériſſées d'aſpérités, & communément chargées de longues barbes. On trouve cette plante dans les champs & les lieux cultivés. ⊙

---

VI. *Pluſieurs épis linéaires, diſpoſés en manière de digitations.*

| Feuilles velues en leur ſuperficie ; fleurs la plupart géminées le long de l'axe de leur épi.<br><br>**VII.** | Feuilles velues ſeulement à l'entrée de leur gaîne ; fleurs preſque toutes ſolitaires le long de l'axe de leur épi.<br><br>**VIII.** |
|---|---|

---

VII. *Feuilles velues en leur ſuperficie ; fleurs la plupart géminées le long de l'axe de leur épi.*

Panic ſanguin. *Panicum ſanguinale.* Linn. Sp. 84.

*Gramen dactylon, folio latiore.* Tournef. 520.

Ses tiges ſont longues de ſix à dix pouces, grêles, articulées, feuillées, & un peu couchées dans leur partie inférieure ; ſes feuilles ſont molles, ſenſiblement velues des deux côtés, & larges de trois lignes ou environ ; ſes épis ſont au nombre de cinq à ſept, longs de plus de deux pouces, linéaires, rougeâtres, & diſpoſés en digitations peu ouvertes. On trouve cette plante dans les champs & les lieux cultivés. ⊙

---

VIII. *Feuilles velues ſeulement à l'entrée de leur gaîne ; fleurs preſque toutes ſolitaires le long de l'axe de leur épi.*

Panic dactyle. *Panicum dactylon.* Linn. Sp. 85.

*Gramen dactylon, radice repente, ſive officinarum.* Tournef. 520.

Cette eſpèce eſt remarquable par des rejets ou des ſouches

**1175.** rampantes , cylindriques , articulées & écailleuses ; ſes tiges ſont longues de cinq à huit pouces , articulées , feuillées preſque entièrement couchées , & diſpoſées ſur la terre en roſette large & bien garnie : elles ſont en partie redreſſées , lorſqu'elles fleuriſſent ; ſes feuilles ſont larges d'une ou deux lignes , glabres , excepté à l'entré de leur gaîne , ordinairement vertes , mais quelquefois d'un rouge obſcur & preſque noirâtre : ſes épis ſont au nombre de trois à cinq , communément très-ouverts , & n'ont pas plus de deux pouces de longueur. On trouve cette plante dans les champs & les lieux ſablonneux. ♈

---

**1176.**

## Foin. *Aira.*

Les fleurs de foin ſont diſpoſées en pannicule lâche quelquefois un peu reſſerrée en épi ; leur bâle calicinale renferme deux fleurs , entre leſquelles on ne trouve point de corpuſcule particulier comme dans les Meliques.

Obs. Les avoines , dont les bâles ſont biflores , ne ſont pas diſtinguées de ce genre.

### A N A L Y S E.

| Fleurs nues & ſans barbes. | Fleurs chargées de barbes. |
|:---:|:---:|
| I. | I I. |

---

I.      *Fleurs nues & ſans barbes.*

Foin aquatique. *Aira aquatica.* Linn. Sp. 95.

*Gramen panniculatum , aquaticum , miliaceum.* Tournef. 521. Vail. pariſ. 89 , t. XVII , f. 7.

Sa racine eſt rampante , articulée , & garnie de beaucoup de fibres ; ſes tiges ſont hautes d'un pied ou un peu plus : ſes feuilles ſont glabres , larges de deux lignes , & ont une petite membrane blanche à l'entrée de leur gaîne. Ses fleurs ſont petites , diſpoſées en une pannicule lâche , oblongue , & dont les rameaux ſont verticillés ; elles ſont d'une couleur verdâtre , ſouvent mélangée de violet : la bâle calicinale eſt fort courte , & ne contient que deux fleurs , dont une eſt plus petite ou moins ſaillante que l'autre. On trouve cette plante dans les foſſés aquatiques. ♈

**1176.** **II.** *Fleurs chargées de barbes.*

| Pannicule très-lâche. | Pannicule refferrée en épi. |
|:---:|:---:|
| I I I. | V I I I. |

**III.** *Pannicule très-lâche.*

| Feuilles planes ; barbes n'étant pas plus longues que les fleurs. | Feuilles cétacées ; barbes d'une ligne au moins plus longues que les fleurs. |
|:---:|:---:|
| I V. | V. |

**IV.** *Feuilles planes ; barbes n'étant pas plus longues que les fleurs.*

**Foin élevé.** *Aira altiſſima.*

> *Gramen pratenſe, panniculatum, altiſſimum, locuſtis parvis, ſplendentibus, non ariſtatis.* Tournef. 524. Vail. Pariſ. 86.

*Aira ceſpitoſa.* Linn. Sp. 96.

Sa tige eſt haute de deux à trois pieds, ou même quelquefois davantage ; ſes feuilles ſont aſſez longues, larges d'une ligne ou un peu plus, & rudes au-toucher lorſqu'on les gliſſe entre les doigts de haut en bas. Ses fleurs ſont très-petites & extrêmement nombreuſes ; elles ſont diſpoſées en une panni-cule très-ample, longue de huit à dix pouces, & compoſée de bâles liſſes, luiſantes & d'un vert argenté, ſouvent mé-langé de violet ; les bâles florales ſont velues à leur baſe. On trouve cette plante dans les prés couverts & les bois. ℔

**V.** *Feuilles cétacées ; barbes d'une ligne au moins plus longues que les fleurs.*

| Bâles florales velues à leur baſe. | Bâles florales tout-à-fait glabres. |
|:---:|:---:|
| V I. | V I I. |

**1176.** | **VI.**      *Bâles florales velues à leur bafe.*

Foin de montagne. *Aira montana.*

> *Gramen avenaceum, capillaceo folio, panniculâ ampliore ; locuſtis ſplendentibus.* Tournef. 525.

> *Aira flexuoſa.* Linn. Sp. 96.

> β. *Gramen avenaceum, capillaceum, minoribus glumis.* Tournef. 524.

> *Aira montana.* Linn. Sp. 96.

Sa tige eſt grêle, un peu foible, ſouvent rougeâtre, peu garnie de feuilles, & s'élève depuis huit pouces juſqu'à un pied & demi ; ſes feuilles ſont glabres, junciformes, très-menues, & preſque capillaires ; ſes fleurs forment une pannicule bien étalée, peu garnie, & dont les rameaux, & ſur-tout les péduncules, ſont tortueux : les bâles ſont luiſantes, d'une couleur argentée, & ſouvent d'un rouge-brun à leur baſe. La variété β ne diffère que par ſa pannicule moins ample & un peu plus étroite, les bâles florales de l'une & de l'autre étant certainement velues à leur bafe. On trouve cette plante dans les lieux montagneux & ſur le bord des bois. ♃

---

**VII.**      *Bâles florales tout-à-fait glabres.*

Foin œilleté. *Aira caryophyllea.* Linn. Sp. 97.

> *Gramen panniculatum, minimum, molle.* Tournef. 522.

Cette eſpèce eſt beaucoup plus petite que la précédente ; ſes feuilles radicales ſont menues, courtes & ramaſſées en gazon ; ſes tiges ſont très-grêles, chargées de deux ou trois feuilles, & hautes de quatre à huit pouces ; elles ſoutiennent à leur ſommet une pannicule lâche, très-étalée & peu garnie ; les bâles ſont fort petites, verdâtres, blanches & luiſantes à leur extrémité, & quelquefois un peu rougeâtres à leur baſe. On trouve cette plante dans les lieux ſecs & ſur le bord des bois.

**1176.** **VIII.** *Pannicule refferrée en épi.*

| Barbes en maſſue ; gaîne de la feuille ſupérieure ſpathacée & peu diſtante de la pannicule. **I X.** | Barbes non en maſſue ; gaîne de la feuille ſupérieure non ſpathacée & diſtante de la pannicule. **X.** |
|---|---|

**IX.** *Barbes en maſſue ; gaine de la feuille ſupérieure ſpathacée & peu diſtante de la pannicule.*

Foin blanchâtre. *Aira caneſcens.* Linn. Sp. 97.

*Gramen foliis junceis, radice albâ.* Scheuch. p. 242.

Ses tiges ſont hautes de ſix à huit pouces, menues, articulées, feuillées, nombreuſes & diſpoſées en gazon ; ſes feuilles ſont cétacées, junciformes, glabres, un peu dures & d'un vert-blanchâtre ; celle du ſommet de chaque tige a une gaîne ample, ſpathacée, rougeâtre en ſes bords & embraſſe la baſe de la pannicule dans ſa jeuneſſe ; cette pannicule eſt longue d'un pouce & demi, reſſerrée en épi, compoſée de bâles pointues, & d'une couleur argentée, mélangée de roſe ou de violet : les barbes ſont fort courtes & un peu épaiſſes à leur ſommet. On trouve cette plante dans les lieux ſablonneux. ☉

**X.** *Barbes non en maſſue ; gaîne de la feuille ſupérieure non ſpa-thacée & diſtante de la pannicule.*

Foin précoce. *Aira præcox.* Linn. Sp. 97.

*Gramen parvum, præcox, ſpicâ laxâ, caneſcente.*
Raj. Synop. 3, p. 407, t. 22, f. 2.

Cette eſpèce a beaucoup de rapport avec la précédente ; mais elle eſt beaucoup plus petite ; ſes tiges ſont menues, feuillées, articulées & hautes de deux à cinq pouces ; ſes feuilles ſont glabres, vertes, courtes & cétacées ; ſa pannicule eſt longue à peine d'un pouce, tout-à-fait reſſerrée en épi, pauciflore & d'un vert-blanchâtre, mélangé de pourpre. On trouve cette plante dans les lieux ſablonneux & humides. ☉

**1177.**

## Melique. *Melica.*

Les fleurs de melique font difpofées communément en pannicule alongée, peu étalée & médiocrement garnie ; les bâles calicinales contiennent chacune deux fleurs, entre lefquelles on obferve un corpufcule particulier qui paroit être l'élément d'une troifième.

### ANALYSE.

| | |
|---|---|
| Bâle florale ayant une de fes valves très-velue ou ciliée. I. | Bâle florale ayant fes deux valves entièrement glabres. I I. |

**I.** *Bâle florale ayant une de fes valves très-velue ou ciliée.*

Melique ciliée. *Melica ciliata.* Linn. Sp. 97.

*Gramen avenaceum , fpicâ fimplici , locuftis denfiffimis , candicantibus & lanuginofis.* Tournef. 524.

Ses tiges font hautes d'un pied & demi, droites, menues, & garnies de quelques feuilles très-étroites, glabres & un peu roulées en leurs bords ; fes fleurs font difpofées en une pannicule longue de trois ou quatre pouces, étroite & tout-à-fait refferrée en épi : les bâles calicinales ont leurs valves pointues, liffes, luifantes, & d'un blanc pâle prefque jaunâtre. On trouve cette plante dans les lieux ftériles & pierreux des provinces méridionales ♃.

**II.** *Bâle florale ayant fes deux valves entièrement glabres.*

| | |
|---|---|
| Bâles ovales ; pannicule pauciflore. I I I. | Bâles cylindriques ; pannicule multiflore. V I. |

**III.** *Bâles ovales ; pannicule pauciflore.*

| | |
|---|---|
| Feuilles très-menues, roulées & junciformes ; pannicule droite. I V. | Feuilles planes, & point junciformes ; pannicule penchée. V. |

**1177.**

IV. *Feuilles très-menues, roulées & junciformes; pannicule droite.*

Melique pyramidale. *Melica pyramidalis.*

> *An gramen avenaceum, angustifolium, panniculâ pyramidali.*
> Scheuch. gram. 173.

Sa tige est haute de sept ou huit pouces, très-grêle, droite, rameuse à sa base, & garnie de quatre ou cinq feuilles un peu courtes, sétacées, junciformes, glabres & d'un vert glauque. Ses fleurs sont disposées en une pannicule droite, très-lâche, d'une forme un peu pyramidale, & composée de trois ou quatre rameaux très-menus, alternes, un peu distans, ouverts, à angles droits des deux côtés de l'axe de la pannicule, & d'autant plus courts, qu'ils sont plus près du sommet de la plante; les bâles calicinales sont composées de deux valves assez grandes, un peu inégales, lisses, blanches en leurs bords, & brunes ou roussâtres sur leur dos : le corpuscule placé entre les deux fleurs, est pédiculé & tronqué à son sommet. Cette plante croit en Dauphiné, d'où elle m'a été envoyée par M. Liottard, neveu.

V. *Feuilles planes & point junciformes; pannicule penchée.*

Mélique penchée. *Melica nutans.* Linn. Sp. 98.

> *Gramen montanum, avenaceum, locustis rubris.* **Tournef.** 524.

> *Gramen avenaceum, locustis rarioribus.* **Bauh. Pin.** 10.

Ses tiges sont grêles, foibles, feuillées, & s'élèvent à peine jusqu'à un pied & demi; ses feuilles sont planes, nerveuses, assez longues, larges d'une à deux lignes, & un peu rudes lorsqu'on les glisse de haut en bas entre les doigts : la pannicule est oblongue, peu garnie, rétrécie presque en épi, & communément penchée sous le poids des fleurs; les bâles sont d'un rouge brun sur leur dos, écartées les unes des autres, tournées d'un même côté, & portées par des pédunculles filiformes. On trouve cette plante dans les bois & les lieux couverts. ♃

**1177.**    **VI.**    *Bâles cylindriques ; pannicule multiflore.*

Melique bleue. *Melica cærulea.* Linn. mant. 324.

> *Gramen panniculatum, autumnale, panniculâ ampliore ( &*
> *angustiore ) ex viridi nigricante.* Tournef. 521.

Ses tiges sont hautes de trois ou quatre pieds, grêles, cylindriques, garnies de quelques feuilles longues & étroites, & n'ont qu'une seule articulation placée fort près de la racine ; elles se terminent par une pannicule longue de près d'un pied, & communément resserrée & fort étroite : les bâles sont très-petites, cylindriques, pointues, droites, assez nombreuses, & panachées de vert & de bleu ou d'un violet noirâtre. On trouve cette plante dans les bois taillis & dans les prés couverts, ♃ ; elle fleurit en Août & Septembre.

---

**1178.**                Brize. *Briza.*

Les fleurs de brize sont disposées en pannicule très-lâche & plus ou moins garnie, les bâles calicinales sont multiflores ; les épillets sont communément ventrus & composés de deux rangs de bâles florales, dont les valves sont un peu obtuses & presque cordiformes.

Obs. La dernière espèce rompt la limite de ce genre, déjà très-imparfaitement établie.

*A N A L Y S E.*

| Pannicule composée de deux à sept épillets. <br> I. | Pannicule composée de plus de sept épillets. <br> I I. |
|---|---|

**I.**      *Pannicule composée de deux à sept épillets.*

Brize majeure. *Briza maxima.* Linn. Sp. 103.

> *Gramen panniculatum, majus, locustis maximis, candican-*
> *tibus, tremulis.* Tournef. 523.

β. *Briza Monspessulana.* Gouan. hort. 45.

Sa tige est grêle, cylindrique, feuillée & s'élève rarement au-delà d'un pied ; elle est garnie de deux ou trois feuilles planes, larges d'une ligne & demie, & glabres ou quelquefois

**1178.** un peu velues fur leur gaîne, les épillets font au nombre de deux à fept, fort grands, liffes, panachés de vert & de blanc, compofés de cinq à quinze fleurs, fouvent penchés ou pendans, & foutenus par des péduncules prefque toujours fimples. On trouve cette plante en Provence & en Languedoc. ☉

---

II.  *Pannicule compofée de plus de fept épillets.*

| Épillets de fept fleurs ou moins & prefque auffi larges que longs. III. | Épillets de plus de dix fleurs & beaucoup plus longs que larges. I V. |
|---|---|

---

III.  *Épillets de fept fleurs ou moins & prefque auffi larges que longs.*

Brize tremblante. *Briza tremula.*

> *Gramen tremulum, majus, locuftis magnis, phænicæis, ( & candicantibus ) tremulis.* **Tournef.** 523.

> *Briza media.* **Linn.** Sp. 103.

> β.  *Gramen panniculatum, minus, locuftis parvis tremulis.* **Tournef.** 523.

> *Briza minor.* **Linn.** Sp. 102.

Sa tige eft haute d'un pied, plus ou moins grêle, fouvent rougeâtre dans fa partie fupérieure & garnie de quelques feuilles glabres, & larges d'une à deux lignes : la pannicule dans fa jeuneffe eft un peu enveloppée par la gaîne de la feuille fupérieure ; cette pannicule eft lâche, très-ouverte & compofée de rameaux géminés, dont les ramifications font ondulées, capillaires & laiffent facilement trembler les épillets qu'elles foutiennent : ces épillets font ovales-arrondis ou un peu triangulaires, d'un vert mêlé de blanc, fouvent de couleur violette à leur bafe, & compofés de cinq à fept fleurs: la variété β ne s'élève que jufqu'à fept ou huit pouces; fes épillets font plus petits & plus fenfiblement triangulaires, mais leurs valves calicinales ne fourniffent aucunes proportions fuffifantes pour la diftinguer comme une efpèce. On trouve cette plante dans les prés fecs, fur les peloufes & les collines. ☉

**1178.** **IV.** *Épillets de plus de dix fleurs, & beaucoup plus longs que larges.*

Brize amourettes. *Briza eragrostis.* Linn. Sp. 103.

*Gramen panniculis elegantissimis sive eragrostis majus.* **Tourn.** 522.

Ses tiges sont grêles, articulées, feuillées, plus ou moins droites, & longues de six à huit pouces; ses feuilles sont larges d'une ligne, & garnies de quelques poils à l'entrée de leur gaîne; la pannicule est oblongue, composée de rameaux alternes, dont les inférieurs sont les plus grands, & qui soutiennent des épillets lancéolés, & d'un brun-violet ou olivâtre. On trouve cette plante dans les lieux sablonneux & sur le bord des champs. ☉

**1179.** Paturin. *Poa.*

Les paturins ont beaucoup de rapport avec les brizes, & n'en sont qu'imparfaitement distingués: leurs épillets sont ovales, comprimés & composés de deux rangs de bâles, dont les valves sont scarieuses en leurs bords & un peu pointues.

## ANALYSE.

| Épillets<br>de deux à cinq fleurs<br>seulement.<br>I. | La plupart des épillets<br>composés<br>de plus de cinq fleurs.<br>XIV. |
|---|---|

I.     *Épillets de deux à cinq fleurs seulement.*

| Base des feuilles radicales,<br>renflée en manière<br>de bulbe;<br>pannicule prolifère.<br>II. | Base des feuilles radicales,<br>non bulbeuse;<br>pannicule nue<br>& point prolifère.<br>III. |
|---|---|

**1179.**

**II.** *Base des feuilles radicales, renflée en manière de bulbe ; pannicule prolifère.*

Paturin bulbeux. *Poa bulbosa.* Linn. Sp. 102.

*Gramen vernum, radice afcalonicâ.* Vail. Parif. 91, t. XVII, f. 8.

ß. *Gramen panniculatum, proliferum.* Tournef. 523.

Ses feuilles radicales font ramaffées par faifceaux, dont la bafe eft épaiffe, ferrée, & reffemble à une bulbe ; elles font glabres, & n'ont pas plus d'une ligne de largeur : les tiges font cylindriques, feuillées, & hautes d'un pied ou environ ; leurs articulations font d'un rouge noirâtre : la gaîne des feuilles eft garnie à fon entrée, d'une petite membrane blanche ; les épillets font verdâtres, & compofés de trois ou quatre fleurs, dont les valves s'àlongent communément en manière de feuilles, ce qui fait paroître la pannicule feuillée, chevelue & comme frifée. On trouve cette plante dans les pâturages montueux & fur le bord des chemins. ⚥

---

**III.** *Base des feuilles radicales, non bulbeufe ; pannicule nue & point prolifère.*

| Pannicule en épi, & dont les rameaux ne font pas plus longs que les épillets. | Pannicule non en épi, & dont les rameaux font beaucoup plus longs que les épillets. |
|:---:|:---:|
| **I V.** | **V.** |

**IV.** *Pannicule en épi, & dont les rameaux ne font pas plus longs que les épillets.*

Paturin à crête. *Poa criftata.* Murr. Syft. vég. 99.

*Gramen fpicâ criftatâ, fubhirfutum.* Tournef. 519.

Sa tige eft haute d'un à deux pieds, droite, grêle, garnie de quelques feuilles étroites, & un peu nue vers fon fommet ; fes feuilles font légèrement velues en leurs bords. Les fleurs font difpofées en un épi terminal, long de deux pouces & demi, un peu interrompu à fa bafe, luifant & panaché de vert & de blanc ou quelquefois d'un afpect jaunâtre ; les épillets font compofés

**1179.** de deux ou trois fleurs , dont les valves font très-aiguës : la bâle calicinale eſt chargée de poils très-courts, ainſi que les pédunculés & l'axe de l'épi. On trouve cette plante ſur les colines ſèches. ♃

---

**V.** *Pannicule non en épi , & dont les rameaux ſont beaucoup plus longs que les épillets.*

| Bâles florales tout-à-fait glabres. **V I.** | Bâles florales velues , ou pubeſcentes ſur leur dos. **I X.** |
|---|---|

---

**VI.** *Bâles florales tout-à-fait glabres.*

| Tige droite , cylindrique , & haute d'un pied ou davantage. **V I I.** | Tige inclinée , comprimée , & n'ayant pas un pied de hauteur. **V I I I.** |
|---|---|

---

**VII.** *Tige droite , cylindrique, & haute d'un pied, ou davantage.*
Paturin des prés. *Poa pratenſis.* Linn. Sp. 99.

> *Gramen panniculatum majus, latiore folio , poa Theophraſti.* Tournef. 521.

Ses tiges ſont hautes d'un à trois pieds, grêles, cylindriques, & garnies de quelques feuilles un peu rudes en leurs bords, & à peine larges d'une ligne & demie; la pannicule eſt lâche, multiflore, & compoſée de rameaux preſque verticillés, & quatre ou cinq enſemble par étage : les épillets ſont fort petits ; verdâtres', quelquefois un peu violets, & n'ont le plus ſouvent que deux ou trois fleurs. On trouve cette plante dans les prés. ♃

---

**VIII.** *Tige inclinée, comprimée, & n'ayant pas un pied de hauteur.*
Paturin annuel. *Poa annua.* Linn. Sp. 99.

> *Gramen pratenſe, panniculatum, minus, album ( & rubrum).* Tournef. 521.

Ses tiges ſont hautes de quatre à ſept pouces, comprimées ,

**1179.** feuillées, un peu coudées à leurs articulations, & rarement tout-à-fait droites ; ses feuilles font glabres, & larges prefque d'une ligne & demie : les radicales font nombreufes & dif-pofées en gazon ; les rameaux de la pannicule font ouverts à angles droits, & communément géminés : les épillets font verdâtres ou rougeâtres, & compofés de trois ou quatre fleurs. Cette plante eft commune par-tout, fur le bord des chemins, des champs, dans les lieux cultivés & incultes. ☉

---

**IX.** *Bâles florales velues ou pubefcentes fur leur dos.*

| Tige très-foible & penchée ; prefque tous les épillets biflores.<br><br>**X.** | Tige droite ; la plupart des épillets compofés de plus de deux fleurs.<br><br>**XI.** |
|---|---|

---

**X.** *Tige très-foible & penchée ; prefque tous les épillets biflores.*

Paturin des bois. *Poa nemoralis.* Linn. Sp. 102.

> *Gramen nemorofum, panniculâ laxâ, radice repente.* Vail. Parif. 90.

Ses tiges font hautes d'un à trois pieds, très-grêles, foibles, penchées & garnies de quelques feuilles glabres, & à peine larges d'une ligne ; les fleurs forment une pannicule très-lâche, peu étalée, longue de quatre à fix lignes, & compofée de rameaux capillaires, trois à cinq enfemble par étage : les épillets font très-petits & d'un vert blanchâtre. On trouve cette plante dans les lieux couverts & les bois. ♇

---

**XI.** *Tige droite ; la plupart des épillets compofés de plus de deux fleurs.*

| Feuilles larges d'une ligne & demie ou davantage, & très-rudes en-deffous.<br><br>**XII.** | Feuilles à peine larges d'une ligne, & point rudes en-deffous.<br><br>**XIII.** |
|---|---|

**1179.**

**XII.** *Feuilles larges d'une ligne & demie ou davantage, & très-rudes en-dessous.*

Paturin des maris. *Poa paluſtris.* Linn. Sp. 98.

*Gramen paluſtre, panniculá ſpecioſâ.* Bauh. Pin. 3, theatr. 39.

Ses tiges ſont articulées, feuillées, & hautes de deux ou trois pieds ; ſes feuilles ſont aſſez longues, arides & remarquables par leurs nervures poſtérieures, garnies de petites dents, qui les rendent très-rudes au toucher : la pannicule eſt terminale, diffuſe, d'une forme pyramidale, & longue de ſix ou ſept pouces : les épillets ſont oblongs, pointus, d'un vert mêlé de rouge ou de brun, & compoſés de deux ou trois fleurs. On trouve cette plante ſur le bord des foſſés aquatiques.

---

**XIII.** *Feuilles à peine larges d'une ligne, & point rudes en-dessous.*

Paturin à feuilles étroites. *Poa anguſtifolia.* Linn. Sp. 99.

*Gramen pratenſe, panniculatum, majus, anguſtiore folio.* Tournef. 522.

β. *Gramen pratenſe, panniculatum, medium.* Ibid. 521.

*Poa trivialis.* Linn. Sp. 99.

Ses tiges ſont grêles, feuillées, garnies de quelques articulations, & s'élèvent depuis huit pouces juſqu'à un pied & demi ; ſes feuilles ſont aſſez longues, glabres, très-étroites, & preſque cétacées : la pannicule eſt terminale, lâche, mais peu étalée, & longue de trois à cinq pouces ; les épillets ſont petits, verdâtres, quelquefois un peu violets, & compoſés preſque toujours de trois fleurs, & rarement de quatre. La variété β a ſa pannicule plus ouverte, plus garnie, & ſes feuilles moins cétacées & plus diſtinctement planes. On trouve cette plante dans les lieux incultes, pierreux, & les prés ſecs. ♃

---

**XIV.** *La plupart des épillets compoſés de plus de cinq fleurs.*

| Tige haute de plus de deux pieds. | Tige n'ayant pas deux pieds de hauteur. |
|:---:|:---:|
| X V. | X V I. |

XV.

**1179.** XV. *Tige haute de plus de deux pieds.*

Paturin aquatique. *Poa aquatica.* Linn. Sp. 98.

*Gramen aquaticum, panniculatum, latifolium.* Tournef. 522.

Sa tige eſt haute de quatre à ſix pieds, cylindrique, articulée, feuillée & aſſez épaiſſe ; ſes feuilles ſont larges de
quatre à huit lignes, glabres, liſſes, ſtriées & marquées d'une
tache brune à l'origine de leur gaîne ; la pannicule eſt terminale, très-ample, longue preſque d'un pied, & garnie de
beaucoup d'épillets alongés, compoſés de ſix à huit fleurs,
& d'une couleur pâle ou d'un rouge-brun mêlé de vert. On
trouve cette plante ſur le bord des étangs & dans les foſſés
aquatiques. ♃

XVI. *Tige n'ayant pas deux pieds de hauteur.*

| Pannicule étroite, & dont les épillets ſont tournés d'un ſeul côté.<br><br>X V I I. | Pannicule plus ou moins lâche, mais dont les épillets ne ſont pas tournés d'un ſeul côté.<br><br>X X. |

XVII. *Pannicule étroite, & dont les épillets ſont tournés d'un ſeul côté.*

| Tige cylindrique & longue de quatre à ſept pouces.<br>X V I I I. | Tige comprimée & longue de plus de ſept pouces.<br>X I X. |

XVIII. *Tige cylindrique & longue de quatre à ſept pouces.*

Paturin duret. *Poa rigida.* Linn. Sp. 101.

*Gramen minus, vulgare, panniculâ rigidâ.* Tournef. 522.

β. *Gramen panniculatum, minus, radice repente, panniculâ duriore.*
Ibid. 521.

Ses tiges ſont aſſez droites, nombreuſes, un peu dures, feuillées
& ſouvent coudées à leurs articulations inférieures ; ſes feuilles

*Tome III.* P p

**1179.** font glabres & larges d'une demi-ligne ; la pannicule est termi-nale, longue de deux pouces, un peu étroite, pointue & a une roideur très-remarquable ; fes rameaux font courts, rudes, alternes & foutiennent chacun quelques épillets étroits & prefque linéaires. On trouve cette plante dans les lieux fecs & fablonneux. ☉

---

XIX. *Tige comprimée & longue de plus de fix pouces.*

Paturin comprimé. *Poa compreffa.* Linn. Sp. 101.

*Gramen panniculatum, radice repente, culmo compreffo.* Vaill. Parif. 91, t. 18, f. 5.

Ses tiges font longues d'un pied ou un peu plus, feuillées, aplaties, coudées à leurs articulations & à demi-couchées ; fes feuilles font glabres & larges d'une ligne feulement ; fa pánnicule eft un peu étroite, plus ou moins refferrée, unila-térale & longue de deux ou trois pouces ; elle a une roideur fenfible, mais moindre que celle de l'efpèce précédente : les épillets font pointus, verdâtres & ont leurs valves rougeâtres à leur fommet ; ce qui leur donne un afpect très-agréable. On trouve cette plante fur les murs & dans les lieux fablon-neux. ♃

---

XX. *Pannicule plus ou moins lâche, mais dont les épillets ne font pas tournés d'un feul côté.*

| Pannicule affez courte, un peu denfe & panachée de vert & de brun. | Pannicule alongée, très-lâche, très-rameufe & point panachée. |
|---|---|
| XXI. | XXII. |

---

XXI. *Pannicule affez courte, un peu denfe & panachée de vert & de brun.*

Paturin des Alpes. *Poa alpina.* Linn. Sp. 99.

*Gramen alpinum, panniculatum majus, panniculâ fpeciofâ, variegatâ.* Scheuch. gram. 186. app. t. 3.

Sa tige eft grêle, feuillée, & s'élève rarement au-delà d'un

**1179.** pied ; ses feuilles sont glabres , molles , larges d'une ligne &
demie , & couvrent presqu'entièrement la tige par leur gaîne ;
la pannicule est dense , ramassée & composée de rameaux géminés , qui soutiennent chacun quelques épillets assez grands
& agréablement panachés. Cette plante m'a été envoyée du
Dauphiné par M. Liottard neveu : on la trouve aussi dans les
montagnes de la Provence. ♃

---

XXII. *Pannicule alongée , très-lâche , très-rameuse & point panachée.*

Paturin élégant. *Poa eragrostis.* Linn. Sp. 103.

*Gramen panniculis elegantissimis , minimum.* Tournef. 522.

Ses tiges sont hautes de six à dix pouces, un peu foibles,
feuillées & garnies de deux ou trois articulations, ses feuilles
n'ont qu'une ligne de largeur ; la pannicule est fort belle, longue
de trois à cinq pouces, composée de rameaux filiformes, très-
divisés, lâches & qui soutiennent des épillets étroits & de
couleur brune ou d'un violet-noirâtre : ces épillets sont composés de sept à dix fleurs. On trouve cette plante dans les
provinces méridionales, ⊙ ; elle a le plus grand rapport avec
la brise amourettes, n.° 1178 — IV.

---

**1180.** Fétuque. *Festuca.*

Les fétuques ne diffèrent des paturins que par la forme oblongue, pointue & presque cylindrique de leurs épillets ; elles ont
aussi beaucoup de rapport avec les bromes, & ne peuvent s'en
distinguer que par leurs épillets, ou dépourvus de barbes, ou
qui n'en ont que de terminales ; mais plusieurs espèces de bromes
sont dans ce dernier cas.

*A N A L Y S E.*

| Tous les épillets , ou la plupart nus & sans barbes. | Tous les épillets garnis de barbes. |
|:---:|:---:|
| I. | XII. |

1180.

I. *Tous les épillets ou la plupart nus & sans barbes*

| Bâle calicinale aussi longue que l'épillet.<br><br>I I. | Bâle calicinale beaucoup plus courte que l'épillet.<br><br>I I I. |
| --- | --- |

II.  *Bâle calicinale aussi longue que l'épillet.*

Fétuque inclinée. *Festuca decumbens.* Linn. Sp. 110.

> *Gramen avenaceum, parvum, procumbens panniculis non aristatis.* Tournef. 255. Raj. Syn. 408.

Ses tiges sont hautes de six à dix pouces, garnies de deux ou trois articulations, feuillées, & en général assez droites, excepté pendant la maturation des semences où elles sont souvent inclinées : les feuilles sont un peu velues & larges d'une ligne ; la pannicule est resserrée presqu'en épi & composée d'un petit nombre d'épillets, courts, ovales, durs, lisses & d'un vert-blanchâtre, quelquefois un peu violet : ces épillets ne contiennent que trois ou quatre fleurs. On trouve cette plante dans les lieux secs.

III.  *Bâle calicinale beaucoup plus courte que l'épillet.*

| Rameaux de la pannicule, ou nuls ou plus courts que les épillets.<br><br>I V. | Pannicule ayant des rameaux plus longs que les épillets.<br><br>V. |
| --- | --- |

IV.  *Rameaux de la pannicule, ou nuls où plus courts que les épillets.*

Fétuque piquante. *Festuca pungens.*

> *Gramen loliaceum, maritimum, foliis pungentibus* Tournef. 516.
>
> *Festuca phenicoides.* Linn. Mant. 33.

Ses tiges sont droites, feuillées, & hautes de deux pieds ; ses feuilles sont d'un vert glauque, roulées en leurs bords, & terminées par une pointe un peu roide & piquante ; ses

**1180.** épillets font alternes, prefque feffiles, alongés, cylindriques, pointus, & compofés de fix à huit fleurs. Cette plante croît en Provence dans les lieux fablonneux & maritimes. ♃

---

V. *Pannicule ayant des rameaux plus longs que les épillets.*

| Feuilles capillaires, & n'ayant pas une demi-ligne de largeur. VI. | Feuilles non capillaires, & larges de plus d'une ligne. VII. |
|---|---|

---

VI. *Feuilles capillaires, & n'ayant pas une demi-ligne de largeur.*

Fétuque chevelue. *Feftuca capillata.*

> *Gramen capillatum, locuftis pennatis, non ariftatis.* Vaill. Parif. 92.
>
> β. *Gramen montanum, foliis capillaceis, longioribus, pannniculâ heteromallâ, fpadiceâ & veluti amethyftina.* Scheuch. p. 276.
>
> *Feftuca amethyftina.* Linn. Sp. 109.

Ses feuilles radicales font nombreufes, auffi menues que des cheveux, & longues de fix à neuf pouces; fes tiges font hautes d'un à deux pieds, filiformes & nues dans toute leur moitié fupérieure; la pannicule eft longue de deux ou trois pouces, peu garnie, & plus ou moins unilatérale; fes épillets font petits, diftiques, d'un vert pâle ou jaunâtre, & compofés de cinq ou fix fleurs. La variété β eft un peu plus grande dans toutes fes parties, & remarquable par fa tige & fa pannicule d'un rouge livide tirant fur le violet. On trouve cette plante dans les lieux montueux & fur le bord des bois; fa variété croît dans les lieux fecs. ♃

---

VII. *Feuilles non capillaires, & larges de plus d'une ligne.*

| Épillets compofés de quatre fleurs, & rarement de cinq. VIII. | La plupart des épillets compofés de plus de cinq fleurs. IX. |
|---|---|

**1180.** | **VIII.** *Épillets composés de quatre fleurs, & rarement de cinq.*

Fétuque dorée. *Festuca aurea.*

*Gramen panniculâ pendulâ, aureâ.* Bauh. Pin. 3.

β. *Gramen alpinum, latifolium, panniculâ heteromallâ, spadiceâ, locustis pennatis.* Scheuch. 278.

*Poa, n°. 11, Ger. prov. 91, tab. 95, f. 1. Festuca.* Hall. n°. 1436.

Sa tige est haute d'un pied & demi, cylindrique, feuillée, & garnie de deux ou trois articulations ; ses feuilles sont larges d'une ligne & demie, fort longues, très-glabres, & point rudes en leurs bords ; leur gaîne est un peu lâche & striée : la pannicule est longue de trois pouces, peu ouverte, souvent penchée d'un côté, & d'un jaune rougeâtre ou d'une couleur rousse remarquable. Ses épillets sont composés de quatre fleurs, dont les bâles sont rousses, longues de deux lignes, très-pointues & glabres ; la bâle calicinale de chaque épillet est formée par deux valves un peu inégales, pointues, lisses, luisantes & blanchâtres en leurs bords. Cette belle plante m'a été communiquée par M. Liottard neveu, qui l'a trouvée dans les prés des montagnes en Dauphiné.

**IX.** *La plupart des épillets composés de plus de cinq fleurs.*

| Pannicule très-ouverte ; épillets ovales-cylindriques, & dont les valves font toutes très-pointues. | Pannicule longue & étroite ; épillets grêles tout-à-fait cylindriques, & dont les valves font émouffées. |
|:---:|:---:|
| **X.** | **X I.** |

**X.** *Pannicule très-ouverte ; épillets ovales-cylindriques, & dont les valves font toutes très-pointues.*

Fétuque élevée. *Festuca elatior.*

*Gramen loliaceum, spicâ multiplici, pratense, majus.* Morif. fec. 8, tab. 2, f. 15.

*Poa foliis latis asperis, locustis teretibus, muticis, glumarum oris membranaceis.* Hall. Hift. n°. 1451.

Ses tiges font hautes de deux à quatre pieds, feuillées &

**1180.** cylindriques ; ſes feuilles ſont glabres, un peu rudes lorſqu'on les gliſſe entre les doigts, & larges de deux ou trois lignes. La pannicule eſt ample, très-lâche & ſouvent tournée d'un ſeul côté ; ſes épillets ſont médiocres, d'un vert mêlé de rouge ou de violet, & compoſés de ſix ou ſept fleurs, dont les valves ſont blanches & ſcarieuſes en leurs bords. On trouve cette plante dans les lieux incultes & les pâturages montagneux. ⚥

---

**XI.** *Pannicule longue & étroite ; épillets grêles, tout-à-fait cylindriques, & dont les valves ſont émouſſées.*

Fétuque flottante. *Feſtuca fluitans.* Linn. Sp. 111.

*Gramen panniculatum, aquaticum, fluitans.* Tournef. 521.

Ses tiges ſont longues d'un à trois pieds, plus ou moins droites, feuillées, & garnies de trois ou quatre articulations, ſes feuilles ſont glabres, molles, un peu rudes en leurs bords & en leurs nervures, & larges de deux ou trois lignes. La pannicule eſt fort longue, reſſerrée preſque en épi, & compoſée d'épillets alongés, grêles, cylindriques, liſſes, d'un vert blanchâtre, & portés d'abord ſur des pédoncules fort courts, mais qui s'alongent enſuite & ſe ramifient ſenſiblement. Les fleurs du ſommet des épillets tombent de bonne heure. On trouve cette plante ſur le bord des ruiſſeaux & dans les foſſés aquatiques.

---

**XII.**  *Tous les épillets garnis de barbes.*

| Barbes moins longues, ou ſeulement auſſi longues que les épillets. **XIII.** | Barbes beaucoup plus longues que les épillets. **XX.** |
|---|---|

---

**XIII.** *Barbes moins longues, ou ſeulement auſſi longues que les épillets.*

| Tige haute d'un pied ou davantage. **XIV.** | Tige n'ayant pas un pied de hauteur. **XIX.** |
|---|---|

1180.

**XIV.** *Tige haute d'un pied ou davantage.*

| Feuilles radicales larges de deux lignes ou davantage.<br>**X V.** | Feuilles radicales n'ayant pas une ligne de largeur.<br>**X V I.** |
| --- | --- |

**XV.** *Feuilles radicales larges de deux lignes ou davantage.*

Fétuque des prés. *Festuca pratensis.*

> *An festuca locustis teretibus, multifloris, glumis semimen-*
> *branaceis, breviter aristatis. Hall. Hist. nº. 1433.*
>
> *Gramen arundinaceum, locustis viridi-spadiceis, loliaceis,*
> *brevius aristatis. Scheuch. 266.*

Sa tige est haute de trois pieds, feuillée & cylindrique; ses feuilles sont larges de deux ou trois lignes, ou quelquefois davantage, glabres, & rudes au toucher lorsqu'on les glisse de haut en bas entre les doigts. La pannicule est lâche, longue de six à neuf pouces, un peu unilatérale, & composée de rameaux géminés, dont un est toujours plus long que l'autre; les épillets sont un peu comprimés, distiques, longs de cinq ou six lignes, & n'ont pas plus de sept fleurs : ils sont communément verdâtres, & quelquefois un peu rougeâtres vers le sommet des bâles. Les barbes ont à peu-près une ligne de longueur ; dans les individus que j'ai observés, toutes les fleurs en etoient garnies. Cette plante croît dans les prés & les pâturages humides. ♃

**XVI.** *Feuilles radicales n'ayant pas une ligne de largeur.*

| Feuilles caulinaires plus larges que les radicales.<br>**X V I I.** | Feuilles caulinaires aussi étroites que les radicales.<br>**X V I I I.** |
| --- | --- |

**XVII.** *Feuilles caulinaires plus larges que les radicales.*

Fétuque hétérophile. *Festuca heterophylla.*

> *Gramen avenaceum, minus, foliis inferioribus capillaceis,*
> *superioribus verò latioribus. Tournef. 525.*

Ses feuilles radicales sont très-étroites, capillaires, assez

**1180.** longues , & difposées en gazon très-fin ; fes tiges font hautes de deux ou trois pieds, grêles , & garnies de quelques feuilles larges d'une demi-ligne , ou quelquefois un peu plus ; la pannicule eft lâche , verdâtre , peu garnie , & longue de trois à cinq pouces. Les épillets contiennent rarement plus de cinq fleurs , & leurs barbes font longues d'une ligne ou environ. On trouve cette plante dans les bois & les lieux couverts. ♃

---

**XVIII.** *Feuilles caulinaires auffi étroites que les radicales.*

Fétuque ovine. *Feftuca ovina.* Linn. Sp. 108.

> *Gramen foliis junceis , brevibus , majus , radice nigrâ.* Scheuch. 279.
>
> β. *Gramen alpinum , pratenfe, panniculâ duriore, laxâ, fpadiceâ , locuftis majoribus.* Scheuch. 287.
>
> *Feftuca rubra.* Linn. Sp. 109.

Ses tiges font hautes d'un à deux pieds , grêles , liffes , nues dans leur moitié fupérieure , & un peu anguleufes ou imparfaitement cylindriques ; fes feuilles font très - menues , à peine larges d'une demi-ligne , & fouvent beaucoup moins : la pannicule eft lâche , quelquefois tout-à-fait refferrée , longue de deux ou trois pouces , & un peu unilatérale ; fes rameaux inférieurs font les plus longs , & fouvent ouverts à angle droit ; fes épillets font diftiques , & compofés de cinq à fept fleurs , dont les bâles font d'un vert jaunâtre & très - pointues. La variété β fe diftingue par la couleur de fes tiges & de fes épillets , qui eft d'un rouge obfcur , tirant un peu fur le violet. On trouve cette plante dans les lieux fecs & montagneux. ♃

---

**XIX.** *Tige n'ayant pas un pied de hauteur.*

Fétuque durète. *Feftuca duriufcula.*

> *Gramen foliis junceis , brevibus , minus.* Bauh. Pin. 5 , theatr. 73 , Scheuch. 282.

Ses racines font chevelues & noirâtres ; fes feuilles radicales font nombreufes , très - étroites , canaliculées ou pliées dans leur largeur , courbées , roides , un peu dures & d'un vert pâle, prefque glauque : elles n'ont pas plus de trois pouces de longueur , & font ramaffées par faifceaux difpofés en gazon affez denfe ; les tiges font hautes de cinq à fept pouces tout au plus , garnies chacune d'une couple de feuilles fort

**1180.** courtes , & terminées par une pannicule étroite, presque en épi , unilatérale , & longue d'un pouce & demi seulement : les épillets sont fort petits , ovales-coniques , pointus, d'un vert mélangé de beaucoup de violet & n'ont que trois ou quatre fleurs ; les barbes sont extrêmement petites. On trouve cette plante dans les lieux secs & sablonneux. ♉

---

**XX.** *Barbes beaucoup plus longues que les épillets.*

| Pannicule longue de plus de six pouces , très-étroite , & tout-à-fait resserrée en épi. | Pannicule un peu lâche , & n'ayant pas plus de six pouces de longueur. |
|---|---|
| **XXI.** | **XXII.** |

---

**XXI.** *Pannicule longue de plus de six pouces , très-étroite & tout-à-fait resserrée en épi.*

Fétuque queue-de-rat. *Festuca myuros.* Linn. Sp. 109.

*Gramen murorum , spicâ longissimâ.* Vail. Paris. 94.

Ses tiges sont grêles , plus ou moins droites , articulées , feuillées, & longues d'un pied ou environ ; ses feuilles sont glabres & à peine larges d'une ligne : la pannicule est longue de cinq à dix pouces , très-resserrée , & ressemble à un épi fort long, grêle & penché par la foiblesse de son axe : les épillets sont distiques , verdâtres , garnis de barbes droites , longues de six à dix lignes , & n'ont que quatre ou cinq fleurs. La bâle calicinale de chaque épillet est composée de deux valves très-aiguës , dont une est beaucoup plus petite que l'autre. On trouve cette plante sur les murs & dans les lieux sablonneux. ☉

---

**XXII.** *Pannicule un peu lâche , & n'ayant pas plus de six pouces de longueur.*

Fétuque bromoïde. *Festuca bromoïdes.*

*Gramen panniculatum , bromoides , minus, panniculis aristatis , unam partem spectantibus.* Tournef. 518. Raj. Synop. 415.

Cette plante a beaucoup de rapport avec la précédente , n'en est peut-être qu'une variété , mais ne ressemble point

**1180.** à la fétuque ovine ( *Linn. Mant.* 325 ). Ses tiges font droites, grêles, articulées, feuillées & ne s'élèvent pas au-delà d'un pied & demi : fes feuilles font glabres, non rudes en leurs bords , & larges d'une demi-ligne, ou quelquefois un peu plus : la pannicule eft longue de deux à cinq pouces, lâche dans fa partie inférieure, refferrée vers fon fommet, unilatérale, & compofée d'épillets verdâtres & remarquables par leurs barbes longues de cinq à huit lignes ; ces épillets ont communément cinq fleurs & rarement fix : leur bâle calicinale eft compofée de deux valves très-inégales, dont la plus petite n'eft qu'un filet cétacé, & l'autre une écaille très-aiguë. On trouve auffi cette efpèce dans les lieux fablonneux. ☉

---

**1181.** ## Brome. *Bromus.*

Les bromes ont leurs épillets alongés, multiflores, & tous garnis de barbes ; dans beaucoup d'efpèces, ces barbes ne font pas tout-à-fait terminales, mais s'insèrent fur le dos & un peu au-deffous du fommet de la valve florale extérieure : parmi les efpèces, dont les barbes font terminales, celles qui ont leurs épillets feffiles ou prefque feffiles , ne font pas diftinguées des fromens, & les autres fe confondent avec les fétuques.

### *A N A L Y S E.*

| Barbes inférées un peu au-deffous du fommet des valves. **I.** | Barbes fenfiblement terminales. **X.** |
|---|---|

**I.** *Barbes inférées un peu au-deffous du fommet des valves.*

| Épillets très-grêles, & compofés la plupart de quatre à fix fleurs. **II.** | Prefque tous les épillets compofés de plus de fix fleurs. **V.** |
|---|---|

**1181.** II. *Épillets très-grêles & compofés la plupart de quatre à fix fleurs.*

| La plupart des épillets compofés de quatre fleurs ; rameaux de la pannicule géminés par étage.<br><br>III. | La plupart des épillets compofés de fix fleurs ; rameaux de la pannicule beaucoup plus de deux enfemble par étage.<br><br>IV. |
|---|---|

III. *La plupart des épillets compofés de quatre fleurs ; rameaux de la pannicule géminés par étage.*

Brome gigantefque. *Bromus giganteus.* Linn. Sp. 114.

*Gramen avenaceum, glabrum, panniculá è fpicis raris, ftrigofis compofitá, ariftis tenuiſſimis.* Tournef. 526.

Sa tige eft haute de trois à cinq pieds, feuillée, articulée & affez ferme ; fes feuilles font larges de fix ou fept lignes, fort longues, garnies d'une nervure blanche, très-marquée, prefque glabres des deux côtés, velues fur leur gaîne, & rudes lorfqu'on les gliffe entre les doigts de haut en bas ; fa pannicule eft très-lâche, longue d'un pied au moins, compofée de rameaux géminés, fort longs & qui foutiennent des épillets extrémement petits ; ces épillets font cylindriques, prefque glabres, & verdâtres ou un peu violets vers le fommet de leurs écailles. On trouve cette plante dans les lieux humides & les prés couverts. ♃

IV. *La plupart des épillets compofés de fix fleurs, rameaux de la pannicule plus de deux enfemble par étage.*

Brome à grappe. *Bromus racemofus.* Linn. Sp. 114.

*Gramen avenaceum, fpicis ftrigofioribus, glabris.* Tournef. 526.

Cette efpèce a beaucoup de rapport avec la précédente ; fa tige eft haute de deux ou trois pieds, articulée & garnie de feuilles molles un peu velues, nerveufes en-deffous, & larges de trois ou quatre lignes ; leur gaîne eft ftriée & couverte d'un duvet fin, prefque cotonneux ; la pannicule eft longue de huit à dix pouces, médiocrement ouverte & forme une efpèce

1181. de grappe ; compofée de rameaux très-menus , nombreux &
qui foutienent des épillets fort petits , écartés les uns des autres
& verdâtres. On trouve cette plante fur les bords des champs
montueux & pierreux.

---

**V.** *Prefque tous les épillets compofés de plus de fix fleurs.*

| Rameaux de la pannicule géminés par étage ; épillets longs d'un pouce au moins.<br><br>**V I.** | Rameaux de la pannicule plus de deux enfemble par étage ; épillets n'ayant pas un pouce de longueur.<br><br>**V I I.** |
| --- | --- |

---

**VI.** *Rameaux de la pannicule géminés par étage ; épillets longs d'un pouce au moins.*

**Brome des buiffons.** *Bromus dumetorum.*

*Gramen avenaceum , dumetorum , panniculâ fparfâ.* **Tournef.**
225. Vaill. Parif. 93. *An. br. arvenfis.* Linn. Sp. 113.

Sa tige eft haute de quatre à fix pieds ; je l'ai obfervée très-
fouvent de cette dernière grandeur ; fes feuilles font velues ;
molles, longues & larges de cinq ou fix lignes : fa pannicule
eft très-lâche, compofée de rameaux fort longs, folitaires ou
géminés, foibles & qui laiffent pendre les épillets ; ces épillets
font grêles, un peu velus, d'un vert fouvent mélangé de violet,
& formés par neuf ou dix fleurs chargées de barbes moins
longues que leur bâle. Cette plante eft commune dans les
lieux couverts & les bois, & ne croît point dans les champs.

---

**VII.** *Rameaux de la pannicule plus de deux enfemble par étage ; épillets n'ayant pas un pouce de longueur.*

| Bâles florales ayant leurs valves glabres fur leur dos, & ciliées en leurs bords.<br><br>**V I I I.** | Bâles florales ayant leurs valves velues fur leur dos, blanches en leurs bords & prefque point ciliées.<br><br>**I X.** |
| --- | --- |

1181.

**VIII.** *Bâles florales ayant leurs valves glabres sur leur dos, & ciliées en leurs bords.*

**Brome rude.** *Bromus squarrosus.* Linn. Sp. 112.

*Gramen avenaceum, locustis amplioribus, candicantibus, glabris, & aristatis.* Tournef. 525.

Sa tige est haute de deux pieds ou quelquefois davantage; ses feuilles sont larges de deux ou trois lignes, velues en-dessous, & un peu rudes lorsqu'on les glisse entre les doigts; la pannicule est lâche, penchée dans la maturité des semences & remarquable par ses épillets ovales, assez gros & composés de sept à neuf fleurs dont les bâles & leurs barbes divergent un peu à mesure que la maturation des fruits se perfectionne ; mais ces barbes ne sont point réfléchies comme prétend M. de Haller ( *avena*, n.° 1501 ), ni aussi fortement rejetées en dehors, que le présentent les figures de *Scheuchzer* & de *Barrelier*. On trouve cette plante sur le bord des champs, & parmi les blés. ☉

**IX.** *Bâles florales ayant leurs valves velues sur leur dos; blanches en leurs bords, & presque point ciliées.*

**Brome seglin.** *Bromus secalinus.* Linn. Sp. 112.

*Gramen avenaceum, locustis villosis, crassioribus.* Tournef. 525.

*Bromus mollis.* Linn. Sp. 112.

Sa tige est haute de deux pieds ou souvent moins, droite, & garnie de quelques feuilles planes, molles, velues, nerveuses en-dessous; & larges de deux ou trois lignes; sa pannicule est droite, un peu resserrée, & longue de deux ou trois pouces: ses rameaux sont la plupart simples, les uns assez longs, & les autres plus courts que les épillets. Ces épillets sont ovales-pointus, velus, panachés de vert & de blanc, & composés de huit ou dix fleurs. On trouve cette plante sur le bord des champs, des chemins & sur les murs. ☉

1181.

**X.**      *Barbes sensiblement terminales.*

| | |
|---|---|
| Fleurs en pannicule; les épillets sont portés sur des péduncules qui naissent plusieurs ensemble par étage. **X I.** | Fleurs en manière d'épi; les épillets sont alternes, & la plupart sessiles. **X I V.** |

**XI.**      *Fleurs en pannicule.*

| | |
|---|---|
| Barbes beaucoup plus longues que les écailles qui les portent. **X I I.** | Barbes beaucoup plus courtes que les écailles qui les portent. **X I I I.** |

**XII.** *Barbes beaucoup plus longues que les écailles qui les portent.*

Brome stérile. *Bromus sterilis.* Linn. Sp. 113.

*Gramen avenacenm, pannniculá sparsá, locustis majoribus & aristatis.* Tournef. 526. Scheuch. 258.

Ses tiges sont hautes d'un à deux pieds, feuillées & garnies de deux ou trois articulations; ses feuilles sont larges de deux à quatre lignes, velues & un peu rudes lorsqu'on les glisse entre les doigts. La pannicule est fort lâche, composée de rameaux assez longs, menus, foibles, & qui laissent souvent pendre les épillets. Plusieurs de ces rameaux sont simples; les épillets sont composés de cinq à sept fleurs, dont les valves sont verdâtres, blanches & scarieuses en leurs bords, & les barbes droites, roides & fort longues. Cette plante est commune le long des haies, sur les murs & dans les lieux incultes.

**XIII.** *Barbes beaucoup plus courtes que les écailles qui les portent.*

Brome des champs. *Bromus arvensis.*

*Gramen bromoides, segetum, latiore panniculá.* Vail. Paris. 95.
β. *Festuca avenacea, sterilis, spicis erectis.* Raj. Synops. 413.

Sa tige est haute de deux ou trois pieds, articulée, & garnie

**1181.** de quelques feuilles à peine larges d'une ligne & demie, légèrement velues dans la partie inférieure de leur gaîne, ou quelquefois en leurs bords, & un peu rudes lorsqu'on les glisse entre les doigts de haut en bas. La pannicule est médiocrement lâché, longue de trois ou quatre pouces, & composée de rameaux tous un peu redressés, la plûpart simples, & dont les plus grands sont rarement longs de plus de deux pouces ; les épillets ont huit à dix fleurs, & sont panachés de vert & de violet ou de pourpre. La variété β ne diffère que par les rameaux de sa pannicule fort courts ; elle est bien rendue par la figure qu'en a donnée Morison ( *sec. 8, tab. 7, f. 13* ). Cette plante est commune dans les champs & les prés secs. ☉

OBS. La description du *grámen bromoides, pratense, foliis præter culmum angustissimis, rará lanugine villosis,* de Scheuchzer, p. 255, convient beaucoup à cette plante.

---

**XIV.**     *Fleurs en manière d'épi.*

| Épillets grêles, cylindriques & en forme de corne. **XV.** | Épillets très-comprimés, distiques, & point en forme de corne. **XVIII.** |

---

**XV.** *Épillets grêles, cylindriques & en forme de corne.*

| Barbes une fois plus courtes que les écailles qui les portent ; épillets presque glabres. **XVI.** | Barbes aussi longues, ou plus longues que les écailles qui les portent ; épillets très-velus. **XVII.** |

---

**XVI.** *Barbes une fois plus courtes que les écailles qui les portent ; épillets presque glabres.*

**Brome corniculé.** *Bromus corniculatus.*

> *Gramen loliaceum, corniculatum, spicis glabris.* Tournef. 516.
>
> *Bromus pinnatus.* Linn. Sp. 115.

**Sa** tige est droite, articulée, feuillée ; & haute de deux à

quatre

1181. quatre pieds ; ses feuilles font larges de deux ou trois lignes ; un peu rudes lorfqu'on les gliffe entre les doigts, & légèrement velues particulièrement fur leur gaîne ; les épillets font longs d'un pouce , grêles , verdâtres , tous redreffés , quelquefois courbés en manière de corne , & la plupart feffiles. On trouve cette plante fur le bord des champs. ♃

---

XVII. *Barbes auffi longues , ou plus longues que les écailles qui les portent ; épillets très-velus.*

Brome des bois. *Bromus fylvaticus.*

 *Gramen loliaceum , corniculatum , fpicis villofis.* **Tournef.** 516.

Sa tige eft haute de deux ou trois pieds , grêle , un peu foible , & garnie de quelques feuilles molles , velues , d'un vert grisâtre , affez longues , & larges de deux ou trois lignes: les épillets font alternes , feffiles , velus , verdâtres , grêles , toujours droits , & à peine longs d'un pouce ; ils n'ont prefque toujours que huit ou neuf fleurs , & font garnis de barbes longues de quatre ou cinq lignes. Cette plante eft commune dans les bois. ♃

---

XVIII. *Épillets très-comprimés , diftiques , & point en forme de corne.*

Brome cilié. *Bromus ciliatus.*

 *Gramen loliaceum, minus, fpicâ brizæ perlongâ, ariftis donatâ.* **Tournef.** 517.

 *Bromus diftachyos.* **Linn. Sp.** 115.

Sa tige s'élève depuis fix pouces jufqu'à un pied ; elle eft feuillée , quelquefois rameufe à fa bafe , & un peu coudée à fes articulations , qui font pubefcentes ; fes feuilles font larges d'une à deux lignes , & ciliées en leurs bords : les épillets font grands , comprimés , diftiques , roides , durs , d'un vert blanchâtre , garnis de barbes fort longues , & au nombre de deux à cinq. J'en ai dans mon herbier plufieurs individus qui font dans ce dernier cas. La valve extérieure de chaque bâle florale eft garnie en fes bords de cils très-remarquables. Cette plante croît dans les provinces méridionales fur le bord des champs & des chemins. ☉

---

**1182.** Avoine. *Avena.*

Les avoines ont leurs épillets composés de deux à six fleurs : leurs barbes font tortillées, & s'insèrent fur le dos des valves florales.

## ANALYSE.

| Péduncules des épillets, crochus & courbés en hameçon. I. | Péduncules des épillets, ou nuls ou droits, & prefque point courbés. I V. |
|---|---|

**I.** *Péduncules des épillets crochus & courbés en hameçon.*

| Bâles florales glabres. I I. | Bâles floráles très-velues. I I I. |
|---|---|

**II.** *Bâles florales glabres.*

Avoine cultivée. **Avena** *fativa*. **Linn. Sp.** 118.

*Avena vulgaris, alba ( & nigra ).* **Tournef. 514.**

Ses tiges font droites, feuillées, & hautes de deux ou trois pieds ; fes feuilles font larges de quatre ou cinq lignes, glabres, & un peu rudes lorfqu'on les gliffe entre les doigts. La pannicule eft très-lâche, quelquefois unilatérale, & longue de fix à huit pouces ; fes épillets font inclinés ou pendans fur leur péduncule, & ont leur bâle calicinale compofée de deux valves liffes, ftriées, verdâtres, blanches en leurs bords, pointues, & plus longues que les fleurs. Les valves florales font chargées de barbes fort longues, roufsâtres à leur bafe, & qu'elles perdent fouvent par la culture : les femences font alongées, liffes & noires ou blanches, felon les variétés. Cette plante eft cultivée dans les champs, ☉ ; fes femences font rafraîchiffantes, adouciffantes & réfolutives.

**III.** *Bâles florales très-velues.*

Avoine follette. **Avena** *fatua*. **Linn. Sp.** 118.

*Gramen avenaceum, locuftis lanugine flavefcentibus.* **Tournef. 524. Scheuch. p. 239.**

β. *Avena fterilis.* **Linn. Sp.** 118.

Ses tiges font hautes de deux ou trois pieds, articulées ;

**1182.** & garnies de quelques feuilles affez longues, larges de deux lignes ou quelquefois plus, & ordinairement glabres; la pannicule eft très-lâche; fes épillets font grands, affez femblables à ceux de l'avoine cultivée, & contiennent deux ou trois fleurs garnies de barbes fort longues : les bâles florales font remarquables par des poils roux très-abondans, qui couvrent toute leur moitié inférieure. La variété β eft plus grande dans toutes fes parties, & fes épillets contiennent jufqu'à cinq fleurs. On trouve cette plante dans les champs; fa variété croît en Languedoc. ⊙

**IV.** *Péduncules des épillets, ou nuls ou droits, & prefque point courbés.*

| Épillets de deux ou trois fleurs feulement.<br><br>**V.** | La plupart des épillets compofés de plus de trois fleurs.<br><br>**X.** |

**V.** *Épillets de deux ou trois fleurs feulement.*

| Épillets de deux fleurs, dont une feule eft parfaite & fertile.<br>**I V.** | Épillets de trois fleurs, dont deux au moins font fertiles.<br>**V I I.** |

**VI.** *Épillets de deux fleurs, dont une feule eft parfaite & fertile.*
Avoine élevée. *Avena elatior.* Linn. Sp. 117.

> *Gramen avenaceum, elatius, jubâ longâ, fplendente.* Vail. 89.

> β. *Gramen nodofum, avenaceâ panniculâ* Tournef. 525.

Ses racines font fibreufes, rampantes, & pouffent des tiges hautes de trois ou quatre pieds, garnies de feuilles glabres, ftriées, & larges de trois lignes ou environ; la pannicule eft longue de fix à dix pouces, affez lâche, mais fort étroite & pointue : les épillets font compofés de deux fleurs, dont une fertile eft chargée d'une barbe courte, & l'autre imparfaite ou ftérile, en porte communément une fort longue;

**1182.** la bâle calicinale eft liffe, prefque luifante, & verdâtre ou quelquefois un peu violette. La variété ß a fa racine compofée de plufieurs tubercules arrondis, blanchâtres, & fitués les uns fur les autres ; fes feuilles font un peu velues, & fes épillets n'ont fouvent qu'une feule barbe. On trouve cette plante dans les prés & fur le bord des champs & des bois. ♃

---

**VII.** *Épillets de trois fleurs, dont deux au moins font fertiles.*

| Rameaux de la pannicule ne portant pas plus de quatre épillets. **VIII.** | Pannicule ayant des rameaux chargés de plus de quatre épillets. **IX.** |
|---|---|

---

**VIII.** *Rameaux de la pannicule ne portant pas plus de quatre épillets.*

Avoine pubefcente. *Avena pubefcens.* Linn. Sp. 1665.

*Gramen avenaceum, panniculâ purpuro-argenteâ, fplendente.* Tournet. 525. Scheuch. 226.

Sa tige eft haute de deux pieds ou environ ; fes feuilles font velues, particulièrement les inférieures, & ont à-peuprès deux ou trois lignes de largeur : la pannicule eft un peu reff=rrée, & longue de trois ou quatre pouces ; fes épillets font tous affez droits, liffes, luifans, rougeâtres ou violets à leur bafe, & d'une couleur argentée à leur fommet ; les péduncules propres de chaque bâle florale, font très-velus. On trouve cette belle plante dans les prés fecs & montagneux. ♃

---

**IX.** *Pannicule ayant des rameaux chargés de plus de quatre épillets.*

Avoine jaunâtre. *Avena flavefcens.* Linn. Sp. 118.

*Gramen avenaceum, pratenfe, elatius, panniculâ flavefcente, locuftis parvis.* Tournet. 525.

Ses tiges font grêles, feuillées, & hautes de deux ou trois

**1182.** pieds ; fes feuilles font légèrement velues, garnies d'une nervure blanche en-deffous, & ont à peine deux lignes de largeur : la pannicule eft longue de trois à cinq pouces, fouvent un peu étroite, d'un vert jaunâtre, & compofée d'épillets très-nombreux, fòrt petits, liffes & luifans ; les bâles
florales ont leurs péduncules propres un peu velus, & leurs
valves intérieures font argentées. On trouve cette plante fur
les collines & dans les prés fecs.

---

**X.**   *La plupart des épillets compofés de plus de trois fleurs.*

| Plufieurs des épillets pédunculés.<br>**X I.** | Tous les épillets feffiles.<br>**X I I.** |
|---|---|

---

**XI.**   *Plufieurs des épillets pédunculés.*

Avoine des prés. *Avena pratenfis.* Linn. Sp. 119.

> *Gramen avenaceum, locuftis fplendentibus & bicornibus.* Vail.
> Parif. t. XVIII, f. 1.
>
> *Gramen avenaceum, montanum, fpicâ fimplici, ariftis recurvis.*
> Tournef. 525. Raj. Synopf. 405, t. XXI, f. 1.
>
> β. *Avena bromoides.* Linn. Sp. 1666.

Sa tige eft haute d'un pied & demi, fouvent rougeâtre vers
fon fommet, & garnie de quelques feuilles à peine larges
d'une ligne, glabres & un peu rudes ; la pannicule eft étroite
tout-à-fait en épi, longue de deux ou trois pouces, & compofée d'épillets cylindriques, redreffés, ferrés contre la tige,
& qui contiennent quatre ou cinq fleurs : les deux valves de
la bâle calicinale font liffes, purpurines ou d'un violet pâle
& argenté en leurs bords. La variété β a fes épillets fort longs
& en petit nombre. On trouve cette plante dans les prés fecs ;
fa variété croît dans les provinces méridionales.

---

**XII.**   *Tous les épillets feffiles.*

Avoine fragile. *Avena fragilis.* Linn. Sp. 119.

> *Gramen loliaceum, lanuginofum, fpicâ fragili, articulatâ,*
> *glumis pilofis, ariftatum.* Scheuch. 32.

Ses tiges font rameufes à leur bafe, feuillées, coudées à

**1182.** leurs articulations inférieures, & s'élèvent depuis huit pouces jufqu'à un pied & demi ; fes feuilles font molles , vertes , velues , & larges prefque de deux lignes : les épillets font feffil.s , alternes , verdâtres , & difpofés en un épi long de quatre à cinq pouces : ils font compofés de quatre à fix fleurs un peu écartées les unes des autrés , & fituées alternative-ment fur l'axe de l'épillet. On trouve cette plante en Pro-vence & en Languedoc ; elle croît auffi en Dauphiné , d'où elle m'a été communiquée par M. Liottard , neveu. ☉

---

**1183.**                 Rofeau. *Arundo.*

Les rofeaux font remarquables par des poils qui enve-loppent leur bâle florale dans fa partie inférieure ; leur bâle calicinale eft uniflore ou multiflore felon les efpèces : celles qui font dans le premier cas, ne font point diftinguées de plufieurs efpèces d'agroftis qui ont auffi des poils à la bafe de leurs fleurs.

### A N A L Y S E.

| Bâles calicinales uniflores.  I. | Bâles calicinales multiflores.  I V. |
|---|---|

I.                 *Bâles calicinales uniflores.*

| Feuilles planes.  I I. | Feuilles roulées & junciformes.  I I I. |
|---|---|

II.            *Feuilles planes.*

Rofeau plumeux. *Arundo calamagroftis.* Linn. Sp. 121.

> *Gramen panniculatum , arundinaceum , panniculâ denfâ, fpa-diceâ.* Tournef. 523.

> β. *Arundo locuftis unifloris., fericeis, muticis, panniculâ ftriâtâ.* Hall. hift. n°. 1520.

> *Arundo epigejos.* Linn. Sp. 120. Scop. carn. 87.

Ses tiges font hautes de deux à quatre pieds , articulées , feuillées & très-fouvent fimples ; elles font rameufes felon Mrs. de Haller & Linné , mais je ne leur ai point encore

**1183.** observé cé caraĉtère ; ses feuilles font affez longues , larges de deux ou trois lignes , glabres des deux côtés , sèches , arides , & rudes lorſqu'on les gliffe entre les doigts ; la pañnicule eft longue de fix à dix pouces , fort étroite , preſque en épi , & compoſée de rameaux multiflores , refferrés contre ſon axe : les fleurs ont leurs bâles très-aiguës , panachées de vert & d'un violet - noirâtre dans leur jeuneffe , deviennent enfuite blanchâtres ou jaunâtres , & paroiffent alors plumeuſes par la quantité de poils ſoyeux dont elles ſont garnies. La variété β eft moins grande , & ſes feuilles ſont un peu velues en leur ſurface ſupérieure. On trouve cette plante dans les prés couverts & les bois. ♃

---

**III.** · *Feuilles roulées & junciformes.*

**Roſeau des ſables.** *Arundo arenaria.* Linn. Sp. 121.

*Gramen ſpicatum , ſecalinum , maritimum , maximum , ſpicâ longiore.* Tournef. 518. Scheuch. 138.

Ses feuilles radicales ſont nombreuſes , droites , diſpoſées par faiſceaux , roulées , preſque cylindriques , aiguës , piquantes , d'un vert glauque ou blanchâtre , & longues d'un pied & demi ; ſes tiges ſoht droites , à peine plus hautes que les feuilles , & terminées par une pannicule tout-à-fait refferrée en épi , longue de cinq à fix pouces & blanchâtre : les bâles ſont longues & étroites , & les poils qui ſont à la baſe des fleurs fort courts. On trouve cette plante dans les lieux ſablonneux & maritimes des provinces méridionales. ♃

---

**IV.** · *Bâles calicinales multiflores.*

| Bâles calicinales ne contenant que trois fleurs ; pannicule lâche.<br>**V.** | Bâles calicinales contenant la plupart cinq fleurs ; pannicule diffuſe.<br>**VI.** |
|---|---|

---

**V.** *Bâles calicinales , ne contenant que trois fleurs ; pannicule lâche.*

**Roſeau commun.** *Arundo vulgaris.* Bauh. théatr. 69.

*Arundo vulgaris , five phragmites Dioſcoridis.* Tournef. 526
*Arundo phragmites.* Linn. Sp. 120.

Ses racines ſont longues , rampantes & pouffent des tiges

**1183.** droites, feuillées, & hautes de quatre à six pieds ; les jeunes tiges sont terminées par une feuille non développée & roulée en une espèce de cône très-pointu ; les feuilles sont longues, larges d'un pouce, glabres, coupantes & comme denticulées en leurs bords ; la pannicule est grande, longue de huit à dix pouces, lâche, très-garnie & d'un pourpre noirâtre ou foncé ; ses rameaux sont foibles & souvent penchés ; les bâles sont très-aiguës & les poils qui environnent les fleurs sont longs & soyeux : les individus que j'ai dans mon herbier ont toutes les bâles calicinales triflores. Cette plante est commune sur le bord des étangs & dans les fossés aquatiques, ♃ ; ses racines sont détersives, diuretiques & emménagogues.

---

VI. *Bâles calicinales contenant la plupart cinq fleurs ; pannicule diffuse.*

Roseau cultivé. *Arundo sativa.* Bauh. theatr. 271.

*Arundo sativa quæ donax Dioscoridis & Theophrasti.* Tournef. 526.

*Arundo donax.* Linn. Sp. 120.

Ses tiges sont hautes de sept à neuf pieds, dures, ligneuses, assez grosses, creuses & garnies de feuilles & d'articulations nombreuses & peu distantes entr'elles ; ses feuilles sont larges de deux pouces, assez longues, un peu rudes en leurs bords, glabres & lisses en leur superficie, d'un vert un peu glauque & quelquefois panachées ; ses fleurs forment une pannicule grande, un peu dense, purpurine & fort belle ; je n'ai pas encore eu occasion de les observer. On trouve cette plante en Provence, ♃ ; on la cultive dans les jardins : ses vertus sont les mêmes que celles de la précédente.

---

**1184.** Dactile pelotonné. *Dactylis glomerata.* Linn. Sp. 105.

*Gramen panniculatum, spicis crassioribus & brevioribus.* Tournef. 521.

Sa tige est droite, articulée, feuillée & haute de trois pieds ; ses feuilles sont longues, larges de trois ou quatre lignes, & paroissent rudes lorsqu'on les glisse de haut en bas entre les doigts ; la pannicule est composée de quelques rameaux lâches, chargés d'épillets assez petits, nombreux, comprimés, serrés,

**1184.** ramaſſés par pelotons , & tournés la plupart du même côté : la bâle calicinale de chaque épillet eſt formée par deux valves très-inégales & aiguës ; elle renferme trois ou quatre fleurs , dont les valves ſont chargées de barbes courtes. Cette plante eſt commune dans les prés & le long des chemins & des haies. ♃

---

**1185.** Cynoſure. *Cynoſurus.*

Les fleurs de cynoſure ſont diſpoſées en épi ou en grappe plus ou moins ſerrée : les bâles calicinales ſont bivalves , multiflores & ordinairement accompagnées de bractées unilatérales.

*A N A L Y S E.*

| Bractées ailées ou pinnatifides. I. | Bractées nulles ou très - ſimples. I V. |
|---|---|

I.      *Bractées ailées ou pinnatifides.*

| Épi garni de longues barbes. I I. | Épi non garni de barbes. I I I. |
|---|---|

II.      *Épi garni de longues barbes.*

Cynoſure hériſſée. *Cynoſurus echinatus.* Linn. Sp. 105.

*Gramen ſpicatum, echinatum , locuſtis unam partem ſpectantibus.* Tournef. 519.

Ses tiges ſont articulées , féuillées & hautes d'un à deux pieds ; ſes feuilles ſont glabres , larges de deux ou trois lignes , & ont leur gaîne un peu lâche , particulièrement la ſupérieure ; l'épi eſt denſe , court , unilatéral , rameux & hériſſé de barbes un peu roides, longues & ſouvent rougeâtres : les bractées ſont ailées , & leurs pinnules ſe terminent en longues barbes. On trouve cette plante dans les lieux incultes , & ſur le bord des champs des provinces méridionales. ♃

**1185.**

**III.** *Épi non garni de barbes.*

**Cynosure à crête.** *Cynosurus criftatus.* Linn. Sp. 519.

*Gramen spicatum , glumis criftatis.* Tournef. 519.

Sa tige eft grêle , prefque nue & haute d'un à deux pieds ; fes feuilles font glabres , affez courtes & larges d'une ligne ou environ : l'épi eft long d'un à trois pouces , étroit , unilatéral ou prefque diftique & garni dans toute fa longueur d'épillets cachés fous des bractées courtes , pinnatifides , & crêtelées ou pectiniformes. Les épillets font un peu comprimés & compofés de trois à cinq fleurs. On trouve cette plante fur le bord des chemins & dans les prés fecs. ⟂

**IV.** *Bractées nulles ou très-fimples.*

| Épillets pendans & garnis de barbes longues de plus de deux lignes. **V.** | Épillets non pendans & fans barbes , ou n'en ayant que de très courtes. **VI.** |
|---|---|

**V.** *Épillets pendans & garnis de barbes longues de plus de deux lignes.*

**Cynosure dorée.** *Cynosurus aureus.* Linn. Sp. 523.

*Gramen barcinonenfe , panniculâ denfâ , aureâ.* Tournef. 523.

Ses tiges font articulées , feuillées & hautes de quatre à fept pouces ; fes feuilles font glabres , larges de deux lignes ou quelquefois plus , & garnies d'une membrane blanche à l'entrée de leur gaîne : l'épi eft une efpèce de pannicule étroite , longue de deux ou trois pouces , unilatérale , & compofée d'épillets menus , nombreux , la plupart pendans , luifans , d'un jaune-pâle , les uns fertiles & les autres ftériles. On trouve cette plante en Provence. ☉

**VI.** *Épillets non pendans & fans barbes , ou n'en ayant que de très-courtes.*

| Épi unilatéral , & tout-à-fait privé de barbes. **VII.** | Épi non unilatéral , & garni de quelques barbes très - courtes. **VIII.** |
|---|---|

**1185.**

**VII.** *Épi unilatéral, & tout-à-fait privé de barbes.*

Cynofure rude. *Cynofurus durus.* Linn. Sp. 105.

> *Gramen arvenfe, polypodii panniculâ craffiore.* Barr. Ic. 50.
>
> *Poa dura.* Scop. carn. n°. 1, p. 70.

Ses tiges font nombreufes, en gazon, plus ou moins droites, articulées, feuillées, & hautes de trois à cinq pouces ; fes feuilles font glabres, plus longues que leur gaîne & larges d'une ligne & demie ; l'épi eft droit, comprimé, ovale-fpatulé, unilatéral, panaché de vert & de blanc, & d'une roideur très-remarquable ; fes épillets font glabres, triflores, redreffés, ferrés, & comme embriqués d'un côté de l'épi. Cette plante croît en Dauphiné, d'où elle m'a été communiquée par M. Liottard. ☉

---

**VIII.** *Épi non unilatéral, & garni de quelques barbes très-courtes.*

Cynofure bleue. *Cynofurus cæruleus.* Linn. Sp. 106.

> *Gramen fpicatum, glumis variis.* Tournef. 519.

Sa tige eft haute de fept à dix pouces, grêle, prefque entièrement nue, & garnie de quelques gaînes courtes ; fes feuilles font glabres, larges d'une ligne & demie, un peu rudes en leurs bords, & naiffent de la racine & de la partie inférieure de la tige. L'épi eft à peine long d'un pouce, ferré & un peu cylindrique ; fes épillets font biflores ou triflores, portés fur de très-courts péduncules, & d'un blanc bleuâtre ou tirant fur le violet. On trouve cette plante dans les lieux montagneux. ♃

---

**1186.**

Yvroie. *Lolium.*

Les yvroies font remarquables par leurs épillets feffiles, ordinairement comprimés, & difpofés alternativement le long d'un axe commun, de manière qu'un de leurs côtés tranchans eft appuyé contre cet axe, & l'autre forme une faillie qui lui eft oppofée. La bâle calicinale de chaque épillet eft formée par une feule valve placée en-dehors, la valve intérieure avortant prefque toujours, entièrement, ou en grande partie.

**1186.**

| Épillets compofés de cinq à dix fleurs. I. | Épillets compofés de plus de dix fleurs. I V. |

I.   *Épillets compofés de cinq à dix fleurs.*

| Valve calicinale un peu plus courte que l'épillet ; fleurs toujours nues & fans barbes. I I. | Valve calicinale au moins auffi longue que l'épillet ; fleurs ordinairement garnies de barbes. I I I. |

**II.** *Valve calicinale un peu plus courte que l'épillet ; fleurs toujours nues & fans barbes.*

Yvroie vivace. *Lolium perenne.* Linn. Sp. 122. ( Raigraff. )

*Gramen loliaceum, angufliore folio & fpicâ.* Tournef. 516.

β. *Gramen loliaceum, fpicis brevibus & latioribus, comprefſis.* Vaill. Parif. 81.

Ses tiges font hautes d'un pied & demi ou environ , articulées & chargées de quelques feuilles à peine larges d'une ligne & demie, glabres & un peu rudes lorfqu'on les glifſe entre les doigts ; l'épi a prefque un pied de longueur ; fes épillets font glabres, comprimés, difpofés alternativement fur deux côtés oppofés de l'axe qui les porte , & quelquefois affez écartés entr'eux. La variété β eſt remarquable par fes épillets un peu larges & fort rapprochés les uns des autres vers le fommet de l'épi. Cette plante eſt commune le long des chemins , fur les peloufes & dans les lieux incultes. ♃

**III.** *Valve calicinale au moins auffi longue que l'épillet ; fleurs ordinairement garnies de barbes.*

Yvroie annuelle. *Lolium annuum.*

*Gramen loliaceum, fpicâ longiore.* Bauh. Pin. 9.

*Lolium temulentum.* Linn. Sp. 122.

Ses tiges font articulées., feuillées , & s'élèvent jufqu'à

**1186.** trois ou quatre pieds; ses feuilles font glabres, affez longues, & larges de deux ou trois lignes; l'épi eft droit, un peu roide, long de huit à dix pouces, & compofé d'épillets courts & pauciflores. Ces épillets étoient garnis de barbes dans tous les individus que j'ai obfervés. On trouve cette plante dans les champs parmi les blés, ⊙; ses femences font un peu âcres & enivrent.

---

**IV.**     *Épillets compofés de plus de dix fleurs.*

Yvroie multiflore. *Lolium multiflorum.*

> *Gramen loliaceum, anguftiore folio & fpicâ, ariftis donatum.* Vaill. Parif. tab. 17, f. 3.

Ses tiges font articulées, feuillées, & hautes de trois pieds; ses feuilles font glabres, longues, & larges de deux lignes ou davantage: l'épi eft long d'un pied & demi, un peu courbé & compofé de vingt à vingt-cinq épillets glabres, verdâtres, & deux ou trois fois plus longs que leur valve calicinale; ces épillets contiennent chacun douze à quinze fleurs, dont les fupérieures feulement font chargées de barbes courtes. La figure de Vaillant, que j'ai citée, ne rend qu'imparfaitement ma plante; les barbes des épillets font trop longues & trop nombreufes. J'ai trouvé cette plante fur le bord des prés & des champs, dans les environs de Péronne.

---

**1187.**     Elyme des fables. *Elymus arenarius.* Linn. Sp. 122.

> *Gramen loliaceum, radice repente, maritimum,* Tourn. 516.

Cette plante eft d'une belle couleur glauque ou blanchâtre dans toutes fes parties; fa racine eft rampante, & pouffe beaucoup de feuilles longues d'un à deux pieds, larges de trois lignes ou davantage, quelquefois roulées en leurs bords, & blanches en leur furface fupérieure: ses tiges font droites, articulées, feuillées, & ne furpaffent que médiocrement la hauteur des feuilles radicales: elles fe terminent par un bel épi blanchâtre, pubefcent ou cotonneux, non garni de barbes,

**1187.** & long de trois pouces ou un peu plus; les bâles calicinales
font latérales, & compofées de deux valves plus longues que
les fleurs qu'elles accompagnent. On trouve cette plante dans
les lieux fablonneux & maritimes des provinces méridionales. ♈

---

**1188.** Orge. *Hordeum.*

Les fleurs d'orge font ramaffées trois à trois par paquets ou
faifceaux ferrés contre l'axe commun qui les porte, & difpo-
pofées fur plufieurs rangs; elles forment un épi comprimé
ou quadrangulaire: & abondamment garni de barbes : à la
bafe de chaque paquet de fleurs, on trouve fix paillettes en
alène, qui tiennent lieu de bâle calicinale; ces paillettes font
un peu écartées par paires, & difpofées deux enfemble au
côté extérieur de chaque fleur.

*A N A L Y S E.*

| Toutes les fleurs garnies de barbes. **I.** | Fleurs latérales, nues & fans barbes. **VI.** |
|---|---|

**I.** *Toutes les fleurs garnies de barbes.*

| Fleurs latérales de chaque paquet, mâles ou imparfaites, & ftériles. **II.** | Toutes les fleurs hermaphrodites & fertiles. **V.** |
|---|---|

**II.** *Fleurs latérales de chaque paquet, mâles ou imparfaites, & ftériles.*

| Paillettes calicinales intermédiaires très-ciliées; barbes des fleurs longues de plus d'un pouce. **III.** | Paillettes calicinales toutes prefque glabres; barbes des fleurs longues de moins d'un pouce. **IV.** |
|---|---|

**1188.**

III. *Paillettes calicinales intermédiaires très-ciliées ; barbes des fleurs longues de plus d'un pouce.*

Orge des murs. *Hordeum murinum.* Linn. Sp. 126.

*Gramen fpicatum , vulgare, fecalinum.* Tournef. 517.

Ses tiges font articulées, feuillées, & hautes d'un pied ou un peu plus : fes feuilles font molles, velues, & larges de deux ou trois lignes : l'épi eft denfe, long de deux pouces, & garni de barbes fort longues. Cette plante eft commune fur les murs & le long des chemins. ⊙

---

IV. *Paillettes calicinales toutes prefque glabres ; barbes des fleurs longues de moins d'un pouce.*

Orge feglin. *Hordeum fecalinum.*

*Gramen fpicatum , fecalinum , minus.* Tournef. 518.

Ses tiges font grêles, peu garnies de feuilles, & s'élèvent jufqu'à deux pieds ou quelquefois davantage ; fes feuilles font glabres, & à peine larges d'une ligne & demie : l'épi eft menu, long d'un pouce & demi, & garni de barbes courtes & très-fines. On trouve cette plante dans les lieux incultes & les prés fecs. ♃

---

V.  *Toutes les fleurs hermaphrodites & fertiles.*

Orge ordinaire. *Hordeum vulgare.* Linn. Sp. 125.

α *Hordeum polyftichum , vernum.* Tournef. 513. ( Épaute, Efcourgeon ).

β *Hordeum polyftichum , hybernum.* Ibid.

*Hordeum hexaftichon.* Linn. Sp. 125.

Ses tiges font articulées, feuillées, & hautes de deux ou trois pieds ; elles portent à leur fommet un épi long de trois pouces ou environ, & garni de barbes fort longues : cet épi eft un peu comprimé, & paroît diftique dans la plante α ; celui de la plante β a une forme carrée & fes barbes très-rudes. On cultive ces plantes dans les champs, ⊙ ; leur farine eft rafraîchiffante & déturfive.

**1188.** | **VI,** *Fleurs latérales , nues & fans barbes.*

Orge diftique. *Hordeum diftichon.* Linn. Lp. 125.

> *Hordeum diftichon , quod fpica binos ordines habeat ,* Plinii. Tournef. 513. (pamele)
>
> β. *Hordeum diftichon , fpicâ breviore & latiore , granis confertis.* Tournef. 513. (Riz ruftique)
>
> *Hordeum ζeocrithon.* Linn. Sp. 125.

Ses tiges font hautes d'un pied & demi, ou deux tout au plus, articulées, & chargées de feuilles glabres, larges de trois à cinq lignes. L'épi eft comprimé & garni en fes côtés faillans de fleurs fertiles, chargées de barbes très-longues ; les fleurs ftériles ou imparfaites font difpofées en fes côtés planes, & n'ont point de barbes. La plante β eft remarquable par fon épi fort large, affez court, & dont les barbes font ouvertes en éventail. On cultive ces plantes dans les champs. ⊙

---

**1189.** Seigle commun. *Secale cereale.* Linn. Sp. 124.

> *Secale hybernum vel majus.* Tournef. 513.
> β. *Secale vernum vel minus.* Ibid.

Ses tiges font articulées, garnies de feuilles affez étroites, & s'élèvent jufqu'à cinq ou fix pieds ; elles portent à leur fommet un épi un peu grêle, long de quatre à fix pouces, & chargé de barbes affez longues ; les épillets font biflores, & ont leurs valves garnies de cils rudes ; ils font accompagnés chacun de deux paillettes calicinales cétacées, dont la longueur ne furpaffe pas celles des fleurs. La variété β eft plus petite en toutes fes parties. On cultive cette plante dans les champs, ⊙ ; fa farine fait un pain nourriffant, mais un peu lourd, elle eft émolliente, réfolutive & déterfive.

---

**1190.** Froment. *Triticum.*

Les fleurs de froment font ramaffées deux à cinq enfemble par épillets feffiles, difpofés en un épi commun fur un réceptacle linéaire & alternativement denté ; ces épillets font fouvent un peu comprimés, préfentent un de leurs côtés plats au réceptacle, & ont leur bâle calicinale compofée de deux valves

plus

1190.

plus ou moins concaves. Les bâles florales ont souvent une de leurs valves terminée par une barbe, quelquefois fort longue.

## ANALYSE.

| Bâles calicinales très-ventrues. | Bâles calicinales presque point ventrues. |
|---|---|
| I. | I I. |

I.        *Bâles calicinales très-ventrues.*

Froment cultivé. *Triticum sativum.*

α. *Triticum hybernum, ariftis carens.* Tournef. 512.

*Triticum hybernum.* Linn. Sp. 126.

β. *Triticum ariftis longioribus, fpicâ albâ.* Tournef. 512.

*Triticum æftivum.* Linn. Sp. 126.

γ. *Triticum fpicâ villosâ, quadratâ, breviore & turgidiore.* Vaill. Parif. 196.

*Triticum turgidum.* Linn. Sp. 126.

δ. *Triticum fpicâ multiplici.* Tournef. 512.

Ces quatre plantes font, je crois, la plupart des variétés obtenues par la culture ; on peut malgré cela les diftinguer comme des efpèces, & je ne les ai réunies que pour éviter d'alonger inutilement cet Ouvrage. La première eft celle que l'on cultive le plus univerfellement ; fon épi n'a point de barbes, ou n'en a que de très-courtes ; celui de la feconde en a communément d'affez longues ; celui de la troifième eft carré, velu, & pareillement garni de longues barbes ; enfin celui de la quatrième eft fort gros, compofé, rameux, & chargé de barbes fort longues. On cultive ces plantes dans les champs fous le nom de *blé*, & leur utilité les rend fans contredit les plus précienfes du règne végétal, ⊙ ; la farine du blé eft émolliente & réfolutive. Le fon que l'on en retire eft adouciffant, laxatif & déterfif. On prépare avec la farine une pâte sèche que l'on nomme *amidon* : elle eft pectorale, adouciffante & incraffante.

1190.

**II.** *Bâles calicinales presque point ventrues.*

| Valves calicinales ayant leur pointe terminale disposée dans une échancrure, ou sur un bord qui paroît tronqué. **III.** | Valves calicinales se terminant insensiblement, & sans interruption, en pointe très-simple. **VIII.** |
|---|---|

**III.** *Valves calicinales ayant leur pointe terminale disposée dans une échancrure, ou sur un bord qui paroît tronqué.*

| Épillets de deux ou trois fleurs; barbes plus longues que l'épi. **I V.** | Épillets de plus de trois fleurs; barbes ou nulles, ou plus courtes que l'épi. **V.** |
|---|---|

**IV.** *Épillets de deux ou trois fleurs; barbes plus longues que l'épi.*

Froment uniloculaire. *Triticum monococcum.* Linn. Sp. 127.

*Hordeum diſtichum, ſpicâ nitidâ, ʒea ſeu briſa nuncupatum.* Tournef. 513.

Ses tiges ſont hautes d'un pied & demi, articulées, & chargées de quelques feuilles glabres & un peu étroites; elles portent à leur ſommet un épi diſtique, long d'un pouce ou un peu plus, & garni de chaque côté, de barbes fines & fort longues : les épillets ſont liſſes, luiſans, & compoſés de trois fleurs, dont une ſeule eſt fertile. On trouve cette plante dans les provinces méridionales. ☉

**1190.**

**V.** *Épillets de plus de trois fleurs ; barbes ou nulles ; ou plus courtes que l'épi.*

| Épillets de quatre fleurs ; feuilles vertes , & point roulées en leurs bords. **V I.** | Épillets de cinq fleurs ; feuilles glauques , roulées & junciformes. **V I I.** |
|---|---|

**VI.** *Épillets de quatre fleurs ; feuilles vertes, & point roulées en leurs bords.*

Froment épautre. *Triticum spelta.* Linn. Sp. 127.

*Zea dicoccos vel zea major.* Bauh. theatr. 413.

Ses tiges sont articulées, feuillées, & hautes de deux à trois pieds ; elles portent à leur sommet un épi un peu comprimé & dépourvu de barbes, ou n'en ayant que de courtes, disposées dans sa partie supérieure : ses épillets sont composés de quatre fleurs , dont deux ou trois tout au plus sont fertiles. On trouve cette plante dans les provinces méridionales. ⊙

**VII.** *Épillets de cinq fleurs ; feuilles glauques , roulées & junciformes.*

Froment joncier. *Triticum junceum.* Linn. Sp. 128.

*Gramen angustifolium, spicâ tritici muticæ simili.* Vail. 81.

Cette plante est d'une couleur glauque dans toutes ses parties ; ses tiges sont hautes de deux pieds ou environ , & garnies de quelques feuilles étroites , blanchâtres & pubescentes en-dessus, un peu roides, aiguës, & roulées en leurs bords ; les épillets sont alternes , sessiles , & composés de cinq ou six fleurs communément dépourvues de barbes : les valves calicinales sont chargées sur leur dos, de cannelures ou stries saillantes. On trouve cette plante dans les environs de Paris.

1190.

**VIII.** *Valves calicinales se terminant insensiblement & sans interruption, en pointe très-simple.*

| Épi commun très-simple.<br>I X. | Épi commun rameux.<br>X I V. |
|---|---|

**IX.** *Épi commun très-simple.*

| Tiges<br>deux fois ou davantage<br>plus longues<br>que leur épi.<br>X. | Tiges<br>n'étant pas une fois<br>plus longues<br>que leur épi.<br>X I I I. |
|---|---|

**X.** *Tiges deux fois ou davantage plus longues que leur épi.*

| Feuilles velues<br>en leur superficie ;<br>épillets sans barbes,<br>ou n'en ayant<br>que de plus courtes<br>que leurs valves.<br>X I. | Feuilles glabres<br>en leur superficie,<br>épillets garnis de barbes<br>aussi longues<br>ou plus longues<br>que leurs valves.<br>X I I. |
|---|---|

**XI.** *Feuilles velues en leur superficie ; épillets sans barbes, ou n'en ayant que de plus courtes que leurs valves.*

Froment rampant. *Triticum repens.* Linn. Sp. 128.
( Chiendent. )

*Gramen loliaceum, radice repente, sive gramen officinarum.* Tournef. 516.

Ses racines sont longues, cylindriques, grêles, articulées, blanches & très-rampantes ; elles poussent des tiges droites, feuillées, & hautes de deux ou trois pieds ; ses feuilles sont longues, larges de deux ou trois lignes, molles, vertes, & velues en leur surface supérieure : l'épi est long de trois ou quatre pouces ; ses épillets sont assez petits, & composés

**1190.** de quatre ou cinq fleurs, dont les valves font aiguës, mais communément dépourvues de barbes. Cette plante croît le long des haies, & dans les jardins qu'elle infefte fouvent, au point qu'il eft très-difficile de la détruire, ♃ ; fa racine eft apéritive, diurétique & rafraîchiffante.

---

XII. *Feuilles glabres en leur fuperficie ; épillets garnis de barbes auffi longues ou plus longues que leurs valves.*

Froment des haies. *Triticum fepium.*

> *Gramen loliaceum, radice fibratâ, ariftis donatum.* Tournef. 516.

Sa racine eft compofée de fibres nombreufes affez longues, mais point articulées ni rampantes ; elle pouffe des tiges droites, articulées, feuillées, & hautes de deux à quatre pieds ; fes feuilles font longues, larges de deux ou trois lignes, glabres & un peu rudes lorfqu'on les gliffe entre les doigts de haut en bas : l'épi eft long de quatre à fix pouces, & compofé d'épillets affez rapprochés les uns des autres, mais tous alternes & point géminés ; ces épillets contiennent cinq fleurs chargées chacune d'une barbe longue de quatre à fix lignes. On trouve cette plante dans les haies, les buiffons & les lieux un peu couverts. ♃

---

XIII. *Tiges n'étant pas une fois plus longues que leur épi.*

Froment délicat. *Triticum tenellum.*

> *Gramen loliaceum, foliis & fpicis tenuiffimis.* Tournef. 517. Morif. fec. 8, tab. 2. f. 3.

> β. *Triticum unilaterale.* Linn. mant. 35.

Sa racine eft fibreufe, & pouffe des tiges menues, feuillées & hautes de trois à fix pouces ; fes feuilles font glabres, vertes, & ont rarement plus d'une demi-ligne de largeur : les fupérieures font plus courtes que leur gaîne ; l'épi eft grêle, filiforme, prefque entièrement unilatéral, & communément auffi long que la tige ; fes épillets font très-petits, feffiles, comprimés, compofés de trois ou quatre fleurs, & difpofés d'un feul côté fur leur axe commun, qui eft quelquefois un peu tors en fpirale : ces épillets font prefque toujours garnis de

**1190.** barbes. On trouve cette plante fur le bord des chemins un peu humides. ☉

O B s. Lorfqu'on cultive cette plante, les épillets inférieurs naiffent fouvent plufieurs d'un même point & font quelquefois pédunculés.

---

XIV.                         *Épi commun rameux.*

**Froment maritime.** *Triticum maritimum.*

*Gramen maritimum , panniculâ loliaceâ.* **Tournef.** 517.

Cette plante, felon la defcription des Auteurs, me paroît avoir beaucoup de rapport avec la précédente ; fes tiges font menues, hautes de cinq à fept pouces, coudées à leurs articulations inférieures, & garnies de quelques feuilles glabres, à peine larges d'une ligne ; l'épi eft grêle & un peu rameux, à fa bafe : fes épillets font lancéolés, comprimés & ont une roideur affez remarquable. On trouve cette efpèce dans les lieux fablonneux & maritimes des provinces méridionales.

---

**1191.**                        *Polygamie.*

*Fleurs en un épi très-fimple.* { Racle . . . . . . . . . . . . . . . . 1192
                                  Égilope . . . . . . . . . . . . . . 1193

*Fleurs en pannicule ou en*     { Barbon . . . . . . . . . . . . . 1194
*épis digités.*                   Houque . . . . . . . . . . . . . 1196

---

**1192.**                        Racle. *Cenchrus.*

Les racles ont leur épi hériffé d'afpérités ou de poils roides ; les épillets font compofés de deux fleurs dont une eft hermaphrodite & l'autre mâle ou ftérile : leur bâle extérieure eft laciniée & hériffée.

*A N A L Y S E.*

| Épi court & arrondi. | Épi alongé & linéaire. |
| :---: | :---: |
| I. | I I. |

1192.

**I.**        *Épi court & arrondi.*

**Racle capitée.** *Cenchrus capitatus.* Linn. Sp. 1488.

*Gramen spicâ subrotundâ , echinatâ.* Tournef. 519.

Ses tiges font menues , feuillées dans leur partie inférieure ,
& hautes de quatre à fix pouces ; fes feuilles font glabres ,
larges d'une ligne ou environ & naiffent de la bafe des tiges
& de la racine ; elles forment un gazon affez garni ; l'épi eft
verdâtre , hériffé , court , ovale-arrondi , & n'a que quatre
ou cinq lignes dans fon plus grand diamètre. On trouve cette
plante dans les lieux arides des provinces méridionales. ⊙

**II.**        *Épi alongé & linéaire.*

**Racle linéaire.** *Cenchrus linearis.*

*Gramen spicatum , locuftis echinatis.* Tournef. 519.

*Cenchrus racemofus.* Linn. Sp. 1487.

Ses tiges font hautes de fix à huit pouces , feuillées , un
peu coudées à leurs articulations inférieures , & quelquefois
rameufes à leur bafe ; fes feuilles font larges d'une ligne ou environ , vertes , glabres en leur fuperficie & ciliées en leurs
bords ; l'épi eft grêle , linéaire , lâche , long de deux ou trois
pouces & rougeâtre dans fa maturité ; fes épillets font un peu
écartés les uns des autres , portés fur de très-courts péduncules & n'ont point de bâle commune ou calicinale. Les bâles
florales font ciliées. On trouve cette plante dans les lieux fablonneux. ⊙

1193.        **Égilope. *Ægilops.***

Les égilopes ont leur épi dur & ordinairement garni de
longues barbes ; les épillets font feffiles , alternes , plus ou
moins ferrés les uns contre les autres , & difpofés fur un
réceptacle denté ; ils contiennent deux ou trois fleurs , & ont
leur bâle calicinale fort grande & cartilagineufe.

1193.

| Épi fort court ; valves calicinales de tous les épillets, chargées de trois barbes. <br> **I.** | Épi alongé ; valves calicinales des épillets inférieurs n'ayant que deux barbes. <br> **II.** |

I. *Épi fort court ; valves calicinales de tous les épillets, chargées de trois barbes.*

Egilope ovale. *Ægilops ovata.* Linn. Sp. 1489.

> *Gramen spicatum , durioribus & crassioribus locustis , spicâ brevi.* Tournef. 519.

Ses tiges font articulées, feuillées, & hautes de six à huit pouces ; ses feuilles font larges d'une ligne & demie, un peu velues en leur superficie, & ciliées en leurs bords. L'épi est court, d'une forme à-peu-près ovale, & hérissé de barbes fort longues ; les bâles calicinales des épillets font striées & un peu velues fur leur dos. On trouve cette plante fur le bord des chemins dans les provinces méridionales. ♂

II. *Épi alongé ; valves calicinales des épillets inférieurs n'ayant que deux barbes.*

Égilope alongé. *Ægilops elongata.*

> *Gramen spicatum , durioribus & crassioribus locustis , spicâ longissimâ.* Tournef. 519. Vail. tab. 17 , f. 1.
> *Ægilops triuncialis.* Linn. Sp. 1489.

Ses feuilles radicales font nombreuses, affez longues, larges d'une à deux lignes, molles, ciliées & difposées en gazon ; ses tiges font longues de fix ou fept pouces, articulées, feuillées & couchées dans leur partie inférieure ; l'épi est long de trois pouces ou environ, moins épais & moins ferré que celui de l'efpèce précédente : les épillets fupérieurs ont des barbes très-longues, & font fouvent ftériles. On trouve cette plante dans les environs de Paris. ♃

Barbon. *Andropogon.*

Les barbons ont leurs bâles calicinales uniflores; les bâles florales ſont chargées d'une barbe inférée à la baſe extérieure d'une dé leurs valves. Les fleurs hermaphrodites ſont ordinairement-ſeſſiles, & les mâles ou ſtériles ſont pédunculées.

### *A N A L Y S E.*

| Fleurs diſpoſées en un ſeul épi lâche, ou en une pannicule. I. | Fleurs diſpoſées en pluſieurs épis ſitués en manière de digitations. I I. |
| --- | --- |

I. *Fleurs diſpoſées en un ſeul épi lâche ou en une pannicule.*

Barbon panniculé. *Andropogon panniculatum.*

>*Ægilops bromoides, jubâ purpuraſcente.* Scheuch. p. 267.
>*Andropogon grillus.* Linn. Sp. 1480.

Sa tige eſt articulée, feuillée, & haute de deux ou trois pieds; ſes feuilles ſont légèrement velues, & larges d'une à deux lignes. La pannicule eſt aſſez longue; plus ou moins lâche & rougeâtre: les péduncules ou rameaux ſont longs d'un à deux pouces, & portent chacun trois fleurs, dont celle du milieu eſt ſeſſile, hermaphrodite, velue à ſa baſe, & garnie d'une longue barbe; les deux fleurs latérales ſont mâles & pédunculées. On trouve cette plante dans les environs de Montpellier.

II. *Fleurs diſpoſées en pluſieurs épis ſitués en manière de digitations.*

| Épis géminés. I I I. | Plus de deux épis enſemble. I V. |
| --- | --- |

III. *Épis géminés.*

Barbon double-épi. *Andropogon diſtachyum.* Linn. Sp. 1481.

>*Gramen dactylon, ſpicâ geminâ.* Tournef. 521.
>β. *Gramen dactylon, ſiculum, multiplici panniculâ, ſpicis ab eodem exortu geminis.* Ibid.
>*Andropogon hirtum.* Linn. Sp. 1482.

Sa tige eſt haute de deux pieds, articulée, feuillée, ſouvent

**1194.** fimple, mais quelquefois rameufe; fes feuilles font glabres, affez longues, & larges de deux ou trois lignes : les épis font géminés, longs d'un pouce & demi, velus, un peu inclinés, & terminent la tige & fes rameaux lorfqu'elle en eft garnie: les fleurs font difpofées deux à deux le long de l'axe de leur épi, l'une feffile & hermaphrodite, & l'autre pédunculée & ftérile ; elles ont leur bâle calicinale velue. La variété ß a fa tige plus communément rameufe. On trouve cette plante en Provence. ♃

---

IV.  *Plus de deux épis enfemble.*

Barbon velu. *Andropogon villofum.*

> *Gramen dactylon, angustifolium, spicis villosis.* **Tourn.** 520.
>
> ß. *Gramen dactylon, villofum, ramofum, altiffimum, gallo-provinciale.* **Ibid.** 521.
>
> *Andropogon ifchæmum.* **Linn. Sp.** 1483. (a, ß)

Ses tiges font hautes d'un pied & demi ou deux, articulées & garnies de feuilles molles, un peu velues & larges d'une ligne ou environ ; les épis font difpofés trois à fept enfemble, en faifceau ou en digitations peu ouvertes : les fleurs ont un petit paquet de poils blancs à leur bafe. Celles qui font fertiles n'ont point de pédunculé propre, mais les autres en ont très-diftincte-ment. La plante ß a fa tige rameufe & haute de trois pieds. On trouve cette efpèce fur le bord des champs & dans les lieux ftériles ; fa variété croît en Provence. ♃

---

**1195.** Houque. *Holcus.*

'Les houques ont leurs fleurs difpofées en pannicule plus ou moins lâche ; les bâles calicinales contienent deux ou trois fleurs, dont une eft mâle ou imparfaite & ftérile, & a une barbe inférée fur le dos.

Obs. Si la fleur imparfaite, que l'on obferve dans chaque bâle, fuffit pour féparer ces plantes des avoines, pourquoi l'*avena elatior*, l'*avena fefquitertia* de M. Linné, & quelques autres efpèces, ne font-elles pas de ce genre ? comment les en diftingue-t-on ?

1195.

| | |
|---|---|
| Bâles calicinales biflores ; articulations velues. **I.** | Bâles calicinales triflores ; articulations nulles ou glabres. **I V.** |

I.     *Bâles calicinales biflores ; articulations velues.*

| | |
|---|---|
| Bâles calicinales presque glabres ; barbes très-apparentes, & au moins aussi longúes que les bâles florales. **I I.** | Bâles calicinales très-velues ; barbes peu apparentes, & moins longues que les bâles florales. **III.** |

II. *Bâles calicinales presque glabres ; barbes très-apparentes, & au moins aussi longues que les bâles florales.*

Houque molle. *Holcus mollis.* Linn. Sp. 1485.

*Gramen caninum, panniculatum, molle.* Tournef. 522.

Ses tiges font longues d'un pied & demi, plus ou moins droites, & coudées à leurs articulations inférieures ; elles ont un paquet de poils à chacune de leurs articulations : les feuilles font larges de deux lignes, & leur gaîne paroît glabre à la vue simple ; la pannicule est un peu resserrée en épi, & devient à mesure que la fructification se développe, d'un blanc sale, presque roufsâtre, & mélangé de violet : les valves calicinales font très-aiguës, légèrement ciliées fur leur dos & en leurs bords, & presque lisses, en leur superficie. On trouve cette plante dans les lieux secs ; elle n'est peut-être qu'une variété de la suivante.

III. *Bâles calicinales très- velues ; barbes peu apparentes, & moins longues que les bâles florales.*

Houque laineufe. *Holcus lanatus.* Linn. Sp. 1485.

*Gramen pratenfe, panniculatum, molle.* Tournef. 522.

Ses tiges font droites, articulées, feuillées, & s'élèvent depuis un pied & demi jusqu'à trois ; ses feuilles font larges de

**1195.** deux ou trois lignes, molles, veluès, & particulièrement remarquables par le duvet cotonneux dont leur gaîne eſt chargée : la pannicule eſt longue de quatre à ſix pouces, reſſerrée dans ſa jeuneſſe, & d'une couleur blanche plus ou moins mêlée de violet ; les bâles calicinales ſont velues, laineuſes, plus courtes que celles de l'eſpèce précédente, moins aiguës, & les barbes des fleurs ſont crochues & à peine apparentes. On trouve cette plante dans les prés. ♃

---

**IV.** *Bâles calicinales triflores ; articulations nulles ou glabres.*

Houque odorante. *Holcus odoratus.* Linn. Sp. 1485.

*Gramen panniculatum, odoratum.* Scheuch. p. 236.

Ses tiges ſont grêles, foibles, hautes d'un pied & demi ; feuillées dans leur moitié inférieure, & n'ont ſouvent qu'une ſeule articulation peu diſtante de la racine ; les feuilles ſont glabres, larges d'une ligne & demie, & un peu rudes lorſqu'on les gliſſe entre les doigts ; les radicales ſont aſſez longues : la pannicule eſt petite, peu garnie, à peine longue de deux pouces, & d'une couleur brune mêlée de jaune ; les bâles calicinales ſont luiſantes. On trouve cette plante dans les environs de Montpellier. ♃

**1196.** # SUPPLÉMENT

*Contenant quelques Plantes oubliées dans le cours de cet Ouvrage, & d'autres récemment découvertes en France, ou qui m'ont été communiquées trop tard pour pouvoir être placées dans leur genre.*

### ANALYSE.

| Tige herbacée. 1197. | Tige ligneuse. 1232. |
|---|---|

**1197.**

*Tige herbacée* . . . . . . . {
Fleurs conjointes ; étamines réunies par leurs anthères . . . 1198
Fleurs disjointes ; étamines non réunies. . . . . . . . . . . 1207

**1198.**

*Fleurs conjointes* . . . . . {
Fleurs flosculeuses ou radiées. 1199
Fleurs semi-flosculeuses . 1206

**1199.**

*Fleurs flosculeuses ou radiées.* {
Semences à aigrette. . . . 1200
Semences nues . . . . . . . 1203

**1200.**

*Semences à aigrette.* . . . . {
Feuilles pétiolées, cordiformes & pointues . . . . . . . . 1201
Feuilles sessiles ; étroites & linéaires. . . . . . . . . . 1202

1201. *Feuilles pétiolées, cordiformes & pointues.*

## Sarrète, n°. 34.

Sarrète des Alpes. *Serratula alpina.* Linn. Sp. 1145. γ.

*Cirsium alpinum, boni henrici folio.* Tournef. 488.

Sa tige eft haute d'un pied ou un peu plus, prefque fimple, cylindrique, feuillée & blanchâtre; fes feuilles font la plupart pétiolées, cordiformes, légèrement dentées en leurs bords, très-pointues, vertes en-deffus, cotonneufes & très-blanches en-deffous: les têtes de fleurs font difpofées cinq ou fix enfemble en un corymbe terminal: les corolles font purpurines & les écailles du calice commun font un peu velues & noirâtres en leurs bords. Cette plante croît dans les montagnes du Dauphiné, où elle a été obfervée par M. Liottard neveu qui m'en a communiqué un exemplaire. ♃

1202. *Feuilles feffiles, étroites & linéaires.*

## Jacée, n°. 46.

Jacée à feuilles de gramen. *Jacea graminifolia.*

*Cyanus anguftiore folio & longiore, belgicus.* Tournef. 445.

Sa tige eft haute de fix ou fept pouces, feuillée, très-fimple, cotonneufe & uniflore; fes feuilles font linéaires, longues de trois ou quatre pouces, à peine larges de deux lignes, toutes très-entières, point décurrentes, cotonneufes & blanchâtres des deux côtés; celles de la partie fupérieure de la tige font un peu plus courtes & moins rapprochées les unes des autres: la fleur eft terminale, grande & d'une belle couleur bleue; elle eft remarquable par les écailles du calice commun qui font glabres, vertes à leur bafe, noirâtres en leurs bords, & garnies de cils fort grands, palmés & argentés. Cette plante m'a été envoyée par M. Liottard neveu, qui l'a trouvée dans les environs de Gap. ♃

OBS. Cette efpèce diffère effentiellement de la jacée aîlée, n°. 46 — XII, par la couleur & la grandeur des cils de fes écailles calicinales, par fes fleurons extérieurs médiocres, & par fes feuilles linéaires & non décurrentes.

**203.**

Semences nues . . . . . . . . { Fleurs flosculeuses ; réceptacle nu . . . . . . . . . . . . . . . . 1204

Fleurs radiées ; réceptacle chargé de paillettes . . . . . . . . . 1205

---

**1204.**

*Fleurs flosculeuses ; réceptacle nu.*

## Tanaisie , n°. 58.

Tanaisie annuelle. *Tanacetum annuum.* Linn. Sp. 1148.

*Abfinthium corymbiferum, annuum.* Tournef. 458.

Sa tige est haute d'un pied ou un peu plus, grêle, dure, rameuse & feuillée ; ses rameaux sont redressés, & les inférieurs sont presque aussi longs que la tige ; les feuilles sont assez petites, nombreuses, odorantes, blanchâtres, une ou deux fois pinnatifides & à découpures linéaires & pointues : les fleurs sont jaunes, terminales & forment des corymbes cotonneux. Cette plante croît dans les environs d'Arles, où elle a été observée par Dom Fourmeault. ☉

---

**1205.**

*Fleurs radiées ; réceptacle chargé de paillettes.*

## Achillière , n°. 132.

### A N A L Y S E.

| Feuilles vertes, presque glabres, & larges de plus d'un pouce. I. | Feuilles blanchâtres, laineuses, & à peine larges de trois lignes. II. |
|---|---|

I. *Feuilles vertes, presque glabres, & larges de plus d'un pouce.*

Achillière à grandes feuilles. *Achillea macrophylla.* Linn. Sp. 1265.

*Ptarmica alpina, matricariæ foliis.* Tournef. 497.

Sa tige est haute d'un pied & demi ; droite, simple, feuillée, rougeâtre dans sa partie inférieure, & presque glabre ; ses

**1205.** feuilles font planes, affez larges, aîlées, & compofées de pinnules alongées, pointues, incifées, dentées, & dont les fupérieures font confluentes. Ces feuilles font glabres, chargées de quelques poils courts en leurs nervures, & ont un peu de rapport avec celles de la matricaire odorante; les fleurs font blanches, terminales & difpofées en un corymbe un peu lâche: les écailles de leur calice commun font brunes en leurs bords. Cette plante eft commune dans les montagnes du Dauphiné; & m'a été communiquée par M. Liottard neveu. ♃

---

II. *Feuilles blanchâtres, laineufes, & à peine larges de trois lignes.*

Achillière laineufe. *Achillea lanata.*

*Millefolium alpinum, incanum, flore fpeciofo.* Tournef. 496.
*Achillea nana.* Linn. Sp. 1267.

Cette plante eft très-différente de l'achillière naine que j'ai décrite au *n°. 132 — III;* cette dernière, qui ne me paroît pas avoir été connue de M. Linné, eft un vrai *ptarmica* de M. de Tournefort, dont il faut par conféquent fupprimer les fynonymes. Celle dont il s'agit ici a fa tige longue de quatre à fix pouces, fimple, feuillée, & couverte d'un coton laineux & blanchâtre; fes feuilles font longues de deux ou trois pouces, étroites, aîlées, chargées d'un duvet laineux très-abondant & compofées de pinnules très-petites, pointues, fimples ou incifées & prefque égales: les feuilles inférieures font pétiolées; les fleurs font blanches, terminales, & difpofées en un corymbe très-ferré & glomérulé. Cette plante m'a été communiquée par M. Liottard neveu, qui l'a trouvée dans les montagnes du Dauphiné.

Obs. L'Achillière naine, *n°. 132 — III,* a fes feuilles verdâtres, prefque glabres, un peu fpatulées & légèrement crénelées à leur fommet; fa tige eft haute de trois pouces.

---

**1206.** *Fleurs femi-flofculeufes.*

Piffenlit, *n°. 93.*

Piffenlit de montagne. *Leontodon montanum.*
*An hieracium taraxaci.* Linn. Sp. 1125.

Sa racine eft noirâtre, rongée ou tronquée à fon extrémité, & garnie

**1206.** & garnie de fibres affez longues; elle pouffe trois ou quatre hampes nues, plus ou moins droites, longues de trois pouces, uniflores, glabres & menues à leur bafe, velues, & qui vont en s'épaiffiffant vers leur fommet; les feuilles font toutes radicales, prefque auffi longues que les hampes, glabres, à peine larges de trois lignes, découpées comme celles du piffenlit commun, & terminées par une pointe un peu émouffée : la fleur eft jaune & remarquable par fon calice velu, compofé d'écailles toutes très-droites, prefque égales entre elles, & point fenfiblement embriquées : l'aigrette des femences eft feffile, & fes filets font légèrement plumeux. Cette plante croît fur les montagnes du Dauphiné, & m'a été communiquée par M. Liottard neveu. ⊕

---

**1207.** *Fleurs disjointes* ..... { 

Ovaire dans la corolle . . 1208

Ovaire fous la corolle . . 1226

---

**1208.** *Ovaire dans la corolle* . . . {

Fleurs hermaphrodites . . 1209

Fleurs unifexuelles . . . . 1225

---

**1209.** *Fleurs hermaphrodites* . . . {

Cinq étamines ou moins . 1210

Six étamines ou plus . . . 1218

---

**1210.** *Cinq étamines ou moins.* . . {

Fleurs complètes . . . . . 1211

Fleurs incomplètes . . . . 1217

---

**1211.** *Fleurs complètes* . . . . . {

Corolle monopétale . . . 1212

Corolle polypétale . . . . 1216

---

1212.     *Corolle monopétale* . . . . {  Corolle régulière. . . . . 1213
                                        Corolle irrégulière. . . . 1215

---

1213.     *Corolle régulière.* . . . . {  Tiges de moins de six pouces, & point laiteuses. . . . . . 1214

Tiges longues d'un pied ou davantage, & laiteuses . . . 1214 *

---

1214.     *Tiges de moins de six pouces, & point laiteuses.*

### Androface, *nº. 279.*

Androsace des Alpes. *Androsace Alpina.*

*Aretia foliis ovatis, repandis, scapis unifloris.* **Hall. Hist.** nº. 618.

*Aretia Alpina.* **Linn. Sp. 203.**

Cette plante est fort petite ; sa racine se divise supérieurement en un grand nombre de souches couvertes de beaucoup de feuilles très-petites, oblongues, émoussées à leur sommet, verdâtres, légèrement velues, presque embriquées, & ramassées en gazons bien garnis. Les fleurs sont d'un blanc bleuâtre ou un peu violet, & naissent chacune sur une hampe longue d'une ou deux lignes ; elles ont leur corolle partagée en cinq découpures obtuses & très-entières, ou garnies de quelques petites dents, mais point échancrées. Cette plante croît en Dauphiné sur le mont *Cœlo*, & m'a été communiquée par M. Liottard, neveu. ℔

---

1214. *  *Tiges longues d'un pied ou davantage, & laiteuses.*

### Scammonée, *nº. 338.*

Scammonée aiguë. *Cynanchium acutum.* **Linn. Sp. 310.**

*Periploca Monspeliaca, foliis acutioribus.* **Tournef. 93.**

Ses tiges sont grêles, sarmenteuses, grimpantes, feuillées, & pleines d'un suc laiteux ; ses feuilles sont assez petites,

**1214.** * oppofées, pétiolées, cordiformes, oblongues, pointues, & d'une couleur grisâtre ou cendrée : fes fleurs font petites, blanchâtres, & difpofées par bouquets pédunculés & axillaires. On trouve cette plante dans les environs de Montpellier & de Narbonne. ♃

---

**1215.**  *Corolle irrégulière.*

Muflier, *n°. 393.*

Muflier glauque. *Antirrhinum glaucum.* Linn. Sp. 856.

*An linaria foliis carnofis, cinereis.* Tournef. 170.

Sa tige eft haute de fept à huit pouces, d'une couleur glauque, garnie de beaucoup de rameaux grêles, & prefque panniculée ; fes feuilles font linéaires, très-étroites, affez longues, glabres, d'un vert glauque, & un peu charnues : les fupérieures font alternes & éparfes, & les inférieures font verticillées trois ou quatre enfemble à chaque nœud. Les fleurs font plus petites que celles du Muflier commun, & difpofées en épis courts & peu garnis ; leur calice eft glabre : leur corolle eft d'un jaune un peu pâle, mais fon palais eft d'un jaune foncé & prefque rougeâtre ; elle a un éperon alongé, très-pointu, jaunâtre, & chargé de quelques lignes d'un vert bleuâtre. Cette plante croît en Dauphiné, & m'a été envoyée par M. Liottard, neveu. ☉

---

**1216.**  *Corolle polypétale.*

Sibbaldie couchée. *Sibbaldia procumbens.* Linn. Sp. 406.

*Fragaria foliis ternatis, retufis, tridentatis, flore calyci æquali, pentaftemone.* Hall. Hift. n°. 1116.

Sa racine fe divife en plufieurs fouches garnies d'écailles brunes ; fes tiges font longues de deux ou trois pouces, très-grêles, foibles, feuillées, légèrement velues, & portent à leur fommet deux ou trois fleurs affez petites : ces fleurs font compofées d'un calice à dix divifions ; de cinq pétales fort petits, inférés fur le calice, de cinq étamines & de cinq ovaires qui fe changent en cinq femences nues ; les feuilles radicales font pétiolées, & compofées de trois folioles

**1216.** cunéiformes , tronquées à leur fommet , & terminées par trois dents verdâtres , un peu velues , & légèrement foyeufes dans leur jeuneffe : celles de la tige font prefque feffiles & en petit nombre ; chaque fleur a une petite bractée à fa bafe. Cette plante croît fur les montagnes du Dauphiné , & m'a été communiquée par M. Liottard , neveu. ♃

---

**1217.**

*Fleurs incomplettes.*

### Pied-de-lion , *no. 890.*

Pied-de-lion quinte-feuille. *Alchimilla pentaphyllea.* Linn. Sp. 179.

*Alchimilla Alpina , minor.* Tournef. 508.

Sa racine eft fibreufe , noirâtre , & pouffe plufieurs tiges menues , glabres , feuillées , & longues de quatre pouces , fes feuilles font pétiolées , vertes , chargées dans leur jeuneffe , de quelques poils écartés les uns des autres , deviennent glabres en vieilliffant , & font compofées de trois folioles & non de cinq : ces folioles font profondément divifées en découpures étroites & prefque linéaires ; les deux latérales font quelquefois partagées en deux , au-delà de moitié , ce qui fait paroître les feuilles quinées , mais elles ne le font pas réellement. Les fleurs font verdâtres , & difpofées fept à neuf enfemble en ombelles extrêmement petites , garnies d'une ou deux feuilles feffiles , fituées en manière de collerette. Cette plante croît en Dauphiné fur le mont *Cœlo* , & m'a été communiquée par M. Liottard , neveu.

---

**1218.** *Six étamines ou plus* . . . { Corolle régulière. . . . . 1219

Corolle irrégulière . . . . 1224

---

**1219.** *Corolle régulière* . . . . . . { Six étamines . . . . . . . 1220

Plus de fix étamines. . . 1223

---

1220. Six étamines . . . . . . . . { Quatre pétales . . . . . . . 1221

Six pétales . . . . . . . . 1222

----

1221. *Quatre pétales.*

## Moutarde, *n*°. 519.

Moutarde d'Espagne. *Sinapis Hispanica.* Linn. Sp. 934.

*Sinapi Hispanicum , nasturtii folio.* Tournef. 227.

Sa tige est rameuse , chargée de poils extrêmement courts dans sa partie inférieure , & ne s'élève pas beaucoup au-delà d'un pied ; ses feuilles radicales sont simplement en lyre , élargies vers leur sommet qui est arrondi , & remarquables par leurs sinuosités & leurs découpures toutes arrondies & obtuses ; les feuilles de la tige sont profondément pinnatifides , & ont leurs pinnules un peu étroites , mais leur sommet & leurs angles sont toujours émoussés ou obtus : les fleurs sont jaunes , leurs pétales ont des onglets très-étroits , & les folioles de leur calice sont colorées & à demi-ouvertes. Les siliques sont pédunculées , la plupart redressées , glabres , très-grêles , longues d'un pouce , & terminées par une corne fort petite. Cette plante a été observée dans les environs de Paris par M. Rivière , qui a rapporté au Jardin du Roi l'individu d'après lequel j'ai fait cette description.

----

1222. *Six pétales.*

## Narthec , *n*°. 879.

Narthec ossifrage. *Narthecium ossifragum.*

*Phalangium anglicum , palustre , iridis folio.* Tournef. 368.

*Anthericum ossifragum.* Linn. Sp. 446.

Sa tige est grêle , presque nue , ou garnie de quelques feuilles fort courtes , & s'élève à la hauteur d'un pied ou environ ; ses feuilles radicales sont droites , nombreuses , assez longues , étroites , pointues , d'un vert foncé , & s'engaînent

1222. par le côté comme celles des iris ; fes fleurs font petites, d'un vert jaunâtre, prefque feffiles, & cifpofées en épi terminal : les filamens de leurs étamines font velus. Cette plante a été obfervée dans les environs de Lille par M. Leftiboudois ; elle croît dans les lieux humides. ♃

---

1223.      *Plus de fix étamines.*

       Potentille , *n.°* 739.

Potentille laineufe. *Potentilla lanata.*

   *Potentilla valderia.* Linn. Sp. 714.

Sa racine eft ligneufe & divifée en plufieurs fouches garnies d'écailles brunes ou roufsâtres ; fes feuilles , fa tige , & particulièrement fes calices, font couverts d'un duvet fin, fale, prefque roufsâtre, laineux & très-abondant ; fes feuilles radicales font portées fur de longs pétioles , & compofées de cinq ou fept folioles affez petites, ovoïdes, obtufes, prefque arrondies à leur fommet, molles, laineufes, foyeufes en leurs bords , & terminées par des dents fort petites, très-rapprochées les unes des autres. La tige eft droite, haute de cinq ou fix pouces, grêle, fimple, chargée de deux ou trois feuilles, & porte à fon fommet quatre à fix fleurs ramaffées en un bouquet corymbiforme. Les pétales font plus courts que le calice, & m'ont paru blancs, mais je ne les ai vus que fur un individu fec : la feuille fupérieure eft remarquable par fes ftipules plus grandes que fes folioles. Cette plante croît en Dauphiné fur la montagne d'Uriage dans les fentes des rochers, où elle a été trouvée par M. Liottard neveu. ♃

---

1224.     *Corolle irrégulière.*

      Aconit. *n°.* 915.

Aconit panniculé. *Aconitum panniculatum.*

   *Aconitum cammarum.* Linn. Sp. 751.

Cette plante a beaucoup de rapport avec l'aconit napel, mais fa tige eft moins ferme, quelquefois penchée, garnie de feuilles plus lâches, rameufe & panniculée dans fa partie

**1224.** supérieure, & s'élève jusqu'à quatre pieds; ses feuilles sont pétiolées, grandes, palmées, à découpures qui vont en s'élargissant vers leur sommet, lisses, & d'un vert foncé ou noirâtre en-dessus : ses fleurs sont ordinairement de couleur bleue, pédunculées, & disposées en une panniculé assez lâche & alongée. Cette plante a été observée dans les provinces méridionales par Dom Fourmeault. ♃

---

**1225.** *Fleurs unisexuelles.*

Rhodiole odorante. *Rhodiola odorata.*

*Anacampseros radice rosam spirante, major.* **Tournef.** 264.
*Rhodiola rosea.* **Linn. Sp** 1465.

Cette plante a beaucoup de rapport avec les orpins, *n.°* 723; sa racine est charnue, a une odeur agréable, & pousse plusieurs tiges simples, longues de sept ou huit pouces, cylindriques, tendres, & feuillées dans toute leur longueur : ses feuilles sont petites, nombreuses, éparses, oblongues, pointues, un peu élargies & dentées vers leur sommet, lisses, & d'un vert presque glauque. Ses fleurs sont terminales, rougeâtres, & disposées en un bouquet serré & ombelliforme ; elles sont dioïques, composées d'un calice quadrifide & de quatre pétales qui avortent quelquefois : les mâles ont huit étamines, & les femelles quatre ovaires, qui se changent en capsules polyspermes. On trouve cette plante sur les montagnes des provinces méridionales, parmi les rochers & dans les lieux couverts, ♃ ; sa racine est anodine & résolutive.

---

**1226.** *Ovaire sous la corolle.* . . $\left\{\begin{array}{l} \text{Cinq étamines.} \ldots \ldots 1227 \\[2ex] \text{Moins de cinq étamines . 1230} \end{array}\right.$

---

**1227.** *Cinq étamines.* . . . . . . $\left\{\begin{array}{l} \text{Semences chargées de quatre ailes} \\ \text{ou feuillets membraneux.} \ldots 1228 \\[2ex] \text{Semences simplement striées, &} \\ \text{point ailées} \ldots \ldots \ldots 1229 \end{array}\right.$

---

**1228.** *Semences chargées de quatre aîles ou feuillets membra-*
*neux.*

Laſer, *n.° 998.*

ANALYSE.

| Feuilles velues, larges, & trois ou quatre fois aîlées. I. | Feuilles glabres, étroites, & une ou deux fois ailées. II. |
|---|---|

I. *Feuilles velues, larges, & trois ou quatre fois aîlées.*

Laſer velu. *Laſerpitium hirſutum.*

 *Panaces aſclepium alterum Delechampii.* **Lugd. Gall. I;**
 p. 636.

Sa tige eſt haute d'un pied ou environ, nue dans ſa partie
ſupérieure, & ſimple ou quelquefois diviſée en deux rameaux
nus, inégaux, & chargés chacun d'une ſeule ombelle; les feuilles
ſont au nombre de deux ou trois, & diſpoſées dans la partie
inférieure de la tige : elles ſont larges, triangulaires; preſque
quatre fois aîlées, velues, & compoſées de pinnules extrêmement petites, pointues & trifides ou pinnatifides. Les fleurs
ſont blanches, régaières, & diſpoſées en une ombelle denſe,
compoſée de quarante à cinquante rayons; la collerette univerſelle & les partielles ſont formées chacune par huit à douze
folioles élargies, blanches en leurs bords, pointues, velues &
ciliées : les ſemences ſont glabres, longues de trois lignes, &
chargées de quatre feuillets minces, ſaillans & blanchâtres.
Cette plante croît dans les montagnes du Dauphiné, & m'a
été envoyée par M. Liottard, neveu. ♉

O B S. M. de Villars donne à cette plante le nom de
*Laſerpitium Halleri,* & y rapporte le *Laſerpitium Alpinum,*
*extremis lobulis breviter multifidis* de M. de Haller. *Enum. Helv.*
p. 441, *t. XI;* & *Hiſt.* n.° 795 ; mais je crois qu'il ſe
trompe. La plante de M. de Haller eſt très-glabre en toutes
ſes parties ; ſa tige porte plus de deux ombelles, & ſes feuilles
ſont dures, d'un vert noirâtre & luiſantes. ( *Voyez la* 1.re
*Édition* ). Ces caractères ne conviennent qu'au Laſer trifurqué de cet Ouvrage ; n° 998 — *IV;* la figure, que je

**1228.** cite de Dalechamp, eſt fort bonne, ſi l'on en excepte les ombelles qu'il repréſente ſans collerette : il dit mal-à-propos que
les fleurs ſont de couleur jaune.

---

II. *Feuilles glabres, étroites, & une ou deux fois aîlées.*

Laſer ſimple. *Laſerpitium ſimplex.* Linn. mant. 56.

*An laſerpitium humilius paludapii folio.* Tournef. 325.

Sa racine eſt groſſe preſque comme le petit doigt, ligneuſe, noirâtre, & ſouvent diviſée à ſon collet en deux ou
trois ſouches aſſez courtes, & couvertes d'écailles ou de filets
bruns; ſes feuilles ſont toutes radicales, pétiolées, longues d'un
pouce & demi ou deux tout au plus, glabres, liſſes, à peine
larges de cinq lignes, & preſque ſimplement aîlées : leurs folioles ſont au nombre de cinq ou ſept, oppoſées, inciſées
& pinnatifides; la tige eſt nue, ſimple, haute de quatre ou
cinq pouces, & ſoutient à ſon ſommet une ombelle glomérulée, denſe, & compoſée de douze à quinze rayons, dont
les plus longs n'ont que ſix lignes de longueur; la collerette
univerſelle eſt formée par cinq ou ſept folioles preſque auſſi
longues que les rayons de l'ombelle. Les fleurs ſont blanches
ou purpurines, & remplacées par des ſemences aſſez petites,
ovales, chargées de quatre aîles, & d'un pourpre noirâtre à
leur ſommet. Cette plante eſt commune dans les montagnes du
Dauphiné, & m'a été communiquée par M. Liottard, neveu. ℔

Obs. Les folioles de la collerette, ſoit univerſelle, ſoit partielle, ſont ſouvent bifides ou trifides.

---

**1229.** *Semences ſimplement ſtriées & point aîlées.*

Æthuſe, n°. 1025.

Æthuſe de montagne. *Æthuſa montana.*

*Æthuſa bunius.* Murr. ſyſt. vég. p. 236.

Sa tige eſt haute d'un pied, menue, glabre, un peu foible,
& rameuſe; ſes feuilles inférieures ſont deux fois aîlées, &
ont leurs folioles un peu élargies, légèrement cunéiformes,
inciſées & pinnatifides. Celles de la tige ont des découpures

**1229.** étroites & linéaires ; les fleurs font blanches, régulières & difpofées en ombelles médiocres, compofées de huit ou dix rayons à peine longs d'un pouce. Ces ombelles font penchées dans leur jeuneffe, & ont une collerette nniverfelle de deux ou trois folioles linéaires, affez longues & inégales ; les folioles des collerettes partielles font cétacées & longues d'une ou deux lignes. On trouve cette plante dans les lieux montagneux & pierreux des provinces méridionales ; elle a beaucoup de rapport avec les fefelis. ♂

---

**1230.** *Moins de cinq étamines* . . $\left\{\begin{array}{l}\text{Feuilles oppofées. . . . . . 1231}\\[1em]\text{Feuilles alternes . . . . 1231}^{*}\end{array}\right.$

---

**1231.** *Feuilles oppofées.*

Valériane, n°. 940.

Valériane tubéreufe. *Valeriana tuberofa.* Linn. Sp. 46.

*Valeriana alpina, minor.* Tournef. 132.

Sa racine eft tubéreufe, arrondie ou oblongue, & pouffe une tige fimple, garnie d'une ou deux paires de feuilles, & haute de fix à huit pouces ; fes feuilles radicales font ovales-lancéolées, rétrécies en pétiole à leur bafe, liffes, fimples & entières, ou quelquefois légèrement crénelées. Celles de la tige font étroites & pinnatifides ; les fleurs font purpurines & difpofées en un bouquet ombelliforme, affez petit & terminal. On trouve cette plante dans les montagnes du Dauphiné & de la Provence. ♀

---

**1231. ✽** *Feuilles alternes.*

Orquis, *n.°* 1103.

Orquis globuleux. *Orchis globofa.* Linn. Sp. 1332.

*Orchis globof flore.* Tournef. 432.

Sa racine eft compofée de deux bulbes ovales-oblongues, & pouffe une tige liffe, feuillée, & haute d'un pied ou un peu plus ; fes feuilles font ovales-lancéolées : fes fleurs font d'un pourpre tirant fur la couleur de chair, affez petites,

1231. * ramaffées & difpofées en un épi denfe, très-court & globuleux ou légèrement conique; elles font fouvent, felon M. de
Haller, dans une fituation renverfée. Les pétales fupérieurs
fe terminent en une pointe particulière émouffée à fon extrémité; l'inférieur eft chargé de points pourpres, & partagé en
cinq découpures, à-peu-près comme celui de l'orquis militaire, *n°. 1103.* — XVIII. M. l'abbé Haüy a obfervé cette
plante à Sceaux dans les environs de Paris. ♃

---

1232.

*Tige ligneufe.* . . . . . . . . {

Arbres ou arbriffeaux dont les
feuilles font longues d'un pouce ou
davantage . . . . . . . . . . 1233

Sous-arbriffeaux dont les feuilles
n'ont pas plus de trois lignes de
longueur . . . . . . . . . . 1237

---

1233.

*Arbres ou arbriffeaux dont
les feuilles font longues d'un
pouce ou davantage.* . . . {

Feuilles linéaires & difpofées par
faifceaux . . . . . . . . . . 1234

Feuilles non linéaires & point
fafciculées . . . . . . . . . 1235

---

1234. *Feuilles linéaires & difpofées par faifceaux.*

## Pin, n°. 175.

Pin de montagne. *Pinus montana.*

*Pinus fylveftris, montana, tertia.* Tournef. 586.

*Pinus cembra.* Linn. Sp. 1419.

Arbre médiocre, un peu difforme, & dont les branches font
étalées & recouvertes d'une écorce grisâtre; fes feuilles font
affez longues, étroites, aiguës, un peu roides, & ordinairement au nombre de cinq à chaque faifceau : fes cônes font un
peu gros, courts, obtus & rougeâtres. On trouve cet arbre
fur les montagnes du Dauphiné & de la Provence, ♄; il
fournit une térébenthine abondante & d'une odeur agréable;
fes femences font bonnes à manger.

---

1235.

*Feuilles non linéaires & point fasciculées . . . . .* {
Feuilles palmées & rudes en leur superficie . . . . . . . . . . 1236

Feuilles simples, ovales, & lisses en leur superficie. . . . . . 1236 *

---

1236. *Feuilles palmées, & rudes en leur superficie.*

Figuier commun. *Ficus communis.* Bauh. Pin. 457.

*Ficus sativa.* Tournef. 662, 663.

*Ficus carica.* Linn. Sp. 1513.

Arbre médiocre, rameux, & dont l'écorce est grisâtre; unie, mais chargée de poils rudes & extrêmement courts: son bois est blanc, spongieux, moëlleux, & son suc est laiteux & fort âcre: ses feuilles sont alternes, pétiolées, palmées, obtuses en leurs lobes & en leurs angles, & couvertes particulièrement en-dessous, de poils rudes au toucher. Ses fleurs sont cachées, & enfermées dans une enveloppe commune, qui, sans s'ouvrir, se change en un fruit charnu, d'une forme approchante de celle de la poire, d'un goût délicieux, & connu sous le nom de *Figue.* Si l'on ouvre cette enveloppe avant le développement des graines; on observe dans son intérieur des fleurs de deux sortes; les unes mâles sont situées vers son sommet, & ont chacune une corolle trifide & trois étamines; les autres femelles sont disposées dans sa partie inférieure, ont une corolle à quatre ou cinq divisions, & un pistil qui devient une semence arrondie. Cet arbre est commun dans les provinces méridionales, ♄; les figues sont pectorales & adoucissantes.

---

1236. * *Feuilles simples, ovales, & lisses en leur superficie.*

Houx épineux. *Aquifolium spinosum.*

*Aquifolium sive agrifolium vulgò.* Tournef. 600.

*Ilex aquifolium.* Linn. Sp. 181.

Arbrisseau médiocre, rameux, & s'élevant quelquefois presque à la hauteur d'un arbre; son bois est dur, l'écorce de son tronc, grisâtre, & celle de ses rameaux verte, & assez lisse: ses feuilles sont pétiolées, ovales, ondulées, très-lisses, d'un beau vert, coriaces, persistantes, & hérissées

**1236.** * d'épines dures ; les feuilles des individus très-vieux & élevés en arbre, font prefque planes, perdent leurs épines, & n'ont fouvent que leur pointe terminale. Les fleurs font blanches, petites, & naiffent dans les aiffelles des feuilles portées fur des péduncules courts & rameux, elles ont un calice à quatre dents, une corolle profondément quadrifide & en roue, quatre étamines courtes qui avortent quelquefois, & un ovaire chargé de quatre ftigmates : le fruit eft une baie rouge, ronde, & qui contient quatre femences offeufes. Cet arbriffeau eft commun dans les haies & les bois, ♄ ; fa racine & fon écorce font émollientes & réfolutives : fes baies font purgatives. On fe fert de fon écorce moyenne pour faire de la glue.

---

**1237.** *Sous - arbriffeaux dont les feuilles n'ont pas plus de trois lignes de longueur...*
{ Corolle à trois divifions ; feuilles très-glabres . . . . . . . . . 1238
{ Corolle à quatre divifions ; feuilles ciliées . . . . . . . . . . . 1239

---

**1238.** *Corolle à trois divifions ; feuilles très-glabres.*

Camarigne noire. *Empetrum nigrum.* Linn. Sp. 1450.

*Empetrum montanum, fructu nigro.* Tournef. 579.

Sous-arbriffeau, dont les tiges font longues d'un pied, très-rameufes, grêles, recouvertes d'une écorce brune ou rougeâtre, couchées & étalées fur la terre ; fes feuilles font petites, nombreufes, oblongues, vertes, très-rapprochées les unes des autres & difpofées trois ou quatre à chaque étage ou efpèce de verticille ; fes fleurs font petites, d'une couleur herbacée, feffiles & fituées dans les aiffelles des feuilles ; elles ont un calice trifide, trois pétales, trois étamines un peu longues, & un piftil dont le ftigmate eft à neuf divifions : on les obferve fouvent unifexuelles & dioïques ; les fruits font des baies noires, qui renferment communément neuf femences. Cette plante croît dans les lieux pierreux, fur le Mont-d'or en Auvergne, & fur les montagnes du Dauphiné. ♄

**1239.** *Corolle à quatre divisions ; feuilles ciliées.*

## Bruyère, *n.° 361.*

Bruyère ciliée. *Erica ciliaris.* Linn. Sp. 503.

*Erica hirsuta, anglica.* Tournef. 602.

Sous-arbrisseau dont la tige est très-rameuse & s'élève presque jusqu'à deux pieds ; ses rameaux sont grêles, cylindriques & velus ; ses feuilles sont très-petites, ovales, pointues, sessiles ; vertes en-dessus ; blanchâtres en-dessous, contractées en leurs bords, garnies de cils remarquables, & disposées trois à trois ; ses fleurs sont grandes, purpurines ou un peu violettes, presque sessiles & disposées en grappes uni-latérales : leur corolle est ovale, enflée dans sa partie moyenne & rétrécie à son entrée qui est légèrement inégale : le style déborde & fait une saillie très-sensible. Cette plante a été observée par M. Richard à deux lieues au-delà du Mans, sur le chemin de Tours, à gauche dans les Landes. ♄

*Nota. La crainte de rendre ce Volume trop épais m'a engagé à placer la division des fleurs indistinctes à la fin du premier Volume qui, à l'aide de cette addition, se trouvera d'ailleurs plus proportionné aux deux autres.*

## Fin du troisième & dernier Volume.

# TABLE

## DES NOMS FRANÇOIS DES GENRES.

## E

| | |
|---|---|
| ÉCHINOPHORE | 1004 |
| Edipnoïde | 88 |
| Égilope | 1193 |
| Élatine | 666 |
| Élyme | 1187 |
| Épervière | 82 |
| Épiaire | 426 |
| Épi-d'eau | 798 |
| Épilobe | 1077 |
| Épimède | 541 * |
| Épinards | 236 |
| Érable | 574 |
| Érine | 388 |
| Ers | 579 |
| Esparcette | 623 |
| Eufraise | 395 |
| Eupatoire | 68 |

## F

| | |
|---|---|
| FER-A-CHEVAL | 633 |
| Férule | 1047 |
| Fétuque | 1180 |
| Figuier | 1236 |
| Filaria | 344 |
| Fléau | 1168 |
| Flechière | 169 |
| Flouve | 1158 |
| Fluteau | 715 |
| Foin | 1176 |
| Fontinale | 1267 |
| Fraisier | 738 |
| Franquenne | 671 |

## G

# TABLE
## DES NOMS LATINS DES GENRES.
### A

## O

Œnanthe ..... 1012
Olea .. 343
Onagra .... 1076
Onobrychis .... 623
Onopordum .... 597
Onosma .... 310
Ophioglossum .... 1246
Ophris .... 1106
Orchis ..... 1103 — 1231*
Origanum .... 429
Ornithogalum .... 862
Ornithopus .... 634
Orobanche .... 378
Orobus .... 580*
Osiris .... 257
Osmunda .... 1248
Oxis .... 698

## P

Pænia .... 787
Pancratium .... 965
Panicum .... 1175
Papaver .... 777
Parietaria .... 803
Paris .... 667
Parnassia .... 708
Paronychia .... 836*
Passerina .... 823
Pastinaca .... 1050
Pecten .... 1020
Pedicularis .... 401
Peplis .... 554*

Pervinca .... 335**
Peucedanum .... 1058
Peziza .... 1287
Phalaris .... 1169
Phallus .... 1284
Phascum .... 1261
Phaseolus .... 588
Phleum .... 1168
Phlomis .... 422
Phyllirea .... 344
Physalis .... 290
Picris .... 90
Pilularia .... 1243
Pimpinella .... 931
Pinguicula .... 466
Pinus .... 175 — 1234
Pistachia .... 260
Plantago .... 355
Plumbago .... 300
Poa .... 1179
Polycarpon .... 680
Polycnemum .... 812
Polygala .... 482
Polygonum .... 838
Polypodium .... 1254
Polytrichum .... 1264
Populago .... 911
Populus .... 242
Portulaca .... 767
Potamogeton .... 798
Potentilla .... 739 — 1223
Primula .... 277
Prunus .... 733
Psoralea .... 606
Pteris .... 1252
Pulmonaria .... 305

*Sisymbrium*

## T

## V



Tome III.

F I N des deux Tables.

ERRATA.

Tome premier.

*Page* xliij , *ligne* 25 , aiofpyros , *lifez* diofpyros.

www.ingramcontent.com/pod-product-compliance
Lightning Source LLC
LaVergne TN
LVHW050443060726
842526LV00001B/36